"十二五"江苏省高等学校重点教材

普通高等教育物联网工程专业系列教材

物联网信息安全

（第二版）

李永忠　吴昱群　张　静　李昱衡　编著

西安电子科技大学出版社

内 容 简 介

本书以物联网的体系结构为基础,在介绍信息安全技术和网络安全技术的基础上,全面系统地阐述了物联网安全中的关键技术、典型应用和解决方案,书中细化了网络信息安全基础内容,加入了国密 SM4、SM2 和祖冲之 ZUC 等算法的介绍,融入了课程思政内容,并增加了区块链与物联网安全、网络安全保障和物联网网络安全仿真等内容。

本书内容编排循序渐进、由浅入深,符合读者认知规律,并且逻辑性强,概念准确,内容新颖,自成体系,便于教学和自学,可作为应用型本科物联网工程、信息安全、计算机科学与技术、通信工程、网络工程等相关专业的教材,也可作为物联网工程、信息安全等相关专业研究生和从事物联网领域的工程技术人员的参考书。

图书在版编目(CIP)数据

物联网信息安全 / 李永忠等编著. --2 版. --西安:西安电子科技大学出版社,2023.11
(2024.1 重印)
ISBN 978-7-5606-6816-1

Ⅰ. ①物… Ⅱ. ①李… Ⅲ. ①物联网—信息安全 Ⅳ. ①TP393.4②TP18

中国国家版本馆 CIP 数据核字(2023)第 186026 号

策 划 高 樱
责任编辑 高 樱
出版发行 西安电子科技大学出版社(西安市太白南路 2 号)
电 话 (029)88202421 88201467   邮 编 710071
网 址 www.xduph.com   电子邮箱 xdupfxb001@163.com
经 销 新华书店
印刷单位 陕西天意印务有限责任公司
版 次 2023 年 11 月第 2 版 2024 年 1 月第 2 次印刷
开 本 787 毫米×1092 毫米 1/16 印 张 26.75
字 数 639 千字
定 价 65.80 元

ISBN 978-7-5606-6816-1 / TP

XDUP 7118002-2

前　　言

　　物联网技术的飞速发展为信息化社会的各种智慧和智能行业提供了有效的物联网应用技术保障。随着物联网、云计算、大数据、移动互联网以及区块链等新型信息技术的广泛运用，信息安全面临着更加严峻的挑战，加强物联网信息安全的保障已成为物联网的主要任务之一。为了适应物联网技术的发展和物联网新技术应用的不断增长，作者编写了《物联网信息安全》一书。作为江苏省高等学校重点建设教材，《物联网信息安全》出版发行后得到了广大教师和学生的好评，并多次重印。

　　本此修订沿用了第一版的内容体系，并融入了作者多年从事物联网信息安全教学工作的实践经验，对第一版的内容做了提炼和全面修订。全书按照物联网的层次体系分为三大部分：物联网感知层安全、物联网网络层安全和物联网应用层安全。本书在介绍信息安全技术的基础上对物联网各层的安全威胁和防御技术做了详细分析，并对典型的物联网 EPCglobal、WPAN、M2M 和工业控制网络相关的安全技术、仿真技术进行了详细介绍；同时细化了第 2 章网络信息安全的基础内容，加入了国密 SM4、SM2 和祖冲之 ZUC 等算法的介绍，融入了课程思政内容。本书删除了第一版中过时的内容，增加了区块链安全、网络安全保障、V2X 和物联网仿真技术等内容。本书对实训也作了大幅度的修订，并将"综合实训——物联网仿真技术"作为附录 A 予以详细介绍。

　　本书共 8 章，主要内容包括物联网安全概述、网络信息安全技术基础、物联网安全体系结构及物理安全、物联网感知层安全、物联网网络层安全、物联网应用层安全、物联网安全技术应用和典型物联网安全实例。本书的参考教学时间为 32~64 学时，可根据不同的教学要求灵活安排讲授内容。本书提供了配套的电子资源，包括课程 PPT、课后习题答案、授课计划以及实验工具等，需要者可与作者联系。

　　本书由李永忠教授完成第 1 章、第 4 章内容的编写；江苏科技大学计算机学院张静老师完成第 3 章内容的编写；兰州文理学院吴昱群老师完成第 5 章、第 6 章内容的编写；李永忠教授与张静老师共同完成第 7 章内容的编写；李永忠教授与吴昱群老师、张静老师共同完成第 2 章、第 8 章内容的编写；最后由李永忠教授统稿和定稿。李昱衡同学参与了本书课后习题和实训资料的收集整理工作。在编写本书的过程中，我们参考了部分相关资料和互联网资料，在此向有关作者表示衷心的感谢，并对参与本书编写和提出宝贵意见的老师和同学表示诚挚的感谢。

由于作者水平和学识有限，书中不足之处在所难免，恳请广大读者及同行专家批评指正。

作者 E-mail：liyongzhong61@163.com。

作　者
2023 年 7 月
于南京理工大学泰州科技学院

目　　录

第1章　物联网安全概述

物联网是继微型计算机技术、Internet 技术之后现代信息技术的第三次技术革命，是互联网技术的延伸和拓展，代表了未来计算机技术和通信技术的发展方向，是对现代信息技术的各种新技术、新理念的高度融合，打通了电子技术、自动化技术、通信技术、生物技术、机械技术、材料技术等以往关联不大的技术之间的通道，使得这些技术真正融合为一个整体，从而实现了通信从人与人向人与物、物与物的拓展。最初的物联网是指基于 Internet 技术利用电子射频标签 RFID 和产品电子编码 EPC 技术实现的全球化物品网络实时信息共享系统。后来，随着物联网的发展产生了大数据和处理大数据的云计算技术，物联网也逐步演化成了一种融入云计算、大数据和移动互联网技术的新型信息产业链。物联网行业应用需求广泛，潜在市场规模巨大。代表下一代信息技术发展方向的物联网，将会像互联网一样成为全球经济发展的又一个驱动力。

1.1　物联网简介

1.1.1　物联网的概念与发展

1. 物联网的概念

物联网是新一代信息技术的重要组成部分，也是"信息化"时代的重要发展阶段，其英文名称是 Internet of Things(IoT)。顾名思义，物联网就是物物相连的互联网。这有两层意思：其一，物联网的核心和基础仍然是互联网，是在互联网基础上的延伸和扩展的网络；其二，物联网的用户端延伸和扩展到了任何物品与物品之间，可在物品之间进行信息交换和通信，也就是物物的信息相连。物联网通过智能感知、识别技术与普适计算等通信感知技术的结合，广泛应用于网络的融合中，因此被称为继计算机、互联网之后世界信息产业发展的第三次浪潮。物联网是互联网的应用拓展，与其说物联网是网络，不如说物联网是网络业务和应用。因此，应用创新是物联网发展的核心，以用户体验为核心的创新是物联网发展的灵魂。

物联网的广义定义为利用局部网络或互联网等通信技术把传感器、控制器、机器、人员和物等通过新的方式连在一起，形成人与物、物与物相连，实现信息化、远程管理控制和智能化的网络。物联网是互联网的延伸，它包括互联网及互联网上所有的资源，兼容互联网所有的应用，但物联网中所有的元素(设备、资源及通信等)都是个性化和私有化的。

物联网的狭义定义为将各种信息传感设备，如射频识别(RFID)装置、红外感应器、卫星定位系统、激光扫描器等与互联网结合起来而形成的一个巨大网络。其目的是让所有的物品都与网络连接在一起，方便识别和管理。物联网是利用无所不在的网络技术建立起来的，其中非常重要的技术是 RFID 技术。

物联网的特点是以简单的 RFID 系统为基础，结合已有的网络技术、数据库技术、中间件技术等，构筑一个由大量联网的 RFID 阅读器和大量移动标签组成的比 Internet 更为庞大的网络。在这个网络中，系统可以自动地、实时地对物体进行识别、定位、追踪、监控，并触发相应事件。

由上述定义可以发现，物联网具有三个方面的重要特征：

(1) 互联网特征。物联网是解决物与物、人与物之间通信的网络形态，是在互联网基础之上延伸和扩展的一种网络，尽管终端多样化，但其基础和核心仍然是互联网。

(2) 识别与通信特征。纳入物联网的"物"一定要具备自动识别与物物通信(M2M)的功能。通过在各种物体上植入微型感应芯片，使任何物品都可以变得"有感受、有知觉"。物联网的这一神奇功能是互联网所不具备的，是对互联网的延伸和拓展。

(3) 智能化特征。网络系统应具有自动化、自我反馈与智能控制的特点。

物联网可用的基础网络有很多，根据其应用需要可以用公网也可以用专网，通常互联网被认作是最适合作为物联网的基础网络。

2. 物联网的发展

物联网的实践最早可以追溯到1990年施乐公司的网络可乐贩售机——Networked Coke Machine。

1991 年，美国麻省理工学院(MIT)的 Kevin Ashton 教授首次提出物联网的概念。

1995 年，比尔盖茨在《未来之路》一书中也曾提及物联网，但未引起广泛重视。

1998 年，MIT 提出了当时被称为 EPC 系统的物联网构想。

1999 年，在 EPC 编码、RFID 技术和互联网基础上，MIT 的自动识别中心(Auto-ID)提出"万物皆可通过网络互联"，阐明了物联网的基本含义。早期的物联网是依托 RFID 技术的物流网络，随着技术和应用的发展，物联网的内涵已经发生了很大变化。

2003 年，美国《技术评论》提出传感网络技术将是未来改变人们生活的十大技术之首。2003 年 10 月，非营利性组织 EPCglobal 成立，形成了基于 Internet 的 RFID 系统。

2004 年，IETF 成立了基于低功耗无线个域网(LoWPAN)的 IPv6 工作组 6LoWPAN，致力于研究由 IEEE 802.15.4 链路构成的低功耗无线个域网中如何优化运行 IPv6 协议。这为通过 Internet 直接寻址访问无线传感器网络节点(无须通过网关)提供了可能，使得无线传感器网络走向开放并可能成为一种 Web 服务。同年，日本总务省(MIC)提出 u-Japan 计划，该战略计划力求实现人与人、物与物、人与物之间的连接，希望将日本建设成一个随时、随地、任何物体、任何人均可连接的泛在网络社会。

2005 年 11 月 17 日，在突尼斯举行的信息社会世界峰会(WSIS)上，国际电信联盟(ITU)发布《ITU 互联网报告 2005：物联网》，引用了"物联网"的概念。其中，物联网的定义和范围已经发生了变化，覆盖范围有了较大的拓展，不再只是指基于 RFID 技术的物联网。报告指出，世界上所有的物体都可以通过互联网主动进行信息交换，RFID、传感器技术、纳米技术、智能嵌入技术将得到更加广泛的应用，同时强调了 M2M 通信。

2008 年，欧洲智能系统集成技术平台(EPoSS)在《物联网 2020》报告中分析预测了未来物联网的发展阶段。可见，欧洲的物联网是从电信部门开始主导的，因为 M2M 具有巨大的市场潜力。

2009 年，欧盟执委会发表题为 "Internet of Things–an Action Plan for Europe" 的物联网行动方案，描绘了物联网技术应用的前景，提出欧盟政府要加强对物联网的管理，促进物联网的发展，从而使物联网上升为整个欧盟的战略行为。

2009 年 2 月 24 日，在 2009 IBM 论坛上，IBM 大中华区首席执行官钱大群公布了名为 "智慧地球" 的最新策略。此概念一经提出，即得到美国各界的高度关注，甚至有分析认为 IBM 公司的这一构想极有可能上升至美国的国家战略，并在世界范围内引起轰动。

2009 年 8 月，温家宝总理在无锡视察时发表重要讲话，提出 "感知中国" 的战略构想。温家宝 "感知中国" 的讲话把我国物联网领域的研究和应用开发推向了高潮，后来在《让科技引领中国可持续发展》的讲话中将物联网列入战略新兴产业之一，标志着物联网产业发展已经提升到我国的国家战略。此后，我国开始大规模发展物联网，无锡市率先建立了 "感知中国" 研究中心，中国科学院、各大电信运营商、多所大学在无锡市建立了物联网研究院，江南大学还建立了全国首家实体物联网工厂学院。物联网在中国受到了全社会极大的关注，其受关注程度是在美国、欧盟各国以及其他国家不可比拟的。与此同时，韩国通信委员会和日本政府 IT 战略本部也分别提出了物联网相关战略。

物联网获得学术界与工业界的青睐是因为物联网技术给人们提供了一种前所未有的信息收集手段。通过物联网技术，人们可以轻松地获得自然界的各类信息。从信息的角度来讲，整个地球就变成了物联网的信息工厂。过去一直将物理基础设施和 IT 基础设施分开：一方面是机场、公路和建筑物，另一方面是数据中心、传感器和 RFID。在物联网时代，各类建筑将与芯片、互联网有效的整合。

3．物联网的关键技术

物联网涉及的新技术很多，其中的关键技术主要有射频识别技术、传感器技术、网络通信技术、云计算技术(数据存储与计算)以及 EPC 物联网的关键技术等。

1) 射频识别技术

射频识别技术俗称射频电子标签，即 RFID，是物联网中非常重要的技术，是实现物联网的基础与核心。RFID 技术是一种利用射频信号通过空间耦合(交变磁场或电磁场)实现无接触信息传递和目标识别的技术。通常 RFID 系统主要由三个部分构成：① 标签(Tag)，附着在物体上以标识目标对象；② 阅读器(Reader)，用来读取(有时还可以写入)标签信息，既可以是固定的，也可以是移动的；③ 天线(Antenna)，其作用是在标签和读取器之间传递射频信号。

RFID 可实现人们对各类物体或设备(人员、物品)在不同状态(移动、静止或恶劣环境)下的自动识别和管理，其识别过程无须人工干预，适用于各种恶劣环境，可用来追踪和管理几乎所有物理对象。

RFID 技术发展面临的主要问题和难点是：① 射频识别的碰撞防冲突问题；② 射频天线研究；③ 工作频率的选择；④ 安全与隐私保护问题。

2) 传感器技术

要产生真正有价值的信息，仅有射频识别技术是不够的，还需要传感器技术。由于物联网通常处于自然环境中，传感器要长期经受恶劣环境的考验，因此，物联网对传感器技术提出了更高的要求。

作为获取信息的关键器件，传感器是现代信息系统和各种装备不可缺少的信息采集器件。如果把计算机看作处理和识别信息的"大脑"，把通信系统看作传递信息的"神经系统"，那么传感器就是"感觉器官"。所谓传感器，是指那些对被测对象的某一确定的信息具有感受(或响应)与检出功能，并使之按照一定规律转换成与之对应的可输出信号的元器件或装置。离开了传感器对被测的原始信息进行准确可靠的捕获和转换，一切准确的测试与控制都将无法实现。即使是最现代化的电子计算机，假如没有准确的信息(或转换可靠的数据)和不失真的输入，也将无法充分发挥其应有的作用。传感器技术的发展与突破主要体现在两个方面：一是感知信息方面；二是传感器自身的智能化和网络化。未来传感器技术的发展趋势大致分为如下几个方面：① 向检测范围挑战——集成化，多功能化；② 向未开发的领域挑战——生物传感器；③ 传感技术，智者为尊——智能传感器(Smart Sensor)；④ 发现和利用新材料。

传感器技术是一门综合的高新技术，它集光、机、电、生物医学于一身，所以传感器技术的水平从侧面反映了微电子技术、MEMS、纳米技术、光电子技术、生物技术等高新技术的水平。

3) 网络通信技术

无论物联网的概念如何扩展和延伸，其最基础的物物之间的感知和通信是不可替代的关键技术。网络通信技术包括各种有线和无线传输技术、交换技术、组网技术、网关技术等，其中 M2M 技术则是物联网实现的关键。M2M 技术是机器对机器通信的简称，指所有实现人、机器、系统之间建立通信连接的技术和手段，同时也可代表人对机器(Man To Machine)、机器对人(Machine To Man)、移动网络对机器(Mobile To Machine)之间的连接与通信。M2M 技术适用范围广泛，可以结合 GSM/GPRS/UMTS/LTE-4G-5G 等远距离连接技术，也可以结合 WiFi、BlueTooth、ZigBee、RFID 和 UWB 等近距离连接技术，此外还可以结合 XML 和 CORBA 以及基于 GPS、无线终端和网络的位置服务技术等，用于安全监测、自动售货机、货物跟踪等领域。目前，M2M 技术的重点在于机器对机器的无线通信，而将来的应用则将遍及军事、金融、交通、气象、电力、水利、石油、煤矿、工控、零售、医疗、公共事业管理等各个行业。短距离无线通信技术的发展和完善使得物联网前端的信息通信有了技术上的可靠保证。

通信网络技术为物联网数据提供传送通道，如何在现有网络上进行增强，适应物联网业务的需求(低数据率、低移动性等)，是该技术研究的重点。物联网的发展离不开通信网络，更宽、更快、更优的下一代宽带网络将为物联网发展提供更有力的支撑，也将为物联网应用带来更多的可能。

4) 云计算技术

云计算(Cloud Computing)是网格计算、分布式计算、并行计算、效用计算、网络存储、虚拟化、负载均衡等传统计算机技术和网络技术发展融合的产物。云计算的基本原理是：通过虚拟化技术将计算任务分布在大量的分布式计算机虚拟化资源池上，而非本地计算机或远程服务器上。企业数据中心的运行将与互联网更加相似，这使得企业能够将资源切换到需要的应用上，根据需求访问计算机和存储系统。它旨在通过网络把多个成本相对较低的计算实体整合成一个具有强大计算能力的完美系统，并借助 SaaS、PaaS、IaaS、MSP 等先进的商业模式把这强大的计算能力分布到终端用户中。

云计算的一个核心理念就是通过不断提高"云"的处理能力，减少用户终端的处理负担，最终使用户终端简化成一个单纯的输入/输出(I/O)设备，并能按需享受"云"的强大计算处理能力。Google 搜索引擎是云计算的成功应用之一。

5) EPC 物联网的关键技术

目前较为成熟的物流领域的物联网 EPC 是由 EPCglobal 提出的，EPC 物联网的关键技术包括：

(1) EPC 编码：长度为 64 位、96 位和 256 位的 ID 编码，出于成本的考虑，现在主要采用 64 位和 96 位两种编码。EPC 编码分为四个字段，分别为：① 头部，标识编码的版本号，这样就可使电子产品编码采用不同的长度和类型；② 产品管理者，如产品的生产商；③ 产品所属的商品类别；④ 产品的唯一编号。

(2) Savant：介于阅读器与企业应用之间的中间件，为企业应用提供一系列计算功能。它的首要任务是减少从阅读器传往企业应用的数据量，对阅读器读取的标签数据进行过滤、汇集、计算等操作，同时 Savant 还提供与 ONS、PML 服务器、其他 Savant 的互操作功能。

(3) 对象名字服务：类似于域名服务器 DNS，ONS 提供将 EPC 编码解析为一个或一组 URL 的服务，通过 URL 可获得与 EPC 相关产品的进一步信息。

(4) 信息服务：以 PML 格式存储产品相关信息，可供其他的应用进行检索，并以 PML 的格式返回。存储的信息可分为两大类：一类是与时间相关的历史事件记录，如原始的 RFID 阅读事件(记录标签在什么时间被哪个阅读器阅读)，高层次的活动记录如交易事件(记录交易涉及的标签)等；另一类是产品固有属性信息，如产品生产时间、过期时间、体积、颜色等。

(5) PML：在 XML 的基础上扩展而来，被视为描述所有自然物体、过程和环境的统一标准。在 EPC 网络中，所有有关商品的信息都以 PML 来描述，PML 是 EPC 网络信息存储和交换的标准格式。

4. 物联网的应用

物联网在中国也称为传感网，指的是将各种信息传感设备与互联网结合起来而形成的一个巨大网络。具体来说，物联网就是通过安装信息传感设备，如 RFID 装置、红外感应器、全球定位系统、激光扫描器等，将所有的物品与网络连接在一起，以便识别和管理。物联网用途广泛，遍及智能交通、环境保护、政府工作、公共安全、平安家居、智能消防、工业监测、老人护理、个人健康等多个领域，在电视、洗衣机、空调甚至自行车、门锁和血压计上都能使用。专家预测 10 年内，物联网就可能大规模普及。

举例说明物联网的应用：购买深圳到樟木头的火车票，若使用 RFID 标签，上车不用排队检票，RFID 阅读器会自动检票；扫描牛奶包装盒的二维码可以跟踪牛奶的产地和奶牛编号；使用 RFID 标签的奥运会门票，奥运会检票就不用排长队入馆了；第二代身份证有芯片防伪功能，使用非接触式 IC 卡芯片作为"机读"存储器，芯片和电路线圈在证卡内封装，能够保证证件在各种环境下正常使用，具有读写速度快、使用方便、易于保管的特征；在物流供应和管理系统中使用 RFID 标签可以使物流供应链的 SCM 和货物定位快捷方便。图 1-1 所示是物联网的几个典型应用。

(a) 火车票检票

(b) 牧场奶牛信息管理

(c) 奥运会门票检票

(d) 第二代身份证

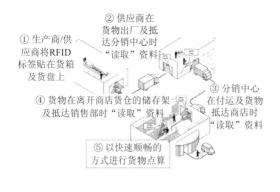

(e) 供应链管理 SCM

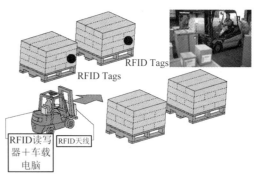

(f) 货物定位跟踪管理

图 1-1 物联网的典型应用

物联网对整个国家的经济社会发展和信息化水平提升有着重大意义，可以成为推动产业升级、迈向未来社会的发动机。时至今日，物联网已不只是一个学术概念，而是有着非常广泛的市场需求。实际上，物联网已经在很多领域有应用案例，这些商业案例的成功是物联网获得较大发展的先决条件。目前，国内外物联网具有应用优势的领域主要包括如下几方面：

(1) 智能电网。智能电网就是利用传感器、嵌入式处理器、数字化通信和 IT 技术，构建具备智能判断与自适应调节能力的多种能源统一入网和分布式管理的智能化电力网络系统，可对电网与客户用电信息进行实时监控和采集，且采用最经济与最安全的输配电方式将电能输送给终端用户，实现对电能的最优配置与利用，提高电网运行的可靠性和能源利用效率。

智能电网是物联网重要的应用，包括很多电力企业开展的"无线抄表"应用，其实也是物联网应用的一种。对于物联网产业甚至整个信息通信产业的发展而言，电网智能化将产生强大的驱动力，并将深刻影响和有力推动其他行业的物联网应用。

(2) 智能交通。所谓智能交通，就是利用先进的通信、计算机、自动控制和传感器技术，实现对交通的实时控制与指挥管理。交通智能化是解决交通拥堵、提高行车安全、提高运行效率的重要途径。我国交通问题的重点和难点是城市道路拥堵。在道路建设跟不上汽车增长的情况下，对车辆进行智能化管理和调配就成为解决拥堵问题的主要技术手段。目前，根据 2012 年交通运输部公布的相关数据，全国已经有 20 多个省区市实现公路联网监控、交通事故检测、路况气象等应用，路网检测信息采集设备的设置密度在逐步加大，有些高速公路实现了全程监控，并可以对长途客运危险货物运输车辆进行动态监管。

21 世纪是信息化时代，也将是公路交通智能化的时代，人们将要采用的智能交通系统是一种先进的一体化交通综合管理系统。在该系统中，车辆靠自身的智能在道路上自由行驶，公路靠自身的智能将交通流量调整至最佳状态，借助于这个系统，管理人员对道路、车辆的行踪将掌握得一清二楚。

(3) 物流管理。物流领域是物联网相关技术最有现实意义的应用领域之一。通过在物流商品中引入传感节点，可以从采购、生产制造、包装、运输、销售到服务的供应链上的每一个环节做到精确了解和掌握，对物流全程传递和服务实现信息化的管理，最终减少货物装卸、仓储等物流成本，提高物流效率和效益。物联网与现代物流有着天然紧密的联系，其关键技术如物体标识及标识追踪、无线定位等新型信息技术应用，能够有效实现物流的智能调度管理，整合物流核心业务流程，加强物流管理的合理化，降低物流消耗，从而降低物流成本，减少流通费用，增加利润。物联网将加快现代物流的发展，增强供应链的可视性和可控性。

(4) 医疗管理。在医疗领域，物联网在条码化病人身份管理、移动医嘱、诊疗体征录入、药物管理、检验标本管理、病案管理数据保存及调用、婴儿防盗、护理流程、临床路径等管理中，均能发挥重要作用。例如，通过物联网技术，可以将药品名称、品种、产地、批次及生产、加工、运输、存储、销售等环节的信息都存于电子标签中，当出现问题时，可以追溯全过程。同时还可以把信息传送到公共数据库中，患者或医院可以将标签的内容和数据库中的记录进行对比，从而有效地识别假冒药品。在公共卫生方面，通过 RFID 技术建立医疗卫生的监督和追溯体系，可以实现检疫检验过程中病源追踪的功能，并能对病菌携带者进行管理，为患者提供更加安全的医疗卫生服务。

(5) 车联网与 V2X。近年来，由于汽车数量的不断增加而引起的交通安全、出行效率和环境污染等各种问题愈加突出，车联网领域的研究和发展也因此受到了越来越广泛的关注。而基于 5G 的 V2X 通信技术在构建 V2X 体系架构、部署路侧与车载通信设备，开展车路协同与网联自动驾驶的规模化示范应用的地位也愈加突出。V2X 的全称为 Vehicle to Everything，其中 Vehicle 为车辆，Everything 为任何事物，概括而言 V2X 通信技术就是车辆与任何事物相连接的通信技术。广泛意义的 V2X 主要包含以下几大模式：

① 车到车(V2V)：指车辆利用自身的车载终端 OBU 与其他车辆进行的通信，车辆间交互自身传感器所采集的车辆信息。车辆通过不断的 V2V 通信可以实时地获得与周围其他行驶相关的各类信息，比如当前车辆的位置、车速等；除交互基础信息外，V2V 通信亦支持多媒体信息的交换，包括文字、图片和视频等多种格式。这类通信主要以提供安全预警、避免或减少交通事故、提高行车安全以及车辆监督管理等为目的。

② 车到人(V2P)：指车辆通过车载终端 OBU 与行人的用户设备如手机终端、笔记本电脑等进行的通信。这类通信主要为行人、骑行者或车辆提供安全提醒。相比于 V2V 通信，其更加侧重于保护行人的安全，但仍在一定程度上可避免或减少交通事故的发生。

③ 车到路(V2I)：指车辆与道路上所设置的相关基础设施如摄像头、红绿灯等之间的通信。这类通信主要依赖于车载终端 OBU 与路边单元(RSU)进行信息交互。据此，RSU 可以通过 V2I 通信获取更多附近区域内的车辆信息，并调整、发布红绿灯控制等实时信息。其主要应用于对车辆、道路基础设施的监控和管理、车辆与周围环境信息交互等。

④ 车到网络(V2N)：指车辆的车载终端 OBU 与边缘云之间的通信，使得车辆与云进行数据交互，并对获取的数据进行存储和处理，用以提供各类车辆相关的应用服务。这类通信主要应用于提供车辆远程监控、云端服务接入、车辆导航等。

1.1.2　物联网的体系结构

物联网的特点是融合了无线网络和有线网络，扩大了接入 Internet 的设备规模，除了计算机外，还有大量的微型计算设备，使得网络连接的范围更广。物联网的接入设备如传感器节点具有感知外部环境的功能，有些设备(如 RFID)具有标识附着物体的能力，其中很多设备还可以借助卫星定位系统(如北斗、GPS)定位和追踪，这些都使得人类具有比以前更加强大的获取信息的能力。如果这些设备还能够具备行动能力，则人类将具有比以前更加强大的控制能力。这些使得人类具有前所未有的能力去感知、标识、跟踪、连接、控制、管理地球上的物体，好比给地球加上了一个神经系统。这个神经系统有末梢部分(物联网终端系统)、传导部分(网络通信系统)以及处理部分(如云计算、信息与网络中心等)。实际上物联网是由很多异构系统构成的，物联网的体系结构是解决这些异构系统连接的基础。

1. 物联网的三个特征

与互联网相比，物联网具有以下三个主要特征：

(1) 全面感知，即利用 RFID、传感器、二维码、移动通信 3G/4G/5G、GPS(北斗卫星导航)定位装置等随时随地获取物体的信息。

(2) 可靠传递，即通过各种近距离无线通信网络与电信网络、互联网融合，将物体的信息及时准确地传递出去。

(3) 智能处理，即利用云计算、模糊识别等各种智能计算技术，对海量数据和信息进行分析与处理，对物体实施智能化的控制和管理。

物联网的特征如图 1-2 所示。

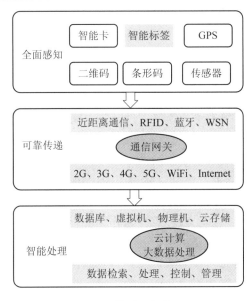

图 1-2 物联网的特征

2. 物联网的体系结构

物联网技术的体系结构当前尚未得到国际标准化组织的正式认可，国内外学者对于该技术体系结构的设计仍众说纷纭。不管是三层体系结构、四层体系结构还是五层体系结构，其关键技术都是相同的，总体上可归结为感知层、网络层及应用层三层。图 1-3 为当前常用的物联网体系结构。

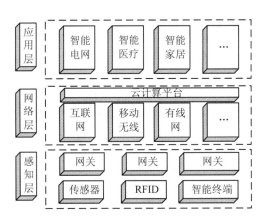

图 1-3 物联网的体系结构

物联网感知层的主要设备包含各种传感器、RFID、智能终端等，这些设备的主要功能是完成用户或者系统所需数据的采集以及提取。传感器网络中常采用簇状结构，其中包括传感器，各个传感器间可采用自组网的方式相互连接，从而通过接入网关连接到 Internet；RFID 技术主要是通过射频的方式将 RFID 中的信息传递给所需信息的载体或者客户，而这种信息的传递主要是通过射频间的通信完成的；智能终端主要包含智能手机、PDA、iPad 等具有智能系统且带有无线射频的通信设备，用户可以通过移动网络厂商将数据或者信息远程传送到指定的 Server 上。另外，M2M 的终端设备、智能物体都可视为感知层中的物体。

感知层是物联网信息和数据的来源。

物联网网络层又可称为传输层,该层的主要功能是完成数据与信息的传递。常见的接入技术包括有线接入和无线接入。有线接入技术已经十分成熟,该接入技术以其高稳定性早已被广泛应用到日常生活中。而无线接入技术由于其低廉的部署价格以及接入的便捷性在业界也十分活跃,当前普遍使用的 3G/TD-LTE 4G 技术和正在普及的 5G 技术已经被广大消费者所熟悉和认可。网络层也可分为接入网、核心网以及服务端系统(云计算平台、信息网络中心、数据中心等)。接入网可以是无线近距离接入,如无线局域网、ZigBee、Bluetooth、红外;也可以是无线远距离接入,如移动通信网络、WiMAX 等;还可能为其他接入形式,如有线网络接入(PSTN、ADSL、宽带)、有线电视、现场总线、卫星通信等。网络层的核心网通常是 IPv6(IPv4)网络。网络层是物联网信息和数据的传输层,此外,网络层也包括信息存储查询、网络管理等功能。云计算平台作为海量感知数据的存储、分析平台,是物联网网络层的重要组成部分,也是应用层众多应用的基础。云计算技术的兴起为物联网用户提供了更为方便快捷的信息传递方式。总之,物联网技术中的网络接入层的主要任务就是完成用户或者系统对感知层数据以及信息的获取。

物联网应用层主要实现用户根据不同的感知数据作出不同的反应。当前市场上兴起的云电视、智能医疗系统、智能家居以及数字地球等都是物联网技术在日常生活中的广泛应用。物联网应用层的主要作用就是对感知层获取数据信息的应用。应用层对物联网信息和数据进行融合处理和利用,是物联网发展的目的。

图 1-4 是一种更加直观的物联网四层体系结构,分为感知层、传输层、智能处理层和应用层。

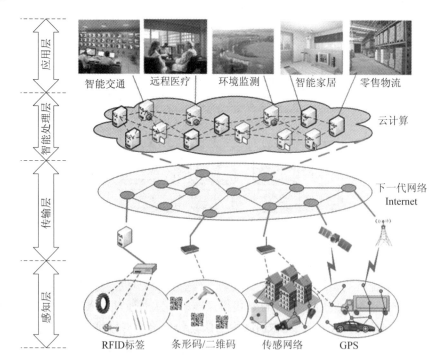

图 1-4　物联网四层体系结构

物联网的五层体系结构是基于 ITU-T 的泛在传感器网络 USN，分为感知层、传输层、资源管理层、信息处理层和应用层。

3．物联网的网络技术

物联网中比较有特色的共性网络技术有 6LoWPAN、EPCglobal 网络和 M2M。

(1) 6LoWPAN：主要用于基于 Internet 寻址访问传感器节点，由 IETF 定义，被 IPSO 联盟推广。从广义上讲，6LoWPAN 可用于在基于 IEEE 802.15.4 的无线个域网链路条件下，承载 IPv6 协议构成一个广域的大规模的设备(智能物体，Smart Object)的联网。这一技术可视为无线传感器网络的 Internet 演进，其推动者是 IETF 以及 IPSO 联盟。6LoWPAN 是一种基于 IPv6 的低速无线个域网标准，即 IPv6 over IEEE 802.15.4。6LoWPAN 取得的突破是得到一种非常紧凑、高效的 IP 实现，消除了以前造成各种专门标准和专有协议的因素。这在工业协议(BACNet、LonWorks、通用工业协议和监控与数据采集)领域具有特别的价值。最初开发这些协议是为了提供特殊的行业特有的总线和链路(从控制器区域网总线到 AC 电源线)上的互操作性。6LoWPAN 技术得到学术界和产业界的广泛关注，如美国加州大学伯克利分校(Berkely)、瑞典计算机科学院(Swedish Institute of Computer Science)，以及思科(Cisco)、霍尼韦尔(Honeywell)等知名企业，并推出相应的产品。6LoWPAN 协议已经在许多开源软件上实现，最著名的是 Contiki 和 Tinyos，分别实现了 6LoWPAN 的完整协议栈，并得到了广泛测试和应用。6LoWPAN 的详细内容见第 5 章的 5.5 节。

(2) EPCglobal：主要用于基于 Internet 的 RFID 系统，由 EPCglobal 定义，主要用于广域物体的定位与追踪的物流。这一技术可视为 RFID 技术的 Internet 演进，其推动者是 EPCglobal 组织。它是一个受业界委托而成立的非营利组织，负责 EPC 网络的全球化标准，以便更加快速、自动、准确地识别供应链中的商品。EPCglobal 的目的是促进 EPC 网络在全球范围内的广泛应用。EPC 网络由自动识别中心开发，其研究总部设在麻省理工学院，并且还有全球顶尖的 5 所研究型大学的实验室参与。2003 年 10 月 31 日以后，自动识别中心的管理职能正式停止，其研究功能并入自动识别实验室。EPCglobal 将继续与自动识别实验室密切合作，以改进 EPC 技术使其满足将来自动识别的需要。EPCglobal 的主要职责是在全球范围内对各个行业建立和维护 EPC 网络，保证供应链各环节信息的自动、实时识别采用全球统一标准。通过发展和管理 EPC 网络标准来提高供应链上贸易单元信息的透明度与可视性，以此来提高全球供应链的运作效率。EPCglobal 由 EAN 和 UCC 两大标准化组织联合成立，它继承了 EAN、UCC 与产业界近 30 年的成功合作传统。EPCglobal 网络是实现自动即时识别和供应链信息共享的网络平台。通过 EPCglobal 网络，提高供应链上贸易单元信息的透明度与可视性，以此各机构组织将会更有效运行。通过整合现有信息系统和技术，EPCglobal 网络将对全球供应链上的贸易单元提供即时、准确、自动的识别和跟踪。EPCglobal 的详细内容见第 7 章的 7.3 节。

(3) M2M：通常是指通过远距离无线移动通信网络(如 GPRS、TD-SCDMA 等)的设备间的通信(如终端设备与中心服务器间通信的智能抄表)以及两个广域网的设备间的通信(通过中心服务器转接)。M2M 的主要作用是为远端设备提供无线通信接入 Internet 的能力。很多时候 M2M 可被视为一种接入方式，这种接入方式和无线移动通信网中以人为中心的接入方式不同，M2M 中接入的对象是设备，且这些设备通常是无人看守的(因此 M2M 设备可能是机卡一体的)。当然，广义上 M2M 可泛指所有机器之间的通信，涵盖控制系统间的通信。M2M 通常是移动通信运营商在推动，可视为远距离无线移动通信网络的接入端从以人为中心向以设备为中心演进。目前，M2M 的重点在于机器对机器的无线通信，存在三种方式：机器对机器、机器对移动电话(如用户远程监视)和移动电话对机器(如用户远程控制)。预计未来用于人对人通信的终端可能仅占整个终端市场的 1/3，而更大数量的通信是 M2M 通信业务。事实上，目前机器的数量至少是人类数量的 4 倍，因此 M2M 具有巨大的市场潜力。M2M 的潜在市场不仅限于通信业，由于 M2M 是无线通信和信息技术的整合，它可用于双向通信，如远距离收集信息、设置参数和发送指令，因此 M2M 技术可有不同的应用方案，如安全监测、自动售货机、货物跟踪等。在 M2M 中，GSM/GPRS/UMTS 是主要的远距离连接技术，其近距离连接技术主要有 802.11b/g、Bluetooth、ZigBee、RFID 和 UWB。此外，还有一些其他技术，如 XML 和 CORBA，以及基于 GPS、无线终端和网络的位置服务技术。M2M 的详细内容见第 7 章的 7.4 节。

上述三种技术之间的关系如下：

(1) EPCglobal 网络和 M2M 可以融合，即 RFID 读写器通过 M2M 连接到 Internet，然后可访问 EPGglobal 定义的 ONS、EPCIS 等服务。EPCglobal 网络主要定义了应用层服务的架构。

(2) 6LoWPAN 和 M2M 之间的区别是前者提供了直接的 Internet 寻址能力，而后者可以通过 M2M 服务器端的网关功能进行寻址，这种寻址类比于一种基于广域无线通信网的网络地址转换(NAT)，因为后者可不需要配置 IP 地址，而只需要配置 M2M 标识。6LoWPAN 是协议栈的一个适配层。

(3) 无线传感器节点或者无线传感网网关也可以通过 M2M 的 GPRS，特别是 TD-SCDMA 连接到远距离无线移动通信网络的中心节点，然后与 Internet 相连，达到 6LoWPAN 技术类似的效果。M2M 的最大优势是对大规模移动性的支持。

基于上述基本网络技术，根据需求选择适当的终端设备，再合理地选择接入网络和核心网，就可以构造各种新颖的应用。

4. 物联网中的安全问题

物联网是以 RFID 系统为基础的，而 RFID 系统是一个开放系统，因此存在安全问题，主要的安全问题有：

(1) 数据安全。由于任何实体都可读取标签，因此攻击者可将自己伪装成合法标签，或者进行拒绝服务攻击，从而对标签的数据安全造成威胁。

(2) 隐私。将标签 ID 和用户身份相关联，从而侵犯个人隐私。未经授权访问标签信息，得到用户在消费习惯、个人行踪等方面的隐私。和隐私相关的安全问题主要包括信息泄露和追踪。图 1-5 是个人隐私泄露的典型示意图。

(3) 复制。约翰斯·霍普金斯大学和 RSA 实验室的研究人员指出，RFID 标签中存在的一个严重安全缺陷是标签可被复制。

(4) RFID 系统的威胁。普通安全威胁主要包括机密性和可用性等，隐私相关的威胁主要包括信息泄露和追踪。

图 1-5　个人隐私泄露(物联网时代的琼斯先生)

1.2　物联网安全问题分析

1.2.1　物联网安全与相关学科的关系

为了更加清楚地了解物联网的安全问题,本节主要讨论物联网安全与相关学科的关系,以便帮助读者加深理解网络安全的意义。

信息安全专业的安全研究内容可划分为四个领域:密码学、网络安全、信息系统安全和信息内容安全。每个领域的主干课程和内容是:

(1) 密码学领域:密码学,分为密码编码学和密码分析学(密码攻击)两个方面。

(2) 网络安全领域:网络安全、信息(网络)安全工程和信息(网络)安全管理。

(3) 信息系统安全领域:软件安全、操作系统及安全、数据库安全、信息系统安全、电子商务与电子政务安全和智能卡技术。

(4) 信息内容安全领域:数字水印与信息隐藏以及信息内容安全。

物联网安全主要属于信息安全中的网络安全领域,特别是无线网络(含通信网)安全的范畴,但是,由于物联网的概念和内容涵盖的范围非常广泛,例如包括了物联网的终端系统(如 RFID、传感器节点、数据库系统以及服务器等),于是物联网信息系统安全的内容涉及的范围比较广泛,如操作系统安全(如嵌入式操作系统、手机操作系统安全)、软件安全(智能手机病毒防护)、数据库安全等。物联网安全的网络安全部分主要包括无线网络安全(如大部分接入网的安全)和有线网络安全(如 IP 核心网安全),特别是具有物联网安全自身特色的内容,如 6LoWPAN 安全、智能电网、EPCglobal 网络以及 M2M,以区别于一般的网络安全和无线网络安全。

通常网络安全的知识单元包括网络安全概念、防火墙、入侵检测系统(IDS)、虚拟专用网(VPN)、网络协议安全、网络安全漏洞检测与防护、Web 安全等,这些都针对有线网络。

无线网络安全的知识单元包括无线局域网安全、无线城域网安全、无线广域网安全、无线个域网安全、无线体域网安全、无线自组织网络安全等。无线网络安全涵盖了通信网安全。物联网安全学科不是网络安全与无线网络安全研究内容的简单合并，而是在两者基础之上，更多地关注融合后新出现的安全问题(如 6LoWPAN)以及新的网络形态(如 EPCglobal、M2M)下的安全问题。

因此，在基本的(如融合、异构、资源受限节点、大规模节点等)约束条件下，或者在具体应用情形下(如智能电网、M2M、远程医疗、控制网络等)，或者在特有网络架构下(如 6LoWPAN 安全、EPCglobal 网络等)，去发现安全问题并解决这些问题时，这里更加强调利用密码学(特别是轻量级密码学)的方法，因为利用密码学这一解决信息安全问题的基本工具来解决物联网安全问题，可能会更加深刻、更加精巧。当然，也需要考虑到具体的安全需求，对于机密性、完整性、可鉴别性、不可否认性问题，一般使用密码学工具都可以解决。对于信任管理、隐私、可用性、健壮性等问题，则可以利用更多种类的安全方法。

1. 信息安全

信息安全学科可分为狭义安全与广义安全两个层次。狭义安全是建立在以密码学理论为基础的计算机安全领域，早期中国信息安全专业通常以此为基准，辅以计算机技术、通信网络技术与编程等方面的内容；广义安全是一门综合性学科，从传统的计算机安全到信息安全，不但是名称的变更，也是对安全发展的延伸，安全不再是单纯的技术问题，而是管理、技术、法律等问题相结合的产物。

信息安全通常实现的目标是保证信息的安全属性不会遭到破坏。信息安全的属性主要包括：

(1) 保密性：信息不泄露给非授权的用户、实体或过程，或供其利用的特性。保证机密信息不被窃听，或窃听者不能了解信息的真实含义。

(2) 完整性：数据未经授权不能进行改变的特性，即信息在存储或传输过程中保持不被修改、破坏和丢失的特性。保证数据的一致性，防止数据被非法用户篡改。

(3) 真实性：对信息的来源进行判断，能对伪造来源的信息予以鉴别，也称为可鉴别性。

(4) 可用性：可被授权实体访问并按需求使用的特性，即当需要时应能存取所需的信息。保证合法用户对信息和资源的使用不会被不正当地拒绝。网络环境下拒绝服务、破坏网络和有关系统的正常运行等都属于对可用性的攻击。

(5) 不可抵赖性：建立有效的责任机制，防止用户否认其行为，这一点在电子商务中是极其重要的。

(6) 可控制性：对信息的传播及内容具有控制能力。

信息安全属性受到的攻击方式主要有以下几种：

(1) 信息泄露：信息被泄露或透露给某个非授权的实体。

(2) 破坏信息的完整性：数据被非授权地进行增删、修改或破坏而受到损失。

(3) 拒绝服务(DoS)：对信息或其他资源的合法访问被无条件地阻止。

(4) 非法使用(非授权访问)：某一资源被某个非授权的人或以非授权的方式使用。

(5) 窃听：用各种可能的合法或非法的手段窃取系统中的信息资源和敏感信息。例如，对通信线路中传输的信号搭线监听，或者利用通信设备在工作过程中产生的电磁泄漏截取有用信息等。

(6) 业务流分析：通过对系统进行长期监听，利用统计分析方法对通信频度、通信的信息流向、通信总量的变化等参数进行研究，从中发现有价值的信息和规律。

(7) 假冒：通过欺骗通信系统(或用户)达到非法用户冒充成为合法用户，或者特权小的用户冒充成为特权大的用户的目的。黑客大多采用假冒攻击。

(8) 旁路控制：攻击者利用系统的安全缺陷或安全性上的脆弱之处获得非授权的权利或特权。例如，攻击者通过各种攻击手段发现原本应保密，但是又暴露出来的一些系统"特性"，利用这些"特性"，可以绕过系统防线守卫者侵入系统的内部。

(9) 授权侵犯：被授权以某一目的使用某一系统或资源的某个人，却将此权限用于其他非授权的目的，也称作"内部攻击"。

(10) 特洛伊木马：软件中含有一个觉察不出的有害的程序段或者伪装成完整的合法程序，当它被执行时，会破坏用户的安全，窃取用户的机密信息或关键数据。这种应用程序称为特洛伊木马(Trojan Horse)。

(11) 陷阱门：在某个系统或某个部件中设置的"机关"，使得在特定的数据输入时，允许违反安全策略。

(12) 抵赖：这是一种来自用户的攻击，如否认自己曾经发布过的某条消息，伪造一份对方来信等。

(13) 重放：出于非法目的，将所截获的某次合法的通信数据进行复制，然后重新发送。

(14) 计算机病毒：一种在计算机系统运行过程中能够实现传染和侵害功能的程序。

(15) 物理侵入：侵入者绕过物理控制而获得对系统的访问。

(16) 窃取：盗窃重要的安全物品，如令牌或身份卡。

2. 密码学

密码学是研究编制密码和破译密码的技术科学。研究密码变化的客观规律，应用于编制密码以保守通信秘密的称为编码学，应用于破译密码以获取通信情报的称为破译学，两者总称密码学。密码学的构成如图 1-6 所示。

图 1-6　密码学的构成

3. 物联网工程

物联网工程指的是将无处不在的末端设备和设施，包括具备"内在智能"的传感器、移动终端、工业系统、智能建筑的楼控系统、家庭智能设施、视频监控系统等和"外在使能"如贴上 RFID 的各种资产、携带无线终端的个人与车辆等"智能化物件或动物"或"智能尘埃"，通过各种无线和有线的长距离或短距离通信网络实现互联互通应用大集成以及基于云计算的 SaaS 营运等模式，在内网、专网和互联网环境下，采用适当的信息安全保障机制，提供安全可控乃至个性化的实时在线监测、定位追溯、报警联动、调度指挥、预案管理、远程控制、安全防范、远程维保、在线升级、统计报表、决策支持、领导桌面集中展示等的管理和服务功能，实现对"万物"的"高效、节能、安全、环保"的"管、控、营"一体化。目前此词主要是指物联网工程这个专业。

1.2.2 物联网安全威胁

从信息安全角度来说，安全威胁是指某个人、物体或事件对某一资源的保密性、完整性、可用性或合法使用性所造成的危险。安全威胁可分为故意的和偶然的，故意的威胁又可进一步分为主动的和被动的。偶然的威胁是随机的，通常从可靠性和容错性角度进行分析；故意的威胁具有智能性，危害性更大，通常是安全分析中的主要内容。被动威胁只对信息进行监听，而不进行修改。主动威胁包括故意篡改(包含插入、删减、添加等)信息、伪造虚假信息等。对每一种可能的攻击行为都要从攻击方法、攻击可能导致的后果、攻击者的数量与位置、实施这种攻击的可能性、攻击产生的先决条件和特征等方面进行分析，以便采取相应的安全对策。

1. 安全威胁的具体表现

通常，网络环境中安全威胁的具体表现主要有以下三个方面：

(1) 无线以及有线链路上存在的安全威胁。通常在制订网络安全方案时，无线链路的安全威胁都需要得到充分的考虑，此外，与无线链路相连的有线链路(可能是骨干核心网)也需要同时加以考虑。考虑链路中的安全边界，由于先前一些无线网络中的有线链路部分可视为不开放的独立网络，其安全隐患往往被忽视，因此随着无线网络的不断发展和互联，先前的有线骨干核心网络部分可能不再是孤立和封闭的，有线链路受到的威胁也需要加以考虑。其具体表现如下：

① 攻击者被动窃听链路上的未加密信息，或者收集并分析使用弱密码体制加密的信息。

② 攻击者篡改、插入、添加或删除链路上的数据，攻击者重放截获的信息已达到欺骗的目的。

③ 因链路被干扰或攻击而导致移动终端和无线网络的信息不同步或者服务中断。

④ 攻击者从链路上非法获取用户的隐私，包括定位、追踪合法用户的位置、记录用户使用过的服务、根据链路流量特征推测用户个人行为的隐私等。

(2) 网络实体上存在的安全威胁，具体表现如下：

① 攻击者伪装成合法用户使用网络服务。攻击者伪装成合法网络实体欺骗用户使其接入，或者与其他网络实体进行通信，从而获取有效的用户信息，便于展开进一步攻击。

② 合法用户超越原有权限使用网络服务。

③ 攻击者针对无线网络实施阻塞、干扰等攻击。

④ 用户否认其使用过某种服务、资源或完成的某种行为。

(3) 移动终端上存在的安全威胁，主要包括：移动终端由于丢失或被窃取而造成其中的机密信息泄漏；现有移动终端操作系统缺乏完整性保护和完善的访问控制策略，容易被病毒或恶意代码所侵入，造成用户的机密信息被泄露或篡改。

从信息安全的四个基本安全目标(机密性、完整性、认证性以及可用性)的角度来看，可将安全威胁相应地分成四大类基本威胁：信息泄露、完整性破坏、非授权使用资源和拒绝服务攻击。围绕着这四大类主要威胁，在网络中具体的安全威胁主要有无授权访问、窃听、伪装、篡改、重放、重发路由信息、错误路由信息、删除应转发消息、网络泛洪(Flooding)等。

2．物联网面临的安全威胁

物联网的建设与发展必然受到物联网安全和隐私问题的制约，为厘清物联网目前存在的安全威胁，为物联网安全与隐私保护提供理论参考，本节总结了物联网面临的安全威胁并给出了物联网安全的总体概貌和整体安全架构。根据物联网目前主流体系架构，分别从感知层、传输层和应用层对安全威胁进行研究。

1) 感知层的安全威胁

感知层面临的威胁有针对 RFID 的安全威胁、针对无线传感网的安全威胁和针对移动智能终端的安全威胁。

(1) 针对 RFID 的安全威胁。目前，针对 RFID 的主要安全威胁如表 1-1 所示。

表 1-1　RFID 安全威胁

名　　称	解　　释
物理攻击	主要针对节点本身进行物理上的破坏行为，导致信息泄露、恶意追踪等
信道攻击	攻击者通过长时间占据信道导致合法通信无法传输
伪造攻击	伪造电子标签产生系统认可的"合法用户标签"
假冒攻击	在射频通信网络中，攻击者截获一个合法用户的身份信息后，利用这个身份信息来假冒该合法用户的身份入网
复制攻击	通过复制他人的电子标签信息，多次顶替他人使用网络资源
重放攻击	攻击者通过某种方法将用户的某次使用过程或身份验证记录重放或将窃听到的有效信息经过一段时间以后再传给信息的接收者，骗取系统的信任，达到其攻击的目的
信息篡改	攻击者将窃听到的信息进行修改之后再将信息传给接收者

(2) 针对无线传感网的安全威胁。物联网三层架构中，无线传感网是感知层重要的感知数据来源。在目前的物联网 M2M 模式中应用广泛，如智能电网和智能交通等。感知信息包含国家、行业或个人的敏感、重要信息，因此应加强对无线传感网的保护，特别应加强网络内数据传输的安全性和隐私性的保护。目前，针对无线传感网的主要安全威胁如表 1-2 所示。

表 1-2 无线传感网安全威胁

名 称	解 释
网关节点捕获	网关节点等关键节点易被攻击者控制，可能导致组通信密钥、广播密钥、配对密钥等全部泄露，进而威胁到整个网络的通信安全
普通节点捕获	普通节点易被攻击者控制，导致部分通信密钥被泄露，对局域网络通信安全造成一定威胁
传感信息窃听	攻击者可轻易地对单个甚至多个通信链路间传输的信息进行窃听，从而分析出传感信息中的敏感数据。另外，通过传感信息包的窃听，还可以对无线传感器网络中的网络流量进行分析，推导出传感节点的作用等
DoS 攻击	网关节点易受到 DoS 攻击。DoS 攻击会耗尽传感器节点资源，使节点丧失运行能力
重放攻击	攻击者使节点误认为加入了一个新的会话，并截获在无线传感器网络中传播的传感信息、控制信息、路由信息等，再对这些截获的旧信息进行重新发送，从而造成网络混乱、传感节点错误决策等
完整性攻击	无线传感器网络是一个多跳和广播性质的网络，攻击者很容易对传输的信息进行修改、插入等完整性攻击，从而造成网络的决策失误
虚假路由信息	通过欺骗、篡改或重发路由信息，攻击者可以创建路由循环，引起或抵制网络传输，延长或缩短路径，形成虚假错误消息，分割网络，增加端到端的延迟，耗尽关键节点能源等
选择性转发	恶意节点可以概率性地转发或者丢弃特定消息，使数据包不能到达目的地，导致网络陷入混乱状态
Sinkhole(黑洞)攻击	攻击者利用性能强的节点向其通信范围内的节点发送 0 距离公告，影响基于距离向量的路由机制，从而吸引其邻居节点的所有通信数据，形成一个路由黑洞
Sybil(女巫)攻击	一个恶意节点具有多个身份并与其他节点通信，使其成为路由路径中的节点，然后配合其他攻击手段达到攻击目的
Wormholes(虫洞)攻击	恶意节点通过声明低延迟链路骗取网络的部分消息
HelloFlood (哈啰式洪水)攻击	攻击者使用能量足够大的信号来广播路由或其他信息，使得网络中的每一个节点都认为攻击者是其直接邻居，并试图将其报文转发给攻击节点，这将导致随后的网络陷入混乱之中
确认欺骗	一些传感器网络路由算法依赖于潜在的或者明确的链路层确认。在确认欺骗攻击中，恶意节点窃听发往邻居的分组并欺骗链路层，使得发送者相信一条差的链路是好的或一个已死节点是活着的，而随后在该链路上传输的报文将丢失
海量节点认证问题	海量节点的身份管理和认证问题是无线传感网亟待解决的安全问题

(3) 针对移动智能终端的安全威胁。随着移动智能设备的成功和迅速发展，以移动智能手机为代表的移动智能设备将是物联网感知层重要的组成部分，其面临着恶意软件、僵尸网络、操作系统缺陷和隐私泄露等安全问题。2004 年出现了第一个概念验证(Botnet-esque)手机蠕虫病毒 Cabir，此后针对移动智能手机的移动僵尸病毒等恶意软件呈现多发趋势，出

现了许多智能手机木马程序，造成用户手机银行被转款或消费刷卡等各种经济损失。移动僵尸网络的出现将对用户的个人隐私、财产(话费、手机支付业务)、有价值信息(银行卡、密码)等构成直接威胁。Android 手机操作系统具有开放性、大众化等特点，几乎所有的Android 手机(99.7%)都存在重大的验证漏洞，使黑客可通过未加密的无线网络窃取用户的数字证书，如存在于 Android 2.3.3 或更早版本谷歌系统中的 ClientLogin 验证协议漏洞。Android 市场需要更加成熟的控制机制，需要建立严格的审查机制。基于 Android 手机操作系统的恶意应用软件较多，某些常用智能手机软件也可能会主动收集用户隐私，如 Kik Messager 等会自动上传用户通讯录。

2) 传输层的安全威胁

物联网的特点之一体现为海量，存在海量节点和海量数据，这就必然会对传输层的安全提出更高要求。虽然目前的核心网络具有相对完整的安全措施，但是当面临海量、集群方式存在的物联网节点的数据传输需求时，很容易导致核心网络拥塞，产生拒绝服务。由于在物联网传输层存在不同架构的网络需要相互连通的问题，因此，传输层将面临异构网络跨网认证等安全问题，将可能受到 DoS 攻击、中间人攻击、异步攻击、合谋攻击等。

3) 应用层的安全威胁

在物联网应用层，在某行业或某应用中必然会收集用户大量的隐私数据，如用户的健康状况、通讯簿、出行线路、消费习惯等，因此必须针对各行业或各应用考虑其特定或通用隐私保护问题。目前国内已经开始 M2M 模式的物联网试点，如智慧城市、智能交通和智能家居等。然而目前各子系统的建设并没有统一标准，未来必然会面临链接为一个大的网络平台的网络融合问题和安全问题。

1.2.3 物联网安全需求分析

与其他传统网络相比，物联网感知节点大都部署在无人监控的场景中，具有能力脆弱、资源受限等特点，这些都导致很难直接将传统计算机网络的安全算法和协议应用于物联网，使得物联网安全问题相对比较突出。

1. 物联网安全性要求

在物联网的环境中，人与物的隐私需要得到同等地位的保护，以防止未经授权的识别行为以及追踪行为的干扰。而且随着"物品"自动化能力以及自主智慧的不断增加，物品的识别问题、身份问题、隐私问题以及物品在扮演的角色中的责任问题等都将成为安全领域重点考虑的内容。通过将海量的具有数据处理能力的"物品"置于一个全球统一的信息平台和全球通用的数据空间之中，在这样的背景下，现实世界中对于信息的兴趣将分布并且覆盖数以亿万计的"物品"，其中将有很多"物品"随时进行实时数据更新，同时更有成百上千、成千上万的"物品"之间正在按照各种时刻变化、时刻更新的规则进行着千变万化的数据传输和数据转换行为。最后，为了防止在未经授权的情况下随意使用保密信息，并且为了可以完善物联网的授权使用机制，还需要在动态的信任、安全和隐私(保密管理)等领域开展安全和隐私技术研究工作。

2. 物联网安全需求与安全特征

物联网的安全需求主要有以下几个方面：

一是感知网络的信息采集、传输与信息安全需求。感知节点呈现多源异构性，通常感知节点的功能简单、携带能量少，使得它们无法拥有复杂的安全保护能力，而感知网络多种多样，从温度测量到水文监控，从道路导航到自动控制，它们的数据传输和消息类型也没有特定的标准，所以没法提供统一的安全保护体系。

二是核心网络的传输与信息安全需求。核心网络具有相对完整的安全保护能力，但是由于物联网中节点数量庞大，且以集群方式存在，因此会导致在数据传播时，由于大量机器的数据发送使网络拥塞，产生拒绝服务攻击。此外，现有通信网络的安全架构都是从人通信的角度设计的，对以物为主体的物联网，要建立适合于感知信息传输与应用的安全架构。

三是物联网业务的安全需求。支撑物联网业务的平台有着不同的安全策略，如云计算、分布式系统、海量信息处理等，这些支撑平台要为上层服务管理和大规模行业应用建立起一个高效、可靠和可信的系统，而大规模、多平台、多业务类型使物联网业务层次的安全面临新的挑战——是针对不同的行业应用建立相应的安全策略，还是建立一个相对独立的安全架构，目前仍在研究讨论过程中。

从物联网的功能上来说，物联网的安全应该具备以下四个特征：

一是全面感知能力，可以利用 RFID、传感器、二维码等获取被控(被测)物体的信息，并保证这些信息的安全性。

二是数据信息的可靠传递，可以通过各种电信网络与互联网的融合，将物体的信息实时准确地传递出去，防止被截获、篡改、修改或重放。

三是可以智能处理，利用现代控制技术提供的智能计算方法，对大量数据和信息进行分析和处理，对物体实施智能化的控制，保障数据处理中的信息安全属性不会遭到破坏。

四是可以根据各个行业、各种业务的具体特点形成各种单独的业务应用，或者整个行业及系统建成具备信息安全的应用解决方案。

1.3   物联网的安全架构

物联网的安全架构可以根据物联网的架构分为感知层安全、网络层安全和应用层安全。应用层安全的研究内容可能会与感知层安全和网络层安全有交叉，但其关注重点是具有应用特色的安全问题，或者需要在应用层解决的安全问题，如密钥管理问题、隐私保护问题、信任管理问题等。

物联网相较于传统网络，其感知节点大都部署在无人监控的环境，具有能力弱、资源受限等特点，并且由于物联网是在现有的网络基础上扩展了感知网络和应用平台，传统网络安全措施不足以提供可靠的安全保障，从而使得物联网的安全问题具有特殊性。因此，在解决物联网安全问题时，必须根据物联网本身的特点设计相关的安全机制。

1.3.1   物联网的安全层次模型及体系结构概述

考虑到物联网安全的总体需求就是物理安全、信息采集安全、信息传输安全和信息处理安全的综合，安全的最终目标是确保信息的机密性、完整性、真实性和网络的容错性，因此结合物联网分布式连接和管理(DCM)模式，得到物联网的安全层次模型，如图 1-7 所示。

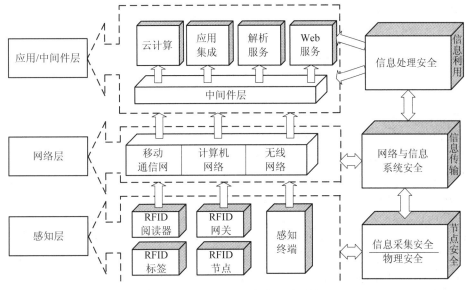

图 1-7 物联网的安全层次结构

1. 感知层安全

物联网感知层的任务是实现智能感知外界信息功能，包括信息采集、捕获和物体识别，该层的典型设备包括 RFID 装置、各类传感器(如红外、超声、温度、湿度、速度等)、图像捕捉装置、全球定位系统、激光扫描仪等，其涉及的关键技术包括传感器、RFID、Adhoc 自组织网络、短距离无线通信、低功耗路由等。

(1) 传感器相关安全问题。传感技术及其联网安全作为物联网的基础单元，传感器在物联网信息采集层面能否如愿以偿完成它的使命，成为物联网感知任务成败的关键。由于传感网络本身具有无线链路比较脆弱、网络拓扑动态变化、节点计算能力和存储能力及能源有限、无线通信过程中易受到干扰等特点，使得传统的安全机制无法应用到传感网络中。传感技术的安全问题主要有物理破坏、传感阻塞、碰撞攻击、伪装攻击等。目前传感器网络安全技术主要包括基本安全框架、密钥分配、安全路由、入侵检测和加密技术等。传感器网络的安全框架主要有 SPIN(包含 SNEP 和 uTESLA 两个安全协议)、Tiny Sec、参数化跳频、Lisp、LEAP 协议等。传感器网络的密钥分配主要倾向于采用随机预分配模型的密钥分配方案。安全路由技术常采用的方法包括加入容侵策略。入侵检测技术常常作为网络安全的第二道防线，主要分为被动监听检测和主动检测两大类。除了上述安全保护技术外，由于物联网节点资源受限，且是高密度冗余分布，不可能在每个节点上都运行一个全功能的 IDS，所以如何在传感网中合理地分布 IDS，仍是有待于进一步研究的问题。

(2) RFID 相关安全问题。RFID 是一种非接触式的自动识别技术，它通过射频信号自动识别目标对象并获取相关数据，识别工作无须人工干预。RFID 也是一种简单的无线系统，该系统用于控制、检测和跟踪物体，由一个询问器(或阅读器)和很多应答器(或标签)组成。通常采用 RFID 技术的网络涉及的主要安全问题有：① 标签本身的访问缺陷，任何用户(授权或未授权的)都可以通过合法的阅读器读取 RFID 标签，而且标签的可重写性使得标签中数据的安全性、有效性和完整性都得不到保证；② 通信链路的安全，截获或碰撞攻击；③ 移动 RFID 的安全，主要存在假冒和非授权服务的访问问题。目前，实现 RFID 安全性机制所采用的方法主要有物理方法、密码机制以及二者结合的方法。

2. 网络层安全

物联网网络层主要实现信息的转发和传送，它将感知层获取的信息传送到远端，为数据在远端进行智能处理和分析决策提供强有力的支持。考虑到物联网本身具有专业性的特征，其基础网络可以是互联网，也可以是具体的某个行业网络。物联网的网络层按功能大致可以分为接入层和核心层，因此物联网的网络层安全主要体现在以下两个方面：

(1) 来自物联网本身的架构、接入方式和各种设备的安全问题。物联网的接入层将采用移动互联网、有线网、WiFi、蓝牙、WiMAX 等各种无线接入技术。接入层的异构性使得如何为终端提供移动性管理以保证异构网络间节点漫游和服务的无缝移动成为研究的重点，其中安全问题的解决将得益于切换技术和位置管理技术的进一步研究。另外，由于物联网接入方式将主要依靠移动通信网络，移动网络中移动站与固定网络端之间的所有通信都是通过无线接口来传输的，然而无线接口是开放的，任何使用无线设备的个体均可以通过窃听无线信道而获得其中传输的信息，甚至可以修改、插入、删除或重传无线接口中传输的消息，达到假冒移动用户身份以欺骗网络端的目的。因此，移动通信网络存在无线窃听、身份假冒和数据篡改等不安全的因素。

(2) 进行数据传输的网络相关安全问题。物联网的网络核心层主要依赖于传统网络技术，其面临的最大问题是现有的网络是 IPv4，地址空间短缺，本身没有安全机制。主要的解决方法寄希望于正在推进的 IPv6 技术。IPv6 采纳 IPsec 协议，在 IP 层上对数据包进行了高强度的安全处理，提供数据源地址验证、无连接数据完整性、数据机密性、抗重播和有限业务流加密等安全服务。但任何技术都不是完美的，实际上 IPv4 网络环境中大部分安全风险在 IPv6 网络环境中仍将存在，而且某些安全风险随着 IPv6 新特性的引入将变得更加严重：首先，DoS 攻击等异常流量攻击仍然猖獗，甚至更为严重，主要包括 TCP-flood、UDP-flood 等现有 DDoS 攻击，以及 IPv6 协议本身机制的缺陷所引起的攻击；其次，针对 DNS 的攻击仍将继续存在，而且在 IPv6 网络中提供域名服务的 DNS 更容易成为黑客攻击的目标；第三，IPv6 协议作为网络层的协议，仅对网络层安全有影响，其他(包括物理层、数据链路层、传输层、应用层等)各层的安全风险在 IPv6 网络中仍将保持不变；此外，采用 IPv6 替换 IPv4 协议需要一段时间，向 IPv6 过渡只能采用逐步演进的办法，为解决两者间互通所采取的各种措施将带来新的安全风险。

3. 应用层安全

物联网应用是信息技术与行业专业技术紧密结合的产物。物联网应用层充分体现了物联网智能处理的特点，其涉及业务管理、中间件、数据挖掘等技术。考虑到物联网涉及多领域多行业，因此广域范围的海量数据信息处理和业务控制策略将在安全性和可靠性方面面临巨大挑战，特别是业务控制、管理和认证机制以及中间件、隐私保护等安全问题显得尤为突出。

(1) 业务控制、管理和认证机制。由于物联网设备可能是先部署后连接网络，而物联网节点又无人值守，因此如何对物联网设备远程签约，如何对业务信息进行配置就成了难题。另外，庞大且多样化的物联网必然需要一个强大而统一的安全管理平台，否则单独的平台会被各式各样的物联网应用所淹没，但这样将使如何对物联网机器的日志等安全信息进行管理成为新的问题，并且可能割裂网络与业务平台之间的信任关系，导致新一轮安全问题的产生。

(2) 中间件。如果把物联网系统和人体做比较，那么感知层好比人体的四肢，传输层好比人的身体和传输神经，应用层好比人的大脑，软件中间件则是物联网系统的灵魂和中枢神经。目前，使用最多的几种中间件系统是 CORBA、DCOM、J2EE/EJB 以及被视为下一代分布式系统核心技术的 Web Services。在物联网中，中间件处于物联网的集成服务器端和感知层、传输层的嵌入式设备中。服务器端中间件称为物联网业务基础中间件，一般都是基于传统的中间件(应用服务器、ESB/MQ 等)，加入设备连接和图形化组态展示模块构建的；嵌入式中间件是一些支持不同通信协议的模块和运行环境。中间件的特点是其固化了很多通用功能，但在具体应用中多半需要二次开发来实现个性化的行业需求，因此所有物联网中间件都要提供快速开发(RAD)工具。

(3) 隐私保护。在物联网发展过程中，大量的数据涉及个体隐私问题(如个人出行路线、消费习惯、个体位置信息、健康状况、企业产品信息等)，因此隐私保护是必须考虑的一个问题。如何设计不同场景、不同等级的隐私保护技术将是物联网安全技术研究的热点问题。当前隐私保护方法主要有两个发展方向：一是对等计算(P2P)，通过直接交换共享计算机资源和服务；二是语义 Web，通过规范定义和组织信息内容，使之具有语义信息，能被计算机理解，从而实现计算机与人的相互沟通。

1.3.2　物联网安全的总体概貌与整体安全架构

物联网安全的研究应该突出从物联网应用中寻找安全需求，从有特色的共性网络技术中寻找安全问题，从物联网的特点中发现新问题。这里物联网的特点主要是指物联网存在多种形态网络的异构和融合，物联网设备可能具有资源受限的条件，设备可能是大规模且远距离可访问的，设备具有移动性且可定位追踪等。从信息安全研究领域角度和信息安全需求角度出发，图 1-8 给出了一个物联网安全的总体概貌。

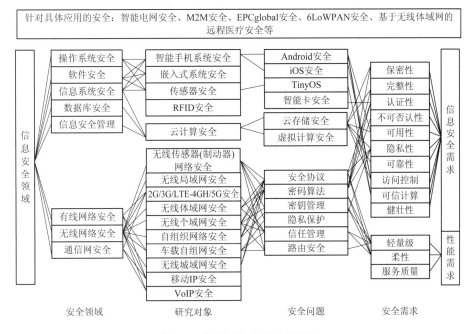

图 1-8　物联网安全的总体概貌

从物联网的架构出发，图 1-9 给出了一个物联网的安全架构层次模型。通过这个典型的物联网安全架构图，我们可以更加清晰地了解物联网安全的各个层次，同时这也是本书主要讨论的内容。

图 1-9　物联网的安全架构

随着物联网和云计算技术的结合与发展，其应用和内涵也发生了演变。物联网越普及，云计算越成熟，技术的本质特点与应用需求的无缝对接才能产生真正的生产力。云计算和下一代 IT 应用的新型技术架构如图 1-10 所示。

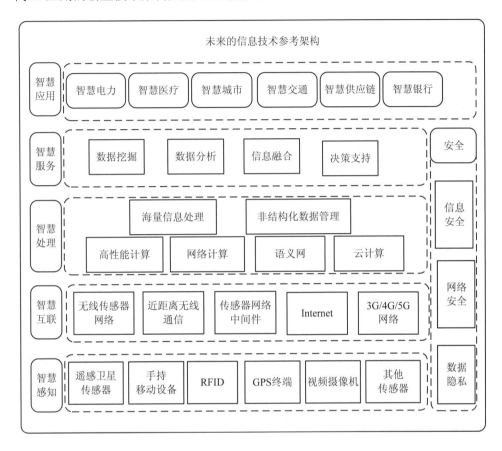

图 1-10　未来 IT 技术与安全架构

1. 智慧感知(感知识别层)

感知层由传感器节点接入网关组成，智能节点感知信息(温度、湿度、图像等)，并自行组网传递到上层网关接入点，由网关将收集到的感应信息通过网络层提交到后台处理。当后台对数据处理完毕后，发送执行命令到相应的执行机构完成对被控/被测对象的控制参数调整或发出某种提示信号以实现对其进行远程监控。

2. 智慧互联(网络构建层)

物联网在网络构建层存在各种网络形式，通常使用的网络形式有互联网、无线宽带网、无线低速网、移动通信网等。智慧互联选择合适的网络可靠传输信息。

3. 智慧处理与智慧服务(管理服务层)

智慧处理与智慧服务是传统物联网的管理服务层，位于感知识别和网络构建之上，在综合应用层之下。人们通常把物联网应用冠以"智能"的名称，如智能电网、智能交通、智能物流等，其中的智慧就来自这一层。当感知识别层生成的大量信息经过网络层传输汇聚到管理服务层，管理服务层解决数据如何存储(数据库与海量大数据存储技术)、如何检索(搜索引擎)、如何使用(数据挖掘与机器学习)、如何不被滥用(数据安全与隐私保护)等问题。

4．智慧应用(综合应用层)

智慧应用就是传统物联网的应用层，如智能电网、智能交通、智能物流等。智能物流是现代物流系统利用物联网的 RFID 设备、感应器或 GPS 等装置与互联网结合起来而形成的一个巨大网络，并能够在这个物联化的物流网络中实现智能化的物流管理。智能交通是通过在基础设施和交通工具中使用物联网技术来提高交通运输系统的安全性、可管理性和运输效能，同时降低能源消耗和对地球环境的负面影响。绿色建筑是利用物联网技术通过建立以节能为目标的建筑设备监控网络，将各种设备和系统融合在一起，形成以智能处理为中心的物联网应用系统，有效地为建筑节能减排提供有力的支撑。智能电网以先进的通信技术、传感器技术、信息技术为基础，以电网设备间的信息交互为手段，以实现电网运行的可靠、安全、经济、高效、环境友好和使用安全为目的的先进的现代化电力系统。环境监测是通过对人类和环境有影响的各种物质的含量、排放量以及各种环境状态参数的检测，跟踪环境质量的变化，确定环境质量水平，为环境管理、污染治理、防灾减灾等工作提供基础信息、方法指引和质量保证。

与互联网相比，物联网主要实现人与物、物与物之间的通信，通信的对象扩大到了物品。因此，物联网的应用可以简化为感(感知)、传(传播)、知(感知)、控(控制)的逻辑关系，如图 1-11 所示。

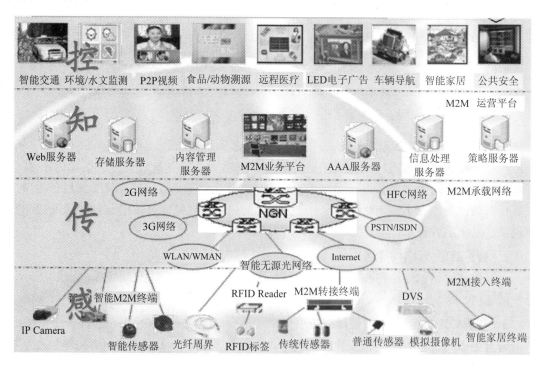

图 1-11　物联网的应用逻辑层次关系

1.4　物联网安全的技术分析

在分析物联网的安全性时，也相应地将其分为三个逻辑层，即感知层、网络构建层和管理服务层。除此之外，在物联网的综合应用方面还应该有一个应用层，它是对智能处理后的信息的利用。在某些框架中，尽管智能处理应该与应用层可能被作为同一逻辑层进行处理，但从信息安全的角度考虑，将应用层独立出来更容易建立安全架构。

1. 物联网面对的特殊安全问题

(1) 物联网感知节点的本地安全问题。由于物联网的应用可以取代人来完成一些复杂、危险和机械的工作，所以物联网的感知节点多数部署在无人监控的场景中，那么攻击者就可以轻易地接触到这些感知节点设备，从而对它们造成破坏，甚至通过本地操作更换感知节点的软硬件。

(2) 感知网络的传输与信息安全问题。感知节点通常情况下功能简单(如自动温度计)、携带能量少(使用电池)，使得它们无法拥有复杂的安全保护能力，而感知网络多种多样，从温度测量到水文监控，从道路导航到自动控制，它们的数据传输和消息也没有特定的标准，所以无法提供统一的安全保护体系。

(3) 核心网络的传输与信息安全问题。核心网络具有相对完整的安全保护能力，但是由于物联网中节点数量庞大，且以集群方式存在，因此会导致在数据传播时，由于大量机器的数据发送使网络拥塞，产生拒绝服务攻击。此外，现有通信网络的安全架构都是从人通信的角度设计的，并不适用于机器与机器的通信。使用现有安全机制会割裂物联网机器间的逻辑关系。

(4) 物联网业务的安全问题。由于物联网设备可能是先部署后连接网络，而物联网节点又无人看守，因此如何对物联网设备进行远程控制信息和业务信息配置就成了难题。另外，庞大且多样化的物联网平台必然需要一个强大而统一的安全管理平台，否则独立的平台会被各式各样的物联网应用所淹没，但如此一来，如何对物联网机器的日志等安全信息进行管理又成为新的问题。

2. 物联网的安全技术分析

(1) 物联网中的业务认证机制。传统的认证是区分不同层次的，网络层的认证负责网络层的身份鉴别，业务层的认证负责业务层的身份鉴别，两者独立存在。但是在物联网中，大多数情况下，机器都拥有专门的用途，因此其业务应用与网络通信紧紧地绑在一起。由于网络层的认证是不可缺少的，那么其业务层的认证机制就不再是必需的，而是可以根据业务由谁来提供和业务的安全敏感程度来设计。

(2) 物联网中的加密机制。传统的网络层加密机制是逐跳加密，即信息虽然在传输过程中是加密的，但是需要不断地在每个经过的节点上解密和加密，即在每个节点上都是明文。而传统的业务层加密机制则是端到端的，即信息只在发送端和接收端才是明文，而在传输过程和转发节点上都是密文。由于物联网中网络连接和业务使用紧密结合，那么就面临到底使用逐跳加密还是端到端加密的选择。

物联网在不同层次可以采取不同的安全技术。

一般物联网中的安全技术分类如图 1-12 所示。

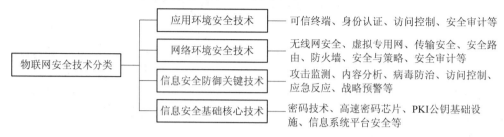

图 1-12　物联网安全技术分类

① 感知识别层通过各种传感器节点获取各类数据，包括物体属性、环境状态、行为状态等动态和静态信息，通过传感器网络或射频阅读器等网络和设备实现数据在感知层的汇聚和传输。感知识别层的安全技术主要有密码技术、高速密码芯片、PKI 公钥基础设施、信息系统平台安全等，属于信息安全基础核心技术。

② 网络传输层主要通过移动通信网、卫星网、互联网等网络基础设施，实现对感知层信息的接入和传输。网络传输层的安全技术主要有攻击监控、内容分析、病毒防治、访问控制、应急反应以及战略预警等，属于信息安全防御关键技术。

③ 管理服务层是为上层应用服务建立起一个高效可靠的支撑技术平台，通过并行数据挖掘处理等过程，为应用提供服务，屏蔽底层的网络、信息的异构性。管理服务层的功能主要是为用户提供网络安全接入技术，主要安全技术有无线网安全、虚拟专用网、传输安全、安全路由、防火墙、安全与策略和安全审计等，属于网络环境安全技术。

④ 应用层是根据用户的需求，建立相应的业务模型，运行相应的应用系统。应用层的功能主要是为用户提供安全的网络应用技术，主要安全技术有可信终端、身份认证、访问控制和安全审计等，属于网络应用环境安全技术。

在各个层中安全和管理贯穿于其中，各个层的安全技术需求和安全机制详细分析如下。

3. 感知识别层的安全技术需求与安全机制

(1) 感知识别层的安全技术需求分析。感知识别层可能遇到的安全威胁与挑战主要包括以下情况：

① 网关节点被攻击者控制(安全性全部丢失)；

② 普通节点被攻击者控制(攻击者掌握节点密钥)；

③ 普通节点被攻击者捕获(由于没有得到节点密钥，而没有被控制)；

④ 节点(普通节点或网关节点)受来自网络的 DoS 攻击；

⑤ 接入到物联网的超大量节点的标识、识别、认证和控制问题。

针对上述威胁和挑战，感知层的安全技术需求可以总结为以下几点：

① 机密性。使用加密技术，多数网络内部不需要认证和密钥管理，如统一部署的共享一个密钥的传感网。

② 密钥协商。加密解密需要密钥分配，部分内部节点进行加密数据传输前需要预先协商会话密钥。

③ 节点认证。个别网络(特别当数据共享时)需要节点认证，确保非法节点不能接入。

④ 信誉评估。一些重要网络需要对可能被攻击者控制的节点行为进行评估，以降低攻击者入侵后的危害(某种程度上相当于入侵检测)。

⑤ 安全路由。几乎所有网络内部都需要不同的安全路由技术。

(2) 感知识别层的安全机制。了解了感知层的安全威胁，就容易建立合理的安全架构。在网络内部，需要有效的密钥管理机制用于保障传感器网络内部通信的安全。网络内部的安全路由、联通性解决方案等都可以相对独立地使用。由于网络类型的多样性，很难统一要求包含哪些安全服务，但机密性和认证性都是必要的。

① RFID 安全措施。首先，对标签的身份进行一定的管理和保护，这种安全措施必然会对认证速度产生影响，需要在安全性和效率之间找到一个最佳平衡点，以满足 RFID 安全性和效率的双重需要。其次，利用近场通信技术和生物识别等技术，更好地保护 RFID 的安全性和隐私。再次，加强立法，对利用 RFID 技术威胁用户安全的行为立法，明确违法行为及其代价。为保障网络安全，维护网络空间主权和国家安全、社会公共利益，保护公民、法人和其他组织的合法权益，促进经济社会信息化健康发展，我国已经制定了《中华人民共和国网络安全法》，自 2017 年 6 月 1 日起施行。

② 无线传感网安全措施。因为物联网构造复杂，面临的环境更复杂，所以无线传感网作为物联网感知层的重要组成部分，应对其使用的密码与密钥技术、安全路由技术、安全数据融合、安全定位和隐私保护方面进行较全面的研究。

4．网络构建层的安全技术需求和安全机制

(1) 网络构建层的安全技术需求分析。由于不同架构的网络需要相互连通，因此在跨网络架构的安全认证等方面会面临更大挑战。分析认为，物联网的网络构建层将会主要遇到下列安全威胁与挑战：

① DoS 攻击与分布式拒绝服务(DDoS)攻击；

② 假冒攻击与中间人攻击等；

③ 跨异构网络的网络攻击；

(2) 网络构建层的安全技术需求。物联网的网络构建层对安全技术的需求可以概括为以下几点：

① 数据机密性。需要保证数据在传输过程中不泄露其内容。

② 数据完整性。需要保证数据在传输过程中不被非法篡改，或非法篡改的数据容易被检测出。

③ 数据流机密性。某些应用需要对数据流量信息进行保密，只能提供有限的数据流机密性。

④ DDoS 攻击的检测与预防。DDoS 攻击是网络中最常见的攻击现象，在物联网中将会更突出。物联网中需要解决的问题还包括如何对脆弱节点的 DDoS 攻击进行防护。

⑤ 移动网中认证与密钥协商(AKA)机制的一致性或兼容性、跨域认证和跨网络认证(基于 IMSI)。不同无线网络所使用的不同 AKA 机制对跨网认证带来不利，这一问题亟待解决。

(3) 网络构建层的安全机制。网络构建层的安全机制可分为端到端机密性和节点到节点机密性。对于端到端机密性，需要建立如下安全机制：端到端认证机制、端到端密钥协商机制、密钥管理机制、机密性算法选取机制等。在这些安全机制中，根据需要可以增加数据完整性服务。

传输层安全机制可综合利用点到点加密机制和端到端加密机制。点到点加密机制虽然在传输过程中是密文传输，但是它需要在每个路由节点上进行先解密再加密传输，其信息对每个节点是透明的。因为其逐跳加密是在网络层进行的，所以适用于所有业务，有利于将物联网各业务统一到一个管理平台。由于每个节点可以得到加密信息的明文数据，因此对节点的可信性要求较高。端到端加密机制可以提供不同安全等级的灵活安全策略，但是也存在较大的缺点：首先，端到端加密机制不符合国家利益，不能满足国家合法监听的政策;其次，端到端加密方式不能隐藏信息的来源和目的，存在被攻击者利用的可能性。此外，应加强传输层的跨域认证和跨网认证。

对于节点到节点机密性，需要节点间的认证和密钥协商协议，这类协议要重点考虑效率因素。机密性算法的选取和数据完整性服务则可以根据需求选取或省略。考虑到跨网络架构的安全需求，需要建立不同网络环境的认证衔接机制。

另外，根据应用层的不同需求，网络传输模式可能区分为单播通信、组播通信和广播通信，针对不同类型的通信模式也应该有相应的认证机制和机密性保护机制。

网络构建层的安全技术架构主要包括以下几个方面：

① 节点认证、数据机密性、完整性、数据流机密性、DDoS 攻击的检测与预防；

② 移动网中 AKA 机制的一致性或兼容性、跨域认证和跨网络认证(基于 IMSI)；

③ 相应的密码技术、密钥管理(密钥基础设施 PKI 和密钥协商)、端对端加密和节点对节点加密、密码算法和协议等；

④ 组播和广播通信的认证性、机密性和完整性安全机制。

5. 管理服务层的安全技术需求与安全机制

(1) 管理服务层的安全技术需求分析。管理服务层的安全威胁与挑战包括以下几个方面：

① 来自超大量终端的海量数据的识别和处理；

② 智能变为低能；

③ 自动变为失控(可控性是信息安全的重要指标之一)；

④ 灾难控制和恢复；

⑤ 非法人为干预(内部攻击)；

⑥ 设备(特别是移动设备)的丢失。

(2) 管理服务层的安全机制。为了满足物联网智能管理服务层的基本安全技术需求，需要以下安全机制：

① 可靠的认证机制和密钥管理方案；

② 高强度数据机密性和完整性服务；

③ 可靠的密钥管理机制，包括 PKI 和对称密钥的有机结合机制；

④ 可靠的高智能处理手段；

⑤ 入侵检测和病毒检测；

⑥ 恶意指令分析和预防，访问控制及灾难恢复机制；

⑦ 保密日志跟踪和行为分析，恶意行为模型的建立；

⑧ 密文查询、秘密数据挖掘、安全多方计算、安全云计算技术等；

⑨ 移动设备文件(包括秘密文件)的可备份和恢复；

⑩ 移动设备识别、定位和追踪机制。

6. 综合应用层的安全技术需求与安全机制

(1) 综合应用层的安全技术需求分析。综合应用层的安全挑战和安全需求主要来自以下几个方面：

① 如何根据不同访问权限对同一数据库内容进行筛选；

② 如何提供用户隐私信息保护，同时又能正确认证；

③ 如何解决信息泄露追踪问题；

④ 如何进行计算机取证；

⑤ 如何销毁计算机数据；

⑥ 如何保护电子产品和软件的知识产权。

随着个人和商业信息的网络化，越来越多的信息被认为是用户隐私信息。需要隐私保护的应用至少包括以下几种：

① 移动用户既需要知道(或被合法知道)其位置信息，又不愿意非法用户获取该信息；

② 用户既需要证明自己合法使用某种业务，又不想让他人知道自己在使用某种业务，如在线游戏等；

③ 病人急救时需要及时获得该病人的电子病历信息，但又要保护该病历信息不被非法获取，包括病历数据管理员；

④ 许多业务需要匿名性，很多情况下，如网络投票，用户信息是认证过程的必需信息，如何对这些信息提供隐私保护，是一个具有挑战性的问题，但又是必须要解决的问题。

(2) 综合应用层的安全机制。基于物联网综合应用层的安全挑战和安全需求，需要以下安全机制：

① 有效的数据库访问控制和内容筛选机制；

② 不同场景的隐私信息保护技术；

③ 叛逆追踪和其他信息泄露追踪机制；

④ 有效的计算机取证技术；

⑤ 安全的计算机数据销毁技术；

⑥ 安全的电子产品和软件的知识产权保护技术。

当海量数据传输到应用层时，除了数据的智能处理之外，还应该考虑数据的安全性和隐私。综合应用层的安全管理机制还应该包括以下几个方面：

① 应在数据智能化处理的基础上加强数据库访问控制策略。当不同用户访问同一数据时，应根据其安全级别或身份限制其权限和操作，有效保证数据的安全性和隐私，如手机定位应用、智能电网和电子病历等。

② 加强不同应用场景的认证机制和加密机制。

③ 加强数据溯源能力和网络取证能力，完善网络犯罪取证机制。

④ 应考虑在不影响网络与业务平台应用的同时，如何建立一个全面、统一、高效的安全管理平台。

7. 影响信息安全的非技术因素

物联网的信息安全问题将不仅仅是技术问题，还会涉及许多非技术因素，如教育、管理、信息安全管理、口令管理等，这些因素很难通过信息安全的技术手段来实现。

(1) 存在的问题。物联网的发展，特别是物联网中的信息安全保护技术，需要学术界和企业界协同合作来完成。许多学术界的理论成果看似很完美，但可能不太实用，而企业界设计的在实际应用中满足一些约束指标的方案又可能存在可怕的安全漏洞。再者，信息安全常常被理解为政府和军事等重要机构专有的东西。随着信息化时代的发展，特别是电子商务平台的使用，人们已经意识到信息安全更大的应用在商业市场。作为信息安全技术，包括密码算法技术本身，则是纯学术的东西，需要公开研究才能提升密码强度和信息安全的保护力度。

(2) 需要解决的问题。物联网需要面对两个至关重要的问题，即个人隐私与商业机密。而物联网发展的广度和可变性，从某种意义上决定了有些时候它只具备较低的复杂度，因此从安全和隐私的角度来看，未来的物联网中由"物品"所构成的云将是极其难以控制的。本领域中一些需要解决的问题和主要研究内容包括：

① 基于事件驱动的代理机制的建立，从而帮助各种联网设备和物品实现智能的自主觉醒和自我认知能力；

② 对于各种各样不同设备所组成的集合的隐私保护技术；

③ 分散型认证、授权和信任的模型化方法；

④ 高效能的加密与数据保护技术；

⑤ 物品(对象)和网络的认证与授权访问技术；

⑥ 匿名访问机制；

⑦ 云计算的安全与信任机制；

⑧ 数据所有权技术。

标准是支持物联网产业链的重要基础，目前 RFID 和无线传感网已经有部分标准，但仍然不完善，没有普及，各设备厂商的产品不能兼容，势必会给将来的网络融合带来极大的不便和浪费。目前物联网已初步发展并开始试点，但是物联网的安全和隐私保护是决定物联网能否大规模、快速发展的决定性因素之一。相对于互联网和移动通信网安全而言，无线传感网的安全研究仍然处于起步阶段。由于无线传感网本身的特点，使其安全研究难度增大，目前已提出一些轻量级加密、认证算法，但是还没有提出完整的适用于大规模传感网的整体安全方案。在下一阶段的安全研究过程中，应重点考虑异构网络之间的加密算法和认证算法的融合问题，提出有效的异构网络安全架构。物联网的发展是一把双刃剑：一方面能够带来巨大的经济发展机遇，促进、保障社会和谐发展；另一方面又会带来信息安全和隐私泄露等方面的问题。因此，需要学术界和企业界协同合作、未雨绸缪，将我国的物联网打造成一个可信、可控、可管的服务平台。

思考与练习一

一、单选题

1. 最权威的物联网概念是由(   )给出的。

  A. 微软   B. IBM   C. 三星   D. 国际电信联盟

2. (　　)年中国把物联网发展写入了政府工作报告。

  A. 2000   B. 2008   C. 2009   D. 2010

3. 第三次信息技术革命指的是(　　)。

  A. 互联网   B. 物联网   C. 智慧地球   D. 感知中国

4. 智慧地球是(　　)提出来的。

  A. 德国   B. 日本   C. 法国   D. 美国

5. 手机钱包的概念是由(　　)提出来的。

  A. 中国   B. 日本   C. 美国   D. 德国

6. 2009 年中国 RFID 市场的规模已达到(　　)。

  A. 50 亿元   B. 40 亿元   C. 30 亿元   D. 20 亿元

7. IDC 预测到 2020 年将有超过 500 亿台的(　　)，连接到全球的公共网络。

  A. M2M 设备   B. 阅读器   C. 天线   D. 加速器

8. 物联网的发展分(　　)。

  A. 三个阶段   B. 四个阶段   C. 五个阶段   D. 六个阶段

9. 物联网在中国发展将经历(　　)。

  A. 三个阶段   B. 四个阶段

  C. 五个阶段   D. 六个阶段

10. 中国在(　　)集成的专利上没有主导权。

  A. RFID   B. 阅读器

  C. 天线   D. 加速器

11. 2009 年 10 月(　　)提出了"智慧地球"。

  A. IBM   B. 微软

  C. 三星   D. 国际电信联盟

12. 物联网有四个关键性的技术，下列被认为是能够让物品"开口说话"的技术的是(　　)。

  A. 传感器技术   B. 电子标签技术

  C. 智能技术   D. 纳米技术

13. (　　)是物联网中最为关键的技术。

  A. RFID 标签   B. 阅读器   C. 天线   D. 加速器

14. RFID 卡(　　)可分为主动式标签(TTF)和被动式标签(RTF)。

  A. 按供电方式   B. 按工作频率

  C. 按通信方式   D. 按标签芯片

15. 射频识别卡同其他几类识别卡最大的区别在于(　　)。

  A. 功耗   B. 非接触

  C. 抗干扰   D. 保密性

16. 物联网技术是基于射频识别技术而发展起来的新兴产业，射频识别技术主要是基于(　　)方式进行信息传输的。

  A. 电场和磁场   B. 同轴电缆

C. 双绞线   D. 声波

17. 射频识别系统最主要的两个部件是阅读器和应答器，二者之间的通信方式不包括（　　）。

A. 串行数据通信   B. 半双工系统

C. 全双工系统   D. 时序系统

18. RFID 卡的读取方式为（　　）。

A. CCD 或光束扫描   B. 电磁转换

C. 无线通信   D. 电擦除. 写入

19. RFID 卡（　　）可分为有源(Active)标签和无源(Passive)标签。

A. 按供电方式   B. 按工作频率

C. 按通信方式   D. 按标签芯片

20. 二维码目前不能表示的数据类型为（　　）。

A. 文字   B. 数字

C. 二进制   D. 视频

21. （　　）抗损性强，可折叠，可局部穿孔，可局部切割。

A. 二维码   B. 磁卡

C. IC 卡   D. 光卡

二、判断题(在正确的后面打"√"，错误的后面打"×")

1. 物联网包括物与物互联，也包括人和人的互联。（　　）

2. 物联网的出现为我们建立新的商业模式提供了巨大的想象空间。（　　）

3. 应用层最核心、最活跃，产业的生态链最多。（　　）

4. 物联网主动进行信息交换，非常好，技术廉价。（　　）

5. 物联网被称为继计算机、互联网之后世界信息产业的第三次浪潮。（　　）

6. 第三次信息技术革命就是物联网。（　　）

7. 2009 年 10 月，联想提出了"智慧地球"，从物联网的应用价值方面，进一步增强了人们对物联网的认识。（　　）

8. "因特网＋物联网＝智慧地球"。（　　）

9. 1998 年，英国工程师 Kevin Ashton 提出了现代物联网的概念。（　　）

10. 1999 年，Electronic Product Code (EPC) global 的前身麻省理工 Auto-ID 中心提出"Internet of Things"的构想。（　　）

11. 物联网中 RFID 标签是最关键的技术和产品。（　　）

12. 中国在 RFID 集成的专利上并没有主导权。（　　）

13. RFID 系统包括标签、阅读器和天线。（　　）

14. 射频识别系统一般由阅读器和应答器两部分构成。（　　）

15. RFID 是一种接触式的识别技术，没有安全问题。（　　）

16. 物联网的实质是利用 RFID 技术通过计算机互联网实现物品(商品)的自动识别和信息的互联与共享。（　　）

17. 物联网目前的传感技术主要是 RFID。植入这个芯片的产品，是可以被任何人进行

感知的，所以没有任何安全措施。( )

18．射频识别系统与条形码技术相比，数据密度较低。( )

19．射频识别系统与 IC 卡相比，在数据读取中几乎不受方向和位置的影响。( )

三、简答题

1．物联网的概念是谁最先提出来的？

2．"三网融合"指的是哪三网？

3．什么是智能芯片？门卡、公交卡属于智能芯片吗？

4．什么是物联网，它的体系结构是什么？

5．试举出几个身边物联网的例子，并说说它给你带来的便利。

6．谈谈你对物联网安全的认识。

7．试举出几个物联网安全事件，并说说它给你带来的危害。

8．若干年后地球必将实现物联网全球化，请举例说明。

9．RFID 系统中如何确定所选频率适合实际应用？

10．简述 RFID 的基本工作原理及 RFID 的安全技术。

11．射频标签的能量获取方法有哪些？

12．简述 RFID 的中间件的功能和作用。

13．简述物联网的安全体系结构以及各层的主要安全技术。

第 2 章　网络信息安全技术基础

本章主要介绍网络信息安全的基础知识，对网络安全的数据加密技术、数字签名技术及网络层安全协议进行讲解分析，并对防火墙技术、入侵检测、入侵防御和统一威胁管理(UTM)等技术做介绍。

2.1　网络安全基本概念

21 世纪全世界的计算机都将通过 Internet 连到一起，随着 Internet 的发展，网络丰富的信息资源给用户带来了极大的便利，但同时也给上网用户带来了安全问题。由于 Internet 的开放性和超越组织与国界等特点，使它在安全性上存在一些隐患。同时信息安全的内涵也发生了根本的变化，它不仅从一般性的防卫变成了一种非常普通的防范，而且还从一种专门的领域变成了无处不在。

2.1.1　网络安全简介

网络安全从本质上来讲就是网络上的信息安全。信息是事物运动的状态与方式，是物质的一种属性。信息不同于消息，消息只是信息的外壳，信息则是消息的内核；信息不同于信号，信号是信息的载体，信息则是信号所载荷的内容；信息也不同于数据，数据是记录信息的一种形式，同样的信息也可以用文字或图像来表述。信息还不同于情报和知识。信息的专业定义是"消除不确定性"。数据(或消息)是信息的载体，信息是消除消息的不确定性，是消息内容的理解。总之，"信息即事物运动的状态与方式"这个定义具有最大的普遍性，它不仅可以涵盖所有其他的信息定义，还可以通过引入约束条件转换为所有其他的信息定义。

信息安全是指信息网络的硬件、软件及其系统中的数据受到保护，不受偶然的或者恶意的原因而遭到破坏、更改、泄露，系统能够连续、可靠、正常地运行，信息服务不中断。

信息安全是一门涉及计算机科学、网络技术、通信技术、密码技术、信息安全技术、应用数学、数论、心理学等多种学科的综合性学科，如图 2-1 所示。

信息技术(IT)一般是指运用计算机技术、微电子技术、通信技术对信息进行采集、加工、处理、存储、传输的综合技术，有时也叫作"现代信息技术"。它的发展依赖于计算机、微电子、远程通信等高新科学与技术的发展和多学科的有机结合，是利用现代电子通信技术从事信息采集、存储、加工、利用以及相关产品制造、技术开发、信息服务的新学科。简单地说，IT 就是 3C——Computer(计算机)、Communication(通信)和 Control(控制)，即 IT = Computer + Communication + Control。

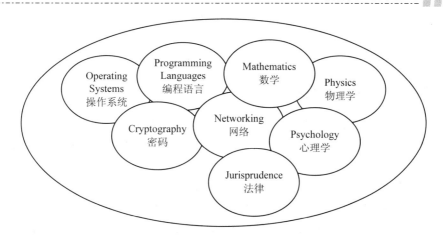

图 2-1　信息安全涉及的知识领域

广义上讲，凡是涉及网络上信息的保密性、完整性、可用性、真实性和可控性的相关技术和理论都是网络安全所要研究的领域。网络安全包括网络中各个层次的安全，其层次体系结构如图 2-2 所示。

网络安全涵盖的范围如图 2-3 所示。

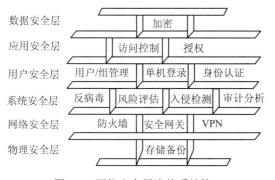

图 2-2　网络安全层次体系结构

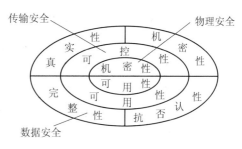

图 2-3　网络安全涵盖的范围

网络安全包括五个基本要素属性：机密性、完整性、可用性、可控性和可审查性。

(1) 机密性：也称保密性，是确保信息不泄露给非授权的用户、实体或过程，或供其利用的特性。

(2) 完整性：数据未经授权不能进行改变的特性，即信息在存储或传输过程中保持不被修改、破坏和丢失的特性。只有得到允许的人才能修改实体或进程，并且能够判别出实体或进程是否已被修改。对完整性鉴别机制，保证只有得到允许的人才能修改数据。

(3) 可用性：可被授权实体访问并按需求使用的特性，即当需要时应能存取所需的信息。网络环境下拒绝服务、破坏网络和有关系统的正常运行等都属于对可用性的攻击。得到授权实体在需要时可访问数据，攻击者不能占用所有的资源而妨碍授权者的工作。

(4) 可控性：对信息的传播及内容具有控制能力。可控性主要指对危害国家信息(包括利用加密的非法通信活动)的监视审计，控制授权范围内的信息流向及行为方式。使用授权机制控制信息传播范围、内容，必要时能恢复密钥，实现对网络资源及信息的可控性。

(5) 可审查性：对出现的安全问题提供调查的依据和手段。使用审计、监控、防抵赖等安全机制，使得攻击者、破坏者、抵赖者"逃不脱"，并进一步对网络出现的安全问题提供调查依据和手段，实现信息安全的可审查性。

网络安全的任务就是实现上述五种安全属性，确保网络系统的信息安全。

2.1.2 网络安全面临的威胁

所谓的信息安全威胁就是指某个人、物、事件或概念对信息资源的保密性、完整性、可用性或合法使用所造成的危害。攻击就是对安全威胁的具体体现。虽然人为因素和非人为因素都可以对通信安全构成威胁，但是精心设计的人为攻击威胁最大。

网络中的威胁常常涉及网络中各个层面的安全，对于信息系统来说威胁可以是针对物理环境、网络系统、操作系统、应用系统以及管理系统等方面。

计算机网络所面临的威胁包括对网络中信息的威胁和对网络中设备的威胁，常见的网络安全威胁如图 2-4 所示。

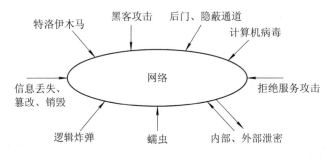

图 2-4 网络存在的各种威胁

影响计算机网络安全的因素很多，大体可分为两种：一是对网络中信息的威胁；二是对网络中设备的威胁。有些因素可能是有意的，也可能是无意的；可能是人为的，也可能是非人为的；可能是外来黑客对网络系统资源的非法使用。归结起来，针对网络安全的威胁主要有三方面：

(1) 人为的无意失误。如操作员安全配置不当造成的安全漏洞，用户安全意识不强，用户口令选择不慎，用户将自己的账号随意转借他人或与别人共享等都会对网络安全带来威胁。

(2) 人为的恶意攻击。这是计算机网络所面临的最大威胁，攻击者的攻击和计算机犯罪就属于这一类。此类攻击又可以分为以下两种：一种是主动攻击，它以各种方式有选择地破坏信息的有效性和完整性；另一类是被动攻击，它是在不影响网络正常工作的情况下，进行截获、窃取、破译以获得重要机密信息。这两种攻击均可对计算机网络造成极大的危害，并导致机密数据的泄漏。

(3) 网络软件的漏洞和"后门"。网络软件不可能是百分之百的无缺陷和无漏洞的，然而，这些漏洞和缺陷恰恰是黑客进行攻击的首选目标，曾经出现过的黑客攻入网络内部的事件，这些事件的大部分就是因为安全措施不完善所致的后果。另外，软件的"后门"都是软件公司的设计编程人员为了"自便"而设置的，一般不为外人所知，但是一旦"后门"洞开，其造成的后果将不堪设想。

2.1.3　网络安全策略与防护体系

网络安全防护体系是基于安全技术的集成，依据一定的安全策略建立起来的。本小节将要讨论的内容是网络安全策略和网络安全防护体系。

1．网络安全策略

网络安全策略是指为保证提供一定级别的安全保护所必须遵守的规则。实现网络安全至少包含三类措施：技术方面的安全措施、管理方面的安全措施和相应的政策法律，即网络安全策略包含法律、管理和技术三个层面。

(1) 信息安全技术。

信息安全技术涉及信息传输的安全、信息存储的安全以及对网络传输信息内容的审计三方面，当然也包括对用户的鉴别和授权。

先进的信息安全技术是网络安全的根本保证。用户对自身面临的威胁进行风险评估，决定其所需要的安全服务种类，选择相应的安全机制，然后集成先进的安全技术，形成一个全方位的安全系统。

总的来说，网络安全技术包括基本安全技术、网络防御技术和网络攻击技术。网络安全技术研究的内容及相互关系如图 2-5 所示。

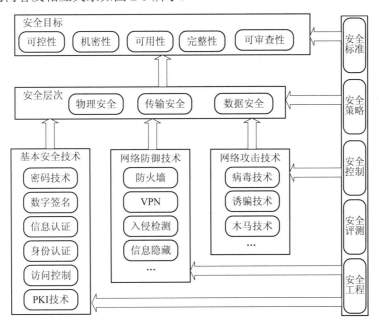

图 2-5　网络安全技术的研究内容及其相互关系

(2) 网络安全管理。

各计算机网络使用机构、企业和单位应建立相应的网络安全管理办法，加强内部管理，建立合适的网络安全管理系统，加强用户管理和授权管理，建立安全审计和跟踪体系，提高整体网络安全意识。为实现安全管理，应有专门的安全管理机构，有专门的安全管理人员，有逐步完善的管理制度，有逐步提供安全的技术设施，确定安全管理等级和安全管理范围，制订有关网络操作使用规程和人员出入机房管理制度，制定网络系统的维护制度和应急措施等。

信息安全管理主要涉及以下几个方面：人事管理、设备管理、场地管理、存储媒体管理、软件管理、网络管理、密码和密钥管理。

(3) 网络安全与法律。

计算机网络是一种新生事物。它的许多行为无法可依，无章可循，导致网络上计算机犯罪处于无序状态。面对日趋严重的网络犯罪，必须制订与网络安全相关的法律法规和安全标准，使非法分子慑于法律，不敢轻举妄动。

网络安全策略是一个系统的概念，它是网络安全的灵魂和核心，任何可靠网络安全系统都是构建在各种安全技术集成的基础之上，而网络安全策略的提出正是为了实现这种技术的集成。

当前制定的网络安全策略主要包含五个方面：① 物理安全策略；② 访问控制策略；③ 防火墙策略；④ 信息加密策略；⑤ 网络安全管理策略。

2. 网络安全防护体系

在很长一段时间内，网络安全方面的开发一直走的是补、堵系统漏洞这条路。随着网络应用系统的日益丰富，系统漏洞更是层出不穷，单纯的补漏只能一直走在攻击者后面。因此，网络安全技术的发展只能走技术集成这条路。

另外，网络安全不仅仅是一个纯技术问题，单凭技术因素确保网络安全是不可能的，正如前面所述，网络安全问题是涉及法律、管理和技术等多方面的复杂系统问题。因此网络安全体系是由网络安全法律体系、网络安全管理体系和网络安全技术体系三部分组成，它们是相辅相成的，只有协调好三者关系，才能有效地保护网络的安全。网络安全的防护体系结构如图 2-6 所示。

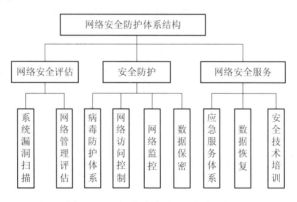

图 2-6　网络安全的防护体系结构

2.1.4　网络安全的发展趋势

网络安全的发展与互联网的发展紧密相关，而互联网的发展又与经济的发展相关，所以网络安全的发展基本上同经济、互联网的发展相一致。把握网络安全与发展的关系，重要的是要解决好几个矛盾：一是安全与发展的问题，这也是全球性的问题；二是解决保密与共享的矛盾；三是防外与防内的关系；四是要兼顾信息安全与网络安全；五是安全强度与安全代价的关系。

总的看来，未来网络发展中对等(Peer-Peer)网络将成为主流，与网格(Grid)共存。网络进化的未来——绿色网络——呼唤着新的信息安全保障体系。

未来网络安全领域可能会发生三件事：其一，是向更高级别的认证转移，其中包括生物认证、智能卡；其二，目前存储在用户计算机上的复杂数据将"向上移动"，由与银行相似的机构确保它们的安全；其三，是在全世界的国家和地区建立与驾照相似的制度，它们在计算机销售时限制计算机的运算能力，或要求用户演示在自己的计算机受到攻击时抵御攻击的能力。

随着计算机网络技术，尤其是物联网技术的飞速发展，为各种智慧智能行业提供了有效的物联网应用技术，现代化的社会已经离不开计算机和网络。物联网技术的推广使用和发展在为人们的工作和学习带来极大便利的同时，也带来了很多安全方面的难题。随着语音电话和数据网络的融合，特别是工业控制网络与公共数据网络的融合，连接网络系统服务的多样性的增加也推动了网络攻击活动的相应增长。针对物联网的攻击和个人隐私泄露等问题日益增多，入侵攻击而造成巨大损失的案例也不断出现，物联网的安全问题日益重要和迫切。在解决物联网安全方面人们提出了物联网网络保障的概念和方法，是目前比较新的一种网络安全理念。网络保障的概念和方法不同于目前网络安全的概念和方法，网络安全和信息安全强调的是对现有网络和信息系统的安全进行保护，其方法和技术是属于被动措施，而网络保障方法强调的是在网络分析和设计阶段采取的主动防护措施。所以，网络保障技术不是简单的网络与信息安全技术。网络保障技术首先要分析物联网环境的网络保障需求，强调物联网的关键信息保障问题，并确定信息保障相关的安全问题。网络保障的内容体系是由工作在网络保障、信息保障、信息安全和物联网一线行业的从业人员和专家的研究成果的集成。内容涵盖当前信息保障的问题、挑战和解决物联网保障所需的基本概念和先进技术。物联网的网络保障涉及的主题包括物联网系统的信息保障防护、信息存储、信息处理或未经授权的访问以及修改 M2M 设备传输，也包含了 RFID 网络、无线传感器网络、智能电网和工业控制系统的数据采集与监视控制(SCADA)系统。网络保障的本质是确保其信息的可用性、完整性、可鉴别性、保密性和不可抵赖性。

物联网的网络保障是一个比较新的理念，强调的是在网络分析和设计阶段采取的主动安全防护措施。从理论和实际应用的角度，对物联网的网络保障理论、应用、体系结构和信息安全等方面的研究现状和发展趋势进行分析和探讨，确定如何在物联网中设计和建立网络保障系统，是目前物联网安全领域研究的新方向。

2.2　密码学基础及数据加密技术

密码技术是研究对传送信息采取何种变换以防止第三者对信息的窃取。因此，密码技术是实现所有安全服务的基础，是网络安全的核心技术。本节主要介绍用于解决当代计算机安全的一些密码技术，包括密码技术基本概念、古典密码、对称加密体制、非对称密码体制等。

2.2.1　密码学基础

加密方法属于计算机密码学范畴。长久以来，计算机密码学作为一门研究计算机数据加密、解密及其变换的艰深的学科，鲜为普通用户所了解。过去只有间谍及军事人员对加密技术感兴趣，并投入了大量人力、物力和财力进行秘密研究。直到最近十几年，随着计算机网络及通信技术的民用化发展，尤其是商业和金融事务的介入，密码学的研究才得到了前所未有的广泛重视。

密码系统经历了手工阶段、机械阶段、电子阶段并进入了计算机阶段。密码学的发展一般分为三个阶段：第一个阶段是 1949 年以前，称为古典密码学，是计算机技术出现以前，密码学是作为一种技艺，而不是一门科学；第二个阶段是 1949 年到 1976 年，标志是 Shannon 发表的 "Communication Theory of Secrecy System(保密通信理论)"，密码学进入了科学的发展轨道，其主要技术是单密钥的对称密钥加密算法的诞生和应用；第三个阶段是 1976 年以后，标志是 Diffie Hellman 发表的 "New Dircetions in Cryptography(密码学新方向)"，一种新的公开密钥体制诞生。

通常把加密、解密过程中采用的方法的种类称为密码体制。密码体制的分类如下：

(1) 按照加密解密过程中使用的加密密钥和解密密钥是否相同，将密码体制分为对称密码体制和非对称密码体制。对称密码体制又称为常规密钥密码体制、单密钥密码体制、秘密密钥密码体制。对称密码体制的加密算法和解密算法使用相同的密钥，该密钥必须对外保密，如 DES、AES、SM4 等。其特点是加密效率较高，但密钥的分配难以满足开放式系统的需求。非对称密码体制又称为公开密钥密码体制、双密钥密码体制。非对称密码体制的加密算法和解密算法使用不同但相关的一对密钥，加密密钥对外公开，解密密钥对外保密，而且由加密密钥推导出解密密钥在计算上是不可行的，如 RSA、DH、DSS 和 SM2 等。其特点是密钥分配较方便，能够用于鉴别和数字签名，能较好地满足开放式系统的需求，但由于非对称密码体制一般采用较复杂的数学方法进行加密解密，因此，算法的开销比较大，不适合进行大量数据的加密处理。

(2) 根据密文数据段是否与明文数据段在整个明文中的位置有关，可以将密码体制分为分组密码体制和序列密码体制。分组密码体制的密文仅与加密算法和密钥有关，而与被加密的明文分组在整个明文中的位置无关。分组密码将固定长度的明文分组加密为相同长度的密文分组。分组密码的分组大小一般为 64 bit 或 128 bit(如 DES 是 64 bit，AES 和 SM4 是 128 bit)，相同的明文分组在相同的密钥作用下将产生相同的密文分组。序列密码体制的密文不仅与给定的加密算法和密钥有关，而且与当前正被加密的明文部分在整个明文中的位置有关。序列密码体制每次对较小的明文单位进行处理，通常以比特(或字节)为加密单位。加密时以流的形式进行处理，将明文流与密钥流结合，形成密文流。密钥流是与明文流等长的伪随机序列，加密后的密文流也是伪随机序列。序列密码最大的特点是它的一次一密特性。分组密码的某些操作模式可以被转换为密钥流产生器，从而将分组密码用于序列密码。

(3) 根据加密变换是否可逆，可以将密码体制分为单向函数密码体制和双向变换密码体制。单向函数可以将明文加密成密文，但却不能将密文转换为明文(或在计算上不可行)，如 MD5、SHA 和 SM3 等。单向函数用于不需要解密的场合。单向函数的目的不在于加密，其主要用途是密钥管理和完整性鉴别。一般的加密解密都属于双向变换密码体制。

(4) 根据在加密过程中是否引入客观随机因素，可以将加密体制分为确定型密码体制和概率密码体制。确定型密码体制是指一旦明文和密钥确定后，也就确定了唯一的密文。

若对于给定的明文和密钥，总存在一个较大的密文集合与之对应，最终的密文根据客观随机因素在密文集中随机选取，则称这种密码体制为概率密码体制。目前实际应用中的加密解密方法都是确定型密码体制。

信息加密是使有用的信息变为看上去无用的乱码，攻击者无法读懂信息的内容从而保护信息。信息加密是保障信息安全的最基本、最核心的技术措施和理论基础。信息加密也是现代密码学的主要组成部分。所谓加密，就是把数据信息即明文转换为不可辨识的形式，即密文的过程，目的是使不应了解该数据信息的人无法知道和识别。将密文转变为明文的过程就是解密。加密和解密过程形成加密系统，明文与密文统称为报文。任何加密系统，不论其形式如何复杂，实现的算法如何不同，其基本组成部分是相同的，通常包括以下四个部分：

(1) 需要加密的报文，也称为明文。

(2) 加密以后形成的报文，也称为密文。

(3) 加密、解密的装置或算法。

(4) 用于加密和解密引入的控制参数，称为密钥。密钥可以是数字、词汇或者语句。在加密和解密时引入两个相同或两个不同但相关的参数，该参数被称为密钥。加密时使用的密钥为加密密钥，解密时使用的密钥为解密密钥，对称密码体制加密解密使用的是相同的密钥，非对称密码体制加密和解密使用的是不同的密钥。

报文加密后，发送方就要将密文通过通信信道传输给接收方。密文在通信信道传输过程中是不安全的，可能被非法用户即第三方截取和窃听，但由于是密文，只要第三方没有密钥，只能得到一些无法理解其真实意义的密文信息，从而达到保密的目的。整个过程如图 2-7 所示。

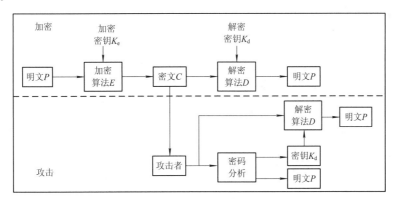

图 2-7　加密通信模型示意图

长久以来，人们发明了各种各样的加密方法，为便于研究，通常把这些方法分为传统加密方法和现代加密方法两大类。前者的共同特点是采用单钥技术，即加密和解密过程中使用同一密钥，也称为对称式加密方法；而后者的共同特点是采用双钥技术，即加密和解密过程中使用两个不同的密钥，也称为非对称式加密方法。下面简单介绍这些加密方法。

2.2.2　古典密码算法

古典密码是加密技术的源泉。这些密码大都比较简单，其安全性依赖于加密算法，可用手工加解密,但经受不住现代手段的攻击,已经很少应用。这类方法主要包括代码加密法、替换加密法、变位加密法和一次性密码簿加密法等。

1. 代码加密法

代码加密法是通信双方使用预先设定的一组代码表达特定的意义而实现的一种最简单的加密方法。代码可以是日常词汇、专用名词,也可以是某些特殊用语。

例如:

明文:姥姥家的黄狗三天后下崽。

密文:县城鬼子三天后出城扫荡。

这种方法简单好用,但通常一次只能传送一组预先约定的信息,而且重复使用时是不安全的,因为那样的话窃密者会逐渐明白代码含义。

2. 替换加密法

替换加密法是制定一种规则,将明文中的每个字母或每组字母替换成另一个或一组字母。例如,下面这组字母的对应关系就构成了一个替换加密器。

密文:wuhdwb lpsrvvleoh

明文:TREATY IMPOSSIBLE

这就是历史上著名的凯撒移位密码(Caesar Cipher),即用字母表里每个字母后面的第 3 个字母替换。字母表(密码本):

明文:ABCDEFGHIJKLMNOPQRSTUVWXYZ

密文:d e f g h i j k l m n o p q r s t u v w x y z a b c

加密解密算法描述:将 26 个字母 A~Z(不区分大小写)赋予整数值 0~25,即明文 P_i 和密文 C_i 的取值是 0~25,则

加密算法:$C_i = E(P_i) = (P_i + 3) \bmod 26$;

解密算法:$P_i = D(C_i) = (C_i - 3) \bmod 26$;

将上述算法一般化,密文字母与明文字母的偏移可以是任意值 k,则算法就是经典加密技术的移位密码。可以表示为:$C = E(p) = (p + k) \bmod(26)$,$k$ 就是加密算法的密钥,可以在 1 到 25 之间取值。解密算法可以表示为:$P = D(c) = (c - k) \bmod(26)$。由于 k 的取值范围的限制,因此移位密码的密钥空间很小,难以抵御强行攻击密码分析。攻击者最多尝试 25 次,就一定能够破译密码。

替换加密法可分为单字母替代密码和多表替换密码。

1) 单字母替代密码

为了加大移位密码的密钥空间,可以采用单字母替代密码。单字母替代密码是将密文字母的顺序打乱后与明文字母对应,而不是每个字母都是用后面的第 k 个字母替代。例如用下面的单字母表替换:

明文:ABCDEFGHIJKLMNOPQRSTUVWXYZ

密文:o g r f c y s a l x u b z q t w d v e h j m k p n i

此时的密钥空间大小为 26!,约为 4×10^{26}。即使每微秒试一个密钥,也需要花费约 10^{13} 年才能穷举所有的密钥。因此,强行攻击法不太适合。这时可以利用自然语言的统计特性进行攻击。英语中 e 是使用频率最高的字母,然后依次是 t、r、n、i…。只要密文足够长,

这种统计规律就会反映出来。另外，还可以利用双字母的频率(th、in、er、re…)和三字母的频率(the、and、ion…)。猜测可能的单词或短语也有助于破译的进行。

2) 多表替换密码

多表替换密码是指以一系列(两个以上)代换表依次对明文消息的字母进行代换的加密方法。若代换表是非周期的无限序列，则相应的密码称为非周期多表代换密码。这类密码对每个明文字母都采用不同的代换表(或密钥)进行加密，称作一次一密密码(One-time Pad Cipher)，这是一种理论上唯一不可破的密码。实际应用中都采用周期性多表代换密码，经典的多表代换密码有 Vigenère(维吉尼亚)、Beaufort、Running-Key、Vernam、轮转机(Rotor Machine)等。维吉尼亚密码是多表代换密码的典型代表，是由法国密码学家 Blaise de Vigenère 于 1858 年提出的，它是一种以移位代换(也可以用一般的字母代换表)为基础的周期代换密码。Vigenere 密码利用一个凯撒方阵来修匀密文中字母的频率。在明文中不同地方出现的同一字母在密文中一般用不同的字母替代。加密时，使用一个通信双方所共享的密钥字母串(如 word)，将密钥字母串重复书写在明文字母的上方。对要加密的明文字母找到上方的密钥字母，然后由该字母确定凯撒方阵的某一行(以该密钥字母开头的行)。最后利用该行的字母表，使用凯撒密码的加密方法进行替代。例如：利用 Vigenère 密码，使用密钥 word 加密信息 computer。

明文：comp uter

密钥：word word

密文：ycds qhvu

密文的计算过程：$y = c + w$，$c = o + o \cdots u = r + d$；(字母 a，b，c，d，…，x，y，z，赋值 0，1，2，3，…，23，24，25)

即明文的第一个字母 c 和密钥的第一个字母 w 相加，得密文 y，$y = c + w(24 = 2 + 22)$；明文的第二个字母 o 和密钥的第二个字母 o 相加，得密文 c，$c = o + o[2 = (14 + 14) \bmod 26]$，以此类推，得到密文。

虽然替换加密法比代码加密法应用的范围要广，但使用得多了，窃密者就可以从多次搜集的密文中发现其中的规律，破解加密方法。

3．换位加密法

换位加密法也称为变位加密法，与前两种加密方法不同，换位加密法不隐藏原来明文的字符，而是将字符重新排序。比如，加密方首先选择一个用数字表示的密钥，写成一行，然后把明文逐行写在数字下。按照密钥中数字指示的顺序，将原文重新抄写，就形成密文。

例 1：

密钥：6972430815

明文：小　赵　拿　走　黑　皮　包　交　给　李

序号：0　1　2　3　4　5　6　7　8　9

密文：包　李　交　拿　黑　走　小　给　赵　皮

序号：6　9　7　2　4　3　0　8　1　5

例 2：美国南北战争时期，军队中曾经使用过的"栅栏"式密码(Rail Fence Cipher)。

加密原理，明文：s e n d h e l p

加密过程：s n h l ；间隔一个字符(栅栏)
            e d e p

密文：s n h l e d e p

算法描述：将明文写成双轨的形式，然后按行的顺序书写得到密文。

例 3：矩阵置换密码。以矩阵形式排列明文，将明文逐行写入矩阵，然后按制定的列顺序读出。密钥是指各列读出的顺序。如明文 abcdefghijklmnopqrstuvwxyzab，密钥为：4312567。

	1	2	3	4	5	6	7
	a	b	c	d	e	f	g
	h	i	j	k	l	m	n
	o	p	q	r	s	t	u
	v	w	x	y	z	a	b

按照密钥列 4312567 读出的密文为：dkry cjqx ahov bipw elsz fmta gnub

例 4：矩阵置换密码中将明文逐行写入的矩阵可以有不同的形式，然后逐列读出。例如下面的矩阵置换密码。

明文：AVOID REUSING OR RECYCLING OLD PASSWORDS.

列号:	0	1	2	3	4	5	6	7	8	9
矩阵:	A	V	O	I	D	R	E	U	S	I
	N	G	O	R	R	E	C	Y	C	L
	I	N	G	O	L	D	P	A	S	S
	W	O	R	D	S					

密钥：0123456789，密文：ANIW VGNO OOGR IROD DRLS RED ECP UY A SCS ILS

密钥：3421089567，密文：IROD DRLS OOGR VGNO ANIW SCS ILS RED ECP UY A

4．一次性密码簿加密法

这种方法要先制定出一个密码簿，该簿每一页都是不同的代码表。加密时，使用一页上的代码加密一些词，用后撕掉或烧毁该页；然后再用另一页上的代码加密另一些词，直到全部的明文都加密成为密文。破译密文的唯一办法就是获得一份相同的密码簿。

计算机出现以后，密码簿就无须使用纸张而是使用计算机和一系列数字来制作。加密时，根据密码簿里的数字对报文中的字母进行移位操作或进行按位的异或计算，以加密报文。解密时，接收方需要根据持有的密码簿，将密文的字母反向移位，或再次作异或计算，以求出明文。数论中的"异或"规则是：$1 \oplus 1 = 0$，$0 \oplus 0 = 0$；$1 \oplus 0 = 1$，$0 \oplus 1 = 1$。下面是按位进行异或计算的加密和解密实例。

加密过程中明文与密码按位异或计算，求出密文。

明文：101101011011

密码：011010101001

密文：110111110010

解密过程中密文与密码按位异或计算，求出明文。

密文：110111110010

密码：011010101001

明文：101101011011

一次性密码簿只能使用一次，以保证信息加密的安全性。但由于解密时需要密码薄，因此想要加密一段报文，发送方必须首先安全地护送密码簿到接受方(这一过程常称为"密钥分发"过程)。如果双方相隔较远，如从美国五角大楼到英国中央情报局，则使用一次性密码簿的代价是很大的。这也是限制这种加密方法实用化和推广的最大障碍，因为既然有能力把密码簿安全地护送到接受方，那为什么不直接把报文本身安全地护送到目的地呢？正因为传统加密方法在这方面的局限性，人们又想出了很多算法来加强和改进这些方法。下面介绍几种比较著名的现代加密方法。

2.2.3　对称密码算法

对称密码算法是指加密和解密数据使用同一个密钥，即加密和解密的密钥是对称的，这种密码系统称为单密钥密码系统。对称加密算法的基本原理如图 2-8 所示。

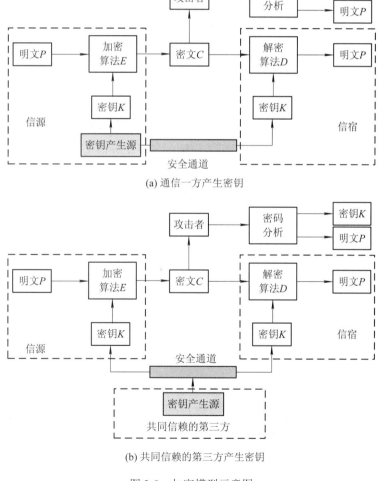

(a) 通信一方产生密钥

(b) 共同信赖的第三方产生密钥

图 2-8　加密模型示意图

原始数据经过对称加密算法处理后，变成了不可读的密文。如果想解读原文，则需要同样的密码算法和密钥来解密，即信息的加密和解密使用同样的算法和密钥。对称密码算法的特点是计算量小、加密速度快；缺点是加密和解密使用同一个密钥，容易产生发送者或接收者单方面密钥泄露问题，并且在网络环境下应用时必须使用另外的安全信道来传输密钥，否则容易被第三方截获，造成信息失密。

在数据加密系统中，使用最多的对称加密算法是 DES 及 3DES。在个别系统中也使用了 IDEA、RC5 以及其他算法。

1. DES 密码算法

DES 是美国政府 1977 年采用的加密标准，最初是由 IBM 公司在 70 年代初期开发的。美国政府在 1981 年又将 DES 进一步规定为 ANSI 标准。

DES 是一个对称密钥系统，加密和解密使用相同的密钥。它通常选取一个 64 位(bit)的数据块，使用 56 位的密钥，在内部实现多次替换和变位操作来达到加密的目的。DES 有 ECB、CBC 和 CFB 三种工作模式，其中 ECB 采用的是数据块加密模式，CBC 与 CFB 采用的是数据流加密模式。作为第一个公开的新式加密方法，DES 的影响非常大。后来提出的许多密码方法都汲取了 DES 的思想和技术。但是，DES 的缺点是其采用的密钥太短，只有 56 位，也就是说，所有可能的密钥只有 2^{56} 个。采用一些计算网络，若每秒钟测试 5 亿个密钥，则在 4 小时以内便可把所有可能的密钥都测试一遍。因此，随着计算机性能的提高，DES 的破解难度已经降低，不太实用了。

DES 算法描述：DES 算法对 64 位的明文分组进行加密操作，首先通过一个初始 IP 置换，如表 2-1 所示 IP 置换(表中数字值是二进制比特的位号)，并将 64 位明文分组成左半部分和右半部分，各 32 位，这是算法的第一阶段；然后进行 16 轮完全相同的运算，这些运算称为轮函数 f，在运算过程中，数据和密钥结合，这是算法的第二阶段；经过 16 轮运算后，通过一个初始置换的逆置换 IP^{-1} 置换，如表 2-1 所示 IP^{-1} 置换，将左半部分和右半部分合在一起，得到一个 64 位的密文，这是算法的第三阶段。DES 算法流程如图 2-9 所示。DES 加密的详细算法过程如图 2-10 所示。

表 2-1 初始置换和逆初始置换表

初始置换 IP								逆初始置换 IP^{-1}							
58	50	42	34	26	18	10	2	40	8	48	16	56	24	64	32
60	52	44	36	28	20	12	4	39	7	47	15	55	23	63	31
62	54	46	38	30	22	14	6	38	6	46	14	54	22	62	30
64	56	48	40	32	24	16	8	37	5	45	13	53	21	61	29
57	49	41	33	25	17	9	1	36	4	44	12	52	20	60	28
59	51	43	35	27	19	11	3	35	3	43	11	51	19	59	27
61	53	45	37	29	21	13	5	34	2	42	10	50	18	58	26
63	55	47	39	31	23	15	7	33	1	41	9	49	17	57	25

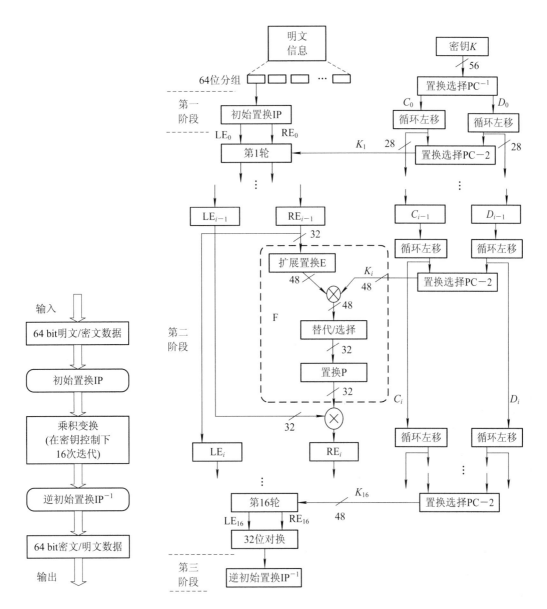

图 2-9　DES 算法框图　　　　　　　　　　图 2-10　DES 算法加密过程

第二阶段每一轮的运算步骤如下：

首先进行密钥置换，通过移动密钥位生成子密钥，即从 56 位密钥中选出 48 位的子密钥。然后进行轮 f 函数运算，如图 2-11 所示。通过一个扩展置换(也称 E 置换，如表 2-2 所示 E 置换)将数据右半部分 32 位扩展成 48 位；通过一个异或操作与 48 位的子密钥混合，得到一个 48 位数据；通过 8 个 S 盒代换将 48 位数据变换成 32 位数据；对 32 位数据再进行一次位置置换(也称 P 盒置换，如表 2-2 所示 P 置换)。

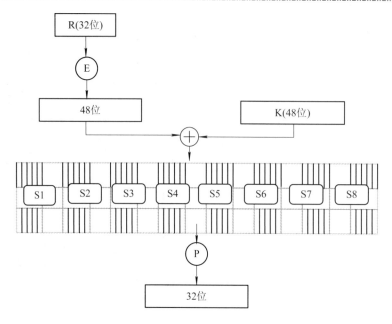

图 2-11   DES 的轮函数 f

表 2-2   扩展置换 E 与位置置换 P

扩展置换 E						位置置换 P							
32	1	2	3	4	5	16	7	20	21	29	12	29	17
4	5	6	7	8	9	1	15	23	26	5	18	31	10
8	9	10	11	12	13	2	8	24	14	32	27	3	9
12	13	14	15	16	17	19	13	30	6	22	11	4	25
16	17	18	19	20	21								
20	21	22	23	24	25								
24	25	26	27	28	29								
28	29	30	31	32	1								

通过一个异或操作将函数轮 f 的输出与左半部分结合，其结果为新的右半部分；而原来的右半部分成为新的左半部分。每一轮运算的数学表达式为：

$$L_i = R_{i-1}; \quad R_i = L_{i-1} \oplus f\left(R_{i-1}, K_i\right)$$

其中，L_i 和 R_i 分别是第 i 轮迭代的左半部分和右半部分，K_i 为第 i 轮 48 位密钥。

在变换中用到的 S_1、S_2、…、S_8 为选择函数，俗称 S 盒，是 DES 算法的核心，其功能是把 6 bit 数据变为 4 bit 数据，如 S1 盒为：

14	4	13	1	2	15	11	8	3	10	6	12	5	9	0	7
0	15	7	4	14	2	13	1	10	6	12	11	9	5	3	8
4	1	14	8	13	6	2	11	15	12	9	7	3	10	5	0
15	12	8	2	4	9	1	7	5	11	3	14	10	0	6	13

在 S1 中，共有 4 行数据，行号命名为 0、1、2、3 行；每行有 16 列，列号命名为 0、1、2、3、…、14、15 列。现设输入 S1 盒的 6 位数据为 $D = D_1D_2D_3D_4D_5D_6$，令列号 = $D_2D_3D_4D_5$，行号 = D_1D_6，然后在 S1 盒的表中查得对应的数值，用 4 位二进制表示，此值即为选择函数 S1 的输出。例如，输入的 6 位数据为 101100，列号 = 0110(6 列)，行号 = 10(2 行)，在 S1 盒的表中找到值为 2，即输出的 4 位数据为 0010。

DES 的 S 盒有 8 个，详细的 S 盒表和置换过程请参考相关书籍。

DES 解密：DES 算法一个重要的特性是加密和解密可使用相同的算法。也就是说，DES 可使用相同的函数来加密或解密每一个分组，但两者的密钥次序是相反的。例如，如果每轮的加密密钥次序位 K_1，K_2，K_3，…，K_{16}，则对应的解密密钥次序为 K_{16}，K_{15}，K_{14}，…，K_1。在解密时，每轮的密钥产生算法将密钥循环右移 1 位或 2 位，每轮右移位数分别为 0、1、2、2、2、2、2、2、1、2、2、2、2、2、2、1。

DES 的两个主要弱点：密钥容量小，56 位不太可能提供足够的安全性；S 盒可能隐含陷阱(Hidden Trapdoors)，DES 是半公开的，S 盒的设计原理至今未公布。

DES 的实际密钥长度为 56 bit，就目前计算机的计算能力而言，DES 不能抵抗对密钥的穷举搜索攻击。1997 年 1 月 28 日，RSA 数据安全公司在 RSA 安全年会上悬赏 10 000 美金破解 DES，科罗拉多州的程序员 Verser 在 Internet 上数万名志愿者的协作下用 96 天的时间找到了密钥长度为 40 bit 和 48 bit 的 DES 密钥。1998 年 7 月，电子边境基金会(EFF) 使用一台价值 25 万美元的计算机在 56 小时之内破译了 56 bit 的 DES。1999 年 1 月，EFF 通过互联网上的 10 万台计算机合作，仅用 22 小时 15 分就破解了 56 bit 的 DES。

2. 三重 DES 算法

为了提高 DES 算法的安全性，人们提出了一些 DES 变型算法，其中三重 DES 算法(简称 3DES)是经常使用的一种 DES 变型算法。

在 3DES 中，使用两个或三个密钥对一个分组进行三次加密。在使用两个密钥情况下，第一次使用密钥 K_1，第二次使用密钥 K_2，第三次再使用密钥 K_1；在使用三个密钥的情况下第一次使用密钥 K_1，第二次使用密钥 K_2，第三次使用密钥 K_3，如图 2-12 所示。经过 3DES 加密的密文要 2^{112} 次穷举搜索才能破译，而不是 2^{56}。可见，3DES 算法进一步加强了 DES 的安全性，在一些高安全性的应用系统，大都将 3DES 算法作为一种可选的数据加密算法。

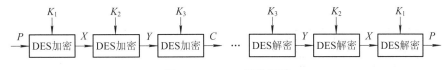

图 2-12　3DES 原理框图

3. IDEA 密码算法

IDEA 是 X.Lai 和 J.Massey 两人于 1990 年提出的，当时的名称是 PES(Proposed Encryption Standard)，作为 DES 更新换代产品的候选方案。1991 年，以色列数学家 E.Biham 和 A.Shamir 发表差分密码分析方法后，为了抵抗这种强有力的攻击方式，IDEA 设计者更新了该算法，增强了算法的安全强度，并将新算法更名为 IPEA(Improved Proposed Encryption Standard)。

IDEA 是一种分组密码算法，每个分组长度为 64 位，密钥长度为 128 位，同一个算法既可用于加密也可用于解密。IDEA 的设计原则是基于 3 个代数群的混合运算。这 3 个代数群是异或运算、模 2^{16} 加和 $2^{16}+1$ 乘，并且所有运算都在 16 位子分组上进行。因此，该算法无论用硬件还是用软件都易于实现，尤其有利于 16 位处理器的处理。IDEA 算法的加密过程如图 2-13 所示。

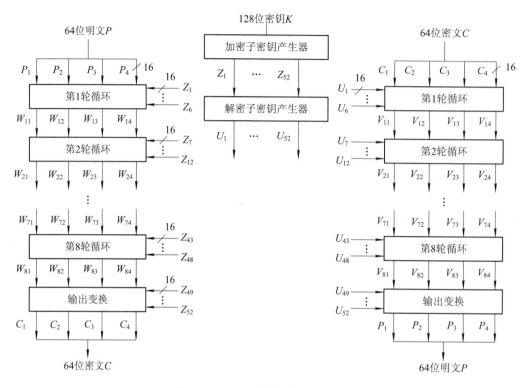

图 2-13　IDEA 算法的加密解密框架

在 IDEA 中，64 位数据分组被分成 4 个 16 位子分组：$x_1 \sim x_4$，它们作为第一轮输入，共 8 轮。在每一轮中，这 4 个子分组之间相互进行异或、相加和相乘运算。每轮之间，第二和第三子分组相交换。最后在输出变换中，4 个子分组与 4 个子密钥之间进行运算。IDEA 每一轮循环的运算如图 2-14 所示，其输出变换如图 2-15 所示。

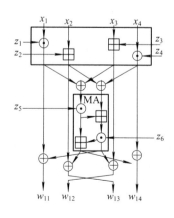

图 2-14　IDEA 的单个循环运算(第一个循环)

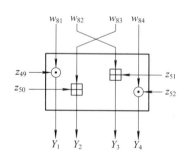

图 2-15　IDEA 的输出变换阶段

对称加密算法除了上述几种算法外还有许多种，如 RC5、Twofish 等，读者可参考密码学相关书籍。AES 是替代 DES 的高级数据加密标准，下面介绍 AES 和国密 SM4。

4. AES

在密码学中，AES 又称 Rijndael 加密法，是美国联邦政府采用的一种区块加密标准。这个标准用来替代原先的 DES，已经被多方分析且广为全世界所使用。经过五年的甄选流程，AES 由 NIST 于 2001 年 11 月 26 日发布于 FIPS PUB 197，并在 2002 年 5 月 26 日成为有效的标准。2006 年，AES 已然成为对称密钥加密中最流行的算法之一。AES 具有 128 bit 的分组长度，三种可选的密钥长度，即 128 bit、192 bit 和 256 bit。AES 算法密码的轮数依赖于密钥长度。如果密钥长度为 128 bit，那么轮数为 10 轮；如果密钥长度为 192 bit，那么轮数为 12 轮；如果密钥长度为 256 bit，则轮数为 14 轮。

1) AES 加密原理

AES 在加密(解密)的每一轮中使用轮函数对状态进行处理。加密算法中的轮函数由四个面向字节的变换组成：字节替代 SubBytes( )、移行 ShiftRows( )、混列 MixColumns( )和加轮密钥 AddRoundKey( )。AES 解密算法与加密算法类似，引入了相应的逆函数：InvSubBytes( )、InvShiftRows( )、InvMixColumns( )、AddRoundKey( )，其中 AddRoundKey( )是自逆的。

常用的 AES 密钥的长度为 128 位，加密轮数为 10 轮时，其算法流程如图 2-16 所示。

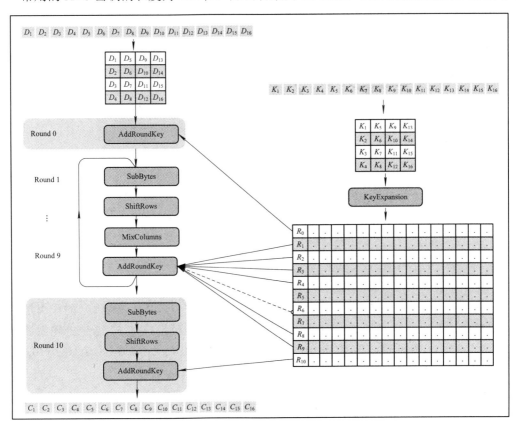

图 2-16　AES 加密算法流程

AES 加密过程是在一个 4×4 的字节矩阵上运作，这个矩阵又称为"状态"(State)，其初值就是一个明文区块(矩阵中一个元素大小就是明文区块中的一个 Byte)。Rijndael 加密法因支持更大的区块，其矩阵行数可视情况增加。加密时，各轮 AES 加密循环(除最后一轮外)均包含 4 个步骤：

(1) AddRoundKey——矩阵中的每一个字节都与该次轮密钥(Round Key)做异或运算，每个子密钥由密钥生成方案产生。

(2) SubBytes——通过一个非线性的替换函数，用查找表的方式把每个字节替换成对应的字节。

(3) ShiftRows——将矩阵中的每个行进行循环式移位。

(4) MixColumns——为了充分混合矩阵中各个列的操作，这个步骤使用线性转换来混合每列的四个字节。

具体过程如下：

(1) 密钥扩展。

在进行加密变换的时候，需要将状态与轮密钥进行多轮的按位异或，加密操作共需要 $Nr+1$ 个轮密钥。因此，在进行加密之前先要由加密密钥 K 生成扩展密钥，扩展密钥由 $Nb*(Nr+1)$ 个(4 字节)字组成，每个字表示为 wi，$0 \leqslant i < Nb*(Nr+1)$。然后，从扩展密钥的第一个字向后取，每 $Nb(4)$ 个字构成一个轮密钥。密钥扩展是运用数组变换与递归方式，把各种长度的密钥扩展，得到不同的扩展后的密钥，再根据这样的长度来决定加密的轮数，具体过程如图 2-17 所示。

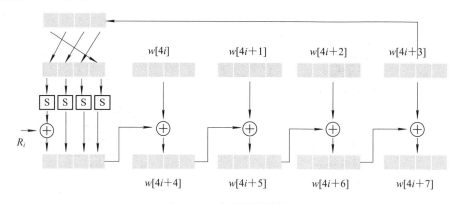

图 2-17　密钥扩展算法

密钥扩展过程说明(以 16 byte 为例)：① 将密钥按照以列为主的方式排列，分别记为 $w[0]$、$w[1]$、$w[2]$、$w[3]$，都是 32 位；② 按照 $j\%4=0$，$w[j]=w[j-4] \oplus g(w[j-1])$，$w[j]=w[j-4] \oplus w(w[j-1])$ 的方式，依次求解 $w[j]$，(j 是整数 $j \in [4, 43]$)；函数 g 的作用是将 w 向左循环移动 8 bit；③ 对照 S 盒对每个字节分别进行一一替换；④ 和 32 位的轮常量进行异或；轮常数 $Rcon[j]=(RC[j], 0, 0, 0)$，$RC=\{0x00, 0x01, 0x02, 0x04, 0x08, 0x10, 0x20, 0x40, 0x80, 0x1B, 0x36\}$。

(2) 明文加密。

下面是对明文加密过程中的字节替代(SubBytes)、移行(ShiftRows)、混列(MixColumns)、添加轮密钥(AddRoundKey)操作的详细描述。

① SubBytes 步骤：这是一个查表操作，有一个作用在状态字节上的 S 盒，同样与之对应的，存在一个逆 S 盒，将它们对应的位置进行置换，相当于进行一个映射，该映射 8 bit 输入，8 bit 输出，具体流程如图 2-18 所示。

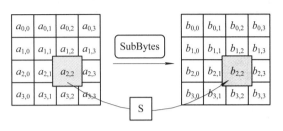

图 2-18　SubBytes 过程

② ShiftRows 步骤：ShiftRows 是一个循环移位的线性变换过程，即行移位，包括正向和逆向两种类型，前者向左，后者向右。正向行移位时，每行依次向左循环移动 8 位，保持首行不变，逆向行移位是和正向行移位相逆的过程，接下来的每一行执行相反的移位操作，同样保持首行不变，具体流程如图 2-19 所示。

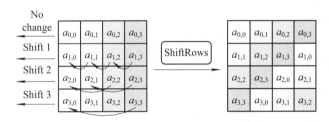

图 2-19　ShiftRows 过程

③ MixColumns 步骤：MixColumns 变换是指移位后的矩阵和固定的矩阵相乘，得到混合后的状态矩阵的操作。它是在 GF 域上算术特性前提下的一个变换，区别于平常意义上的乘法与加法。严格意义上来讲就是 Rijndael 算法在有限域之下矩阵乘法的体现，具体流程如图 2-20 所示。

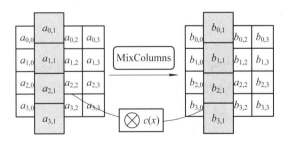

图 2-20　MixColumns 过程

④ AddRoundKey 步骤：在这个变换中，状态的调整通过与一个轮密钥进行逐位异或而得到。轮密钥长度与分组长度相等。轮密钥加的逆操作与正向操作一致，原因是异或的逆过程就是本身，具体流程如图 2-21 所示。

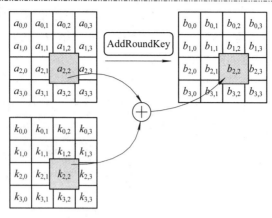

图 2-21　AddRoundKey 过程

AES 加密算法的伪代码如下：

```
Cipher( byte in[4*Nb]， byte out[4*Nb]， word w[Nb*(Nr+1)] )
begin
byte state[4， Nb] ;
state = in ;                              //将输入的明文分组送入状态
AddRoundKey(state， w[0， Nb-1]) ;         //加轮密钥
for round = 1 step 1 to Nr-1;             //Nr-1 轮循环
        SubBytes(state) ;                 //字节替代
        ShiftRows(state) ;               //移行
        MixColumns(state) ;              //混列
        AddRoundKey(state， w[round*Nb， (round+1)*Nb-1]) ;   //加轮密钥
    end for
    SubBytes(state) ;                     //最后一轮不含混列
    ShiftRows(state) ;
    AddRoundKey(state， w[Nr*Nb， (Nr+1)*Nb-1]) ;
    out = state ;                         //输出密文分组
end
```

(3) 密文解密。

AES 解密算法与加密算法类似，引入了相应的逆函数：InvSubBytes( )、InvShiftRows( )、InvMixColumns( )和 AddRoundKey( )，AddRoundKey( )是自逆的。

AES 解密算法的伪代码如下：

```
InvCipher( byte in[4*Nb]， byte out[4*Nb]， word dw[Nb*(Nr+1)] )
begin
        byte state[4， Nb] ;
        state = in ;                      //密文
        AddRoundKey(state， dw[Nr*Nb， (Nr+1)*Nb-1]) ;
        for round = Nr-1 step 1 downto 1
                InvSubBytes(state) ;      //逆字节替代
```

```
            InvShiftRows(state);                    //逆移行
            InvMixColumns(state);                   //逆混列
            AddRoundKey(state，  dw[round*Nb，  (round+1)*Nb-1]);
        end for
         InvSubBytes(state);                        //最后一轮不含逆混列
         InvShiftRows(state);
         AddRoundKey(state，  dw[0，  Nb-1]);
         out = state;                               //输出明文分组
     end
```

2) AES 加密算法性能分析

AES 是取代 DES 高级数据加密标准，AES 加密的数据在某种意义上是牢不可破的，因为没有已知的密码分析攻击可以解密 AES 密文，除非强行遍历搜索所有可能的 256 位密钥。AES 是一个重大进步，使用并理解它将大大增加软件系统的可靠性和安全性。

5. 国家商用密码算法 SM4

SM4 分组密码算法是我国制定的无线局域网鉴别和保密基础结构标准的组成部分，SM4 也称为对称国密算法，是于 2006 年发布的我国第一个商用密码算法，这是我国独立自主研究密码算法历程中具有重大意义的一步。SM4 算法的前身是加密算法 SMS4 算法，它于 2006 年 1 月 6 日被公布，在无线局域网领域有着广泛的应用。

和 DES、AES 相同，SM4 也是分组密码算法，其具备了分组密码的典型特征。它的密钥长度和分组长度均为 128 bit，加密算法和密钥扩展算法都采用 32 轮非线性迭代结构。

SM4 分组密码算法采用非平衡 Feistel 网络结构，其最大的特点是加密算法和解密算法的结构相同，只是轮密钥的使用顺序相反，解密轮密钥是加密轮密钥的逆序。经过 32 轮迭代和反序变换后，得到 128 bit 密文；密钥生成器生成 32 个子密钥，分别参与每一轮的转换中完成轮加密。SM4 算法的整体结构如图 2-22 所示。

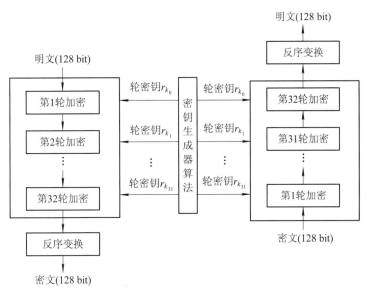

图 2-22　SM4 算法结构图

SM4 算法的详细加密解密过程参见第 5 章 SMS4 算法的介绍。

2.2.4 非对称密码算法

1. 非对称密码算法的基本原理

非对称密码算法是指加密和解密数据时使用两个不同的密钥，即加密和解密的密钥是不对称的，这种密码系统也称为公钥密码系统(PKC)。公钥密码学的概念首先是由 Diffie 和 Hellman 两人在 1976 年发表的一篇名为《密码学的新方向》的论文中提出的，并引起很大轰动。该论文曾获得了 IEEE 信息论学会的最佳论文奖。

与对称加密算法不同的是，非对称密码算法的安全性是基于数学上的单向函数的难解性，而不是基于对称加密算法的"混淆"和"扰乱"变换。非对称密码算法密钥是按照特定的数学方法随机产生相关的一对密钥，其中一个密钥公开，称为公钥；另一个密钥保密，称为私钥。使用时一个密钥用于加密明文，另一个用来解密密文。公开密钥算法有一对密钥，密钥的使用方式不同，就有两种使用模式，即加密模式和鉴别模式。

用公开密钥加密，用私有密钥解密，称为非对称密钥的加密模式。非对称密码算法的加密模式原理如图 2-23 所示。如果 A 想给 B 发送一个加密的报文，A 就用 B 的公开密钥加密这个报文；B 收到这个报文后就用 B 自己的私有密钥解密该报文。攻击者截获密文用 B 的公开密钥无法加密该报文，这样 A 安全可靠地给 B 发送了加密报文。

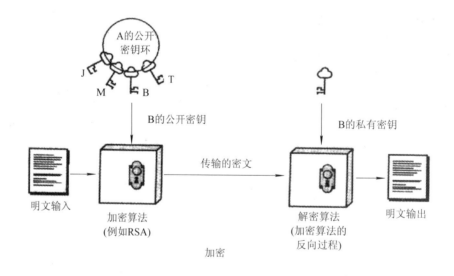

图 2-23 非对称(公钥)密码算法的加密模式原理

使用私有密钥加密，公开密钥解密，称为非对称密码算法的鉴别模式。非对称密码算法的鉴别模式原理如图 2-24 所示。如果 A 想给 B 发送一个签名报文，其就用自己的私有(保密)密钥加密这个报文；B 收到这个报文后就用 A 的公开密钥解密鉴别该报文是 A 发送的。这样就可以鉴别他人冒充 A 发送信息。

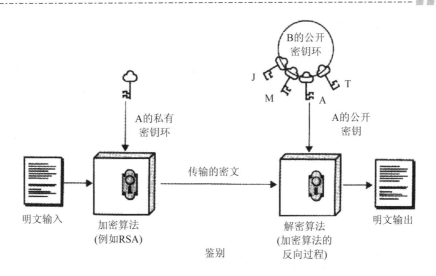

图 2-24　非对称(公钥)密码算法的鉴别模式原理

　　如果通信双方使用非对称密码算法传输机密信息，则发送者首先要获得接收者的公钥，并使用接收者的公钥加密原文，然后将密文传输给接收者。接收者使用自己的私钥才能解密密文。由于加密密钥是公开的，不需要建立额外的安全信道来分发密钥，而解密密钥是由用户自己保管的，与对方无关，从而避免了在对称密码系统中容易产生的任何一方单方面密钥泄露问题以及分发密钥时的不安全因素和额外的开销。非对称密码算法的特点是安全性高、密钥易于保管，缺点是计算量大、加密和解密速度慢。因此，非对称密码算法比较适合于加密短信息。在实际应用中，通常采用由非对称密码算法和对称密码算法构成混合密码系统，发挥各自的优势。使用对称密码算法来加密数据，加密速度快；使用非对称密码算法来加密分配对称密码算法的密钥，形成高安全性的密钥分发信道，同时还可以用来实现数字签名和身份验证机制。对称加密和非对称密钥加密的优缺点比较如表 2-3 所示。

表 2-3　对称加密和非对称密钥加密的优缺点比较

指　　标	对称加密(常规加密)	非对称加密(公开密钥加密)
加密解密	同一密钥	不同密钥
安全条件	密钥必须保密	其中一个保密
加密速度	快	慢
方便性	密钥初始分配不便	密钥公开方便
密钥数量	$N(N-1)/2$	$2N$
功能	加密	加密、签名、密钥分配

　　公开密钥密码系统可用于多方面，如加密/解密、数字签名、密钥交换等，但是其不同的算法具有不同的应用范围，各种公开密钥加密算法的应用范围如表 2-4 所示。

表 2-4 各种公开密钥加密算法的应用范围

算法	加密/解密	数字签名	密钥交换
RSA	是	是	是
Diffie-Hellman	否	否	是
DSS	否	是	否
ECC	是	是	是
SM2	是	是	是

在非对称密码算法中，最常用的是 RSA 算法。DSS 是美国制定的数字签名算法，SM2 是非对称国密算法，椭圆曲线算法 ECC 是新型高效非对称算法。在密钥交换协议中，经常使用 Diffie-Hellman 算法。下面主要介绍三种算法。

2. RSA 算法

RSA 算法是 Rivet, Shamir 和 Adleman 于 1978 年在美国麻省理工学院研制出来的，它是一种比较典型的公开密钥加密算法，既可用于加密数据，又可用于数字签名，并且比较容易理解和实现，RSA 算法经受住了多年密码分析的攻击，具有较高的安全性和可信度。

RSA 算法描述：RSA 的安全性基于大素数分解的难度。其公钥和私钥是一对大素数的函数，从一个公钥和密文中恢复出明文的难度等价于分解两个大素数之和。

1) 密钥产生方法

(1) 选择两个大素数 p、q，并且两数的长度相同，以获得最大程度的安全性，计算两数的乘积：$n = p * q$，计算 n 的欧拉函数：$\Phi(n) = (p - 1)(q - 1)$；

(2) 随机选取加密密钥 e，使 e 与 $\Phi(n)$ 互素，且 $1 < e < \Phi(n)$；

(3) 计算解密密钥 d，使 $d * e = 1 \bmod \Phi(n)$，则 $d = e^{-1} \bmod \Phi(n)$，d 和 n 也互素；

(4) 公钥(n, e)，私钥(n, d)，因子 p、q 与私钥一起保存或销毁，但绝不能泄露。

2) 数据加密的方法

将明文数字化并分组，使明文分组 m 满足：$0 \leqslant m < n$。对于一个明文消息 m，首先将它分解成小于模数 n 的数据分组 m_i。例如，p 和 q 都是 100 位的素数，n 则为 200 位，每个数据分组 m_i 应当小于 200 位。对于每个数据分组 m_i 按公式加密：$c_i = m_i^e \bmod n$，其中 e 是加密密钥。将每个加密的密文分组 c_i 组合成密文 c 输出。

3) 数据解密方法

对于每个密文分组 c_i，按公式解密：$m_i = c_i^d \bmod n$，其中 d 是解密密钥。将每个解密的明文分组 m_i 组合成明文 m 输出。

下面通过一个简单的例子来说明 RSA 加密解密方法。

例 1：假设 $p = 47$，$q = 71$(都是素数)，则 $n = p*q = 3337$。选取加密密钥 $e = 79$，且 e 和 $(p - 1)(q - 1) = 46 \times 70 = 3220$ 互素。计算解密密钥 $d = 79^{-1} \bmod 3220 = 1019$，$d$ 和 n 也互素。e 和 n 是公钥，公开；d 是私钥，需保密；丢弃 p 和 q，但不泄露。

假设一个明文消息 $m = 6682326879666683$，首先将它分解成小于模数 n 的数据分组，这里模数 n 是 3337 为 4 位，每个数据分组 m_i 可分成 3 位。m 被分成 6 个数据分组：$m_1 = 668$；$m_2 = 232$；$m_3 = 687$；$m_4 = 966$；$m_5 = 668$；$m_6 = 003$(若位数不足，左边填充 0 补齐)。

现在对每个数据分组 m_i 进行加密：$c_1 = 668^{79} \bmod 3337 = 1570$，$c_2 = 232^{79} \bmod 3337 = 2756$，依次算出 $c_3 = 2091$，$c_4 = 2276$，$c_5 = 2423$，$c_6 = 158$。将密文分组 c_i 组合成密文输出：$c = 1570275620912423158$。

现在对每个密文分组 c_i 进行解密：$m_1 = 1570^{1019} \bmod 3337 = 668$，$m_2 = 2756^{1019} \bmod 3337 = 232$，依次算出 $m_3 = 687$；$m_4 = 966$；$m_5 = 668$；$m_6 = 003$，将每个解密的明文分组 m_i 组合成明文输出：$m = 6682326879666683$。

在实际应用中，RSA 算法很少用于加密大块的数据，通常在混合密码系统中用于加密会话密钥，或者用于数字签名和身份认证，它们都是短消息加密应用。

3. Diffie-Hellman 算法

Diffie-Hellman 算法是第一个公开密钥算法，其数学基础是基于有限域的离散对数，有限域上的离散对数计算要比指数计算复杂得多。

离散对数：如果对于一个整数 b 和素数 p 的一个原根 α，可以找到一个唯一的指数 i，使得：$b = \alpha^i \bmod p$，其中 $0 \leqslant i \leqslant p - 1$，那么指数 i 称为 b 的以 α 为基数的模 p 的离散对数。

Diffie-Hellman 算法的有效性依赖于计算离散对数的难度，其含义是：当已知大素数 p 和它的一个原根 α 后，对给定的 b，要计算 i，被认为是很困难的，而给定 i 计算 b 却相对容易。Diffie-Hellman 算法主要用于密钥分配和交换，不能用于加密和解密信息。

Diffie-Hellman 算法的基本原理是：首先 A 和 B 两个人协商一个大素数 n 和 g，g 是模 n 的本原元。这两个整数不必是秘密的，两人可以通过一些不安全的途径来协商。其协议如下：

(1) A 选取一个大的随机数 x，并且计算 $X_A = g^x \bmod n$，然后发送给 B；

(2) B 选取一个大的随机数 y，并且计算 $Y_B = g^y \bmod n$，然后发送给 A；

(3) A 计算 $k = Y_B^x \bmod n$；

(4) B 计算 $k' = X_A^y \bmod n$。

由于 $k = k' = g^{xy} \bmod n$，其他人不可能计算出这个值，因此 k 是 A 和 B 独立计算的秘密密钥，即 A 和 B 交换了一个秘密密钥 k。

n 和 g 的选取对系统的安全性会产生很大的影响，尤其 n 应当是很大的素数，因为系统的安全性取决于大数(与 n 同样长度的数)分解的难度。

例 2：假如用户 A 和用户 B 希望交换一个密钥。取一个素数 $q = 97$ 和 97 的一个原根 $\alpha = 5$。A 和 B 分别选择各自的私有密钥 $X_A = 36$ 和 $X_B = 58$，并计算各自的公开密钥：$Y_A = \alpha^{X_A} \bmod q = 5^{36} \bmod 97 = 50$；$Y_B = \alpha^{X_B} \bmod q = 5^{58} \bmod 97 = 44$。他们交换了公开密钥之后，计算共享的对称密钥如下：

A：$K = (Y_B)^{X_A} \bmod q = 44^{36} \bmod 97 = 75$；B：$K = (Y_A)^{X_B} \bmod q = 50^{58} \bmod 97 = 75$
即 A 和 B 交换的双方共享的对称密钥为 75。

基于 Diffie-Hellman 算法的密钥交换协议可以扩展到三人或更多人。

4. 国家商用密码算法 SM2

2010 年 12 月 17 日，国家密码管理局颁布了国家商用公钥密码标准算法 SM2。SM2 是一组基于椭圆曲线的公钥密码算法。国家密码管理局公告(第 21 号)详细描述了 SM2 系列算法。

SM2 是一组基于椭圆曲线的公钥密码算法，推荐使用 256 位素数域 $GF(p)$ 上的椭圆曲线(详细参数参看国密 SM2 标准)，SM2 算法包含了加解密算法、数字签名算法和密钥交换协议，采取了许多检错措施，提高了密码系统的数据完整性和可靠性。SM2 椭圆曲线公钥加解密算法涉及三类辅助函数：① 杂凑函数(Hash 函数)，将任意长的数字串映射成一个较短的定长输出数字串的函数；② 密钥派生函数，从一个共享的秘密比特串中派生出密钥数据，本质上密钥派生函数是一个伪随机数产生函数，用来产生所需的会话密钥或进一步加密所需的密钥数据；③ 随机数发生器，从指定的集合范围内产生随机数，随机数发生器必须满足随机性和不可预测性。

1) 密钥对的生成

用户 A(或 B)的密钥对包含私有密钥 d 和公开密钥 P，其中，私有密钥 d 是一个随机数 $d \in \{1, 2, \cdots, n-1\}$；公开密钥 P 是椭圆曲线的 P 点，满足 $P = dG$，其中 $G = G(x, y)$ 是椭圆曲线上的基点。

2) SM2 加密算法

设需要发送的消息为比特串 M，$kLen$ 为 M 的比特长度。用户 A(加密者)在获得用户 B 的公钥 P_B 后，对明文 M 进行加密的步骤如下：

① 用随机数发生器产生随机数 $k \in \{1, 2, \cdots, n-1\}$；

② 计算 $C_1 = kG = (x_1, y_1)$，将 C_1 的数据类型转换为比特串；

③ 计算 $S = hP_B$，若 S 是无穷远点，则报错退出；

④ 计算 $kP_B = (x_2, y_2)$，将坐标 x_2、y_2 的数据类型转换为比特串；

⑤ 计算 $t = KDF(x_2 \| y_2, kLen)$，若 t 是全 0 比特串，则返回①；

⑥ 计算 $C_2 = M \oplus t$；

⑦ 计算 $C_3 = Hash(x_2 \| M \| y_2)$(注：Hash 函数使用中国商用密码标准中的 SM3)；

⑧ 密文输出 $C = C_1 \| C_2 \| C_3$。

3) SM2 解密算法

设需要解密的密文为 $C = C_1 \| C_2 \| C_3$，$kLen$ 为密文中 C_2 的比特长度。用户 B(解密者)收到密文后用自己的私有密钥 d_B 对密文 C 进行解密的步骤如下：

① 从密文 C 取出比特串 C_1，将 C_1 的数据类型转换为椭圆曲线上的点，验证 C_1 是否满足椭圆曲线方程。若不满足，则报错并退出。

② 计算椭圆曲线上的点 $S = hC_1$，若 S 是无穷远点，则报错退出；

③ 计算 $d_B C_1 = (x_2, y_2)$，并将坐标 x_2、y_2 的数据类型转换为比特串；

④ 计算 $t = KDF(x_2 \| y_2, kLen)$，若 t 是全 0 比特串，则返回①；

⑤ 从 C 取出比特串 C_2 计算 $M' = C_2 \oplus t$；

⑥ 计算 $u = Hash(x_2 \| M' \| y_2)$，$C$ 取出比特串 C_3，若 $u \neq C_3$，报错并退出；

⑦ 输出明文 M'。

4) SM2 应用实例

中国国家密码管理局在颁布 SM2 公钥密码标准时，分别给出了 SM2 公钥加解密算法在 Fp-256 上椭圆曲线和在 F2^m-257 上椭圆曲线的消息加密解密实例，以及加密解密各个步骤中的相关值。详细实例参看 http://www.oscca.gov.cn/News/201012/News_1197.htm，也可参看国家商业密码标准网址 http://www.gmbz.org.cn/main/bzlb.html。

SM2 公钥密码学算法已在中国得到了广泛应用。在中华人民共和国居民身份证的芯片中就用硬件实现了 SM2 公钥加解密算法，用来保护重要的个人信息。从 2010 年 12 月颁布 SM2 到 2013 年 8 月，共有 352 项通用产品支持 SM2 公钥加解密算法。截至 2016 年 2 月 29 日，共有 564 项商用密码产品支持 SM2 公钥加解密算法。

2.3　数字签名

计算机网络安全认证技术主要包括数字签名技术、身份验证技术以及数字证明技术。其中，数字签名由公钥密码发展而来，它在网络安全，包括身份认证、数据完整性、不可否认性以及匿名性方面有重要应用。数字签名机制提供了一种鉴别方法；身份认证机制提供了判明和确认通信双方真实身份的方法，作为访问控制的基础；数字证明机制提供对密钥进行验证的方法。本节首先介绍数字签名的概念，然后介绍与此密切相关的认证技术，最后介绍一些常用的数字签名算法。

2.3.1　数字签名的概念

1. 数字签名

数字签名技术是实现交易安全的核心技术之一，它的实现基础是非对称加密技术。数字签名是对传统文件手写签名的模拟，用公钥密码技术实现，其提供认证技术，保证消息的来源和完整性。以往的书信或文件是根据亲笔签名或印章来证明其真实性的，这就是数字签名所要解决的问题。数字签名的应用过程是：数据源发送方使用自己的私钥对数据校验或其他与数据内容有关的变量进行加密处理，完成对数据的合法"签名"；数据接收方则利用对方的公钥来解读收到的"数字签名"，并将解读结果用于对数据完整性的检验，以确认签名的合法性。数字签名技术是在网络系统虚拟环境中确认身份的重要技术，完全可以代替现实过程中的"亲笔签字"，在技术和法律上有所保证。在公钥与私钥管理方面，数字签名应用与加密邮件 PGP 技术正好相反。在数字签名应用中，发送者的公钥可以很方便地得到，但他的私钥则需要严格保密。

数字签名不同于手写签名。数字签名随文本的变化而变化，手写签名反映某个人的个性特征，是不变的；数字签名与文本信息是不可分割的，而手写签名是附加在文本之后的，与文本信息是分离的。

数字签名技术是结合消息摘要函数和公钥加密算法的具体加密应用技术。数字签名指一个用自己的非对称密码算法(如 RSA 算法)私钥加密后的信息摘要，附在消息后面；别人得到这个数字签名及签名前的信息内容，使用该用户分发的非对称密码算法公钥，就可以检验签名前的信息内容在传输过程或分发过程中是否已被篡改，并且可以确认发送者的身份。

为了实现网络环境下的身份鉴别、数据完整性认证和抗否认的功能，数字签名应满足以下要求：

(1) 签名者发出签名的消息后，就不能再否认自己所签发的消息；

(2) 接收者能够确认或证实签名者的签名，但不能否认；

(3) 任何人都不能伪造签名；

(4) 第三方可以确认收发双方之间的消息传送，但不能伪造这一过程，这样，当通信双方对于签名的真伪发生争执时，可由第三方来解决双方的争执。

对于一个典型的数字签名体系，它必须包含两个重要的组成部分：签名算法(Signature Algorithm)和验证算法(Verification Algorithm)。为了满足上述四点要求，数字签名体系必须满足两条基本假设：

(1) 签名密钥是安全的，只有其拥有者才能使用；

(2) 使用签名密钥是产生数字签名的唯一途径。

基于公钥密码体制和对称密码制都可以获得数字签名，目前主要是基于公钥密码体制的数字签名，包括普通数字签名和特殊数字签名。普通数字签名算法有 RSA、ElGamal、Fiat-Shamir、Guillou-Quisquarter、Schnorr、Ong-Schnorr-Shamir、DES/DSA、椭圆曲线数字签名算法和有限自动机数字签名算法等。特殊数字签名有盲签名、代理签名、群签名、不可否认签名、公平盲签名、门限签名、具有消息恢复功能的签名等，它与具体应用环境密切相关。显然，数字签名的应用涉及法律问题，美国联邦政府基于有限域上的离散对数问题制定了自己的 DSS。基于公钥密码体制的数字签名原理如图 2-25 所示。

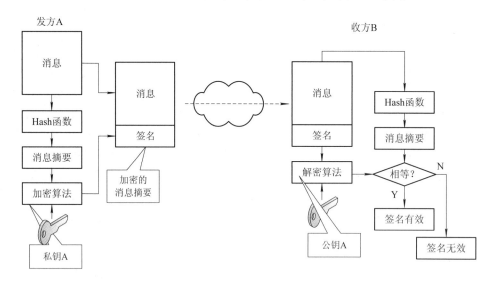

图 2-25　数字签名原理示意图

发送方 A 将消息用单向哈希函数 Hash 生成消息的摘要，将消息摘要用发送方 A 的私有密钥加密作为消息的签名，将消息和签名合并发给接收方 B。接收方 B 收到带签名的信息后用与发送方相同的哈希函数 Hash 生成消息摘要，将签名用 A 的公开密钥解密(A 发的消息摘要)与 B 生成的消息摘要比较，若消息摘要相等，则签名有效，说明消息在传输过程中没有被篡改或伪造；若消息摘要不相等，则签名无效，说明消息在传输过程中被篡改或伪造。

数字签名机制取决于两个过程：签名过程是利用签名者的私有信息作为密钥，或对数据单元进行加密或产生该数据单元的密码校验值；验证过程是利用公开的规程和信息来确定签名是否是利用该签名者的私有信息产生的。

2. 数字签名的分类

数字签名按实现方式可分为直接数字签名和仲裁方式的数字签名；按安全性可分为无条件安全的数字签名和计算上安全的数字签名；按可签名次数可分为一次性的数字签名和多次性的数字签名。

3. 数字签名的功能

采用数字签名和加密技术相结合的方法，可以很好地解决信息传输过程中的完整性、身份认证以及防抵赖性等问题。数字签名主要的功能是：

(1) 保证信息传输的完整性。因为它提供了一项用以确认电子文件完整性的技术和方法，可认定文件为未经更改的原件。

(2) 发送者的身份认证。由于发件人以私钥产生的电子签章唯有与发件人的私钥对应的公钥方能解密，故可确认文件的来源。

(3) 防止交易中的抵赖发生。由于只有发文者拥有私钥，因此其无法否认该电子文件非由其所发送。

数字签名技术是将摘要信息用发送者的私钥加密，与原文一起传送给接收者。接收者只有用发送的公钥才能解密被加密的摘要信息，然后用 Hash 函数对收到的原文产生一个摘要信息，与解密的摘要信息对比。如果摘要信息相同，则说明收到的信息是完整的，在传输过程中没有被修改，否则说明信息被修改过，因此数字签名能够验证信息的完整性。

4. 数字签名的特性

(1) 签名是可信的：任何人都可以方便地验证签名的有效性。

(2) 签名是不可伪造的：除了合法的签名者之外，任何其他人伪造其签名都是困难的。这种困难指实现时计算上是不可行的。

(3) 签名是不可复制的：对一个消息的签名不能通过复制变为另一个消息的签名。如果一个消息的签名是从别处复制的，则任何人都可以发现消息与签名之间的不一致性，从而可以拒绝签名的消息。

(4) 签名的消息是不可改变的：经签名的消息不能被篡改，一旦签名的消息被篡改，则任何人都可以发现消息与签名之间的不一致性。

(5) 签名是不可抵赖的：签名者不能否认自己的签名。

数字签名的实现一般用非对称加密算法进行数字签名。

2.3.2　常用的数字签名体制

DSS 是由美国 NIST 公布的联邦信息处理标准 FIPS PUB186，其中采用了安全哈希算法(SHA)和一种新的签名技术，称为 DSA。DSS 最初于 1991 年公布，在考虑了公众对其安全性的反馈意见后，于 1993 年公布了其修改版。

DSS 是由美国 NIST 和国家安全局共同开发的。由于它是由美国政府颁布实施的，主要用于与美国政府做生意的公司，其他公司则较少使用，它只是一个签名系统，而且美国政府不提倡使用任何削弱政府窃听能力的加密软件，认为这才符合美国的国家利益。

数字签名的算法很多，下面介绍最常用的 RSA 签名算法和 DSS 签名算法。

1. RSA 签名算法

RSA 是最流行的一种非对称加密标准，许多产品的内核中都有 RSA 的软件和类库。下面详细介绍该签名体制的内容。

(1) 参数：令 $n = p_1 p_2$，p_1 和 p_2 是大素数，令 $\varphi(n) = (p_1 - 1)(p_2 - 1) = Z_n$，选取 e 并计算出 d，使 $ed \equiv 1 \bmod \phi(n)$，公开 n 和 e，将 p_1、p_2 和 d 保密。

(2) 签名过程：对消息 $M \in Z_n$，定义 $S = \mathrm{Sig}_k(M) = M^d \bmod n$ 是对 M 签名。

(3) 验证过程：对给定的消息 M、S，可按 $\mathrm{Ver}_k(M, S) \Leftrightarrow M \equiv S^e \bmod n$ 进行验证，消息为真。

(4) 安全性分析：显然，由于只有签名者知道 d，由 RSA 体制知道，其他人不能伪造签名，但可以容易证实所给消息和签名对是否是由消息和相应签名构成的合法对。RSA 签名过程如图 2-26 所示。

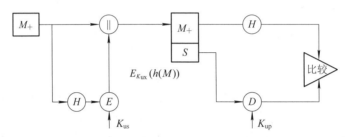

H：表示Hash运算；M：消息；E：加密；D：解密；K_{us}：用户秘密密钥；K_{up}：用户公开密钥

图 2-26　RSA 签名过程示意图

2. DSS 签名算法

DSA 是 Schnorr 和 ElGamal 签名算法的变种，被美国 NIST 作为 DSS。

1) 算法中应用的参数

p：L bit 长的素数。L 是 64 的倍数，范围是从 512 到 1024；

q：$p - 1$ 的素因子，且 $2^{159} < q < 2^{160}$，即 q 为 160 bit 长 $p - 1$ 的素因子；

g：$g = h^{p-1} \bmod p$，h 满足 $1 < h < p - 1$，并且 $h^{(p-1)/q} \bmod p > 1$；

x：用户密钥，x 为 $0 < x < q$ 的随机或拟随机正整数；

y：$y = g^x \bmod p$，(p, q, g, y) 为用户公钥；

k：随机数，且 $0 < k < q$；

$H(x)$：单向 Hash 函数。DSS 中选用 SHA。

p，q，g 可由一组用户共享，但在实际应用中，使用公共模数可能会带来一定的威胁。

2) 签名过程

对消息 $M \in Z_p^*$，产生随机数 k，$0 < k < q$，计算 $r = (g^x \bmod p) \bmod q$，$s = [k^{-1} H(M) + xr] \bmod q$，签名结果是 (M, r, s)。

3) 验证过程

计算　$w = s^{-1} \bmod q$；　　　　　　$u_1 = [H(M)w] \bmod q$；

　　　　$u_2 = (rw) \bmod q$；　　　　　$v = [(g^{u_1} y^{u_2}) \bmod p] \bmod q$

若 $v = r$，则认为签名有效。

其中用到的单项函数 $H(x)$ 可选择标准的 SHA 或 MD-5 安全哈希算法。DSS 签名过程如图 2-27 所示。

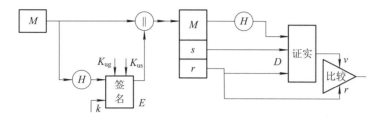

H：表示 Hash 运算；M：消息；E：加密；D：解密；K_{us}：用户秘密密钥；
K_{ug}：用户公开密钥，部分或全局用户公钥；k：随机数

图 2-27　DSS 签名过程

4) DSS 安全性分析

DSA 算法也是一个"非确定性的"数字签名算法，对于一个报文 M，它的签名依赖于随机数 r，这样相同的报文就可能会具有不同的签名。另外，值得注意的是：当模数 p 选用 512 bit 的素数时，ElGamal 签名的长度为 1024 bit，而 DSA 算法通过 160 bit 的素数 q 可将签名的长度降为 320 bit，这样就大大减少了存储空间和传输带宽。

DSS 的安全性依赖于计算模数的离散对数的难度，鉴于有限域上计算离散对数问题的进展，一般认为 512 bit 的 DSA 算法无法提供长期的安全性，而 1024 bit 的安全性则值得依赖。另外，关于 DSA 算法，还有其他一些技术上的弊端，如 DSA 不能用于加密或密钥分配，在使用相同的模数时，DSA 比 RSA 更慢(两者产生签名的速度相同，但验证签名时 DSA 比 RSA 慢 10 到 40 倍)。

2.3.3　认证技术

实际上，网络中通信除需要进行消息的认证外，还需要建立一些规范的协议对数据来源的可靠性、通信实体的真实性加以认证，以防止欺骗、伪装等攻击。本节就网络通信的一个基本问题的解决来介绍认证技术的基本意义。这一基本问题陈述如下：A 和 B 是网络的两个用户，他们想通过网络先建立安全的共享密钥再进行保密通信，那么 A(B)如何确信自己正在和 B(A)通信而不是和 C 通信呢？这种通信方式为双向通信，因此此时的认证称为相互认证。类似地，对于单向通信来说，认证称为单向认证。

认证中心(CA)在网络通信认证技术中具有特殊的地位。CA 是提供认证的第三方机构，通常由一个或多个用户信任的组织实体组成。例如，持卡人要与商家通信，持卡人从公开媒体上获得了商家的公开密钥，但无法确定商家是不是冒充的，于是请求 CA 对商家认证。此时，CA 对商家进行调查、验证和鉴别后，将包含商家公钥的证书传给持卡人。同样，商家也可对持卡人进行验证，其过程为持卡人→商家；持卡人→CA；CA→商家。证书一般包含拥有者的标识名称和公钥，并且由 CA 进行数字签名。

CA 的功能主要有接收注册申请、处理、批准/拒绝请求，颁发证书。

在实际的运作中，CA 也可由大家都信任的一方担当。例如，在客户、商家、银行三角关系中，客户使用的是某个银行发的卡，而商家又与此银行有业务关系。在此情况下，客

户和商家都信任该银行，可由该银行担当 CA 角色，接收和处理客户证书和商家证书的验证请求。又如，对商家自己发行的购物卡，可由商家自己担当 CA 角色。

1. 相互认证技术

A、B 两个用户在建立共享密钥时需要考虑的核心问题是保密性和实时性。为了防止会话密钥的伪造或泄露，会话密钥在通信双方之间进行交换时应以密文形式出现，所以通信双方事先就应有密钥或公开密钥。实时性对于防止信息的重放攻击极为重要，实现实时性的一种方法是对交换的每一条消息都加上一个序列号，一个新消息仅当它有正确的序列号时才被接收。但这种方法的困难是要求每个用户分别记录与其他每一用户交换的消息序列号，这样做增加了用户的负担，所以序列号方法一般不用于认证和密钥交换。保证信息的实时性常用以下两种方法：

(1) 时间戳。如果 A 收到的消息包括一时间戳，且在 A 看来这一时间戳充分接近自己的当前时间，A 才认为收到的消息是新的并将其接收。这种方案要求所有各方的时钟是同步的。

(2) 询问－应答。用户 A 向 B 发出一个一次性随机数作为询问，如果收到 B 发来的消息也包含正确的一次性随机数，A 就认为 B 发来的消息是新的并将其接收。

时间戳法不能用于面向连接的应用过程，这是由于时间戳法在实现时有一定的困难。首先，需要在不同的处理器时钟之间保持同步，那么所用的协议必须是容错的以处理网络错误，并且是安全的以对付恶意攻击。其次，如果协议中任一方的时钟出现错误而暂时失去了同步，则将使敌方攻击成功的可能性增加。最后，网络本身存在着延迟，不能期望协议的各方面保持精确的同步。因此任何基于时间戳的处理过程、协议等都必须允许同步有一个误差范围。考虑到网络本身的延迟，误差范围应足够大，考虑到可能存在的攻击，误差范围又应足够小。

询问－应答方式不适用于无连接的应用过程，这是因为在无连接传输以前需经询问－应答这一额外的握手过程，与无连接应用过程的本质特性不符。对无连接的应用程序来说，利用某种安全的时间服务器保持各方时钟同步是防止攻击的最好方法。

通信双方建立共享密钥时可采用单钥加密体制和公钥加密体制。

2. 单向认证技术

电子邮件等网络应用有一个最大的优点，即不要求收发双方同时在线，发方将邮件发往收方的信箱，邮件在信箱中存着，直到收方阅读时才打开。邮件消息的报头必须是明文形式，以使简单邮件传输协议(SMTP)或 X.400 等存储－转发协议能够得到处理。通常都不希望邮件处理协议要求邮件的消息本身是明文形式，否则就要求用户对邮件处理机制的信任。所以用户在进行保密通信时，需对邮件消息进行加密以使包括邮件处理系统在内的任何第三者都不能读取邮件的内容。邮件接收者还希望对邮件的来源即发方的身份进行认证，以防他人假冒。与双向认证一样，仍可采用单钥加密体制和公钥加密体制。

2.4 网络安全体系结构

ISO 于 1989 年制定的 ISO/IEC 7498-2 给出了计算机网络 OSI/RM 参考模型的安全体系

结构，其是在 OSI 参考模型中增设了安全服务、安全机制和安全管理。

1．安全服务

安全服务包括认证(鉴别)服务、访问控制服务、数据保密性服务、数据完整性服务和抗不可否认性服务五种类型。

(1) 认证(鉴别)服务：在网络交互过程中，对收发双方的身份及数据来源进行验证。用于鉴别实体的身份和对身份的证实，包括对等实体鉴别和数据原发鉴别两种。

(2) 访问控制服务：防止未授权用户非法访问资源，包括用户身份认证和用户权限确认。

(3) 数据保密性服务：防止数据在传输过程中被破解、泄露。

(4) 数据完整性服务：防止数据在传输过程中被非法篡改，如修改、复制、插入和删除等。

(5) 抗不可否认性服务：也称为抗抵赖服务或确认服务。防止发送方与接收方在执行各自操作后，否认各自所做的操作。

从上述的安全服务内容中不难看出，OSI 参考模型的安全服务紧扣安全技术目标。

2．安全机制

安全机制包括加密机制、数字签名机制、访问控制机制、数据完整性机制、认证机制、业务流填充机制、路由控制机制和公证机制八种类型。

(1) 加密机制：对应数据保密性服务。加密是提高数据安全性的最简便方法。通过对数据进行加密，能够有效提高数据的保密性，防止数据在传输过程中被窃取。常用的加密算法有对称加密算法(如 DES 算法)和非对称加密算法(如 RSA 算法)。

(2) 数字签名机制：对应认证(鉴别)服务。数字签名是有效的鉴别方法，利用数字签名技术可以实施用户身份认证和消息认证，它具有解决收发双方纠纷的能力，是认证(鉴别)服务最核心的技术。在数字签名技术的基础上，为了鉴别软件的有效性，又产生了代码签名技术。常用的签名算法有 RSA、DSA 等。

(3) 访问控制机制：对应访问控制服务。通过预先设定的规则对用户所访问的数据进行限制。通常，首先是通过用户的用户名和口令进行验证；其次是通过用户角色、用户组等规则进行验证；最后用户才能访问相应的限制资源。一般的应用常使用基于用户角色的访问控制方式，如 RBAC。

(4) 数据完整性机制：对应数据完整性服务。数据完整性的作用是避免数据在传输过程中受到干扰，同时防止数据在传输过程中被篡改，以提高数据传输完整性。通常可以使用单向加密算法对数据加密，生成唯一验证码，用以校验数据完整性。常用的加密算法有 MD5、SHA 等。

(5) 认证机制：对应认证(鉴别)服务。认证的目的在于验证接收方所接收到的数据是否来源于所期望的发送方，通常可使用数字签名来进行认证。常用算法有 RSA、DSA 等。

(6) 业务流填充机制：也称为传输流填充机制，对应数据保密性服务。业务流填充机制通过在数据传输过程中传送随机数的方式，混淆真实的数据，加大数据破解的难度，提高数据的保密性。

(7) 路由控制机制：对应访问控制服务。路由控制机制为数据发送方选择安全网络通信路径，避免发送方使用不安全路径发送数据，以提高数据的安全性。

(8) 公证机制：对应抗否认性服务。公证机制的作用在于解决收发双方的纠纷问题，确保两方利益不受损害。类似于现实生活中双方签署合同的同时，需要将合同的第三份交由第三方公证机构进行公证。

安全机制对安全服务做了详尽的补充，针对各种服务选择相应的安全机制可以有效地提高应用安全性。

3. 安全管理

安全管理通过多种信息和实体为网络提供安全保证。安全管理内容包括：

(1) 安全策略：是网络管理员关于其管理域安全目标的描述。在安全策略中应列出管理域中的资源、可能对资源进行访问的用户以及他们的访问类型、域中全部实体必须遵守的规则等。

(2) 安全管理方法：OSI 的安全管理方法分为以下四类。

① 系统安全管理。负责对整个开放网络环境的安全进行管理，其典型的功能有：对全部的安全策略进行管理，包括更新和维护安全策略的一致性；与其他 OSI 网络管理功能进行交互；与安全服务管理和安全机制管理进行交互；对安全侵犯和非法修改安全门限值的事件进行远程报告；安全审计；安全恢复功能；访问控制策略管理等。

② 安全服务管理。负责对每一种安全服务进行管理，其典型的功能有：确定安全服务所对应的安全目标；选择实现安全服务的安全机制；与本地和远程的安全机制进行磋商；通过安全机制管理激活特定的安全机制；与其他安全服务管理和安全机制管理进行交互。

③ 安全机制管理。负责为实现安全服务的安全机制提供必要的管理信息。典型的安全机制有：密钥管理；加密；数字签名；访问控制；数据完整性保护；鉴别；利用填充符防止流量分析；路由控制；公证。

④ OSI 管理的安全。负责对 OSI 管理协议和管理信息进行安全保护。由于 OSI 安全相关标准假定端系统是安全的，而将注意力集中在端系统与网络的接口上，因此在实施 OSI 安全管理时必须对端系统和中间系统的安全附加额外的考虑。

(3) 安全管理信息库(SMIB)及安全管理系统的实现：安全管理的相关信息存储在 SMIB 中。SMIB 可以集成在通用 MIB 中，也可以与 MIB 独立。与 MIB 类似，SMIB 仅仅是一个概念上的存储点，其实现并不属于标准化的内容。OSI 基于 X.500 目录服务来实现 SMIB。X.500 目录服务的分布特性可用来构建分布式的 SMIB，使得在 OSI 环境的任意节点都可通过标准的目录访问协议对 SMIB 进行存取。

2.4.1 网络安全协议综述

从体系结构上看，TCP/IP 是 OSI/RM 参考模型七层结构的简化，是一个协议簇或协议栈，由多个子协议组成的集合。TCP/IP 协议簇是 Internet 使用的通信协议。TCP/IP 协议簇的层次模型如图 2-28 所示。

TCP/IP 协议在硬件基础上分为四个层次，自底向上依次为网络接口层、网络层、传输层和应用层。由于 TCP/IP 被公认为是异种计算机、异种网络间通信的重要协议，因此 Internet 也是建立在 TCP/IP 基础上。TCP/IP 协议簇本身没有安全机制，TCP/IP 协议的安全体系结构是采用增加安全协议的方式实现安全机制。由于 OSI 参考模型与 TCP/IP 模型之间存在对应关系，因此可根据 GB/T 9387.2-1995 的安全体系框架，将各种安全机制和安全服务映射

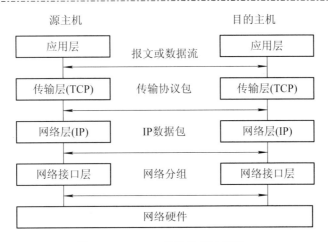

图 2-28 TCP/IP 协议的层次模型

到 TCP/IP 的协议集中，从而形成一个基于 TCP/IP 协议层次的网络安全体系结构。不同层的典型安全协议如表 2-5 所示。

表 2-5 TCP/IP 安全体系在各个层增加的安全协议

TCP/IP 层次	TCP/IP 安全协议集
应用层	SET / IKE / S-MIME/HTTPS
传输层	SOCKS / SSL / TLS
网络层	IPSec
网络接口层	PPTP / L2F / L2TP / MPLS

随着信息安全技术的不断发展，各项安全机制相关的技术不断提高，尤其是结合加密理论之后，应用安全性得到了显著提高。TCP/IP 各层主要的安全协议与 ISO/OSI 安全服务的对应关系如表 2-6 所示。

表 2-6 TCP/IP 各层与 ISO/OSI 安全服务的对应关系

层次	·安全协议	鉴别	访问控制	机密性	完整性	抗抵赖性
网络层	IPSec	Y	—	Y	Y	—
传输层	SSL	Y	—	Y	Y	—
应用层	PEM	Y	—	Y	Y	—
	MOSS	Y	—	Y	Y	Y
	PGP	Y	—	Y	Y	Y
	S/MIME	Y	—	Y	Y	Y
	SHTTP	Y	—	Y	Y	Y
	SSH	Y	—	Y	Y	—
	Kerberos	Y	Y	Y	Y	Y
	SNMP	Y	—	Y	Y	—

注：Y = 提供；— = 不提供。

本节主要介绍网络层安全协议 IPSec。

2.4.2 IPSec 协议

网络层安全性主要是解决两个端点之间的安全交换数据问题，涉及数据传输的机密性和完整性，防止在数据交换过程中数据被非法窃听和篡改。网络层安全协议是对网络层协议的安全性进行增强，即在网络层协议的基础上增加了安全算法协商和数据加密/解密处理等安全机制和功能。IPSec 协议是在 IP(IPv4 和 IPv6)基础上提供的一种可互操作、基于高质量密码的安全服务。它在 IP 层实现多种安全服务包括访问控制、无连接完整性、数据源验证、机密性和有限的业务流机密性。Internet 工程任务组(IETF)为在 IP 层提供通信安全而制定的 IPSec 协议标准，是针对 IP 层较为完整的安全体系结构。

IP 协议：IPv4 最初设计时没有过多地考虑安全性，其中仅有的一个安全选项为美国国防部专用，目前在因特网上使用的 IP 均未对安全选项进行处理。IPv4 缺乏对通信双方真实身份的验证能力，缺乏对网上传输数据的完整性和机密性的保护，并且由于 IP 地址可软件配置等灵活性以及基于源 IP 地址的认证机制，IP 层存在网络业务流易被监听和捕获、IP 地址欺骗、信息泄露和数据项被篡改等攻击，而 IP 是很难抵抗这些攻击的。为了实现安全 IP，IETF 于 1994 年开始了一项 IP 安全工程，专门成立了 IP 安全协议工作组 IPSec，来制定和推动一套称为 IPSec 的 IP 安全协议标准。其目标就是把安全特征集成到 IP 层，以便对因特网的安全业务提供底层的支持。IETF 于 1995 年 8 月公布了一系列关于 IPSec 的 RFC 建议标准。完整的 IPSec 核心文档集包括以下内容：

(1) Internet 协议安全结构(RFC 2401)；

(2) IP 验证头(AH)(RFC 2402)；

(3) IP 封装安全负载(ESP)(RFC 2406)；

(4) Internet 密钥交换(RFC 2409)；

(5) ESP DES-CBC 变换(RFC 1829)；

(6) ESP 和 AH 中 HMAC-MD5-96 的采用(RFC 2403)；

(7) ESP 和 AH 中 HMAC-SHA-1-96 的采用(RFC 2404)；

(8) NULL 加密算法(NULL Encryption Algorithm)及其在 IPSec 中的应用(RFC 2410)。

除此之外，IPSec 核心文档集还包括许多其他内容，完整列表请参阅《IPSec 文档一览表》(RFC 2411)。

2.4.3 IPSec 安全体系结构

IPSec 是指 IETF 以 RFC 形式公布的一组安全 IP 协议集，是在 IP 包为 IP 业务提供保护的安全协议标准，其基本目的是把安全机制引入 IP 协议，通过使用现代密码学方法支持机密性和认证性服务，使用户能有选择地使用，并得到所期望的安全服务。IPSec 将几种安全技术结合形成一个比较完整的安全体系结构，它通过在 IP 协议中增加两个基于密码的安全机制——AH 和 ESP 来支持 IP 数据项的认证、完整性和机密性。通过 IP 安全协议和密钥管理协议构建起 IP 层安全体系结构的框架，能保护所有基于 IP 的服务和应用，并且当这些安全机制正确实现时，它不会对用户、主机和其他未采用这些安全机制的因特网部件产生负面影响。由于这些安全机制是独立于算法的，因此在选择和改变算法时不会影响其他部分的实现，对用户和上层应用程序是透明的。IPSec 的设计既适用于 IPv4，又适用于 IPv6，它在 IPv4 中是一个建议的可选服务，对于 IPv6 是一项必须支持的功能。

1. IPSec 的结构

IPSec 的结构文档 RFC 2401 定义了 IPSec 的基本结构，所有具体的实施方案均建立在其基础之上。它定义了 IPSec 提供的安全服务，其如何使用以及在哪里使用，数据包如何构建及处理，以及 IPSec 处理同策略之间如何协调等。

IPSec 由两大部分组成：IPSec 安全协议(AH/ESP)和密钥管理协议(IKE)。

(1) IPSec 安全协议。IPSec 安全协议定义了如何通过在 IP 数据包中增加扩展头和字段来保证 IP 包的机密性、完整性和可认证性，其包括 IP AH 和 IP ESP 两个安全协议。

(2) SA 及密钥管理。SA 及密钥管理定义了通信实体间进行身份认证、创建安全联盟、协商加密算法以及生成共享会话密钥的方法。

此外，与 IPSec 密切相关的另一个协议是 Internet 安全联盟密钥管理协议(ISAKMP)。它为 Internet 环境下安全协议使用的安全联盟和密钥的创建定义了一个标准通用框架，是 ISAKMP 关于 IPSec 的协议标准。

在 IPSec 安全协议中，ESP 机制规定了为通信提供机密性和完整性保护的具体方案。为了 IPSec 通信两端能相互交互，ESP 载荷中各字段的取值应该对双方都可以理解，因此通信双方必须保持对通信消息相同的解释规则，即应持有相同的解释域。IPSec 有两个解释域，即 IPSec DOI 和 ISAKMP DOI，它们各有不同的使用范围。为了达到 IPSec 实施的互通性，ESP 还固定了双方必须支持的默认的加密及鉴别算法。当需要在 IPSec 中加入新的算法时，可以通过扩展 DOI 以及在协商时修改相应算法字段的取值来达到目的。ESP 通过 SA 来描述如何保护通信、保护什么样的通信，以及由谁来保护这些通信。

AH 协议规定了 AH 头在 AH 实现中应插入 IP 头的位置、AH 头的语法格式、各字段的语义及取值方式，以及实施 AH 时进入和外出分组的处理过程。AH 机制涉及密码学中的核心组件——鉴别算法。为了达到通信双方的交互，AH 实现的通信双方必须支持默认的加密及鉴别算法。AH 协议通过 SA 来描述如何保护通信、保护什么样的通信，以及由谁来保护这些通信。

加密算法和鉴别算法在协商过程以及 SA 中的表示，通过使用共同的 DOI，具有相同的解释规则。DOI 规定了每个算法的参数要求和计算规则，如算法密钥长度要求、算法强度要求以及初始向量的计算规则等。

IPSec 将安全协议与为这些安全协议协商安全参数的密钥管理协议项分离。在 IPSec 中，密钥管理协议为安全协议协商 SA，密钥管理协议给出了 SA 与安全协议的唯一接口，安全协议通过安全参数索引查找对应的 SA，并使用 SA 中的对应安全参数对通信进行保护。为了确保密钥协商的顺利进行，协商双方必须遵守相同的协商规则和协商消息的解释规则，因此通信双方必须也为密钥管理持有相同的 DOI。

通信双方应实现 ESP 或 SA 保护，保护什么样的通信、保护的强度如何以及何时应实现密钥协商等，受到实施 IPSec 的安全策略的控制。IPSec 协议通过安全策略的配置和实施表达用户对通信的保护意图。因此，可以使用图 2-29 所示的 IPSec 的体系结构来说明其组件及各组件的相互关系。

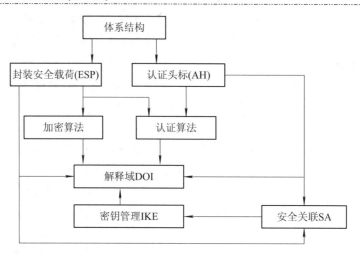

图 2-29 IPSec 的体系结构及各组件的相互关系

IPSec 的安全结构包括以下四个基本部分：安全协议(AH 和 ESP)，安全联盟(SA)，密钥交换、手工和自动密钥管理协议(IKE)，认证和加密算法。

2. IPSec 的功能

IPSec 可在主机或网关上实现，通过系统选择所需要的安全机制，决定使用的算法、密钥以及使用方式，在 IP 层提供所要求的安全服务。IPSec 能在主机之间、安全网关之间或主机与安全网关之间对一条或多条路径提供保护。IPSec 提供的安全功能有：① 访问控制；② 无连接完整性；③ 数据起源认证；④ 抗重放攻击；⑤ 机密性。因为这些安全服务是在 IP 层提供的，所以能被任何高层协议(如 TCP、UDP、ICMP 和 BGP 等)使用。

3. IPSec 的模式

IPSec 使用传输模式和隧道模式保护通信数据，如图 2-30 所示。

传输模式保护的是 IP 载荷。隧道模式是将原有的整个 IP 数据报文作为上层数据，然后加上新的 IP 头封装起来。这些模式和协议有四种可能的组合：传送模式中的 AH、隧道模式中的 AH、传送模式中的 ESP 以及隧道模式中的 ESP。但在实际应用中，并不采用隧道模式中的 AH，因为它保护的数据与传送模式中的 AH 保护的数据是一样的。

两种模式的区别非常直观，它们保护的内容不同，一个是 IP 包，一个是 IP 载荷。

1) 传输模式

在传输模式中，AH 和 ESP 保护的是传送头。在这种模式中，AH 和 ESP 会拦截从传送层到网络层的数据包，并根据具体的配置提供安全保护。

ESP 保护以后，再用 AH 重新保护一次数据包，那么数据的完整性就能同时应用于 ESP 载荷，其中包含了传送载荷，如图 2-30(a)所示。

2) 隧道模式

在数据包最终目的地不是安全终点的情况下，通常需要在隧道模式下使用 IPSec。假如安全保护能力需由一个设备来提供，而该设备并非数据包的始发点；或者数据包需要保密传送到与实际目的地不同的另一个目的地，便需要采用隧道模式。

　　路由器为自己转发的数据包提供安全服务时,也要选用隧道模式。在隧道模式中,IPSec在一个 IP 包内封装了 IPSec 头,并增加了一个外部 IP 头,如图 2-30(b)所示。

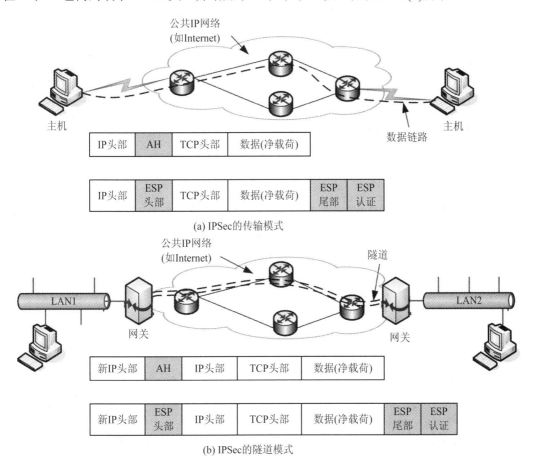

IP头部	AH	TCP头部	数据(净载荷)

IP头部	ESP 头部	TCP头部	数据(净载荷)	ESP 尾部	ESP 认证

(a) IPSec的传输模式

新IP头部	AH	IP头部	TCP头部	数据(净载荷)

新IP头部	ESP 头部	IP头部	TCP头部	数据(净载荷)	ESP 尾部	ESP 认证

(b) IPSec的隧道模式

图 2-30　IPSec 的工作模式

　　IPSec 隧道模式的数据包有两个 IP 头:内部头和外部头。其中,内部头由主机创建,而外部头是由提供安全服务的那个设备添加的。提供安全服务的设备既可以是主机,也可以是一个路由器。没有什么可妨碍主机提供端到端的隧道模式安全服务。尽管如此,在这种情况下,用隧道模式来代替传输模式并没有什么实质性的好处。事实上,如果安全保护服务是以端到端的形式提供的,那么用传输模式还要好一些,因为它不会添加额外的 IP 头。

　　IPSec 同时为 AH 和 ESP 定义了隧道模式。IPSec 还支持嵌套隧道。所谓嵌套隧道,是指对一个已经隧道化的数据包再进行一次隧道化处理。

2.4.4　利用 IPSec 实现 VPN

1. VPN 的概念

　　VPN 是利用 Internet 等公共网络的基础设施,通过隧道技术为用户提供一条与专用网络具有相同通信功能的安全数据通道,实现不同网络之间以及用户与网络之间的相互连接。IETF 草案对基于 IP 网络的 VPN 的定义为:使用 IP 机制仿真出一个私有的广域网。VPN

的物理拓扑如图 2-31(a)所示，其功能等价于图 2-31(b)所示的逻辑拓扑。

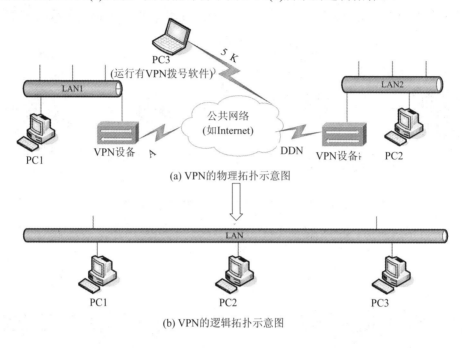

(a) VPN的物理拓扑示意图

(b) VPN的逻辑拓扑示意图

图 2-31　VPN 组成示意图

2. VPN 的基本类型及应用

1) 内联网 VPN

内联网 VPN(Intranet VPN)的组网方式如图 2-32 所示。这是一种最常用的 VPN 连接方式，它将位于不同地址位置的两个内部网络(LAN1 和 LAN2)通过公共网络(主要为 Internet)连接起来，形成一个逻辑上的局域网。位于不同物理网络中的用户在通信时，就像在同一局域网中一样。

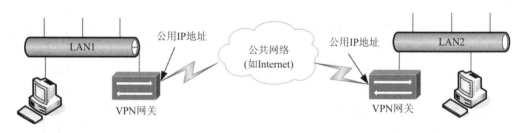

图 2-32　内联网 VPN 连接示意图

2) 外联网 VPN

外联网 VPN(Extranet VPN)的组网方式如图 2-33 所示。与内联网 VPN 相似，外联网 VPN 也是一种网关对网关的结构。在内联网 VPN 中位于 LAN1 和 LAN2 中的主机是平等的，可以实现彼此之间的通信。但在外联网 VPN 中，位于不同内部网络(LAN1、LAN2 和 LAN3)的主机在功能上是不平等的。

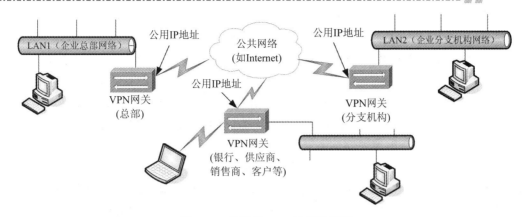

图 2-33　外联网 VPN 连接示意图

3) 远程接入 VPN

远程接入 VPN(Access VPN)的组网方式如图 2-34 所示。远程接入 VPN 也称移动 VPN，即为移动用户提供一种访问单位内部网络资源的方式，主要应用于单位内部人员在外(非内部网络)访问单位内部网络资源的情况下，或为家庭办公的用户提供远程接入单位内部网络的服务。

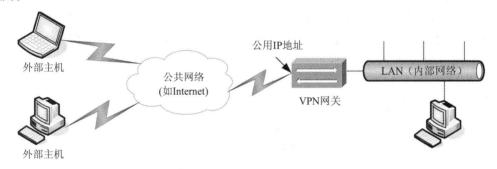

图 2-34　远程接入 VPN 连接示意图

3. VPN 的实现技术

1) 隧道技术

隧道技术是 VPN 的核心技术，它是利用 Internet 等公共网络已有的数据通信方式，在隧道的一端将数据进行封装，然后通过已建立的虚拟通道(隧道)进行传输。在隧道的另一端，进行解封装操作，将得到的原始数据交给对端设备。

在进行数据封装时，根据在 OSI 参考模型中位置的不同，可以分为第二层隧道技术和第三层隧道技术两种类型。其中，第二层隧道技术是在数据链路层使用隧道协议对数据进行封装，然后再把封装后的数据作为数据链路层的原始数据，并通过数据链路层的协议进行传输。第二层隧道协议主要有：

① L2F(Layer 2 Forwarding，主要在 RFC 2341 文档中进行了定义)；

② PPTP(Point-to-Point Tunneling Protocol，主要在 RFC 2637 文档中进行了定义)；

③ L2TP(Layer 2 Tunneling Protocol，主要在 RFC 2661 文档中进行了定义)。

第三层隧道技术是在网络层进行数据封装，即利用网络层的隧道协议将数据进行封装，

封装后的数据再通过网络层的协议(如 IP)进行传输。第三层隧道协议主要有:

① IPSec(IP Security，主要在 RFC 2401 文档中进行了定义);

② GRE(Generic Routing Encapsulation，主要在 RFC 2784 文档中进行了定义)。

2) 加密技术

在 VPN 解决方案中使用最普遍的对称加密算法主要有 DES、3DES、AES、RC4、RC5、IDEA 等，非对称加密算法主要有 RSA、Diffie-Hellman、椭圆曲线等。

3) 身份认证技术

目前采用的身份认证技术主要分为非 PKI 体系和 PKI 体系两类，其中非 PKI 体系主要用于用户身份认证，而 PKI 体系主要用于信息认证。其中非 PKI 体系一般采用"用户 ID + 密码"的模式，目前在 VPN 系统中采用的非 PKI 体系的认证方式主要有:

① PAP(Password Authentication Protocol，密码认证协议);

② CHAP(Challenge-Handshake Authentication Protocol，询问握手认证协议);

③ EAP(Extensible Authentication Protocol，扩展身份认证协议);

④ MS-CHAP(Microsoft Challenge Handshake Authentication Protocol，微软询问握手认证协议);

⑤ SPAP(Shiva Password Authentication Protocol，Shiva 密码认证协议);

⑥ RADIUS(Remote Authentication Dial In User Service，远程用户认证拨号系统)。

目前常用的 VPN 技术主要有三种: IPSEC(Internet Protocol Security)、SSL(Secure Socket Layer)和 MPLS(Multi Protocol Label Switch)。MPLS 一般由电信运营商提供。

(1) IPSec VPN。

IPSec VPN 的应用一般分为三种，如图 2-35 所示。

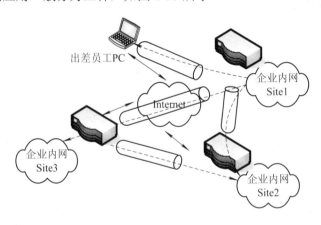

图 2-35　IPSec VPN 的应用

① Site-to-Site(站点到站点或者网关到网关): 如某单位由三个不同位置的分支机构组成，分布在互联网三个不同的地方，则各分支机构使用一个网关相互建立 VPN 隧道，机构内网(若干 PC)之间的数据通过这些网关建立的 IPSec 隧道可实现安全互联。

② End-to-End(端到端或者 PC 到 PC): 两个 PC 之间的通信由两个 PC 之间的 IPSec 会话保护，而不是网关。

③ End-to-Site(端到站点或者 PC 到网关): 两个 PC 之间的通信由网关和异地 PC 之间

的 IPSec 进行保护。

VPN 只是 IPSec 的一种应用方式，IPSec 的目的是为 IP 提供高安全特性，VPN 则是在实现这种安全特性的方式下产生的解决方案。

(2) SSL VPN。

SSL VPN 是一种借助 SSL 协议实现安全 VPN 通信的远程访问解决方案。SSL VPN 的核心是 SSL 协议。基于 Web 浏览器模式的 SSL VPN 在技术上将 Web 浏览器软件、SSL 协议及 VPN 技术进行了有机结合，在使用方式上可以利用标准的 Web 浏览器，并通过遍及全球的 Internet 实现与内部网络之间的安全通信，已成为目前应用最为广泛的 VPN 技术。SSL VPN 客户端使用标准 Web 浏览器通过 SSL VPN 服务器(也称为 SSL VPN 网关)访问单位内部网络中的资源，如图 2-36 所示。

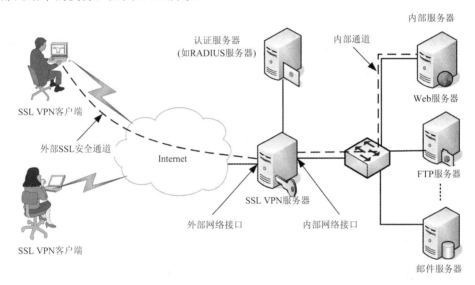

图 2-36　基于 Web 的 SSL VPN 的应用

在 VPN 应用中，SSL VPN 属于一项较新的技术。相对于传统的 VPN(如 IPSec VPN)，SSL VPN 既有其应用优势，也存在不足。SSL VPN 的主要优势为：① 可以不安装单独的客户端软件；② 支持大多数设备；③ 安全性较高；④ 方便部署；⑤ 支持的应用服务较多。SSL VPN 的不足为：① 占用系统资源较大；② 支持的应用有限。另外，SSL VPN 的稳定性还需要提高，同时许多客户端防火墙软件和防病毒软件都会对 SSL VPN 产生影响。

(3) MPLS VPN。

MPLS(多协议标签转换协议)是一个可以在多种第二层网络(如 ATM、帧中继、以太网、PPP 等)上进行标签交换的网络技术。这一技术结合了第二层交换和第三层路由的特点，将第二层的基础设施和第三层的路由有机地结合起来。第三层的路由在网络的边缘实施，而在 MPLS 的网络核心采用第二层交换。MPLS 是一种特殊的转发机制，它为进入网络中的 IP 数据包分配标签，并通过对标签的交换来实现 IP 数据包的转发。

MPLS 网络主要由核心部分的标签交换路由器(LSR)、边缘部分的标签边缘路由器(LER)、在节点之间建立和维护路径的标签交换路径(LSP)组成。

MPLS 的工作过程如下：① 由标签分配协议(LDP)和传统路由协议(如 OSPF、RIP 等)

共同在各个 LSR 中为需要使用 MPLS 服务的转发等价类(FEC)建立标签交换转发表和路由表;② 在 MPLS 网络的入口处为 IP 数据包添加标签;③ 在 LSP 上进行标签交换;④ 在出口处为 IP 数据包去掉标签。

MPLS VPN 的组成如图 2-37 所示,主要由以下几个部分组成:用户边缘(CE)设备、提供商边缘(PE)设备、提供商(P)设备、用户站点(Site)。

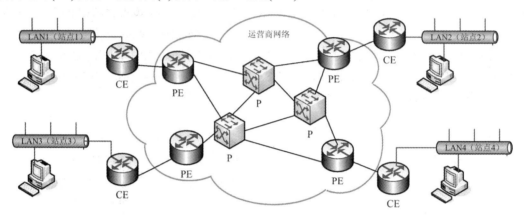

图 2-37　MPLS VPN 的组成

在 MPLS VPN 中,数据转发过程通过以下四个步骤完成数据包的转发:

① 当 CE 设备将一个 VPN 数据包转发给与之直连的 PE 路由器后,PE 路由器查找该 VPN 对应的 VRF,并从 VRF 中得到一个 VPN 标签和下一跳(下一节点)出口 PE 路由器的地址;

② 主干网的 P 路由器根据外层标签转发 IP 数据包;

③ 出口 PE 路由器根据内层标签查找到相应的出口后,将 VPN 数据包上的内层标签去掉,然后将不含标签的 VPN 数据包转发给指定的 CE 设备;

④ CE 设备根据自己的路由表将封装前的数据包转发到正确的目的地。

2.4.5　IPSec 存在的问题

IPSec 的最大缺陷是其复杂性。一方面,IPSec 的灵活性对其广泛应用作出了贡献;另一方面,其灵活性也造成了混乱,并导致安全专家宣称"IPSec 包含了太多的选项和太多的灵活性"。IPSec 是一个开放标准框架,这使得它的标准化非常困难,目前各种 IPSec 产品之间的兼容性问题还有待解决。由于委员会的缘故,其他的性能、选项和灵活性常常被添加到了标准之中,以满足标准化机构不同部门的需要。这一过程与在制订 AES 的过程中所使用的标准化过程形成了充分的对比,AES 取代了 1998 年失效的数据加密标准。

同时,IPSec 的使用将会对网络传输的性能产生影响,如果大规模应用就需要更高的硬件性能保障。IPSec 协议本身还有待完善,如动态地址分配难以支持,不提供对付业务流分析攻击的安全机制等。当 IP 包被 ESP 加密时,IPSec 可能隐藏了对网络操作有用的重要信息,如业务流等级,同时对其他正常的服务和协议也都造成了影响。IPSec 还没有解决大规模的密钥分发和管理问题,虽然 IPv6 要求强制实现 IPSec,但是 IPSec 在全网的部署和实施还存在许多困难。

另外，供 IPSec 使用的许多文档都非常复杂和混乱，没有提供任何概述或介绍，也无法识别 IPSec 的目标在何处。用户必须把这些碎片组合起来，并尽力使那些被认为非常难读懂的文档看起来更有意义。这些技术规范丢失了很多关键性的解释，包含了太多的错误，而且在很多地方互相矛盾。还有如直接的端对端通信(即传送模式)是不可能的。

尽管 IPSec 并不是完美的，与以前可用的安全协议(如 SSL)相比，它只是一种巨大的改进。SSL 已广泛部署于各种不同的应用之中，但它不可避免地局限于只能在传送/应用层间使用，从而要求对希望具备使用 SSL 能力的任何应用层程序进行修改。由于 IPSec 是在第三层使用，因此，它只要求对操作系统而不是使用 IPSec 的应用进行修改。

同时业务流监控与分析，业务流工程，当 IP 包被 ESP 加密时 IPSec 可能隐藏了如 TCP、网络管理、QOS 等对网络操作重要的信息，动态地址分配难以支持等，这些都是 IPSec 有待解决的问题。

2.5　防火墙技术

网络的安全性可以定义为计算机机密性、完整性和可用性的实现。机密性要求只有授权才能访问信息；完整性要求信息保持不被意外或者恶意地改变；可用性指计算机系统在不降低使用的情况下仍能根据授权用户的需要提供资源服务。因特网防火墙是这样的(一组)系统，它能增强机构内部网络的安全性，用于加强网络间的访问控制，防止外部用户非法使用内部网的资源，保护内部网络的设备不被破坏，防止内部网络的敏感数据被窃取。

2.5.1　防火墙基础知识

Internet 防火墙是一种装置，它是由软件或硬件设备组合而成，通常处于企业的内部局域网与 Internet 之间，限制 Internet 用户对内部网络的访问以及管理内部用户访问外界的权限。换言之，一个防火墙在一个被认为是安全和可信的内部网络和一个被认为是不那么安全和可信的外部网络(通常是指 Internet)之间提供一个封锁工具。防火墙是一种被动的技术，因为它假设了网络边界的存在，它对内部的非法访问难以有效控制。防火墙是一种网络安全技术，最初它被定义为一个实施某些安全策略保护一个可信网络，用以防止来自一个不可信任的网络。网络防火墙技术是一种用来加强网络之间访问控制，防止外部网络用户以非法手段通过外部网络进入内部网络，访问内部网络资源，保护内部网络操作环境的特殊网络互联设备。它对两个或多个网络之间传输的数据包(如链接方式)按照一定的安全策略来实施检查，以决定网络之间的通信是否被允许，并监视网络运行状态。网络防火墙的基本系统模型如图 2-38 所示。

从实现上来看，防火墙实际上是一个独立的进程或一组紧密联系的进程，运行于路由服务器上，控制经过它们的网络应用服务及数据。安全、管理、速度是防火墙的三大要素。防火墙已成为实现网络安全策略的最有效的工具之一，并被广泛应用到 Internet/Intranet 的建设上。

防火墙作为内部网与外部网之间的一种访问控制设备，常常安装在内部网和外部网交流的点上。Internet 防火墙是路由器、堡垒主机或任何提供网络安全的设备的组合，是安全

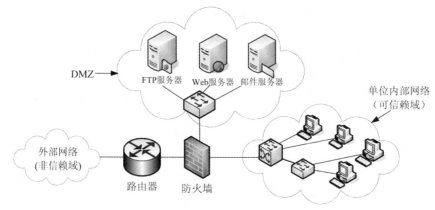

图 2-38　网络防火墙

策略的一部分。如果仅设立防火墙系统，而没有全面的安全策略，那么防火墙就形同虚设。全面的安全策略应告诉用户应有的责任、公司规定的网络访问、服务访问、本地和远地的用户认证、拨入和拨出、磁盘和数据加密、病毒防护措施，以及雇员培训等。所有可能受到网络攻击的地方都必须以同样的安全级别加以保护。

防火墙系统可以是路由器，也可以是个人主机、主系统或一批主系统，用于把网络或子网同那些子网外的可能是不安全的系统隔绝。防火墙系统通常位于等级较高网关或网点与 Internet 的连接处。

防火墙设计政策是防火墙专用的。它定义用来实施服务访问政策的规则，一个人不可能在完全不了解防火墙能力、限制，与 TCP/IP 相关联的威胁，易受攻击性等问题的真空条件下设计这一政策。防火墙一般实施两个基本设计方针之一：

(1) 只允许访问特定的服务。

一切未被允许的就是禁止的。基于该准则，防火墙应封锁所有信息流，然后对希望提供的服务逐项开放。这是一种非常实用的方法，可以营造一种十分安全的环境，因为只有经过仔细挑选的服务才被允许使用。其弊端是安全性高于用户使用的方便性，用户所能使用的服务范围受限制。

(2) 只拒绝访问特定的服务。

一切未被禁止的就是允许的。基于该准则，防火墙应转发所有信息流，然后逐项屏蔽可能有害的服务。这种方法构成了一种更为灵活的应用环境，可为用户提供更多的服务。其弊病是在日益增多的网络服务面前，网管人员疲于奔命，特别是受保护的网络范围增大时，很难提供可靠的安全防护。

总的说来，一个好的防火墙系统应具有以下五方面的特性：

(1) 所有在内部网络和外部网络之间传输的数据都必须通过防火墙。

(2) 只有被授权的合法数据，即防火墙系统中安全策略允许的数据，可以通过防火墙。

(3) 防火墙本身不受各种攻击的影响。

(4) 使用目前新的信息安全技术，比如现代密码技术、一次口令系统、智能卡。

(5) 人机界面良好，用户配置使用方便，易管理。系统管理员可以方便地对防火墙进行设置，对 Internet 的访问者、被访问者、访问协议以及访问方式进行控制。

但是，即使具备这些特性，防火墙还是有其不可避免的缺陷：

(1) 不能防范恶意的知情者。防火墙可以禁止系统用户通过网络连接发送专有的信息，但用户可以将数据复制到磁盘、磁带上带出去。如果入侵者已经在防火墙内部，防火墙是无能为力的。

(2) 防火墙不能防范不通过它的连接。防火墙能够有效防止通过它进行传输信息，然而不能防止不通过它而传输的信息。例如，如果站点允许对防火墙后面的内部系统进行拨号访问，那么防火墙没有办法阻止入侵者进行拨号入侵。

(3) 防火墙几乎不能防范病毒。普通防火墙虽然扫描通过它的信息，但一般只扫描源地址、目的地址和端口号，而不扫描数据的确切内容。

(4) 防火墙不能防范全部的威胁。防火墙被用来防范已知的威胁，但它一般不能防范新的、未知的威胁。

2.5.2　防火墙的实现方法

1. 数据包过滤

包过滤防火墙一般作用在网络层(IP 层)，故也称网络层防火墙(Network Lev Firewall)或 IP 过滤器(IP Filters)。它是对进出内部网络的所有信息进行分析，并按照一定的安全策略(信息过滤规则)对进出内部网络的去处进行限制，允许授权信息通过，拒绝非授权信息通过。信息过滤规则是以其所收到的数据包头信息为基础，比如 IP 数据包源地址、IP 数据包目的地址、封装协议类型(TCP、UDP、ICMP 等)、TCP/IP 源端口号、TCP/IP 目的端口号、ICMP 报文类型等。简单包过滤防火墙的工作原理如图 2-39 所示。

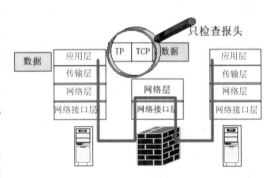

图 2-39　简单包过滤防火墙的工作原理

包过滤防火墙往往可以用一台过滤路由器来实现，对所接收的每个数据包做允许拒绝的决定。路由器审查每个数据包以便确定其是否与某一条包过滤规则匹配。过滤规则基于可以提供给 IP 转发过程的包头信息。如果包的进入接口和输出接口匹配，并且规则允许该数据包通过，那么该数据包就会按照路由表中的信息被转发。如果匹配并且规则拒绝该数据包，那么该数据包就会被丢弃。如果没有匹配规则，用户配置的缺省参数会决定是转发还是丢弃数据包。

1) 包过滤路由器型防火墙的优点

(1) 处理包的速度比较快，过滤路由器为用户提供了一种透明的服务，用户不用改变客户端程序或改变自己的行为。

(2) 实现包过滤几乎不再需要费用(或极少的费用)，因为这些特点都包含在标准的路由器软件中。由于 Internet 访问一般都是在 WAN 接口上提供，因此在流量适中并定义较少过滤器时对路由器的性能几乎没有影响。

(3) 包过滤路由器对用户和应用来讲是透明的，所以不必对用户进行特殊的培训和在每台主机上安装特定的软件。

2) 包过滤路由器型防火墙的缺点

(1) 防火墙的维护比较困难，定义数据包过滤器会比较复杂，因为网络管理员需要对各种 Internet 服务、包头格式以及每个域的意义有非常深入的理解。

(2) 对于外部主机伪装其他可信任的外部主机 IP 的 IP 欺骗不能阻止。

(3) 任何直接经过路由器的数据包都有被用作数据驱动式攻击的潜在危险。我们已经知道数据驱动式攻击从表面上来看是由路由器转发到内部主机上没有害处的数据。该数据包括了一些隐藏的指令，能够让主机修改访问控制和与安全有关的文件，使得入侵者能够获得对系统的访问权。

(4) 一些包过滤网关不支持有效的用户认证。由于 IP 地址是可以伪造的，因此如果没有基于用户的认证，仅通过 IP 地址来判断是不安全的。

(5) 不可能提供有用的日志，或根本就不提供。

(6) 随着过滤器数目的增加，路由器的吞吐量会下降。可以对路由器进行这样的优化：抽取每个数据包的目的 IP 地址，进行简单的路由表查询，然后将数据包转发到正确的接口进行传输。如果打开过滤功能，路由器不仅必须对每个数据包作出转发决定，还必须将所有的过滤器规则施用给每个数据包。这样将消耗 CPU 时间并影响系统的性能。

(7) IP 包过滤器可能无法对网络上流动的信息提供全面的控制。包过滤路由器能够允许或拒绝特定的服务，但是不能理解特定服务的上下文环境和数据。

因此，包过滤防火墙一般用在下列场合：机构是非集中化管理；机构没有强大的集中安全策略，网络的主机数非常少；主要依赖于主机安全来防止入侵(但是当主机数量增加到一定程度时，仅靠主机安全是不够的)；没有使用 DHCP 这样的动态 IP 地址分配协议。

2. 应用层防火墙

在应用层实现防火墙，方式多种多样，下面是几种应用层防火墙的设计实现。

1) 代理与代管服务

(1) 应用代理服务器(Application Gateway Proxy)：在网络应用层提供授权检查及代理(Proxy)服务。当外部某台主机试图访问受保护网络时，必须先在防火墙上经过身份认证。通过身份认证后，防火墙运行一个专门为该网络设计的程序，把外部主机与内部主机连接。在这个过程中，防火墙可以限制用户访问的主机、访问时间及访问方式。同样，受保护网络内部用户访问外部网时也需先登录到防火墙上，通过验证后，才可访问。应用层网关(Application Gateway)代理防火墙的工作原理如图 2-40 所示。

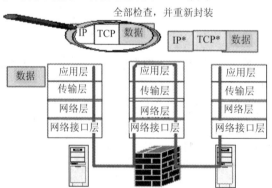

图 2-40　应用层网关代理防火墙的工作原理

应用网关代理的优点是既可以隐藏内部 IP 地址，也可以给单个用户授权，即使攻击者盗用了一个合法的 IP 地址，也不能通过严格的身份认证。因此应用网关比报文过滤具有更高的安全性。但是这种认证使得应用网关不透明，每次连接都要受到认证，这给用户带来许多不便。这种代理技术需要为每个应用编写专门的程序。

(2) 回路级代理服务器：即通常意义的代理服务器，适用于多个协议，但不能解释应用协议，需要通过其他方式来获得信息，所以，回路级代理服务器通常要求修改过的用户程序。

套接字服务器(Sockets Server)就是回路级代理服务器。套接字是一种网络应用层的国际标准。当受保护网络客户机需要与外部网交互信息时，在防火墙上的套服务器检查客户的 User ID、IP 源地址和 IP 目的地址，经过确认后，套服务器才与外部的服务器建立连接。对用户来说，受保护网与外部网的信息交换是透明的，感觉不到防火墙的存在，那是因为网络用户不需要登录到防火墙上。但是客户端的应用软件必须支持"Socketsified API"，受保护网络用户访问公共网所使用的 IP 地址也都是防火墙的 IP 地址。

(3) 代管服务器：代管服务器技术是把不安全的服务如 FTP、Telnet 等放到防火墙上，使它同时充当服务器，对外部的请求作出回答。与应用层代理实现相比，代管服务器技术不必为每种服务专门编写程序。而且，受保护网内部用户想对外部网访问时，也需先登录到防火墙上，再向外提出请求，这样从外部网向内就只能看到防火墙，从而隐藏了内部地址，提高了安全性。

2) 地址扩充与地址保护

(1) 网络地址转换器(NAT)：当受保护网连到 Internet 上时，受保护网用户若要访问 Internet，必须使用一个合法的 IP 地址。由于合法 Internet IP 地址有限，而且受保护网络往往有自己的一套 IP 地址规划(非正式 IP 地址)，网络地址转换器就是在防火墙上装一个合法 IP 地址集，因此，当内部某一用户要访问 Internet 时，防火墙动态地从地址集中选一个未分配的地址分配给该用户，该用户即可使用这个合法地址进行通信。同时，对于内部的某些服务器如 Web 服务器，网络地址转换器允许为其分配一个固定的合法地址。外部网络的用户就可通过防火墙来访问内部的服务器。这种技术既缓解了少量的 IP 地址和大量的主机之间的矛盾，又对外隐藏了内部主机的 IP 地址，提高了安全性。

(2) 隔离域名服务器(Split Domain Name Server)：这种技术是通过防火墙将受保护网络的域名服务器与外部网的域名服务器隔离，使外部网的域名服务器只能看到防火墙的 IP 地址，无法了解受保护网络的具体情况，这样可以保证受保护网络的 IP 地址不被外部网络知悉。

3) 邮件技术(Mail Forwarding)

当防火墙采用上面所提到的几种技术使得外部网络只知道防火墙的 IP 地址和域名时，从外部网络发来的邮件就只能送到防火墙上。这时防火墙对邮件进行检查，只有当发送邮件的源主机是被允许通过的，防火墙才对邮件的目的地址进行转换，送到内部的邮件服务器，由其进行转发。

3. 代理服务

对于防火墙来说，如果其用户不能访问 Internet，那么与其连接就没有意义。但从另一个角度来说，如果在 Internet 和用户站点的每一台机器之间都有通道可以自由访问，则在与 Internet 连接时将没有安全感。因此，有时不得不采用一些折中的办法。最明显的就是将内部所有的用户通过单一主机访问 Internet，这就是代理服务。

代理只对一个内部网络的某个主机或某几个主机提供 Internet 访问服务，而看上去却是对整个网络的所有主机提供服务。具有访问功能的主机就充当没有访问入口的那些主机的代理来完成那些主机想要做的事。

代理不要求任何硬件，但对于大部分服务，它要求特殊的软件，安装了一个特殊协议或一组协议的代理服务器运行在一个双宿主主机或一个堡垒主机上，这个代理服务器判断来自自己用户的要求并决定哪个可以传送，哪个可以忽略。对于许可的要求，代理服务器就会代表用户与真正的服务器交互而将要求从用户传给真实服务器，也将真实服务器的应答传给用户。对于用户，与代理服务器交谈就像与真实服务器交谈一样，对于真实服务器，它只是与一个代理服务器交谈，事实上它也不能判断与自己交谈的是一个代理服务器而不是一台普通主机，它也不能知道真正用户的存在。

应用代理服务器的工作原理如图 2-41 所示。

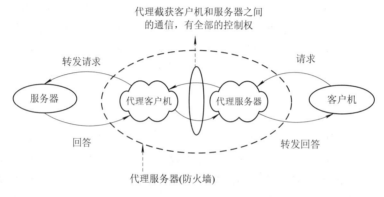

图 2-41　应用代理服务器的工作原理

使用代理具有以下优点：

(1) 代理服务允许用户直接进到 Internet 服务中。在传统双宿主主机方式中，用户要想使用因特网的服务首先要登录到双宿主主机上，对于用户，这样会很不方便，以至于有些用户可能用其他方式寻找 Internet 通道，例如通过拨号上网，这对防火墙的安全是重大隐患；但是另一方面，这种双宿主主机接入方式对于双宿主主机来说，很多账户的管理也将使系统变得更为复杂。

(2) 代理服务优化日志服务。代理服务允许日志服务以特殊和有效的方式来进行。例如，一个 FTP 代理服务器只记录已发出的命令和服务器接收到的回答，并以此来代替记录所有传送的数据。

使用代理具有以下缺点：

(1) 代理服务落后于非代理服务。尽管一些简单的服务可以找到其代理软件，但是对于比较新的服务有时很难找到可靠的代理软件。通常代理服务器与服务之间有一个明显的滞后。在没有合适代理软件可用之前，一些服务只能放置在防火墙之外，这样就存在很多潜在的危险。

(2) 对于每项代理可能要求不同的代理服务器。有时用户不得不为每个协议设置专门的代理服务器。因为代理服务器必须理解协议以便判断什么该允许什么该拒绝，因此选择

不同的代理服务器对用户来说是一件很复杂的事情。

(3) 代理服务器可能会限制用户或过程。一般情况下，代理服务器会对用户和过程进行限制，由于这种限制，代理应用就不能像非代理那样灵活。

2.5.3　防火墙的分类

常见的防火墙有三种类型：包过滤防火墙、应用代理防火墙和双穴主机防火墙。

(1) 包过滤防火墙。包过滤防火墙设置在网络层，可以在路由器上实现包过滤。首先应建立一定数量的信息过滤表，信息过滤表是以其收到的数据包头信息为基础而建成的。信息包头含有数据包源 IP 地址、目的 IP 地址、传输协议类型(TCP、UDP、ICMP 等)、协议源端口号、协议目的端口号、连接请求方向、ICMP 报文类型等。当一个数据包满足过滤表中的规则时，则允许数据包通过，否则禁止通过。这种防火墙可以用于禁止外部不合法用户对内部的访问，也可以用来禁止访问某些服务类型。但包过滤技术不能识别有危险的信息包，无法实施对应用级协议的处理，也无法处理 UDP、RPC 或动态的协议。

(2) 代理防火墙。代理防火墙又称应用层网关级防火墙，它由代理服务器和过滤路由器组成，是目前较流行的一种防火墙。它将过滤路由器和软件代理技术结合在一起。过滤路由器负责网络互连，并对数据进行严格选择，然后将筛选过的数据传送给代理服务器。代理服务器起到外部网络申请访问内部网络的中间转接作用，其功能类似于一个数据转发器，主要控制哪些用户能访问哪些服务类型。当外部网络向内部网络申请某种网络服务时，代理服务器接受申请，然后它根据其服务类型、服务内容、被服务的对象、服务者申请的时间、申请者的域名范围等来决定是否接受此项服务，如果接受，它就向内部网络转发这项请求。代理防火墙无法快速支持一些新出现的业务(如多媒体)。现在较为流行的代理服务器软件是 WinGate 和 Proxy Server。

(3) 双穴主机防火墙。该防火墙是用主机来执行安全控制功能。一台双穴主机配有多个网卡，分别连接不同的网络。双穴主机从一个网络收集数据，并且有选择地把它发送到另一个网络上。网络服务由双穴主机上的服务代理来提供。内部网和外部网的用户可通过双穴主机的共享数据区传递数据，从而保护内部网络不被非法访问。

2.5.4　防火墙的发展与新技术

根据防火墙所采用的技术不同，可以将其分为四种基本类型：包过滤型、NAT、代理型和监测型。

1. 包过滤型

包过滤型产品是防火墙的初级产品，其技术依据是网络中的分包传输技术。网络上的数据都是以"包"为单位进行传输的，数据被分割为一定大小的数据包，每一个数据包中都会包含一些特定信息，如数据的源地址、目标地址、TCP/UDP 源端口和目标端口等。防火墙通过读取数据包中的地址信息来判断这些"包"是否来自可信任的安全站点，一旦发现来自危险站点的数据包，防火墙便会将这些数据拒之门外。系统管理员也可以根据实际情况灵活制定判断规则。

包过滤技术的优点是简单实用，实现成本较低，在应用环境比较简单的情况下，能够以较小的代价在一定程度上保证系统的安全。但包过滤技术的缺陷也是明显的。包过滤技术是一种完全基于网络层的安全技术，只能根据数据包的来源、目标和端口等网络信息进行判断，无法识别基于应用层的恶意侵入，如恶意的 Java 小程序以及电子邮件中附带的病毒。有经验的黑客很容易伪造 IP 地址，骗过包过滤型防火墙。

2. NAT

NAT 是一种用于把 IP 地址转换成临时的、外部的、注册的 IP 地址标准。NAT 具有私有 IP 地址的内部网络访问因特网，同时意味着用户不需要为其网络中每一台机器取得注册的 IP 地址。

NAT 的工作过程是：在内部网络通过安全网卡访问外部网络时，将产生一个映射记录。系统将外出的源地址和源端口映射为一个伪装的地址和端口，让这个伪装的地址和端口通过非安全网卡与外部网络连接，这样对外就隐藏了真实的内部网络地址。在外部网络通过非安全网卡访问内部网络时，它并不知道内部网络的连接情况，而只是通过一个开放的 IP 地址和端口来请求访问。OLM 防火墙根据预先定义好的映射规则来判断这个访问是否安全。当符合规则时，防火墙认为访问是安全的，可以接受访问请求，也可以将连接请求映射到不同的内部计算机中。当不符合规则时，防火墙认为该访问是不安全的，不能被接受，将屏蔽外部的连接请求。网络地址转换的过程对于用户来说是透明的，不需要进行设置，只要进行常规操作即可。

3. 代理型

代理型防火墙也可以被称为代理服务器，它的安全性高于包过滤型产品，并已经开始向应用层发展。代理服务器位于客户机与服务器之间，完全阻挡了二者间的数据交流。从客户机来看，代理服务器相当于一台真正的服务器；而从服务器来看，代理服务器又是一台真正的客户机。当客户机需要使用服务器上的数据时，首先将数据请求发给代理服务器，代理服务器再根据这一请求向服务器索取数据，然后再由代理服务器将数据传输给客户机。由于外部系统与内部服务器之间没有直接的数据通道，外部的恶意侵害也就很难伤害到企业内部网络系统。

代理型防火墙的优点是安全性较高，可以针对应用层进行侦测和扫描，对付基于应用层的侵入和病毒都十分有效。其缺点是对系统的整体性能有较大的影响，而且代理服务器必须针对客户机可能产生的所有应用类型逐一进行设置，大大增加了系统管理的复杂性。

4. 监测型

监测型防火墙是新一代产品，这一技术实际已经超越了最初的防火墙定义。监测型防火墙能够对各层的数据进行主动、实时的监测，在对这些数据加以分析的基础上，能够有效判断出各层中的非法侵入。同时，这种监测型防火墙产品一般还带有分布式探测器，这些探测器安置在各种应用服务器和其他网络的节点之中，不仅能够监测来自网络外部的攻击，同时对来自内部的恶意破坏也有极强的防范作用。据权威机构统计，在针对网络系统的攻击中，有相当比例的攻击来自网络内部。因此，监测型防火墙不仅超越了传统防火墙的定义，而且在安全性上也超越了前两代产品。

虽然监测型防火墙在安全性上已超越了包过滤型和代理服务器型防火墙，但由于监测型防火墙技术的实现成本较高，也不易管理，所以目前使用的防火墙产品仍然以第二代代理型产品为主，然而在某些方面也已经开始使用监测型防火墙。基于对系统成本与安全技术成本的综合考虑，用户可以选择性地使用某些监测型技术。这样既能够保证网络系统的安全性需求，同时也能有效地控制安全系统的总拥有成本。

虽然防火墙是目前保护网络免遭黑客袭击的有效手段，但也存在明显不足：无法防范通过防火墙以外的其他途径的攻击；不能防范来自内部变节者和不经心的用户们带来的威胁；不能完全防范传送已感染病毒的软件或文件；无法防范数据驱动型的攻击。

2.5.5　黑客攻击技术

黑客技术，简单地说，是对计算机系统和网络的缺陷和漏洞的发现，以及针对这些缺陷实施攻击的技术。这里所说的缺陷包括软件缺陷、硬件缺陷、网络协议缺陷、管理缺陷和人为失误。

最初，"黑客"一词由 Hacker 英译而来，是指专门研究、发现计算机和网络漏洞的计算机爱好者。他们伴随着计算机和网络的发展而产生和成长。黑客对计算机有着狂热的兴趣和执着的追求，他们不断地研究计算机和网络知识，发现计算机和网络中存在的漏洞，喜欢挑战高难度的网络系统并从中找到漏洞，然后向管理员提出解决和修补漏洞的方法。但目前"黑客"一词已被用于泛指那些专门利用计算机搞破坏或恶作剧的人，对这些人的正确英文叫法是 Cracker，有人也翻译成"骇客"或是"入侵者"，也正是由于入侵者的出现玷污了黑客的声誉，使人们把黑客和入侵者混为一谈，黑客被人们认为是在网上到处搞破坏的人。

黑客攻击的目的主要是窃取信息，获取口令，控制中间站点和获得超级用户权限。其中窃取信息是黑客最主要的目的，窃取信息不一定只是复制该信息，还包括对信息的更改、替换和删除，也包括把机密信息公开发布等行为。

简单地说，攻击就是指一切对计算机的非授权行为，攻击的全过程应该是由攻击者发起，攻击者应用一定的攻击方法和攻击策略，利用一些攻击技术或工具，对目标信息系统进行非法访问，达到一定的攻击效果，并实现攻击者的预定目标。因此，凡是试图绕过系统的安全策略或是对系统进行渗透，以获取信息、修改信息甚至破坏目标网络或系统功能的行为都可以称为黑客攻击。

1. 攻击的准备阶段

黑客攻击之前要了解目标主机的网络结构、收集目标系统的各类信息等，其主要工作有以下几部分：

(1) 保护隐藏自己。黑客在发起攻击前一般都会利用别人的计算机来隐藏自己真实的 IP 地址信息，达到隐藏保护自己的目的。最常见的就是 IP 欺骗，此外还有邮件欺骗、WEB 欺骗、ARP 欺骗等。要实现 IP 地址欺骗，最简单的方法就是盗用 IP 地址。在 Windows 系统中，可以使用网络配置工具来改变本机的 IP 地址；在 UNIX 系统中，可以使用 ifconfig 命令来改变地址。

(2) 确认目标主机。黑客在发起攻击前要选择攻击目标。网络上有许多的主机，黑客首先要寻找他希望得到的有价值的站点，在 Internet 上能真正标识主机的是 IP 地址。黑客利用域名和 IP 地址就可以顺利找到目标主机。最常用的方法是利用 Whois 数据库服务。

Whois 就是一个用来查询域名是否已经被注册以及注册域名的详细信息的数据库(如域名所有人、域名注册商、域名注册日期和过期日期等)。通过 Whois 来实现对域名信息的查询，其工作原理：Whois 服务是一个在线的"请求/响应"式服务，Whois Server 运行在后台监听 43 端口，当 Internet 用户搜索一个域名(或主机、联系人等其他信息)时，Whois Server 首先建立一个与 Client 的 TCP 连接，然后接收用户请求的信息并据此查询后台域名数据库。如果数据库中存在相应的记录，它会将相关信息，如所有者、管理信息以及技术联络信息等，反馈给 Client，待 Server 输出结果，Client 关闭连接。至此，一个查询过程结束。

(3) 收集系统信息和相关漏洞信息。黑客在发起攻击前需要收集信息，才能实施有效的攻击。信息收集是一把双刃剑，管理员也可以利用信息收集技术发现系统的弱点。对攻击者来说，确定入侵的目标主机后，黑客就会设法了解其所在的网络结构、访问控制机制、系统信息和其他信息。收集系统信息的方法有：利用端口扫描工具扫描开放的端口及开放的服务；利用安全扫描器扫描系统存在的漏洞和弱点信息；利用公开的信息和社会工程学获取有价值的信息资源。

2. 端口扫描和系统漏洞扫描

在侦查阶段收集到信息之后，黑客通常开启扫描系统来收集更多与他们的目标相关的信息。黑客很看重这个扫描阶段，因为他们必须找到一条通往目标的路。攻击者使用网络勘查技术可以发现目标机器的详细目录和网络架构的大体拓扑结构。通过对目标范围的扫描，攻击者确定了哪些主机；端口扫描用来确定目标网络中哪个端口在监听服务，通过与目标系统中的各种端口进行交互，端口扫描可以用来发现所运行的服务列表；攻击者可以使用 Firewalk 工具对目标进行扫描，从而确定包过滤防火墙上所实施的规则；黑客可以通过漏洞扫描工具对目标机器进行扫描，找出目标机器中所存在的配置错误、系统 Bug 和其他问题。

(1) 端口扫描。首先黑客要知道目标主机使用的是什么操作系统，常用的扫描工具如 Nmap、Superscan 都可以完成这项任务。最简单的方法是使用 Ping 命令，一般都是用 Ping 来查看 TTL 值来判断。详细如下：TTL = 128，这是 WINNT/2K/XP；TTL = 32，这是 WIN95/98/ME；TTL = 256，这是 UNIX；TTL = 64，这是 LINUX。以上都是默认情况，实际可能被欺骗，所以使用 Ping 命令的可信度低。然后是对其开放端口进行服务分析，看是否有能被攻击利用的服务。计算机网络协议有很多端口(65 535 个)，当然大部分端口是关闭的。每个网络连接都要用一个端口，每个端口有它特定的用途。在 Windows 系统的端口分配中，划分为三类端口，分别为已知端口(0~1023)、注册端口(1024~49 151)、动态端口(49 152~65 535)。常用网络服务端口有：

21 端口：主要用于 FTP 服务

23 端口：主要用于 Telnet(远程登录)服务，是 Internet 上普遍采用的登录和仿真程序，最初设计是为了方便管理员远程管理计算机，可现在真正将其发挥到极致的是"黑客"。

25 端口：为 SMTP 服务器所开放，主要用于发送邮件，如今绝大多数邮件服务器都使用该协议。

67、68 端口：分别是为 Bootp 服务的 Bootstrap Protocol Server(引导程序协议服务端)和 Bootstrap Protocol Client(引导程序协议客户端)开放的端口。

79 端口：是为 Finger 服务开放的，主要用于查询远程主机在线用户、操作系统类型以及是否缓冲区溢出等用户的详细信息。

80 端口：是为 HTTP(超文本传输协议)开放的，这是上网冲浪使用最多的协议，主要用于在 WWW(万维网)服务上传输信息的协议。

对目标计算机进行端口扫描，能得到许多有用的信息。扫描的方法有很多，可以是手工进行扫描，也可以用端口扫描软件进行扫描。在手工进行扫描时，需要熟悉各种命令。对命令执行后的输出进行分析。如 Netstat 命令，其功能是显示网络连接、路由表和网络接口信息，可以让用户得知目前都有哪些网络连接正在运作。Ping 命令用于查看网络上的主机是否在工作，它向该主机发送 ICMPE-CHO_REQUEST 包。有时我们想从网络上的某台主机上下载文件，可是又不知道那台主机是否开着，就需要使用 Ping 命令查看。使用扫描软件进行扫描时，许多扫描软件都有分析数据的功能，典型的扫描工具有 Nmap。

(2) 系统漏洞扫描。黑客在选择目标时，首先要确定的是目标主机存在哪些漏洞，是否可以利用这些漏洞为跳板实施攻击。因此，在日常网络管理中，全面封堵这些漏洞是非常必要的，也是必需的。在系统漏洞方面，又以操作系统本身的安全漏洞最受黑客欢迎，当然对应用程序的安全漏洞也不能熟视无睹。目前，从底层技术来划分，漏洞扫描包括基于网络的扫描和基于主机的扫描这两种类型。基于网络的漏洞扫描器，就是通过网络来扫描远程计算机中的漏洞。比如，利用低版本的 DNSBind 漏洞，攻击者能够获取 Root 权限侵入系统或攻击者能够在远程计算机中执行恶意代码。使用基于网络的漏洞扫描工具，能够监测到这些低版本的 DNSBind 是否在运行。基于主机的漏洞扫描器扫描目标系统漏洞的原理和基于网络的漏洞扫描器的原理类似，不过，两者的体系结构不同。基于主机的漏洞扫描器通常在目标系统上安装了一个代理或是服务，以便能够访问所有的文件和进程，这也使得基于主机的漏洞扫描器能够扫描更多的漏洞。常见的漏洞包括：操作系统漏洞、Web 服务器漏洞、FTP 服务器漏洞、数据库服务器漏洞、应用程序漏洞。

Windows 操作系统中常见的漏洞有：UPNP 服务漏洞、升级程序漏洞、帮助和支持中心漏洞、压缩文件夹漏洞、Windows Media Player 漏洞、RDP 漏洞、VM 漏洞、热键漏洞、远程桌面明文账户名传送漏洞、快速账号切换功能造成账号锁定漏洞、终端服务 IP 欺骗漏洞、GDI 拒绝服务漏洞。常用的漏洞扫描工具有：Nikto、Ngssoftware、Metas-ploit、Retina、Iss 等。

3. 攻击的实施阶段

当黑客探测到足够的各类所需的攻击系统的信息，对系统的安全弱点有了充分了解后，就会开始发动攻击了。首先是获取控制权，黑客可以使用 FTP、Telnet 等工具进入目标主机系统，获得控制权。获得控制权之后，在系统中植入木马或远程操作程序，就可以实现攻击的目的了，窃取所需要的各种敏感信息，如信用卡、游戏账号、软件资料、财务报表、客户名单等。在日常生活中 QQ 号被盗就是黑客通过木马程序完成的。

4. 获取访问权限

黑客可以通过攻击操作系统和应用程序来获得访问目标机器的权限，也可以通过网络攻击从而获得访问权限。使用侦查和扫描阶段获取的信息，对目标机器的操作系统和应用程序或网络进行攻击。缓冲区溢出是目前常见的具有破坏性的一种攻击方式，它们攻击那些编写得很差的软件，使得攻击者可以通过向程序中输入数据在目标机器上执行任意命令。

5. 保持访问权限

在获取了目标系统的访问权限后，黑客需要进一步维持这一访问权限。他们使用木马程序、后门程序和 Rootkit 来达到这一目的。木马程序看似有趣，实际上是具有恶意代码的程序，而后门程序则是绕开系统的安全性检查来入侵系统。用户模式 Rootkit 进入了操作系统的更深一层，它替代了系统中重要的程序，例如 Linux 和 UNIX 系统中的 Login 和 Sshd 程序，然后通过运行这些程序而再次获取权限。

6. 消除入侵痕迹

在入侵了目标机器后，黑客会想办法操作目标系统来掩盖他们发动攻击时留下的踪迹。防止被发现的一个最重要的方式就是修改和编辑系统日志。完全删除日志引起系统管理员注意，所以黑客喜欢编辑日志中的单条事件。他们通常修改显示自己攻击对方的事件，例如登录失败、具有特定账号或者执行一些安全敏感性命令。在 Windows 系统上，攻击者可以使用 WinZapper 工具删除特定的安全事件。而在 UNIX 系统上，可以找到许多支持日志编辑的工具。

2.6 入侵检测技术

2.6.1 入侵检测的概念

入侵检测系统(IDS)指的是一种硬件或者软件系统，该系统对系统资源的非授权使用能够作出及时的判断、记录和报警。

入侵者可分为两类：外部入侵者和内部入侵者。外部入侵者一般指来自局域网外的非法用户和访问受限资源的内部用户；内部入侵者指假扮或其他有权访问敏感数据的内部用户或者是能够关闭系统审计的内部用户。内部入侵者不仅难以发现，而且更具有危险性。

入侵检测系统主要通过以下几种活动来完成任务：① 监视、分析用户及系统活动；② 对系统配置和系统弱点进行审计；③ 识别与已知的攻击模式匹配的活动；④ 对异常活动模式进行统计分析；⑤ 评估重要系统和数据文件的完整性；⑥ 对操作系统进行审计跟踪管理，并识别用户违反安全策略的行为。

入侵检测是对防火墙的合理补充，可以帮助系统对付网络攻击，扩展系统管理员的管理能力，提高信息安全基础结构的完整性。入侵检测被认为是防火墙之后的第二道安全闸门，在不影响网络性能的情况下能对网络进行检测，从而提供对内部攻击、外部攻击和误操作的实时保护。入侵检测系统拓扑结构如图 2-42 所示。

对一个成功的入侵检测系统来讲，它不但可以使系统管理员时刻了解网络系统的任何变更，还能给网络安全策略的制定提供指南。更重要的是，它因管理、配置简单可以使非专业人员非常容易地获得网络安全。而且，入侵检测的规模还应根据网络威胁、系统构造和安全需求的改变而改变。入侵检测系统在发现入侵后，会及时作出响应，包括切断网络连接、记录事件和报警等。最早的入侵检测系统模型是由 Dorothy Denning 于 1987 年提出的，该模型虽然与具体系统和具体输入无关，但是对此后的大部分实用系统都有很大的借鉴价值。该通用模型的体系结构如图 2-43 所示。

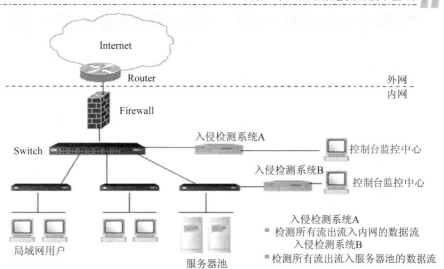

图 2-42　入侵检测系统拓扑结构

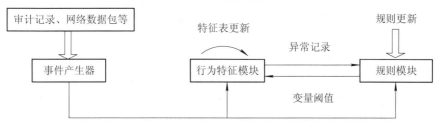

图 2-43　通用的入侵检测系统模型

2.6.2　入侵检测的方法

1. 异常入侵检测技术

异常入侵检测也称为基于统计行为的入侵检测。它首先建立一个检测系统认为是正常行为的参考库，并把用户当前行为的统计报告与参考库进行比较，寻找是否偏离正常值的异常行为。如果报告表明当前行为背离正常值超过了一定限度，那么检测系统就会将这样的活动视为入侵。它根据使用者的行为或资源使用状况的正常程度来判断是否发生入侵，而依赖于具体行为是否出现来检测。例如一般在白天使用计算机的用户，如果突然在午夜注册登录，则被认为是异常行为，有可能是某入侵者在使用。异常入侵检测的主要前提条件是入侵性活动作为异常活动的子集。理想状况是异常活动集同入侵性活动集相等。在这种情况下若能检测所有的异常活动，就能检测所有的入侵性活动。可是，入侵性活动集并不总是与异常活动集相符合。活动存在四种可能性：① 入侵性而非异常；② 非入侵性且异常；③ 非入侵性且非异常；④ 入侵且异常。

异常入侵检测要解决的问题就是构造异常活动集并从中发现入侵性活动子集。异常入侵检测方法依赖于异常模型的建立，不同模型构成不同的检测方法。异常检测通过观测到的一组测量值偏离度来预测用户行为的变化，并作出决策判断。异常入侵检测的方法和技术有以下几种方法：

(1) 统计异常检测方法。统计异常检测方法根据异常检测器观察主体的活动，产生描述这些活动的行为的轮廓。每一个轮廓记录用户的当前行为。定时地将当前的轮廓与存储的轮廓合并。通过比较当前的轮廓与存储的轮廓来判断异常行为，从而检测出网络入侵。统计异常检测方法的优点是所应用的技术方法在统计学中已经得到很好的研究，但统计入侵检测系统可能不会发觉事件当中互相依次相连的入侵行为。

(2) 基于特征选择异常检测方法。基于特征选择异常检测方法是通过从一组参数中挑选能检测出入侵参数构成子集来准确地预测或分类已检测到的入侵。异常入侵检测的困难是在异常活动和入侵活动之间作出判断。判断符合实际的参数很复杂，因为选择合适的参数子集依赖于检测到的入侵类型，一个参数集不可能满足所有的入侵类型。预先确定特定的参数来检测入侵可能会错过单独的、特别的环境下的入侵。

(3) 基于神经网络异常检测方法。基于神经网络异常检测方法是训练神经网络连续的信息单元，信息单元指的是命令。网络的输入层是用户当前输入的命令和已执行过的 W 个命令；用户执行过的命令被神经网络使用来预测用户输入的下一个命令。若神经网络被训练成预测用户输入命令序列集合，则神经网络就构成用户的轮廓框架。当用这个神经网络无法预测出某用户正确的后继命令，即在某种程度上表明了用户行为与其轮廓框架的偏离，这时有异常事件发生，以此就能进行异常入侵检测。

(4) 基于机器学习异常检测方法。这种异常检测方法是通过机器学习实现入侵检测，其主要方法有死记硬背式、监督、学习、归纳学习(示例学习)、类比学习等。Terran 和 Carla E.Brodley 将异常检测问题归结为根据离散数据临时序列学习获得个体、系统和网络的行为特征，并提出了一种基于相似度实例学习的方法(IBL)。该方法通过新的序列相似度计算将原始数据(如离散事件流、无序的记录)转化成可度量的空间。然后，应用 IBL 学习技术和一种新的基于序列的分类方法，从而发现异常类型事件，以此检测入侵，其中阈值的选取由成员分类的概率决定。

(5) 基于数据挖掘异常检测方法。计算机联网导致大量审计记录，而且审计记录大多是以文件形式存放。若单独依靠手工方法去发现记录中的异常现象是不够的，而且操作不便，不容易找出审计记录间的相互关系。Wenke Lee 和 Salvatore J.Stolfo 将数据挖掘技术应用到入侵检测研究领域中，从审计数据或数据流中提取感兴趣的知识，这些知识是隐含的、事先未知的潜在有用信息，提取的知识表示为概念、规则、规律、模式等形式，并用这些知识去检测异常入侵和已知的入侵。基于数据挖掘异常检测方法，目前已有现成的 KDD 算法可以借用，这种方法的优点在于适应处理大量数据情况。但是，对于实时入侵检测则还存在问题，需要开发出有效的数据挖掘算法和适应的体系。

另外，还有基于贝叶斯聚类异常检测方法、基于贝叶斯推理异常检测方法、基于贝叶斯网络异常检测方法、基于模式预测异常检测方法等。

2．误用入侵检测技术

误用入侵检测又称为基于规则和知识的入侵检测。它运用已知攻击方法，即根据已定义好的入侵模式把当前模式与这些入侵模式相匹配来判断是否出现了入侵。因为很大一部分入侵是利用了系统的脆弱性，通过分析入侵过程的特征、条件、排列及事件间的关系，具体描述入侵行为的迹象。这些迹象不仅对分析已经发生的入侵行为有帮助，而且对即将发生的入侵也有警戒作用，因为只要部分满足这些入侵迹象就意味着可能有入侵发生。

　　误用入侵检测是指根据已知的入侵模式来检测入侵。入侵者常常利用系统和应用软件中的弱点进行攻击，而这些弱点容易编程成为某种模式，如果入侵者的攻击方式恰好匹配上检测系统中的模式库，则入侵者即被检测到，显然，误用入侵检测依赖于模式库，如果没有构造好模式库，则 IDS 就不能检测到入侵者。例如，Internet 蠕虫攻击(Worm Attack)使用了 Fingered 和 Sendmai1 错误，可以使用误用检测，与异常入侵检测相反，误用入侵检测能直接检测不利的或不能接受的行为，而异常入侵检测是发现同正常行为相违背的行为。误用入侵检测拓扑结构如图 2-44 所示。

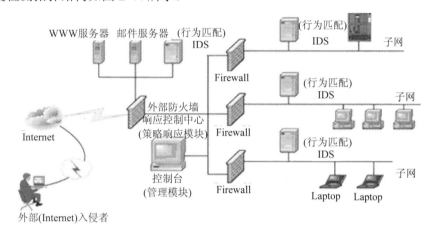

图 2-44　误用入侵检测拓扑结构

误用入侵检测的工作流程如图 2-45 所示。

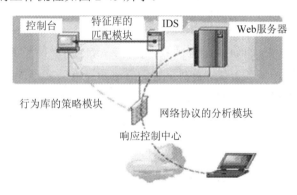

图 2-45　误用入侵检测工作流程图

　　误用入侵检测的主要假设是具有能够被精确地按某种方式编码的攻击，并可以通过捕获攻击及重新整理，确认入侵活动是基于同一弱点进行攻击的入侵方法的变种。误用入侵检测指的是通过按照预先定义好的入侵模式以及观察到入侵发生情况进行模式匹配来检测。入侵模式说明了那些导致安全突破或其他误用的事件中的特征、条件、排列和关系。一个不完整的模式可能表明存在入侵的企图，模式构造也有多种方式。误用入侵检测方法和技术主要有以下几种。

　　(1) 基于条件概率误用入侵检测方法。基于条件概率误用入侵检测方法将入侵方式对应一个事件序列，然后通过观测到的事件发生情况来推测入侵出现。这种方法的依据是外部事件序列，根据贝叶斯定理进行推理检测入侵。基于条件概率误用入侵检测方法是对贝叶斯方法的改进，其缺点是先验概率难以给出，而且事件的独立性难以满足。

(2) 基于专家系统误用入侵检测方法。基于专家系统误用入侵检测方法是通过将安全专家的知识表示成 If-Then 规则形成专家知识库，然后运用推理算法进行检测入侵。入侵检测专家系统应用的实际问题是要处理大量的数据和依赖于审计跟踪的次序。

(3) 基于状态迁移分析误用入侵检测方法。基于状态迁移分析误用入侵检测方法将攻击表示成一系列被临近的系统状态迁移。攻击模式的状态对应于系统状态，并具有迁移到另外状态的条件判断。采用这种方法的系统有 STAT 和在 UNIX 平台上实现了的 USTAT。攻击模式只能说明事件序列，不能说明更复杂的事件。而且，除了通过植入模型的原始的判断，没有通用的方法来排除攻击模式部分匹配。

(4) 基于键盘监控误用入侵检测方法。基于键盘监控误用入侵检测方法假设入侵对应特定的击键序列模式，然后监测用户击键模式，并将这一模式与入侵模式匹配，以此就能检测入侵。这种方法的不利之处是在没有操作系统支持的情况下，缺少捕获用户击键的可靠方法，存在无数击键方式表示同一种攻击的可能。而且，没有击键语义分析，用户很容易被这种技术欺骗。

(5) 基于模型误用入侵检测方法。基于模型误用入侵检测方法是通过建立误用证据模型，根据证据推理来作出误用发生的判断结论。其方法要点是建立攻击剧本(Attack Scenarios)数据库、预警器和规划者。每个攻击剧本表示成一个攻击行为序列，在任意给定时刻，攻击剧本的子集都被用来推断系统遭受入侵。入侵检测系统根据当前的活动模型，预警器产生下一步行为，用来在审计跟踪时作验证使用。规划者负责判断假设的行为是如何反映在审计跟踪数据上，以及将假设的行为变成与系统相关的审计跟踪进行匹配。这种方法的优点在于具有坚实的数学未确定推理理论作为基础。对于专家系统方法不容易处理未确定的中间结论，可以用模型证据推理解决，而且可以减少审计数据量。然而，不足的是，增加了创建每一种入侵检测模型的开销。此外，这种方法和运行效率不能通过建造原型来说明。

3. 异常入侵检测与误用入侵检测的优缺点

异常分析方式的优点是它可以检测到未知的入侵，缺点则是漏报、误报率高。异常分析一般具有自适应功能，入侵者可以逐渐改变自己的行为模式来逃避检测，而合法用户正常行为的突然改变也会造成误报。

在实际系统中，统计算法的计算量庞大，效率很低，统计点的选取和参考库的建立也比较困难。与之相对应，误用分析的优点是准确率和效率都非常高，缺点是只能检测出模式库中已有的类型的攻击。随着新攻击类型的出现，模式库需要不断更新。

攻击技术是不断发展的，在其攻击模式添加到模式库以前，新类型的攻击就可能会对系统造成很大的危害。所以，入侵检测系统只有同时使用这两种入侵检测技术才能避免不足。这两种方法通常与人工智能相结合，以使入侵检测系统有自学的能力。

2.6.3　入侵检测的步骤

入侵检测系统的作用是实时地监控计算机系统的活动，发现可疑的攻击行为，以避免攻击所发生或减少攻击造成的危害，由此也划分了入侵检测的三个基本步骤：信息收集、数据分析和响应。入侵检测工作流程如图 2-46 所示。

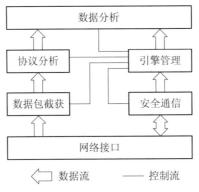

图 2-46　入侵检测引擎工作流程

1. 信息收集

入侵检测的第一步是信息收集，收集的内容包括整个计算机网络中系统、网络、数据及用户活动的状态和行为。入侵检测在很大程度上依赖于收集信息的可靠性、正确性和完备性。因此，要确保采集、报告这些信息的软件工具的可靠性，这些软件本身应具有相当强的坚固性，能够防止被篡改而收集到错误的信息。否则，黑客对系统的修改可能使入侵检测系统功能失常，但看起来跟正常的系统一样。

2. 数据分析

数据分析是入侵检测系统的核心，其效率高低直接决定了整个入侵检测系统性能的高低。对于收集到的有关系统、网络、数据及用户活动的状态和行为等信息，它首先构建分析器，把收集到的信息经过预处理，建立一个行为分析引擎或模型，然后向模型中置入时间数据，在知识库中保存置入数据的模型。数据分析一般通过三种技术手段：模式匹配、统计分析和完整性分析。其中，模式匹配和统计分析用于实时的入侵检测，完整性分析用于事后分析。

3. 响应

入侵检测系统在发现入侵迹象后，会及时作出响应，响应一般分为主动响应和被动响应两种类型。目前的入侵检测系统一般采用下列响应：

(1) 将分析结果记录在日志文件中，并产生响应的报告。

(2) 触发警报，如在系统管理员的桌面上产生一个警告标志位，向系统管理员发送传呼或电子邮件等。

(3) 修改入侵检测系统或目标系统，如终止进程、切断攻击者的网络连接会更改防火墙配置。

2.6.4　入侵检测系统的结构

入侵检测系统结构大致可以分为基于主机型、网络型和分布式三种。

1. 基于主机系统的结构

基于主机的入侵检测系统(HIDS)为早期的入侵检测系统结构，其检测的目的主要是主机系统和系统本地用户。检测原理是根据主机的审计数据和系统的日志发现可疑事件，检测系统可以运行在被检测的主机或单独的主机上，其基本过程如图 2-47 所示。

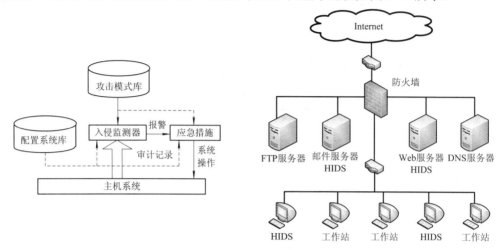

图 2-47　基于主机的入侵检测系统结构

这种类型的系统依赖于审计数据或系统日志的准确性和完整性以及安全事件的定义。若入侵者设法逃避审计或进行合作入侵，则基于主机检测系统就会暴露出其弱点，特别是在现在的网络环境下，单独依靠主机审计信息进行入侵检测难以适应网络安全的需求。这主要表现在以下四个方面：一是主机的审计信息弱点，如易受攻击，入侵者可通过使用某些系统特权或调用比审计本身更低的操作来逃避审计；二是不能通过分析主机审计记录来检测网络攻击；三是 IDS 的运行或多或少影响服务器性能；四是 HIDS 只能对服务器的特定用户、应用程序执行动作、日志进行检测，所能检测到的攻击类型受到限制。但是假如入侵者突破网络中的安全防线已经进入主机操作，那么 HIDS 对于监测重要的服务器的安全状态仍然是十分有价值的。

2. 基于网络系统的结构

随着计算机网络技术的发展，人们提出了基于网络的入侵检测系统(NIDS)体系结构，这种检测系统根据网络流量、单台或多台主机的审计数据检测入侵，其基本过程如图 2-48 所示。

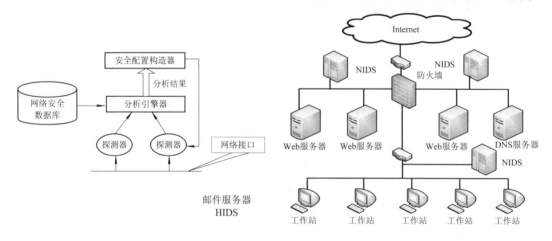

图 2-48　基于网络的入侵检测系统结构

图 2-48 中的探测器由过滤器、网络接口引擎器以及过滤规则决策器构成，探测器的功能是按一定的规则从网络上获取与安全事件相关的数据包，然后传递给分析引擎器进行安全分析判断。分析引擎器将从探测器上接收到的包结合网络安全数据库进行分析，把分析的结果传递给配置构造器，配置构造器按分析引擎器的结果构造出探测器所需要的配置规则。基于网络的入侵检测系统的优点主要有：

(1) 服务器平台的独立性：NIDS 监视通信流量而不影响服务器平台的变化和更新。

(2) 配置简单：NIDS 环境只需要一个普通的网络接口即可。

(3) 众多的攻击标识：NIDS 探测器可以监视多种多样的攻击，包括协议攻击和特定环境的攻击。

NIDS 不像防火墙那样采取访问控制措施。虽然防火墙可以提供有用的洞察未授权访问的企图，但是防火墙并不是入侵检测设备。就像汽车上的报警装置，NIDS 不能阻止攻击，而是采用报警方式。

3. 基于分布式系统的结构

典型的入侵检测系统是一个统一集中的代码块，它位于系统内核或内核之上，监控传送到内核的所有请求。但是，随着网络系统结构的复杂化和大型化，系统的弱点或漏洞将趋向于分布式。另外，入侵行为不再是单一的行为，而是表现出相互协作的入侵特点。在这种背景下，基于分布式的入侵检测系统应运而生。分布式入侵检测系统的拓扑如图 2-49 所示。

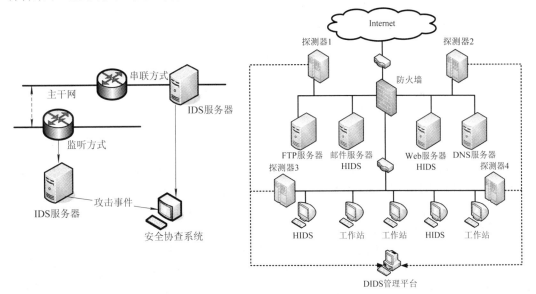

图 2-49 分布式入侵检测系统结构

2.6.5 典型的入侵检测系统

从 20 世纪 90 年代开始有了一些针对具体入侵行为或具体入侵过程进行的入侵检测的研究和系统。1994 年以后逐渐出现了一些入侵检测的产品，其中比较有代表性的产品有 ISS(Internet Security System)公司的 Real Secure，NAI(Network Associates Inc)公司的 Crber Cop 和 Cisco 公司的 Net Ranger。现在入侵检测系统已经成为网络安全中一个重要的研究方向，并且越来越受到重视。

目前的入侵检测系统大部分是基于各自的需求和设计独立开发的，不同系统之间缺乏互操作性，这对入侵检测系统的发展造成了障碍，因此美国国防高级研究计划局(DARPA)在 1997 年 3 月开始着手公共入侵检测框架(CIDF)标准的制定。现在加州大学 Davis 分校的安全实验室已经完成了 CIDF 标准的制定，IETF 成立了入侵检测工作组，专门建立入侵检测交换格式标准，并提供支持该标准的工具，以便更高效地开发入侵检测系统。

选择入侵检测系统需要考虑多方面因素，但主要应考虑以下两点：首先，考查系统协议的分析、检测能力，以及解码速度；其次，要注意入侵检测系统自身的安全性、精确度及完整度。系统的防欺骗能力和模式的更新速度也是必须考虑的因素。

下面介绍开源网络入侵检测系统 Snort。

Snort 是最流行的开源免费 NIDS。在 1998 年，Martin Roesch 先生用 C 语言开发了开放源代码的入侵检测系统 Snort。直至今天，Snort 已发展成为一个多平台、实时流量分析、网络 IP 数据包记录等特性的强大的网络入侵检测/防御系统(NIDS/NIPS)。Snort 符合通用公共许可(GPL——GNU General Pubic License)，在网上可以通过免费下载获得 Snort，并且安装简单。

Snort 是基于滥用检测的 IDS，使用规则的定义来检查网络中的问题数据包。Snort 由数据包嗅探器、预处理器、检测引擎、报警输出模块组成，如图 2-50 所示。

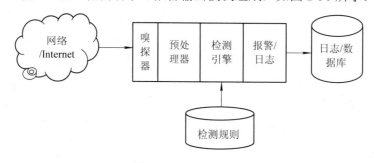

图 2-50 Snort 的组成

Snort 能够对网络上的数据包进行抓包分析，但区别于其他嗅探器的是，它能根据所定义的规则进行响应及处理。Snort 通过对获取的数据包进行各规则的分析后，根据规则链，可采取 Activation(报警并启动另外一个动态规则链)、Dynamic(由其他的规则包调用)、Alert(报警)、Pass(忽略)和 Log(不报警但记录网络流量)五种响应的机制。

Snort 有数据包嗅探、数据包分析、数据包检测、响应处理等多种功能，每个模块实现不同的功能，各模块都是用插件的方式和 Snort 相结合，功能扩展方便。例如，预处理插件的功能就是在规则匹配误用检测之前运行，完成 TIP 碎片重组、Http 解码、Telnet 解码等功能，处理插件完成检查协议各字段、关闭连接、攻击响应等功能，输出插件将处理后的各种情况以日志或警告的方式输出。

Snort 通过在网络 TCP/IP 的五层结构的数据链路层进行抓取网络数据包，抓包时需将网卡设置为混杂模式，根据操作系统的不同采用 Libpcap 或 Winpcap 函数从网络中捕获数据包。然后将捕获的数据包送到包解码器进行解码。网络中的数据包有可能是以太网包、令牌环包、TCP/IP 包、802.11 包等格式。在这一过程，包解码器将其解码成 Snort 认识的统一的格式。之后将数据包送到预处理器进行处理，预处理包括能分片的数据包进行重新组装，处理一些明显的错误等问题。预处理的过程主要是通过插件来完成，例如 Http 预处理器完成对 Http 请求解码的规格化，Frag2 事务处理器完成数据包的组装，Stream4 预处理器用来使 Snort 状态化，端口扫描预处理器能检测端口扫描的能力等。对数据包进行解码、过滤、预处理后，进入了 Snort 的最重要一环，进行规则的建立及根据规则进行检测。规则检测是 Snort 中最重要的部分，作用是检测数据包中是否包含入侵行为。例如，规则 alert tcp any any->202.12.1.0/24 80(msg："misc large tcp packet"；dsize：>3000；)的意思是当一个流入 202.12.1.0 这个网段的 TCP 包长度超过 3000 B 时就发出警报。规则语法涉及协议的类型、内容、长度、报头等各种要素。处理规则文件时，用三维链表来存规则信息以便和后面的数据包进行匹配，三维链表一旦构建好了，就通过某种方法查找三维链表并进行匹配和发生响应。规则检测的处理能力需要根据规则的数量、运行 Snort 机器的性能、网络负载等因素来决定。最后一步是输出模块，经过检测后的数据包需要以各种形式将结果进行输出，输出形式可以是输出到 Alert 文件、其他日志文件、数据库 UNIX 域或 Socket 等。

Snort 在网络中的部署与应用非常灵活，在很多操作系统上都可以运行，如 Window XP、Windows 2003、Linux 等操作系统。一种 Sort 的典型部署与应用如图 2-51 所示。

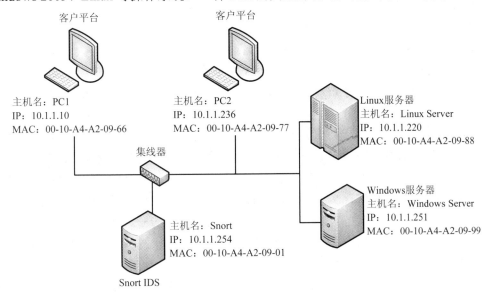

图 2-51　Snort 的部署与应用

2.6.6　入侵检测技术发展趋势

无论是从规模还是方法上，入侵技术近年来都发生了变化，入侵的手段与技术也有了进步与发展。入侵技术的发展与演化主要反映在下列几个方面：

(1) 入侵或攻击的综合化与复杂化。入侵的手段有多种，入侵者往往采取一种攻击手段。由于网络防范技术的多重化，攻击的难度增加，使得入侵者在实施入侵或攻击时往往同时采取多种入侵的手段，以保证入侵的成功率，并可在攻击实施的初期掩盖攻击或入侵的真实目的。

(2) 入侵主体对象的间接化，即实施入侵与攻击的主体的隐蔽化。通过一定的技术，可掩盖入侵主体的源地址及主机位置。即使用了隐蔽技术后，对于被攻击对象攻击的主体是无法直接确定的。

(3) 入侵或攻击的规模扩大。对于网络的入侵与攻击，在其初期往往是针对某公司或某网站，其攻击的目的可能为某些网络技术爱好者的猎奇行为，也不排除商业的盗窃与破坏行为。由于战争对电子技术与网络技术的依赖性越来越大，随之产生、发展、逐步升级到电子战与信息战。对于信息战，无论其规模还是技术都与一般意义上的计算机网络的入侵与攻击都不可相提并论。信息战的成败和国家主干通信网络的安全是与任何主权国家领土安全一样的国家安全。

(4) 入侵或攻击技术的分布化。以往常用的入侵与攻击行为往往由单机执行。由于防范技术的发展使得此类行为不能奏效，所谓 DDoS 在很短时间内可造成被攻击主机的瘫痪，且此类分布式攻击的单机信息模式与正常通信无差异，因此往往在攻击发动的初期不易被确认。分布式攻击是近期最常用的攻击手段。

(5) 攻击对象的转移。入侵与攻击常以网络为侵犯主体，但近期来的攻击行为却发生了策略性的改变，由攻击网络改为攻击网络的防护系统，且有愈演愈烈的趋势。现已有专门针对 IDS 作攻击的报道。攻击者详细地分析了 IDS 的审计方式、特征描述、通信模式，并找出了 IDS 的弱点，然后加以攻击。

今后的入侵检测技术大致可向以下四个方向发展：

(1) 分布式入侵检测。第一层含义，即针对分布式网络攻击的检测方法；第二层含义，即使用分布式的方法来检测分布式的攻击，其中的关键技术为检测信息的协同处理与入侵攻击的全局信息的提取。

(2) 智能化入侵检测，即使用智能化的方法与手段来进行入侵检测。所谓的智能化方法，现阶段常用的有神经网络、遗传算法、模糊技术、免疫原理等，这些方法常用于入侵特征的辨识与泛化。利用专家系统的思想来构建入侵检测系统也是常用的方法之一，特别是具有自学能力的专家系统，实现了知识库的不断更新与扩展，使设计的入侵检测系统的防范能力不断增强，应具有更广泛的应用前景。应用智能体的概念来进行入侵检测的尝试已有报道。较为一致的解决方案应为高效常规意义下的入侵检测系统与具有智能检测功能的检测软件或模块的结合使用。

(3) 全面的安全防御方案，即使用安全工程风险管理的思想与方法来处理网络安全问题，将网络安全作为一个整体工程来处理。从管理、网络结构、加密通道、防火墙、病毒防护、入侵检测多方位对所关注的网络作全面的评估，然后提出可行的解决方案。

(4) 建立入侵检测系统评价体系。设计通用的入侵检测测试、评估方法和平台，实现对多种入侵检测系统的检测，已成为当前入侵检测系统的另一重要研究与发展领域。评价入侵检测系统可从检测范围、系统资源占用、自身的可靠性等方面进行。评价指标有：能否保证自身的安全、运行与维护系统的开销、报警准确率、负载能力以及可支持的网络类型、支持的入侵特征数、是否支持 IP 碎片重组、是否支持 TCP 流重组等。

总之，入侵检测系统作为一种主动的安全防护技术，提供了对内部攻击、外部攻击和误操作的实时保护。随着网络通信技术对安全性的要求越来越高，为给电子商务等网络应用提供可靠服务，入侵检测系统的发展必将进一步受到人们的高度重视。

2.7　入侵防御技术

2.7.1　入侵防御系统

　　面对形势严峻的网络与信息安全问题，需要有更好更强大的技术来缓解这个局面，常见的网络安全技术有防火墙技术和入侵检测系统等，虽然使得网络安全性得到了进一步提高，但技术本身存在或多或少的缺陷，这就让黑客有了可乘之机。网络攻击者可以利用这些漏洞，轻易避开防御措施来窃取或破坏信息资源。在这种情况下，入侵防御系统(IPS)应运而生。

　　IPS 是一种新型的智能化安全技术，它不仅能检测入侵行为的发生，而且能操控防火墙和其他响应方式，对入侵行为及时进行阻断，保证信息结构尽量不受攻击。IPS 串联在网络上，通过某个网络端口监视外网的流量，当发生入侵活动和攻击性网络流量时，会自动产生防护机制，对其采取相关的拦截和阻断。IPS 是入侵检测系统和防火墙的补充，与防火墙相比，尽管它的功能还是比较单一的，但由于它是串联在网络的接口处，对于防火墙所不能检测到的数据能够进行过滤。与入侵检测系统相比，IPS 在检测到攻击后会及时响应并对其采取相关的阻断攻击，可以说 IPS 是新一代的网络安全产品。然而随着入侵防御技术的不断发展，问题也逐渐暴露出来，主要体现在单点故障、性能瓶颈、误报和漏报三大方面。因此，研究入侵防御技术对于目前网络安全状况的改善有一定的作用。

　　第一款 IPS 产品是 Network ICE 公司在 2000 年推出的 BlackICE Guard。以往的入侵检测技术是基于旁路检测的，而这款 IPS 改装成在线(On-Line)模式，可以实时在线审计分析网络流量，发现并丢弃恶意的数据包，这便是入侵防御系统的起源。随后两年，IPS 技术与其相关的产品得到了快速发展，不断得到市场的认可，国际上逐渐形成了三种厂商。第一种是围绕入侵检测/保护，他们对入侵的检测与保护技术进行深入研究，典型代表有 ISS 公司的 Proventia 系列和 McAfee 公司的 IntruShield 系列产品；第二种围绕集成网关，他们是基于防火墙的网关访问控制能力，在网关中加入所需功能模块，如 IPS 功能，代表产品有网屏公司的 NetScreen-IDP200 产品和安氏公司的 BP(LinkTrust Border Protector)产品；第三种主要是负载均衡，即为了实现产品负载均衡，以 TCP/IP 协议的七层分析为基础，在产品中加入对某些特定攻击的防御模块，像 TopLayer 公司的基于 ASIC 的网络入侵检测系统产品和 Radware 公司的 SynApp 产品都是负载均衡产品的代表。

　　国内 IPS 产品发展不如国外迅速，但是发展形势乐观。例如，绿盟的"黑洞"是一款选用高效防护算法和嵌入式体系结构的抗攻击产品，可以很好地为用户提供抗拒绝服务攻击的全套解决方案。

　　作为防火墙与 IDS 联动模式的替代者，相比之前的安全产品，IPS 被认为具有很大的优势，目前在国内外都得到了广泛应用，在许多方面已经完全取代了传统 IDS 和防火墙的部分应用。IPS 与防火墙相互补充，其原理如图 2-52 所示。防火墙是粒度比较粗的访问控制产品，在基于 TCP/IP 协议的过滤方面表现出色；IPS 的功能比较单一，它只能串联在网络上，对防火墙所不能过滤的攻击进行过滤。所以防火墙和 IPS 构成了一个两级的过滤模式，可以最大限度地保证系统的安全。

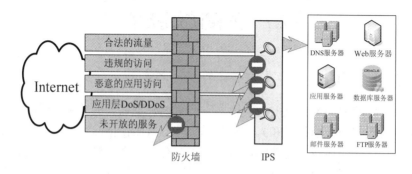

图 2-52　防火墙与 IPS 的相互补充示意图

IPS 拥有数目众多的过滤器，能够防止各种攻击。每种过滤器都设有相应的过滤规则，过滤器引擎集合了流水和大规模并行处理硬件，能够同时执行数千次的数据包过滤检查，当新的攻击手段被发现之后，IPS 就会创建一个新的过滤器，IPS 的工作原理如图 2-53 所示。

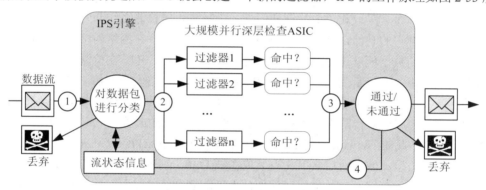

图 2-53　IPS 工作原理示意图

2.7.2　入侵防御系统的设计思想及其特征

IPS 不但能检测异常行为的发生，而且能通过主动响应阻止入侵的发生，实时地保护信息系统不受实质性攻击。由此可以看出，IPS 应该包括入侵检测和对入侵行为作出响应的功能。在入侵检测系统设计时，应将防火墙、入侵检测以及主动阻止入侵行为的功能融合考虑进去，避免以上安全产品之间的相互孤立，缺乏有效联动，节省分别部署造成资源和空间的浪费。

理想的 IPS 应该具备的特征如下：

(1) 嵌入式运行模式。IPS 采用嵌入式允许模式才能实现实时检测并阻断入侵行为。可以根据实际情况将 IPS 嵌入到服务器、路由器、关键主机、交换机等网络设备中，实现信息系统高强度实时积极防护。

(2) 高效的处理能力。IPS 必须具备高效的数据包处理能力和精确的检测能力，使 IPS 对整个网络性能的影响保持在较低的水平，不能使 IPS 成为网络速率的瓶颈。

(3) 深入分析能力。IPS 必须具备深入的分析能力，实现对恶意数据包的深层分析，发现并控制恶意的攻击行为。

(4) 高可靠性。IPS 串联在网络或系统中,一旦发生故障将严重影响网络的正常运转,甚至会造成网络的中断。IPS 必须具备高可靠性才能保证信息及时可靠地发布。

(5) 可升级与可扩展性。IPS 可以根据网络形式的发展变化而升级,以满足用户的需求,并能够通过更新检测模块和规则库来应对不断出现的新攻击。

2.7.3　入侵防御系统的设计

1. 事件的分类

网络事件来源可以是网络数据包、日志文件以及应用程序活动状态等,网络事件经过过滤器处理后可分为三类:正常(Normal)、可疑(Suspicious)和入侵(Intrusion),如图 2-54 所示。

入侵事件是违反安全策略的行为;可疑事件是不确定的异常事件,只满足部分安全策略;正常事件则是合法的,遵循安全策略的事件。

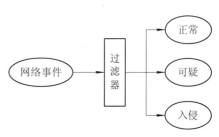

图 2-54　网络事件分类

2. 系统体系结构

IPS 按照功能的不同可分为五个部分:数据包捕获模块、入侵检测模块、响应模块、日志管理模块以及管理控制模块。这五个模块相互协作实现入侵防御系统的功能,IPS 的结构如图 2-55 所示。

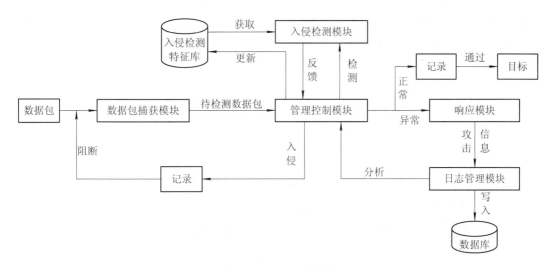

图 2-55　IPS 的结构图

(1) 数据包捕获模块。数据包的捕获是 IPS 工作的第一步,数据捕获模块从网卡处捕获流经网络数据包(日志、网络数据报以及其他相关信息)、网络关键主机的 log 信息以及安全部件的告警信息等,并对这些数据做简单的过滤处理,为整个防御系统提供数据源。

(2) 入侵检测模块。入侵检测模块从控制管理模块处获取数据包,对数据进行预处理后,以入侵检测算法为基础对数据进行检测,将数据分为正常和异常两大类,同时将检测结果反馈给管理控制模块。

(3) 响应模块。响应模块主要是对管理控制模块传输来的异常数据进行防御响应,根据事件危害程度的高低进行分级处理，包括记录、报警、阻断等。响应模块采取的响应模型如图 2-56 所示。

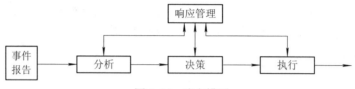

图 2-56　响应模型

响应模块首先将接收到的数据转换为事件报告，对当前事件进行分析生成事件的可信度，然后根据事件的可信度作出决策，最后执行决策。响应管理主要负责交互管理功能，使分析、决策、执行等能够协作运行。

(4) 日志管理模块。日志管理模块的主要任务是对异常事件发生的时间、主体和客体等关键信息进行记录和审计。日志管理模块收集防火墙、入侵检测系统以及响应系统的信息，并将这些信息组装成事件记录到数据库中，为管理控制模块制定安全策略提供有效的分析数据。

(5) 管理控制模块。管理控制模块时刻保持与其他模块的数据交互，负责整个系统的逻辑控制，定时更新并维护入侵检测特征库，遇到入侵数据时与防火墙联动阻断恶意数据包流入网络。管理控制模块对整个 IPS 起着至关重要的作用。

2.7.4　入侵防御系统的应用部署

随着计算机网络技术的发展，无论是个人还是企业都与网络密不可分，面对新的安全威胁的不断涌现，网络安全显得尤为重要。网络安全设备在实际应用中不仅需要实时的检测与防御能力，而且需要一种全面、高效的部署方式。入侵防御的应用部署如图 2-57 所示。

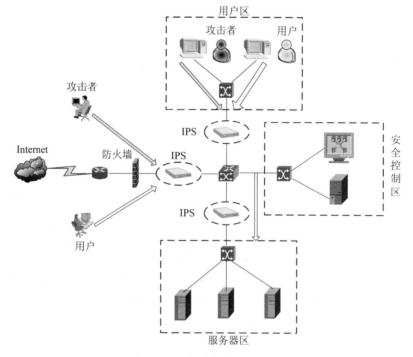

图 2-57　入侵防御的应用部署

防火墙位于内网和外网的交界处，对内网和外网之间的访问流量进行控制，是内网的第一道安全屏障。IPS 串联在防火墙后面，对防火墙不能阻断的攻击进行第二次检测与阻断。用户区、服务器区与内网串联部位同时部署 IPS，以保障内网不受来自内网的攻击。由此可见，该入侵防御的部署方式能够有效地防止来自内网和外网的攻击，实时有效地保护网络中的重要设备与资源。

2.8　统一威胁管理

2.8.1　UTM 提出的背景

统一威胁管理(UTM)是 2002 年之后出现的一种新的信息安全概念以及在这一新概念下所设计出的安全产品。从硬件上看，它通常是一台集成了防火墙、IDS、VPN、防病毒网关等相关功能的安全设备。

随着网络的日益发展和繁多的应用软件的不断更新，使"复杂性"已成为企业 IT 管理部门工作的代名词。IT 管理者不得不面对日益增长的网络攻击，这些网络攻击方式已从传统的简单网络层数据攻击升级到多层次的混合型攻击。新兴的混合型攻击通过组合多种威胁方法加大了危害的严重性，它将数种独立的病毒结合起来，通过极度难以防范的攻击渠道进行传播和实施攻击。因此 IT 管理者不得不付出更多的维护成本来管理自己的网络，而随着网络安全设备的增加，在一台机器设备上投入的人力物力必然同等地 N 倍放大，这使得网络安全维护成本也必然同期膨胀。与此同时，IT 管理者也深刻感受到分散安全机制所带来的管理不便。传统安全方法正在失效，如今最流行的传统安全产品是状态检测防火墙、入侵检测系统和基于主机的防病毒软件，但它们面对新一代安全威胁所能发挥的作用越来越小。

2.8.2　UTM 的定义

美国著名的 IDC 对 UTM 安全设备的定义是：由硬件、软件和网络技术组成的具有专门用途的设备，它主要提供一项或多项安全功能。它将多种安全特性集成于一个硬件设备里，构成一个标准的统一管理平台。这和单纯地在防火墙中整合其他安全功能不同，因为 UTM 更注重的是"对设备和对威胁的管理"，致力于将各种各样的网络安全威胁消灭于无形之中，以达到防患于未然的终极目标。它对于终端普通消费者来说是透明的，而这正是目前的消费市场所期望的。

2.8.3　UTM 的功能

UTM 设备应该具备的基本功能包括：网络防火墙、网络入侵检测/防御和网关防病毒功能。虽然这几项功能并不一定要同时都得到使用，但它们应该是 UTM 设备自身固有的功能。UTM 安全设备也可能包括其他功能特性，例如安全管理、日志、策略管理、服务质量(QoS)、负载均衡(LB)、高可用性(HA)和报告带宽管理等。不过，其他特性通常都是为主要的安全功能服务的。UTM 系统平台的综合功能如图 2-58 所示。

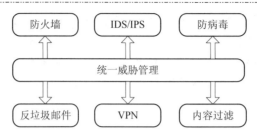

图 2-58 UTM 系统平台的综合功能示意图

2.8.4 UTM 的典型技术

1. 完全性内容保护

完全性内容保护(CCP)提供对 OSI 网络模型所有层次上的网络威胁的实时保护。这种方法比防火墙状态检测(检查数据包头)和深度包检测(在状态检测包过滤基础上提供额外检查)等技术先进。它具备在千兆网络环境中,实时将网络层数据负载重组为应用层对象的能力,而且重组之后的应用层对象可以通过动态更新病毒和蠕虫特征来进行扫描和分析。CCP还可探测其他各种威胁,包括不良 Web 内容、垃圾邮件、间谍软件和网络钓鱼欺骗。

2. ASIC 加速技术

ASIC 芯片是 UTM 产品的一个关键组成部分,它是为提供千兆级实时的应用层安全服务的平台,是专门为网络骨干和边界上高性能内容处理设计的体系结构所必不可少的。ASIC 芯片集成了硬件扫描引擎、硬件加密和实时内容分析处理能力,提供防火墙、加密/解密、特征匹配和启发式数据包扫描,以及流量整形的加速功能。

3. 定制的操作系统

专用的强化安全的操作系统(OS)提供精简的、高性能防火墙和内容安全检测平台。基于内容处理加速模块的硬件加速,加上智能排队和管道管理,OS 使各种类型流量的处理时间达到最小,从而给用户提供最好的实时系统,有效实现防病毒、防火墙、VPN、反垃圾邮件、IDP 等功能。

4. 紧密型模式识别语言

紧密型模式识别语言(CPRL)是针对完全的内容防护中大量计算程式所需求的加速而设计的。状态检测防火墙、防病毒检测和入侵检测的功能要求,引发了新的安全算法,包括基于行为的启发式算法。通过硬件与软件的结合,加上智能型检测方法,识别的效率得以提高。

5. 动态威胁管理检测技术

动态威胁管理检测技术的实现是由动态威胁防御系统(DTPS)完成的,它是一种针对已知和未知威胁而增强检测能力的技术。DTPS 将防病毒、IDS、IPS 和防火墙等各种安全模块无缝集成在一起,将其中的攻击信息相互关联和共享,以识别可疑的恶意流量特征。DTPS通过将各种检测过程关联在一起,跟踪每一安全环节的检测活动,并通过启发式扫描和异常检测引擎检查提高整个系统的检测精确度。DTPS 的体系结构如图 2-59 所示。

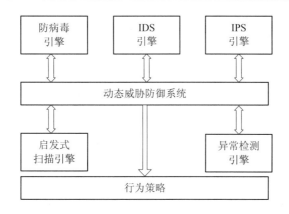

图 2-59　DTPS 的体系结构

2.8.5　UTM 存在的问题

目前，UTM 存在的问题主要有以下几方面：

(1) 性能问题。由于 UTM 自身的检测是多方面的，而且这些检测结果还要用于阻断/通行的判断，因此，目前 UTM 设备的 HA 能力普遍弱于防火墙和路由器。

(2) 稳定性问题。对于安全设备来说，稳定性尤其重要。即使可以通过设计提高设备的稳定性，在目前条件固定的情况下，UTM 安全设备的稳定性相对于单功能的安全设备仍然要低一些，也就是说 UTM 安全设备的稳定性要求更难达成。

(3) 安全性问题。UTM 将所有的安全功能置于一台设备之内，使得 UTM 可能会成为网络中的单点故障。一旦 UTM 安全设备出现问题，所有的安全防御措施将陷入停顿；而一旦 UTM 安全设备被成功侵入或突破，整个网络也将被赤裸裸地暴露在打击之下。

(4) 个体功能问题。UTM 中的单个安全功能也许不是同类功能中最好的。

2.8.6　UTM 的适用场合及其产品

对 UTM 的功能特点、自身限制等方面进行综合分析，可以发现 UTM 的主要使用者是中小企业、中小办公用户以及多分支机构。

随着 UTM 性能的提高，大型企业甚至服务提供商也开始部署 UTM 设备，教育、金融和电信等行业需求明确。大型企业和行业应用是 UTM 市场潜力巨大的领域，在目前 UTM 技术应用中，金融和电信占整个市场份额的 40%～50%，烟草、石油及石化等行业市场开发潜力不可低估。

国内的 UTM 厂商有深信服、联想网御、华为 3Com、启明星辰等。国外的 UTM 厂商有四家比较领先。

(1) WatchGuard。2005 年，WatchGuard 已经成为全球终端 UTM 安全设备市场的领导厂商，设备销量高居榜首。

(2) Fortinet。Fortinet 以基于 ASIC 芯片加速防病毒的 UTM 设备在 2003 年获得了 3090 万美元的销售额，以 29.5%的份额领先于全球 UTM 市场。

(3) Symantec。Symantec 是领先的软件安全供应商，在 2003 年以 2400 万美元的销售额占据 UTM 市场第二位，市场占有率为 22.9%。

(4) Secure Computing。Secure Computing 是从软件厂商转变为硬件设备厂商的，以 2280 万美元的销售额排名第三，市场占有率为 21.7%。

UTM 产品主要有：

(1) WatchGuard 产品。WatchGuard 的产品集成了强大的垃圾邮件过滤和多层反间谍软件保护功能，可保护客户网络免受间谍软件导致的系统死机、身份盗用、企业数据丢失等威胁，提供超越典型统一威胁管理设备的更有效的安全保护。

(2) Fortinet 产品。Fortinet 的产品在软件设计上采用冗余方式，多进程相互监测，发现 UTM 设备出现问题能够自动重启。为了避免可能发生的单点故障，Fortinet 还提供了 FortiBridge 这样的穿透式设备(在断电时自动变为旁路式)，它采用"失效开放"架构，能够发送真实的包，通过监测协议来判断 UTM 设备的运行状态。如果发现 UTM 设备不能工作，FortiBridge 可把业务流量接管过来，维持网络畅通。

2.8.7 UTM 的一个典型应用解决方案

结合国内某著名大型能源企业的案例来介绍 UTM 设备在网络安全保护中的作用和特点。

1. 方案介绍

根据用户需求分析和产品选择，企业大型网络 UTM 的典型应用解决方案如图 2-60 所示。

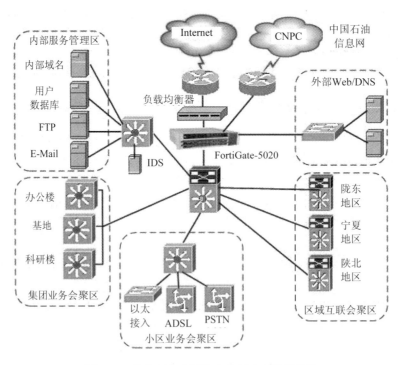

图 2-60 某大型企业网络安全解决方案示意图

由图 2-60 可见，首先在企业总部出口处部署 2 台 FortiGate-5020，配置成负载均衡式

HA 结构。负载均衡式 HA 不但可以提供网络的高可靠性，而且在两台设备同时工作时可以提供约两倍于单台设备的性能，为企业出口安全过滤提供足够的性能。

同样，在每个区域网络中心与 Internet 之间各部署一台 FortiGate-5020，提供与总部同样的安全功能。出于网络高可用性与用户成本问题，在每个区域网络中心部署一台 FortiGate-400，进行冷备份。企业对外服务的服务器放置在 FortiGate 的 DMZ 区中，使得整个网络区域划分更加清晰，安全级别更高。

2. 技术特色

该系统的技术特色主要有：

(1) 提供从网络层到应用层的全面安全保护，可提供防火墙、防病毒、入侵防御、VPN、WEB 过滤、反垃圾邮件等多项安全功能；

(2) 各安全功能无缝结合，复杂的混合型攻击也无处藏身；

(3) 基于 ASIC 芯片的硬件扫描可以提供极高的处理性能；

(4) 维护开销小，总体成本低。

2.8.8　UTM 的发展趋势

UTM 设备虽然集成包括防火墙、VPN、IDS/IPS、内容过滤等多种技术于一体，但由于目前的 UTM 厂家没有能力掌握全部技术，往往在一种核心技术的基础上加入其他技术，从而衍生出 UTM，因此就出现了 UTM 产品以什么为核心的纷争。目前来看，UTM 设备主要有三种出身：第一种是从防火墙技术衍生出来的；第二种是从防病毒技术衍生出来的；第三种是从入侵检测/保护技术衍生出来的。

从发展趋势看，未来将不存在防火墙、防病毒、入侵检测技术等谁为核心的问题，因为如果基于某个功能模块发展起来的 UTM 产品，没有充分考虑到技术的深度融合，只是一味地将很多功能“简单叠加”到一起，其结果将直接影响 UTM 系统效率，造成整体性能下降，甚至造成整个设备的不可用。所以说 UTM 设备中各种技术的“无缝集成”“深度融合”才是大势所趋。

UTM 是一种理念的改变，是新技术的挖掘和集成，是接受市场需求挑战的主动迎战。目前，UTM 产品尚处于发展阶段，但相信随着技术的进一步发展和应用，UTM 产品会有更好的发展前途。

思考与练习二

一、单选题

1. TCP 协议主要应用于(　　)。

A. 应用层　　　　　　　B. 传输层　　　　　　　C. Internet 层　　　　　　　D. 网络层

2. 加密算法若按照密钥的类型划分可以分为(　　)两种。

A. 公开密钥加密算法和对称密钥加密算法

B. 公开密钥加密算法和算法分组密码

C. 序列密码和分组密码

D. 序列密码和公开密钥加密算法

3. 保密密钥的分发所采用的机制是(   )。

A. MD5   B. 三重 DES   C. Kerberos   D. RC-5

4. 不属于黑客被动攻击的是(   )。

A. 缓冲区溢出   B. 运行恶意软件

C. 浏览恶意代码网页   D. 打开病毒附件

5. 关于防火墙的描述不正确的是(   )。

A. 防火墙不能防止内部攻击

B. 如果一个公司信息安全制度不明确，拥有再好的防火墙也没有用

C. 防火墙可以防止伪装成外部信任主机的 IP 地址欺骗

D. 防火墙可以防止伪装成内部信任主机的 IP 地址欺骗

6. 虚拟专用网常用的安全协议为(   )。

A. X.25   B. ATM   C. IPSec   D. NNTP

7. 注册机构 RA 不能完成的功能是(   )。

A. 接收用户申请并录入用户资料

B. 审核用户的申请

C. 对用户的申请(包括证书申请. 更新申请和挂失申请)进行批准或否决

D. 制作证书并发放

8. MD5 文摘算法得出的文摘大小是(   )。

A. 128 位 B. 160 位 C. 128 字节 D. 160 字节

9. 1977 年由美国国家标准局(NBS)批准的联邦数据加密标准 DES 的密钥位数是(   )。

A. 192 位 B. 56 位 C. 42 字节 D. 128 字节

10. 数据库安全系统特性中与损坏和丢失相关的数据状态是指(   )。

A. 数据的完整性   B. 数据的安全性

C. 数据的独立性   D. 数据的可用性

11. RSA 属于(   )。

A. 秘密密钥密码   B. 公用密钥密码

C. 保密密钥密码   D. 对称密钥密码

12. 防火墙是指(   )。

A. 一个特定软件   B. 一个特定硬件

C. 执行访问控制策略的一组系统 D. 一批硬件的总称

13. 计算机病毒通常是(   )。

A. 一条命令   B. 一个文件

C. 一个标记   D. 一段程序代码

14. 在下列四项中，不属于计算机病毒特征的是(   )。

A. 潜伏性   B. 传播性

C. 免疫性   D. 激发性

15. 关于入侵检测技术，下列哪一项描述是错误的(   )。

A．入侵检测系统不对系统或网络造成任何影响

B．审计数据或系统日志信息是入侵检测系统的一项主要信息来源

C．入侵检测信息的统计分析有利于检测到未知的入侵和更为复杂的入侵

D．基于网络的入侵检测系统无法检查加密的数据流

16．入侵检测系统提供的基本服务功能包括(　　)。

A．异常检测和入侵检测

B．入侵检测和攻击告警

C．异常检测和攻击告警

D．异常检测、入侵检测和攻击告警

二、填空题

1．信息系统安全的五个特性是保密性、_____、_____、可用性和可控性。

2．信息在通信过程中面临着四种威胁：中断、截获、篡改、伪造。其中主动攻击有_____，被动攻击有_____。

3．身份认证和消息认证存在差别，身份认证只证实_____，消息认证要证实_____。实现身份认证的有效途径是_____。

4．Kerberos 是 20 世纪 80 年代由麻省理工学院设计的一种完全基于_____加密体制的认证系统。Kerberos 系统包括认证服务器 AS 和授权服务器 TGS，认证服务器实现_____功能，授权服务器实现_____功能。

5．PKI 采用_____管理公钥，通过第三方的可信任机构_____把用户的公钥和用户的其他信息捆绑在一起，在 Internet 上验证用户身份。PKI 公钥基础设施就是提供_____服务的系统。

6．防火墙的结构主要有_____、双宿网关防火墙、_____和_____。

7．在防火墙所采用的技术中，包过滤技术是在_____层拦截所有的信息流，代理是针对每一个特定的应用都有一个程序，代理是企图在_____层实现防火墙的功能。代理的主要特点是_____。

8．VPN 的基本原理是利用_____技术对数据进行封装，在互联网中建立虚拟的专用通道，使数据在具有_____和_____机制的隧道中穿越，从而实现点到点或端到端的安全连接。

9．CIDF 根据 IDS 系统的通用需求以及现有 IDS 的系统结构，将 IDS 系统构成划分为_____、_____、_____和_____。

10．恶意程序的存在形式有病毒、蠕虫、_____、_____、_____和陷门等，其中蠕虫是通过_____在网络上传播的。

三、简答题

1．网络安全的含义是什么？

2．什么是防火墙？防火墙能防病毒吗？

3．简述网络安全的解决方案。

4．试比较对称密码体制与非对称密码体制的特点。

5．说明密码攻击的主要类型及其目标。

6. Shannon 提出的密码系统设计基本原则是什么？在 Feistel 密码结构中如何体现？

7. DES 算法中 S 盒的作用是什么？若 S2 的输入为 110101，其输出是什么？

8. 说明 RSA 算法中密钥产生和加密解密的过程。如何寻找大素数？

9. 身份认证的常用方法有哪些？简要说明其特点。

10. 用公钥密码算法如何实现数字签名？如果该签名过程有保密要求，如何设计？如果签名的对象很长，又如何处理？请分别作图说明。

11. 已知明文"MEET ME AFITER THE TOGO PARTY"，分别用以下方法加密，写出加密后的密文，然后完成解密。

(1) Caesar 加密，分别用 $k = 3$，$k = 5$ 加密；

(2) Vigenere 密码，$k = \text{word}$；

(3) 栅栏式密码；

(4) 矩阵置换密码，矩阵 3×8，分别用 $k = 12\ 345\ 678$ 和 $k = 34\ 127\ 856$。

12. 非对称 RSA 加密解密算法进行加密解密。

(1) 公开密钥 (n, e)。n：两素数 p 和 q 的乘积(p 和 q 必须保密)。

$$e：与 (p - 1)(q - 1) 互素。$$

(2) 私人密钥 (n, d)。先试一下 $(p - 1)$ 和 $(q - 1)$ 的最大公约数 k，有

$$d = \frac{k[\varphi(n)] + 1}{e}$$

(3) 加密：$c = m^e \bmod n$。

(4) 解密：$m = c^d \bmod n$。

已知 $p = 7$，$q = 17$，计算密钥对 (n, e)、(n, d)。

加密：明文 $m = 19$，解密验证。

第3章　物联网安全体系结构及物理安全

物联网结构复杂、技术繁多，面临的安全威胁的种类也较多。结合物联网的安全架构来分析感知层、传输层、处理层以及应用层的安全威胁与需求，不仅有助于选取、研发适合物联网的安全技术，更有助于系统地建设完整的物联网安全体系。经过对需求的分析，可以归纳出安全架构安全服务的理念，即集中控制、统一管理、全面分析和快速响应，如图 3-1 所示。

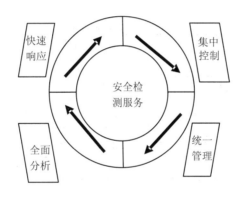

图 3-1　安全服务理念

3.1　物联网安全体系结构

3.1.1　物联网安全整体结构

物联网融合了传感网络、移动通信网络和互联网，这些网络面临的安全问题也不例外。与此同时，由于物联网是一个由多种网络融合而成的异构网络，因此，物联网不仅存在异构网络的认证、访问控制、信息存储和信息管理等安全问题，而且其设备还具有数量庞大、复杂多元、缺少有效监控、节点资源有限、结构动态离散等特点，这就使得其安全问题较其他网络更加复杂。

与互联网相比，物联网主要实现人与物、物与物之间的通信，通信对象扩大到了物品。根据功能的不同，物联网网络体系结构大致分为三个层次，底层是信息采集的感知层，中间层是数据传输的网络层，顶层则是应用/中间件层。由于物联网安全的总体需求就是物理安全、信息采集安全、信息传输安全和信息处理安全的综合，安全的最终目标是确保信息的机密性、完整性、真实性和数据新鲜性，因此参照第 1 章的分析，物联网安全层次结构如图 1-7 所示。物联网的安全机制应当建立在各层技术特点和面临的安全威胁的基础之上。

3.1.2 感知层安全体系结构

感知层安全体系如图 3-2 所示，突出了管理层面在整个感知层安全体系中的地位，并将技术层面纳入到管理层面中，充分说明了安全技术的实现依赖于管理手段及制度上的保证，与管理要求相辅相成。检测体系是整个感知层安全体系的支撑，在检测体系中融合了对管理体系和技术体系的检测要求。技术层面的要求基本涵盖了当前感知层网络中存在的技术方面的主要问题。感知层安全体系的管理层面主要包括节点管理和系统管理两部分要求。其中节点管理包括节点监管、应急处理和隐私防护；系统管理包括风险分析、监控审计和备份恢复。技术层面主要包括节点安全和系统安全两部分要求。其中节点安全包括抗干扰、节点认证、抗旁路攻击和节点外联安全；系统安全包括安全路由控制、数据认证和操作系统安全。检测体系主要包括安全保证检查、节点检测、系统检测、旁路攻击检测和路由攻击检测。

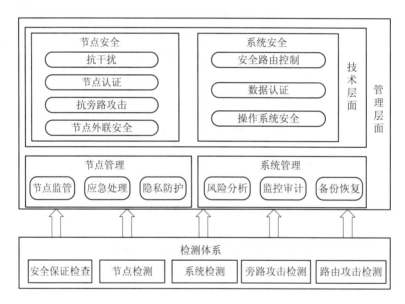

图 3-2　感知层安全体系结构

1. 技术层面

节点安全要求中的抗干扰是指感知节点应实现抗信号干扰措施，支持数据编码和数据完整性校验，提高抗干扰能力。节点认证是指感知层节点和信息接收方均含有身份信息或可提供身份证明，实现感知节点和信息接收方双向认证。节点认证可分为单因子认证和双因子认证两个级别。抗旁路攻击又分为抗功耗旁路攻击和抗故障注入旁路攻击。抗功耗旁路攻击是指感知节点部署抗功耗旁路攻击防护措施，在 SPA、DPA、CPA、SEMA、DEMA 等多种分析方式下，可防御 DES、AES、RSA、ECC、COMP128 等算法的功耗旁路攻击；抗故障注入旁路攻击是指感知节点部署抗故障注入旁路攻击防护措施，可防御 DES、AES、RSA 等算法的故障注入攻击。节点外联安全是指应对感知节点的 U 口、串口、蓝牙、无线网口、1394 口等外联端口进行控制，可采用禁用(关闭无用的外联端口)、审计(记录端口外

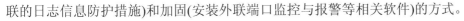

联的日志信息防护措施)和加固(安装外联端口监控与报警等相关软件)的方式。

2. 管理层面

节点管理要求中的节点监管是指对感知节点的物理信息、能量状况、数据通信行为、交互运行状态及设备信息进行监管，识别恶意、损害节点。应急处理是指根据感知节点的重要程度和运行安全的不同要求，实现感知节点应急处理的安全机制和措施，可分为设备正常的备份机制和安全管理机构。隐私防护是指感知层可提供感知节点位置信息防护，用户可掌控感知节点位置信息；提供制度约束，按照知情权、选择权、参与权、采集者和强制性五项原则执行；提供数据混淆机制，混淆位置信息中的其他部分。系统管理要求中的风险分析是指以感知层节点安全运行和数据安全保护为出发点，全面分析由于物理环境、节点、管理、人为等原因所造成的安全风险；通过对影响感知节点运行的诸多因素的分析明确存在的风险，并提出减少风险的措施；对常见的风险进行分析，确定每类风险的威胁程度；感知节点设计前要进行静态风险分析，以发现潜在的安全隐患；感知节点运行时要进行动态风险分析、监控并审计相关活动；采用相关分析工具，完成风险分析与评估，并制定相应的整改措施。监控审计是指在感知层重要位置部署监控与审计节点和探测节点，实时监听并记录感知层其他节点的物理位置、通信行为等状态信息，在发现损坏节点、恶意节点、违规行为和未授权访问行为时报告感知层中心处理节点。备份恢复是指为了实现确定的恢复功能，必须在感知节点正常运行时定期地或按某种条件实施备份，不同的恢复要求应用不同的备份进行支持，根据感知的存储要求和计算能力，实现备份与故障恢复的安全技术和机制分为关键节点备份恢复和中间件备份恢复。

3. 检测体系

检测体系中的安全保证检查是指对感知层安全工程的资质保证、组织保证，项目实施和安全工程流程要依据《信息安全技术——信息系统安全工程管理要求》(GB/T 20282—2006)中的相关条款进行检查。节点检测是指对恶意节点、损坏节点检测分析。这种分析通过对节点的物理信息、能量状况、数据通信行为以及物理损害感知机制获取的数据进行检测和分析，发现存在的安全隐患。系统检测是指从操作系统的角度，评估账户设置、系统补丁状态、病毒与木马探测、程序真实性以及一般与用户相关的安全点等，从而监测和分析操作系统的安全性。旁路攻击检测又分为功耗/电磁辐射和故障注入检测分析两种。功耗/电磁辐射注入分析技术通过采集加密过程中的芯片功耗或发出的电磁辐射来检测感知节点的抗旁路攻击能力；故障注入检测分析技术采用物理方法干扰密码芯片的正常工作，分析其执行的某些错误操作来检测其抗旁路攻击能力。路由攻击检测是指通过在关键部位部署恶意节点来模拟侵袭方法，检测并报告感知层的路由安全性。

4. 物联网应用层安全架构前景的规划

目前，面向物联网应用层安全架构的构建拟整合云服务，并且通过科学分析网络信息数据保障物联网环境安全。云计算项目与物联网应用层安全架构的整合实践是拓展该领域发展空间的重要策略。总之，随着现代科技的发展，即便科技将人们的隐私暴露于众，甚至时刻都可能面临恶意的侵袭，而 IT 业界的管理者们仍在紧锣密鼓地钻研并实践面向物联网应用层的安全管理措施，在平台之上构建起超级物联网应用体系模型，进而为广大物联网用户保驾护航。

3.2　物联网安全技术措施

目前，物联网的体系结构基于以上分析可以划分为感知层、网络层和应用层，各个不同层面的安全性问题已经有许多安全技术和解决方案。但是物联网的应用是一个基于三个层面的整体，仅仅简单叠加各个层面的安全策略并不能为整个系统应用提供可靠的安全保障。国际学术界针对物联网安全架构已广泛开展研究。Mulligan 等总结和分析了物联网的研究现状，并对物联网安全性问题做了展望。Leusse 等提出了一个基于物联网服务的安全模型，介绍和分析了其包含的模块，并从目前物联网的主流体系架构出发提出了相应的安全措施，为建立物联网的安全架构提供了理论参考框架。

作为一种多网络融合的网络，物联网安全涉及各个网络的不同层次，在这些独立的网络中已实际应用了多种安全技术，特别是移动通信网和互联网的安全研究已经历了较长的时间，但对物联网中的感知网络来说，由于资源的局限性，使安全研究的难度较大，本节主要针对传感网中的安全问题进行讨论。

1. 密钥管理机制

密钥系统是安全的基础，是实现感知信息隐私保护的手段之一。它的安全需求主要体现在：

(1) 密钥生成或更新算法的安全性。利用该算法生成的密钥应具备一定的安全强度，不能被网络攻击者轻易破解或者花很小的代价破解，即加密后应保障数据包的机密性。

(2) 前向私密性。对中途退出传感器网络或者被俘获的恶意节点，在周期性的密钥更新或者撤销后无法再利用先前所获知的密钥信息生成合法的密钥继续参与网络通信，即无法参加与报文解密或者生成有效的可认证的报文。

(3) 后向私密性和可扩展性。新加入传感器网络的合法节点可利用新分发或者周期性更新的密钥参与网络的正常通信，即进行报文的加解密和认证行为等，而且能够保障网络是可扩展的，即允许大量新节点的加入。

(4) 抗同谋攻击。在传感器网络中，若干节点被俘获后，其所掌握的密钥信息可能会造成网络局部范围的泄密，但不应对整个网络的运行造成破坏性或损毁性的后果，即密钥系统要能够抗同谋攻击。

2. 数据处理与隐私性

物联网的数据要经过信息感知、获取、汇聚、融合、传输、存储、挖掘、决策和控制等处理流程，而末端的感知网络几乎涉及上述信息处理的全过程，只是由于传感节点与汇聚点的资源限制，在信息的挖掘和决策方面不占据主要位置。物联网应用不仅面临信息采集的安全性，也要考虑信息传送的私密性，要求信息不能被篡改和非授权用户使用，同时，还要考虑网络的可靠、可信和安全。物联网能否大规模推广应用，很大程度上取决于其是否能够保障用户数据和隐私的安全。就传感网而言，在信息的感知采集阶段就要进行相关的安全处理，如对 RFID 采集的信息进行轻量级的加密处理后，再传送到汇聚节点。这里要关注的是对光学标签的信息采集处理与安全，作为感知端的物体身份标识，光学标签显示了独特的优势，而虚拟光学的加密解密技术为基于光学标签的身份标识提供了手段。基于软件的虚拟光学密码系统由于可以在光波的多个维度进行信息的加密处理，具有比一般传统的对称加密系统更高的安全性。数学模型的建立和软件技术的发展极大地推动了该领域的研究和应用推广。数据处理过程中涉及基于位置的服务与信息处理过程中的隐私保护问题。ACM 于 2008 年成立了 SIGSPATIAL(Special Interest Group on Spatial Information)，致力于空间信息理论与应用研究。基于位置的服务是物联网提供的基本功能，是定位、电子地图、基于位置的数据挖掘和发现、自适应表达等技术的融合。

3. 安全路由协议

物联网的路由要跨越多类网络，有基于 IP 地址的互联网路由协议，有基于标识的移动通信网和传感网的路由算法，因此我们要至少解决两个问题：一是多网融合的路由问题；二是传感网的路由问题。前者可以考虑将身份标识映射成类似的 IP 地址，实现基于地址的统一路由体系；后者是由于传感网的计算资源的局限性和易受到攻击的特点，要设计抗攻击的安全路由算法。目前，国内外学者提出了多种无线传感器网络路由协议，这些路由协议最初的设计目标通常是以最小的通信、计算、存储开销完成节点间数据传输，但是这些路由协议大都没有考虑到安全问题。实际上由于无线传感器节点电量有限、计算能力有限、存储容量有限以及部署野外等特点，使得它极易受到各类攻击。无线传感器网络路由协议常受到的攻击主要有虚假路由信息攻击、选择性转发攻击、污水池攻击、女巫攻击、虫洞攻击、Hello 洪泛攻击、确认攻击等。

4. 认证与访问控制

认证指使用者采用某种方式来证明自己确实是自己宣称的某人，网络中的认证主要包括身份认证和消息认证。身份认证可以使通信双方确信对方的身份并交换会话密钥。保密性和及时性是认证的密钥交换中两个重要的问题。为了防止假冒和会话密钥的泄密，用户标识和会话密钥这样的重要信息必须以密文的形式传送，这就需要事先已有能用于这一目的的主密钥或公钥。因为可能存在消息重放，所以及时性非常重要，在最坏的情况下，攻击者可以利用重放攻击威胁会话密钥或者成功假冒另一方。消息认证中主要是接收方希望能够保证其接收的消息确实来自真正的发送方。有时收发双方不同时在线，例如在电子邮件系统中，电子邮件消息发送到接收方的电子邮件中，并一直存放在邮箱中直至接收方读取为止。广播认证是一种特殊的消息认证形式，在广播认证中一方广播的消息被多方认证。传统的认证是区分不同层次的，网络层的认证负责网络层的身份鉴别，业务层的认证负责业务层的身份鉴别，两者独立存在。但是在物联网中，业务应用与网络通信紧紧地绑在一起，认证有其特殊性。例如，当物联网的业务由运营商提供时，可以充分利用网络层认证的结果而不需要进行业务层的认证；当业务是敏感业务如金融类业务时，一般业务提供者会不信任网络层的安全级别，而使用更高级别的安全保护，那么这时就需要做业务层的认证；而当业务是普通业务如气温采集业务时，业务提供者认为网络认证已经足够，那么就不再需要业务层的认证。在物联网的认证过程中，传感网的认证机制是重要的研究部分，无线传感器网络中的认证技术主要包括基于轻量级公钥算法的认证技术、预共享密钥的认证技术、随机密钥预分布的认证技术、利用辅助信息的认证技术、基于单向散列函数的认证技术等。

(1) 基于轻量级公钥算法的认证技术。鉴于经典的公钥算法需要高计算量，在资源有限的无线传感器网络中不具有可操作性，当前有一些研究正致力于对公钥算法进行优化设计使其能适应于无线传感器网络，但在能耗和资源方面还存在很大的改进空间，如基于 RSA 公钥算法的 TinyPK 认证方案以及基于身份标识的认证算法等。

(2) 基于预共享密钥的认证技术。SNEP 方案中提出两种配置方法：一是节点之间的共享密钥，二是每个节点和基站之间的共享密钥。这类方案使每对节点之间共享一个主密钥，可以在任何一对节点之间建立安全通信。其缺点表现为扩展性和抗捕获能力较差，任一节点被捕获后就会暴露密钥信息，进而导致全网络瘫痪。

(3) 基于单向散列函数的认证方法。该类方法主要用在广播认证中，由单向散列函数生成一个密钥链，利用单向散列函数的不可逆性保证密钥不可预测。通过某种方式依次公布密钥链中的密钥，可以对消息进行认证。

5. 入侵检测与容侵容错技术

入侵检测已在第 2 章介绍过，这里不再赘述。容侵是指在网络中存在恶意入侵的情况下，网络仍然能够正常运行。无线传感器网络的安全隐患在于网络部署区域的开放特性以及无线电网络的广播特性，攻击者往往利用这两个特性，通过阻碍网络中节点的正常工作，进而破坏整个传感器网络的运行，降低网络的可用性。无人值守的恶劣环境导致无线传感器网络缺少传统网络中物理上的安全，传感器节点很容易被攻击者俘获、毁坏或妥协容侵。现阶段无线传感器网络的容侵技术主要集中于网络的拓扑容侵、安全路由容侵以及数据传输过程中的容侵机制。无线传感器网络可用性的另一个要求是网络的容错性。一般意义上的容错性是指在故障存在的情况下系统不失效，仍然能够正常工作的特性。无线传感器网络的容错性指的是当部分节点或链路失效后，网络能够进行传输数据的恢复或者网络结构的自愈，从而尽可能减小节点或链路失效对无线传感器网络功能的影响。由于传感器节点在能量、存储空间、计算能力和通信带宽等诸多方面都受限，而且通常工作在恶劣的环境中，网络中的传感器节点经常会出现失效的状况，因此，容错性成为无线传感器网络中一个重要的设计因素，容错技术也成为无线传感器网络研究的一个重要领域。

6. 决策与控制安全

物联网的数据是一个双向流动的信息流：一是从感知端采集物理世界的各种信息，经过数据的处理，存储在网络的数据库中；二是根据用户的需求，进行数据的挖掘、决策和控制，实现与物理世界中任何互连物体的互动。在数据采集处理中讨论了相关的隐私性等安全问题，而决策控制又将涉及另一个安全问题，如可靠性。

3.3 物理安全威胁与防范

3.3.1 物理安全概述

物理安全主要是指通过物理隔离实现网络安全，可有效防范网络入侵和网络诈骗。

所谓"物理隔离"，是指内部网不直接或间接地连接公共网。物理安全的目的是保护路由器、工作站、网络服务器等硬件实体和通信链路免受自然灾害、人为破坏和搭线窃听攻击。只有使内部网和公共网物理隔离，才能真正保证党政机关的内部信息网络不受来自互联网的黑客攻击。此外，物理隔离也为政府内部网划定了明确的安全边界，使得网络的可控性增强，便于内部管理。

在实行物理隔离之前，对网络信息安全的保护有许多措施，如在网络中增加防火墙、防病毒系统，对网络进行入侵检测、漏洞扫描等。由于这些技术的极端复杂性与有限性，其无法提供某些机构(如军事、政府、金融等)提出的高度数据安全要求。而且，此类基于软件的保护是一种逻辑机制，对于逻辑实体而言极易被操纵。逻辑实体指黑客、内部用户等。正因为如此，涉密网不能把机密数据的安全完全寄托在用概率来作判断的防护上，必须有一道绝对安全的大门，保证涉密网的信息不被泄露和破坏，这就是物理隔离所起的作用。

3.3.2　环境安全威胁与防范

因为物联网节点通常都是采用无人值守的方式，且都是在部署物联网设备完毕之后，再将网络连接起来，所以，如何对物联网设备进行远程业务信息配置和签约信息配置就成了一个值得思考的问题。与此同时，多样化且数据容量庞大的物联网平台必须要有统一且强大的安全管理平台，否则各式各样的物联网应用会立即将独立的物联网平台淹没，这样很容易将业务平台与物联网网络之间的信任关系割裂开来，产生新的安全问题。对于核心网络的传输与信息安全问题，虽然核心网络所具备的安全保护能力相对较为完整，但是由于物联网节点都是以集群方式存在的，且数量庞大，这样一来，就很容易使大量的物联网终端设备数据同时发送而造成网络拥塞，从而产生拒绝服务攻击。另外，目前物联网网络的安全架构往往都是基于人的通信角度来进行设计的，并不是从人机交互性的角度出发的，这样就会使物联网设备间的逻辑关系发生破裂。

3.3.3　设备安全问题与策略

物联网的设备有二维码、射频识别、传感器、全球定位系统、激光扫描器等信息传感设备。物联网不再由人来进行控制，而是由机器构成了庞大的设备集群，因此也就在网络安全方面产生了问题，如物联网安全本地节点的问题、节点信息在网络中的传输安全问题、核心网络的信息安全问题、物联网中的业务安全问题等。

(1) 物联网安全本地节点问题。物联网的机器节点大多在无人监控的场所进行部署，它是用机器代替人来完成复杂问题的处理，因此导致这些节点可以人为地通过更换软硬件进行机器的破坏。

(2) 节点信息在网络中的传输安全问题。由于物联网中的节点对于数据的传送没有统一的协议，并且它的功能相对比较简单，因此不能产生复杂、统一的安全保护模式。

(3) 核心网络的信息安全问题。虽然节点核心网的安全体系比较完整，但是核心网也是由各个节点组成的，且以集群的方式形成数目庞大的节点群，所以当大量数据进行传播时会导致网络堵塞产生网络"假死"。

(4) 物联网中的业务安全问题。大部分物联网都是通过事先部署节点，然后进行网络连接的，连接后各个节点是没有人员监控的。当用户利用物联网进行业务往来时就体现了安全问题，因此提供一个统一、强大的安全管理平台就成为了新的问题。

针对以上物联网安全问题可以采用以下策略和技术：用户权限认证、数据加密、数据读取控制、保护隐私信息传输安全等。在物联网的不同层应用不同的解决方案，如用户权限认证需应用到传输层中，通过数字认证的方式来识别客户身份是否合法，以此来达到客户信息安全保护的目的。另外一种方案是通过数字水印技术来识别用户的电子签名，这种方法更加安全可靠，当发生争议时可以通过用户笔记进行核查。随着网络信息化的飞速发展，物联网作为其升级换代产物将会更广泛地应用于人们的生活及工作中，因此物联网的安全策略和技术显得尤为重要。网络专家也明确表示只有充分考虑到系统稳定、网络安全、平台保护等问题，并给出详细的解决方案，物联网才能更好、更健康地发展。

3.3.4 RFID 系统及物理层安全

1. RFID 系统的基本构成

RFID 是一种非接触式自动识别技术，通过无线射频方式自动识别标签所附着的目标对象，获取 RFID 标签的相关信息。RFID 技术可识别高速运动的目标对象，快速进行物品的追踪和管理，具有可靠性高、保密性强、成本低廉等特点。它广泛应用于仓储管理、物品追踪、防伪、物流配送、过程控制、访问控制、门禁、自动付费、供应链管理、图书管理等领域。

RFID 系统一般由标签(Tag)、读写器(Reader)和后端数据库(Back-end Database)三部分组成，如图 3-3 所示。

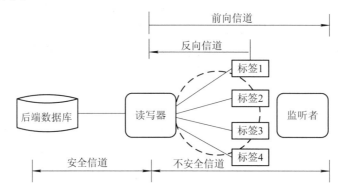

图 3-3　RFID 系统组成

(1) 标签。标签由专用芯片和天线或线圈组成，通过电感耦合或者电磁反射原理与读写器进行通信。它附着在目标对象上，如护照、身份证、人体、动物、物品、票据、手机(手机钱包应用)，用于识别或者跟踪目标对象。

(2) 读写器。读写器实际上是一个带有天线的无线发射与接收设备，它的处理能力、存储空间都比较大。读写器分为手持和固定两种。

(3) 后端数据库。后端数据库是一个数据库系统，包含所有标签的信息。

RFID 的基本工作原理为：读写器发射电磁波，而此电磁波有其辐射范围，当标签进入此电磁波辐射范围内时，标签将读写器所发射的微小电磁波能量存储起来，转换成电路所需的电能，并且将存储的标识信息以电磁波的方式传送给读写器。标签和读写器之间的通信距离受到多个参数(特别是通信频率)的影响。

第二代被动式标签采用超高频，范围为 300 MHz～3 GHz，3 GHz 以上为微波范围，典型的工作频率为 433 MHz、860～960 MHz、2.45 GHz、5.8 GHz。通信距离一般大于 1 m，典型为 4～6 m，最大可超过 10 m。超高频阅读器有非常高的数据传输速率，在很短的时间内可读取大量标签。超高频的电子标签数据存储量一般限定在 2048 bit 以内。EPCglobal 规定的 EPC 容量为 96 bit。典型应用包括供应链管理、生产线自动化、航空(铁路)包裹管理、集装箱管理等。第一代被动式标签采用高频，范围为 3～30 MHz，通信距离一般小于 1 m，价格相对便宜。典型应用包括图书管理系统、酒店门锁管理、(医药、服装)物流系统、智能货架管理等。第二代和第一代被动式标签的比较如表 3-1 所示。

表 3-1　第二代和第一代被动式标签的比较

项　目	超高频(第二代)	高频(第一代)	
协议	EPC Gen2(ISO 18000-6C)	ISO 15693	ISO 14443
频率/MHz	860～960(区域选择)	13.56(全球统一)	
通信距离/m	3～5	1	0.1
存储大小/bit	96～1000	256～64 K	
读写器价格/美元	500～2000	100～1000	
标签价格/美元	0.1～0.2	0.2～0.5	
应用	供应链、自动化、资产管理与跟踪	访问控制、安全付款、验证	

2. RFID 系统的安全需求

RFID 当初的应用设计是完全开放的，这是出现安全隐患的根本原因。另外，对标签加解密需要耗用过多的处理器能力，会使标签增加额外的成本，因此，一些优秀的安全工具未能嵌入到标签的硬件中，这也是标签出现安全隐患的主要原因。

(1) RFID 的安全问题。简单而言，RFID 的安全问题包括隐私问题和认证问题。隐私问题是由读写器读标签时无须认证引起的，包括信息泄露问题和追踪问题；认证问题是由标签被读取时无须认证引起的，包括标签克隆、篡改标签数据等。广义的 RFID 系统的隐私保护包括两点：一是标签和读写器之间的隐私保护；二是服务器中的信息隐私保护，主要是服务器所包含的信息。本小节主要讨论第一种情况。

隐私问题中的信息泄露问题是指在获取标签信息之后可对 RFID 系统进行各种非授权使用，标签可泄露相关物体和用户信息，如护照、身份证、贵重物品标签持有者可能成为抢劫或者盗窃的目标，个人的药品信息被他人所知导致个人的隐私泄露等。隐私问题中的追踪问题是指通过标签的唯一标识符可恶意地追踪用户的位置或者行为。例如，标识在不同的地方两次出现，说明用户曾经到达了这两个地方。敌手可在任何地点、任何时间追踪识别某个固定标签，从而侵犯用户隐私。

隐私问题可通过对读写器的认证来解决。认证问题可通过对标签的认证来解决。因此，读写器和标签之间的双向认证是 RFID 系统的主要安全需求。

(2) 安全威胁。一个安全的 RFID 系统应该对以下攻击加以防范：

① 非法读取：非法者通过未授权的读写器读取标签中的数据信息。

② 窃听：标签和读写器之间的数据传输容易受到窃听攻击。

③ 无前向安全性：攻击者在此次通信中截取到了标签的输出，然后通过某种推算可以

得出标签以前所发送的信息。反过来说，如果攻击者不能推算前面发出的信息，则称为前向安全性(Forward Security)。

④ 位置跟踪：非法者通过标签发出的固定消息来定位标签的位置以达到跟踪的目的。

⑤ 伪装：非法者截取到标签信息后，把真实标签信息复制到自己假冒的标签中。当读写器发送认证消息给标签时，非法者把自己复制的标签信息发给读写器，以伪装成合法标签通过读写器的认证。

⑥ 重放：当读写器发出认证信息时，攻击者截取了标签发出的响应信息。当下一次读写器发出认证请求时，攻击者把截取到的信息发送给读写器，从而通过读写器对它的认证。

⑦ 拒绝服务攻击：许多基于"挑战—应答"方式的协议要求每次对标签进行访问时，标签需要提供额外的存储器来存储产生的随机数，当大量读写器向标签发送询问信息时，标签的存储器就因要存储过多的随机数而停止工作。

(3) 安全方案设计时的考虑因素。为了设计 RFID 的安全方案，需要考虑 RFID 标签的计算能力，这种计算能力通常限定了可采用的安全方案。一般可把 RFID 标签的计算能力分为以下三类：

① 基本标签：不能执行加密操作，但可执行 XOR 操作和简单的逻辑控制的标签。

② 对称密码标签：能够执行对称密钥加密操作的标签。

③ 公钥密码标签：能够执行公钥加密操作的标签。

3. RFID 安全的物理机制

实现 RFID 安全性机制所采用的方法主要有三大类，即物理机制、密码机制以及二者相结合的方法，这里仅介绍物理机制。物理机制主要有 Kill 命令机制、休眠(Sleeping)机制、阻塞(Blocking)机制、静电屏蔽、主动干扰等方法。物理机制通常用于一些低成本的标签中，因为这些标签难以采用复杂的密码机制来实现与标签读写器之间的安全通信。下面分别加以介绍。

(1) Kill 命令机制：由 Auto-ID Center 提出的 Kill 命令机制是解决信息泄露的一个最简单的方法，即从物理上毁坏标签，一旦对标签实施了 Kill 命令，标签便不能再次使用(禁用状态)。例如，超市结账时可禁用附着在商品上的标签。但是，如果 RFID 标签用于标识图书馆中的书籍，当书籍离开图书馆后，这些标签是不能被禁用的，这是因为当书籍归还后还需要使用相同的标签再次标识书籍。

(2) 休眠机制：让标签处于睡眠状态，而不是禁用，以后可使用唤醒口令将其唤醒。其困难在于唤醒口令需要和标签相关联，因此需要一个口令管理系统。但是，当标签处于睡眠状态时，不可能直接使用空中接口将特定的标签和特定的唤醒口令相关联，因此需要另一种识别技术，例如条形码，以标识用于唤醒的标签，这显然是不理想的。

(3) 阻塞机制：隐私比特"0"表示标签接受无限制的公共扫描，隐私比特"1"表示标签是私有的，当商品生产出来，在被人购买之前，即在仓库、运输汽车、存储货架的时候，标签的隐私比特置为"0"。换句话说，任何读写器都可扫描它们。当消费者购买了使用 RFID 标签的商品时，销售终端设备将隐私比特设置为"1"。

(4) 静电屏蔽：由于无线电波可被传导材料做成的电容屏蔽，将贴有 RFID 标签的商品放入由金属网罩或金属箔片组成的容器中，从而阻止标签和读写器通信。由于每件商品都需使用一个网罩，故提高了成本。静电屏蔽法又称为法拉第网罩。

(5) 主动干扰：标签用户通过一个设备主动广播无线电信号用于阻止或破坏附近的 RFID 读写器操作。该方法可能干扰附近其他合法 RFID 系统，甚至阻塞附近其他无线电信号系统。

3.3.5　数据存储介质的安全

随着计算机技术的发展，USB 接口成为其必备的接口之一。USB 是一种连接外部串行设备的技术标准，计算机系统接驳外围设备(如 U 盘、移动硬盘、键盘、鼠标、打印机等)的输入/输出接口标准。

USB 接口的传输速度高达 480 Mb/s，和串口 115 200 b/s 的速度比较，相当于串口速度的 4000 多倍，完全能满足需要大量数据交换的外设的要求。同时，所有的 USB 外设利用通用的连接器可简单方便地连入计算机中，安装过程高度自动化，既不必打开机箱插入插卡，也不必考虑资源分配，更不用关掉计算机电源，即可实现热插拔。因此，通过 USB，使用 U 盘为代表的移动存储介质来交换数据可以提高存储便利性，因而获得了广泛应用，但是其便利性也给我们带来了更大的安全风险。

移动存储介质常用于开放环境中，容易丢失，存储的数据易于传播和复制，自身缺乏有效的审计和监管手段，整个数据移动通道的安全保密工作难以保障。一旦发生数据泄露与丢失，将给部门或个人造成不可估量的经济损失，甚至可能是政治损失。因此，针对移动介质的安全解决方案成为当务之急。

多年来，U 盘作为一种方便、流行的存储介质，其应用越来越广泛，然而通过 U 盘发生的资料丢失、失泄密、传播病毒等安全事件也越来越多，主要问题如下：

(1) 任意 U 盘在终端上使用，造成管理混乱，资料丢失；

(2) U 盘频繁地在不同终端上使用，成了病毒传播的主要载体之一；

(3) 敏感信息以明文存储在 U 盘中，极易丢失；

(4) 对 U 盘上文件的使用没有跟踪审计。

因此，为了保证数据存储的安全性，必须做到以下几点：

(1) 对数据加密管理；

(2) 文件的删除管理；

(3) 禁止移动介质自动播放。

3.4　无线局域网物理层安全

物联网中的感知层终端系统，如 RFID 读写器、无线传感器网络的网关节点以及智能手机都可以通过无线局域网(WLAN)连接到 Internet，因此，需要考虑 WLAN 的安全。

3.4.1　IEEE 802.11 标准中的物理层特点

目前，WLAN 的主流标准是 IEEE 802.11 标准。IEEE 802.11 标准的物理层的参数特点如表 3-2 所示。

表 3-2　WLAN 的 IEEE 802.11 标准特点

参　数	规　范			
	802.11	802.11b	802.11g	802.11a
工作频段/GHz	2.4	2.4	2.4	5
扩频方式	DSSS/FHSS	DSSS	DSSS/OFDM	OFDM
速率/(Mb/s)	1/2	2/5.5/11	11/54	54
通信方式	半双工			
距离	100 m～20 km(依天线定)			

802.11 标准规定的物理层相当复杂，1997 年制定了第一部分，叫作 802.11，1999 年又制定了剩下的部分，即 802.11a 和 802.11b。

(1) 802.11 的物理层有以下三种实现方法：

① 调频扩展(FHSS)是扩频技术中常用的一种，它使用 2.4 GHz 的 ISM 频段(即 2.4000～2.4835 GHz)，共有 79 个信道可供跳频使用。第一个频道的中心频率为 2.402 GHz，以后每隔 1 MHz 为一个信道，因此每个信道可使用的带宽为 1 MHz。当使用二元高斯移频键控 GFSK 时，基本接入速率为 1 Mb/s。当使用四元 GFSK 时，接入速率为 2 Mb/s。

② 直接序列扩频(DSSS)是另一种重要的扩频技术，它也使用 2.4 GHz 的 ISM 频段。当使用二元相对移相键控时，基本接入速率为 1 Mb/s。当使用四元相对移相键控时，接入速率为 2 Mb/s。

③ 红外线(IR)的波长为 850～950 nm，可用于室内传送数据，接入速率为 1～2 Mb/s。

(2) 802.11a 的物理层工作在 5 GHz 频带，不采用扩频技术，而是采用正交频分复用 (OFDM)，它也叫作多载波调制技术(载波数可多达 52 个)。802.11a 可以使用的数据率为 6、9、12、18、24、36、48、56 Mb/s。

(3) 802.11b 的物理层是工作在 2.4 GHz 的直接序列扩频技术，数据率为 5.5 Mb/s 或 11 Mb/s。

(4) 802.11g 的载波频率为 2.4 GHz(跟 802.11b 相同)，共 14 个频段，原始传输速度为 54 Mb/s，净传输速度约为 24.7 Mb/s(与 802.11a 相同)。802.11g 的设备向下与 802.11b 兼容。其后有些无线路由器厂商应市场需要而在 IEEE 802.11g 的标准上另行开发新标准，并将理论传输速度提升至 108 Mb/s 或 125 Mb/s。

(5) 802.11i 是 IEEE 为了弥补 802.11 脆弱的安全加密功能 WEP 而制定的修正案，其中定义了基于 AES 的全新加密协议 CCMP。

(6) 802.11e 定义了无线局域网的服务质量的支持。802.11e 标准定义了混合协调功能 (HCF)。HCF 以新的访问方式取代了分布协调功能(DCF)和点协调功能(PCF)，以便提供改善的访问带宽，并且减少高优先等级通信的延迟。

(7) 802.11n 是由 IEEE 组成的一个新的工作组在 802.11-2007 的基础上发展出来的标准，于 2009 年 9 月正式批准。该标准增加了对 MIMO 的支持，允许 40 MHz 的无线频宽，最大传输速度理论值为 600 Mb/s。同时，通过使用 Alamouti 提出的空时分组码扩大了数据传输范围。

以上是目前主要实际应用的 802.11 标准。除此之外，802.11 标准还有很多，1999 年工业界成立了 Wi-Fi 联盟，致力于解决匹配 802.11 标准的产品的生产和设备兼容性问题。

3.4.2　IEEE 802.11 标准中的 MAC 层

IEEE 802.11 标准设计了独特的 MAC 层，如图 3-4 所示。它通过协调功能(Coordination Function)确定基本服务集(BSS)中的移动站在什么时间能发送数据或接收数据。802.11 的 MAC 层在物理层的上面，包括两个子层。在下面的子层是 DCF。DCF 在每一个节点使用 CSMA 机制的分布式接入算法，让各个站通过争用信道来获取发送权，因此 DCF 向上提供争用服务。另一个子层叫作 PCF。PCF 是选项，自组网络没有 PCF 子层。PCF 使用集中控制的接入算法(一般在接入点 AP 实现集中控制)，用类似于探询的方法将发送数据权轮流交给各个站，从而避免了碰撞的产生。对于时间敏感的业务，如分组话音，就应使用提供无争用服务的 PCF。

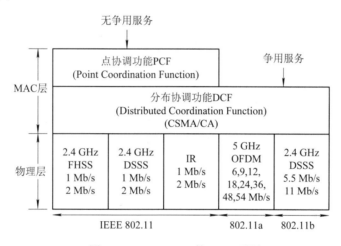

图 3-4　IEEE 802.11 的 MAC 子层

为了尽量避免碰撞，802.11 规定，所有的站在完成发送后，必须在等待一段很短的时间(继续侦听)才能发送下一帧，这段时间统称为帧间间隔(IFS)。IFS 的长短取决于该站打算发送的帧的类型。高优先级帧需要等待的时间较短，因此可优先获得发送权，而低优先级帧就必须等待较长的时间。若低优先级帧还没来得及发送而其他站的高优先级帧已发送到媒体，则媒体变为忙态，因而低优先级帧就只能再推迟发送了，这样就减少了发生碰撞的机会。

常用的三种 IFS 如下：

(1) SIFS，即短(Short)帧间间隔，长度为 28 μs，是最短的帧间间隔，用来分隔属于一次对话的各帧。一个站应当能够在这段时间内从发送方式切换到接收方式。

(2) PIFS，即点协调功能帧间间隔(比 SIFS 长)，是为了在开始使用 PCF 方式时(在 PCF 方式下使用，没有争用)优先获得接入到媒体中。PIFS 的长度是 SIFS 加一个时隙(Slot)长度(其长度为 50 μs)，即 78 μs。时隙的长度是这样确定的：在一个 BSS 内，当某个站在一个时隙开始时接入媒体，那么在下一个时隙开始时，其他站就都能检测出信道已转变为忙态。

(3) DIFS，即分布协调功能帧间间隔(最长的 IFS)，在 DCF 方式中用来发送数据帧和管理帧。DIFS 的长度比 PIFS 再增加一个时隙长度，因此 DIFS 的长度为 128 μs。

3.4.3 CSMA/CA 协议

虽然 CSMA/CD 协议已成功应用于有线连接的局域网，但 WLAN 却不能简单地搬用 CSMA/CD 协议。这里主要有两个原因：第一，CSMA/CD 协议要求一个站点在发送本站数据的同时还必须不间断地检测信道以便发现是否有其他站也在发送数据，这样才能实现碰撞检测的功能。但在 WLAN 的设备中要实现这个功能的花费过大。第二，更重要的是，即使我们能够实现碰撞检测的功能，并且当我们在发送数据时检测到信道是空闲的，在接收端仍然有可能发生碰撞。这就表明，碰撞检测对 WLAN 是没有用的。产生这种结果的原因是由无线信道本身决定的。具体来说，是由于无线电波能够向所有方向传播，且其传播距离受限。当电磁波在传播过程中遇到障碍物时，其传播距离就更加受到限制。除以上两个原因之外，无线信道还由于传输条件特殊，造成信号强度的动态范围非常大，致使发送站无法使用碰撞检测的方法来确定是否发生了碰撞。

因此，WLAN 不能使用 CSMA/CD，而只能使用改进的 CSMA 协议。改进的办法是将 CSMA 增加一个碰撞避免(Collision Avoidance，CA)功能。IEEE 802.11 中就使用了 CSMA/CA 协议，而且在使用 CSMA/CA 的同时还增加使用了确认机制。

CSMA/CA 协议的原理可用图 3-5 来说明。欲发送数据的站先检测信道。在 802.11 标准中规定了在物理层的空中接口进行物理层的载波监听。通过收到的相对信号强度是否超过一定的门限数值就可判定是否有其他的移动站在信道上发送数据。

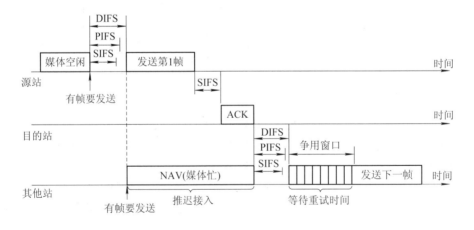

图 3-5　802.11 CSMA/CA 协议工作原理图

当源站发送第一个 MAC 帧时，若检测到信道空闲，则在等待一段时间 DIFS 后就可发送。为什么信道空闲还要再等待呢？这是考虑到可能有其他站有高优先级的帧要发送。如果有，就要让高优先级帧先发送。现在假定没有高优先级帧要发送，因而源站发送了自己的数据帧。若目的站正确收到此帧，则经过 SIFS 后，向源站发送确认帧 ACK。若源站在规定时间内没有收到确认帧 ACK(由重传计时器控制这段时间)，就必须重传此帧，直到收到确认为止，或者经过若干次的重传失败后放弃发送。

802.11 标准还采用了一种叫作虚拟载波监听(Virtual Carrier Sense)的机制，即让源站将它要占用信道的时间(包括目的站发回确认帧所需的时间)通知给所有其他站，以便使其他所有站在这一段时间都停止发送数据，这样就大大减少了碰撞机会。在"虚拟载波监听"机制中其他站并没有监听信道，而是由于收到了"源站的通知"才不发送数据。这种效果好像是其他站都监听了信道。所谓"源站的通知"就是源站在其 MAC 帧首部中的第二个字段"持续时间"中填入了在本帧结束后还要占用信道多少时间(以 μs 为单位)，包括目的站发送确认帧所需的时间。

当一个站检测到正在信道中传送的 MAC 帧首部的"持续时间"字段时，就调整自己的网络分配向量(NAV)。NAV 指出了必须经过多少时间才能完成数据帧的这次传输，才能使信道转入空闲状态。信道从忙态变为空闲时，任何一个站要发送数据帧，不仅必须等待一个 DIFS 的间隔，而且还要进入争用窗口，并计算随机退避时间以便再次重新试图接入信道。在信道从忙态转为空闲时，各站就要执行退避算法，这样做就减少了发生碰撞的概率。802.11 使用二进制指数退避算法，但具体做法稍有不同。

二进制指数退避算法是第 i 次退避就在 2^{2+i} 个时隙中随机选择一个。第 1 次退避是在 8 个时隙(而不是 2 个)中随机选择一个。第 2 次退避是在 16 个时隙(而不是 4 个)中随机选择一个。应当指出，当一个站要发送数据帧时，仅在下面的情况下才不使用退避算法：检测到信道是空闲的，并且这个数据帧是要发送的第一个数据帧。除此以外的所有情况，都必须使用退避算法，即

(1) 在发送第一个帧之前检测到信道处于忙态；

(2) 在每一次的重传后；

(3) 在每一次的成功发送后。

3.4.4 对信道进行预约的 RTS/CTS 协议

请求发送/允许发送(RTS/CTS)协议主要用来解决"隐藏终端"问题。IEEE 802.11 提供了以下解决方案。在参数配置中，若使用 RTS/CTS 协议，同时设置传送上限字节数，一旦待传送的数据大于此上限值，即启动 RTS/CTS 握手协议。为了更好地解决隐蔽站带来的碰撞问题，802.11 允许要发送数据的站对信道进行预约。源站 A 在发送数据帧之前先发送一个短的控制帧，叫作 RTS，如图 3-6(a)所示，它包括源地址、目的地址和这次通信(包括相应的确认帧)所需的持续时间。若媒体空闲，则目的站 B 就发送一个响应控制帧，叫作 CTS，如图 3-6(b)所示，它包括这次通信所需的持续时间(从 RTS 帧中将此持续时间复制到 CTS 帧中)。A 收到 CTS 帧后即可发送其数据帧。下面讨论在 A 和 B 两个站附近的一些站将作出的反应。

C 处于 A 的传输范围内，但不在 B 的传输范围内，因此 C 能够收到 A 发送的 RTS，但经过一小段时间后，C 不会收到 B 发送的 CTS 帧。这样，在 A 向 B 发送数据时，C 也可以发送自己的数据给其他站而不会干扰 B。但应注意，C 收不到 B 的信号表明 B 也收不到 C 的信号。

D 收不到 A 发送的 RTS 帧，但能收到 B 发送的 CTS 帧。D 知道 B 将要和 A 通信，D 在 A 和 B 通信的一段时间内不能发送数据，因而不会干扰 B 接收 A 发来的数据。

E 能收到 RTS 和 CTS，因此 E 和 D 一样，在 A 发送数据帧和 B 发送确认帧的整个过程中都不能发送数据。

可见这种协议实际上就是在发送数据帧之前需要先对信道预约一段时间。

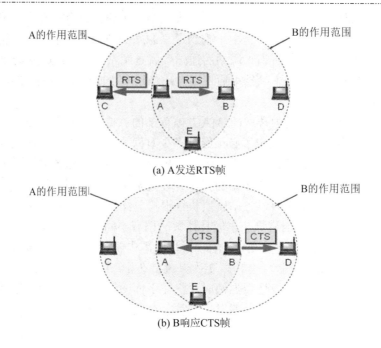

(a) A发送RTS帧

(b) B响应CTS帧

图 3-6　CSMA/CA 协议中的 RTS 和 CTS 帧

3.4.5　WAPI 协议

无线局域网鉴别与保密基础结构(WAPI)是一种安全协议，同时也是中国无线局域网安全强制性标准。

WAPI 像红外线、蓝牙、GPRS、CDMA1X 等协议一样，是无线传输协议的一种，只不过 WAPI 是应用于 WLAN 中的一种传输协议，它与 802.11 传输协议是同一领域的技术。WAPI 是我国首个在计算机宽带无线网络通信领域自主创新并拥有知识产权的安全接入技术标准，同时也是中国无线局域网强制性标准中的安全机制。

与 WiFi 的单向加密认证不同，WAPI 双向均认证，从而保证传输的安全性。WAPI 安全系统采用公钥密码技术，鉴权服务器(AS)负责证书的颁发、验证与吊销等，无线客户端与无线接入点 AP 上都安装有 AS 颁发的公钥证书，作为自己的数字身份凭证。当无线客户端登录至无线接入点 AP 时，在访问网络之前必须通过 AS 对双方进行身份验证。根据验证的结果，持有合法证书的移动终端才能接入持有合法证书的无线接入点 AP。

1. WAPI 的作用

(1) 出于安全性方面的考虑。

2013 年，斯诺登曝光了美国棱镜门事件，同时也披露了美国包括 NSA、国土安全部、FBI、CIA 在内的十余家情报机构，通过与美国标准制定机构长期合作，将有明显技术缺陷的密码算法和安全机制方案埋入其主导并参与的国际标准，从而实施全球网络监控计划的技术标准控制路径。这为各国的网络与信息安全敲响了警钟，各国都开始重新审视 WiFi 安全性和美国阻击 WAPI 的真实用心，这也成为 WAPI 重获新生的机遇。

对于个人用户而言，WAPI 的出现最大的好处就是让自己的笔记本电脑从此更加安全。WLAN 传输速度快，覆盖范围广，但它在安全方面非常脆弱。因为数据在传输的过程中都暴露在空中，很容易被别有用心的人截取数据包。虽然 3COM、安奈特等国外厂商都针对 802.11 制定了一系列安全解决方案，但总的来说并不尽如人意，而且其核心技术掌握在别国人手中，他们既然能制定出来就一定有办法破解，所以在安全方面成了政府和商业用户使用 WLAN 的一大隐患。WiFi 加密技术经历了 WEP、WPA、WPA2 的演化，每一次都极大提高了安全性和破解难度，然而由于其单向认证的缺陷，这些加密技术均已经被破解并公布。WPA 于 2008 年被破解，WPA2 于 2010 年上半年被黑客破解并在网上公布。

由于 WAPI 采用了更加合理的双向认证加密技术，比 802.11 更为先进。WAPI 采用国家密码管理委员会办公室批准的公开密钥体制的椭圆曲线密码算法和秘密密钥体制的分组密码算法，实现了设备的身份鉴别、链路验证、访问控制和用户信息在无线传输状态下的加密保护。此外，WAPI 从应用模式上分为单点式和集中式两种，可以彻底扭转目前 WLAN 采用多种安全机制并存且互不兼容的现状，从根本上解决了安全问题和兼容性问题。因此，我国要求相关商业机构执行 WAPI 标准能更有效地保护数据的安全。

另外，设备间互联是运营商必须要考虑的问题。当前，虽然许多厂商的产品都宣称通过了 WiFi 兼容性测试，但各厂商所提出和采用的安全解决方案不同。例如，安奈特 (AT-WR2411 无线网卡)提供的是多级的安全体系，包括扩频编码和加密技术，安全的信息通过 40 位和 128 位的 WEP 加密方法；而 3COM 的无线网卡如果和 3COM 11 Mb/s 无线局域网 Access Point 6000 配合使用，则可以使用高级的动态安全链路技术，该技术与共享密钥的方案不同，它会自动为每一个会话生成一个 128 位的加密密钥。这样，由于缺乏统一的安全解决方案标准，使不同的 WLAN 设备在启用安全功能时无法互通，会造成运营商的设备管理极其复杂，需要针对不同的安全方案开发不同用户管理功能，导致运营和维护成本大大增加，也不利于保护投资，同时，由于用户无法在不同的安全 AP 间漫游，因此也降低了客户满意度。

(2) 出于利益方面的考虑。

我国是个经济蓬勃发展的发展中国家，许多产品都拥有巨大的发展空间，尤其是高科技产品。但是，在以前，我国在高科技产品方面丧失了很多机会，由于极少有自主核心技术和自己业界标准的产品，从而造成了颇为被动的局面，如 DVD 要被外国人收取大量的专利费，GPRS、CDMA1X 等的标准都掌握在外国人手里。所以，有人说"一流的企业卖标准、二流的企业卖技术、三流的企业卖产品"。

2. WAPI 的组成

WAPI 系统中包含两部分：无线局域网保密基础结构(WPI)数据传输保护和无线局域网鉴别基础结构(WAI)及密钥管理。WPI 采用对称密码算法实现对 MAC 子层 MPDU 的加、解密处理，分别用于 WLAN 设备的数字证书、密钥协商和传输数据的加解密，从而实现设备的身份鉴别、链路验证、访问控制和用户信息在无线传输状态下的加密保护。WAI 采用公开密钥密码体制，利用公钥证书对 WLAN 系统中的 STA 和 AP 进行认证，不仅具有更加安全的鉴别机制、更加灵活的密钥管理技术，而且实现了整个基础网络的集中用户管理，从而满足更多用户和更复杂的安全性要求。

思考与练习三

一、单选题

1. 物联网体系结构划分为四层，传输层在(　　)。
A. 第一层　　　　　B. 第二层　　　　　C. 第三层　　　　　D. 第四层

2. 物联网的基本架构不包括(　　)。
A. 感知层　　　　　B. 传输层　　　　　C. 数据层　　　　　D. 会话层

3. 感知层处在物联网体系结构中的(　　)。
A. 第一层　　　　　B. 第二层　　　　　C. 第三层　　　　　D. 第四层

4. 物联网体系结构划分为四层，应用层在(　　)。
A. 第一层　　　　　B. 第二层　　　　　C. 第三层　　　　　D. 第四层

5. 物联网架构的安全体系结构是(　　)。
A. 三层　　　　　B. 四层　　　　　C. 五层　　　　　D. 不分层

6. 物联网的(　　)是核心。
A. 感知层　　　　　B. 传输层　　　　　C. 数据层　　　　　D. 应用层

7. 下列不是物联网的组成系统的是(　　)。
A. EPC 编码体系　　　　　　　　　B. EPC 解码体系
C. 射频识别技术　　　　　　　　　D. EPC 信息网络系统

8. 利用 RFID、传感器、二维码等随时随地获取物体的信息，指的是(　　)。
A. 可靠传递　　　　B. 全面感知　　　　C. 智能处理　　　　D. 互联网

9. 下列关于物联网的描述，不正确的是(　　)。
A. GPS 也可以称作物联网，只不过 GPS 是初级个体的应用
B. 自动灯控算是物联网的雏形
C. 电力远程抄表是物联网的基本应用
D. 物联网最早在中国称为泛在网

10. 物联网在(　　)领域中的应用还处在探索之中，没有形成规模应用。
A. 公共安全　　　　　　　　　　B. 智能交通
C. 生态、环保　　　　　　　　　D. 远程医疗

11. RFID 属于物联网的(　　)。
A. 感知层　　　　　　　　　　　B. 网络层
C. 业务层　　　　　　　　　　　D. 应用层

12. (　　)不是物联网体系构架原则。
A. 多样性原则　　　　　　　　　B. 时空性原则
C. 安全性原则　　　　　　　　　D. 复杂性原则

二、判断题(在正确的后面打"√"，错误的后面打"×")

1. 感知层是物联网识别物体采集信息的来源，其主要功能是识别物体采集信息。(　　)

2. 物联网的感知层主要包括二维码标签、读写器、 RFID 标签、摄像头、GPS 传感器、

M2M 终端。（　　）

3．应用层相当于人的神经中枢和大脑，负责传递和处理感知层获取的信息。（　　）

4．物联网的数据管理系统的结构主要有集中式、半分布式、分布式以及层次式结构，目前大多数研究工作集中在半分布式结构方面。（　　）

5．物联网的物理层安全是指 RFID 的安全。（　　）

6．物联网标准体系可以根据物联网技术体系的框架进行划分，即分为感知延伸层标准、网络层标准、应用层标准和共性支撑标准。（　　）

7．物联网共性支撑技术不属于网络某个特定的层面，而是与网络的每层都有关系，主要包括网络架构、标识解析、网络管理、安全、QoS 等。（　　）

8．物联网物理层安全不包括 WLAN 的 MAC 层安全。（　　）

9．物联网服务支撑平台面向各种不同的泛在应用，提供综合的业务管理、计费结算、签约认证、安全控制、内容管理、统计分析等功能。（　　）

10．物联网中间件平台用于支持泛在应用的其他平台，例如封装和抽象网络和业务能力，向应用提供统一开放的接口等。（　　）

11．物联网应用层主要包含应用支撑子层和应用服务子层，在技术方面主要用于支撑信息的智能处理和开放的业务环境，以及各种行业和公众的具体应用。（　　）

12．物联网信息开放平台将各种信息和数据进行统一汇聚、整合、分类和交换，并在安全范围内开放给各种应用服务。（　　）

13．物联网服务可以划分为行业服务和公众服务。（　　）

14．物联网公共服务是面向公众的普遍需求，由跨行业的企业主体提供的综合性服务，如智能家居等。（　　）

15．物联网包括感知层、网络层和应用层三个层次。（　　）

16．感知延伸层技术是保证物联网络感知和获取物理世界信息的首要环节，并将现有网络接入能力向物进行延伸。（　　）

三、简答题

1．物联网三层体系结构中主要包含哪三层？简述每层包含的内容。

2．简述物联网的安全体系结构。

3．RFID 系统主要由哪几部分组成？简述构建物联网体系结构的原则。

4．简述 RFID 系统的安全机制。

5．物联网目前存在哪些安全隐患？

6．物联网的安全技术有哪些？

7．日常生活中如何做到安全上网？试列举一些生活中的例子。

第4章 物联网感知层安全

物联网应该具备三个特征：① 全面感知，即利用 RFID、传感器、条形码(二维码)、GPS 定位装置等随时随地获取物体的信息；② 可靠传递，即通过各种网络与互联网的融合，将物体的信息实时准确地传递出去；③ 智能处理，即利用云计算等各种智能计算技术对海量数据和信息进行分析和处理，对物体实施智能化控制。因此，物联网的体系架构有三个层次：底层是用来感知(识别、定位)的感知层，中间是数据传输的网络层，上面是应用层，如图 4-1 所示。

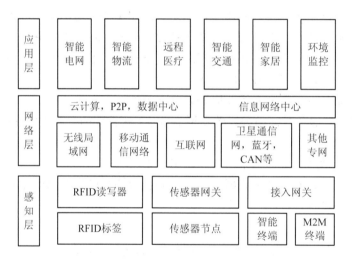

图 4-1　物联网体系结构

4.1　感知层安全概述

感知层作为物联网的信息来源，主要实现感知功能，包括识别物体和采集信息。具体功能是对行为态势、环境状况和物质属性等动态/静态的信息进行大规模、分布式的获取及状况辨识。

从图 4-1 中可以看出，物联网感知层在整个物联网体系中处于最底层，是实现物与物相连的基础，犹如伸向外部世界的人类远程神经末梢。随着物联网的飞速发展，越来越多的感知层技术开始涌现，感知的广度和深度也在不断扩大和延伸。物联网感知层结构如图 4-2 所示，其中 RFID 和 WSN 是本章研究的重点之一。

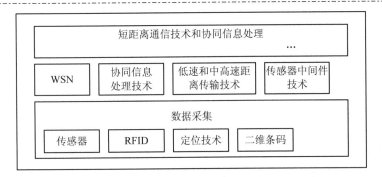

图 4-2　物联网感知层结构

4.1.1　感知层的安全地位

物联网是以感知为核心的物物互联的综合信息系统，感知层作为物联网的基础，负责感知、收集外部信息，是整个物联网的信息源。因此，感知层数据信息的安全保障是整个物联网信息安全的基础，本节将重点探讨分析物联网感知层的信息安全问题，并给出相应的应对建议措施。

4.1.2　感知层的安全威胁

与传统的无线网络相比，由于感知层具有资源受限、拓扑动态变化、网络环境复杂、以数据为中心以及与应用联系密切等特点，使其更容易受到威胁和攻击。物联网感知层遇到的安全问题包括以下四个方面：

(1) 末端节点安全威胁。物联网感知层的末端节点包括传感器节点、RFID 标签、移动通信终端、摄像头等。末端节点一般较为脆弱，其原因有以下几点：一是末端节点自身防护能力有限，容易遭受拒绝服务攻击；二是节点可能处于恶劣环境、无人值守的地方；三是节点随机动态布放，上层网络难以获得节点的位置信息和拓扑信息。根据末端节点的特点，感知层的安全威胁主要包括：物理破坏导致节点损坏；非授权读取节点信息；假冒感知节点；节点的自私性威胁；木马、病毒、垃圾信息的攻击以及与用户身份有关的信息泄露。

(2) 传输威胁。物联网需要防止任何有机密信息交换的通信被窃听，储存在节点上的关键数据未经授权也应该禁止访问。传输信息主要面临的威胁有中断、拦截、篡改和伪造。

(3) 拒绝服务攻击。拒绝服务主要是故意攻击网络协议实现的缺陷，或直接通过野蛮手段耗尽被攻击对象的资源，目的是让目标网络无法提供正常的服务或资源访问，使目标系统服务停止响应或崩溃，如试图中断、颠覆或毁坏网络，还包括硬件失败、软件漏洞、资源耗尽等，也包括恶意干扰网络中数据的传送或物理损坏传感器节点、消耗传感器节点能量等。

(4) 路由攻击。路由攻击是指通过发送伪造路由信息干扰正常的路由过程。路由攻击有两种攻击手段：一是通过伪造合法的但具有错误路由信息的路由控制包，在合法节点上产生错误的路由表项，从而增大网络传输开销，破坏合法路由数据，或将大量的流量导向其他节点以快速消耗节点能量；二是伪造具有非法包头字段的包，这种攻击通常和其他攻击手段合并使用。

4.2　RFID 安全

4.2.1　RFID 安全威胁

由于 RFID 标签价格低廉和设备简单，安全措施很少被应用到 RFID 当中，RFID 面临的安全威胁更加严重。RFID 安全问题通常会出现在数据获取、传输、处理和存储等各个环节以及标签、读写器、天线和计算机系统各个设备当中。简单而言，RFID 的安全威胁主要包括隐私泄露问题和安全认证问题。RFID 系统所带来的安全威胁可分为主动攻击和被动攻击两大类。

(1) 主动攻击包括：① 获得的射频标签实体，通过物理手段在实验室环境中去除芯片封装，使用微探针获取敏感信号，从而进行射频标签重构的复杂攻击；② 通过软件，利用微处理器的通用接口，通过扫描射频标签和响应读写器的探寻，寻求安全协议和加密算法存在的漏洞，进而删除射频标签内容或篡改可重写射频标签内容；③ 通过干扰广播、阻塞信道或其他手段，构建异常的应用环境，使合法处理器发生故障，进行拒绝服务攻击等。

(2) 被动攻击包括：① 通过采用窃听技术，分析微处理器正常工作过程中产生的各种电磁特征，以获得射频标签和读写器之间或其他 RFID 通信设备之间的通信数据；② 通过读写器等窃听设备跟踪商品流通动态。

主动攻击和被动攻击都会使 RFID 应用系统面临巨大的安全风险。

4.2.2　RFID 安全技术

为防止上述安全威胁，RFID 系统必须在电子标签资源有限的情况下实现具有一定安全强度的安全机制。受低成本 RFID 电子标签中资源有限的影响，一些高强度的公钥加密机制和认证算法难以在 RFID 系统中实现。目前，国内外针对低成本 RFID 安全技术进行了一系列研究，并取得了一些有意义的成果。

1. RFID 标签安全技术

RFID 的标签安全属于物理层安全，已在第 3 章进行了分析，主要安全技术有：

(1) 封杀标签法(Kill Tag)；

(2) 阻塞标签(Blocker Tag)；

(3) 裁剪标签法(Sclipped Tag)；

(4) 法拉第罩法(Faraday Cage)；

(5) 主动干扰法(Active Interference)；

(6) 夹子标签(Clipped Tag)；

(7) 假名标签(Tag Pseudonyms)；

(8) 天线能量分析(Antenna-Energy Analysis)。

2. 访问控制

为防止 RFID 电子标签内容的泄露，保证仅有授权实体才可以读取和处理相关标签上的信息，必须建立相应的访问控制机制。Sarma 等指出设计低成本 RFID 系统安全方案必须考虑两种实际情况，即电子标签计算资源有限以及 RFID 系统常与其他网络或系统互联，分析 RFID 系统面临的安全性和隐私性挑战，提出可以采用在电子标签使用后(如在商场结算处)注销的方法来实现电子标签的访问控制，这种安全机制使得 RFID 电子标签的使用环境类似于条形码，RFID 系统的优势无法充分发挥出来。Juels 等通过引入 RFID 阻塞标签来解决消费者隐私性保护问题，该标签使用标签隔离(抗碰撞)机制来中断读写器与全部或指定标签的通信，这些标签隔离机制包括树遍历协议和 ALOHA 协议等。阻塞标签能够同时模拟多种标签，消费者可以使用阻塞标签有选择地中断读写器与某些标签(如特定厂商的产品或某个指定的标识符子集)之间的无线通信。但是，阻塞标签也有可能被攻击者滥用来实施拒绝服务攻击，Juels 给出了阻塞标签滥用的检测和解决方案。同时，Juels 又提出了采用多个标签假名的方法来保护消费者隐私，这种方法使得攻击者针对某个标签的跟踪实施起来变得非常困难，甚至不可行，只有授权实体才可以将不同的假名链接并识别出来。Ishikawa 等提出采用电子标签发送匿名 EPC 的方法来保护消费者的隐私。在该方案中，后向安全中心将明文电子产品代码通过一个安全信道发送给授权实体，授权实体对从电子标签处读取的数据进行处理，即可获取电子标签的正确信息。同时，在该方案的扩展版本中，读写器可以发送一个重匿名请求给安全中心，安全中心将产生一个新的匿名电子产品标识并交付给标签使用，以此完成匿名电子产品标识的更新过程。

3. 标签认证

为防止电子标签的伪造和标签内容的滥用，必须在通信之前对电子标签的身份进行认证。目前，学术界提出了多种标签认证方案，这些方案充分考虑了电子标签资源有限的特点。Vajda 等提出一种轻量级的标签认证协议，并对该协议进行了性能分析。该协议是一种在性能和安全之间达到平衡的折中方案，拥有丰富计算资源和强大计算能力的攻击者能够攻破该协议。Keunwoo 等分析了现有协议存在的隐私性问题，提出了一种更加安全和有效的认证协议来保护消费者的隐私性，并通过与先前协议对比论证了该协议的安全性和有效性。该协议采用基于散列函数和随机数的挑战—响应机制，能够有效地防止重放攻击、欺骗攻击和行为跟踪等攻击方式。此外，该协议适用于分布式数据库环境。Su 等将标签认证作为保护消费者隐私的一种方法，提出了一种认证协议 LCAP，该协议仅需要进行两次散列运算，因而协议的效率比较高。由于标识在认证后才发送其标识符，因此该协议可以有效地防止信息的泄露。通过每次会话更新标签的标识符，方案能够保护位置隐私，并可以从多种攻击中恢复丢失的消息。

Feldhofer 针对现有多数协议未采用密码认证机制的现状，提出了一种简单的使用 AES 加密的认证和安全层协议，并对该协议实现所需要的硬件规格进行了详细分析。考虑到电子标签有限的能力，本协议采用的是双向挑战—响应认证方法，加密算法采用的是 AES。

4. 消息加密

由于现有读写器和标签之间的无线通信在多数情况下是以明文方式进行的，未采用任何加密机制，因而攻击者能够获取并利用 RFID 电子标签上的内容。国内外学者为此提出了多种方案，旨在解决 RFID 系统的机密性问题。Manfred 等论述了在多种应用的安全认证过程中使用标准对称加密算法的必要性，分析了当前 RFID 系统的脆弱性，给出了认证机制中消息加密算法的安全需求。同时，提出了加密和认证协议的实现方法，并证明了当前 RFID 基础设施和制造技术支持该消息加密和认证协议的实现。Junichiro 等讨论了采取通用重加密机制的 RFID 系统中的隐私保护问题，由于系统无法保证 RFID 电子标签内容的完整性，因而攻击者有可能会控制电子标签的存储器。Junichiro 针对攻击者可能采取的两种篡改标签内容的手段，提出了相应的解决方案。

4.2.3 RFID 安全密码协议

由于 RFID 安全问题愈发突出，针对这些安全问题的安全协议也相继被提出，这些安全协议主要针对应用层的安全问题。大多数安全协议是基于密码学中的 Hash 函数来展开的，Hash 函数通过相应算法可以将任意长度的消息或者明文映射成一个固定长度的输出摘要。因为 Hash 函数的特性，其常常被应用于消息认证和数字签名中，最常用的 Hash 函数有 MD5、SHA-1、SM3 等。

RFID 安全密码协议是指利用各种成熟的密码方案和机制来设计和实现符合 RFID 安全需求的密码协议。现有的基于密码技术的 RFID 安全机制大致可以分为两大类：静态 ID 机制及动态 ID 刷新机制。所谓静态 ID 机制就是标签的标识保持不变，而动态 ID 刷新机制则是标签的标识随着每一次标签与读写器之间的交互而动态变化。采用动态 ID 刷新机制时，一个非常重要的问题是数据同步问题，也就是说，后端数据库中所保存的标签标识必须和存储在标签中的标识同步进行刷新，否则，在下一次认证识别过程中就可能使合法的标签无法通过认证和识别。另外，在设计 RFID 协议时需要注意的是对 RFID 标签的计算能力的假定。

目前已经提出了大量 RFID 安全协议，如 Hash-Lock 协议、随机化 Hash-Lock(Hash 锁)协议、Hash 链协议、基于 Hash 函数的 ID 变化协议、数字图书馆 RFID 协议、分布式 ID 询问—应答认证协议、LCAP 协议、再次加密机制(Re-Encryption)等。这里重点介绍几个典型的认证协议，如 Hash-Lock 协议、随机化 Hash-Lock 协议和 Hash 链协议等。

1. Hash-Lock 协议

为了防止数据信息泄露和被追踪，Sarma 等提出了基于不可逆 Hash 函数加密的安全协议 Hash-Lock。RFID 系统中的电子标签内存储了两个标签 ID，即 metaID 与真实标签 ID。metaID 与真实 ID 一一对应，由 Hash 函数计算标签的密钥 key 而来，即 metaID=Hash(key)，后台应用系统中的数据库也对应存储了标签(metaID、真实 ID、key)。当阅读器向标签发送认证请求时，标签先用 metaID 代替真实 ID 发送给阅读器，然后标签进入锁定状态，当阅读器收到 metaID 后发送给后台应用系统，后台应用系统查找相应的 key 和真实 ID，最后返还给标签，标签将接收到的 key 值进行 Hash 函数取值，然后确认与自身存储的 meta 值是否一致。如果一致标签就将真实 ID 发送给阅读器开始认证，如果不一致则认证失败。

Hash-Lock 协议使用 metaID 来代替真实的标签 ID。它是一种基于单向 Hash 函数的机制，每一个具有 Hash-Lock 的标签中都有一个 Hash 函数，并存储一个临时 metaID。具有 Hash-Lock 的标签可以工作在锁定和非锁定两种状态。锁定状态下的标签对所有问询的响应仅仅是 metaID；标签只有在非锁定状态时才向邻近的读写器提供其信息。后面的描述中用 H 来表示单向 Hash 函数。

(1) 标签的锁定过程。

标签的锁定过程如下：

① 读写器选定一个随机密钥 key，并计算 metaID = H(key)。

② 读写器写 metaID 到标签。

③ 标签进入锁定状态。

④ 读写器以 metaID 为索引，将(metaID，key，ID)存储到本地后端数据库。

(2) Hash-Lock 协议的执行过程。

Hash-Lock 协议的执行过程如图 4-3 所示。

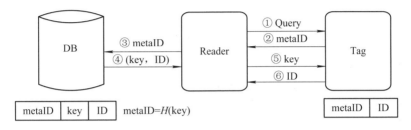

图 4-3　Hash-Lock 协议

① 读写器向标签发送认证请求，用"Query"表示，即向标签发出问询其标识的请求。

② 将 metaID 发送给读写器。

③ 读写器将 metaID 转发给后端数据库。

④ 后端数据库查询自己的数据库，如果找到与 metaID 匹配的项，则将该项的(key, ID)发送给读写器，其中 ID 为待认证标签的标识，否则返回读写器认证失败信息。

⑤ 读写器将从后端数据库接收的部分信息 key 发送给标签。

⑥ 标签验证 metaID = H(key)是否成立。若成立，则对读写器的认证通过，将其 ID 发送给读写器，否则认证失败。

⑦ 读写器比较从标签接收到的 ID 是否与后端数据库发送过来的 ID 一致。若一致，则对标签的认证通过，否则认证失败。

Hash-Lock 协议虽然是双向认证，但没有 ID 动态刷新机制，且 metaID 也保持不变，ID 以明文的形式通过不安全的信道传送，因此该协议非常容易受到假冒攻击和重传攻击，所谓假冒攻击就是利用窃听到的 metaID 和 ID 伪造一个标签代替真实的标签，通常能通过读写器的认证。重传攻击的方法也是类似的。另外，因为 ID 是不变的，所以攻击者可以很容易地对标签进行追踪。因此 Hash-Lock 协议没有达到保护 ID 不泄露的安全目的。此协议在数据库中搜索的复杂度是呈 $O(n)$ 线性增长的，还需要 $O(n)$ 次的加密操作，在大规模 RFID 系统中应用并不理想，所以 Hash-Lock 并没有达到预想的安全效果，但是提供了一种很好的安全思想。

2. 随机化 Hash-Lock 协议

由于 Hash-Lock 协议的缺陷导致其没有达到预想的安全目标，因此 Weiss 等对 Hash-Lock 协议进行了改进，提出了基于随机数的询问—应答方式。其工作原理是电子标签内存储了标签 ID 与一个随机数产生程序，电子标签接到阅读器的认证请求后将 (Hash(ID$_i$ ‖ R)，R)一起发给阅读器，R 由随机数程序生成。在收到电子标签发送过来的数据

后，阅读器请求获得数据库所有的标签 $ID_j(1 \leqslant j \leqslant n)$，阅读器计算是否有一个 ID_j 满足 $Hash(ID_j \| R) = Hash(ID_i \| R)$，如果有则将 ID_j 发给电子标签，电子标签收到 ID_j 并与自身存储的 ID_i 进行对比作出判断。随机化 Hash-Lock 协议原理如图 4-4 所示。

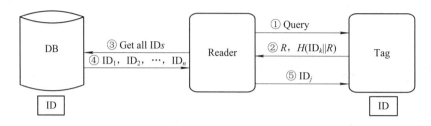

图 4-4 随机化 Hash-Lock 协议

随机化 Hash-Lock 协议的执行过程如下：

① 读写器向标签发送认证请求"Query"。

② 生成一个随机数 R，计算 $H(ID_k \| R)$，其中 ID_k 为标签的标识。标签将$(R，H(ID_k \| R))$发送给读写器。

③ 读写器向后端数据库请求获得所有标签的标识。

④ 后端数据库将自己数据库中的所有标签的标识$(ID_1，ID_2，\cdots，ID_n)$发送给读写器。

⑤ 读写器检查是否有某个 $ID_j(1 \leqslant j \leqslant n)$，使得 $H(ID_j \| R)$成立。如果有，则对标签的认证通过，并且把 ID_j发送给标签。

⑥ 标签验证。验证 ID_j 与 ID_k 是否相同，如相同，则对读写器的认证通过。

随机化 Hash-Lock 协议是 Hash-Lock 协议的改进。对原来的 metaID 进行了随机化，使其总是变化的，从而试图避免可追踪性。随机化 Hash-Lock 协议采用了基于随机数的挑战—应答机制，即认证方提问，被认证方回答。如果回答正确，则说明被认证方通过了认证方的认证。该认证协议也是双向认证，虽然消息 R 中是不断变化的，但该认证过程仍然存在问题：认证通过后的标签标识 ID_j 仍以明文的形式在不安全信道中传送，因此攻击者还是可以对标签进行有效的追踪，依然不能预防重放攻击和记录跟踪。同时，一旦获得了标签的标识 ID_j，攻击者就可以对标签进行伪造。因此，随机化 Hash-Lock 协议也是不安全的。另外，每一次标签认证时，后端数据都需要将所有标签的标识发送给读写器，二者之间的数据通信量很大，效率也就很低。在数据库中搜索的复杂度是呈 $O(n)$ 线性增长的，也需要 $O(n)$ 次的加密操作，在大规模 RFID 系统中应用不理想，所以随机化 Hash-Lock 协议也没有达到预想的安全效果，但是促使 RFID 的安全协议越来越趋于成熟。

3. Hash 链协议

由于以上两种协议的不安全性，Okubo 等人又提出了基于密钥共享的询问—应答安全协议 Hash 链协议，该协议具有完美的前向安全性。与以上两个协议不同的是，该协议通过两个 Hash 函数 H 与 G 来实现的，H 的作用是更新密钥和产生秘密值链，G 用来产生响应。 Hash 链协议是基于共享秘密的挑战—应答协议。在该协议中，当不同读写器发起认证请求时，若两个读写器中的 Hash 函数不同，则标签的应答就是不同的，其协议流程如图 4-5 所示。

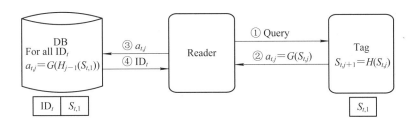

图 4-5　Hash 链协议

在系统运行之前，标签和后端数据库首先要共享一个初始秘密值 $S_{t,1}$，标签和读写器之间执行第 j 次 Hash 链的过程如下：

① 读写器向标签发送认证请求"Query"。

② 标签使用当前的秘密值 $S_{t,j}$ 计算 $a_{t,j} = G(S_{t,j})$，并更新其秘密值为 $S_{t,j+1} = H(S_{t,j})$，标签将 $a_{t,j}$ 发送给读写器(G 也是一个密码学安全的 Hash 函数)。

③ 读写器将 $a_{t,j}$ 转发给后端数据库。

④ 后端数据库系统针对所有的标签数据项查找并计算是否存在某个 $ID_t(1 \leqslant t \leqslant n)$ 及是否存在某个 $j(1 \leqslant j \leqslant m)$，其中 m 为系统预先设定的最大链长度，使得 $a_{t,j} = G(H_{j-1}(S_{t,1}))$ 成立。如果有，则认证通过，并将 ID_t 发送给标签，否则认证失败。

该协议满足了不可追踪性，因为 G 是单向函数，攻击者观察到的 $a_{t,j}$ 和 $a_{t,j+1}$ 是不可关联的。另外满足前向安全性，即使攻击者从窃听的 $a_{t,j}$ 来推算出 $S_{t,j}$，也无法知道 $S_{t,j-1}$ 等，从而无法知道 $a_{t,j-1}$，还是无法进行追踪。

上述协议仍然容易受到重传和假冒攻击，只要攻击者截获某个 $a_{t,j}$，它就可以进行重传攻击，伪装成合法标签通过认证。此外，每一次标签认证发生时，后端数据库都要对每一个标签进行 j 次 Hash 运算，计算量相当大。同时，该协议需要至少两个不同的 Hash 函数，增加了实现标签功能需要的电路门的数量，从而增加了成本。

4. 基于 Hash 的 ID 变化协议

Hash 的 ID 变化协议的原理与 Hash 链协议有相似的地方，每次认证时 RFID 系统利用随机数生成程序生成一个随机数 R 对电子标签 ID 进行动态更新，并且对 TID(最后一次回话号)和 LST(最后一次成功的回话号)的信息进行更新，该协议可以抗重放攻击，其原理如图 4-6 所示。

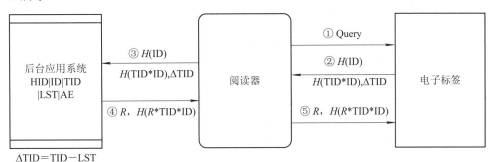

图 4-6　基于 Hash 的 ID 变化协议

① 当电子标签进入阅读器的识别范围内时，阅读器向其发送 Query 消息请求认证。

② 电子标签收到阅读器的请求后，将当前的回话号加 1，并将标签 ID 和 TID*ID 分别求 Hash 值，得到 $H(\text{ID})$、$H(\text{TID*ID})$，然后标签将 $H(\text{ID})$、$H(\text{TID*ID})$、ΔTID 三者同时发送给阅读器，其中 $H(\text{ID})$ 的作用是帮助后台应用系统还原出对应电子标签的 ID，而 ΔTID 的作用是还原出 TID，进而计算出 $H(\text{TID*ID})$。

③ 阅读器接到电子标签发送过来的 $H(\text{ID})$、$H(\text{TID*ID})$、ΔTID，继而发送给后台应用系统。

④ 后台应用系统接到阅读器发送来的 $H(\text{ID})$、$H(\text{TID*ID})$、ΔTID，还原出 ID 与 TID*ID，与自己数据库存储的电子标签信息进行对比，如果有效，则产生一个秘密的随机数 R，然后将 $(R, H(R*\text{TID*ID}))$ 发送给阅读器，并且后台应用系统将电子标签的 ID 更新为 $\text{ID} \oplus R$ 存储起来，同时对 TID 和 LST 也进行刷新。

⑤ 阅读器将收到的 $(R, H(R*\text{TID*ID}))$ 发送给电子标签，电子标签收到后对数据进行验证，如果有效，则认证成功，并对标签 ID 和 LST 进行刷新，否则失败。

通过以上步骤的分析可以看到该协议有一个弊端就是后台应用系统更新标签 ID、LST 与标签更新的时间不同步，后台应用系统更新是在第④步，而标签的更新是在第⑤步，此刻后台应用系统已经更新完毕。如果攻击者在第⑤步进行数据阻塞或者干扰，导致电子标签收不到 $(R, H(R*\text{TID*ID}))$，就会造成后台存储标签数据与电子标签数据不同步，导致下次认证失败，所以该协议不适用于分布式 RFID 系统环境。

5. 分布式 RFID 询问—应答认证协议

该协议是 Rhee 等人基于分布式数据库环境提出的询问—应答的双向认证 RFID 系统协议。分布式 RFID 询问—应答认证协议的详细步骤如图 4-7 所示。

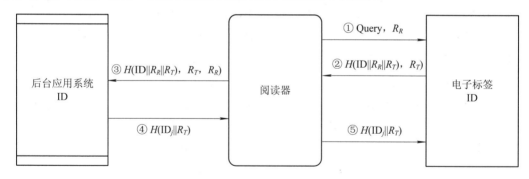

图 4-7 分布式 RFID 询问—应答认证协议

① 当电子标签进入阅读器的识别范围内时，阅读器向其发送 Query 消息以及阅读器产生的秘密随机数 R_R，请求认证。

② 电子标签接到阅读器发送过来的请求后，生成一个随机数 R_T，并且计算出 $H(\text{ID} \| R_R \| R_T)$，ID 是电子标签 ID，$H$ 为电子标签和后台应用系统共享的 Hash 函数。然后电子标签将 $(H(\text{ID} \| R_R \| R_T), R_T)$ 发送给阅读器。

③ 阅读器收到电子标签发送过来的 $(H(\text{ID} \| R_R \| R_T), R_T)$ 后，添加之前自己生成的随机数 R_R 一同发给后台应用系统 $(H(\text{ID} \| R_R \| R_T), R_T, R_R)$。

④ 后台应用系统收到阅读器发送来的数据后，检查数据库存储的标签 ID 是否有一个 $\text{ID}_j(1 \leqslant j \leqslant n)$ 满足 $H(\text{ID}_j \| (R_R \| R_T)) = H(\text{ID} \| R_R \| R_T)$，若有，则认证通过，并且后台应用系统

把 $H(\text{ID}_j \| R_T)$ 发送给阅读器。

⑤ 阅读器把 $H(\text{ID}_j \| R_T)$ 发送给电子标签进行验证，若 $H(\text{ID}_j \| R_T) = H(\text{ID} \| R_T)$，则认证通过，否则认证失败。

该协议与基于 Hash 的 ID 变化协议一样，还没有发现明显的安全缺陷和漏洞，不足之处同样在于成本太高，由于一次认证过程需要两次 Hash 运算，阅读器和电子标签都需要内嵌随机数生成函数和模块，因此不适合小成本 RFID 系统。

6. Hash 安全协议的安全性分析

Hash 安全协议具有多项优势，可以防止非法读取，因为需要先进行身份验证才能进行数据交换，所以可以有效防止非法读取、窃听攻击。电子标签和阅读器之间传输的数据是经 Hash 加密的，并且在 Hash-Lock 安全协议的第⑤、⑥步中传输的数据是异或之后再进行加密的；可以防止推理攻击，因为每次认证过程产生的随机数 R 都不相同，截取这次的信息也无法推理出上次的信息；可以防止欺骗攻击和重放攻击，因为每次认证过程产生的随机数 R 都不相同，欺骗或者重放都会被识别到；可以防止位置跟踪，因每次的随机数 R 都不同，所以标签在每次通信中所传输的消息都是不同的，因此非法者无法根据固定输出来进行位置跟踪，此协议可有效防止因固定输出而引发的位置跟踪问题；可以防止拒绝服务攻击，电子标签在收到阅读器的请求信息时，不需要为它们存储随机数作为一次性密钥，并且标签也没有设置读取标签的上限值，因此本协议可以有效防止标签被大量阅读器访问而造成标签停止工作。安全性能分析如表 4-1 所示。

表 4-1 安全性能分析

安全协议	防窃听攻击	防推理攻击	防拒绝服务攻击	防重放攻击	防欺骗攻击	防位置跟踪
Hash-Lock 安全协议	×	×	√	×	×	×
随机化 Hash-Lock 协议	√	√	×	×	×	×
Hash 链协议	√	√	×	×	×	×
基于 Hash 的 ID 变化协议	√	√	×	√	×	√
分布式 RFID 询问—应答认证协议	√	√	×	√	√	√

除了以上介绍的 RFID 安全协议外，X.Gao 等人的 Good Reader 协议、D.Molnar 等人的 David 数字图书馆协议也是具有一定优点的 RFID 安全协议。

7. Good Reader 协议

Good Reader 协议是单向认证协议，认证读写器是否合法，需要约定读写器标识 ReaderID 首先被存放在标签中，标签可以通过它所存储的读写器标识来验证读写器的合法性，该协议的认证过程如图 4-8 所示。

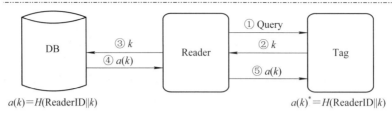

图 4-8　Good Reader 协议

Good Reader 协议过程如下：

① 读写器发送问询消息给标签以开始认证。

② 标签产生一个随机数，并把此随机数发送给读写器，同时，标签计算 $a(k)^* = H(\text{ReaderID}\|k)$。

③ 读写器将接收到的随机数发送给后台数据库，后台数据库利用 k 和已存有的读写器标识 ReaderID 进行计算：$a(k) = H(\text{ReaderID}\|k)$。然后，数据库将所得数据 $a(k)$ 发送给读写器。

④ 读写器将接收到的 $a(k)$ 发送给标签。

⑤ 标签通过比较先前计算过的 $a(k)^*$ 和接收到的 $a(k)$ 是否相等来判别读写器的合法性。

此协议可以有效防止因固定输出而引起的位置跟踪和假冒的问题，并且数据库中不需要进行大量的 Hash 运算，这样大大缩短了运算时间。但该协议没有对标签进行认证，且标签中需要存储读写器的标识，大大增加了标签的存储容量，从而增加了标签的成本。

8. David 数字图书馆 RFID 协议

David 数字图书馆 RFID 协议使用基于预共享秘密的伪随机函数来实现认证。系统运行之前，后端数据库和每一个标签之间需要预先共享一个秘密值 s，该协议的执行过程如图 4-9 所示。

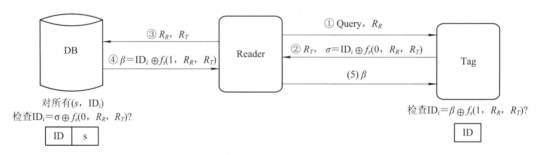

图 4-9　David 数字图书馆 RFID 协议

① 读写器生成一个秘密随机数 R_R，向标签发送认证请求 Query，将 R_R 也发送给标签。

② 标签生成一个随机数 R_T，使用自己的 ID 和秘密值 s 计算 $\sigma = \text{ID}_i \oplus f_s(0, R_R, R_T)$，标签将 (R_T, σ) 发送给读写器。

③ 读写器将 (R_T, σ) 转发给后端数据库。

④ 后端数据库检查是否有某个 $\text{ID}_i (1 \leqslant i \leqslant n)$，满足 $\text{ID}_i = \sigma \oplus f_s(0, R_R, R_T)$；如果有，则对标签的认证通过，并计算 $\beta = \text{ID}_i \oplus f_s(1, R_R, R_T)$，然后将 β 发送给读写器。

⑤ 读写器将 β 转发给标签。

⑥ 标签验证 $\text{ID}_i = \beta \oplus f_s(1, R_R, R_T)$ 是否成立，若成立，则对读写器的认证通过。

该协议必须在标签电路中包含实现随机数生成器和安全伪随机函数的两大功能模块，

故而该协议不适用于低成本的 RFID 系统。

4.2.4 轻量级密码算法

轻量级(Light Weight)加密算法在密钥长度、加密轮数等方面作了改进，使之对处理器计算能力的要求和对硬件资源的开销均有不同程度上的降低，却足以提供所要求的加密性能。在很多 RFID 低成本无源电子标签(如 RFID 门票)中，所进行的加密算法只是为了换取一个时间代价，即只要能够保证标签内的信息在所要求的一个时间段内安全即可。流密码中的 RC4 算法和分组密码中的 PRESENT 算法都属于对称加密算法，即加密和解密使用相同的密钥，故能较容易做到算法的轻量化，而椭圆曲线加密算法是非对称加密算法。利用 ATmaga-32 单片机硬件平台对这三种算法的运行效率和密码破译时间进行分析比较，得出在硬件资源同样极端受限的环境下，椭圆曲线加密算法的运行效率要高于另外两种，所生成的密码最难被破译，证明了非对称加密算法同样可以做到轻量化。

1. 椭圆曲线加密算法

椭圆曲线密码体制(ECC)被 IEEE 公钥密码标准 P1363 采用。椭圆曲线并非椭圆，其曲线方程是以下形式的三次方程：$y^2 + axy + by = x^3 + cx^2 + dx + e$，其中 $a \sim e$ 是满足某些简单条件的实数。

椭圆曲线是在射影平面上满足 Weierstrass 方程的一条光滑曲线和一个无穷远点 0∞ 的集合。本节所选取的这条光滑曲线可以表示为 E：$Y^2 = X^3 + aX + b$，此时方程的特征值为大于 3 的素数。点加运算是椭圆曲线上一条很重要的运算规则，具体规则为：任意选取椭圆曲线上两点 P、Q(若 P、Q 两点重合，则作 P 点的切线)，作直线交于椭圆曲线的另一点 R'，过 R' 作 Y 轴的平行线交于 R，则有 $P + Q = R$。图 4-10 给出了椭圆曲线的加法运算法则。根据这个法则，可以知道椭圆曲线内无穷远点 0∞ 与曲线上任一点 P 有：$0\infty + P = P$，故把无穷远点 0∞ 称为零元。同时可以得出结论：如果椭圆曲线上的三个点 A、B、C 处于同一条直线上，那么它们的和等于零元，即 $A + B + C = 0\infty$。k 个相同的点 P 相加，记作 kP，如 $P + P + P = 2P + P = 3P$。

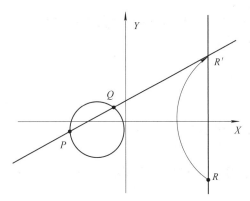

图 4-10 椭圆曲线上的加法法则

首先确定一个有限域 F_p，这个域只有 $p(p$ 为素数)个元素。

(1) 用户 A 在这个有限域中选定一条椭圆曲线 $E_p(a, b)$，并取椭圆曲线上一点作为基点 G。

(2) 用户 A 在 $1 \sim p-1$ 之间随机选择一个素数作为私有密钥 k，并根据加法法则，生成公开密钥 $K = kG$。

(3) 用户 A 将 $E_p(a, b)$ 和点 K、G 传给用户 B。

(4) 用户 B 接到信息后，将待传输的明文编码到 $E_p(a, b)$ 上一点 M，并产生一个随机整数 $r(r < n)$。

(5) 用户 B 计算点 $C_1 = M + rK$，$C_2 = rG$。

(6) 用户 B 将 C_1、C_2 传给用户 A。

(7) 用户 A 接到信息后，计算 C_1 和 kC_2，结果就是点 M，再对点 M 进行解码就可以得到明文。

在这个通信过程中，偷窥者只能看到 $E_p(a, b)$、K、G、C_1、C_2，而通过 K、G 求 k 或通过 C_2、G 求 r 都是十分困难的。这正是椭圆曲线加密所基于的数学难题，因此偷窥者无法得到用户 A、B 间传送的明文信息。

2. RC4 算法

RC4 算法非常简单，易于描述：用 $1 \sim 256$ B($8 \sim 2048$ bit)的可变长度密钥初始化一个 256 B 的状态矢量 S，S 的元素记为 $S[0]$，$S[1]$，…，$S[255]$，从始至终置换后的 S 包含 $0 \sim 255$ 的所有 8 bit。对于加密和解密，字节 K 由 S 中 256 个元素按一定方式选出一个元素而生成。每生成一个 K 的值，S 中的元素就被重新置换一次。

(1) 初始化 S。开始时，S 中元素的值被置为按升序从 0 到 255，即 $S[0] = 0, S[1] = 1$，…，$S[255] = 255$。同时建立一个临时矢量 T。如果密钥 K 的长度为 256 B，则将 K 的值赋给 T；如果密钥 K 的长度为 keylen B，则将 K 的值赋给 T 的前 keylen 个元素，并循环重复用 K 的值赋给 T 剩下的元素，直到 T 的所有元素都被赋值。这些预操作可概括如下：

```
/*初始化*/
for i = 0 to 255 do
S[i] = i;
T[i] = K[i mod keylen]
```

然后用 T 产生 S 的初始置换。从 $S[0]$ 到 $S[255]$，对每个 $S[i]$，根据由 $T[i]$ 确定的方案，将 $S[i]$ 置换为 S 中的另一字节：

```
/*S 的初始序列*/
j = 0
for i = 0 to 255 do
j = (j + S[i] + T[i])mod 256
swap(S[i]，S[j]);
```

因为对 S 的操作仅是交换，所以唯一的改变就是置换。S 仍然包含所有值为 $0 \sim 255$ 的元素。

(2) 密钥流的生成。矢量 S 一旦完成初始化，输入密钥就不再被使用。密钥流的生成是 $S[0] \sim S[255]$，对每个 $S[i]$，根据当前 S 的值，将 $S[i]$ 与 S 中的另一字节置换。当 $S[255]$ 完成置换后，操作继续重复，从 $S[0]$ 开始：

```
/*密钥流的产生*/
```

```
i，j = 0
while(true)
i = (i + 1) mod 256
j = (j + S[i]) mod 256
swap(S[i]，S[j])
t = (S[i] + S[j]) mod 256；
K = S[t]
```

加密中，将 K 的值与下一明文字节异或；解密中，将 K 的值与下一密文字节异或。本节以 RC4 算法为核心加密算法提出的加密方案，如图 4-11 所示。

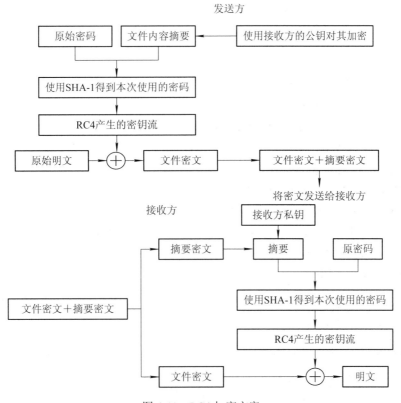

图 4-11　RC4 加密方案

3. PRESENT 算法

PRESENT 是由 A. Bogdanov、L. R. Knuden 和 G. Lender 等人提出的超轻量级分组密码算法，在应用上更多地考虑了面积和功耗上的限制条件，同时又不降低密码本身的安全性。它的设计思路是在数据加密标准 DES 的基础上，结合了入选 AES 的最后一轮的五种算法之一的 Serpent 在硬件实现上的良好特性。PRESENT 的非线性置换层 S 盒与 Serpent 密码算法类似，线性置换层与 DES 密码算法类似，由于仅使用 4 进 4 出的 S 盒、比特移位和模 2 加运算，因此 PRESENT 有很好的硬件实现性能。PRESENT 密码算法的设计论文中做了一些基本的密码安全性分析，之后有相关学者在论文中进行了减少轮数的分析，但迭代轮数为 31 轮的 PRESENT 仍然可以抵抗这些攻击方法。PRESENT 密码算法的加密流程如图 4-12 所示。

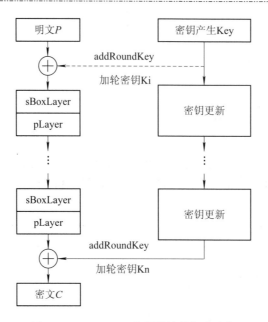

图 4-12　PRESENT 密码算法的加密流程

有关符号的表示为：

P：64 bit 明文；C：64 bit 密文；K：用户提供的密钥；K_i：第 i 轮密钥。

PRESENT 是一个密钥长度可变的分组迭代算法，密钥长分别是 80 bit 或 128 bit，分组长度是 64 bit，其输入分组、输出分组和状态都为 64 bit。数据块的每一次转换操作产生一个中间结果，这个中间结果叫作状态 STATE。PRESENT 采用的是替代/置换(SP)网络结构，如图 4-13 所示。每轮由三层组成，即轮密钥加函数 addRoundKey、S 盒代换 sBoxLayer 和置换层 pLayer，轮密钥生成方案 KeySchedule 则用于生成各轮用到的轮密钥。

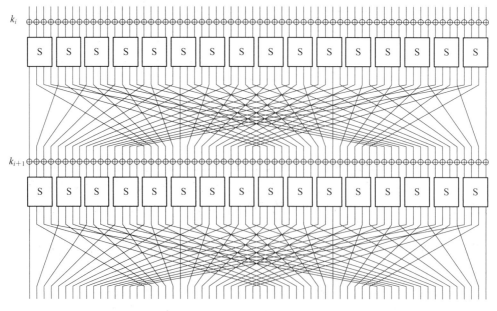

图 4-13　PRESENT 的 S-P 结构图

64 bit 明文 P 经过 31 轮的迭代和最后一轮的轮密钥的"白化"操作后，得到 64 bit 密文 C。PRESENT 算法的伪代码描述如下：

```
generateRoundkey()
for i=1 to 31 do
addRoundkey(start，ki)
sBoxlayer(start)
player(start)
end for
addRoundkey(start，k32)
```

轮密钥加函数 addRoundKey：中间结果 start $b_{63}\cdots b_0$ 与给定的轮密钥 $k_i = b_{63}^i \cdots b_0^i$ ($1 \leqslant i \leqslant 32$)做异或运算，得到等式 $b_i = b_j \oplus k_{j63}^i$ ($0 \leqslant j \leqslant 63$)。

S 盒代换层 sBoxLayer：PRESENT 利用 4 bit 输入 4 bit 输出的 S 盒 $\tau_2^4 \to \tau_2^4$。S 盒如表 4-2 所示，对于 64 bit 的中间结果 start $b_{63}\cdots b_0$ 分成 16 个 4 bit 的字 $w_{15}\cdots w_0$，$w_i = b_{4i+3} \| b_{4i+2} \| b_{4i+1} \| b_{4i}$($0 \leqslant i \leqslant 15$)，通过查表计算每一个 $S(w_i)$ 的值，得到等式 $b_{4i+3} \| b_{4i+2} \| b_{4i+1} \| b_{4i} \leftarrow S(w_i)$($0 \leqslant i \leqslant 15$)。

表 4-2 PRESENT 的 S 盒

x	0	1	2	3	4	5	6	7	8	9	A	B	C	D	E
$S[x]$	C	5	6	B	9	0	A	3	E	F	8	4	7	1	2

置换层 pLayer：中间结果 STATE 的第 i 位置换到第 $P(i)$ 位，如表 4-3 所示。

表 4-3 PRESENT 的置换表

i	0	1	2	3	4	5	6	7	8	9	10	11	12	13	14	15
$P(i)$	0	16	32	48	1	17	33	49	2	18	34	50	3	19	35	51
i	16	17	18	19	20	21	22	23	24	25	26	27	28	29	30	31
$P(i)$	4	20	36	52	5	21	37	53	6	22	38	54	7	23	39	55
i	32	33	34	35	36	37	38	39	40	41	42	43	44	45	46	47
$P(i)$	8	24	40	56	9	25	41	57	10	26	42	58	11	27	43	59
i	48	49	50	51	52	53	54	55	56	57	58	59	60	61	62	63
$P(i)$	12	28	44	60	13	29	45	61	14	30	46	62	15	31	47	63

观察表 4-3 所示的置换表可知，置换层的各 bit 值也可以通过以下等式得到：

$$b_i \leftarrow b_{4i}$$
$$b_{i+16} \leftarrow b_{4i+1}$$
$$b_{i+32} \leftarrow b_{4i+2}$$
$$b_{i+48} \leftarrow b_{4i+3}$$

4. 轻量级分组加密算法 LBlock

在 RFID 这样的资源受限环境中实现的分组加密必须是轻量级的，轻量级密码处理的数据规模较小，因而加密算法的数据吞吐量的要求比普通分组加密要低得多。另外，轻量级分组密码大多采用硬件实现，要求实现占用的空间要小，这个通常用算法实现需要的等效门数(GE)来衡量。GE 表示独立于制造技术的数字电路复杂性的度量单位。设计轻量级分组加密的方法主要有两种：一种是在现有算法基础上，对密码算法的组件进行轻量级改进；一种是设计一个全新的轻量级算法。目前比较知名的轻量级分组加密有 PRESENT、HIGHT、CGEN、DESL、MIBS 等。中科院吴文玲设计了一种轻量级分组密码，中文名叫"鲁班锁"，英文名叫 LBlock，既是 Luban lock 的缩写，也有 Lightweight Blockcipher 的意思。

LBlock 的分组长度为 64 bit，密钥长度为 80 bit。该算法对差分密码分析、线性密码分析、不可能差分密码分析、相关密钥攻击等具有足够的安全冗余。该算法具有优良的硬件实现效率，仅仅需要 866.3 GE，同时在 8 位和 32 位处理器上有很好的实现性能。下面简要介绍该算法。

1) 加密算法

加密算法由 32 轮迭代运算组成，对 64 bit 的明文 $P = X_1 \| X_0$，加密过程如下：

对 $i = 2，3，\cdots，33$，计算

$$X_i = F(X_{i-1}，K_{i-1}) \oplus (X_{i-2} <<< 8)$$

$X_{32} \| X_{33} = C$ 为 64 bit 的密文。

其中的基本模块定义如下：

(1) 轮函数 F。

$$F: \{0，1\}^{32} \times \{0，1\}^{32} \to \{0，1\}^{32}$$
$$(X，K_i) \to U = P(S(X \oplus K_i))$$

(2) 函数 S。

函数 S 是函数 F 的一部分，由 8 个 4×4 的 S 盒并置而成，定义如下：

$$S: \{0，1\}^{32} \to \{0，1\}^{32}$$
$$Y = Y_7 \| Y_6 \| Y_5 \| Y_4 \| Y_3 \| Y_2 \| Y_1 \| Y_0 \to Z = Z_7 \| Z_6 \| Z_5 \| Z_4 \| Z_3 \| Z_2 \| Z_1 \| Z_0$$
$$Z_7 = S_7(Y_7)，Z_6 = S_6(Y_6)，Z_5 = S_5(Y_5)，Z_4 = S_4(Y_4)，Z_3 = S_3(Y_3)，$$
$$Z_2 = S_2(Y_2)，Z_1 = S_1(Y_1)，Z_0 = S_0(Y_0)$$

(3) 函数 P。

函数 P 是 8 个 4 bit 字的位置变换，定义如下：

$$P: \{0，1\}^{32} \to \{0，1\}^{32}$$
$$Z = Z_7 \| Z_6 \| Z_5 \| Z_4 \| Z_3 \| Z_2 \| Z_1 \| Z_0 \to U = U_7 \| U_6 \| U_5 \| U_4 \| U_3 \| U_2 \| U_1 \| U_0$$
$$U_7 = Z_6，U_6 = Z_4，U_5 = Z_7，U_4 = Z_5，U_3 = Z_2，U_2 = Z_0，U_1 = Z_3，U_0 = Z_1$$

2) 解密算法

解密算法是加密算法的逆运算，由 32 轮迭代运算组成。对 64 bit 的密文 $C = X_{32} \| X_{33}$，解密过程如下：

对 $j = 31，30，\cdots，1，0$，计算

$$X_j = (F(X_{j+1}，K_{j+1}) \oplus X_{j+2}) >>> 8$$

$X_1 \| X_0 = P$ 为 64 bit 的明文。

3) LBlock 的密钥扩展算法

将密钥 $K = k_{79}k_{78}k_{77}k_{76}\cdots k_1k_0$ 放在 80 bit 的寄存器中，取寄存器左边的 32 bit 作为轮密

钥 K_1，然后执行如下步骤：

对 $i = 1$，2，3，…，31，按如下方式更新寄存器：

(1) $K <<< 29$；

(2) $[k_{79}k_{78}k_{77}k_{76}] \leftarrow S_9 \leftarrow [k_{79}k_{78}k_{77}k_{76}]$，$[k_{75}k_{74}k_{73}k_{72}] \leftarrow S_8 \leftarrow [k_{75}k_{74}k_{73}k_{72}]$；

(3) $[k_{50}k_{49}k_{48}k_{47}k_{46}] \oplus [i]_2$；

(4) 取寄存器左边的 32 bit 作为轮密钥 K_{i+1}，其中 $S_0 \sim S_9$ 是 10 个 4×4 的 S 盒。

关于算法中 S 盒的详细设计以及 LBlock 的设计原理参见文献[12]。

5. 国密 Hash 算法 SM3

国家密码管理局 2010 年 12 月公布了密码杂凑算法(Cryptographic Hash Algorithm)SM3，包括计算方法和计算步骤，并给出了运算示例。该算法适用于商用密码应用中的数字签名和验证、消息认证码的生成与验证以及随机数的生成，可满足多种密码应用的安全需求。

1) 符号约定

算法描述中用到的符号如表 4-4 所示。

表 4-4　SM3 算法中用到的符号约定

ABCDEFGH：8 个字寄存器或它们的串联(字长是 32 bit)
$B^{(i)}$：第 i 个消息分组
CF：压缩函数
FF_j：布尔函数，随 j 的变化取不同的表达式
GG_j：布尔函数，随 j 的变化取不同的表达式
IV：初始值，用于确定压缩函数寄存器的初态
P_0：压缩函数中的置换函数
P_1：消息扩展中的置换函数
T_j：常量，随 j 的变化取不同的值
m：消息
m'：填充后的消息
mod：模运算
$\wedge$：32 bit 与运算
$\vee$：32 bit 或运算
$\oplus$：32 bit 异或运算
$\neg$：32 bit 非运算
+：mod 2^{32} 算术加运算
$<<<k$：循环左移 k bit 运算
←：左向赋值运算符

2) 常数与函数

(1) 初始值。

IV = 7380166f 4914b2b9 172442d7 da8a0600 a96f30bc 163138aa e38dee4d　b0fb0e4e

(2) 常量。

$$T_j = \begin{cases} 79cc4519 & 0 \leqslant j \leqslant 15 \\ 7a879d8a & 16 \leqslant j \leqslant 63 \end{cases}$$

(3) 布尔函数。

$$FF_j(X,Y,Z) = \begin{cases} X \oplus Y \oplus Z & 0 \leqslant j \leqslant 15 \\ (X \wedge Y) \vee (X \wedge Z) \vee (Y \wedge Z) & 16 \leqslant j \leqslant 63 \end{cases}$$

$$GG_j(X,Y,Z) = \begin{cases} X \oplus Y \oplus Z & 0 \leqslant j \leqslant 15 \\ (X \wedge Y) \vee (\neg X \wedge Z) & 16 \leqslant j \leqslant 63 \end{cases}$$

式中，X、Y、Z 的单位为字。

(4) 置换函数。

$$P_0(X) = X \oplus (X <<< 9) \oplus (X <<< 17)$$
$$P_1(X) = X \oplus (X <<< 15) \oplus (X <<< 23)$$

式中，X 的单位为字。

3) 算法描述

(1) 概述：对长度为 $l(l<2^{64})$bit 的消息 m，SM3 杂凑算法经过填充和迭代压缩，生成杂凑值，杂凑值长度为 256 bit。

(2) 填充：假设消息 m 的长度为 l bit。首先将比特"1"添加到消息的末尾，再添加 k 个"0"，k 是满足 $l + 1 + k \equiv 448 \bmod 512$ 的最小的非负整数。然后添加一个 64 位比特串，该比特串是长度 l 的二进制表示。填充后的消息 m' 的比特长度为 512 的倍数。

例如，对消息 01100001 01100010 01100011，其长度 $l = 24$，经填充得到比特串：

$$\overbrace{}^{423 \text{ bit}} \overbrace{}^{64 \text{ bit}}$$

$$01100001 \quad 01100010 \quad 01100011 \quad 1 \underbrace{00...0000...011000}_{l \text{ 的二进制表示}}$$

(3) 迭代压缩：

① 迭代过程：将填充后的消息 m' 按 512 bit 进行分组，$m' = B^{(0)}B^{(1)}\cdots B^{(n-1)}$，其中 $n = (l + k + 65)/512$。对 m' 按下列方式迭代：

FOR $i = 0$ TO $n-1$
    $V^{(i+1)} = CF(V^{(i)}, B^{(i)})$
ENDFOR

其中 CF 是压缩函数，$V^{(0)}$ 为 256 bit 初始值 IV，$B^{(i)}$ 为填充后的消息分组，迭代压缩的结果为 $V^{(n)}$。

② 消息扩展：将消息分组 $B^{(i)}$ 按以下方法扩展生成 132 个字 W_0，W_1，$\cdots$，W_{67}，W_0'，W_1'，$\cdots$，W_{63}'，用于压缩函数 CF：

将消息分组 $B^{(i)}$ 划分为 16 个字 W_0，W_1，$\cdots$，W_{15}。

FOR $j = 16$ TO 67

$$W_j \leftarrow P_1(W_{j-16} \oplus W_{j-9} \oplus (W_{j-3} <<< 15)) \oplus (W_{j-13} <<< 7) \oplus W_{j-6}$$

ENDFOR

FOR $j = 0$ TO 63

$$W_j' = W_j \oplus W_{j+4}$$

ENDFOR

③ 压缩函数：令 A、B、C、D、E、F、G、H 为字寄存器，SS1、SS2、TT1、TT2 为中间变量，压缩函数为 $V^{i+1} = \mathrm{CF}(V^{(i)}, B^{(i)})(0 \leqslant i \leqslant n-1)$。计算过程描述如下：

$ABCDEFGH \leftarrow V^{(i)}$
FOR $j = 0$ TO 63
SS1 $\leftarrow ((A <<< 12) + E + (T_j <<< j)) <<< 7$
SS2 $\leftarrow$ SS1 $\oplus (A <<< 12)$
TT1 $\leftarrow \mathrm{FF}_j(A; B; C) + D + \mathrm{SS2} + W_j'$
TT2 $\leftarrow \mathrm{GG}_j(E; F; G) + H + \mathrm{SS1} + W_j$
$D \leftarrow C$
$C \leftarrow B <<< 9$
$B \leftarrow A$
$A \leftarrow \mathrm{TT1}$
$H \leftarrow G$
$G \leftarrow F <<< 19$
$F \leftarrow E$
$E \leftarrow P_0(\mathrm{TT2})$
ENDFOR
$V^{(i+1)} \leftarrow ABCDEFGH \oplus V^{(i)}$

其中，字的存储为大端(Big-Endian)格式。所谓大端格式是指数据在内存中的一种表示格式，规定左边为高有效位，右边为低有效位。数的高阶字节放在存储器的低地址，数的低阶字节放在存储器的高地址。

(4) 输出杂凑值：

$ABCDEFGH \leftarrow V^{(n)}$，输出 256 bit 的杂凑值 $y = ABCDEFGH$。

4.3　传感器网络安全

根据 ITU 的物联网报告，无线传感器网络(WSN)是物联网的第二个关键技术。RFID 的主要功能是对物体的识别，而 WSN 的主要功能是大范围多位置的感知。通俗地说，传感器是可以感知外部环境参数的小型计算节点，传感器网络是大量传感器节点构成的网络，用于不同地点、不同种类的参数的感知或数据的采集，WSN 则是利用无线通信技术来传递感知数据的网络。

4.3.1 WSN 简介

WSN 是集成了传感器技术、微机电系统技术、无线通信技术以及分布式信息处理技术于一体的新型网络。随着科学技术的发展，信息的获取变得更加纷繁复杂。所有保存事物状态、过程和结果的物理量都可以用信息来描述。传感器的发明和应用极大地提高了人类获取信息的能力。传感器信息获取从单一化到集成化、微型化，进而实现智能化、网络化，成为获取信息的一个重要手段。WSN 在很多场合(如军事感知战场、环境监控、道路交通监控、勘探、医疗等)都承担着重要的作用。

1. WSN 的体系结构

1) 传感器节点的物理结构

在不同的应用场景中，传感器节点的组成不尽相同，但是从结构上来说一般都包含四个部分：数据采集、数据处理、数据传输和电源。感知信号的形式通常决定了传感器的类型。现有传感器节点的处理器通常包括嵌入式 CPU，如 ARM 公司的 ARM 系列、Motorola 的 68HC16 和 Intel 公司的 8086 等。数据传输单元主要由低功耗、短距离的无线模块组成，如 RFM 公司的 TR1000 等。另外，运行于传感器网络上的微型化的操作系统主要负责复杂任务的系统调度与管理，比较常见的有 UC Berkeley 开发的 TinyOS 以及 μCOS-Ⅱ 嵌入式 Linux。图 4-14 是一个典型的传感器体系结构图，传感器模块负责数据的感知、产生及数模转化，信息处理模块负责进行信号处理，最后经由无线通信模块发射出去。

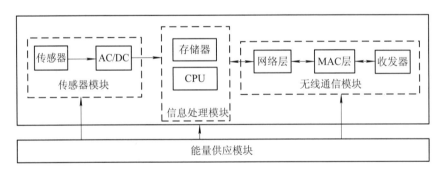

图 4-14 传感器节点体系结构图

传感器网络节点的技术参数包括以下几项：

① 电池能量。传感器的能量一般由电池提供。一次性电池原则上可工作几年时间。

② 传输范围。由于传感器节点能量有限，节点的传输范围只能被限制在很小的范围之内(通常是 100 m 以内，一般为 1~10 m)，否则会造成传感器的能量枯竭。一些技术(比如数据聚集传输技术)通过先将数据聚集，然后传输聚集的结果(而不是每个数据)来减少能量的消耗，帮助减少传感器节点的传输能耗。

③ 网络带宽。传感器网络的带宽通常只有几十千比特每秒(kb/s)，如使用蓝牙协议时小于 723 kb/s，使用 802.15.4Zigbee 协议时为 250 kb/s。

④ 内存大小。传感器节点的内存大小一般为 6~8 KB，而且空间被传感器网络的操作系统所占据，如 TinyOS。内存大小通常会影响密钥管理方案的可行性，即密钥管理方案必须能够有效地利用剩余的存储空间，完成密钥的存储、缓存消息等。

⑤ 预先部署的内容。通常，传感器网络具有随机性和动态性，这是因为不可能获取应用环境的所有情况。预先在传感器节点上配置的信息通常是密钥类的信息，例如通过预先在节点中存储一些秘密共享密钥，使网络在部署之后能够实现节点间的安全通信。

2) 典型研究对象

加州大学伯克利分校发起的"smart dust"项目开发了多种传感器节点，如 WeC、Mica、Mica2、MicaZ 等。目前普遍采用的是 2004 年开发的 Telos 节点，采用 16 位 4 MHz TI 公司的 MSP430 处理器，正常工作状态下功耗为 3 mW，该处理器芯片具有五种低功耗模式，一般睡眠模式下功耗仅为 225 μW，深度睡眠模式下功耗仅为 7.8 μW，内存为 10 KB，闪存为 48 KB。采用的通信芯片是 Chipcon 公司的 CC2420 通信芯片，工作在 2.4 GHz 频道上，符合 IEEE802.15.4 协议规范，数据传输率达 250 kb/s。

3) WSN 的网络结构

WSN 在不同应用场景中的网络拓扑结构可能不同，比较典型的应用方式是：无线传感器节点被任意地散落在监测区域，然后节点间以自组织的形式构建网络，对感知参数进行监测并生成感知数据，最后通过短距离无线通信(如 ZigBee)经过多次转发将数据传送到网关(Sink 节点或者汇聚节点)，网关通过远距离无线通信网络(如 GPRS)将数据发到控制中心。也有传感器节点直接将感知的数据发给控制中心的，这便是一种典型的 M2M 通信场景。一般而言，WSN 的结构可以分为分布式网络结构和集中式网络结构两种。

① 分布式无线传感器网络。分布式无线传感器网络没有固定的网络结构，网络拓扑结构在部署前也无法确定。传感器节点通常随机部署在目标区域中。一旦节点被部署，它们就开始在自己的通信范围内寻找邻居节点，建立数据传输路径。分布式网络结构如图 4-15 所示。

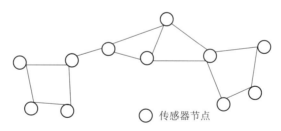

○ 传感器节点

图 4-15　分布式网络结构示意图

② 集中式无线传感器网络。在集中式无线传感器网络中，依据节点能力的不同可以分为基站、簇头(Cluster Head)节点和普通节点。基站是一个控制中心，通常认为它具有很高的计算和存储能力，可以实施多种控制命令。基站的功能包括以下几种：典型的网络应用中的网关；强大的数据存储/处理能力；用户的访问接口。基站通常被认为是抗攻击、可信赖的，因而基站可成为网络中的密钥分发中心。节点通常部署在与基站一跳或多跳的范围内，多跳节点形成一个簇结构(簇结构包含一个簇头节点和多个普通节点或子节点的树状结构)。基站具有很强的传输能力，通常可以与任意一个网络内的节点通信，而节点的通信能力则取决于节点自身的能量水平和位置。依据通信方式的不同，网络内的数据流可以分为点对点通信、组播通信和基站到节点的广播通信。集中式网络结构如图 4-16 所示。

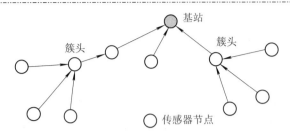

图 4-16　集中式网络结构示意图

WSN 的特点如下(在设计安全方案时需要考虑这些特点):

① 网络节点数量众多,节点密度大(即单位面积内的节点数量较多)。

② 网络拓扑结构不稳定,拓扑结构随时会发生变化。

③ 传感器节点受到应用环境和节点成本的限制,计算和通信能力有限。

④ 能量受限:WSN 由于部署在特定环境中,通常没有持续的外接电能供应,多以电池作为能量源。

WSN 的分布式结构类似 AdHoc 网络结构,可自组织网络接入连接,分布管理。WSN 的网状式结构类似 Mesh 网络结构,网状分布连接和管理。传感器网络的结构如图 4-17 所示。

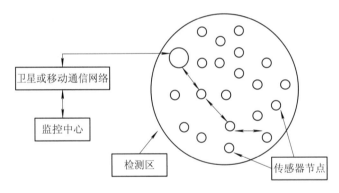

图 4-17　传感器网络的结构

在传感器网络中,每个节点的功能都是相同的,大量传感器节点被布置在整个被观测区域中,各个传感器节点将自己所探测到的有用信息通过初步的数据处理和信息融合之后传送给用户,数据传送的过程是通过相邻节点的接力传送的方式传送回基站,然后再通过基站以卫星信道或者有线网络连接的方式传送给最终用户。

2. WSN 的软件框架

无线传感器的内部软件结构如图 4-18 所示。最底层是应用程序接口(API),由相关的函数库、硬件接口程序构成了整个系统软件框架的基础。API 的上层是任务调度(Ts)模块和协议栈(BPS)。Ts 用于系统各任务的创建、执行和通信,BPS 执行无线通信的底层协议。Ts 模块是用户应用程序(UD)的基础,而 BPS

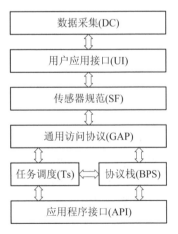

图 4-18　内部软件结构图

则保证了无线传感器符合无线通信规范的要求。

4.3.2　WSN 安全威胁分析

从安全的角度看，WSN 有其自身的特点，使其不同于传统网络与移动自组织网。WSN 自身的特性决定了其安全技术设计的基本特点：能量低和容易受到攻击。因此，WSN 安全面临的问题和挑战主要集中在以下两个方面：

(1) WSN 的低能量特点使节能成为安全技术设计需要考虑的一个重要指标。应用于 WSN 通信协议的安全算法需要消耗能量。这主要有三方面：一是 CPU 对安全算法计算(加密、解密、数据签名、数据签名认证等)的能耗。大小取决于 CPU 的功率损耗、时钟频率和用于处理该算法的时钟个数。公钥加密算法(如 RSA)是计算密集型的算法，每执行一个安全操作都需要 CPU 执行几百万甚至更多的乘法指令操作。而对于对称密钥加密算法的加密、解密和用于签名认证的散列函数来说，所需 CPU 操作指令数却少得多，因此选择不同的安全机制将大大影响 WSN 的寿命。二是 Sensor 收发器用于收发与安全有关的数据和负载的能耗。对无线传感器网络应用安全协议，需要交换密钥管理信息，包括会话密钥、认证密钥和用于说明密钥可用的现在时参数和表明密钥有效性时间的参数等。安全机制在实现过程中会对原始报文添加很多负载信息，如用于对报文进行散列认证所需的报文填充物 (Padding)、MAC、签名等都需要收发器的额外能耗。不同的加密算法和协议需要的报文附加头是不一样的。总的来说，对称密钥加密算法比公钥加密算法所需密钥管理信息要少得多。三是存储单元用于存储与安全机制有关的参数的能耗。会话密钥、认证密钥和用于说明密钥可用的现在时参数和表明密钥有效性时间的参数的存储都需要额外的能耗。以上三个因素极大地限制了设计者对 WSN 安全机制的选择。存储能耗相对来说很少，可以忽略不计。因此，WSN 安全协议设计的主要考虑因素应该是密钥分发机制和安全协议通信引起的额外能耗。

(2) WSN 很容易受到攻击者的破坏。由于 WSN 是无线通信，攻击者可轻易在该网络的任务域里监听信道，向信道里注射比特流，重放以前监听到的数据包。Sensor 是随机部署在无人值守的外部空间的(如敌方阵营)，攻击者可轻易捕获该节点，重写内存，或者用自己的 Sensor 来替代该节点，通过冒充以获得数据信息。由于每个 Sensor 都具有有限的不可再生的能源、计算能力较差的 CPU 和容量较低的内存和闪存，无线收发器的接收距离短，可轻易受到强大的攻击点(指与上述性能比较而言占绝对优势)的破坏。该类攻击点可以利用信号发送距离远的特点，在全网范围内实施攻击，监听整个 WSN 的数据传输，同时利用其强大的功率和数据发送能力，频繁向任务域里发送数据包，阻塞 Sensor 使其失效。攻击点利用自身在硬件性能方面的优势，伪装成 WSN 的基站，或者改变 Sensor 的路由使自身成为蠕虫洞。Sensor 由于受到攻击点的破坏或者自身耗尽能量退出该网络时，该网络的路由和密钥管理机制也会发生相应的变化，因此要求新节点在加入网络时必须得到相关的认证，并且安全路由机制也应该是具有容错功能的。

4.3.3　WSN 的安全需求分析

通常 WSN 会被部署在不易控制、无人看守、边远、易于遭到恶劣环境破坏或者恶意破坏和攻击的环境当中，因而 WSN 的安全问题成为研究的热点。由于传感器节点本身计算能力和能量受限的特点，寻找轻量级(计算量小、能耗低)的适合于 WSN 特点的安全手段是研究所面临的主要挑战。

1. 安全需求

(1) 通信与储存数据的机密性。WSN 通信不应当向敌手泄露任何敏感的信息。在许多应用中，节点之间传递的是高度敏感的数据或者控制信息。节点保存的感知数据、秘密密钥及其他传感器网络中的机密信息(如传感器的身份标识等)必须只有授权的用户才能访问。同时，因密钥泄露造成的影响应当尽可能控制在一个小的范围内，从而使一个密钥的泄露不至于影响整个网络的安全。解决通信机密性主要依靠使用通信双方共享的会话密钥来加密待传递的消息，解决存储机密性主要依靠加密数据的访问控制。

(2) 消息认证和访问节点认证。节点身份认证在 WSN 的许多应用中是非常重要的。例如，攻击者极易向网络注入信息，接收者只有通过身份认证才能确信消息是从正确的节点发送过来的。数字签名通常不适用于通信能力、计算速度和存储空间都相当有限的传感器节点。传感器网络通常使用基于对称密码学的认证方法，即判断对方是否拥有共享的对称密钥来进行身份的认证。

(3) 通信数据和存储数据的完整性。资源有限的传感器无法支持高计算量的数字签名算法，通常使用对称密钥体制的消息鉴别码来进行数据完整性检验。

(4) 新鲜性。在 WSN 中，基站和簇头需要处理很多节点发送过来的采集信息，为防止攻击者进行任何形式的重放攻击(将过去窃听的消息重复发送给接收者，耗费其资源使其不能提供正常服务)，必须保证每条消息是新鲜的。由于密钥可能需要进行更新，因而新鲜性还体现在密钥建立过程中，即通信双方所共享的密钥是最新的。

(5) 可扩展性(Scalability)。这是 WSN 的特色之一，由于传感器节点数量大、分布范围广，环境条件、恶意攻击或任务的变化可能会影响传感器网络的配置。同时，节点的经常加入、物理破坏或电量耗尽等也会使网络的拓扑结构不断发生变化。

(6) 可用性(Availability)。WSN 的安全解决方案所提供的各种服务能被授权用户使用，并能有效防止非法攻击者企图中断传感器网络服务的恶意攻击。

(7) 健壮性(Robustness)。WSN 一般配置在恶劣环境或无人区域，环境条件、现实威胁和当前任务具有很大的不确定性。

(8) 自组织性(Self-Organization)。由于 WSN 是由一组传感器以自组织的(Ad Hoc)方式构成的无线网络，这就决定了相应的安全解决方案也应当是自组织的，即在无线传感器网络配置之前通常无法假定节点的任何位置信息和网络的拓扑结构，也无法确定某个节点的邻近节点集。

2. 安全方案设计时的考虑因素

由于 WSN 本身的特点，其安全目标的实现与一般网络不同，在研究和移植各种安全技术时，必须进一步考虑以下约束：

(1) 能量限制。节点在部署后很难替换和充电，所以低能耗是设计安全算法时首要考虑的因素。能耗特点包括：通信芯片能耗占整个传感器节点能耗的比重最大，如常用的 TelosB 节点上，CPU 在正常状态电流只有 500 μA，而通信芯片在发送和接收数据时的电流接近 200 mA。另外，低功耗的通信芯片在发送状态和接收状态消耗的能量差别不大。因此，安全方案应该尽量减少通信(如协议交互)的次数。

(2) 有限的存储、运行空间和计算能力。目前微处理器一般配有 4~10 KB 内存和 48~128 KB 闪存。

(3) 节点的物理安全无法保证。在进行安全设计时必须考虑被敌手所控制的节点(也称为被俘节点、妥协节点)的检测、撤除问题,来自内部被俘节点发起的攻击,同时还要将被俘节点导致的安全隐患扩散限制在最小范围内。

(4) 节点布置的随机性。节点往往是被随机地投放到目标区域的,节点之间的位置关系一般在布置前是不可预知的。

(5) 通信的不可靠性。无线通信信道的不稳定、节点并发通信的冲突和多跳路由的较大延迟使设计安全算法时必须考虑容错问题,合理地协调节点通信,并尽可能减少对时间同步的要求。

另外,WSN 的应用十分广泛,而不同的应用场景对安全的需求往往是不同的,应该根据实际的应用来分析具体的安全需求。

4.3.4 WSN 的安全攻击与防御

1. 常见网络攻击方法

由于传感器网络采用无线通信,开放的数据链路是不安全的,攻击者可以窃听通信的内容,实施干扰。传感器节点通常工作在无人区域,缺乏物理保护,容易损坏,且攻击者可以获取节点,读取存储内容甚至写入恶意代码。攻击通常与使用的数据链路层协议(如 IEEE 802.15.4)、网络层协议(如路由协议、传输层协议)有关。本节首先对各种攻击简单进行分类,然后按网络体系各层归纳各种攻击方法。

(1) 阻塞(Jamming)攻击。阻塞攻击是一种针对无线通信的 DoS 攻击。攻击方法是干扰正常节点通信所使用的无线电波频率,达到干扰正常通信的目的。攻击者只需要在节点数为 N 的网络中随机布置 $K(K \ll N)$ 个攻击节点,使它们的干扰范围覆盖全网,就可以使整个网络瘫痪。

(2) 耗尽(Exhaustion)攻击。恶意节点侦听附近节点的通信,当一帧快发送完时,恶意节点发送干扰信号。传统的 MAC 层协议中的控制算法往往会重传该帧,反复重传造成被干扰节点电源很快被耗尽。自杀式的攻击节点甚至一直对被攻击节点发送请求(Request)信号,使对方必须回答,这样两个节点都耗尽电源。这一攻击的原理可能与具体 MAC 层协议(如 IEEE 802.15.4 协议)有关。

(3) 非公平竞争攻击。由于无线信道是单一访问的共享信道,故采取竞争方式进行信道的分配。该攻击是指在网络中的某些恶意节点总是占用链路信道,采用一些设置,如较短的等待时间进行重传重试、预留较长的信道占用时间等,企图不公平地占用信道。这一攻击的原理与 MAC 层协议有关。

(4) 汇聚节点(Homing)攻击。传感器网络中有些节点执行路由转发功能,Homing 攻击则是针对这一类节点。攻击者只需要监听网络通信,就可以知道簇头的位置,然后对其发动攻击。簇头瘫痪后,在一段时间内整个簇都不能工作。汇聚节点攻击也属于 DoS 攻击的一种。

(5) 怠慢(Neglect)和贪婪(Greed)攻击。其含义是少转发、不转发或多转发收到的数据包。攻击者处于路由转发路径上，但是随机地对收到的数据包不予转发处理。如果向消息源发送收包确认，但是把数据包丢弃不予转发，则该攻击称为怠慢。如果被攻击者改装的节点对自己产生的数据包设定很高的优先级，使得这些恶意信息在网络中被优先转发，则该攻击称为贪婪。

(6) 方向误导(Misdirection)攻击。这里的方向是指数据包转发的方向。如果被敌人所控制的路由节点将收到的数据包发给错误的目标，则数据源节点受到攻击；如果将所有数据包都转发给同一个正常节点，则该节点很快因接收包而耗尽电源。方向误导攻击的一个变种是 Smurf 攻击。

(7) 黑洞(Black Holes)攻击。黑洞攻击又称为排水洞(Sinkholes)攻击。攻击者(用 A 表示)声称自己具有一条高质量的路由到基站，比如广播"我到基站的距离为零"。如果 A 能发送到很远的无线通信距离，则收到该信息的大量节点会向 A 发送数据。大量数据到达 A 的邻居节点，它们都要给 A 发送数据，造成信道的竞争。由于竞争，邻居节点的电源很快被耗尽，这一区域就成了黑洞，通信无法传递过去。对于收到的数据，A 可能不予处理。黑洞攻击破坏性很强，基于距离向量(Distance Vector)的路由算法容易受到黑洞攻击，这是因为这些路由算法将距离较短的路径作为优先传递数据包的路径。

(8) 虫洞(Wormholes)攻击。虫洞攻击通常由两个移动主机攻击者合作进行。一个主机 A 在网络的一边收到一条消息，比如基站的查询请求，通过低延迟链路传给距离很远的另一个主机 B，B 就可以直接广播出去，这样，收到 B 广播的节点就会把传感器的数据发给 B，这是因为收到 B 广播的节点认为这是一条到达 A 的捷径。

(9) Hello 泛洪(Hello Flood)攻击。在许多协议中，节点通过发送一条 Hello 消息表明自己的身份，而收到该消息的节点认为发送者是自己的邻居(因为数据包可以到达)。但移动主机攻击者可以将 Hello 消息传播得很远，远处的正常节点收到消息之后把攻击者当成自己的邻居。这些节点会与"邻居"(移动主机攻击者)通信，导致网络流量的混乱。传感器网络中的几个路由协议，如 LEACH 和 TEEN，易受这类攻击，特别是当 Hello 包中含有路由信息或定位信息时。

(10) 女巫(Sybil)攻击。女巫攻击是指一个节点冒充多个节点，可以声称自己具有多个身份，甚至随意产生多个假身份，利用这些身份非法获取信息并实施攻击。Sybil 攻击能破坏传感器网络的路由算法，还能降低数据汇聚算法的有效性。

(11) 破坏同步(Desynchronization)攻击。在两个节点正常通信时，攻击者监听并向双方发送带有错误序列号的包，使双方误以为发生了丢失而要求对方重传。攻击者使正常通信双方不停地重传消息，从而耗尽电源。

(12) 泛洪攻击(Flooding)。泛洪攻击指攻击者不断地要求与邻居节点建立新的连接，从而耗尽邻居节点用来建立连接的资源，使其他合法的对邻居节点的请求不得不被忽略。

(13) 应用层攻击。应用层攻击包括如感知数据的窃听、篡改、重放、伪造等，造成感知节点的不合作行为。对应用层功能如节点定位、节点数据收集和融合等的攻击，使得这些功能出现错误。

WSN 中的攻击分类如表 4-5 所示。

表 4-5 无线传感器网络中的攻击分类

分类标准	分 类	说 明
攻击者身份	节点型攻击	攻击者与传感器节点的计算和通信能力相当
	移动主机型攻击	攻击者与移动电脑同级别，危害范围广
攻击来源	外部攻击	攻击者是敌方放置的，可以是节点或移动电脑
	内部攻击	网络中的节点被攻击者所控制，从网络内部发起攻击
攻击发生的协议层次	物理层攻击	阻塞攻击
	数据链路层攻击	耗尽攻击、非公平竞争攻击
	网络层攻击	汇聚节点攻击、怠慢和贪婪攻击、方向误导攻击、黑洞攻击、虫洞攻击、Hello 泛洪攻击、女巫攻击
	传输层攻击	破坏同步攻击、泛洪攻击
	应用层攻击	感知数据的窃听、篡改、重放、伪造等，节点不合作

2. 常用防御机制

(1) 对于物理层的攻击(如 Jamming 攻击)，一种对策是使用扩频通信进行有效防止；另一对策是，攻击节点附近的节点觉察到 Jamming 之后进入睡眠状态，保持低能耗，然后定期检查 Jamming 是否已经消失，如果消失则进入活动状态，向网络通报 Jamming 的发生。

(2) 对于传输层的攻击(如 Flooding)，对策是使用客户端谜题(Client Puzzle)，即如果客户要和服务器建立一个连接，必须首先证明自己已经为连接分配了一定的资源，然后服务器才为连接分配资源，这样就增大了攻击者发起攻击的代价。这一防御机制对于攻击者同样是传感器节点时很有效，但是合法节点在请求建立连接时也增大了开销。

(3) 对于怠慢和贪婪攻击，可用身份认证机制来确认路由节点的合法性，或者使用多路径路由来传输数据包，使数据包在某条路径被丢弃后，仍可以被传送到目的节点。

(4) 抵抗黑洞攻击可采用基于地理位置的路由协议。因为拓扑结构建立在局部信息和通信上，通信通过接收节点的实际位置自然地寻址，所以在别的位置成为黑洞就变得非常困难。

(5) 对付女巫攻击有两种探测方法，一种是资源探测法，即检测每个节点是否具备应有的硬件资源。Sybil 节点不具有任何硬件资源，所以容易被检测出来。但是当攻击者的计算和存储能力都比正常传感器节点大得多时，攻击者可以利用丰富的资源伪装成多个 Sybil 节点。另一种是无线电资源探测法，通过判断某个节点是否有某种无线电发射装置来判断是否为 Sybil 节点，但这种无线电探测非常耗电。

对于更多的攻击，通常采用加密和认证机制提供解决方案。例如，对于分簇节点的数据层层聚集，可使用同态加密、秘密共享的方法。对于节点定位安全，可采取门限密码学以及容错计算的方法等。WSN 的攻击防御方法如表 4-6 所示。

表 4-6 无线传感器网络的攻击防御方法

网络层次	攻击方法	防御方法
物理层	阻塞攻击	扩频、优先级消息、区域映射、模式转换
	物理破坏	破坏感知、节点伪装和隐藏
数据链路层	耗尽攻击	设置竞争门限
	非公平竞争	使用短帧策略和非优先级策略
网络层	丢弃和贪婪攻击	冗余路径、探测机制
	汇聚节点攻击	加密和逐跳(Hop-to-Hop)认证机制
	方向误导攻击	出口过滤、认证、监测机制
	黑洞攻击	认证、监测、冗余机制
传输层	破坏同步攻击	认证
	泛洪攻击	客户端谜题
应用层	感知数据的窃听、篡改、重放、伪造	加密、消息鉴别、认证、安全路由、安全数据聚集、安全数据融合、安全定位、安全时间同步
	节点不合作	信任管理、入侵检测

4.3.5 传感器网络安全防护的主要手段

1. 链路层加密与验证

通过链路层加密和使用全局共享密钥验证可以防止对大多数路由协议的外部攻击，攻击者很难加入到网络拓扑中，所以 Sybil 攻击、选择性转发、Sinkholes 攻击很难达到攻击目的。但是，Wormhole 攻击和 Hello 泛洪攻击不受链路层加密和验证机制的限制。在内部攻击或"叛变"节点存在的情况下，使用全局共享密钥的链路层安全机制将完全无效。

2. 身份验证

Sybil 攻击使攻击者利用"叛变"节点的身份加入网络，并且可使用全局共享密钥将其伪装成任何节点(这些节点可能不存在)。因此，必须对节点身份进行验证。按照传统方法可以使用公共密钥加密来实现。但数字签名的产生和验证将超出传感器节点的能力范围。一种解决方案是使用可信任的基站使每个节点共享唯一的对称密钥，两个节点之间可使用像 Needhamschroeder 这样的协议相互验证身份，并建立一个共享密钥。为了防止内部攻击在固定网络周围漫游，并与网络中的每个节点建立共享密钥，基站可合理限制其邻近节点的数量，当数量超过时则发送错误消息告警并采取一定的防御措施。

3. 链路双向验证

最简单的防御 Hello 泛洪攻击的方法是在对接收消息采取动作之前，对链路进行双向验证。使用上文所述的身份鉴定机制可以有效地防止 Hello 泛洪攻击。这种协议不仅能够对两个节点之间的链路进行双向验证，而且即使对于接收机高度敏感或在网络多个位置有 Wormholes 的攻击者，当少量节点"叛变"时，可信任的基站仍可以通过限制节点验证邻近节点的数目来防止 Hello 泛洪攻击。

4. 多径路由

如果"叛变"节点位于基站附近，即使协议能防止 Sinkholes、Wormholes 和 Sybil 攻击，"叛变"节点也很可能对其数据流发起选择性转发攻击。可使用多路径路由对抗选择性转发攻击。该方法可以完全防护最多 n 个"叛变"节点和节点完全不相交(Disjoint)的 n 条路径上路由的消息被选择转发攻击，而且在 n 个节点完全"叛变"时，这种方法也能提供一些防护。但是，很难得到 n 条完全不相交的路径。在网状路径上有共用节点，但没有共用链路(即没有两个连续的共用节点)。使用多个网状路径可以为选择性转发提供可能的防护，而且只需要局部的信息。如果允许节点从一组可能的"跳"中动态地随机选择包的下一跳，则可以进一步减少攻击者对数据流完全控制的机会。

5. Wormholes 和 Sinkholes 的对抗策略

Wormholes 和 Sinkholes 攻击是安全路由协议设计的最大挑战。目前存在的路由协议中，防御这些攻击的有效措施很少。预防这些攻击是相当困难的，最好的办法是设计使 Wormholes 和 Sinkholes 攻击无效的路由协议。例如，基于地理位置的路由协议就是一种阻止这些攻击的协议。基于地理位置的路由协议只需要使用局部交互信息不需要基站的初始化就可以构建路由拓扑。使用基于地理位置的路由协议很容易探测 Wormholes 和虚假链路，因为"邻居"节点将会注意到它们之间的距离超过了正常的无线通信距离。

6. 全局消息平衡机制

网络固有的自组织和分布性是大型传感器网络安全面临的重大挑战。当网络规模有限、拓扑结构良好或可控时，可使用全局消息平衡机制。以一个具有较小规模的网络为例，如果部署时没有"叛变"节点，则可以构成一个初始路由拓扑，每个节点能够将邻近节点信息和节点本身的地理位置信息发回基站。基站可以使用这种信息来绘制整个网络的拓扑。考虑到由于无线干扰或节点失效引起的拓扑变化，网络应该定期进行拓扑更新。拓扑的急剧或可疑变化可能表示有节点"叛变"，由此可以采取一些相应的防护措施。

4.3.6　传感器网络典型安全技术

1. 拓扑控制技术

拓扑控制技术是 WSN 中最重要的技术之一。在由 WSN 生成的网络拓扑中，可以直接通信的两个节点之间存在一条拓扑边。如果没有拓扑控制，所有节点都会以最大无线传输功率工作。在这种情况下，一方面，节点有限的能量将被通信部件快速消耗，降低网络的生命周期。同时，网络中每个节点的无线信号将覆盖大量其他节点，造成无线信号冲突频繁，影响节点的无线通信质量，降低网络的吞吐率。另一方面，在生成的网络拓扑中将存在大量的边，从而导致网络拓扑信息量大，路由计算复杂，浪费了宝贵的计算资源。因此，需要研究无线传感器网络中的拓扑控制问题，在维持拓扑的某些全局性质的前提下，通过调整节点的发送功率来延长网络生命周期，提高网络吞吐量，降低网络干扰，节约节点资源。目前对拓扑控制的研究可以分为两大类：一类是计算几何方法，以某些几何结构为基础构建网络的拓扑，以满足某些性质；另一类是概率分析方法，在节点按照某种概率密度分布情况下，计算使拓扑以大概率满足某些性质时节点所需的最小传输功率和最小邻居个数。

2. MAC 协议

传统的蜂窝网络中存在中心控制的基站，由基站保持全网同步，调度节点接入信道。而 WSN 是一种多跳无线网络，很难保持全网同步，这与单跳的蜂窝网络有着本质的区别。因此，传统的基于同步的、单跳的、静态的 MAC 协议并不能直接搬到无线传感器网络中，这些都使 WSN 中的 MAC 协议的设计面临新的挑战。与所有共享介质的网络一样，MAC 是使 WSN 能够正常运作的重要技术。MAC 协议的最主要任务就是避免冲突，使两个节点不会同时发送消息。在设计一个出色的无线传感器网络 MAC 协议时，应该考虑以下几点。首先是能量有限。就像前面介绍的，网络中的传感器节点是由电池来提供能量的，并且很难为这些节点更换电池。而事实上，我们也更希望这些传感器节点更加便宜，可以在用完之后随时丢弃，而不是重复使用。因此，怎样通过节点延长网络的使用周期是设计 MAC 协议的一个关键问题。其次是对网络规模、节点密度和拓扑结构的适应性。在 WSN 中，节点随时可能因电池耗尽而死亡，也有一些节点会加入网络，还有一些节点会移动到其他区域。网络的拓扑结构因为各种原因在不断变化。一个好的 MAC 协议应该可以轻松地适应这些变化。另外，绝大多数 MAC 协议通常认为低层的通信信道是双向的。但是在 WSN 中，由于发射功率或地理位置等因素，可能存在单向信道，这将会对 MAC 协议的性能带来严重的影响。网络的公平性、延迟、吞吐量以及有限的带宽都是设计 MAC 协议时要考虑的问题。

3. 路由协议

WSN 由于自身的特点，使其通信与当前一般网络的通信和无线 AdHoc 网络有着很大的区别，也使 WSN 路由协议的设计面临很大的挑战。第一，由于传感器网络节点数众多，不太可能对其建立一种全局的地址机制，因此传统的基于 IP 地址的协议不能应用于传感器网络。第二，与典型的通信网络不同，几乎所有传感器网络的应用都要求所有的传感数据送到某一个或几个汇聚点，由它们将数据进行处理再传送到远程的控制中心。第三，由于传感器节点的监测区域可能重叠，产生的数据会有大量的冗余，这就要求路由协议能够发现并消除冗余，有效地利用能量和带宽。第四，传感器节点受到传送功率、能量、处理能力和存储能力的严格限制，需要对能量进行有效管理。因此，在对 WSN 路由协议，甚至对整个网络的系统结构进行设计时，需要对网络的动态性(Networkdynamics)、网络节点的放置(Nodedeployment)、能量、数据传送方式(包括连续的、事件驱动的、查询驱动的以及前两种的混合方式)、节点能力以及数据聚集和融合(Aggregatio and Fusion)等方面进行详细的分析。总的来看，WSN 路由协议设计的基本特点可以概括为能量低、规模大、移动性弱、拓扑易变化、使用数据融合技术和通信不对称。因此，WSN 路由面临的问题和挑战有以下几方面：

(1) 传感器网络的低能量特点使节能成为路由协议最重要的优化目标。低能量包括两方面的含义：节点能量储备低；能源一般不能补充。MANET 的节点无论是车载还是手持，电源一般都是可维护的，而传感器网络节点通常是一次部署、独立工作，所以可维护性很低。相对于传感器节点的储能，无线通信部件的功耗很高，通信功耗占了节点总功耗的绝大部分。因此，研究低功耗的通信协议特别是路由协议极为迫切。

(2) 传感器网络的规模更大，要求其路由协议必须具有更高的可扩展性。通常认为

MANET 支持的网络规模是数百个节点,而传感器网络则应能支持上千个节点。网络规模更大意味着路由协议收敛时间更长。网络规模越大,主动路由协议的路由收敛时间和按需(On-demand)路由协议的路由发现时间就越长,而网络拓扑保持不变的时间间隔则越短。在 MANET 中工作很好的路由协议,在传感器网络中性能却可能显著下降,甚至根本无法使用。

(3) 传感器网络拓扑变化性强,通常的 Hitemet 路由协议不能适应这种快速的拓扑变化。而这种变化又不像 MANET 网络那样是由节点移动造成的,因此,为 MANET 设计的路由协议也不适用于传感器网络。这就需要设计专门的路由协议,既能适应高度的拓扑时变,又不引入过多的协议开销或过长的路由发现延迟。

(4) 使用数据融合技术是传感器网络的一大特点,这使传感器网络的路由不同于一般网络。在一般的数据传输网络(如 Internet 或 MANET)中,网络层协议提供点到点的报文转发,以支持传输层实现端到端的分组传输。而在传感器网络中,感知节点没有必要将数据以端到端的形式传送给中心处理节点(Sink)或网关节点,只要有效数据最终汇集到 Sink 节点就达到了目的。因此,为了减少流量和能耗,传输过程中的转发节点经常将不同的入口报文融合成数目更少的出口报文转发给下一跳,这就是数据融合的基本含义。采用数据融合技术意味着路由协议需要作出相应的调整。

4. 数据融合

数据融合是关于协同利用多传感器信息进行多级别、多方面、多层次信息检测、相关、估计和综合以获得目标的状态和特征估计以及态势和威胁评价的一种多级自动信息处理过程,它利用计算机技术对按时序获得的多传感器的观测信息在一定的准则下加以自动分析和综合,从而产生新的有意义的信息,而这种信息是任何单一传感器所无法获得的。

数据融合研究中存在的问题如下:

(1) 未形成基本的理论框架和有效广义模型及算法。

虽然数据融合的应用研究相当广泛,但是数据融合问题本身未形成基本的理论框架和有效的广义融合模型及算法。目前对数据融合问题的研究都是根据问题的种类,各自建立直观认识原理(融合准则),并在此基础上形成所谓的最佳融合方案。如典型的分布式监测融合,已从理论上解决了最优融合准则、最优局部决策准则和局部决策门限的最优协调方法,并给出了相应的算法。但是这些研究反映的只是数据融合所固有的面向对象的特点,难以构成数据融合这一独立学科所必需的完整理论体系,从而使融合系统的设计具有一定的盲目性。

(2) 关联的二义性是数据融合中的主要障碍。

在进行融合处理前,必须对信息进行关联,以保证所融合的数据来自同一目标和事件,即保证数据融合信息的一致性。如果对不同目标或事件的信息进行融合,将难以使系统得出正确的结论,这一问题称为关联的二义性,它是数据融合中需要克服的主要障碍。由于在多传感器信息系统中引起关联二义性的原因很多,例如传感器测量不精确性、干扰等,因此,怎样建立信息可融合性的判断准则,如何进一步降低关联的二义性已经成为融合研究领域中迫切需要解决的问题。

(3) 融合系统的容错性或稳健性没有得到很好的解决。

冲突(矛盾)信息或传感器故障所产生的错误信息等的有效处理，即系统的容错性或稳健性也是信息融合理论研究中必须要考虑的问题。

4.3.7 WSN 的密钥管理

WSN 是由大量具有感知能力、计算能力和通信能力的微型传感器系统组成的网络。它可以使人们在任何时间、地点和环境条件下获取大量翔实而可靠的信息。因此，传感器网络在许多领域内有广泛的应用，特别是在军事领域。在这种情况下，认证和密钥管理等安全机制对在敌方区域内的传感器之间的安全通信非常重要。密钥预分配是传感器网络中最基本的安全机制之一，它利用密码技巧使传感器节点间能安全通信。但是，由于传感器节点上的能源限制，传感器利用传统的密钥预分配方案[如公开密钥密码学、密钥分布中心(KDC)]是不可行的。

如果 WSN 传输的数据对用户而言是敏感的，则实现 WSN 的安全通信至关重要。实现网络安全必须有一个现实可行的密钥管理系统作为基础。由于 WSN 节点结构紧凑，能力受到诸多限制，在有线网络和传统无线网络中的一些经典的密钥管理方案，如 Diffie-Helman 密钥交换协议、KDC、RSA 公开密钥体系等，在 WSN 中并不适用。

首先，WSN 是一种分布式无线网络，部署之后各节点之间依靠协同工作完成任务。WSN 的节点是嵌入式微设备，网络中并不存在高性能的服务器，所以不可能使用全局的 KDC 来完成密钥管理，也不可能存在全局的公钥基础设施(PKI)。

其次，WSN 安全面临的最大挑战是能量消耗。以 RSA 为代表的非对称公开密钥算法使用大量指数运算，这对于高性能的 PC 或工作站而言并不困难，但对于性能相对较低的 WSN 节点而言却是很难负担的。有人做过专门的相关研究，试验结果表明非对称密钥算法对 WSN 并不适用。表 4-7 显示了几种主要的非对称密钥算法在几种典型的 WSN 节点处理器上运行时的计算能耗。以 Motorola 的 MC68328 芯片为例，一次标准的 RSA 加密(1024 bit 密钥)就需要 840 mJ 能量，而该芯片的最大输出功率才 52 mW，即使是在性能较高的 MIPS84000 上，非对称加密计算的能耗所占用节点功率的比例仍然过大，节点在正常工作时无法承受如此大的计算能耗。

表 4-7 非对称密钥算法计算能耗

Processor	Clock/MHz	Power/mJ	Computational Energy Consumption/mJ				
			RSA Sign	RSA Verify	DSA sign	DSA Verify	Diffic-Hellman
z-180	10	300	3700	184	2300	4500	3640
MC68328	16	52	840	42	520	1040	829
MCF5204	33	625	775	39	480	960	765
MIPS R4000	80	230	16.7	0.81	9.9	20	15.9

由于非对称密钥体制不适合 WSN，现实的方案只能考虑使用对称密钥体制。在 Carman 等人的试验中，同样测试了对称密钥算法在 WSN 节点处理器上运行的能量消耗。表 4-8 显示了和表 4-7 中相同的处理器运行几种典型的对称密钥算法时的计算能耗。

表 4-8　对称密钥算法计算能耗

Processor	AES/(mJ/128 B)	SHA-1/(mJ/B)	MD5/(mJ/B)
z-180	0.24	0.012	0.006
MC68328	0.0130	0.000 65	0.006
MCF5204	0.038	0.001 894	0.000 947
MIPS R4000	0.001 15	0.000 058	0.000 029

从表 4-8 中可以看出，对称密钥算法的计算能量消耗较非对称密钥算法小几个数量级，比如 AES 加密算法的能耗在百分之一毫焦耳级以下，完全可以在 WSN 中应用，而 SHA 和 MDS 两种对称密钥算法中常用的散列函数计算能耗更小。当然，对称密钥算法的密钥长度比非对称密钥算法的密钥长度小，也是表中对称密钥计算能耗相对非对称密钥计算能耗较小的原因。实现对称密钥体制必须有相应的密钥管理方案作为支撑，密钥管理方案的实施通常有以下三种基本思路：

(1) 信任服务器分配模型，使用协商双方都信任的第三方服务器完成节点之间的密钥协商过程，典型的代表方案是 Kerberos。

(2) 自增强模型，使用非对称密钥，借助数字证书等方式管理密钥，典型的代表方案是基于 RSA 的 PKI。

(3) 密钥预分布模型，网络节点开始工作前预先分发密钥给各节点，节点开始工作后动态进行会话密钥协商工作只需要很简单的协议过程，整个过程是分布式的，不存在全局的密钥管理服务器。

根据前面的相关分析，第一、二种方案都无法在 WSN 中实施，只有第三种方案对于 WSN 而言才是现实可行的。传感器网络中的节点部署以后，一方面可通过预分配的密钥进行共享密钥协商，另一方面可不直接分配共享密钥。通过预分配密钥，邻节点间能协商共享密钥的概率，即安全通信概率 P 达到一定的值，使密钥共享图成为安全连通图，就可以实现整个网络的安全通信。这类方案的数学模型是随机图论，P 是一个随机概率，我们称这类方案为基于随机概率的预分配方案。ESchenauer-Gligor 方案(简称 E-G 方案)和 Chars-Perrig-Song 方案(简称 C-P-S 方案)都是基于随机概率的密钥预分配方案。

1. 密钥管理协议的分类与评价指标

传感器节点间共享的秘密密钥是消息加密、消息完整性保护和传感器节点认证的主要依据，因此，如何产生、分发、建立、更新、撤销这些密钥是首先需要解决的安全问题。

密钥管理协议分为预先配置密钥协议、有仲裁的密钥协议、分组分簇密钥协议等。预先配置密钥协议即传感器节点在部署时预先分配和安装将来要使用的密钥。这种方法简单，但是在动态 WSN 中增加或移除节点时不灵活。在有仲裁的密钥协议中，存在 KDC 或者可信第三方(TTP)负责建立密钥，KDC 或 TTP 可以是一个节点或者分散在一组可信任的节点中。分组分簇密钥协议中节点被划分成多个簇，每个簇有能力较强(表现在剩余能量上)的一个或者多个簇头，协助密钥分配中心或者基站共同管理整个 WSN。密钥的初始化分发和管理一般由簇头主持，协同簇内节点共同完成。

(1) 预先配置密钥。它可分为两种方法：

① 网络预分配密钥方法。WSN 共享一个秘密密钥，所有节点在配置前都要装载同样

的密钥。这种方法简单，但是若某个节点的密钥被敌人知道，则整个网络中使用的密钥就暴露了，从而整个网络的通信都失去了保密性。

② 节点间预分配密钥方法。在这种方法中，网络中的每个节点需要知道与其通信的所有其他节点的 ID 号，在每两个节点间共享一个独立的秘密密钥。如果每个节点都可能与网络中的其他节点通信，并建立一个共享的秘密密钥，假定节点总量为 n 个，则每个节点要存储 $n-1$ 个密钥，整个网络需要的密钥总量为 $n(n-1)/2$ 个。当节点数量达到几千个时，密钥的数量就比较大了。

(2) 有仲裁的密钥协议。仲裁协议假设存在建立密钥的 TTP，根据密钥建立的类型，可分为对称密钥分发协议和公钥分发协议。对称密钥分发通常由 KDC 完成。对公钥的分发通常比较容易。

密钥建立协议支持组节点的密钥建立，即建立一组节点之间通信需要使用的密钥。还有一种分等级的密钥确立协议叫作分层逻辑密钥，在具有相同层次的节点之间建立密钥关系。除了上述分类方法以外还有其他分类方法，表 4-9 给出了其他分类方法(密钥管理方案名称)及描述。

表 4-9 密钥管理方案名称及描述

密钥管理方案名称	描 述
基于主密钥的管理方案	网络中只有单一的密钥，进行加密、解密操作
对(Pairwise)密钥方案	把网络内的通信转化为节点间的通信模式，通过节点对之间的安全实现网络的安全
基于公钥的密钥管理方案	基于公钥技术的密钥管理方案，例如椭圆曲线公钥密码技术在传感器网络中的实现
预共享的密钥管理方案	这是目前研究比较成熟的模型，其中的方案主要有预分配机制、Q-Composite 机制、多路增强机制、随机预分配方案，以及基于位置信息的密钥管理方案等
动态密钥管理方案	提高了网络的适应能力，更好地支持了网络规模的变化
集中式密钥管理方案	主要包括 LEAP 协议、异构传感器网络密钥管理方案等

(3) 密钥管理方案的评价指标。评价一种密钥管理技术的好坏，不能仅从能否保障传输数据安全来进行评价，还必须满足以下准则：

① 抗攻击性(Resistance)：主要指抗节点妥协的能力。在无线传感器网络中，敌人可能捕获部分节点并复制这些节点来发起新的攻击。针对这种情况，无线传感器网络必须能够抵抗一定数量的节点被捕获而发起的新的攻击。

② 密钥可回收性(Revocation)：如果一个节点被敌人控制，对网络产生破坏行为，则密钥管理机制应能采取有效的方式从网络中撤销(Revoke)该节点。撤销机制必须是轻量级的，即不会消耗太多的网络通信资源和节点能量。

③ 容侵性(Resilience)：如果节点被捕获，则密钥管理机制应能够保证其他节点的密钥信息不会被泄露，即可以容忍网络中被捕获的节点数小于一定的阈值。同时，新节点能够方便地加入网络，参与安全通信。

2. 确定密钥分配方案 Blundo

(1) 节点间共享密钥。该模型保证了每个节点之间存在一对共享密钥，节点间会话密钥的建立可以利用该密钥生成。

优点：由于要求每个节点必须存储所有其他节点的共享密钥，因而任意两个节点间总可以建立共同的密钥；任何两个节点间的密钥对是独享的，其他节点不知道其密钥信息，任何一个节点被捕获不会泄露非直接连接的节点的密钥信息；模型简单，实现容易。

缺点：扩展性不好，新节点的加入需要更新整个网络中所有节点存储的密钥信息；一旦节点被捕获，敌人可以从节点存储的密钥信息获得该节点与网络所有节点的密钥信息；由于节点需要存储所有其他节点的密钥信息，所以网络规模有限。

(2) 节点与基站共享主密钥。网络中的每个节点与基站间共享一对主密钥，每个节点只需要很少的密钥存储空间，基站需要较高的计算和资源开销。

优点：对节点的资源和计算能力要求较低，计算复杂度低；密钥建立的成功率高，只要能与基站通信的节点都可以进行安全通信；支持节点的动态更新。

缺点：过分依赖基站的能力，基站是单一失效点，即一旦基站被捕获，整个网络即陷入瘫痪；网络的规模取决于基站的通信能力，基站会成为整个网络的通信瓶颈；多跳通信时，节点只负责透明地转发数据包，没有办法对信息报进行任何认证，恶意节点容易利用这一特点进行 DoS 攻击。

为减少节点间共享主密钥的存储空间，Blundo 提出了基于对称二元多项式的方案。

(3) Blundo 二元多项式方案。Blundo 在 1993 年利用二元 t 次多项式提出了对密钥分发

模型，其中多项式 $f(x,y) = \sum_{i,j=0}^{t} a_{ij} x^i y^j$ 具有对称性 $f(x, y) = f(y, x)$。节点部署前，任一节

点 m 将其身份 ID_m 作为参数替换多项式中的一个变量的结果 $f(ID_m, y)$ 存储。那么在部署后，只要某节点 n 知道节点 m 的 ID，便能建立对密钥 $f(ID_m, ID_n) = f(ID_n, ID_m)$。节点的存储开销会随网络规模的增加呈指数增长，扩展性较差，不适合无线传感器网络。

具体而言，设在公开信道上有 $n(n>2)$ 个用户，每对用户之间要建立一个可进行秘密通信的会话密钥。TA 是一个可信的第三方，一个"平凡的"解决方法是，对于任何一对用户 {U, V}，TA 选择一个随机密钥 $KU_V = KV_U$，并通过"离线"的安全信道传送 U 和 V。但是这种方法每个用户必须存储 $n-1$ 个密钥，且 TA 需要安全地传送 $C_n^2 = n(n-1)/2$ 个密钥。当网络用户数量较多时，这一代价是很高的，因而不是一个实用的解决方案。

Blundo 方案的巧妙之处是利用了关于 x 和 y 的多项式的对称性：对于所有的 x、y，$f(x, y) = f(y, x)$。这一性质可被用来构造共享的密钥。

该方案的步骤如下：

① 公开参数选择：TA 选定一个大素数 $p(p \geq n)$，每个用户 U 各自选定一个正整数 $r_U \in Z_p^*$，它们各不相同，TA 公开这些 r_U。

② TA 随机选定 $a, b, c \in Z_p^*$，并构造函数 $f(x, y) = (a + b(x + y) + cxy) \bmod p$。

③ 对每个用户 U，TA 计算多项式 $g_U(x) = f(x, r_U)$，并将 $g_U(x)$ 通过安全信道发送给 U。容易得到 $g_U(x) = a_U + b_U x$，其中 $a_U = (a + b \cdot r_U) \bmod p$，$b_U = (b + c \cdot r_U) \bmod p$。

如果 U 要与 V 进行秘密通信，那么 U 和 V 分别计算 $KU_V = g_U(r_V) \bmod p$，以及 $KV_U =$

$g_V(r_U)$ mod p。由于 $KU_V = g_U(r_V)$ mod $p = f(r_U, r_V)$ mod $p = g_V(r_U)$ mod $p = KV_U$，所以 U 与 V 可得到一个共享的密钥 $KU_V = KV_U$。

例　假设有 3 个用户 U、V 和 W，$p = 17$，用户的公开信息为 $r_U = 12$，$r_V = 7$ 及 $r_W = 1$。假定 TA 选择 $a = 8$、$b = 7$ 和 $c = 2$，于是多项式 f 为 $f(x, y) = 8 + 7(x + y) + 2xy$。

多项式 g 表示为

$$g_U(x) = 7 + 14x$$
$$g_V(x) = 6 + 4x$$
$$g_W(x) = 15 + 9x$$

由此产生的 3 个密钥为：$KU_V = 3$，$KU_W = 4$，$KV_W = 10$。容易验证：

用户 U 计算 $KU_V = g_U(r_V)$ mod $p = 7 + 14 \times 7$ mod $17 = 3$；

用户 V 计算 $KV_U = g_V(r_U)$ mod $p = 6 + 4 \times 12$ mod $17 = 3$。

3. 随机密钥分配方案 EG

确定性方案密钥管理方案是理解随机密钥分配方案的基础。为进一步减少在节点上存储密钥所需要的空间，提出了随机密钥预分发方案。随机密钥预分发方案最早由 Eschenauer 和 Gligor 提出，因此该方案也被称为 EG 方案。该方案的基本思想是首先建立一个比较大的密钥池，任何节点都拥有密钥池中的一部分密钥，那么任意两个节点间能够以一定的概率使双方拥有一对相同的密钥，从而建立安全通道。其思路可简单形象地比喻为：每个节点各自从一堆(Pool)密钥中随机取出一串(Ring)密钥，节点间将会以一定概率共享一对密钥。即使没有密钥也会从多跳间隔的发送端和接收端间共享路径密钥。

EG 方案的实施分为以下几个阶段：

(1) 密钥预分发。在一个比较大的密钥空间内，为一个无线传感器网络选择一个密钥池，并为选中的密钥池中的密钥附加一个唯一的 ID。在密钥预分发时，从密钥池中任意选择 m 个密钥部署在每个节点中。这 m 个密钥构成一个节点的密钥环，节点密钥环的大小根据节点存储能力而定。

(2) 共享密钥的发现。节点密钥预分发完成之后，它们就被部署到预期的位置，比如医院、战场等一些实际的应用场景。部署之后，每一个节点开始利用与周围节点共享的密钥，寻找自己的邻居节点。寻找邻居节点的方式有很多种，最简单的就是：节点通过广播自己的密钥 ID，寻找与自己有共享密钥的邻居节点，如果节点发现其他节点与自己有共同的密钥，则利用该共享密钥与其建立安全通信链路。但这种方法会增加网络传输开销，在能量受限的传感器网络中不可取。

(3) 路径密钥的建立。在随机预分配模型下，只有当两个节点存在共享密钥时，才可以进行通信。当两个节点间不存在共享密钥时，可通过在节点间建立一个路径密钥，从而建立安全通信链路。例如，假定节点 U 希望与节点 V 通信，但是两个节点间不存在共享密钥。U 首先与它的一个邻居节点 Z 发出信息，表示希望与 V 通信。如果节点 Z 与节点 V 存在共享密钥，则节点 Z 生成一个共享密钥 KU_V 分别发送给节点 U 和 V。此时，节点 Z 的作用可以视为一个中介，或者是密钥分发中心。经过共享密钥的发现和路径密钥对的建立，网络中的节点相互之间可以进行安全通信。同时，由于共享密钥是建立在各自拥有的密钥基础之上的，因而网络的安全性得到了保障。

(4) 密钥撤销机制。在该模型下，要考虑节点被捕获(妥协)的情况。由于每个节点包含一定数量的密钥信息，因而网络的安全受到一定的威胁。为了应对节点捕获，网络中的其他节点必须能够删除与被捕获节点间的共享密钥。为了能够检测被捕获的节点，EG 方案中设定了控制节点，该节点的功能类似于一些方案中的基站。它具有很高的安全性和可信赖性，能够检测出被捕获的节点。同时，该方案还假设在节点部署前，控制节点与网络中的所有节点具有共享密钥。EG 方案的改进 Q-Composite 可以参阅相关文献。

4.3.8　WSN 安全协议 SPINS

WSN 安全协议 SPINS 是 WSN 安全框架之一，它有两个模块：SNEP 和 uTELSA。SNEP 提供的安全保障是数据机密性、数据鉴别和数据新鲜度保证。不同于其他网络，WSN 往往通过广播方式工作，因此低能耗的广播鉴权(认证)协议是一个十分重要的研究问题。uTELSA 提供了在资源受限情况下的广播认证。

1. 轻量级安全协议 SNEP

SNEP 是一种低开销安全协议，只描述协议的过程，没有规定实际采取的具体算法，具体实现时可以根据实际情况选用不同的算法。

SNEP 中，每个节点都和基站之间共享一对主密钥 K_{master}，其他密钥通过使用主密钥来生成。SNEP 的优点是：具有较低的通信开销，每条消息仅仅增加 8 B；使用了计数器，避免了计数器值的传递；加密机制具有较高的安全性(如语义安全)，能够阻止窃听者从被加密的信息中推导出信息的内容；提供了数据认证、重放保护以及消息新鲜度(即消息重发置顶)等功能。

(1) SNEP 中的数据机密性。在使用 CTR(Counter)模式时，通信双方共享一个计数器，计数器的值作为每次通信加密的初始化向量，由于每次通信时计数器的值都不同，即使是相同的明文被加密也会导致不同的密文。通信双方共享计数器，在每个分组之后增加计数次数，于是避免了因传递计数器值而导致的能量消耗。加密的数据格式是：$E = \{D\}(K_e, C)$。其中，K_e 是加密密钥，C 是计数器的值，作为 CTR 模式的初始化向量。

(2) SNEP 中的数据完整性。通过 MAC 完成，有 MAC $= \{C \| E\}K_{mac}$。其中，C 是计数器值，E 是密文，K_{mac} 是数据完整密钥。这是一种密文鉴别的方法，即直接验证密文的完整性，避免了不必要的解密运算。K_e 和 K_{mac} 都是从主密钥 K_{master} 生成的，生成的方式可以依据实际情况选定，只要在通信双方均采用相同的生成算法生成密钥即可。例如，可利用 uTELSA 中定义的单向密钥生成函数 F 来生成这两个密钥：$K_e = F(1)(K_{master})$，$K_{mac} = F(2)(K_{master})$。

(3) SNEP 中消息的新鲜性。消息的新鲜性可防御重放攻击，SNEP 采用的强新鲜性认证使用了 Nonce 机制，Nonce 是一个使用一次的且无法预测的随机值，通常由伪随机数生成器产生。在节点 A 发送给节点 B 的消息中，包含了 Nonce 值 NA，在 B 对该消息的应对中需要包含该值。例如：

A→B：NA，$\{RQST\}(K_e, C)$，$\{C \| \{RQST\}(K_e, C)\}K_{mac}$

B→A：$\{RPLY\}(K_e, C')$，$\{NA \| C' \| \{RPLY\}(K_e, C')\}K_{mac}$

其中，RQST 是请求包，RPLY 是应答包。

(4) 节点间的安全通信。SPINS 中每个节点与基站(或者是 Sink 节点、网关等)之间共享一个主密钥，对于节点上传数据到基站的应用，这一方式是可行的，但在有些应用中，节点间或者簇内也需要通信，如果都经过基站转发，则效率较低。一个可行的办法就是通过基站建立节点间的临时通信密钥，这里基站起 KDC 的作用。例如，节点 A 和 B 之间需要通信，可采取的方式如下：

A→B: NA，A

B→S: NA，NB，A，B，{NA ∥ NB ∥ A ∥ B}KBS

S→A: {SKAB}KAS，{NA ∥ B ∥ {SKAB}KAS}KAS

S→B: {SKAB}KBS，{NA ∥ B ∥ {SKAB}KBS}KBS

其中，KAS 是 A 与基站 S 之间的共享主密钥，KBS 是 B 与基站 S 之间的共享主密钥，SKAB 是节点 A 和 B 之间将要建立的新的临时通信密钥。NA 和 NB 是 Nonce。

2. 广播认证协议 uTELSA

WSN 中，基站通常采用广播方式查询节点，节点收到广播包后，需要对广播包的来源进行认证，若通过认证，则再进行回复。若采取对称密钥，则广播认证和单播认证的区别在于：单播包的认证依赖于收、发节点间共享的一个密钥，而广播包认证需要全网络共享一个公共密钥。这导致安全性较差，即任何一个节点被捕获将会泄露整个网络的广播认证密钥。如果采取密钥更新的方法来更新广播认证密钥，则需要增加通信开销。传统的广播认证往往依赖于非对称密钥，即使用发送者数字签名，接收者用公钥进行验证。但是这种方式对于传感器网络而言开销太大，签署签名和验证签名的计算量较大，签名的传递也会导致额外的通信负担。针对传感器网络的广播认证问题，Adrian Perrig 等人设计了 uTELSA 协议。该协议使用对称密钥机制实现了一个轻量级的广播认证。

uTELSA 要求基站和节点间保持松散的时间同步，每个节点都知道最大同步误差的上限。为了发送广播认证包，基站计算该包的 MAC，使用的是该时间段的密钥。当一个节点收到该广播认证包时，通常认为验证该包 MAC 的密钥还没有被基站透露。既然只有基站拥有该密钥，那么可认为该包是没有被攻击者改变的。节点在缓存中存储该数据包，等待基站透露验证 MAC 的密钥。于是基站广播验证 MAC 的认证密钥给所有的接收者，节点接收到该密钥后，便可以验证缓存中的那个广播包的 MAC 的正确性。

MAC 密钥都是密钥链中的一个密钥，密钥链是通过一个单向函数 F 产生的。基站要事先生成这样一个密钥链，方法是：使用单向函数 F 计算 $K_i = F(K_{i+1})$。密钥链中的每个密钥都对应一个时间段，所有在同一时间间隔的广播包都使用同一个密钥进行认证。在两个时间间隔后，相应的密钥才透露。密钥透露是一个独立的广播数据包。时间松散同步的广播认证如图 4-19 所示。

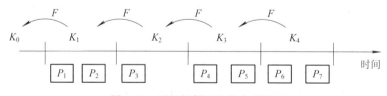

图 4-19　时间松散同步的广播认证

假设接收节点大体与基站时间同步，并知道初始密钥 K_0，数据包 P_1、P_2 中的 MAC 由密钥 K_1 生成，在时间间隔 1 内发送。

数据包 P_3 中的 MAC 由 K_2 生成，在时间间隔 2 内发送。此时接收者不能认证任何数据包，因为 K_1 要到时间间隔 3 才透露。

类似地，数据包 P_4 和 P_5 的 MAC 由 K_3 生成，在时间间隔 3 内发送。假设数据包 P_4 和 P_5 丢失了，同时透露密钥 K_1 的包也丢失了，则接收者仍然不能验证 P_1 和 P_2 的完整性(因为没有 K_1)。

在时间间隔 4，基站广播了密钥 K_2，节点可通过验证 $K_0 = F(F(K_2))$，并得到 $K_1 = F(K_2)$，这时可用 K_1 来验证 P_1 和 P_2 的完整性，利用 K_2 来验证 P_3 的完整性。

4.3.9　轻量级公钥密码算法 NTRU

下面简单介绍一个适合在资源受限系统中使用的轻量级公钥加密算法 NTRU，它被认为是实现空间最小的公钥加密算法(约 8 KB)，可用于传感器节点等嵌入式系统中，甚至是 RFID 标签上。NTRU 算法同时也是 IEEE 1363.1 公钥加密算法标准的一部分。NTRU 算法用到了一些抽象代数中的基本概念，如多项式环。

NTRU 公开密钥算法是一种快速公开密钥体制，于 1996 年在密码学顶级会议 Crypto 会议上由美国布朗大学的 Hoffstein、Pipher、Silverman 三位数学家提出。经过几年的迅速发展与完善，该算法在密码学领域中受到了高度的重视，并在实际应用(如无线传感器网络中的加密)中取得了很好的效果。现在还有研究人员试图将其用到 RFID 系统的加密中。

NTRU 是一种基于多项式环的密码系统，其加密、解密过程基于环上多项式代数运算和对数和的模约化运算，由正整数 N, p, q 以及 4 个 $N-1$ 次整系数多项式(f, g, r, m)集合来构建。N 一般为一个大素数，p 和 q 在 NTRU 中一般作为模数，这里不需要保证 p 和 q 都是素数，但是必须保证 $\gcd(p, q) = 1$，而且 q 比 p 要大得多。$R = Z[X]/(X^N - 1)$ 为多项式截断环，其元素 $f(f \in \mathbf{R})$ 为：$f = a_{N-1}x^{N-1} + \cdots + a_1 x + a_0$。定义 $\mathbf{R}$ 上多项式元素加运算为普通多项式之间的加运算，用符号+表示，$\mathbf{R}$ 上多项式元素乘法运算为普通多项式的乘法运算，乘积结果要进行模多项式 $x^N - 1$ 的运算，即 2 个多项式的卷积运算，称为星乘，用 $\otimes$ 表示。$\mathbf{R}$ 上多项式元素模 q 运算就是把多项式的系数作模 q 处理，用 $\bmod q$ 表示。

1. NTRU 密码体制描述

(1) 密钥生成。随机选择两个 $N-1$ 次多项式 f 和 g 来生成密钥。利用扩展的 Euclidean 算法对 f 求逆。如果不能求出 f 的逆元，则重新选取多项式 f。用 F_p、F_q 表示 f 对 p 和 q 的乘逆，即

$$F_q \otimes f \equiv 1 \bmod q, \ F_p \otimes f \equiv 1 \bmod p$$

计算：

$$h \equiv F_q \otimes g \bmod q$$

最后得：公钥为 (N, p, q, h)，私钥为多项式环 (f, F_q)。

这里 F_p 可以从 f 计算得到，仍然作为私钥存储，这是因为在解密时需要使用这个多项式，而 F_q 和 q 就不需要存储了。

(2) 加密算法。首先把消息表示成次数小于 N 且系数的绝对值至多为 $(p-1)/2$ 的多项式 m，然后随机选择多项式 $r \in L$，并计算：

$$c \equiv (pr \otimes h + m) \bmod q$$

密文是多项式 c。

(3) 解密算法。收到密文 c 后，可以使用私钥 (f, F_p) 对密文 c 进行解密。依次计算：

$$a \equiv (f \otimes c) \bmod q, \ a \in (-q/2, q/2)$$
$$b \equiv a \bmod p$$
$$m \equiv F_p \otimes b \bmod p$$

2. 注解

解密过程有时候可能无法恢复出正确的明文，因为在解密过程中，

$$n' \equiv (f \otimes c) \bmod q \equiv f \otimes (pr \otimes h+m) \bmod q \equiv (pr \otimes g + f \otimes m) \bmod q$$

如果多项式 $(pr \otimes g + f \otimes m)$ 的系数不在区间 $(-q/2, q/2)$，则

$$f \otimes (pr \otimes h+m) \bmod q \neq pr \otimes g + f \otimes m$$

设 $f \otimes (pr \otimes h+m) = pr \otimes g + f \otimes m + qu$，$u$ 为多项式，并且 u 的系数不全为 0，计算：

$$e' \equiv F_p \otimes a' \bmod q \equiv F_p \otimes (pr \otimes g + f \otimes m + qu) \bmod q$$
$$\equiv (F_p \otimes pr \otimes g + F_p \otimes f \otimes + F_p \otimes qu) \bmod q$$

因为 p 和 q 互素，所以 $e' = m + F_p \otimes qu \bmod p \neq m$，故解密失败。

通过选择恰当的参数 N、p、q 能够避免以上错误，例如取 $(N, p, q) = (107, 3, 64)$ 和 $(N, p, q) = (503, 3, 256)$，实验表明解密错误的概率小于 5×10^{-5}，这就是通常能正确解密的原因。

3. 安全性

NTRU 算法的安全性是基于数论中在一个具有非常大的维数的格(Lattice)中寻找最短向量问题(SVP)是困难的。所谓格，是指在整数集上的一个基向量组的所有线性组合的集合。目前解决这个问题的最有效方法是 1982 年人们提出的 LLL(Lenstra-Lenstra-Lovasz)算法，但该算法也只能解决维度在 300 以内的情况。只要恰当地选择 NTRU 的参数，其安全性与 RSA、ECC 等加密算法是一样安全的。表 4-10 给出了 NTRU、RSA 以及 ECC 安全强度的比较。

表 4-10　NTRU、RSA、ECC 的安全性比较(密钥长度的比较)

NTRU/bit	RSA/bit	ECC/bit
167	512	113
251	1024	163
347	2048	224
503	4096	307

4. 效率

由于 NTRU 只包括小整数的加、乘、模运算，在相同安全级别的前提下，NTRU 算法的速度要比其他公开密钥体制如 RSA 和 ECC 的算法快得多，产生密钥的速度很快，密钥的位数较小，存储空间也较小。例如，对于长度为 n 的加密明文(解密密文)，NTRU 需要的运算量为 $O(n^2)$，而 RSA 为 $O(n^3)$。因此，NTRU 算法可降低对带宽、处理器、存储器的性

能要求，这使得其在智能卡、无线通信等应用中有实体认证与数字签名的需求时，NTRU公钥密码算法是目前一个很好的选择。NTRU 已被接受为 IEEE 1363 标准。表 4-11 给出了这三种公钥体制运算次数的比较。

表 4-11　NTRU 与 RSA 以及 ECC 运算次数的比较

公 钥 体 制	基 本 运 算	需要的运算次数	
		加密	解密
NTRU	卷积	1	2
RSA	模乘	17	≈1000
ECC	椭圆曲线上有理点标量乘	≈160	≈160

4.4　物联网终端系统安全

　　物联网感知层存在大量的终端设备，包括前面介绍的 RFID 标签、读写器以及 WSN 的传感器节点等。智能手机就是一种随身携带的"超级"感知和识别设备。智能手机上可以配备的传感器种类繁多，如加速度传感器、陀螺仪传感器、温度传感器、地磁传感器、方向传感器、压力传感器、距离传感器、光线亮度传感器等。手机具备 GPS 定位功能，可提供基于位置的服务。手机上的摄(照)像功能也是感知声音、图像、影像能力的体现，加上语音识别和手写字体识别，就表现为一种识别能力。如果 RFID 标签附着在手机内部，手机便具有标识(手机使用者)的功能，于是产生了手机门票。手机触摸屏装有 RFID 读写器，于是手机便具有了读取标签识别物体的能力。

　　广义而言，物联网终端通常可分为两种：一种是感知识别型终端，以二维码、RFID、传感器为主，实现对"物"的识别或环境状态的感知；另一种是应用型终端，包括输入/输出控制终端，如计算机、平板电脑、智能手机等终端。感知识别型终端的系统安全中，以嵌入式系统的安全问题为代表；应用型终端的系统安全问题中，以智能手机的安全问题为重中之重。因此，本节重点介绍嵌入式系统安全和智能手机系统安全。

4.4.1　嵌入式系统安全

　　一套完整的嵌入式系统是由相关的硬件及其配套的软件构成的。硬件部分又可以分为电路系统和芯片两个层次。在应用环境中，恶意攻击者可能从一个或多个设计层次对嵌入式系统展开攻击，从而达到窃取密码、篡改信息、破坏系统等非法目的。若嵌入式系统应用在金融支付、付费娱乐、军事通信等高安全敏感领域，则这些攻击可能对嵌入式系统的安全带来巨大威胁，给用户造成重大损失。根据攻击层次的不同，这些针对嵌入式系统的恶意攻击可以分为软件攻击、电路系统级的硬件攻击以及基于芯片的物理攻击三种类型，如图 4-20 所示。

图 4-20　嵌入式系统安全问题

1. 嵌入式系统安全需求分析

在各个攻击层次上均存在一批非常典型的攻击手段。这些攻击手段针对嵌入式系统不同的设计层次展开攻击，威胁嵌入式系统的安全。下面对嵌入式系统不同层次上的攻击分别予以介绍。

(1) 软件层次的安全性分析。在软件层次，嵌入式系统运行着各种应用程序和驱动程序。在这个层次上，嵌入式系统所面临的恶意攻击主要有木马、蠕虫和病毒等。从表现特征上看，这些不同的恶意软件攻击都具有各自不同的攻击方式。病毒是通过自我传播以破坏系统的正常工作为目的；蠕虫是以网络传播、消耗系统资源为特征；木马则需要通过窃取系统权限从而控制处理器。从传播方式上看，这些恶意软件都是利用通信网络予以扩散。在嵌入式系统中最为普遍的恶意软件就是针对智能手机所开发的病毒和木马。这些恶意软件体积小巧，可以通过 SMS 短信、软件下载等隐秘方式侵入智能手机系统，然后等待合适的时机发动攻击。尽管在嵌入式系统中恶意软件的代码规模都很小，但是其破坏力巨大。2005 年，在芬兰赫尔辛基世界田径锦标赛上大规模爆发的手机病毒 Cabir 便是恶意软件攻击的代表。截至 2021 年 12 月，已经发现的手机病毒有 400 余种，根据"云安全"数据分析中的统计，目前的手机病毒总数超过了 2500 种，并且针对智能手机的木马病毒等各种恶意代码数量还在迅猛增加。恶意程序经常会利用程序或操作系统中的漏洞获取权限，展开攻击。最常见的例子就是由缓冲区溢出所引起的恶意软件攻击。攻击者利用系统中正常程序所存在的漏洞对系统进行攻击。

(2) 系统层次的安全性分析。在嵌入式设备的系统层次中，设计者需要将各种电容电阻以及芯片等不同的器件焊接在印制电路板上组成嵌入式系统的基本硬件，然后将相应的程序代码写入电路板上的非易失性存储器中，使嵌入式系统具备运行能力，从而构成整个系统。为了能够破解嵌入式系统，攻击者在电路系统层次上设计了多种攻击方式。这些攻击都是通过在嵌入式系统的电路板上施加少量的硬件改动，并配合适当的底层汇编代码来达到欺骗处理器、窃取机密信息的目的。在这类攻击中，具有代表性的攻击方式主要有总线监听、总线篡改以及存储器非法复制等。

(3) 芯片层次的安全性分析。嵌入式系统的芯片是硬件实现中最低的层次，然而在这个层次上依然存在着面向芯片的硬件攻击。这些攻击主要期望能从芯片器件的角度寻找嵌入式系统安全漏洞，实现破解。根据实现方式的不同，芯片级的攻击方式可以分为侵入式和非侵入式两种。其中，侵入式攻击方式需要将芯片的封装予以去除，然后利用探针等工具直接对芯片的电路进行攻击。侵入式的攻击方式中，以硬件木马攻击最具代表性。而非侵入式的攻击方式主要是指在保留芯片封装的前提下，利用芯片在运行过程中泄露的物理信息进行攻击的方式，这种攻击方式也被称为边频攻击。硬件木马攻击是一种新型的芯片级硬件攻击。这种攻击方式通过逆向工程分析芯片的裸片电路结构，然后在集成电路的制造过程中，向芯片硬件电路中注入的带有特定恶意目的的硬件代码，即"硬件木马"，从而达到在芯片运行过程中对系统的运行予以控制的目的。硬件木马攻击包括木马注入、监听触发以及木马发作三个步骤。首先，攻击者需要分析芯片的内部电路结构，在芯片还在芯片代工厂制造时将硬件木马电路注入正常的功能电路中；待芯片投入使用后硬件木马电路监听功能电路中的特定信号；当特定信号达到某些条件后，硬件木马电路被触发，木马电路完成攻击者所期望的恶意功能。经过这些攻击步骤，硬件木马甚至可以轻易地注入加密模块，干扰其计算过程，从而降低加密的安全强度。在整个攻击过程中，硬件木马电路的设计与注入是攻击能否成功的关键。攻击者需要根据实际电路设计，将硬件木马电路寄生在某一正常的功能电路之中，使其成为该功能电路的旁路分支。

2. 嵌入式系统的安全架构

物联网的感知识别型终端系统通常是嵌入式系统。所谓嵌入式系统，是指以应用为中心，以计算机技术为基础，并且软/硬件是可定制的，适用于对功能、可靠性、成本、体积、功耗等有严格要求的专用计算机系统。嵌入式系统的发展经历了无操作系统、简单操作系统、实时操作系统和面向 Internet 四个阶段。嵌入式系统的典型结构如图 4-21 所示。

图 4-21　嵌入式系统的典型结构

下面结合嵌入式信息系统的结构，从硬件平台、操作系统和应用系统三个方面对嵌入式系统的安全性加以分析。

1) 硬件平台的安全性

为适应不同应用功能的需要，嵌入式系统采取多种多样的体系结构，攻击者可能采取的攻击手段也呈现多样化的特点。区别于 PC 系统，嵌入式信息系统可能遭到的攻击存在于系统体系结构的各个部分。

(1) 对可能发射各类电磁信号的嵌入式系统，利用其传导或辐射的电磁波，攻击者可能使用灵敏的测试设备进行探测、窃听，甚至拆卸，以便提取数据，导致电磁泄漏攻击或者侧信道攻击。而对于嵌入式存储元件或移动存储卡，存储部件内的数据也容易被窃取。

(2) 针对各类嵌入式信息传感器、探测器等低功耗敏感设备，攻击者可能引入极端温度、电压偏移和时钟变化，从而强迫系统在设计参数范围之外工作，表现出异常性能。特殊情况下强电磁干扰或电磁攻击可能将毫无物理保护的小型嵌入式系统彻底摧毁。

2) 操作系统的安全性

与 PC 不同的是，嵌入式产品采用数十种体系结构和操作系统，著名的嵌入式操作系统包括 Windows CE、VxWorks、pSoS、QNX、PalmOS、OS-9、LynxOS、Linux 等，这些系统的安全等级各不相同。由于运行的硬件平台计算能力和存储空间有限，各类嵌入式操作系统普遍存在精简代码而牺牲其安全性的情况。嵌入式操作系统普遍存在的安全隐患如下：

(1) 由于系统代码精简，对系统的进程控制能力并没有达到一定的安全级别。

(2) 由于嵌入式处理器的计算能力受限，缺少系统的身份认证机制，攻击者可能很容易破解嵌入式操作系统的登录口令。

(3) 大多数嵌入式操作系统文件和用户文件缺乏必要的完整性保护控制。

(4) 嵌入式操作系统缺乏数据的备份和可信恢复机制，系统一旦发生故障便无法恢复。

(5) 各种嵌入式信息终端病毒正在不断出现，并且大多通过无线网络注入终端。

3) 应用软件的安全性

应用软件的安全问题包括三个层面：① 应用软件应用层面的安全问题，如病毒、恶意代码攻击等；② 应用软件中间件的安全问题；③ 应用软件系统层面(如网络协议栈)的安全问题，如数据窃听、源地址欺骗、源路由选择欺骗、鉴别攻击、TCP 序列号欺骗、拒绝服务攻击等。

4) 嵌入式系统安全的对策

通常嵌入式系统安全的对策可根据安全对策所在位置分为四层，如图 4-22 所示。

安全应用层(应用程序、网络安全协议等)
软件安全架构层(操作系统、虚拟机等)
硬件安全架构层 (处理器、内存、加密处理器等)
安全电路层(电路元件、封装等)

图 4-22　嵌入式系统的分层安全对策

(1) 安全电路层。通过对传统的电路加入安全措施或改进设计，实现对涉及敏感信息的电子器件的保护。可以在该层采用的措施主要有：通过降低电磁辐射加入随机信息等来降低非入侵攻击所能测量到的敏感数据特征；加入开关、电路等对攻击进行检测，例如用开关检测电路物理封装是否被打开等。在关键应用如工业控制中还可使用容错硬件设计和可靠性电路设计。

(2) 硬件安全架构层。该方法借鉴了可信平台模块(TPM)的思路，可采取的措施包括：加入部分硬件处理机制支持加密算法甚至安全协议；使用分离的安全协议处理器模块，用来处理所有的敏感信息；使用分离的存储子系统(RAM、ROM、Flash 等)作为安全存储区域，这种隔离可以限制只有可靠的系统部件才可以对安全存储区域进行存取。如果上述措施还不能实现，则可以利用存储保护机制(即通过总线监控硬件来区分对安全存储区域的存取是否合法)来实现，对经过总线的数据在进入总线前进行加密以防止总线窃听等。实际的例子包括 ARM 公司的 Trustzone 和 Intel 的 LaGrande 等。

(3) 软件安全架构层。该层主要通过增强操作系统或虚拟机(如 Java 虚拟机)的安全性来增强系统安全。例如，微软的 NGSCB 通过与相应硬件(如 Intel LaGrande)协同工作提供以下增强机制：① 进程分离(Process Isolation)，用来隔离应用程序，免受外来攻击；② 封闭存储(Sealed Storage)，让应用程序安全地存储信息；③ 安全路径(Secure Path)，提供从用户输入到设备输出的安全通道；④ 证书(Attestation)，用来认证软/硬件的可信性。其他方法还有通过加强 Java 虚拟机的安全性，对非可靠的代码使其在受限制和监控的环境中运行(如沙盒，即 Sand Box)等。另外，该层还对应用层的安全处理提供必要的支持。例如，在操作系统之内或之上充分利用硬件安全架构的硬件处理能力优化和实现加密算法，并向上层提供统一的应用编程接口等。

(4) 安全应用层。通过利用下层提供的安全机制，实现涉及敏感信息的安全应用程序，保障用户数据安全。这种应用程序可以是包含提供 SSL 安全通信协议的复杂应用，也可以是仅仅简单查看敏感信息的小程序，必须符合软件安全架构层的结构和设计要求。

3. TinyOS 与 TinyECC 简介

由于传感器硬件平台的资源极为有限，典型的嵌入式操作系统如 VxWorks、QNX 等功能过于复杂，可能很难在传感器硬件平台上高效运行。目前已经出现多种适合于无线传感器网络应用的操作系统，如 TinyOS、MantisOS、SOS 等。其中 TinyOS 是目前无线传感器网络研究领域使用最为广泛的操作系统。

TinyOS 是美国加州大学伯克利分校开发的用于传感器节点的开源操作系统，其设计的主要目标是代码量小、耗能少、并发性高、鲁棒性好，可以适应不同的应用，是一种基于组件的(Component-based)操作系统。系统由一个调度器和一些组件组成。组件由下到上可分为硬件抽象组件、综合硬件组件和高层软件组件。高层组件向底层组件发出命令，底层组件向高层组件报告事件。调度器具有两层结构：第一层维护命令和事件，主要是在硬件中断发生时对组件的状态进行处理；第二层维护任务(负责各种计算)，只有当组件状态维护工作完成后，任务才能被调度。TinyOS 的组件层次结构类似于网络协议栈，底层的组件负责接收和发送最原始的数据位，而高层的组件对这些位数据进行编码、解码，更高层的组件则负责数据打包、路由和传输数据。TinyOS 体系结构如图 4-23 所示。

图 4-23　TinyOS 体系结构

TinyOS 是用 nesC 语言编写的，基于 TinyOS 的应用程序也使用 nesC 语言编写。nesC 是专门为资源极其受限、硬件平台多样化的传感器节点设计的开发语言。TinyOS 的程序核心往往很小(核心代码和数据大概 400 B)，能够有效缓解传感器存储资源少的问题，使其有效地运行在传感器硬件平台上。它还提供了一系列可重用的组件，可以简单方便地编写程序，获取和处理传感器的数据并进行无线传输。这种组件编程的最大优点是可以增加代码的复用性，使得代码更容易移植到不同的节点平台上，而且采用这种基于组件的开发，能够快速实现各种应用。

为了简化设计并降低实现开销，TinyOS 核心使用了事件驱动的单线程任务调度机制，这和传统操作系统的多线程调度机制完全不同。这意味着在任何时刻，处理器只能执行一个任务。因此，如果当前正在执行一个任务，则处理器必须等这个任务处理完毕，才能开始处理另一个任务。为了保证系统的响应性，一般单个 TinyOS 任务的执行时间不能太长。另外，单个 TinyOS 任务中不能有 I/O 等阻塞的调用。

TinyOS 中的通信采用主动消息通信模型，它是一个简单的、可扩展的、面向消息通信的高性能通信模式，一般广泛应用在并行分布式处理系统中。主动消息不但可以让应用程序开发者避免使用忙等待方式等待消息数据的到来，而且可以在通信和计算之间形成重叠，可以大大地提高 CPU 的使用效率，并减少传感器节点的能耗。如果把主动消息通信实现为一个组件，那么就可以屏蔽下层不同的通信硬件，为上层应用提供基本的、一致的通信原语，方便应用层开发人员开发各种不同的应用。

TinyOS 提供了一系列关键服务，包括：

(1) 核心服务，如读取传感器、串口通信、读取程序内存和外存、基本的点对点传输服务等。

(2) 数据收集协议，如 CTP。CTP 集成了链路重传、链路估计等技术，可以将多个节点上的数据通过该多跳路由传到汇聚节点。

(3) 数据分发协议，如 Drip 和 Dip。两者可以通过汇聚节点分发多种系统参数，并在网络内维持一致性。

(4) 时间同步协议，如 FTSP。FTSP 协议通过在网络内交换同步消息，达到全网同步。

(5) 网络重编程协议，如 Deluge。Deluge 协议可以通过汇聚节点分发程序代码，并通过节点自编程，达到应用程序更新以及程序重编程的目的。

在 TinyOS 上可以运行 TinyECC。TinyECC 是美国北卡罗莱纳州立大学 Ping Ning 教授团队开发的一款基于 ECC 的软件包，提供了签名方案(ECDSA)、密钥交换协议(ECDH)以及加密方案(ECIES)。该软件使用了一些优化选项，可以根据开发的实际需要使用这些选项。

TinyECC2.0 是用于 TinyOS2.x 平台的一个版本，使用 nesC 实现，并可以根据特定的传感器平台进行优化，已经在传感器硬件 MICA2/MICAz、TelosB/Tmote Sky、BSNV3 以及 Imote2 上测试过，并且支持 SECG 推荐的 128 bit、160 bit、192 bit 椭圆曲线域参数。

4.4.2　智能手机系统安全

智能手机系统安全主要涉及手机操作系统安全及手机病毒的防治。目前智能手机采用的操作系统主要有 Google Android 平台、苹果的 iOS 系统、微软的 Windows Mobile 操作系统(Window Phone 7、Windows 8)、以诺基亚为主要发起厂商的 Symbian 操作系统、Palm 操作系统、Linux 操作系统等。

操作系统作为智能手机软件的平台，管理智能手机的软硬件资源，为应用软件提供各种必要的服务，且市场上操作系统层出不穷，每一种智能手机的操作系统都有各自的优缺点，智能手机操作系统的比较将必不可少。同样，智能手机操作系统也存在安全漏洞，如何避免这些安全漏洞已成为当前研究、开发智能手机的一个热点。

随着终端操作系统的多样化，手机病毒将呈现多样性的趋势。随着基于 Android 操作系统的智能手机快速发展，此种操作系统的手机也日渐成为黑客攻击的目标。

1. 智能手机病毒简介

手机病毒会利用手机操作系统的漏洞进行传播。手机病毒是以手机为感染对象，以通信网络(如移动通信网络、蓝牙、红外线)为传播媒介，通过短信、彩信、电子邮件、聊天工具、浏览网站、下载铃声等方式进行传播。手机病毒的主要危害可以分为以下四种情况：

(1) 导致用户手机里的个人隐私外泄。

(2) 控制手机进行强行消费，拨打付费电话，订购高额短信服务，导致通信费用剧增。

(3) 通过手机短信的方式传播非法信息，如发送垃圾邮件、垃圾短信等。

(4) 破坏手机软件或者硬件系统，如 SIM 卡损毁；造成手机通信瘫痪，如手机死机等。

同计算机病毒类似，手机病毒具有病毒的一般特性：

(1) 传播性。手机病毒具有把自身复制到其他设备或者程序的能力，其可以自我传播，也可将感染的文件作为传染源，并借助该文件的交换、复制再传播，感染更多手机。

(2) 隐蔽性。手机病毒隐藏在正常程序中，当用户使用该程序时，病毒乘机窃取系统的控制权，然后执行病毒程序，而这些动作是在用户没有察觉的情况下完成的。

(3) 潜伏性。病毒感染系统后不立即发作，可能在满足触发条件时才开始发作。

(4) 破坏性。无论何种手机病毒，一旦侵入手机都会对手机软/硬件造成不同程度的影响，轻则降低系统性能、破坏丢失数据和文件导致系统崩溃，重则可能损坏硬件。

手机病毒的分类依据包括工作原理、传播方式、危害对象和软件漏洞出现的位置。

(1) 根据手机病毒的工作原理划分，手机病毒可以分为以下五类：

① 引导型病毒。智能手机具有操作系统，引导型病毒是一种在系统开机自检(BIOS)完成后，进入操作系统引导时开始工作的病毒。引导型病毒先于操作系统执行。病毒先获得控制权，将真正的引导区内容转移或替换，待病毒程序执行后，再将控制权交给真正的引导区内容，带病毒的系统看似正常运转，其实病毒已隐藏在系统中。

② 宏病毒。宏病毒是一种寄存在文档或模板(如 Word、PowerPoint 文件等)宏中的病毒，宏是一种可以自动执行的代码，一旦打开这样的文档，其中的宏病毒便会执行。宏病毒主要是使用某个应用程序自带的宏编程语言(如 VB Script)编写。智能手机可以安装阅读 Word 和 PowerPoint 文档的应用软件，可能遭到这种病毒的攻击。

③ 文件型病毒。文件型病毒主要是感染可执行文件(如 apk 文件)的病毒，它通常隐藏在宿主(Host)程序中，执行宿主程序时，先执行病毒程序再执行宿主程序。它的安装必须借助病毒的装载程序，已感染病毒的文件执行速度会减慢。

④ 蠕虫(Worm)病毒。蠕虫的特征是在手机和手机之间自动地自我复制，它接管了手机中传输文件或信息的功能。一旦手机感染蠕虫病毒，蠕虫即可独自大量复制和传播。

⑤ 木马(Trojan Horse)病毒。这类病毒是在正常程序中植入恶意代码，当用户启动程序时，该恶意代码也同时运行，并做一些破坏性动作。

(2) 根据手机病毒传播方式划分，手机病毒可以分为四类：通过手机外部通信接口进行传播，如蓝牙、红外、WiFi 和 USB 等；通过互联网接入进行传播，如网站浏览、电子邮件、网络游戏、下载程序、聊天工具等；通过电信增值服务(业务)传播，如 SMS、MMS 等；通过手机自带应用程序进行传播，如 Word 文档、电子书等。

(3) 根据手机病毒的危害对象划分，手机病毒可分为两类：危害手机终端的病毒和危害移动通信核心网络的病毒。

(4) 根据软件漏洞出现的位置划分，手机病毒可分为四类：手机操作系统漏洞病毒、手机应用软件漏洞病毒、交换机漏洞病毒和服务器漏洞病毒。

2. 安全手机操作系统的特征

安全的手机操作系统通常具有以下五种特征：

(1) 身份验证：确保所有访问手机的用户身份真实可信。可以采用的身份认证方式有口令认证、智能卡认证、生物特征识别(如指纹识别)及实体认证机制等方式。

(2) 最小特权：每个用户在通过身份验证后，只拥有恰好能完成其工作的权限，即将其拥有的权限最小化。

(3) 安全审计：对指定操作的错误尝试次数及相关安全事件进行记录、分析。

(4) 安全域隔离：分为物理隔离和逻辑隔离。物理隔离是指对移动终端中的物理存储空间进行划分，不同的存储空间用于存储不同的数据或代码，而逻辑隔离主要包括进程隔离和数据的分类存储。

(5) 可信连接：对于无线连接(蓝牙、红外、WLAN 等)，默认属性应设为"隐藏"或者"关闭"以防非法连接；在实际连接时，需要对所有请求连接进行身份认证。

3. Andorid 系统简介

Android 是 Google 与开放手持联盟(OHA)合作开发的基于 Linux 2.6 平台的开源智能手机操作系统平台。Android 系统包括四层结构，如图 4-24 所示。

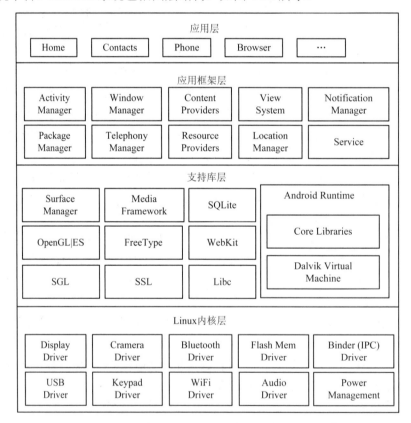

图 4-24 Android 系统架构

(1) 应用层。Android 操作系统的用户应用层直接面向用户，完成显示以及与用户交互的功能，包括一系列主要的应用程序包，如 E-mail 客户端、SMS 短信程序、浏览器等。

(2) 应用框架层(Application Framework)。该层专门为应用程序的开发而设计，提供允许开发人员访问核心应用程序所使用的 API 框架。它由一系列服务和系统构成，提供功能管理和组件重用机制，包含电源管理、窗体管理、资源管理等。

(3) 支持库层(Libraries)。该层包含虚拟机，主要与进程运行相关，Dalvik 虚拟机 DVM 是类似 JVM 的虚拟机，提供 Java 语言的运行环境，每一个 Android 程序都有独立的 Dalvik 虚拟机为其提供运行环境。核心库(Core Libraries)提供了 Java 编程语言核心库的大多数功能。Libraries 中的代码主要基于 C/C++，为上层的应用程序框架提供访问硬件的方式，可用于较底层的应用程序，其中比较重要的是对 SQL Lite 的支持、2D/3D 图像技术的支持以及多媒体解码等。

(4) Linux 内核层(Linux Kernel)。Android 的内核为 Linux 2.6 内核，Linux 内核为 Android 手机提供了一系列硬件驱动，它主要用于保障安全性、内存管理、进程管理、网络协议栈等。

4. OMS 平台简介

OMS(Open Mobile System)是中国移动通信集团基于 Google Android 1.5 平台设计的一种更适合我国国情和我国人民习惯的智能手机操作系统。OMS 系统与 Android 系统同样采用 Linux 内核，通过 TD 通信模块以 Modem AP 的方式桥接使 Android 平台兼容中国移动 TD-SCDMA 网络。第一款搭载 OMS 系统的手机是联想 O1。

OMS 是一个开放的移动互联终端软件平台，包括一个 Linux 操作系统、一个 Dalvik 虚拟机、一个 Web 浏览器，以及中间件和一些关键应用。OMS 来源于 Android 平台，除了包括 Android 的组成部分外，还集成了很多中间件以及中国移动的增值服务。OMS 系统架构如图 4-25 所示。

OMS SDK 是支持两类应用程序即 OMS 应用程序和 Widget 应用程序的开发工具包。

OMS 应用程序是基于 Java 的应用程序，类似于 Android 应用程序。但是与 Android 相比，OMS 提供许多特有的 OMS API，可以使用 OMS API 和 Android API 开发 OMS 应用程序。任何使用 Android API 创建的应用程序都可以正常运行在 OMS 手机上，然而使用了 OMS 扩展 API 的应用程序却不能在 Android 手机上运行，这些 API 需要 OMS 平台的高级特征，可以在 Eclipse IDE 里使用 Android 开发工具(ADT)创建 OMS 应用程序。ADT 插件包括多种强大的扩展，使得创建、编辑、运行和调试 OMS 应用程序更快、更方便。

OMS 支持的第二类应用程序是 Widget 应用程序(如 Xhtml、CSS、JavaScript 等)。Widget 应用程序是 OMS 的亮点，因为 Android 还不支持 Widget 应用程序开发。在 OMS 中，Widget 应用程序遵循 JIL(Joint Innovation Lab)Widget 规范。若使用 Eclipse IDE 开发 Widget 应用程序，可安装一个定制插件 WDT(Widget Development Tools)，该插件集成了对 Widget 项目的支持。WDT 插件包括多个功能强大的扩展，使得创建、编辑、构建、运行和调试 Widget 应用程序更加快捷方便。

OMS 作为国内企业主导开放的移动终端操作系统，虽然在推广上面临诸多的挑战，但从系统安全和国家安全的角度而言，这样做是有必要的。目前关于 OMS 平台的安全性分析方面的文献仍然十分少见。据报道，OMS 在多个层面引入安全策略以保证移动终端和用户数据的安全性，同时还具备系统备份还原机制以防止用户数据丢失。

随着移动互联网大潮的来临以及智能手机、平板电脑的普及，智能手机与平板电脑的应用将逐步增多，智能手机的平台安全和应用安全均将越来越受到重视。

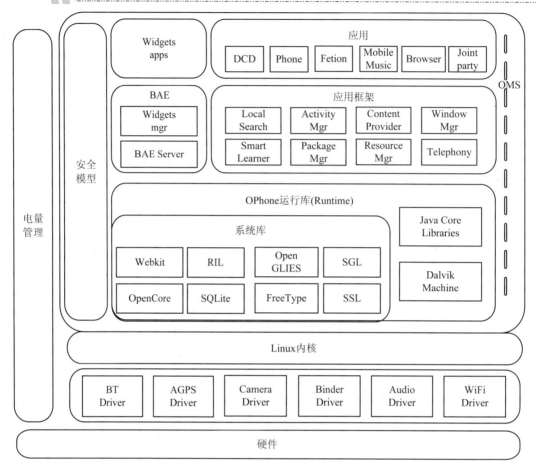

图 4-25　OMS 系统架构

思考与练习四

一、单选题

1. (　　)年哈里·斯托克曼发表的《利用反射功率的通讯》奠定了射频识别 RFID 的理论基础。

A. 1948　　　　　　B. 1949　　　　　　C. 1960　　　　　　D. 1970

2. 美军全资产可视化分五级：机动车辆采用(　　)。

A. 全球定位系统　　　　　　　　　　B. 无源 RFID 标签

C. 条形码　　　　　　　　　　　　　D. 有源 RFID 标签

3. 下列不是物理传感器的是(　　)。

A. 视觉传感器　　　　　　　　　　　B. 嗅觉传感器

C. 听觉传感器　　　　　　　　　　　D. 触觉传感器

4. 下列不是智能尘埃特点的是(　　)。

A. 广泛用于国防目标　　　　　　　　B. 广泛用于生态、气候

C. 智能爬行器　　　　　　　　　　　　　D. 体积超过 1 m³

5. 物联网中感知层的关键技术是(　　)。

A. RFID 标签　　　B. 阅读器　　　　　C. 天线　　　　　　D. 加速器

6. 射频识别卡同其他几类识别卡相比，其最大的区别在于(　　)。

A. 功耗　　　　　　B. 非接触　　　　　C. 抗干扰　　　　　D. 保密性

7. RFID 卡的读取方式是(　　)。

A. CCD 或光束扫描　　　　　　　　　　　B. 电磁转换

C. 无线通信　　　　　　　　　　　　　　D. 电擦除、写入

8. RFID 卡(　　)可分为有源(Active)标签和无源(Passive)标签。

A. 按供电方式　　　　　　　　　　　　　B. 按工作频率

C. 按通信方式　　　　　　　　　　　　　D. 按标签芯片

9. 利用 RFID、传感器、二维码等随时随地获取物体的信息，指的是(　　)。

A. 可靠传递　　　　　　　　　　　　　　B. 全面感知

C. 智能处理　　　　　　　　　　　　　　D. 互联网

10. (　　)的工作频率是 30～300 kHz。

A. 低频电子标签　　　　　　　　　　　　B. 高频电子标签

C. 特高频电子标签　　　　　　　　　　　D. 微波标签

11. (　　)的工作频率是 3～30 MHz。

A. 低频电子标签　　　　　　　　　　　　B. 高频电子标签

C. 特高频电子标签　　　　　　　　　　　D. 微波标签

12. (　　)的工作频率是 300 MHz～3 GHz。

A. 低频电子标签　　　　　　　　　　　　B. 高频电子标签

C. 特高频电子标签　　　　　　　　　　　D. 微波标签

13. (　　)的工作频率是 2.45 GHz。

A. 低频电子标签　　　　　　　　　　　　B. 高频电子标签

C. 特高频电子标签　　　　　　　　　　　D. 微波标签

14. 行排式二维条码有(　　)。

A. PDF417　　　　　　　　　　　　　　　B. QR Code

C. Data Matrix　　　　　　　　　　　　　D. Maxi Code

15. QR Code 是由(　　)于 1994 年 9 月研制的一种矩阵式二维条码。

A. 日本　　　　　　B. 中国　　　　　　C. 美国　　　　　　D. 欧洲

16. 下列不是 QR Code 条码特点的是(　　)。

A. 超高速识读　　　　　　　　　　　　　B. 全方位识读

C. 行排式　　　　　　　　　　　　　　　D. 能够有效地表示中国汉字、日本汉字

17. (　　)对接收的信号进行解调和译码，然后送到后台软件系统处理。

A. 射频卡　　　　　　B. 读写器　　　　　C. 天线　　　　　　D. 中间件

18. 低频 RFID 卡的作用距离为(　　)。

A. 小于 10 cm　　　B. 1～20 cm　　　　C. 3～8 m　　　　　D. 大于 10 m

19. 高频 RFID 卡的作用距离为(　　)。

A. 小于 10 cm   B. 1~20 cm   C. 3~8 m   D. 大于 10 m

20. 超高频 RFID 卡的作用距离为(　　)。

A. 小于 10 cm   B. 1~20 cm   C. 3~8 m   D. 大于 10 m

21. 微波 RFID 卡的作用距离为(　　)。

A. 小于 10 cm   B. 1~20 cm   C. 3~8 m   D. 大于 10 m

二、判断题(在正确的后面打"√"，错误的后面打"×")

1. 物联网中 RFID 标签是最关键的技术和产品。(　　)

2. 中国在 RFID 集成的专利上并没有主导权。(　　)

3. RFID 系统包括标签、阅读器和天线。(　　)

4. RFID 系统一般由阅读器和应答器两部分构成。(　　)

5. RFID 是一种接触式的识别技术。(　　)

6. 二维码是一种接触式的识别技术。(　　)

7. 物联网的实质是利用感知层的 RFID 技术通过计算机互联网实现物品(商品)的自动识别和信息的互联与共享。(　　)

8. 目前物联网的传感技术主要是 RFID，RFID 是可以被任何阅读器感知的。(　　)

9. RFID 技术具有防止碰撞检测的功能。(　　)

10. RFID 系统与条形码技术相比，数据密度较低。(　　)

三、简答题

1. 简述感知层传感器的作用及组成。

2. 简述智能传感器的结构和功能。

3. RFID 技术存在哪些安全问题？

4. 简述 RFID 的基本工作原理及其在物理层的安全技术。

5. 简述 RFID 的中间件的功能及其安全技术。

6. 什么是物联网的感知层？它有什么特点？

7. 物联网的感知层存在哪些安全危险？

8. 物联网的感知层在安全技术上包含哪些内容？

9. 物联网的终端安全技术有哪些？

第 5 章　物联网网络层安全

本章主要介绍网络层安全基本概念，对 WLAN 安全、移动通信网安全、扩展接入网的安全进行讲解。并对 6LoWPAN 和 RPL 的安全性做介绍，对下一代网络安全进行分析。物联网中的感知层终端系统，如 RFID 读写器、无线传感器网络的网关节点以及智能手机都可以通过无线局域网连接到 Internet，因此需要考虑无线局域网的安全。

5.1　网络层安全需求

物联网的体系架构如图 5-1 所示，它包括感知层、传输层(网络层)、应用层以及公共技术。

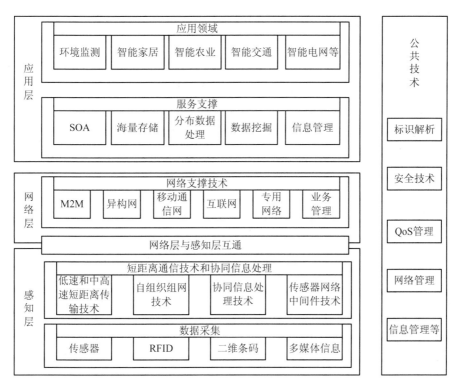

图 5-1　物联网体系架构

感知层相当于人体的五官及皮肤，用于察觉外部世界的数据信息。感知层包括 RFID、传感器节点、二维码、摄像头、GPS 等数据采集设备或技术，实现物体的感知、识别以及信息的采集与捕获。根据应用层不同的应用服务，感知层采用不同的感知设备。例如，在环境监测的应用中，感知节点应该是在特定地点放置的温度感知节点、湿度感知节点以及其他环境监测所需指标的相应感知节点。感知层要突破的方面是具备更敏感和更全面的感知能力以及解决低功耗、小型化和低成本等问题。

传输层即网络层，是物联网的主要核心技术，它相当于人的神经中枢和大脑，主要以因特网移动通信网、卫星网等为主。传输层负责为信息的传递提供载体，实现更加广泛的互联功能，能将感知层采集的信息进行高效、可靠、安全的传递，提供异构网络设备接口，实现传输层与感知层的融合。现在可用的网络包括互联网、广电网络、通信网络等，但在M2M应用大规模普及后，仍然需要解决新的业务模型对系统容量、服务质量的特别要求。另外，物联网管理中心、信息中心、云计算平台、专家系统等如何对海量信息进行智能处理，这些问题都亟待突破。

应用层相当于人的技术分工，根据不同的功能需求，应用层提供不同的应用服务。互联网最初是用来实现计算机之间的通信，进而发展到连接以人为主体的用户，现在正朝着物物互联这一目标前进。伴随着这一进程，网络应用也发生了翻天覆地的变化。从早期的以数据服务为主要特征的文件传输、电子邮件，到以用户为中心的应用，如视频点播、在线游戏、社交网络等，再发展到物品追踪、环境感知、智能超市、智能家居、智能农业等，网络应用数据倍增，呈现多样化、规模化、行业化等特征。

公共技术不属于物联网的某个特定层面，但与物联网架构的三个层都有关系，提供标识与解析、安全管理、网络管理和信息管理等技术。信息管理中心负责存储感知层采集的感知数据，涉及物联网数据的查询分析、数据挖掘技术以及基于感知数据作出决策和行为理论的技术。例如，在远程医疗应用服务中，病人通过携带医疗传感节点向异地的信息存储中心实时传递身体各项指标的数据信息，信息管理中心可以把获得的数据信息分类上传至"医疗专家系统"，并适时作出决策，给病人提出相应的建议。由此可知，信息管理中心不仅提供对数据的存储服务，更重要的是对数据进行智能化分析，并给服务对象提供有价值的意见。然而现在的技术还不够完善，要实现全球智能化还需要进一步的研究。

5.1.1 网络层安全威胁

TCP/IP协议栈TCP的下一层是网络层，或叫作IP层。网络层主要用于寻址和路由，它并不提供任何错误纠正和流量控制的方法。网络层使用较高的服务来传送数据报文，所有上层通信，如TCP、UDP、ICMP、IGMP都被封装到一个IP数据包中。ICMP和IGMP仅存于网络层，因此被当作一个单独的网络层协议来对待。ICMP和IGMP在网络层的应用在主机到主机的通信中起到了帮助作用，绝大多数的安全威胁并不来自TCP/IP协议栈的这一层。

目前使用的IP地址仍然是IPv4，是32位的地址，可以在TCP/IP网络中标注和识别一台主机的唯一性。在网络通信中我们需要知道一个IP地址是什么以及IP报头中包含什么。一个IP报头的大小为20 B，IP报头中包含一些信息和控制字段，以及32位的源IP地址和32位的目标IP地址。这个字段包括的信息有IP的版本号、长度、服务类型和其他配置等。每一个IP数据报文都是单独的信息，从一台主机传递到另一台主机，主机把收到的IP数据包整理成一个可使用的形式。这种开放式的结构使得IP层很容易成为黑客攻击的目标。

1. IP 欺骗

黑客经常利用 IP 欺骗技术把源 IP 地址替换成一个错误的 IP 地址。接收主机不能判断源 IP 地址是不正确的，并且上层协议必须执行一些检查来防止这种欺骗。在这层中经常发现的另一种策略是利用源路由 IP 数据包，仅仅被用于一个特殊的路径中传输，这种利用被称为源路由攻击，这种数据包被用于击破安全措施，例如防火墙。

使用 IP 欺骗的攻击很典型的一种是 Smurf 攻击。Smurf 攻击包括三方：攻击者、中间网络(如局域网，也属于受害对象)和受害主机。Smurf 攻击中攻击者发送一个源地址为受害主机 IP 的 Ping 请求(即 ICMP 回显请求)给中间网络,中间网络对受害主机发送大量的对 Ping 请求的 ICMP 回显请求，使目标主机瘫痪。Smurf 攻击的关键是找到允许广播数据包的中间网络。Smurf 攻击属于放大攻击，其原理就是发送一个假冒的数据包产生多个响应。例如，黑客向一个 LAN 的广播地址发送一个 Ping 数据包，如果这个 LAN 的路由器配置允许广播数据包，那么这个 LAN 与广域网相连接的路由器首先收到这个 Ping 数据包，路由器将这个广播消息发送给 LAN 的每一台主机，然后每台主机都发送一个 Ping 响应数据包给受害主机，使受害主机资源耗尽而拒绝服务。

2. ICMP 攻击

ICMP 在 IP 层检查错误和相关错误信息传输控制。Tribal Flood Network 攻击是一种利用 ICMP 的攻击，即利用 ICMP 消耗带宽来有效地摧毁节点主机。另外，微软早期版本的 TCP/IP 协议栈存在缺陷，黑客发送一个特殊的 ICMP 包，就可以使之崩溃，如 WinNuke 攻击就是利用了这个缺点。

网络层安全性的主要优点是它的透明性，也就是说，安全服务的提供不需要应用程序、其他通信层次和网络部件做任何改动。它的主要缺点是 ICMP 中的 Redirect 消息可以用来欺骗主机和路由器，使它们使用假路径。这些假路径可以直接通向攻击者的系统而不是一个合法的可信赖的系统，这会使攻击者获得系统访问权。通过 TCP/IP 发出一个数据，如同把一封信丢入信箱，发出者知道正在走向信宿，但发出者不知道通过什么路线或何时到达。这种不确定性也是安全漏洞。

3. 端口结构的缺陷

端口是 TCP/IP 协议栈的一个软件结构，被客户程序或服务进程用来发送和接收消息，不同的应用层协议有不同的默认端口号，如网页传输的 Http 协议端口号是 80。一个端口对应一个 16 位的数，其值用十进制数表示，并且小于 1024 的端口号已分配给 TCP/IP 协议栈专门的服务。用户的应用程序可使用的端口号为 1024 到 64000，如 QQ 的端口号是 8000。服务进程常使用一个固定的端口，这些端口号是 TCP/IP 协议栈默认且广为人知的，这也为攻击者提供了公开的秘密。

5.1.2　网络层安全技术和方法

1. 逻辑网络分段

逻辑网络分段是指将整个网络系统在网络层(ISO-OSI/RM 模型中的第三层)上进行分段。例如，对于 TCP/IP 网络，可以把网络分成若干 IP 子网，各子网必须通过中间设备进行连接，利用这些中间设备的安全机制来控制各子网之间的访问。

2. VLAN 的实施

基于物理地址 MAC 的 VLAN 不能防止 MAC 欺骗攻击。因此，VLAN 划分最好基于交换机端口。VLAN 的划分方式是为了保证系统的安全性。因此，可以按照系统的安全性来划分 VLAN。

3. 防火墙服务

防火墙技术是网络安全的重要安全技术之一，其主要作用是在网络入口点检查网络通信，根据客户设定的安全规则，在保护内部网络安全的前提下，提供内外网络通信。防火墙在一个被认为是安全和可信的内部网络和一个被认为是不那么安全和可信的外部网络(通常是指 Internet)之间提供一个安全屏障。其正常被安装在受保护的内部网络上，并接入 Internet。防火墙相关技术在第 2 章已作了较详细分析，下面对防火墙在物联网网络层的应用作一概括描述。防火墙结构如图 5-2 所示。

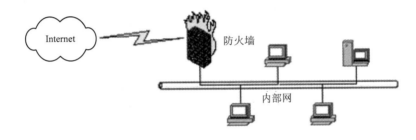

图 5-2 防火墙的基本结构

防火墙的基本类型有包过滤型防火墙、应用层防火墙和复合型防火墙。

(1) 包过滤型防火墙。包过滤型防火墙检查的范围涉及网络层、传输层和会话层，过滤匹配的原则可以包括源地址、目的地址、传输协议、目的端口，还可以根据 TCP 序列号、TCP 连接的握手序列(如 SYN、ACK)的逻辑分析等进行判断。包过滤型防火墙的配置简洁、速度快、费用低，并且对用户透明，但是对应用层的信息无法控制，对内网的保护有限。

路由器通过配置其中的访问控制列表(ACL)可以作为包过滤型防火墙使用，如表 5-1 所示。

表 5-1 访问控制列表 ACL

序号	源 IP	源端口	目的 IP	目的端口	协议	动作	记录	备注
1	intra_ip	any	any	Any	Udp/Tcp	Deny		防止外部 IP Spoof
2	any	any	WWW_ip	80	Udp/Tcp	Permit		允许 WWW 服务
3	any	any	Mail_ip	25	Tcp	Permit	log	允许 Mail 服务
4	any	any	Dns_ip	53	Udp	Permit		允许 DNS 服务
5	any	any	Dns_ip	53	Tcp	Permit	log	允许 DNS 转发
6	any	any	Any	Any	Udp/Tcp	Deny		禁止其他服务

(2) 应用层防火墙。应用层防火墙能够检查进出的数据包，透视应用层协议，与既定

的安全策略进行比较。该类防火墙能够进行更加细化复杂的安全访问控制，并做精细的注册和审核。根据是否允许两侧通信主机直接建立链路，又可以分为应用层网关和代理服务两种防火墙。目前流行的防火墙大多属于应用层防火墙。

（3）复合型防火墙。由于对更高安全性的要求，在实际配置防火墙时，常把基于包过滤的方法与基于应用代理的方法结合起来，形成复合型防火墙，提供更高的安全性和更大的灵活性。

4. 网络数据加密技术

网络数据加密型网络安全技术的基本思想是不依赖于网络中数据路径的安全性来实现网络系统的安全，而是通过对网络数据的加密来保障网络的安全可靠性。

网络数据加密技术用于网络安全通常有两种形式，即面向网络和面向应用服务。前者通常工作在网络层或传输层，使用经过加密的数据包传送、认证网络路由及其他网络协议所需的信息，从而保证网络的连通性不受损害。

5. 数字签名和认证技术

认证技术主要解决网络通信过程中通信双方的身份认可，数字签名是身份认证技术中的一种具体技术，同时数字签名还可用于通信过程中的不可抵赖性的要求。

1）User Name/Password 认证

这种认证方式是最常用的一种认证方式，也称口令字认证。一般用于操作系统登录、Telnet、rlogin 等，但此种认证方式过程不加密，用抓包工具可以获取 Password，容易被监听和解密。所以现在大多数 Client/Server 模式的 Client 客户端数据包都是加密传送，如 QQ 客户端。

2）使用摘要算法的认证

Radius、OSPF、SNMP Security Protocol 等均使用共享的 Security Key，加上摘要算法 (MD5)进行认证。由于摘要算法是由 Hash 函数生成的一个不可逆的过程，因此，在认证过程中，由摘要信息不能计算出共享的 Security Key，因而敏感信息不在网络上传输。目前主要采用的摘要算法有 MD5、SHA-1、SHA-2 和 SM3 等。

3）基于 PKI 的认证

PKI 是公钥基础设施，使用公开密钥体系进行认证加密。这种方法安全程度较高，综合采用了摘要算法、非对称加密、对称加密、数字签名等技术，结合了高效性和安全性，但涉及繁重的证书管理任务。

PKI 用以创建、管理、存储、分配和撤销基于非对称加密体制的公钥证书的一组硬件、软件、人员、政策和规程的集合。通常，一个实用的 PKI 体系应该是安全、易用、灵活和经济的。它必须充分考虑互操作性和可扩展性。它所包含的认证机构、注册机构、策略管理、密钥与证书管理、密钥备份与恢复、撤销系统等功能模块应该有机地结合在一起。PKI 的组成如图 5-3 所示。

4）数字签名

数字签名是作为验证发送者身份和消息完整性的依据。并且，如果消息随数字签名一同发出，对消息的任何修改在验证数字签名时都会被发现。

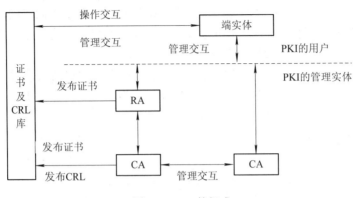

图 5-3　PKI 的组成

5) VPN 技术

VPN 技术是采用隧道和加密技术在公共网络中虚拟出一条专线通道。网络系统总部和分支机构之间采用公网互联，其最大弱点在于缺乏足够的安全性。完整的 VPN 安全解决方案提供在公网上安全的双向通信以及透明的加密方案，以保证数据的完整性和保密性。

5.2　近距离无线接入安全——WLAN 安全

5.2.1　WLAN 的安全威胁

WLAN 是计算机网络与无线通信技术相结合的产物。随着 WLAN、3G 等无线互联网技术的产生和运用，无线网络使人们的生活变得轻松自如，并且在安装、维护等方面也具有有线网络无法比拟的优势。但随着 WLAN 应用市场的逐步扩大，除了常见的有线网络的安全威胁外，WLAN 的安全性问题显得尤其重要。

1. WLAN 的网络结构

WLAN 可分为两大类：第一类是有固定基础设施的，即有接入点 AP；第二类是无固定基础设施的，即自组网络(也就是对等网络，人们常称为 AdHoc 网络)。所谓"固定基础设施"是指预先建立起来的、能够覆盖一定地理范围的一批固定基站。大家经常使用的蜂窝移动电话就是利用电信公司预先建立的、覆盖全国的大量固定基站来接通用户手机拨打的电话。

对于第一类有固定基础设施的 WLAN，802.11 标准规定 WLAN 的最小构件是 BSS。一个 BSS 包括一个基站和若干个移动站，所有的站在本 BSS 内都可以直接通信，但在和本 BSS 以外的站通信时必须通过本 BSS 的基站。一个 BSS 所覆盖的地理范围叫作一个基本服务区(BSA)。BSA 和无线移动通信的蜂窝小区相似。在基础结构网络下，无线终端(STA)通过访问节点(AP)相互通信，而且可以访问有线网络，是最常用的网络拓扑结构；自组织网络是无线终端 STA 之间相互连接通信形成的一种工作方式。基础结构 WLAN 如图 5-4所示。

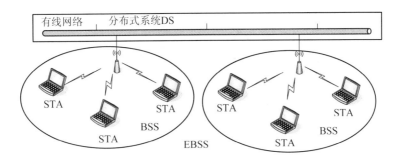

图 5-4　基础结构 WLAN

在 WLAN 中，一个 BSA 的范围可以有几十米的直径。在 802.11 标准中，BSS 里面的基站叫作 AP，但其作用和网桥相似。一个 BSS 可以是孤立的，也可以通过 AP 连接到一个主干分配系统(DS)，然后再接入到另一个 BSS，这样就构成了一个扩展服务集(ESS)，如图 5-5 所示。分配系统的作用是使 ESS 对上层的表现就像一个 BSS 一样。分配系统可以使用以太网(这是最常用的)、点对点链路或其他无线网络。ESS 还可为无线用户提供到非 802.11 WLAN 的接入。这种接入是通过叫作门桥(Portal)的设备来实现的。门桥也是 802.11 定义的新名词，其作用相当于一个网桥。在一个 ESS 内的几个不同的 BSS 也可能有相交部分。图 5-5 给出了移动站 A 从某个 BSS 漫游到另一个 BSS，而仍然可保持与另一个移动站 B 进行通信。当然 A 在不同的 BSS 所使用的 AP 并不相同。BSS 的服务范围是由移动设备所发射的电磁波的辐射范围确定的。图 5-5 是用一个椭圆来表示 BSS 的服务范围，而实际上的服务范围可能是很不规则的几何形状。

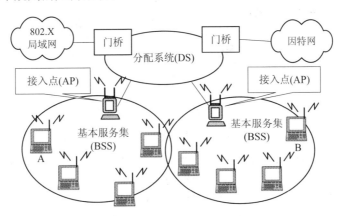

图 5-5　扩展的服务集(ESS)

另一类 WLAN 是无固定基础设施的 WLAN，又叫作自组网络。这种自组网络中没有上述 BSS 中的 AP，而是由一些处于平等状态的移动站之间的相互通信组成的临时网络。图 5-6 中画出了当移动站 A 和 E 通信时，是经过 A→B，B→C，C→D，D→E 这样一连串的存储转发过程。

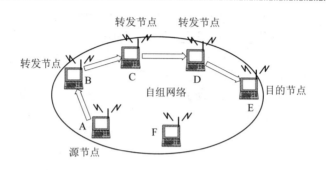

图 5-6 自组网络

因此，从源节点 A 到目的节点 E 的路径中的移动站 B、C 和 D 都是转发节点，这些节点都具有路由器的功能。由于自组网络没有预先建好的网络固定基础设施(基站)，因此自组网络的服务范围通常是受限的，而且自组网络一般也不和外界的其他网络相连接。移动自组网络也就是移动分组无线网络。

自组网络存在隐藏终端的问题。由于存在无线覆盖范围外的站点，自组网络中的站点"看不到"这些站点(称为隐藏终端)，侦听不到隐藏终端的载波信号，所以无法避免冲突发生，从而导致 CSMA 失效，信道吞吐率严重下降。在图 5-7 中，A、D、C 分别能与 B 通信，由于没有全覆盖，结果导致：A、D 侦听不到 C 的载波；C 侦听不到 A、D 的载波；当 C、A 或 C、D 同时发送时，彼此认为没有冲突，实际上冲突会在 B 处发生。

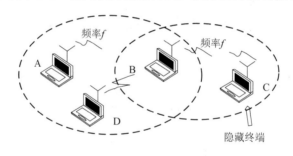

图 5-7 隐藏终端问题

自组网络只能在较小范围内组网，要求使用全向天线，使所有站点全覆盖(避免隐藏终端)，由于信道共享，站点数不能太多，否则，竞争信道会降低网络的吞吐量和信道利用率。

由于在自组网络中的每个移动站都要参与网络中其他移动站路由的发现和维护，同时由移动站构成的网络拓扑有可能随时间变化得很快，因此在固定网络中行之有效的一些路由选择协议对移动自组网络已不再适用，这样，路由选择协议在自组网络中就引起了特别的关注。另一个重要问题是多播，即在移动自组网络中往往需要将某个重要的信息同时向多个移动站传送。这种多播比固定节点网络的多播要复杂得多，需要有实时性好而效率又高的多播协议。在移动自组网络中，安全问题也是一个更为突出的问题。

在 IETF 下面设有一个专门研究移动自组网络 MANET 的工作组。读者可在 MANET 网站查阅有关移动自组网络的技术资料。

WLAN 的主要性能指标有：

(1) 吞吐量：信道的速率和介质访问效率。

(2) 节点数：同时容纳的无线站点数。

(3) 覆盖范围：无线通信的距离(几十米、几百米或几千米)。

(4) 传输安全：抗干扰能力、防入侵、防窃取。

(5) 漫游：移动站从多个 AP 接入的能力。

(6) 动态配置：网络本身是动态的，允许动态地、自动地对站点进行加入、删除或者重新定位而不影响其他站点。

(7) 频率资源：占用的频率带宽、许可证频段与可自由使用的频段。

2．WLAN 的安全风险分析

WLAN 的物理层安全已在第 3 章作了分析，下面主要分析网络层以上的安全。

(1) DHCP 导致易侵入：由于服务集标识符(SSID)易泄露，攻击者可轻易窃取 SSID，并成功与接入点建立连接。当然如果要访问网络资源，还需要配置可用的 IP 地址，但多数 WLAN 采用的是动态主机配置协议 DHCP，自动为用户分配 IP，这样攻击者就可以轻而易举地进入网络。

(2) 接入风险：主要是指通过未授权的设备接入无线网络，例如企业内部一些员工，购买便宜小巧的 WLAN 接入点 AP，通过以太网口接入网络，如果这些设备配置有问题，处于未加密或弱加密的条件下，那么整个网络的完全性就大打折扣，造成了接入式危险；或者是企业外部的非法用户与企业内部的合法 AP 建立了连接，这都会使网络安全失控。

(3) 客户端连接不当：一些部署在工作区域周围的 AP 可能没有做安全控制，企业内一些合法用户的 WiFi 卡可能与这些外部 AP 连接，一旦这个客户连接到外部 AP，企业可信赖的网络就存在安全风险。

(4) 窃听：一些攻击者借助 802.11 分析器，而且这些 AP 不是连接到交换设备而是 Hub 上，由于 Hub 的工作模式是广播方式，那么所有流经 Hub 的会话数据都会被捕捉到。如果黑客手段更高明一点，就可以伪装成合法用户，修改网络数据，如目的 IP 等，可轻易攻入。

(5) 拒绝服务攻击：这种攻击方式不以获取信息为目的，攻击者只是想让用户无法访问网络服务。攻击者一直不断地发送信息，使合法用户的信息一直处于等待状态，无法正常工作。

3．WLAN 的安全威胁

由于 WLAN 通过无线电波传递信息，因此在数据发射机覆盖区域内的几乎任何一个 WLAN 用户都能接触到这些数据。WLAN 所面临的基本安全威胁主要有信息泄露、完整性破坏、拒绝服务和非法使用。主要的威胁包括非授权访问、窃听、伪装、篡改信息、否认、重放、重路由、错误路由、删除消息、网络泛洪等。由此可见，这些均为常见的网络安全威胁。

(1) 非授权访问：入侵者访问未授权的资源或使用未授权的服务。入侵者可查看、删除或修改未授权访问的机密信息，造成信息泄露、完整性破坏以及非法访问和使用资源。

(2) 窃听：入侵者能够通过通信信道来获取信息。AP 的无线电波难以精确地控制在某个范围之内，所以在 AP 覆盖区域内的几乎任何一个 STA 都能够窃听这些数据。

(3) 伪装：入侵者能够伪装成其他 STA 或授权用户，对机密信息进行访问，或者伪装成 AP，接收合法用户的信息。

(4) 篡改信息：当非授权用户访问系统资源时，会篡改信息，从而破坏信息的完整性。

(5) 否认：接受信息或服务的一方事后否认曾经发送过请求或接收过该信息或服务。这种安全威胁通常来自系统内的合法用户，而不是来自未知的攻击者。

(6) 重放、重路由、错误路由、删除消息：重放攻击是攻击者复制有效的消息后重新发送或重用这些消息以访问某种资源；重路由攻击(主要是在 AdHoc 模式中)是指攻击者改变消息路由以便捕获有关信息；错误路由攻击能够将消息路由到错误的目的地；删除消息是攻击者在消息到达目的地前将消息删除，使接收者无法收到消息。

(7) 网络泛洪：入侵者发送大量伪造的或无关消息使 AP(或者 STA)忙于处理这些消息而耗尽信道资源和系统资源，进而无法对合法用户提供服务。

4. WLAN 的协议标准

WLAN 技术发展至今，主要分为两大协议体系：IEEE 802.11 协议标准体系和欧洲 CEPT 制定的 HiperLAN 协议标准体系。无线接入技术区别于有线接入的特点之一是标准不统一，不同的标准有不同的应用。由于 WLAN 是基于计算机网络与无线通信技术，在计算机网络结构中，逻辑链路控制(LLC)层及其之上的应用层对不同的物理层的要求可以是相同的，也可以是不同的，因此，WLAN 标准主要是针对物理层和介质访问控制(MAC)层，涉及所使用的无线频率范围、空中接口通信协议等技术规范与技术标准。无线技术包括 WLAN 技术和以 GPRS/3G 为代表的 WiFi 技术，这些标准和技术发展到今天，已经出现了包括 IEEE 802.11 连接技术、蓝牙(Bluetooth)无线接入技术和家庭网络的 HomeRF 等在内的多项标准和规范。目前比较流行的有以下几种标准。

1) IEEE 802.11 系列标准

(1) IEEE 802.11 标准。IEEE 802.11 是 IEEE 最初制定的第一个无线局域网标准，主要用于解决办公室局域网和校园网中用户与用户终端的无线接入，业务主要限于数据访问，速率最高只能达到 2 Mb/s。1990 年，IEEE 802 标准化委员会成立 IEEE 802.11WLAN 标准工作组。IEEE 802.11(别名 WiFi)是在 1997 年 6 月由大量的局域网以及计算机专家审定通过的标准，该标准定义了物理层和 MAC 规范。物理层定义了数据传输的信号特征和调制，定义了两个 RF 传输方法和一个红外线传输方法。RF 传输标准是跳频扩频和直接序列扩频，工作在 2.4000～2.4835 GHz 频段。由于它在速率和传输距离上都不能满足人们的需要，因此 IEEE 802.11 标准被 IEEE 802.11b 所取代了。IEEE 小组又相继推出了 802.11b、802.11a 和 802.11g 以及 802.11i 和 802.11e 等新标准。

(2) IEEE 802.11b 标准。1999 年 9 月，IEEE 802.11b 被正式批准，该标准规定 WLAN 工作频段在 2.4000～2.4835 GHz，数据传输速率达到 11 Mb/s，传输距离控制在 1.524～45.720 m。该标准是对 IEEE 802.11 的补充，采用补偿编码键控调制方式，采用点对点模式和基本模式，在数据传输速率方面可以根据实际情况在 11 Mb/s、5.5 Mb/s、2 Mb/s、1 Mb/s 的不同速率间自动切换，它改变了 WLAN 设计状况，扩大了 WLAN 的应用领域。IEEE 802.11b 已成为当前主流的 WLAN 标准，被多数厂商所采用，推出的产品广泛应用于办公室、家庭、宾馆、车站、机场等众多场合。由于许多 WLAN 新标准的出现，IEEE 802.11a 和 IEEE 802.11g 也备受业界关注。

(3) IEEE 802.11a 标准。1999 年，IEEE 802.11a 标准制定完成，该标准规定 WLAN 工

作频段在 5.150～8.825 GHz，数据传输速率达到 54 Mb/s 或 72 Mb/s(Turbo)，传输距离控制在 10～100 m。该标准也是 IEEE 802.11 的补充，扩充了标准的物理层，采用正交频分复用(OFDM)的独特扩频技术与 QFSK 调制方式，可提供 25 Mb/s 的无线 ATM 接口和 10 Mb/s 的以太网无线帧结构接口，支持多种业务如话音、数据和图像等，一个扇区可以接入多个用户，每个用户可带多个用户终端。IEEE 802.11a 标准是 IEEE 802.11b 的后续标准，其设计初衷是取代 802.11b 标准，然而，工作于 2.4 GHz 频带不需要执照，该频段属于工业、教育、医疗等专用频段，是公开的，工作于 5.150～8.825 GHz 频带需要执照。一些公司没有表示对 802.11a 标准的支持，而有的公司更加看好最新混合标准 802.11g。一个无线局域网既可当作有线局域网的扩展来使用，也可独立作为有线局域网的替代设施，因此无线局域网提供了很强的组网灵活性。

(4) IEEE 802.11g 标准。802.11g 其实是一种混合标准，既能适应传统的 802.11b 标准，在 2.4 GHz 频率下提供每秒 11 Mb/s 数据传输率，也符合 802.11a 标准，在 5 GHz 频率下提供 56 Mb/s 数据传输率。

为了进一步加强无线网络的安全性和保证不同厂家之间无线安全技术的兼容，IEEE 802.11 工作组目前正在开发作为新的安全标准的 IEEE 802.11i，并且致力于从长远角度考虑解决 IEEE 802.11 无线局域网的安全问题。IEEE 802.11i 标准草案中主要包含的加密技术为 TKIP 和 AES，以及认证协议 IEEE 802.1x。IEEE 802.11i 将为无线局域网的安全性提供可信的标准支持。

(5) IEEE 802.11n 标准。2009 年 9 月，IEEE 802.11n 标准正式公布，WLAN 的传输速率由 802.11a 及 802.11g 提供的 54 Mb/s、108 Mb/s，提高到了 350 Mb/s，甚至高达 475 Mb/s。IEEE 802.11n 不仅提高了传输速率，而且在网络稳定性和覆盖范围上都得到了提升。802.11n 标准也让用户可以更加放心地选择无线网络。802.11n 将多入多出(MIMO)与 OFDM 技术相结合而应用的 MIMO OFDM 技术，提高了无线传输质量和传输稳定性。在覆盖范围方面，802.11n 采用智能天线技术，通过多组独立天线组成的天线阵列，可以动态调整波束，保证让 WLAN 用户接收到稳定的信号，并可以减少其他信号的干扰。因此其覆盖范围可以扩大到数平方千米，使 WLAN 移动性极大提高。基于 802.11n 的第一个大规模应用项目正式运行，一个由 720 台 802.11n 接入点构成的无线校园网在 Morrisville 州立学院投入了使用，学生们可以在 150 Mb/s 的高速 WiFi 环境中享受到 802.11n 带来的诸多新应用。据悉，卡内基·梅隆大学还将在 2008 年进行更大规模的无线校园网升级计划，预计 802.11n 接入点的部署数量为 3800 个。

2) 家庭网络 HomeRF 与 HIPERLAN 协议

(1) 家庭网络的 HomeRF。由美国家用射频委员会推出的 HomeRF 主要为家庭网络设计，是 IEEE 802.11 与数字无绳电话(DECT)标准的结合，旨在降低语音数据成本。HomeRF 采用了扩频技术，工作在 2.4 GHz 频带，能同步支持 4 条高质量语音信道。但目前 HomeRF 的传输速率只有 1～2 Mb/s，FCC 建议增加到 10 Mb/s。

(2) HiperLAN 协议标准体系。欧洲电信标准化协会(ETSI)的宽带无线电接入网络(BRAM)小组制定的 HiperLAN，有 HiperLAN1 和 HiperLAN2。HiperLAN2 标准详细定义了 WLAN 的检测功能和转换信令，用以支持许多无线网络、动态频率选择(DFS)、无线信元转换、链路自适应、多束天线和功率控制等。HiperLAN1 对应 802.11b，而 HiperLAN2 与 802.11a 具有相同的物理层，它们可以采用相同的部件。另外，HiperLAN2 强调与 3G 整合。HiperLAN2 标准也是目前较完善的 WLAN 协议。

3) 蓝牙

蓝牙(IEEE 802.15)是一项最新标准，对于 802.11 来说，它的出现不是为了竞争而是相互补充。蓝牙技术是由世界著名的五家大公司——爱立信(Ericsson)、诺基亚(Nokia)、东芝(Toshiba)、国际商用机器公司(IBM)和英特尔(Intel)于 1998 年 5 月联合宣布的一种无线通信新技术。"蓝牙"原是一位在 10 世纪统一丹麦的国王，凭借强悍的沟通能力未动一枪一刀，将现今的瑞典、芬兰与丹麦统一成一个宗教国家。爱立信用他的名字来命名这种新的技术标准。蓝牙的目标是实现最高数据传输速度为 1 Mb/s(有效传输速率为 721 kb/s)，最大传输距离为 0.1～10 m，通过增加发射功率可达到 100 m。蓝牙比 802.11 更具移动性，比如 802.11 限制在办公室和校园内，而蓝牙却能把一个设备连接到 LAN 和 WAN，甚至支持全球漫游。此外，蓝牙成本低、体积小，可用于更多的设备。

蓝牙的主要技术特点如下：

(1) 蓝牙的指定范围是 10 m，在加入额外的功率放大器后，可以将距离扩展到 100 m。

(2) 提供低价、大容量的语音和数据网络，最高数据传输速率为 723.2 kb/s。

(3) 使用快速跳频(1600 跳/s)避免干扰，在干扰下，使用短数据帧来尽可能增大容量。

(4) 支持单点和多点连接，可采用无线方式将若干蓝牙设备连成一个或多个微波网，从而实现各类设备之间的快速通信。

(5) 任一蓝牙设备都可根据 IEEE 802 标准得到一个唯一的 48 bit 的地址码，保证完成通信过程中的鉴权和保密安全。

5.2.2 WLAN 的安全机制

早期版本的 IEEE 802.11 WLAN 有一个特定的安全架构，称为有线等效保密(WEP)。其含义是 WLAN 至少要和 LAN 的安全性相当(等价)。例如，一个攻击者希望连接一个 LAN，需要物理上接入集线器，然而集线器通常锁在房间或柜子里，所以很难办到，但是对 WLAN 而言攻击者就很容易，因为此时接入网络不需要从物理上接入任何设备，设计 WEP 的目的之一便是设法阻止这种非授权的接入。总的来说，WEP 要使攻击 WLAN 的难度与攻击 LAN 的难度相当，除阻止非授权的接入外，还包括阻止对通信消息的窃听与破坏，但实际上 WEP 没有达到这一目的。为了改进 WEP 的安全性，IEEE 后来提出了 WLAN 的一种新的安全架构，称为 IEEE 802.11i。同时，我国提出了针对 WLAN 安全的国际标准 WAPI。

WLAN 的安全机制主要采用鉴权、加密和认证技术来实现。

在有线局域网中，信号是在封闭的网线中传输，具有封闭性和可控性。在 WLAN 中，信号是无线传输，不具备封闭性和可控性。因此在 802.11 无线网中用"鉴权"替代有线网物理连接，用"加密"替代有线网的封闭性和机密性。

鉴权：WLAN 中一个站点 STA 向另一个站点 STA 证明其身份的过程。

鉴权过程：问题提出→申请提出→结果交换。具体的鉴权步骤如图 5-8 所示。

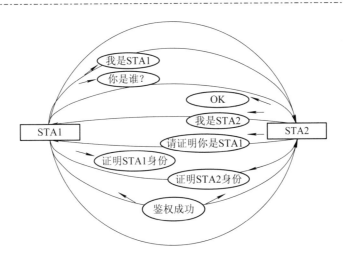

图 5-8　鉴权步骤

取消鉴权：若终止当前鉴权，则调用取消鉴权服务。

加密：加密是对消息内容进行加密，加密属于站点服务，用来实现无线网的封闭性和机密性。

由于 WLAN 采用公共的电磁波作为载体，更容易受到非法用户入侵和数据窃听。WLAN 必须考虑的安全因素有三个：信息保密、身份验证和访问控制。为了保障 WLAN 的安全，主要有以下几种技术：

(1) MAC 过滤。每个无线工作站的无线网卡都有唯一的物理地址，类似以太网物理地址，可以在 AP 中建立允许访问的 MAC 地址列表。如果 AP 数量太多，还可以实现所有 AP 统一的无线网卡 MAC 地址列表。现在的 AP 也支持无线网卡 MAC 地址的集中 Radius 认证。这种方法要求 MAC 地址列表必须随时更新，可扩展性差。

(2) SSID 匹配。对 AP 设置不同的 SSID，无线工作站必须出示正确的 SSID 才能访问 AP，这样就可以允许不同的用户群组接入，并区别限制对资源的访问。

(3) WEP。有线等效保密协议是由 802.11 标准定义的，用于在 WLAN 中保护链路层数据。WEP 使用 40 位钥匙，采用 RSA 开发的 RC4 对称加密算法，在链路层加密数据。WEP 加密采用静态的保密密钥，各无线工作站使用相同的密钥访问无线网络。WEP 也提供认证功能，当加密机制功能启用，客户端要尝试连接 AP 时，AP 会发出一个 Challenge Packet 给客户端，客户端再利用共享密钥将此值加密后送回存取点以进行认证比对，如果正确无误，才能获准存取网络的资源。40 位 WEP 具有很好的互操作性，所有通过 WiFi 组织认证的产品都可以实现 WEP 互操作。现在的 WEP 一般也支持 128 位的钥匙，能够提供更高等级的安全加密。

(4) VPN。VPN 是指在一个公共的 IP 网络平台上通过隧道以及加密技术保证专用数据的网络安全性，它主要采用 DES、3DES 以及 AES 等技术来保障数据传输的安全。

(5) WiFi 保护访问(WPA)。WPA 技术是在 2003 年正式提出并推行的一项 WLAN 安全技术，已经成为代替 WEP 的无线安全协议。WPA 是 IEEE 802.11i 的一个子集，其核心是 IEEE 802.1x 和 TKIP(临时密钥完整性协议)。新一代加密技术 TKIP 与 WEP 一样基于 RC4 加密算法，且对现有的 WEP 进行了改进，在现有的 WEP 加密引擎中增加了密钥细分(每发一个包重新生成一个新的密钥)、消息完整性检查(MIC)、具有序列功能的初始向量、密钥生成和定期更新功能四种算法,极大地提高了加密安全强度。另外,WPA 增加了为无线客户端和无线 AP 提供认证的 IEEE 802.1x 的 Radius 机制。

1. WEP 加密和认证机制

由于 WEP 协议是由 802.11 标准定义的,现在已经被 WPA 所代替,因此下面对 WEP 做简单介绍。

在 802.11 中有一个对数据基于共享密钥的加密机制,称为 WEP。WEP 是一种基于 RC4 算法的 40 bit 或 128 bit 加密技术。移动终端和 AP 可以配置四组 WEP 密钥,加密传输数据时可以轮流使用,允许加密密钥动态改变。

(1) WEP 加密。在 IEEE 802.11 1999 年版本的协议中,规定了安全机制 WEP。WEP 提供三个方面的安全保护:数据机密性、数据完整性以及认证机制。WEP 使用了 RC4 序列密码算法,用密钥作为种子通过 RC4 算法产生伪随机密钥序列(PRKS),然后和明文数据异或后得到密文序列。WEP 协议希望能给用户提供与有线网络等价的安全性。然而研究分析表明,WEP 机制存在较大安全漏洞:① WEP 加密是 AP 的可选功能,在大多数实际产品中(如无线路由器)默认为关闭,因此用户数据还是暴露在攻击者面前。② WEP 对 RC4 的使用方式不正确,易受初始向量(Initializution Vector,IV)弱点攻击,从而破解秘密密钥。③ IV 空间太小。序列加密算法的一个重要缺陷是加密使用的伪随机密钥序列不能出现重复。④ WEP 中的 CRC32 算法原本用于检查通信中的随机误码,不具有抗恶意攻击所需要的消息鉴别功能。

由于 WEP 机制中所使用密钥只能是四组中的一个,因此其实质上还是静态 WEP 加密。同时,AP 和其所联系的所有移动终端都使用相同的加密密钥,使用同一 AP 的用户也使用相同的加密密钥,因此带来如下问题:一旦其中一个用户的密钥泄露,其他用户的密钥也无法保密了。

(2) WEP 认证机制。WEP(即 IEEE 802.11 中的安全机制)认证技术可用于独立 BSS 中的 STA 之间的认证,也可用于 BSS 中的 STA 和 AP 之间的认证。WEP 有两种认证方式:开放系统认证和共享密钥认证。开放系统认证方式实际上没有认证,仅验证标识,即只要 STA 和 AP 的 SSID 是一致的即可,是一种最简单的情况,也是默认方式。

(3) WEP 认证机制存在的问题。

① 身份认证是单向的,即 AP 对申请接入的 STA 进行身份认证,而 STA 不能对 AP 的身份进行认证。因此,这种单向认证方式导致有可能存在假冒的 AP。

② 从 WEP 协议身份认证过程可以发现,由于 AP 以明文的形式把挑战文本发给 STA,因此如果能够监听(如利用 Airsnort/BSDAirtools 等工具)一个成功的 STA 与 AP 之间身份验证的全过程,截获它们之间互相发送的数据包(挑战文本与加密的挑战文本),就可以计算出用于加密挑战文本的密钥序列。攻击者拥有了该密钥序列可以向 AP 提出访问请求,并利用该密钥序列加密挑战文本通过认证。

2. IEEE 802.1x 认证机制

从上节可知 IEEE 802.11 WEP 协议的认证机制存在安全隐患,为了解决 WLAN 用户的接入认证问题,IEEE 工作组于 2001 年公布了 802.1x 协议(最新为 2010 版本)。IEEE 802.1x

协议称为基于端口的访问控制协议(Port Based Network Access Control Protocol)，它提供访问控制、用户认证以及计费功能。IEEE 802.1x 本身并不提供实际的认证机制，需要和上层认证协议配合来实现用户认证。IEEE 802.1x 在无线网络 WLAN 和 LAN 中均可应用，其核心是扩展认证协议(EAP)。图 5-9 给出了 802.1x 协议与上述协议之间的关系。

EAP-MD5	EAP-TLS	EAP-TTLS	EAP-SIM	LEAP	PEAP	其他
EAP						
802.1x						
WLAN(802.11)			LAN(802.3)			

图 5-9　802.1x 协议的位置和 EAP 组成

　　802.1x 协议是基于 Client/Server 结构的访问控制和认证协议。它可以限制未经授权的用户/设备通过接入端口(Access Port)访问 LAN(或者 AP 访问 WLAN)。在获得交换机或 LAN 提供的各种业务之前，802.1x 对连接到交换机端口上的用户/设备进行认证。在认证通过之前，802.1x 只允许 EAPoLAN(基于局域网的扩展认证协议，对于 WLAN 情形是 EAPoWLAN)数据通过设备连接的交换机端口；认证通过以后，正常的数据可以顺利地通过以太网端口(或 WLAN 的 AP)。

　　802.1x 的过程可简单描述为：请求者提供凭证，如用户名/密码、数字证书等给认证者，认证者将这些凭证转发给认证服务器，认证服务器决定凭证是否有效，并依次决定请求者是否可以访问网络资源。802.1x 的工作过程(以 EAP-MD5 为例)如图 5-10 所示。

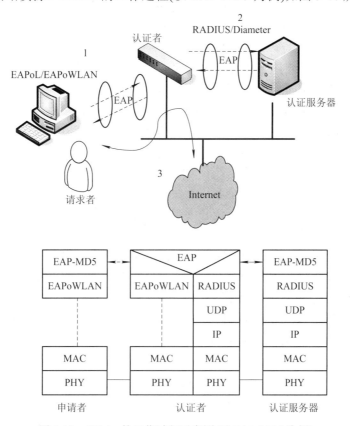

图 5-10　802.1x 的工作过程示意图(以 EAP-MD5 为例)

1) IEEE 802.1x 认证的体系结构

IEEE 802.1x 协议起初是针对以太网提出的基于端口进行网络访问控制的安全标准。基于端口的网络访问控制指的是利用物理层对连接到局域网端口的设备进行身份认证。如果认证成功，则允许该设备访问局域网资源，否则禁止。虽然 802.1x 标准最初是为局域网设计的，后来发现它也适用于符合 802.11 标准的 WLAN，于是被视为 WLAN 增强网络安全的一种解决方案。802.1x 认证的体系结构如图 5-11 所示。

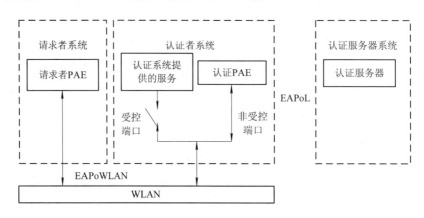

图 5-11　802.1x 认证体系结构

IEEE 802.1x 认证的体系结构从安全协议的角度出发，可视为包括三个实体：请求者系统(Supplicant System)、认证者系统(Authenticator System)和认证服务器系统(Authentication Server System)。

从网络的角度出发，则称网络访问的核心部分为端口访问实体(PAE)。在整个认证(访问控制)流程中，端口访问实体包含三部分：认证者，即对接入的用户/设备进行认证的端口；请求者，即被认证的用户/设备；认证服务器，即根据认证者的信息，对请求访问网络资源的用户/设备进行实际认证功能的设备。非正式地说，认证者其实是请求者和认证服务器之间的中介。

(1) 请求者系统(也称为客户端系统)：一般为一个用户终端系统(如笔记本电脑)，安装一个客户端软件，用户通过启动这个客户端软件发起 IEEE 802.1x 协议的认证过程。为了支持基于端口的接入控制，请求者系统必须支持基于局域网(本节指 WLAN)的扩展认证协议(本节指 EAPoWLAN)。

(2) 认证者系统(也称为认证系统)：在无线局域网中就是无线接入点 AP(局域网中是交换机)，是支持 IEEE 802.1x 协议的网络设备。在认证过程中只起到"转发"的功能，所有实质性认证工作在请求者和认证服务器系统上完成。

(3) 认证服务器系统：为认证者提供认证服务的实体，多采用远程身份验证拨入用户服务(RADIUS)。认证服务器对请求方进行认证，然后通知认证者系统这个请求者是否为授权用户。

IEEE 802.1x 认证协议是一种基于端口的对请求者进行认证的方法和策略。通常将物理端口分为两个虚拟端口：非受控端口(Uncontrolled Port)和受控端口(Controlled Port)。非受控端口始终处于双向连通状态(开放状态)，主要用来传递认证信息，如 EAPoWLAN 协议帧(即把 EAP 包封装在 WLAN 上)，可保证随时接收请求者发出的认证请求报文。受控端口的联通或断开是由该端口的授权状态决定的。认证者的 PAE 根据认证服务器认证过程的结果控制受控端口的状态：授权(认证、开放)状态或者未授权(未认证、关闭)状态。受控端口平时处于关闭状态，只有在请求者通过认证后才打开，为通过认证验证的用户传递数据和提供服务。如果请求者未通过认证，则受控端口处于未认证(即关闭)状态，则请求者无法访问网络服务和资源。通过受控端口与非受控端口的划分，分离了认证数据和业务数据，提高了系统的接入管理和接入服务的工作效率。

在认证时请求者通过非受控端口和 AP(认证者)交互数据，请求者和认证者之间传送 EAPoWLAN 协议帧，认证者和认证服务器同样运行 EAP 协议，认证者将 EAP 封装到其他高层协议中(如 RADIUS)以便 EAP 协议穿越复杂的网络到达认证服务器，称为 EAPoverRADIUS(EAPoR)。若请求者通过了认证，则 AP 为请求者打开一个受控端口，请求者可通过受控端口传输各种类型的数据帧(如 HTTP、POP3)。

2) IEEE 802.1x 协议的认证过程

IEEE 802.1x 协议实际上是一个可扩展的认证框架，并没有规定具体的认证协议，具体采用什么认证协议可由用户自行配置，因此具有较好的灵活性。IEEE 802.1x 认证过程如图 5-12 所示。

图 5-12　IEEE 802.1x 认证过程

(1) 请求者向认证者发送 EAP-Start 帧，启动认证流程。

(2) 认证者发出请求，要求请求者提供相关身份信息。

(3) 请求者回应认证者的请求，将自己的相关身份信息发送给认证者。

(4) 认证者将请求者的身份信息封装至 Radius-Access-Request 帧中，发送至 AS。

(5) RADIUS 服务器验证请求者身份的合法性，在此期间可能需要多次通过认证者与请求者进行信息交互。

(6) RADIUS 服务器告知认证者认证结果。

(7) 认证者向请求者发送认证结果，如果认证通过，那么认证者将为请求者打开一个受控端口，允许请求者访问认证者所提供的服务，反之，则拒绝请求者的访问。

EAP 是一种封装协议，在具体应用中可以选择 EAP-TLS、EAP-MD5、EAP-SIM、EAP-TTLS、EAP-AKA 等任何一种认证协议。不同的认证协议具有不同的安全性。其中，

EAP-TLS 以数字证书作为凭证相互认证，是 EAP 中唯一基于非对称密码的认证方式。EAP-TLS 的消息交换可以提供远程 VPN 客户端和验证程序之间的相互身份验证、加密方法的协商和加密密钥的确定，提供了最强大的身份验证和密钥确定方法。EAP-SIM 以移动电话的 SIM 卡进行身份验证。

下面就具体的 EAP-MD5 给出一个实例来说明 802.1x 协议，如图 5-13 所示。EAP-MD5 使用与基于 PPP 的 CHAP 相同的挑战/应答协议，但是挑战和应答是作为 EAP 消息发送的。EAP-MD5 是一种单向认证机制，不支持加密密钥的生成。EAP-MD5 的典型用法是通过使用用户名和密码对远程 VPN 客户端的凭据进行身份验证。

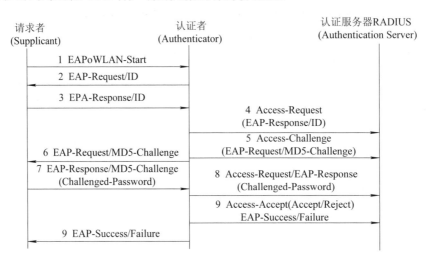

图 5-13 基于 EAP-MD5 的 802.1x 认证流程

认证流程如下：

(1) 请求者向认证者发送一个 EAPoWLAN-Start 报文，开始 802.1x 认证接入。

(2) 认证者向请求者发送 EAP-Request/ID 报文，要求请求者将用户名传来。

(3) 请求者响应一个 EAP-Response/ID 给认证者，其中包括用户名。

(4) 认证者将 EAP-Response/ID 报文封装到 RADIUS Access-Request 报文中，发送给认证服务器。

(5) 认证服务器产生一个挑战 Challenge，将 RADIUS Access-Challenge 报文发送给客户端，其中包含 EAP-Request/MD5-Challenge。

(6) 认证者将 EAP-Request/MD5-Challenge 发送给请求者，要求认证请求者。

(7) 请求者收到 EAP-Request/MD5-Challenge 报文后，将密码和 Challenge 做 MD5 算法后的 Challenged-Password、EAP-Response/MD5-Challenge 应答给认证者。

(8) 认证者将 Challenge、Challenge-Password 和用户名一起送到 RADIUS 服务器，RADIUS 服务器进行认证。

(9) RADIUS 服务器根据用户信息做 MD5 算法，判断用户是否合法，然后应答认证成功/失败报文到认证者。

3) IEEE 802.1x 认证的特点

IEEE 802.1x 协议能适应现代(无线)网络用户数量急剧增加和业务多样性的要求，具有以下优点：

(1) 协议实现简单。IEEE 802.1x 协议为两层协议，不需要到达第三层，因而对设备的整体性能要求不高，可有效降低建网成本；不需要进行协议间的多层封装，去除了不必要的开销和冗余。采用 802.1x 方式，用户可用有线网络的速度进行工作，一台服务器能够在多个接入点之间处理多达 20 000 个用户的认证。同时，网络综合造价成本低，保留了传统 AAA 认证的网络架构，可以利用现有的 RADIUS 设备。

(2) 业务灵活。IEEE 802.1x 的认证体系结构中采用了"受控端口"和"非受控端口"的逻辑功能，用户通过认证后，业务流和认证流实现分离，通过认证后的数据包是不需封装的纯数据包，通过受控端口进行交换，因而业务可以很灵活(尤其在开展宽带组播等业务时有很大的优势)，易于支持多业务和新兴流媒体业务。

(3) 安全可靠。具体表现在以下几个方面：

① 用户身份识别取决于用户名、口令、数字证书等，而不是 MAC 地址，从而可实现基于用户的认证、授权和计费。

② 支持可扩展的认证、非口令认证，如公钥证书和智能卡、网络密钥交换协议(IKE)、生物测定学、信用卡等，同时也支持口令认证，如一次性口令认证、通用安全服务应用编程接口方法(包括 Kerberos 协议)。

③ 协议的有些版本支持双向认证，可有效防止中间人攻击和假冒接入点 AP，还可防范地址欺骗攻击、目标识别和拒绝服务攻击等，并支持针对每个数据包的认证(完整性保护)，可以在不改变网络接口卡的情况下，插入新的认证(以及密钥管理)方法。

④ 与 PPPoE 和 Web/Portal 认证方式相比，消除了网络瓶颈，减轻了网络封装开销，降低了建网成本。PPPoE 认证中，认证系统必须将每个包进行拆解才能判断和识别用户是否合法，一旦用户增多或数据包增大，封装速度成为网络瓶颈，大量的拆包和封包过程使设备变得昂贵。Web/Portal 认证是基于业务类型的认证，需要安装浏览器才能完成，且是应用层认证，认证连接性差，不容易检测用户离线，基于时间的计费难以实现。

当无线终端与 AP 关联后，是否可以使用 AP 的服务要取决于 802.1x 的认证结果。如果认证通过，则 AP 为用户打开这个逻辑端口，否则不允许用户接入网络。

对验证服务器与 AP 之间的数据通信进行加密处理，将 802.11 与 RADIUS 服务器和 802.1x 标准相结合，可以为 WLAN 提供认证和加密这两项安全措施外，还可提供密钥管理功能，快速重置密钥，使用 802.1x 周期性地把这些密钥传送给各相关用户，而这正是 802.11 所缺乏的。

3. IEEE 802.11i 接入协议

IEEE 802.11i 是 802.11 工作组为新一代 WLAN 制定的安全标准，主要包括加密技术：TKIP、AES 以及认证协议 IEEE 802.1x。认证方面，IEEE 802.11i 采用 802.1x 接入控制，实现 WLAN 的认证与密钥管理，并通过 EAP-Key 的四向握手过程与组密钥握手过程，创建、更新加密密钥，实现 802.11i 中定义的鲁棒安全网络(RSN)的要求。

1) IEEE 802.11i 接入协议

针对 IEEE 802.11 WEP 安全机制所暴露出的安全隐患，IEEE 802 工作组于 2004 年初发布了新一代安全标准 IEEE 802.11i(也称为 WPA2，WiFi Protected Access，以及 RSN，Robust

Security Network)。

　　首先该协议将 IEEE 802.1x 协议引入 WLAN 安全机制中，增强了 WLAN 中身份认证和接入控制的能力；其次，增加了密钥管理机制，可以实现密钥的导出及密钥的动态协商和更新等，大大增强了安全性。IEEE 802.11i 提出了两种加密机制：TKIP 协议和 CCMP 协议(Counter Mode/CBC-MAC Protocol)。TKIP 是一种临时过渡性的可选方案，兼容 WEP 设备，可在不更新硬件设备的情况下升级至 IEEE 802.11i；而 CCMP 机制则完全废除了 WEP，采用加密算法 AES 来保障数据的安全传输，但是 AES 对硬件要求较高，CCMP 无法在现有设备的基础上通过直接升级来实现(需要更换硬件设备)，它是 IEEE 802.11i 机制中要求必须实现的安全机制，是 802.11i 的关键技术。

　　另外，在 802.11i 制定的 TKIP 作为过渡期间，对迫切需要解决安全问题的商家和用户而言，标准的批准滞后是无法容忍的，于是 WiFi 联盟推出了 WPA，WPA 不是一个正式的标准，只是过渡到 802.11i 的中间标准。

　　下面介绍 IEEE 802.11i 接入机制以及 IEEE 802.11i 加密机制 TKIP 和 CCMP。

　　2) IEEE 802.11i 的接入流程

　　IEEE 802.11i 协议接入流程一般包括发现、认证和密钥协商三个阶段，每个阶段又由若干子步骤组成，共同实现 IEEE 802.11i 协议功能，如图 5-14 所示，图中 STA 表示工作站，AP 表示接入点，AS 是认证服务器。

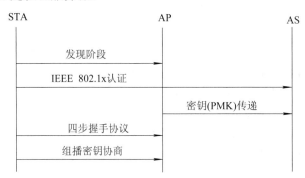

图 5-14　IEEE 802.11i 接入流程(接入认证、密钥传递、密钥协商)

　　具体接入流程如下：

　　(1) 发现阶段。STA 启动后，通过被动侦听 AP 发送的信标帧，或主动发出探寻请求来检测周围是否有可以接入的 AP 并获取相关安全参数。若检测到多个可选的 AP，则选其中一个，与该 AP 进行认证和关联。该阶段的认证方式包括两种：开放认证和共享密钥认证。共享密钥认证为可选认证方法。该阶段的认证不可靠，需要在后续过程中强化。

　　(2) 认证阶段。IEEE 802.11i 协议引入 IEEE 802.1x 协议进行认证，目的是在发现阶段构建的关联和不可靠认证的基础上，利用 IEEE 802.1x 协议强化身份认证，确保对网络资源的访问是合法的。EAP-TLS 是一种双向认证机制，也是目前 802.11i 的默认认证协议。同时在该阶段，在 STA 和 AS 间生成成对主密钥(PMK)，PMK 为 IEEE 802.11i 协议密钥建立体系的基础，PMK 从 AS 安全传递至 AP。

　　(3) 密钥协商阶段。密钥协商阶段包括进行单播密钥协商的四步握手协议和进行组播密钥握手协议。该阶段的目的是在生成 PMK 基础上，导出单播密钥和组播密钥，保护后续数据的安全传输。

3) 密钥协商协议与密钥管理

早期的 EAP 消息交换使得在 STA 和 AP 之间建立了 PMK。所谓成对(Pairwise)密钥，是因为它在 STA 和 AP 间共享；所谓主(Master)密钥，是因为其不直接用于消息加密或完整性保护，而是从 PMK 生成加密密钥和完整性密钥。更确切地说，STA 和 AP 均从 PMK 导出 4 个密钥：数据加密密钥 TK(Temporal Key，16 字节)、数据完整性密钥 MIC Key(AP 和 STA 各 8 字节)、密钥加密密钥 KEK(16 字节)、密钥完整性密钥 KCK(16 字节)，这 4 个密钥一起称为成对临时密钥(PTK)(AES-CCMP 中利用相同的密钥进行数据加密和完整性保护，因此在 AES-CCMP 中，PTK 仅由 3 个密钥组成)。此外，从 PMK 导出的 PTK 与 AP 和 STA 的 MAC 地址以及双方产生的随机数 Nonce 有关。PTK 由密码学安全的 Hash 函数产生，其输入参数是 AP Nonce(ANonce)、STA Nonce(SNonce)、AP MAC 地址以及 STA MAC 地址的连接。

STA 和 AP 交换各自随机数使用的协议称为四路握手协议(Four-way Handshaking Protocol)。此协议向对方证明自己拥有 PMK，并生成 PTK。四路握手协议的描述如下：

(1) AP 发送其随机数 ANonce 给 STA。当 STA 收到 ANonce 后，可计算出 PTK。

(2) STA 发送其随机数 SNonce 给 AP。此消息携带一个消息完整码 MIC，由 STA 使用刚刚计算的 PTK 中的密钥完整性密钥计算而来。接收该随机数后，AP 可计算出 PTK。因此，AP 可利用计算出的 PTK 中的密钥完整性密钥验证 MIC。如果认证成功，则 AP 相信 STA 拥有 PMK。

(3) AP 发送一个包含 MIC 的消息给 STA。MIC 由 PTK 的密钥完整性密钥计算得来。如果 STA 验证 MIC 通过，则其相信 AP 也拥有 PMK。该消息包含序列号以检测重放攻击。该消息告知 STA，AP 已经准备好加密所有数据包的密钥。

(4) STA 确认接收到第三个消息。该确认也意味着 STA 准备好加密所有数据包。

一旦得到 PTK，则 STA 和 AP 之间的数据包将得到数据加密密钥和数据完整性密钥的保护。然而，这些密钥不能用于保护由 AP 发送的广播消息。保护广播消息的密钥必须被"所有"STA 和 AP 已知，因此 AP 产生额外的组播密钥。该组播密钥称为组播临时密钥(GTK)。GTK 包含一个组播加密密钥和组播完整性密钥，并且将用其给 STA 的密钥加密，然后分别发送给每一个 STA。

容易看到，IEEE 802.11i 接入协议是典型的认证密钥协商 AKA 协议。另外，由成对主密钥 PMK 导出后续的会话加密密钥和数据完整性密钥的方法是一种典型的密钥分层管理的方法，密钥的分层管理可提高密钥的安全性(抗密钥泄露的健壮性)，在安全设计中很常见。

4) IEEE 802.11i TKIP 和 CCMP 协议

(1) TKIP 加密机制。TKIP 协议是 IEEE 802.11i 标准采用的过渡安全解决方案，它可以在不更新硬件设备的情况下，通过软件升级实现安全性的提升。TKIP 与 WEP 一样都是基于 RC4 加密算法，但是为了增强安全性，初始化向量 IV 的长度由 24 位增加到 48 位，并称之为 TSC(TKIP Sequence Counter)，同时对 WEP 协议进行了改进，新引入了四种机制来提升安全性：

① 防止出现弱密钥的单包密钥(PPK)生成算法。

② 使用 Michael 算法防止数据遭非法篡改的消息完整性校验码。

③ 防止重放攻击的具有 48 位序列号功能的 IV(即 TSC)。

④ 可生成新鲜的加密和完整性密钥,防止 IV 重用的再密钥(Rekeying)机制。

TKIP 的加密过程如图 5-15 所示,包括以下几个步骤(与 802.11MAC 帧结构有关):

① MAC 协议数据单元(MPDU)的生成。

② WEP 种子的生成。

③ WEP 封装(WEP Encapsulation)。

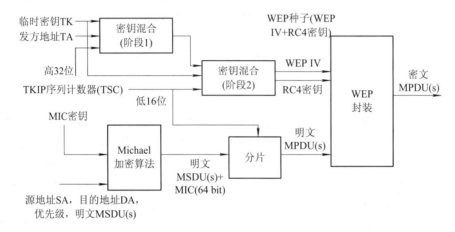

图 5-15 TKIP 加密过程

(2) CCMP 加密机制。由于序列密码 RC4 算法并不安全,于是考虑采用分组密码算法。AES 是美国 NIST 制定的用于取代 DES 的分组加密算法,CCMP 是基于 AES 的 CCM 模式(Counter Mode/CBC-MAC Mode),完全取代了原有 WEP 加密,能够解决 WEP 加密中的不足,可以为 WLAN 提供更好的加密、认证、完整性和抗重放攻击的能力,是 IEEE 802.11i 中强制要求实现的加密方式,同时也是 IEEE 针对 WLAN 安全的长远解决方案。CCMP 加密过程如图 5-16 所示,包括以下几个步骤:

① 为保证每个 MPDU 具有新鲜的包号码(PN),增加 PN 值,使每个 MPDU 对应一个新的 PN,这样即使对于同样的临时密钥,也不会出现相同的 PN。

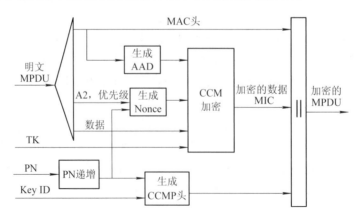

图 5-16 CCMP 加密过程

② 用 MPDU 帧头的各字段为 CCM 生成附加鉴别数据(AAD)，CCM 为 AAD 的字段提供完整性保护。

③ 用 PN、A2 和 MPDU 的优先级字段计算出 CCM 使用一次的随机数，其中 A2 表示地址 2，优先级字段作为保留值设为 0。

④ 用 PN 和 Key ID 构建 8 字节的 CCMP 头。

⑤ 由 TK、AAD、Nonce 和 MPDU 数据生成密文，并计算 MIC 值。最终的消息由 MAC 头、CCMP 头、加密数据以及 MIC 连接而成。

(3) WEP、TKIP 和 AES-CCMP 的比较。TKIP 与 AES-CCMP 都是用数据加密和数据完整性密钥保护 STA 和 AP 之间传输数据包的完整性和保密性。然而，它们使用了不同的密码学加密算法。TKIP 与 WEP 一样使用 RC4，但是两者不同的是，TKIP 提供了更多的安全性。TKIP 的优势为通过固件升级可在旧 WEP 硬件上运行。AES-CCMP 使用 AES 算法，需要支持 AES 算法的新硬件，但与 TKIP 相比，提供了一个更清晰、更健壮的解决方案。

TKIP 修复 WEP 中的缺陷包括以下内容：

① 完整性。TKIP 引进了一种新的完整性保护机制，使用 Michael 算法。Michael 运行在服务数据单元(SDU)层，可在设备驱动程序中实现。

② 检测重放攻击。TKIP 使用新 IV 机制(TSC)作为序列号。TSC 初始化后，每发送一个消息后自增。接收者记录最近接收消息的 TSC。如果最新接收消息的 TSC 值小于存储的最小 TSC 值，则接收者扔掉此消息；如果 TSC 大于存储的最大 TSC 值，则保留此消息，并且更新其存储的 TSC 值，如果刚收到消息的 TSC 值介于最大值和最小值之间，则接收者检查 TSC 是否已经存储；如果有记录，则扔掉此消息，否则，保留此消息，并且存储新的 TSC。

③ 保密性。WEP 加密的主要问题为 IV 空间太小，并且没有考虑 RC4 中存在的弱密钥。为了克服第一个问题，在 TKIP 中，IV 从 24 位增加至 48 位。由于 WEP 硬件仍然期望一个 128 位的 WEP 种子(单包加密密钥)。因此 48 位 IV 与 128 位 TK 混合完后必须用某种方式压缩为 128 位。对弱密钥问题，在 TKIP 中单包加密密钥都不相同(因为 RC4 密钥以及 IV 低 16 位不同)。因此，攻击者不能观察到具有使用相同密钥的足够数量的消息。

由于不必为兼容 WEP 硬件所束缚，AES-CCMP 的设计要比 TKIP 简单。AES-CCMP 放弃 RC4，使用 AES 分组加密，并定义了一个新工作模式，称为 CCM。CCM 由两种工作模式结合而来：CTR 加密模式和 CBC MAC 模式。在 CCM 模式中，消息发送方计算出消息的 CBC MAC 值，并将其附加到消息上面，然后将其用 CTR 模式加密。CCM 模式确保了保密性和完整性。重放攻击检测由消息的序列号来保证，通过将序列号加入到 CBC MAC 计算的初始块中来完成。

通过上述比较，可体会到安全工程设计中往往需要考虑非技术因素(如前向兼容性等经济成本因素)，同时利用 MAC 帧格式中的字段作为影响密钥生成的因素也是工程设计中的特点之一(充分利用应用环境的上下文作为安全设计的关联因素)。

4. WAPI 协议

1) WAPI 认证协议

针对 IEEE 802.11 WEP 安全机制的不足，2003 年我国也提出了一个无线局域网安全标准——无线局域网认证和保密基础结构，这也是我国首个在无线网络通信领域自主创新并拥有知识产权的安全接入技术标准，是我国首个无线通信网络安全领域的国际标准(ISO/IECJTC1/SC6 会议上通过)，具有重要的历史意义和战略影响。WAPI 由 WAI 认证基础结构和 WPI 隐私基础结构两部分组成，WAI 和 WPI 分别实现对用户身份的鉴别和对传输的数据加密。

WAI 认证结构其实类似于 IEEE 802.1X 结构，也是基于端口的认证模型。采用公开密钥密码体制，利用数字证书(独立设计的数据结构，不兼容 X.509 证书格式)对 WLAN 系统中的 STA 和 AP 进行认证。WAI 定义了一种名为认证服务单元(ASU)的实体，用于管理参与信息交换各方所需要的证书(包括证书的产生、颁发、吊销和更新)，相当于 PKI 中 CA 的角色。通常 ASU 的物理形态为认证服务器(AS)，AS 逻辑上包含了 ASU 的功能。证书里包含证书持有者的标识、公钥和证书颁发者的签名(这里的签名采用的是国家商用密码管理办公室颁布的椭圆曲线数字签名算法)，证书是网络设备的数字身份凭证。

整个系统由 STA、AP 和 AS 组成，其中 AS 含有 ASU 可信第三方，用于管理消息交换中所需要的数字证书。AP 提供 STA 连接到 AS 的端口(即非受控端口)，确保只有通过认证的 STA 才能使用 AP 提供的数据端口(即受控端口)访问网络。

WAPI 整个过程由证书鉴别、单播密钥协商和组播密钥通告(合称密钥协商阶段)三部分组成，其工作原理如图 5-17 所示。

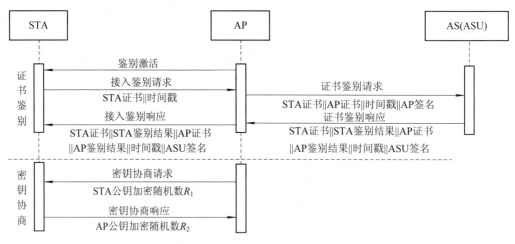

图 5-17　WAPI 的接入认证与密钥协商过程

在证书鉴别阶段中，STA、AP 提交各自的证书给 AS，AS 验证它们的有效性后返回鉴别响应。STA 和 AP 验证 AS 对响应消息的数字签名，获得验证结果，并认证 AS 的合法性。在 WAI 协议中，STA、AP 无须下载证书列表或在线验证证书状态，由 AS 统一进行证书有效性验证，同时 AS 担当 STA、AP 等实体证书的发放、撤销和管理，这种简化的集中化管理无须额外的权威授权中心，架构设计非常简单。

下面介绍具体的过程，为了简便，叙述中将 AS 和 ASU 等同对待。

2) 证书鉴别过程

(1) 鉴别激活。当 STA 关联至 AP 时，由 AP 向 STA 发送鉴别激活以启动整个鉴别过程。

(2) 接入鉴别请求。STA 向 AP 发出接入鉴别请求，即将 STA 证书与 STA 当前系统时间一同发送给 AP。

(3) 证书鉴别请求。AP 收到 STA 接入鉴别请求后，首先记录鉴别请求时间，然后向 AS 发出证书鉴别请求，即将 STA 证书、接入鉴别请求时间、AP 证书以及 AP 的私钥对它们的签名组成证书鉴别请求发送给 AS。

(4) 证书鉴别响应。AS 收到 AP 的证书鉴别请求后，验证 AP 的签名和 AP 证书的有效性，若不正确，则鉴别过程失败，否则进一步验证 STA 证书，验证完毕后，AS 将 STA 证书和 STA 证书鉴别结果、AP 证书和 AP 证书鉴别结果以及 ASU 对它们的签名组成证书鉴别响应发回给 AP。

(5) 接入鉴别响应。AP 验证 AS 返回的证书鉴别响应的签名，得到 STA 证书的鉴别结果，根据此结果对 STA 进行接入控制，从而完成对 STA 的认证。AP 将收到的证书鉴别响应回送至 STA。STA 验证 ASU 的签名后，得到 AP 证书的鉴别结果，根据该鉴别结果决定是否接入该 AP，从而完成对 AP 的认证。

至此 STA 与 AP 之间完成了认证过程。容易看到，该认证方法是基于公钥密码学在可信第三方存在条件下的双向认证协议。也就是说，WAPI 中 STA 和 AP 的双向认证其实是指通过可信第三方 AS 的认证：当 STA 关联 AP 时，AP 和 STA 的证书都要被 AS 来鉴别。只有鉴别成功，AP 才允许 STA 接入，同时 STA 才允许通过该 AP 收发数据。这种认证对于采用"假" AP 的攻击方式具有很强的抵御能力。这种认证其实也实现了 AS 与 STA、AS 与 AP 的双向认证(严格意义上讲，WAPI 中的这种认证只是对证书真实性的鉴别，而不是对证书所有者的认证。WAPI 标准没有称为实体认证是恰当的，其实 WAPI 并没有完全实现对 STA 的认证)。认证完成后，AP 向 STA 发送密钥协商请求，分组开始与 STA 协商单播密钥。

WAPI 在认证方面(即 WAI)具有以下几个重要特点：具有自主知识产权；完整的 STA 和 AP 双向认证；协议交换消息少，通信效率高；集中式或分布集中式认证管理；灵活多样的证书管理与分发体制；可支持多证书，方便用户多处使用，充分保证其漫游功能；认证服务单元易扩充，支持用户的异地接入。

WAI 仍然存在一些不完善之处。例如，STA 将自己的证书以明文形式发送给 AP 及 AS，因而会暴露用户的身份信息，无法实现认证时的匿名性。另外，AP 和 AS 都易成为计算瓶颈及易遭受拒绝服务。尤其需要注意的是，实际上有可能没有认证 STA 本身(只鉴别了 STA 证书的合法性)。下面进行简要说明。

由于 AS 验证了 AP 的签名，因此可保证 AP 的合法性。AP 和 STA 也验证了 AS 的签名，AS 的合法性可得到保证。但是 AS 只验证了 STA 的证书合法性，因此，STA 的合法性需要等到密钥协商完成后，判断 STA 是否能够正确使用自己的私钥解密 AP 的随机数，即是否具有欲协商的共享密钥才能确定。通过判断 STA 是否能正确生成合法会话密钥对 STA 的认证方法，有时称之为"隐性认证"。

3) 单播密钥协商过程

(1) 密钥协商请求。AP 采用伪随机数生成算法生成伪随机数 R_1，利用 STA 的公钥将其进行加密。AP 将密钥协商标识、单播密钥索引、加密信息和安全参数索引等用自己的私钥生成签名后发送给 STA。

(2) 密钥协商响应。STA 检查当前状态、安全参数索引和 AP 签名的有效性，然后查看分组是证书认证成功后的首次密钥协商还是密钥更新协商请求，并且相应地对密钥协商标识字段值进行比较。接着用自己的私钥解密得到 R_1，STA 产生 R_2，将 $R_1 \oplus R_2$ 进行扩展得到单播会话密钥。STA 将单播密钥索引、下次密钥协商标识、消息鉴别码、用 AP 公钥加密的 R_2 等发送给 AP。

AP 收到密钥协商响应消息后，使用私钥解密得到 R_2，扩展 $R_1 \oplus R_2$ 得到单播会话密钥和消息鉴别(数据完整性)密钥，计算消息鉴别码，将其和响应分组中的消息鉴别码字段进行比较。最后比较会话算法标识，判断下次密钥协商标识是否单调递增，保存下次密钥协商表示作为下次单播密钥更新时的密钥协商标识。

在单播密钥协商完成后，开始组播密钥协商过程。其过程类似，具体描述可参见相关文献。下面简要比较 802.11i EAP-TLS 与 WAPI 的不同。

EAP-TLS 认证是基于 STA 和 RADIUS 服务器的双向认证，并且使用了数字证书，但并没有对选用的 AP 进行充分的验证，这会带来一定的安全隐患；同时在 EAP-TLS 认证的最后由 AP 发送给 STA 的报文 "EAP-Success" 采用明文传送，容易被攻击者利用，从而达到欺骗客户端，导致遭到拒绝服务攻击和中间人攻击。

WAPI 中也使用了数字证书(格式不同)，AP 和 AS 间相互认证，AS 和 STA 间相互认证，AP 和 AS 的合法性可保证，但 STA 只验证了证书，STA 的身份是通过密钥协商"隐性认证"的。

WAPI 的设计思路与 802.11i 截然不同，802.11i 为了兼容性，组合了一些现有的有线网络安全协议，而 WAPI 重新设计了 WLAN 安全结构，因此其认证协议消息交换轮数与 802.11i 中的 EAP-TLS 认证协议相比要少得多，而且 WAPI 的密钥协商协议非常简单，只需要进行两轮交换消息，不像 802.11i 中是四次握手。

通过比较可以发现，在某种程度上实际网络安全工程设计中除了安全性外，还需要考虑更多的因素，如历史兼容性、投资和成本等非安全因素。另外也可以看出，密码学安全协议仅仅提供的是协议的最简单形式及其安全保障，在具体实际应用中形态可能是多种多样的。

5. SMS4 对称密码算法

SMS4 算法(或 SM4)是国家商用密码管理办公室于 2006 年 1 月公布的用于无线局域网产品的分组对称密码算法。SMS4 算法是我国第一个公开的、针对无线局域网产品的密码算法。特别值得注意的是，WAPI 中使用的加密算法是我国自己制定的分组加密算法 SMS4。2006 年，我国国家密码管理局公布了 WAPI 中使用的 SMS4 密码算法，该算法是我国拥有自主知识产权的加密算法。这是我国第一次公布自己的商用密码算法，其意义重大，标志着我国商用密码管理更加科学化，并与国际接轨。另外，国家密码管理局公告(第 7 号，2006 年 1 月 6 日)中要求：无线局域网产品须采用 SMS4 作为对称密码算法。

1) 基本参数与运算

SMS4 分组长度为 128 bit，密钥长度为 128 bit，加密和密钥扩展算法都采用 32 轮迭代结构。它以字节和字(32 bit)为单位进行数据处理。SMS4 中的基本运算为模 2 加和左循环移位，分别用 $\oplus$ 和 <<< 表示。

2) SMS4 中的基本加密元素

(1) S 盒。S 盒的输入和输出都为一个字节,其本质是 8 位非线性置换,起混淆(Confusion)的作用。S 盒的设计(输入输出对照表)是公开的。假设输入为字节 x,输出为字节 y,S 盒的运算可表示为 $y = S(x)$。例如 $S(00) = D6$,$S(01) = 90$ 等(这里均为十六进制表示),S 盒的设计可参阅标准文档。

(2) 非线性变换 t。以字为单位,由四个 S 盒构成,实质上是 S 盒的并行计算。例如:设输入字为 $X = (x_0, x_1, x_2, x_3)$,输出字为 $Y = (y_0, y_1, y_2, y_3)$,则 $Y = t(X) = (S(x_1), S(x_2), S(x_3), S(x_4))$。

(3) 线性变换 L。以字为单位,主要起扩散(Diffusion)作用。设 L 的输入为字 X,输出为字 Y,则 $Y = L(X) = X \oplus (X<<<2) \oplus (X<<<10) \oplus (X<<<18) \oplus (X<<<24)$。

(4) 合成变换 T。以字为单位,由非线性变换 t 和线性变换 L 复合而成。设输入为 X,输出为 Y,则有 $Y = T(X) = L(t(X))$。容易看到,合成变换同时起到混淆和扩散的作用。

3) 轮函数的设计

SMS4 的轮函数(Round Function)以字为处理单位。设轮函数 F 的输入为 (X_0, X_1, X_2, X_3),共 4 个字,128 位,轮密钥 K 为 32 位(1 个字)。SMS4 的轮函数结构如图 5-18 所示。

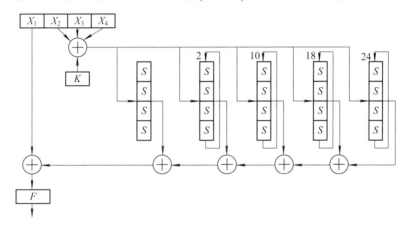

图 5-18 SMS4 的轮函数

其运算为

$$F(X_0, X_1, X_2, X_3, K) = X_0 \oplus T(X_1 \oplus X_2 \oplus X_3 \oplus X_4 \oplus K)$$
$$= X_0 \oplus L(t(X_1 \oplus X_2 \oplus X_3 \oplus X_4 \oplus K))$$

若令 $B = X_1 \oplus X_2 \oplus X_3 \oplus X_4 \oplus K$,则

$$F(X_0, X_1, X_2, X_3, K) = X_0 \oplus S(B) \oplus (S(B) <<< 2) \oplus (S(B) <<< 10) \oplus$$
$$(S(B) <<< 18) \oplus (S(B) <<< 24)$$

4) SMS4 加密算法

128 bit 的明文被分为 4 个 32 bit 的字,记为 X_0, X_1, X_2, X_3,经过 32 轮迭代和反序变换后,得到 128 bit 密文 Y_0, Y_1, Y_2, Y_3;密钥生成器生成 32 个子密钥,分别参与每一轮的转换完成轮加密。SMS4 算法的整体结构如图 5-19 所示。

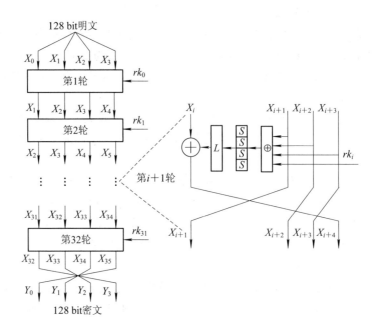

图 5-19　SMS4 的加密算法

共 32 轮加密，设输入明文为(X_0, X_1, X_2, X_3) 4 个字，轮密钥为 K_i，$i=0$, 1, …, 31, 经过 32 轮运算后，输出密文(Y_0, Y_1, Y_2, Y_3)，即加密算法为：

$$X_{i+4} = F(X_i, X_{i+1}, X_{i+2}, X_{i+3}, K_i) = X_i \oplus T(X_{i+1} \oplus X_{i+2} \oplus X_{i+3} \oplus K_i)$$

$$(Y_0, Y_1, Y_2, Y_3) = (X_{35}, X_{36}, X_{37}, X_{38})$$

这里的设计借用了密文反馈和流密码的思想。SMS4 的轮函数 $F(X_0, X_1, X_2, X_3, K_i)$ 以字为处理单位，每一轮加密过程如图 5-20 所示。

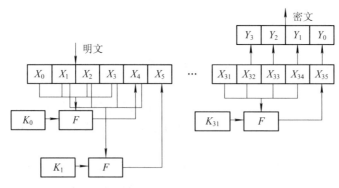

图 5-20　SMS4 的加密过程

5) 解密算法

SMS4 算法的加密解密结构相同，只是密钥的使用次序相反，便于降低实现成本。

6) 密钥扩展

加密密钥为 128 位，需要 32 个 32 位的轮密钥，故需要使用密钥扩展算法。算法结构与加密算法类似，具体细节从略。

经测试，SMS4 可以抵抗差分分析、线性攻击等，且 SMS4 中 S 盒的设计相当安全，在非线性度、自相关性、代数免疫性等方面有相当高的水平。

5.3 远距离无线接入安全——移动通信网安全

传感器节点可能通过无线移动通信网络(如 GPRS 或者 TD-SCDMA)直接将收集到的数据传递到中央控制点(例如 M2M 应用)，或者发送至网关后再通过远距离无线移动通信发送到中央控制点(在最终到达中央控制点前可能还需要经过 IP 核心网)。智能手机结合 RFID 可以实现移动支付(手机钱包)等功能，M2M(如 M2M 的关键应用远程抄表等)也是由移动通信运营商主推的物联网业务，智能电网也可能利用 M2M 技术将电力消费(以及电力生成)数据发送到中央控制点。这些都离不开移动通信网络的安全，本节重点介绍 2G、3G、4G 和通信网络中的典型安全问题，即接入认证(鉴权)和数据(保密、完整性)保护机制。

5.3.1 无线移动通信安全简介

1. 移动通信系统的体系结构

1) 2G/2.5G 移动通信系统

这里略去了模拟移动通信的 1G 移动通信系统的介绍。2G 系统主要采用数字的时分多址(TDMA)和码分多址(CDMA)技术，提供数字化的话音业务及低速数据业务。它克服了模拟移动通信系统的弱点，话音质量和保密性得到了很大提高，并可进行省内、省际自动漫游。具有代表性的 2G 通信系统有美国的 CDMA95 系统(基于 CDMA 技术)和欧洲的 GSM 系统(基于 TDMA 技术)。

针对 2G 系统在数据业务上的弱点，2.5G 系统在 2G 网络中添加了分组交换控制功能，可为用户提供一定速率的数据业务(如 GPRS 系统的最大传输速率为 115 kb/s，CDMA2000 1X 系统的最大传输速率为 150 kb/s)，从而成为介于 2G 和 3G 系统的过渡类型。代表性的 2.5G 系统有基于 GSM 的 GPRS 系统和基于 CDMA95 的 CDMA2000 1X 系统。

以 GSM 为例，GSM 系统的组成如图 5-21 所示，主要包括移动台(MS)，基站子系统(BSS)、网络子系统(NSS)等几个部分。其中 BSS 包括基站控制器(BSC)和基站收发台(BTS)，NSS 主要包括移动交换中心(MSC)、归属位置寄存器(HLR)、访问位置寄存器(VLR)、鉴权中心(AUC)、设备识别寄存器(EIR)等。Um 为 MS 和 BTS 之间的无线接口。下面分别给予简介。

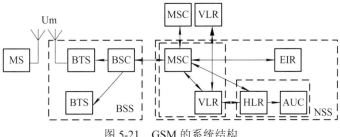

图 5-21 GSM 的系统结构

(1) MS。MS 由移动终端和客户识别卡(SIM 卡)两部分组成。移动终端完成话音编码(信源编码)、信道编码、信息加密、信息的调制和解调、信息发射和接收等功能。SIM 卡存有认证客户身份所需的所有信息，并能执行一些与安全有关的运算，以防止非法客户进入网络，只有插入 SIM 卡后移动台才能接入网内。

(2) BSS。BSS 在 GSM 网络的固定部分和移动台之间提供中继。一方面，BSS 通过无线接口直接与移动台实现通信连接；另一方面，BSS 又连接到移动交换子系统(MSS)的MSC。BSS 可分为两部分：通过无线接口与移动台相连的基站收发台(BTS)以及与 MSC 相连的 BSC。BTS 负责无线传输，BSC 负责控制与管理。

(3) MSC。MSC 是公用陆地移动通信网(PLMN)的核心。MSC 对位于它所覆盖区域中的移动台进行控制和完成话路接续的功能，也是 PLMN 和其他网络之间的接口。它完成通话接续、计费、BSS 和 MSC 之间的切换和辅助性的无线资源管理、移动性管理等功能。另外，为了建立到移动台的呼叫路由，每个 MSC 还完成网关移动交换中心(GMSC)的功能，即可以查询移动台的位置信息。MSC 从三种数据库即 VLR、HLR 和 AUC 中取得处理用户呼叫请求所需的全部数据。反之，MSC 可根据其最新数据更新数据库。

(4) VLR。VLR 通常与 MSC 在一起，其中存储了 MSC 所管辖区域中的移动台(称访问客户)的相关用户数据，包括用户号码、移动台的位置区信息、用户状态和用户可获得的服务等参数。VLR 是一个动态用户数据库，它从移动用户的 HLR 处获取并存储必要的数据。一旦移动用户离开 VLR 的控制区域，则重新在另一个 VLR 登记，原 VLR 将删除该移动用户的数据记录。

(5) HLR。HLR 存储管理部门用于移动用户管理的数据。每个移动用户都应在其 HLR注册登记。HLR 主要存储两类信息：有关移动用户的参数，包括移动用户识别号码、访问能力、用户类别和补充业务等数据；有关移动用户目前所处位置的信息，以便建立到移动台的呼叫路由，例如 MSC、VRL 地址等。

(6) AUC。AUC 属于 HLR 的一个功能单元，专门用于 GSM 系统的安全性管理。AUC产生鉴权三元组(下一节将介绍)用来鉴权用户身份的合法性以及对无线接口上的话音、数据、信令信号进行加密，防止非授权用户接入和保证移动用户通信的安全。

(7) EIR。EIR 存储有关移动台设备参数。完成对移动设备的识别、监视、闭锁等功能，以防止非法移动台的使用。EIR 也是一个数据库，保存着关于移动设备的国际移动设备识别码(IMEI)的三种名单，即白名单、黑名单和灰名单。在这三种名单的三种表格中分别列出了准许使用的、出现故障需监视的、丢失不准使用的移动设备的 IMEI 识别码，通过对这三种表格的核查，使运营部门对于不管是丢失还是由于技术故障或误操作而危及网络正常运营的设备都能采取及时的防范措施，以确保网络内所使用的设备的唯一性和安全性。

2) 3G 移动通信系统

3G 有更宽的带宽(其传输速率为 384 kb/s～2 Mb/s，带宽可达 5 MHz 以上)和系统容量，可实现高速数据传输和多媒体服务。3G 系统的空中接口包含 WCDMA、CDMA2000 和TD-SCDMA 三个标准。其中 WCDMA 是欧洲倡导的宽带 CDMA 技术，该标准提出了GSM-GPRS-EDGE-WCDMA 的演进方案。而 CDMA2000 标准是美国主推的宽带 CDMA 技术，提出了 CDMA95-CDMA2000 1X-CDMA2000 的演进策略。我国提出的 TD-SCDMA 标准非常适用于 GSM，可以不经过 2.5G 时代，直接向 3G 过渡。和 WAPI 一样，TD-SCDMA 是我国提出的具有自主知识产权的国际标准(3G 总体架构)。TD-SCDMA 将 SDMA、同步 CDMA 和软件无线电等当今国际领先技术融合在一起，可以对频率和不同业务灵活搭配，高效率利用频谱等有效资源，加上有 TDMA 和 FDMA 的支持，使得抗干扰能力强，系统容量大。目前 TC 又可分为 TD-SCDMA 和 TD-HSDPA。TD-SCDMA 主要负责提供语音和视频电话等最高下行速率为 384 kb/s 的数据业务，而 TD-HSDPA 是一种数据业务增强技术，可以提供 2.8 Mb/s 的下行速率。

3G 的主要特点：支持移动多媒体业务；宽带 CDMA 技术；高频谱效率；多址方式 FDMA/TDMA/CDMA；从电路交换到分组交换；从单媒体(Media)到多媒体(Multi-Media)；高保密性；全球范围无缝漫游系统；微蜂窝结构。

最后形成 IMT-2000 三种主流标准：① WCDMA 由欧洲 ETSI 提出，核心网基于 GSM 网络；② CDMA2000 由美国 TIA 提出，核心网基于 IS-95 网络；③ TD-SCDMA 由我国 CATT 提出，采用时分双工(TDD)、同步技术、软件无线电技术和智能天线等技术。

ITU 负责和领导 IMT-2000 标准化的研究工作，有两个协调组织 3GPP(Third Generation Partnership Projects)和 3GPP2。3GPP 负责协调 WCDMA 建设与实施，其成员有 ETSI、ARIB(日)、TTA(韩)、TIA(美)及 CCSA(中国)。3GPP2 负责协调 Cdma2000 建设与实施，其成员有 TIA、ARIB、TTA 及 CCSA。

3）4G/5G 移动通信系统

4G 的目标是提高移动装置无线访问互联网的速度，具有非对称的超过 2 Mb/s 的数据传输能力。4G 系统是多功能集成的宽带移动通信系统，是宽带接入 IP 系统。

4G 业务：传统的语音和短信息业务；高达 20 Mb/s 的高速数据业务；常用的 Internet 业务，如 WWW、高速下载和电子邮件等；在线交易以及移动电子商务 E-BUSINESS；位置定位服务；公司数据库接入；广播以及多点、多组数据传输。

4G/LTE 技术：LTE 是未来无线演进计划，ITU 代表传统电信运营商，认为 4G 是基于 IP 协议的高速蜂窝移动网，各种移动通信技术从现有 3G 演进，在 LTE 阶段完成统一。要求 4G 传输速率达到 100 Mb/s 或更高。

LTE 是 3G 的演进，分为 FDD 和 TDD 两种模式。LTE 引入 OFDM 和 MIMO 等技术，可以显著提高频谱效率和传输速率，峰值速率达上行 50 Mb/s、下行 100 Mb/s，支持多种带宽分配，频谱分配灵活，系统容量和覆盖显著提升。

WCDMA 的升级版 HSPA 和 HSPA+均能演化到 LTE，TD-SCDMA 也绕过 HSPA 直接向 LTE 演进。FDD-LTE 成为当前国际上采用广泛、终端种类最丰富的一种标准。LTE-Advanced 是 LTE 增强，完全向后兼容 LTE，峰值速率可达下行 1 Gb/s、上行 500 Mb/s，是第一批被 ITU 承认的 4G 标准。WiMax-Advanced 即 IEEE 802.16m，是 WiMax 增强，下行与上行最高可达 300 Mb/s，静止定点接收高达 1 Gb/s。WiMax-Advanced 可以提高网络覆盖、频谱效率、数据和 VoIP 容量，低时延与 QoS 增强，降低功耗。

第四代移动通信系统(4G/ LTE)标准：4G/LTE 是 3G 的演进，分为 FDD 和 TDD 两种模式。TD-SCDMA 向 LTE 演进的 4G 标准是 TD-LTE，国内典型运营商是中国移动；WCDMA 向 LTE 演进的 4G 标准是 FDD-LTE，国内典型运营商是中国电信和中国联通。

第五代移动通信技术(5G)是具有高速率、低时延和大连接特点的新一代宽带移动通信技术，5G 通信设施是实现人机物互联的网络基础设施。第五代移动通信系统标准是 UTI-R 5G。5G 是 4G 的扩展和提升，目前正在实施中。5G 时代不再出现 3G 时代的 TD-SCDMA、WCDMA、CDMA2000、WiMax 和 4G 时代的 TD-LTE、FDD-LTE 的标准之争，全球 5G 技术有望共用一个标准 UTI-R 5G，其目的是构建网络社会，除超高速率传输外，还具有超高容量、超可靠性、随时随地可接入等优点，可以解决未来移动互联网流量风暴、网络拥塞等问题。

ITU 定义了 5G 的三大类应用场景，即增强移动宽带(eMBB)、超高可靠低时延通信(uRLLC)和海量机器类通信(mMTC)。eMBB 主要面向移动互联网流量爆炸式增长，为移动互联网用户提供更加极致的应用体验；uRLLC 主要面向工业控制、远程医疗、自动驾驶等对时延和可靠性具有极高要求的垂直行业应用需求；mMTC 主要面向智慧城市、智能家居、环境监测等以传感和数据采集为目标的应用需求。

为满足 5G 多样化的应用场景需求，5G 的关键性能指标更加多元化。ITU 定义了 5G 的八大关键性能指标，其中高速率、低时延、大连接成为 5G 最突出的特征，用户体验速率达 1 Gb/s，时延低至 1 ms，用户连接能力达 100 万连接/平方千米。据通信部测试，5G 通信技术在提高数据传输速率的同时还能够大幅降低能耗，可使低功率电池续航时间提高 10 倍以上，也就是真正意义上可以实现"万物互联"。随着传输速度的提高，物联网的概念会渐渐进入到各个家庭和社会应用的各个方面。5G 作为一种新型移动通信网络，不仅要解决人与人通信，为用户提供增强现实、虚拟现实、超高清(3D)视频等更加身临其境的极致业务体验，更要解决人与物、物与物通信问题，满足移动医疗、车联网、智能家居、工业控制、文化旅游、智慧城市、环境监测等物联网应用需求。最终，5G 将渗透到经济社会的各行业各领域，成为支撑经济社会数字化、网络化、智能化转型的关键新型基础设施。

5G 国际技术标准重点满足灵活多样的物联网需要。在 OFDMA 和 MIMO 基础技术上，5G 为支持三大应用场景，采用了灵活的全新系统设计。在频段方面，与 4G 支持中低频不同，考虑到中低频资源有限，5G 同时支持中低频和高频频段，其中中低频满足覆盖和容量需求，高频满足在热点区域提升容量的需求，5G 针对中低频和高频设计了统一的技术方案，并支持 100 MHz 的基础带宽。为了支持高速率传输和更优覆盖，5G 采用 LDPC、Polar 新型信道编码方案、性能更强的大规模天线技术等。为了支持低时延、高可靠，5G 采用短帧、快速反馈、多层/多站数据重传等技术。

2. 移动通信网络的一般安全威胁

按照攻击者攻击的物理位置，移动通信系统的安全威胁可以分为对无线链路的威胁、对服务网络(有线网络)的威胁和对移动终端(手机)的威胁。由于无线网络的开放性，对无线链路的威胁是需要首先考虑的问题，主要如下：

(1) 窃听。由于链路的开放性，在无线链路或服务网内敌手可以窃听用户数据、信令数据及控制数据，试图解密，或者进行流量分析，即主动或被动流量分析以获取信息的时间、速率、长度、来源及目的地。

(2) 伪装。伪基站截取用户数据、信令数据，伪终端欺骗网络获取服务。

(3) 用户获取对非授权服务的访问。

(4) 破坏数据的完整性，即修改、插入、重放、删除用户数据或信令数据。

此外，还存在否认攻击，即用户否认业务费用、业务数据来源及发送或接收到的其他用户的数据，网络单元否认提供的网络服务。拒绝服务攻击在物理上或协议上干扰用户数据和信令数据在无线链路上的正确传输；或耗尽网络资源，使其他合法用户无法访问。

从安全协议的角度分析，应对上面四种最主要威胁的方法如下：应对窃听威胁主要依靠加密的方法；应对伪装威胁主要依靠用户认证的方法；应对破坏数据的完整性的威胁主要依靠采用消息鉴别码的方法。这些防御方法的一个关键点就是需要建立相应的密钥，例如认证密钥、加密密钥、消息完整性密钥。另外，加密密钥通常需要经常更换，以应对敌手对密钥的破解。这种经常更换的用于某个会话的密钥称为会话密钥。虽然在上一节介绍的 WLAN 中接入认证协议与本节将要介绍的接入认证协议形成了类比，但两者的特点有很大不同，如网络的架构显然不同，且移动通信网络中的安全机制更加关注对大规模移动终端的大范围移动性的支持。由于有全球漫游业务，因此在移动通信网络中有宿主网络和被访问网络。

5.3.2　2G(GSM)安全机制

1. GSM 的安全需求

蜂窝网(Cellular Network)为移动用户提供无线语音接入，是基于基础设施的网络。基础设施由无线基站和有线骨干网络组成，有线骨干网络将基站连接起来，每一个基站仅在一个有限的物理区域(Cell)内服务。所有基站连接起来便可以覆盖一块很大的区域。手机是典型的蜂窝网终端设备，通过无线信道连接到某个基站。通过基站及其骨干网基础设施，手机可以发起和接收来自其他手机的电话。系统中唯一无线的部分是连接手机和基站的部分，其余的(如骨干网部分)都是有线网络。

GSM 是第二代数字蜂窝移动通信系统的典型例子，其最主要的安全需求是用户的认证接入(因为涉及通信服务计费的问题)。除了用户认证之外，GSM 还需要对无线信道内在的威胁(如窃听)采取措施。这样就需要对在空中接口上传送的语音通信和传送信息进行保密。此外，还需要保护用户的隐私，即隐藏用户的真实身份(标识)。在实际中，GSM 安全架构中的一个基本假设就是：用户与宿主网络(Home Network)之间具有长期共享的秘密密钥(存放在 SIM 卡中)，这个秘密密钥是用户认证的基本依据。

2. GSM 用户认证与密钥协商协议

1) 用户认证

在 GSM 中，秘密密钥和其他与用户身份相关的信息存储在一个安全单元中，称为用户身份识别模块(SIM)。SIM 以智能卡的形式实现，可以插入手机或者从手机中移除。虽然密钥也可以存储在手机的非易失性存储设备中，用一个口令进行加密，但是将密钥存储在可移除性模块中是一种更好的选择，因为这样允许用户身份在不同的设备之间具有移植性，用户只需要取出 SIM 卡，便可以更换手机而保持同样的身份。

GSM 中的用户认证基于挑战—应答方式，即认证方(网络运营商)提出问题，被认证方(移动终端)进行回答。移动终端收到一个不可预知的随机数作为挑战，为了完成认证，必须计算出一个正确的应答。正确的应答必须通过秘密密钥计算得来，不知道秘密密钥便不能计算出正确的应答。因此，如果网络运营商接收到一个正确的应答，就可认为这是一个合法用户。询问必须保证随机性，否则应答就可以预测或者重放。因为挑战值是不可预测的，所以网络运营商在发送挑战后，一定知道应答是刚刚计算的，而不是重放的以前的应答。用于认证的计算由用户的手机和 SIM 卡完成，无须手机用户的人工参与。

假设用户漫游到一个本地服务区域外的网络，通常称为被访问网络(Visited Network)。GSM 用户认证协议的步骤解释如下：

(1) 手机从 SIM 中读取国际移动用户识别码(IMSI)，并且将其发送给被访问网络。

(2) 通过 IMSI，被访问网络确定此用户的宿主网络，然后凭借骨干网，被访问网络将 IMSI 转发给用户所在宿主网络。

(3) 宿主网络查询对应于 IMSI 的用户秘密密钥，然后生成一个三元组(RAND，SRES，CK)，其中 RAND 是一个伪随机数(Pseudorandom Number)，SRES 是此询问的正确应答(Signed RESponse)，CK(Cipher Key)是用于加密的密钥，即加密会话内容的会话密钥，用于加密空中接口(手机和被访问网络基站之间的无线通信接口)中传递的内容。RAND 由伪随机数产生器(PRNG)产生。在 GSM 规范中，SERS 和 CK 为 RAND 和 K 分别利用 A3 算法和 A8 算法(两种专属算法)计算而来。将三元组(RAND，SRES，CK)发送到被访问网络。

(4) 被访问网络向手机发送询问 RAND。

(5) 手机将 RAND 转到 SIM，SIM 计算并且输出应答 SRES'和加密密钥 CK'。手机将 SRES'发送到被访问网络，然后将其与 SERS 比较。如果 SRES' = SRES，则用户得到认证。用户认证成功后，手机和被访问网络的基站之间的通信用会话密钥 CK 加密，容易看出，会话密钥 CK' = CK。使用的加密算法为序列密码算法，在 GSM 规范中叫 A5 算法(安全分析见参考文献，A5/2 是不安全的，A5/1 和 A5/3 又叫 KASUMI)。GSM 的认证过程如图 5-22 所示。

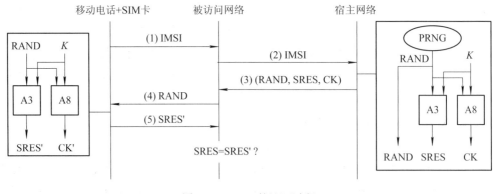

图 5-22 GSM 的认证过程

GSM 认证机制虽然与 IEEE 802.11 共享密钥认证类似，但被访问网络和认证网络是分离的，其特点是：被访问网络在不拥有用户长期秘密密钥的情况下，也可以认证用户，即通过宿主网络提供期望的挑战值和相应的应答值给被访问网络来实现。

2) 对用户标识的隐私保护

GSM 还提供了对通过认证的用户身份标识 IMSI 的保护，目的是保护用户的位置隐私，方法是隐藏空中接口上的 IMSI。用户认证成功后，从被访问网络接收到一个称为 TMSI。TMSI 用新生成的密钥 CK 加密，因而不能被窃听者知道。然后使用 TMSI，而不是 IMSI。被访问网络保留 TMSI 和 IMSI 间的映射。

当用户进入另外一个被访问网络(不妨称为 B)时，B 联系先前的被访问网络(不妨称为 A)，将收到的 TMSI 发送给 A。A 查询与 TMSI 关联的数据并且将用户的 IMSI 和保留的三元组发送给 B，从而 B 可以为用户服务。如果 TMSI 不再适用(例如手机在漫游到 B 前曾经长时间关机)，则 B 可请求手机发送 IMSI，以重新引导 TMSI 机制。

总之，GSM 安全协议提供了以下安全服务：

(1) 用户认证基于挑战—应答协议以及用户和宿主网络共享的长期秘密密钥。认证数据从宿主网络发送到被访问网络，长期秘密密钥没有泄露给被访问网络。

(2) 空中接口(无线链路)上通信的保密性由会话密钥加密来保证，此会话密钥建立在用户认证基础上，在手机和被访问网络间共享，并且由宿主网络协助完成。

(3) 使用临时识别码保护无线接口中的用户真实身份不被窃听识别，即通信中大多数时间不使用真实的身份识别码，窃听者很难追踪用户，从而保护了用户的隐私。

但是 GSM 没有考虑完整性保护的问题，这一点在以语音通信为主的 2G 通信中不是十分重要，因为丢失或者改动的语音通常可以被通话双方人为地识别。由于 3G 中数据业务的增多，必须考虑数据的完整性，这是因为一个比特的改变可能使数据的含义发生很大改变。完整性问题在接下来介绍的 3G 安全机制中得到了考虑。

5.3.3　3G 安全机制

1. 3G 安全体系结构

1) 3G 体系结构

3G 是指支持高速数据传输的移动通信技术。3G 服务能够同时传送声音及数据信息(电子邮件、即时通信等)。3G 的代表特征是提供高速数据业务，速率一般在几百 kb/s 以上。3G 规范是由 ITU 所制定的 IMT-2000(International Mobile Telecommunications-2000)规范发展而来。3G 移动通信的主流技术包括 WCDMA、CDMA2000、TD-SCDMA。WCDMA、TD-SCDMA 的安全规范由欧洲为主体的 3GPP 制定，其中 TD-SCDMA 由中国提出。CDMA2000 的安全规范以北美为首的 3GPP2 制定。从某种意义来讲，WiMAX 也能够提供广域网接入服务。2007 年，ITU 将 WiMax 正式批准为继 WCDMA、CDMA2000 和 TD-SCDMA 之后的第四个 3G 标准。鉴于目前 WiMax(IEEE 802.16)很难在短期内大量应用，本节主要讨论传统从无线移动通信网络演进的 3G 安全。

2) 3G 安全模型

3G 系统是在 2G 系统基础上发展起来的，它继承了 2G 系统的安全优点，摒弃了 2G

系统存在的安全缺陷，同时针对 3G 系统的新特性，定义了更加完善的安全特征与安全服务。ETSI TS 133 给出的 3G 安全模型如图 5-23 所示。3GPP 将 3G 网络划分成三层：应用层、归属层/服务层、传输层。在此基础上将所有安全问题归纳为五个范畴：① 网络接入安全；② 网络域安全；③ 用户域安全；④ 应用域安全；⑤ 安全特性的可视性与可配置能力。

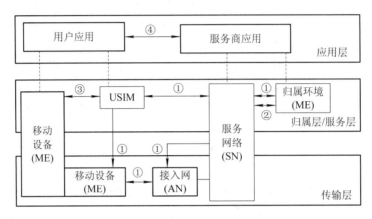

图 5-23　3G 安全模型

(1) 网络接入安全。提供安全接入服务网的认证接入机制并抵御对无线链路的窃听、篡改等攻击。空中接口的安全性最为重要，因为无线链路最易遭受各种攻击。这一部分的功能包括用户身份保密、认证和密钥分配、数据加密和完整性等。其中认证是基于共享对称密钥信息的双向认证，密钥分配和认证一起完成。网络接入安全具体包括以下内容。

① 认证：包括对用户的认证和对接入网络的认证。

② 加密：包括加密算法协商、加密密钥协商、用户数据的加密和信令数据的加密。

③ 数据完整性：包括完整性算法协商、完整性密钥协商、数据完整性和数据源认证。

④ 用户标识的保密性：包括用户标识的保密、用户位置的保密及用户位置的不可追踪性，主要是保护用户的个人隐私。

(2) 网络域安全。保证网内信令的安全传送并抵御对有线网络及核心网部分的攻击。网络域安全分为三个层次。

① 密钥建立：密钥管理中心产生并存储非对称密钥对，保存其他网络的公钥，产生、存储并分配用于加密信息的对称会话密钥，接收并分配来自其他网络的对称会话密钥。

② 密钥分配：为网络中的节点分配会话密钥。

③ 安全通信：使用对称密钥实现数据加密和数据源认证。

(3) 用户域安全。用户服务识别模块(USIM)是一个运行在可更换的智能卡上的应用程序。用户域安全机制用于保护用户与 USIM 之间，以及 USIM 与终端之间的连接，包括以下两个部分。

① 用户到 USIM 的认证：用户接入 USIM 之前必须经过 USIM 的认证，确保接入 USIM 的用户为已授权用户。

② USIM 到终端的连接：确保只有授权的 USIM 才能接入终端或其他用户环境。

(4) 应用域安全。用户域与服务提供商的应用程序间能安全地交换信息。USIM 应用程序为操作员或第三方运营商提供了创建驻留应用程序的能力，需要确保通过网络向 USIM 应用程序传输信息的安全性，其安全级别可由网络操作员或应用程序提供商根据需要选择。

(5) 安全特性的可视性及可配置能力。安全特性的可视性指用户能获知安全特性是否正在使用，服务提供商提供的服务是否需要以安全服务为基础。确保安全功能对用户来说是可见的，这样用户就可以知道自己当前的通信是否已被安全保护、受保护的程度是多少。例如，接入网络的加密提示，通知用户是否保护传输的数据，特别是建立非加密的呼叫连接时进行提示；安全级别提示通知用户被访问网络提供什么样的安全级别，特别是当用户漫游到低安全级别的网络(如从 3G 到 2G)时进行提示。可配置性指允许用户对于当前运行的安全功能进行选择配置，包括是否允许用户到 USIM 的认证；是否接收未加密的呼叫；是否建立非加密的呼叫；是否接受某种加密算法。

从以上分析可知，3G 网络安全的特殊性在于添加了对用户域和网络域安全的考虑；安全特性的可视性和可配置能力体现了对用户参与性的考虑；应用域安全体现了对 USIM 应用程序复杂性的考虑。由于网络接入安全在 3G 安全中具有重要的地位，下面主要介绍 3G 接入安全的认证与密钥协商协议。

2. 3G(UMTS)认证与密钥协商协议

通用移动通信系统(UMTS)是当前使用最广泛的一种 3G 移动通信技术，它的无线接口使用 WCDMA 和 TD-SCDMA。UMTS 从 GSM 到 GPRS(2.5G)演进(GPRS 支持更高的数据速率，理论上最大可以到 140.8 kb/s，实际上能实现接近 56 kb/s，已经在很多 GSM 网络部署，它也是目前很多 M2M 应用所采用的技术)而来，故两者的系统架构十分相似。UMTS 提供的接入安全是 GSM 相关安全特性的超集，它相对于 GSM 的新安全特性是用于解决 GSM 中潜在的安全缺陷。

1) UMTS 的认证向量

首先回顾 GSM 安全中的主要问题，包括：

(1) 单向认证，即只认证接入用户，没有认证被访问网络。

(2) GSM 认证三元组可无限期使用。认证协议中用户无法验证接收到的挑战是否新鲜。

(3) 空中接口上的通信和传输没有完整性保护服务。

(4) 加密密钥长度太短。用户的长期密钥可能泄露，SIM 卡可能被克隆。

UMTS 的安全架构解决了上述安全问题，但是为了尽可能地兼顾原有的设备投资，设计在 GSM 安全架构基础之上进行了扩展，GSM 中的三元组被替换为认证五元向量(RAND，XRES，CK，IK，AUTN)。和 GSM 中一样，RAND 是一个不可预知的伪随机数，由 PRNG 产生，并且在认证协议中作为挑战，XRES 为 RAND 的期望应答，CK 是会话加密密钥。XRES 和 CK 都由 RAND 和用户的长期秘密密钥 K 计算得来。此外，IK 为完整性保护密钥，AUTN 是一个认证令牌，用于给用户提供对宿主网络的认证，并且保证了 RAND 的新鲜度。AUTN 由三个字段组成，为 AUTN = (SQN⊕AK, AMF, MAC)。这里 SQN(Sequence Number) 是一个由用户和宿主网络动态维持的序列号；AK 称为匿名密钥，用于保护 SQN 以防窃听者偷听；AK 由 RAND 和 K 产生；AMF 是认证管理字段，用于在宿主网络和用户之间传递参数；MAC 是一个消息鉴别码，在 RAND、SQN 和 AMF 上利用长期密钥 K 计算而来。

AUTN 的结构和认证向量在图 5-24 中进行了直观描述。函数 f_1、f_2、f_3、f_4 和 f_5 为 UMTS

标准中定义的单向函数，PRNG 是伪随机数生成器。

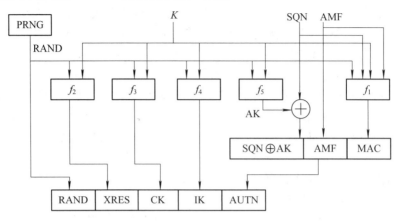

图 5-24　UMTS 中的认证向量及 AUTN 令牌的构成

2) 3G 接入认证与密钥协商协议

3G 网络中的接入安全要确保的内容包括两部分：提供用户和网络之间的身份认证，以保证用户和网络双方的实体可靠性；空中接口安全，主要用于保护无线链路传输的用户和信令信息不被窃听和篡改。前者需要身份认证，后者需要加密和消息完整性保护，而这些离不开密钥，因此需要进行密钥的协商。在进行安全协议设计时，通常将两者一起考虑，以提高协议的效率，减少消息交换的次数，即先进行认证，然后进行密钥协商，这一协议机制称为认证密钥协商机制。虽然在前面的章节曾经多次提到过，但这里的区别是对移动性的支持。

3G 认证与密钥协商协议(3G AKA)中参与认证和密钥协商的主体有用户终端(ME/USIM)、被访问网络(VLR/SGSN)和归属网络(HE/HLR)。在 3G AKA 协议中，通过用户认证应答(RES)实现 VLR 对 ME 的认证，通过 MAC 实现 ME 对 HLR 的认证，以及实现 ME 与 VLR 之间的密钥分配，同时每次使用的 MAC 是由不断递增的序列号(SQN)作为其输入变量之一，保证了认证消息的新鲜性，从而确保了密钥的新鲜性，有效地防止了重放攻击。3G 认证和密钥协商过程如图 5-25 所示。

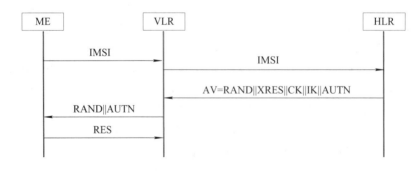

图 5-25　3G 认证和密钥协商(AKA)过程

(1) 移动终端(ME/USIM)向网络发出呼叫接入请求，把身份标识(IMSI)发给 VLR。

(2) VLR 收到该注册请求后，向用户的 HLR 发送该用户的 IMSI，请求对该用户进行认证。

(3) HLR 收到 VLR 的认证请求后，生成序列号 SQN 和随机数 RAND，计算认证向量 AV 发送给 VLR。其中，AV = RAND ‖ XRES ‖ CK ‖ IK ‖ AUTN。K 为 ME 和 HLR 共同拥有的永久性密钥，写入 ME 的 SIM 卡中。AV 各字段的计算方法如图 5-26 所示。

① XRES = f_{2K}(RAND)，期望的应答(eXpected RESponse)。

② CK = f_{3K}(RAND)，加密密钥；IK = f_{4K}(RAND)，完整性密钥。

③ AUTN = SQNAK ‖ AMF ‖ MAC，认证令牌。

④ SQN：序列号。

⑤ AK = f_{5K}(RAND)，匿名密钥，用于隐蔽序列号。

⑥ AMF：认证管理字段。

⑦ MAC = f_{1K}(SQN ‖ RAND ‖ AMF)，消息鉴别码。

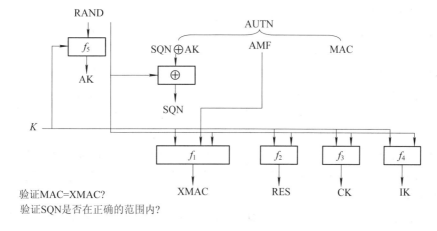

图 5-26　生成认证向量 AV 的过程

这里 f_1 算法用于产生 MAC，f_2 算法用于接入认证中计算期望的应答值。f_3、f_4、f_5 是密钥生成函数，f_3 算法用于产生加密密钥，f_4 算法用于产生完整性密钥，f_5 算法用于产生匿名密钥，五个函数的具体内容由 3GPP 相关规范给出。这里 f_K 表示函数 f 使用 K 作为密钥。表 5-2 总结了 AKA 中使用到的五个函数。

表 5-2　3G 接入安全中使用的部分主要函数

函数名	函数用途	函数输入	函数输出
f_0	随机数生成函数	无	RAND
f_1	消息鉴别函数	K，SQN，RAND，AMF	XMAC/MAC
f_2	生成期望的应答的鉴权函数	K，RAND	XRES/RES
f_3	加密密钥生成函数	K，RAND	CK
f_4	完整性密钥生成函数	K，RAND	IK
f_5	匿名密钥生成函数	K，RAND	AK

(4) VLR 接收到认证向量后，将 RAND 及 AUTN 发送给 ME，请求用户产生认证数据。

(5) ME 接收到认证请求后，首先计算 XMAC，并与 AUTN 中的 MAC 比较，若不同，则向 VLR 发送拒绝认证消息，并放弃该过程。同时，ME 验证接收到的 SQN 是否在有效范围内，若不在有效范围内，ME 则向 VLR 发送"同步失败"消息，并放弃该过程。上述两项验证通过后，ME 计算 RES、CK 和 IK，并将 RES 发送给 VLR。因为 ME 和 HLR 都预先知道相同的计算方法，因此 XMAC、RES 计算如下：

消息鉴别码：$XMAC = f_{1K}(SQN \parallel RAND \parallel AMF)$。

用户认证应答：$RES = f_{2K}(RAND)$。

(6) VLR 接收到来自 ME 的 RES 后，将 RES 与认证向量(AV)中的 XRES 进行比较，若相同则 ME 的认证成功，否则 ME 认证失败。最后，ME 和 VLR 建立的共享加密密钥是 CK，数据完整性密钥是 IK。

5.3.4 4G 安全机制

1. 4G 国际标准 TD-LTE-A

4G 通信将能满足 3G 不能达到的覆盖范围、通信质量、高速传输率和高分辨率多媒体服务，通常也被称为"多媒体移动通信"。4G 的数据传输率可达 10～20 Mb/s，最高甚至达到 100 Mb/s，其中 TD-LTE 下行速率为 100 Mb/s，上行速率为 50 Mb/s。3GPP LTE 包括两种模式：LTE TDD 和 LTE FDD。其中 LTE TDD 就是 TD-LTE 技术，它吸纳了很多 TD-SCDMA 的技术元素，拓展了 TD-SCDMA 在智能天线、系统设计等方面的关键技术和我国自主知识产权，具有高效益、低时延、高带宽、低成本等特点和优势，系统能力与 LTE FDD 相当。TD-LTE-Advanced(TD-LTE-A)技术方案已经与 2010 年 10 月被 ITU 确定为 4G 的两个国际标准之一，在未来大规模使用具有自主知识产权的 TD-LTE-A 标准发展 4G 对我国具有极其重要的战略意义。

中国在 2013 年发放了 4G 牌照，中国移动的 TD-LTE、中国联通与中国电信的 FD-LTE 在全国已建设完成运用网络。

2. LTE 中的流密码算法 ZUC

ZUC 算法是中国通信标准协会(CCSA)推荐给 3GPP LTE 使用的新算法。目前 ZUC 算法已通过了算法标准组 ETSI SAGE 的内部评估，ETSI SAGE 认为该算法强壮，并推荐在 LTE 标准中使用。ZUC 算法目前处于公开评估阶段。ZUC 算法是第一个成为国际标准的我国自主知识产权的密码算法，是我国商用密码算法首次走出国门，具有重要的历史意义。ZUC 算法的国际标准化对我国按照国际惯例掌握通信产业的主动权意义重大。

ZUC 算法由中国科学院数据保护和通信安全研究中心(DACAS)研制。LTE 算法的核心是 ZUC 算法；由 ZUC 定义的 LTE 加密算法称为 128-EEA3；由 ZUC 定义的 LTE 完整性保护算法称为 128-EIA3。

ZUC 是一个面向字(Word-Oriented)的流密码算法。输入是 128 bit 的初始密钥和 128 bit 的初始向量，输出是一个 32 bit 字(也称为密钥字，Key-word)。这一密钥字可用于加密。ZUC 的执行有两个阶段：初始化阶段和工作阶段。在初始阶段，将初始密钥和初始向量 IV 进行初始化，耗费时钟周期，但没有产生输出；在工作阶段，每个时钟周期都会输出一个 32 bit 的字。

1) ZUC 算法的整体架构

ZUC 具有三个逻辑层，如图 5-27 所示。最上层是一个具有 16 阶段的线性反馈移位寄存器(LFSR)，中间层是一个比特混淆器(BR)，最下层是一个非线性函数 F。

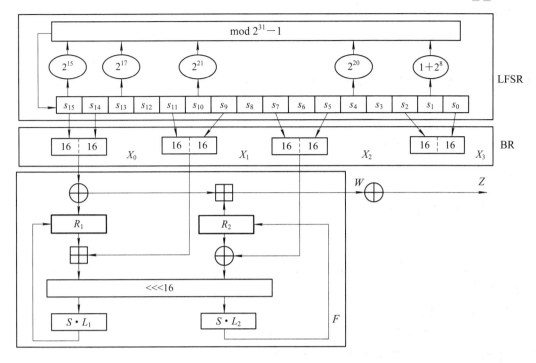

图 5-27　ZUC 算法整体架构

2）LFSR

LFSR 由 16 个 31 bit 的单元(s_0，s_1，…，s_{15})组成，每个单元 s_i(0≤i≤15)的输入在集合 {1，2，3，…，2^{31} − 1}中。LFSR 具有两个操作模式：初始化模式和工作模式。

在初始化模式下，LFSR 的输入是 31 bit 的字 u，该字来自于非线性函数 F 的 32 bit 的输出 W，将 W 的最右一个比特去掉，即 $u = W >> 1$。具体而言，初始化模式的计算方法为：

LFSRWithInitialisationMode(u){

1. $v = 2^{15}s_{15} + 2^{17}s_{13} + 2^{21}s_{10} + 2^{20}s_4 + (1 + 2_8)s_0 \bmod (2^{31} − 1)$;

2. $s_{16} = (v+u) \bmod (2^{31} − 1)$;

3. If $s_{16} = 0$, then set $s_{16} = 2^{31} − 1$;

4. $(s_1, s_2, \cdots, s_{15}, s_{16}) \rightarrow (s_0, s_1, \cdots, s_{14}, s_{15})$

}

在工作模式下，LFSR 没有输入，计算方法如下：

LFSRWithWorkMode(){

1. $s_{16} = 2^{15}s_{15} + 2^{17}s_{13} + 2^{21}s_{10} + 2^{20}s_4 + (1 + 2^8)s_0 \bmod (2^{31} − 1)$;

2. If $s_{16} = 0$, then set $s_{16} = 2^{31} − 1$;

3. $(s_1, s_2, \cdots, s_{15}, s_{16}) \rightarrow (s_0, s_1, \cdots, s_{14}, s_{15})$

}

上述过程第一步中的 31 bit 串 s 在 GF(2^{31} − 1)乘以 2^i 可通过 s 的循环左移 i bit 来实现，因而只需要模加运算，于是第一步可用以下方法实现：

$$v = (s_{15} <<<_{31} 15) + (s_{13} <<<_{31} 17) + (s_{10} <<<_{31} 21) + (s_4 <<<_{31} 20) + (s_0 <<<_{31} 8) + s_0 \bmod(2^{31} − 1)$$

标准中同样对模加给出一些注解。

3) BR 操作

中间层的运算是 BR，它从 LFSR 的单元中提取 128 bit，形成 4 个 32 bit 字，前 3 个字用于最下层的非线性函数 F，最后一个字用于生成密钥流。

令 s_0，s_2，s_5，s_7，s_9，s_{11}，s_{14}，s_{15} 是 LFSR 的 8 个单元，那么 BR 生成 4 个 32 bit 字 X_0，X_1，X_2，X_3，方法如下：

Bitreorganization(){

1. $X_0 = s_{15H} \| s_{14L}$;
2. $X_1 = s_{11L} \| s_{9H}$;
3. $X_2 = s_{7L} \| s_{5H}$;
4. $X_3 = s_{2L} \| s_{0H}$;

}

由于 s_i 是 31 bit 整数，于是 s_{iH} 表示 s_i 的 $30\cdots15$ 比特位，而不是 $31\cdots16$ 比特位，这里 $0 \leqslant i \leqslant 15$。

4) 非线性函数 F

非线性函数 F 有两个 32 bit 存储单元 R_1 和 R_2。令 F 的输入是 X_0，X_1 和 X_2，即 BR 操作的输出，F 输出一个 32 bit 字 W，方法如下：

$F(X_0, X_1, X_2)$ {

1. $W = (X_0 \oplus R_1) \boxplus R_2$;
2. $W_1 = R_1 \boxplus X_1$;
3. $W_2 = R_2 \boxplus X_2$;
4. $R_1 = S(L_1(W_{1L} \| W_{2H}))$;
5. $R_2 = S(L_2(W_{2L} \| W_{1H}))$;

}

S 是一个 32×32 的 S 盒，L_1 和 L_2 线性变换。S 是 32 位输入，32 位输出，其实由 4 个并列 8×8 的 S 盒组成，即 $S = (S_0, S_1, S_2, S_3)$，其中 $S_0 = S_2$，$S_1 = S_3$，即实际上定义了两个输入输出表 S_0，S_1。两个表的定义见标准文档。例如求 $S_0(x)$，可将 x 写为 $h \| l$，查 S_0 表中 h 行 l 列，$S_0(0x12) = 0xF9$ 以及 $S_1(0x34) = 0xC0$。

线性变换 L_1 和 L_2 输入是 32 bit 字，输出是 32 bit 字，定义如下：

$$L_1(X) = X \oplus (X<<<_{32}2) \oplus (X<<<_{32}10) \oplus (X<<<_{32}18) \oplus (X<<<_{32}24),$$
$$L_2(X) = X \oplus (X<<<_{32}8) \oplus (X<<<_{32}14) \oplus (X<<<_{32}22) \oplus (X<<<_{32}30)$$

5) 密钥装载

密钥装载将扩展初始密钥和初始向量为 16 个 31 bit 的整数，作为 LFSR 的初始状态。令 128 bit 的初始密钥 $K = k_0 \| k_1 \| k_2 \| \cdots \| k_{15}$ 和 128 bit 初始向量 $IV = iv_0 \| iv_1 \| iv_2 \| \cdots \| iv_{15}$。这里 k_i 和 iv_i 均为字节($0 \leqslant i \leqslant 15$)。$K$ 和 IV 装载到 LFSR 的 s_0，s_1，$\cdots$，s_{15} 中：

令 D 为 240 bit 固定串，由 16 个 15 bit 的子串组成：$D = d_0 \| d_1 \| \cdots \| d_{15}$，其中

$d_0 = 100010011010111_2$，$d_1 = 010011010111100_2$，$d_2 = 110001001101011_2$，

$d_3 = 001001101011110_2$，$d_4 = 101011110001001_2$，$d_5 = 011010111100010_2$，

$d_6 = 111000100110101_2$，$d_7 = 000100110101111_2$，$d_8 = 100110101111000_2$，

$d_9 = 010111100010011_2$，$d_{10} = 110101111000100_2$，$d_{11} = 001101011110001_2$，

$d_{12} = 101111000100110_2$

然后给 s_i 赋值，令 $s_i = k_i \parallel d_i \parallel iv_i (0 \leqslant i \leqslant 15)$。

6) ZUC 的执行

ZUC 的执行有两个阶段：初始化阶段和工作阶段。初始化阶段算法调用密钥装载过程，将 128 bit 初始密钥 K 和 128 bit 初始向量 IV 装载到 LFSR 中，令 32 bit 存储单元 R_1 和 R_2 全为 0。于是运行以下操作 32 次：

1. Bitreorganization();
2. $w = F(X_0, X_1, X_2)$;
3. LFSRWithInitialisationMode($w >> 1$)

初始化阶段完成后，算法进入到工作阶段。在工作阶段，算法执行以下操作一次，丢弃 F 的输出 W：

1. Bitreorganization();
2. $F(X_0, X_1, X_2)$;
3. LFSRWithWorkMode()

于是，算法准备生成密钥流，即对下面的操作每执行一次，一个 32 bit 字 Z 便输出：

1. Bitreorganization();
2. $Z = F(X_0, X_1, X_2) \oplus X_3$;
3. LFSRWithWorkMode()

该标准文档还给出了 ZUC 算法的 C 语言实现源代码。

5.3.5　5G 安全机制

2016 年，3GPP 启动了 5G 标准立项工作，5G 标准研究进程分为两个阶段：2018 年 9 月前完成 R15 标准制定；2020 年 3 月完成 R16 标准制定，满足全部 IMT-2020(5G)推进组提出的 5G 网络发展目标和应用用例需求。相比 4G 网络，5G 网络在原有基础上支持更多的应用场景，深入到智能家居、车联网、无人机等物联网领域。

未来 5G 网络将支持海量用户和设备同时接入，并为多种设备接入类型提供安全保障，实现"万物互联"。因此，未来 5G 网络不仅需要继续面对移动互联网业务带来的挑战，如提升频谱效率和用户数据通信速率，降低时延，加强移动性等，还要满足物联网业务需求的多样性。在万物互联场景中，5G 安全机制不仅要保障海量接入设备的安全，还要保障用户的敏感信息在接入设备与基站进行消息交互时不会泄露。此外，5G 愿景中还涵盖了低功耗设备，因此必须针对物联网设备计算能力较弱、低功耗的特点来设计相关安全机制来保护通信安全。

超高速的无线通信使人们可以完全告别数据线的束缚，万物互联，智能时代可以说已经到来。不同于主要面向以人为本的移动互联网通信，5G 进一步扩大了移动通信的服务范围，改变了人类社会信息交互方式，促使移动通信渗透到了农业、交通、医疗、旅游、智能家居、环境监测、金融等领域，为用户提供更加身临其境的极致业务体验，真正实现"信

息随心至，万物触手及"的总体夙愿。

通过 5G 高速网络，云计算技术会进一步发展，未来人们只需要键盘和显示屏来记录和展示数据，所有的计算都可放在云端共享。依靠 5G 网络低时延、大带宽、高速率的特性，才可以确保手术的可靠性、安全性和稳定性，使医生可以随时随地远程控制机械臂做手术，在中国的医生也能给欠发达的第三世界国家的人民带来健康和快乐；可以提升车联网数据采集的及时性，保障车与路、人的实时信息互通，消除无人驾驶的安全风险；可以放心把数据放在云端，保证安全，进而走进人们的生活中。因为 5G 技术还在初始阶段，依然很难想象真正落实的时候，这一技术能带来哪些改变。为了满足 5G 网络下万物互联的基本要求，3GPP 定义了 5G 的三大应用场景，分别是 uRLLC、eMBB 以及 mMTC，如图 5-28 所示。

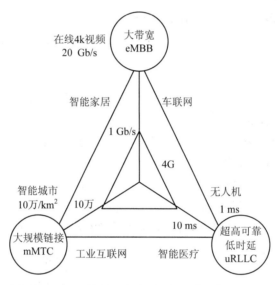

图 5-28　5G 网络的三大应用场景及关键性能指标

eMBB 主要是在高铁、快速路等高速移动情况下或者超高清视频直播等场景，为用户随时随地提供速率大于 100 Mb/s，峰值速率大于 10 Gb/s 的通信体验。mMTC 主要应用于诸如要求连接密度超过每平方千米百万个终端设备且业务特征差异化明显的场景。以大量传感器的部署为例，预计到 2024 年每个小区大约需要 30 万移动网络设备连接，并且同时降低终端的成本使终端待机时长延至十年量级，只有这样才能确保未来 5G 网络拥有海量设备的连接能力。uRLLC 则主要应用在车联网、远程医疗、远程教育、智能电网等低时延、超高可靠性的场景。5G 移动通信系统主要是为人类服务的，以人为本，所以它的时延要求是以人类之间相互交流时听力系统所需要反应的时间和舒适度为标准。当人类接收时延在 70～100 ms 以内的声音信号时，实时效果是最好的，舒适度也是最高的，这也就是 ITU 将语音通信最低时延设定为 100 ms 的原因。以智能交通安全为例，为了规避交通事故的发生，智能交通系统在与车辆间进行及时可靠信息交互时，端到端时延必须控制在 5 ms 之内。同样，智能电网也对信息交互时的可靠性和时延提出了严格的要求，即要求时延达到毫秒级和可靠性达到 99.9999%的标准。

5G 核心网发展关键技术包括软件定义网络(SDN)、网络功能虚拟化(NFV)等。基于

SDN、NFV 等虚拟化技术在 5G 核心网中构造网络切片，为不同应用场景定制差异化的网络切片，以满足用户多应用场景的服务需求。SDN 的核心思想是将控制与转发分离，具体工作思路是将网络路由分为三层架构：业务层包括用户需求的网络服务应用，业务层连接控制层；控制层掌握网络状态，并根据具体网络服务来控制转发层生成路由转发路径；转发层由转发器和连接的线路组成，具体执行路由的转发。通过上述三层架构使网络路由规则更灵活并可编程化，进而达到路由转发全局优化的目的。

1. 5G 网络安全问题

虽然 5G 网络有着时延低、系统容量大、速度快、用户交互体验好等优势，但随着相关研究及应用普及的深入，5G 与传统的无线网络一样，因缺乏有力可靠的加密逻辑，通信安全面临着许多问题。因此，本节将从网络攻击手段的角度出发，详细地阐述 5G 网络通信过程中存在的安全问题。

网络攻击是指利用网络信息系统存在的漏洞和安全缺陷对系统或资源进行的攻击，一般从对信息的破坏性上看，攻击类型可以分为被动攻击和主动攻击。被动攻击是指攻击者不对数据信息做任何修改，而是通过截取或窃听在未经用户同意和认可的情况下获得信息或相关数据。被动攻击通常包括 IP 地址欺骗、重放攻击、拒绝服务攻击等。主动攻击是指攻击者使用某些手段导致某些数据流的篡改和虚假数据流的产生。主动攻击可分为中间人攻击、嗅探攻击等。下面详细描述这些网络攻击如何威胁 5G 网络通信安全。

1) 被动攻击

(1) 重放攻击。重放攻击又被称为重播攻击或者回放攻击，主要被用于身份认证的过程，破坏认证的正确性。基本原理是攻击者首先窃听通信通道，然后欺骗性地重复或延迟有效的传输数据，从而欺骗参与者，让他们误认为已经成功地完成了协议的运行，同时，该攻击也是"中间人攻击"的低级版本之一。

一般情况下，有四种有效的办法可以抵御重放攻击。第一种方法是加随机数。使用这种解决方案的好处是认证双方并不需要时间同步，只需要记住彼此使用过的随机数，如果发现报文中出现了以前使用过的随机数，那么就认为此时遭遇了重放攻击。该方法的缺点是使用的随机数需要进行额外的保存，如果通信的时间较长，则开销较大。第二种方法是加流水号。双方在报文中添加一个逐步连续递增的整数，只要接收到一个不连续的流水号报文(太大或太小)时，就认定遭遇了重放攻击。该方法的优势同样在于双方不需要时间同步，但是加流水号保存的信息量要比随机数小。该方法的缺点是一旦攻击者对报文解密成功，就可以获得流水号，从而欺骗认证端。第三种方法是使用会话 ID。在双方进行通信之前，程序会创建一个随机且唯一的会话 ID。攻击者无法获取到会话 ID，也就无法执行重放攻击。第四种方法是加时间戳。该方法的优势是不用额外保存其他信息。其缺点是认证双方需要准确的时间同步，同步信息越多，受攻击的可能性就越小。但当通信系统很庞大，跨越的区域较广时，要做到精确的时间同步并不是一件容易的事。所以在实际应用中，常将第四种和第一种方法相结合，这样就只需保存某个很短时间段内的所有随机数，而且时间戳的时间同步也不需要太精确。

(2) IP 地址欺骗。IP 地址欺骗是指在服务器不存在任何漏洞的情况下，通过利用 TCP/IP 协议本身存在的一些缺陷进行攻击的方法。在 IP 地址欺骗中，攻击者可以伪装成某台计算机的 IP 地址，使其看上去像来自受信任的计算机，从而获得对计算机或网络的未经授权的访问。当计算机之间存在信任关系时，这种类型的攻击最有效。例如在某些公司网络上，内部系统之间必将相互信任。因此，如果用户从内部网络上的另一台计算机进行连接，那么用户通常无须用户名或密码即可登录。同样，攻击者也可以通过 IP 地址欺骗达到无须身份验证即可访问受信任计算机连接的目标。

IP 地址欺骗主要用于 DDoS 攻击。在 DDoS 攻击中，攻击者会使用 IP 地址将大量 TCP SYN 消息、UDP SYN 消息或 ICMP 消息发送到受害主机，而这些 IP 地址可以通过 IP 欺骗找到。它会导致交换机流表中的表丢失，使得其他节点无法使用控制器进行路由决策，从而降低网络的性能。严格地说，IP 地址欺骗本身并不是一种攻击，它只是一个用于 DDoS 攻击的方案。因此，无论攻击的最终目标(例如 DoS)是否实现，欺骗的流量都已经影响了网络资源的可用性。

根据攻击包中使用的欺骗源地址，IP 地址欺骗可以分为不同的类型，三种常见的类型是随机欺骗、子网欺骗和固定欺骗。在随机欺骗中，攻击者随机生成 32 位数字，用作攻击数据包的源地址。在子网欺骗中，地址是从与代理计算机所在的子网相对应的地址空间生成的。例如，作为 143.89.124.0/24 网络的一部分机器可以欺骗 143.89.124.0 到 143.89.124.255 范围内的任何地址。在固定欺骗中，攻击者会从给定列表中选择源地址。

到目前为止，大多数检测机制都假定 IP 地址欺骗的数据包是在终端主机级别创建的，现有针对该攻击的方法也并不认为过滤设备(如防火墙、路由器)可以被破坏或生成欺骗流量。因此，即使在终端主机产生真正的流量时，被破坏的访问路由器也可以在转发数据包时修改源 IP 地址。

(3) DoS 攻击。DoS 攻击是指攻击者让目标机器停止提供一切服务的方法，也是黑客常用的攻击手段之一。攻击者进行 DoS 攻击，实际上是让服务器呈现两种效果：一是迫使服务器的缓冲区满，不接收新的请求；二是使用 IP 地址欺骗，迫使服务器把非法用户的连接复位，影响合法用户的连接。最常见的 DoS 攻击包括计算机网络带宽攻击以及连通性攻击。带宽攻击是指用极大的通信量冲击网络，使所有可使用的网络资源消耗殆尽，最终合法用户也无法通过请求。连通性攻击是指使用大量的连接请求来冲击计算机，最终计算机也无法通过合法用户请求。常见的攻击手段有 Ping 洪流、同步洪流、UDP 攻击、Rwhod、Finger 炸弹、Land 攻击以及 OOB 等。DoS 攻击还有一种特殊的形式，叫作 DDoS 攻击，表现为攻击者借助服务器技术，将多个计算机组成受控的僵尸网络，联合起来对一个或多个目标发动 DoS 攻击，攻击效果也随之成倍提高。常见的攻击手段有 TFN、Trank、Stacheldraht、Trinoo、Shaft、SYN 泛洪攻击等。目前绝大多数 DoS 攻击都是 DDoS 攻击。SYN 泛洪攻击是攻击效果最好也是最流行的 DDoS 攻击手段。SYN 泛洪攻击是指利用 TCP 的三次握手机制，攻击端通过伪造的 IP 地址向被攻击端发出请求，从而导致被攻击端发出的响应报文永远发送不到目的地，被攻击端在等待关闭的连接过程中消耗资源，从而达到攻击的目的。SYN 泛洪攻击就是利用了 TCP/IP 协议在报文传输过程中对报文的源 IP 地址完全信任的固有漏洞进行攻击的。

目前为止，有两种有效的方法能够在很大程度上缓解和抵御 DDoS 攻击。第一种方法是利用防火墙对异常流量进行清洗过滤。通过数据包的规则过滤、数据流指纹检测过滤以及数据包内容定制过滤等顶尖技术判断外来访问流量是否正常，进一步将异常流量禁止过滤。第二种方法是分布式集群防御。这是目前网络安全界防御大规模 DDoS 攻击的最有效办法。分布式集群防御的特点是在每个节点服务器配置多个 IP 地址，并且每个节点能承受不低于 10 G 的 DDoS 攻击，如一个节点受攻击无法提供服务，系统将会根据优先级设置自动切换另一个节点，并将攻击者的数据包全部返回发送点，使攻击源处于瘫痪状态。

2) 主动攻击

(1) 中间人攻击。在密码学和计算机安全中，中间人攻击属于一种"间接"入侵攻击，是指攻击者秘密地传递并可能改变双方之间的通信，却让双方相信他们是在互相直接通信。也就是说，攻击者必须能够拦截在通信双方之间传递的所有相关消息并注入新的消息就算完成中间人攻击。这在很多情况下都是很容易实现的。例如，在未加密的无线接入点的接收范围内的攻击者就可以将自己作为中间人插入窃取信息。SMB 会话劫持、DNS 欺骗等都属于典型的 MITM 攻击。

中间人攻击共有两种攻击方式，分别是信息篡改和信息窃取。信息篡改是指当用户双方通信时，攻击者会在中间秘密地传递并可能更改双方通信的内容，使其相信彼此正在直接进行通信，而实际上，攻击者在中间就成为了一个转发器，因此攻击者不仅可以窃听到用户双方通信的内容，还可以将恶意信息传递给对方以达到自己的目的。信息窃取是指当用户双方通信时，攻击者不在中间成为一个转发器去主动转发，而是将用户双方传递的信息或者数据进行备份，包括账户、密码等敏感信息。

防范中间人攻击有很多种方法：第一种方法是最简单的，就是将机要信息进行加密后再传输，这样即使被攻击者拦截也很难获取到准确信息；第二种方法是设计一些可以检测到中间人攻击的认证方式，例如现有的 IP 异常检测，如果用户采用之前从未使用过的设备或 IP 访问系统，系统会检测出来并采取措施；第三种方法是带外认证，也是最能有效防范中间人攻击的方法。该方法的操作过程是：系统会启动实时自动电话回叫功能，首先将二次 PIN 码发送至短信网关，再由短信网关转发给用户，用户收到后，再将二次 PIN 码发送至短信网关处，对比短信网关两次收到的 PIN 码，就可以判断是否为真实用户。

(2) 嗅探攻击。网络嗅探是利用计算机的网络接口截获目的地为其他计算机的数据报文的一种手段。网络嗅探需要用到嗅探器。嗅探器工作在网络的底层，负责把网络传输的全部数据记录下来。同时，还可以分析网络的流量，帮助网络管理员查找网络漏洞和检测网络性能。一般情况下，大多数嗅探器都能分析 TCP/IP、IPX、DECNET、FDDI Token 以及标准以太网等协议。实际应用中的嗅探器分软、硬件两种。软件嗅探器成本低且易于使用，缺点是无法准确抓取网络上所有的传输数据，不能全面了解网络的故障和运行情况；硬件嗅探器通常称为协议分析仪，它的优点恰好是软件嗅探器所欠缺的，但是价格昂贵。目前现实生活中主要使用的是软件嗅探器。

虽然嗅探攻击很难发现，但仍有三种常用的方法可以用来抵御该攻击。第一种方法是使用安全的拓扑结构。因为嗅探攻击只对以太网、令牌环网(Token-ring Network)等起作用，所以尽量使用交换设备的网络，这样可以在最大程度上防止被嗅探器窃听或截获不属于自己的数据包。第二种方法是进行会话加密。这种方法的优势在于即使攻击者嗅探到了机密信息，但因为无法解密，所以嗅探攻击也失去了意义。最常用的加密方法是用 SSH 安全协议来代替 Telnet 等容易被攻击的协议。SSH 是一个在应用程序中提供安全通信的协议，通过 RSA 算法建立连接，使用 IDEA 技术进行加密，是目前针对嗅探攻击最经典的加密方式。第三种方法是在网络中布置入侵检测系统以及防火墙等安全设备，针对路由器和交换机的攻击进行识别。

2. 5G 无线系统的安全服务

5G 无线系统的新构架、新技术以及新使用案例为其安全服务带来了新特性和新要求。5G 无线系统的安全服务主要有四种类型：身份验证(实体身份验证、消息身份验证)、机密性(数据机密性、隐私性)、可用性和完整性。

(1) 认证。认证有两种，即实体身份验证和消息身份验证。在 5G 无线网络中，实体认证和消息认证对于解决上述攻击都很重要。实体身份验证用于确保通信实体是其声称的实体。传统的蜂窝网络中，用户设备(UE)和移动管理实体(MME)之间先进行相互认证，之后进行相互通信。UE 和 MME 之间的相互认证是传统蜂窝安全框架中最重要的安全特性。4G LTE 蜂窝网络中的身份认证和密钥协议是基于对称密钥的。然而，5G 不仅需要 UE 和 MME 之间的认证，还需要服务提供商等其他第三方之间的认证。5G 信任模型不同于传统的蜂窝网络信任模式，它需要混合的、灵活的认证管理。UE 的混合式和灵活的认证可以通过三种不同的方式实现：只通过网络认证，只通过服务提供商认证，同时通过网络和服务提供商认证。由于 5G 无线网络拥有高数据速率和极低的延迟要求，故认为，5G 认证的速度将比以往任何时候都要快得多。此外，5G 的多层架构可能在 5G 的不同层之间进行非常频繁的切换和认证。为了克服 HetNet 中密钥管理的困难，减少由于不同层之间频繁的切换和认证而造成的不必要的延迟，人们提出一种基于 SDN 的加权快速认证方案。

为了提高切换过程中的认证效率，满足 5G 时延要求，人们提出了一种安全的上下文信息传输方案。为了在 5G 无线网络中提供更多的安全服务，提出了一种基于公钥的 AKA。

随着 5G 无线网络中各种新应用的增多，消息认证变得越来越重要。此外，随着 5G 对时延、频谱效率和 EE 的要求越来越高，消息认证面临着新的挑战，提出了一种基于循环冗余校验(CRC)的 5G 消息认证方法，在不增加带宽的情况下检测随机和恶意错误。

(2) 机密性。机密性包括两个方面：数据机密性和隐私。数据机密性指通过限制数据访问权，为合法用户访问，防止未授权用户访问及泄露，以此保护数据信息不受被动攻击。隐私保护指保护合法用户通信消息不受控制影响。例如，隐私保护流量，不受攻击者的分析。流量模式可用于诊断敏感信息，如发送者/接收者位置等。随着 5G 广泛应用的出现，关于用户隐私的大量数据也随之出现，例如车辆路径数据、健康监测数据等。

数据加密被广泛用于保护数据机密性，防止未经授权的用户从广播信息中提取任何有用的信息。对称密钥加密技术可以用于在发送方和接收方共享一个私钥的情况下对数据进行加密和解密。为了在发送者和接收者之间共享密钥，需要一种安全的密钥分发方法。传统的密码学方法设计是基于这样一个假设：攻击者的计算能力有限。因此，它无法与拥有强大计算力的攻击者抗衡。PLS 可支持保密服务，抵御干扰和窃听攻击，而不是仅仅依赖一般的高层加密机制。除了 5G 的数据业务，用户开始意识到隐私保护服务的重要性。由于 5G 技术会带来大量数据连接，其隐私服务比传统的蜂窝网络更值得关注。匿名服务是许多用户的基本安全需求。许多情况下，隐私泄露会导致严重的后果。例如，健康监测数据揭示了敏感的个人健康信息；车辆路径数据可以暴露位置隐私。5G 无线网络引发了人们对隐私泄露的严重担忧。在 HetNets，由于小单元密度高，关联算法可以揭示用户的位置隐私。保护位置隐私的方法主要是差分私有算法。通信中的隐私通过安全的通信协议保护。在车联网中采用加密机制提供安全、隐私感知的实时视频报告服务。

(3) 可用性。可用性定义为无论何时何地，任何合法用户都可以访问和使用服务的程度。可用性评估系统在面对各种攻击时的健康程度是 5G 中的一个关键性能指标。可用性攻击是一种典型的主动攻击。对可用性的主要攻击之一是 DoS 攻击，它会导致对合法用户的服务访问被拒绝。干扰可以通过干扰无线电信号来中断合法用户之间的通信联系。5G 无线网络拥有大量不安全的物联网节点，在防止干扰和 DDoS 攻击以保证可用性服务方面面临着巨大挑战。

(4) 完整性。虽然消息身份验证保证了消息源的确认，但是没有针对消息的复制或修改提供保护。5G 技术旨在提供随时随地的连接，并支持与人类日常生活密切相关的应用，如对饮用水质量进行检测和交通调度。数据的完整性是某些应用的关键安全要求。

完整性要求可以防止攻击者从未授权实体修改信息。内部恶意攻击(如消息注入或数据修改)可能会侵犯数据完整性。由于内部攻击者拥有有效身份，因此很难检测到这些攻击。在智能电网中的智能电表等用例中，需要提供数据完整性服务以防止操作。与语音通信相比，数据更容易被攻击和修改，可以通过使用可生成完整性密钥的相互身份验证来提供完整性服务。个人健康信息的完整性服务是必需的。信息完整性可以在身份验证方案中提供。

3. 基于 SDN 的 5G 网络安全结构

5G 网络安全结构设计应该遵循以下四条设计原则：

(1) 灵活：实现网络功能与物理节点的解耦，重点关注网络功能的设计与选择，可以基于网络环境进行灵活的部署。

(2) 智能：实现控制与承载资源的分离，实现集中控制功能，支持控制面与用户面独立扩展，实现多种无线网络部署场景下无线网络智能优化与高效管理。

(3) 高效：综合考虑网络设备部署成本和运维成本。

(4) 安全：综合考虑增加的移动基础设施会提高网络攻击的风险，制定合理有效的结构方案，实现 5G 网络通信安全。

图 5-29 是一种基于 SDN 的 5G 网络安全结构，避免了敏感数据的集中暴露，提高了 5G 系统通信的安全性。

5G 网络安全结构共有三个层面，分别是应用层、控制层和数据传输层，并基于 5G 网络的特征在控制层和数据层之间加装分布式安全网关(SecGW)验证 5G 设备与控制层交互的上行数据流，同时从外部网络保护控制器。在控制层添加了一个新的安全实体(SecE)作为控制实体来控制 SecGW 和其他安全功能，同时还将维护所有设备的哈希表和哈希种子，并在数据传输时提供加密认证。该结构不仅降低了 5G 网络运维成本，提高了 5G 网络灵活性和可扩展性，而且也预防了不同场景下设备和用户通信时遭受网络攻击而可能导致的数据泄露问题。

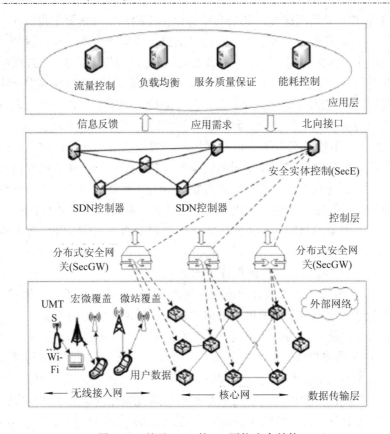

图 5-29　基于 SDN 的 5G 网络安全结构

1) 应用层部署

应用程序层由最终用户业务应用程序和其他控制实体组成。传统的移动网络控制设备，如流量控制、负载均衡、服务质量保证以及能耗控制都是直接运行在应用层的网络操作系统(NOS)之上的软件应用程序。应用层和控制层之间的边界由北向 API 转换。

2) 控制层部署

控制层由逻辑上集中的控制器组成，提供统一的控制功能。基本上，中央控制器通过一个开放的接口来监控网络的分组转发功能。此外，它还控制所有的移动回程功能，如路由、会话初始化、会话终止和计费功能。新添加的 SecE 主要负责控制 SecGW 和其他安全功能。

SecGW 是控制层与数据传输层之间的中间设备。SecGW 将网络控制器隐藏在外部世界之外，减少了控制器的安全相关工作负载。因为 SecGW 作为网络解密和加密点的网关，主要负责中继 SecE 与数据层交换机(DPS)之间的消息，使用分布式或者多个 SecGW 来预排单点故障。此外，SecGW 中还可以嵌入各种安全功能，如 IDS、DPI 和防火墙，以提供额外的保护。

3) 数据传输层部署

最底层的数据传输层又称为物理层，由无线接入网和核心传输网组成。用户流量就是利用数据传输层进行传输，而这个传输的信道则被定义为数据信道。由图 5-29 可知，底层的接入网可以支持传统 3G/4G 接入网、C-RAN、D-RAN、WiFi/HEW、蜂窝网络等各种形态的接入技术网络，同时也包含了多种部署场景，主要包括宏站覆盖、微站覆盖、宏微联合覆盖等。在宏微联合覆盖的场景中，通过覆盖与容量的分离(微站负责容量，宏站负责覆盖及微站间资源协同管理)，可以实现接入网根据业务发展需求以及分布特性灵活部署微站。同时，由宏站充当的微站间的接入集中控制模块，对微站间的干扰协调以及资源协同管理都起到了一定的帮助作用。但是对于微站覆盖的场景，则需要通过分簇化集中来控制微站间的干扰协调、资源协调和缓存。此时，接入集中控制模块可以单独部署在数据处理中心，也可以由所分簇中某一微站负责。类似地，在传统的宏覆盖场景中，宏站间的集中控制模块与微站覆盖部署的方式不尽相同。通过灵活的集中控制配合本地控制及多连接等无线接入技术，可以实现高速率接入和无缝切换，给用户提供极致体验。

核心网则由各种网关设备、交换机、路由器、内容存放节点和网络安全设备组成，并且都是通过统一的南向接口接受核心控制器的管理。

4. 基于密码学的数据加密认证机制

1) 基于密码学的数据加密认证机制设计

下面介绍 5G 网络中控制层和数据层之间建立的基于密码学的数据加密认证机制是如何设计的。数据加密认证机制的同步密钥过程如图 5-30 所示。

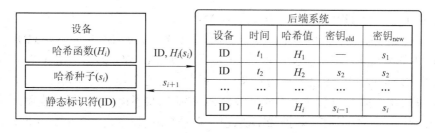

图 5-30　同步密钥过程

在图 5-30 中，该数据加密认证机制有两个端点。左端是 SDN 设备，相当于 SDN 控制的一个开关。每个设备中的密钥存储都是由三部分组成，分别是唯一的 ID、后端提供的预加载散列表 H_i 和同步的密钥 s_i。这个密钥是随机生成的，每当设备请求建立一个通信信道时，就会重新生成新的密钥。在认证过程中，后端设备首先验证设备的 ID。如果这个数字是真实存在并有效的，后端将发送一个 s_i 作为哈希种子来检查 H_i 的哈希值。如果 H_i 的哈希值与存储在后端设备中的哈希表和种子给出的哈希值一致，那么该设备就能通过身份验证，然后进行信息传输。设备身份验证完成后，后端会生成一个新的密钥并将其重新加载到设备中。如果是攻击者想要通过身份验证，则必须同时满足两个要求：① 窃听到前一种身份验证中的秘密 s_{i+1}；② 知道设备中预加载的散列函数。攻击者攻击时想要同时满足这两个要求是很困难的，所以如果设备的哈希值来自过时的密钥，则表明这个请求来自攻击者。

SecGW 作为网络解密和加密点的网关，可以在 SecE 和控制器之间中继认证消息。而 SecE 作为图 5-30 中的后端系统，将维护所有设备的哈希表和哈希种子，并在数据传输时提供加密认证。值得注意的是，SecE 不能直接与 5G 设备通信，必须通过 SecGW 中继认证消息。通过这种方式，可以有效降低 SecE 的负载，从而加速加密认证的过程。在该结构中，有两种不同的通信模式：第一种是 SDN 控制层设备之间的通信；第二种是用户之间的通信。

下面将分别详细介绍两种不同场景下的数据加密认证机制交互流程。

2) 基于密码学的数据加密认证机制交互流程

(1) 底层设备之间通信。数据加密认证机制在底层设备通信间的交互过程如图 5-31 所示。

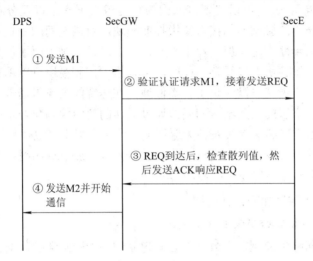

图 5-31 底层设备通信数据加密

交换机首先向 SecGW 发送一个认证请求 M1，M1 由两个部分组成：唯一的 ID 和后端提供的预加载散列表 H_i。然后，SecGW 验证解决方案，并向 SecE 发送信息 REQ。SecE 验证 REQ 中的散列值，将身份验证消息 ACK 发送到 SecGW。最后，SecGW 将身份验证信息转发给 DPS。如果 DPS 通过此身份验证，那么它将更新其密钥并允许控制层设备之间进行通信。相反，如果 DPS 没有通过此身份验证，那么它将不执行任何操作或发出再次请求。

(2) 控制层设备之间通信。数据加密认证机制在控制层设备通信中的交互过程如图 5-32 所示。

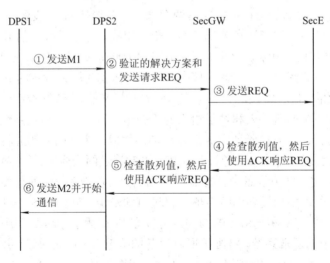

图 5-32 控制层设备通信数据加密

由于控制层设备的信息交互是在 DPS1 和 DPS2 之间构建的，因此需要对两者进行验证才能确保设备间交互信息的安全性。在图 5-32 中，DPS1 首先将身份验证请求 M1 发送给 DPS2，M1 由设备的 ID 和相关的散列值组成。收到 DPS1 的请求后，DPS2 将身份验证请求 REQ 发送到 SecGW。与底层设备通信的过程类似，SecGW 先将身份验证请求 REQ 组合传输给 SecE，然后获取身份验证消息 ACK。然后 SecGW 将与 DPS1 和 DPS2 相关联的身份验证消息 ACK 发送到 DPS2。最后，如果此请求通过身份验证过程，DPS2 将身份验证消息 M2 发送给 DPS1，那么这两个 DPS 将更新各自的哈希种子并允许用户之间进行通信。如果其中一个 DPS 没有通过此身份验证，那么它们将不再执行任何操作。

本节主要对 5G 的安全问题进行了简要分析，并在此基础上，提出了安全措施。一种新技术的产生，会产生新的安全需求。一方面，新技术会引入整合旧有的技术，在这种情况下，会产生许多传统领域内固有的安全风险；另一方面，会设计出一种之前没有的东西，而这些会有新型的安全防护需求，需打破之前的认识，设计出合理有效的安全防护措施。总之，随着新技术的不断产生，相关的安全防护需求任重而道远。

5.4　扩展接入网的安全

除了上述介绍的近距离无线(高速)接入和远距离无线(高速)接入以外，物联网的接入技术还可以是近距离无线低速接入，如 Bluetooth 和 Zigbee，以及近距离有线接入，如局域网 Ethernet(IEEE802.3)和现场总线(Fieldbus)。本节主要介绍近距离无线低速接入网络、手机电视协议 CMMB 系统、北斗卫星导航定位系统及其安全分析，以促进对自主创新的关注和二次开发。手机电视以及卫星定位导航系统也都可视为物联网中的关键应用。

5.4.1　近距离无线低速接入网安全

本节介绍近距离无线低速接入方法的典型代表 Bluetooth 和 Zigbee。

1. Bluetooth 安全简介

Bluetooth 是爱立信公司在 1994 年开始研究的一种能使手机与其附件(如耳机)之间互相通信的无线模块。它的工作频率为 2.4 GHz，有效范围约在 10 m 半径内。Bluetooth 被列入了 IEEE 802.15.1 规范，规定了包括 PHY、MAC、网络和应用层等集成协议栈。蓝牙技术可解决小型移动设备间的短距离无线互连问题，它的硬件涵盖了局域网中的各类数据及语音设备，如计算机、移动电话等。安全性是整个蓝牙协议中非常重要的一部分，协议在应用层和链路层均提供了安全措施。蓝牙技术是一种无线数据与语音通信的开放性全球规范，它以低成本的短距离无线通信为基础，为固定与移动设备的通信环境提供特别连接的通信技术。由于蓝牙技术具有可以方便快速地建立无线连接、移植性较强、安全性较高、蓝牙地址唯一、支持皮可网与分散网等组网工作模式、设计开发简单等优点，近几年来在众多短距离无线通信技术中备受关注。蓝牙是一种低功率近距离无线通信技术，可以用来实现 10 m 范围内的 8 台设备的互联。蓝牙有三种安全模式：最低级别的安全模式即没有任何安全机制；中等级别的安全模式通过安全管理器有选择性地执行认证和加密；最高级别的模式在链路层执行认证、授权和加密。

蓝牙作为一种短距离无线通信技术，与其他网络技术一样存在着数据传输的各种安全隐患，近些年来很多研究人员致力于这方面的研究，提出了一些行之有效的安全算法和控制访问方法。蓝牙技术主要面临着四个方面的安全问题：① 蓝牙设备地址攻击；② 密钥管理问题；③ PTN 代码攻击；④ 蓝牙不支持用户认证。

蓝牙规范 1(Volume 1，Specification of Bluetooth System)包括了链路级安全内容，主要措施是链路级的认证和加密等。每个设备都有一个 PIN 码，它被变换成 128 bit 的链路密钥(Link Key)进行单/双向认证。蓝牙安全机制依赖 PIN 码在设备间建立的这种信任关系，一旦信任关系建立以后，就可以利用存储的链路密钥进行以后的连接。利用链路密钥可以生成加密密钥，对链路层数据有效载荷进行加密保护。链路层安全机制提供了多种认证方案和一种灵活的加密方案(即允许协商密钥长度)。但链路级安全存在明显的不足：蓝牙的认证是基于设备，而不是基于用户；对服务没有进行区分，没有针对每个蓝牙设备的授权服务的机制。

在蓝牙规范 2(Volume 2，Specification of Bluetooth System)中，在链路级安全基础之上又提出了服务级安全的概念，这里蓝牙安全被分为三个模式：

(1) 无安全模式：蓝牙设备不采取任何安全措施。

(2) 服务级安全模式：蓝牙设备在 L2CAP 之上采取安全措施，对不同的应用服务提供灵活的接入控制。

(3) 链路级安全模式：蓝牙设备在 LMP 建立连接之前开始安全过程。

在服务级安全中，服务被分为需要认证、需要授权、不需要三个级别，其中需要认证/需要授权可以同时设定需要加密。设备被分为可信赖设备(通过认证和授权)、不可信设备(通过认证但未被授权)和未知设备(没有任何此设备的信息)。

以蓝牙安全管理体系结构为参考模型，在实现链路级安全的基础之上，通过对蓝牙协议进行深入的研究，对安全管理器和蓝牙协议栈进行合理的设计，实现服务级的安全。这里的设计是针对有人机接口环境的。蓝牙安全管理体系结构如图 5-33 所示，其中安全管理器是蓝牙安全管理体系结构的核心。

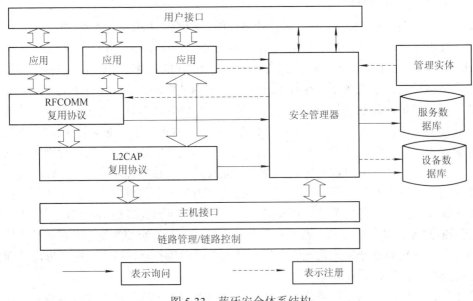

图 5-33　蓝牙安全体系结构

安全管理器有以下功能:通过 HC1 命令要求链路层对设备进行认证并返回响应的结果;要求链路层对数据进行加密;根据服务数据库和设备数据库的资料确定蓝牙设备是否可以接入所请求的服务;通过用户界面让用户对未知设备进行授权;对用户和设备的资料进行管理。

由于安全管理器与各层协议、应用和其他实体之间的接口是简单的询问/应答和注册过程,因此可以容易地实现各种灵活的接入策略。在安全体系结构中,L2CAP 和 RFCOMM 是复用协议,它们负责查询安全管理器,从而控制其他设备对其上的服务的接入;用户接口用于对设备进行授权和管理;应用程序负责向安全管理器注册自己的服务级别以及其下层的协议,由于服务有可能是其他协议(如 PPP 等),其上可能有其他应用服务,所以它可以通过查询安全管理器实现对其上层的接入控制。

2. ZigBee 安全简介

1) ZigBee 技术简介

2000 年,IEEE 成立了 IEEE 802.15.4 工作组,致力于开发一种可应用在固定便携或移动设备上的低成本、低功耗及多节点的低速率无线个域网(LR-WPAN)技术标准,但该工作组只专注 MAC 层和物理层协议,要达到产品的互操作和兼容,还需要定义高层的规范。2001 年,美国霍尼韦尔等公司发起成立了 ZigBee 联盟。ZigBee 联盟所主导的 ZigBee 标准定义了网络层、安全层、应用层和各种应用产品的资料或规范,并对其网络层协议和 API 进行了标准化。

值得注意的是,ZigBee 提供了高可靠性的安全服务,它的安全服务所提供的方法包括密码建立、密码传输、帧保护和设备管理。这些服务构成了一个模块用于实现 ZigBee 设备的各类安全策略。

2) ZigBee 技术的特点

ZigBee 技术不仅具有低成本、低功耗、低速率、低复杂度的特点,而且具有可靠性高、组网简单、灵活的优势。ZigBee 技术和其他无线通信技术相比有如下特点。

(1) 低功耗:由于 ZigBee 的传输速率低,发射功率仅为 1 mW,而且采用了休眠模式,功耗低,因此 ZigBee 设备非常省电。据估算,ZigBee 设备仅靠两节 5 号电池就可以维持长达 6 个月到 2 年的使用时间。

(2) 成本低:ZigBee 模块的成本低廉,且 ZigBee 协议是免专利费的。

(3) 时延短:通信时延和从休眠状态激活的时延都非常短,典型的搜索设备时延为 30 ms,蓝牙需要 3~10 s,WiFi 需要 3 s;休眠激活的时延是 15 ms,活动设备信道接入的时延为 15 ms。因此 ZigBee 技术适用于对时延要求苛刻的无线控制(如工业控制场合等)应用。

(4) 低速率:ZigBee 工作在 20~250 kb/s 的较低速率,分别提供 250 kb/s(2.4 GHz)、40 kb/s(915 MHz)和 20 kb/s(868 MHz)的数据吞吐率,满足低速率传输数据的应用需求。

(5) 近距离:传输范围一般介于 10~100 m 之间,在增加发射功率后,亦可增加到 1~3 km。

(6) 网络容量大:一个星形结构的 ZigBee 网络最多可以容纳 254 个从设备和一个主设备,且网络组成灵活,一个区域内最多可以同时存在 100 个独立且互相重叠覆盖的 ZigBee 网络。这一点与蓝牙相比优势明显。

正因为上述特点，ZigBee 在无线传感器网络的组网节点中有大量的应用。

3) ZigBee 安全架构

ZigBee 协议栈的体系结构如图 5-34 所示。

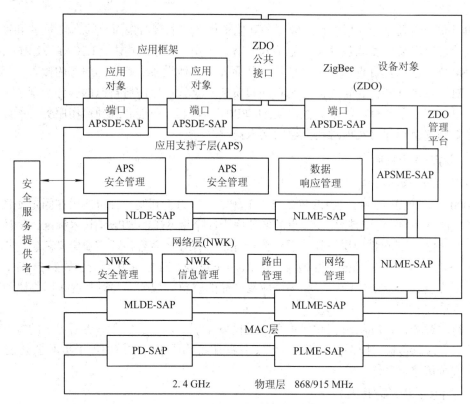

图 5-34　ZigBee 协议栈结构图

IEEE 802.15.4-2003 标准定义了最下面的两层：物理层(PHY)和 MAC 层。ZigBee 联盟在此基础上建立了网络层(NWK 层)和应用层(APL)框架。PHY 层提供基本的物理无线通信能力；MAC 层提供设备间的可靠性授权和单跳通信连接服务。NWK 层提供用于构建不同网络拓扑结构的路由和多跳功能。应用层的框架包括应用支持子层(APS)、ZigBee 设备对象(ZDO)和由制造商制订的应用对象。ZDO 负责所有设备的管理，APS 提供 ZigBee 应用的基础。具体有三层安全机制，MAC、NWK 和 APL 负责各自帧的安全传输。而且，APS 子层提供建立和保持安全关系的服务，ZDO 管理安全性策略和设备的安全性结构(部分名称的解释可查阅相关标准)。

4) 安全密钥

网络中 ZigBee 设备中的安全性是以一些"连接"密钥和一个"网络"密钥(Network Key)为基础的。APL 对等实体间的单播通信安全依靠由两个设备共享的一个 128 位连接密钥保证，而广播通信安全则依靠由网络中所有设备共享的一个 128 位网络密钥保证。接收方通常知道帧是被连接密钥保护还是网络密钥保护。

设备获得连接密钥可以通过密钥传输、密钥协商或者预安装等方式中的任意一种。而网络密钥是通过密钥传输或者预安装的方式获得。用于获取连接密钥的密钥协商技术是基于主密钥。一个设备将通过密钥传输或者预安装方式获取一个主密钥来制定相应的连接密钥。设备间的安全性就是依靠这些密钥的安全初始化和安装来实现的。

网络密钥可能被 ZigBee 的 MAC、NWK 和 APL 层使用，也就是说，相同的网络密钥和相关联的输入/输出帧计数器对所有层都是有效的。连接密钥和主密钥可能只被 APS 子层使用。连接密钥和主密钥只在 APL 层有效。

ZigBee 技术针对不同的应用提供了不同的安全服务。这些服务分别作用在 MAC 层、NWK 层和 APL 层上，对数据加密和完整性保护是在 CCM*模式下执行 AES-128 加密算法。

5) MAC 层安全

MAC 层负责来源于本层的帧的安全性处理，但由上层决定 ZigBee 使用哪个安全级别，需要安全性处理的 MAC 层帧会通过相应的安全级别处理。由上层设置参数使之与活动的网络密钥和 NWK 层计数器相对应，上层设置的安全级别与 NIB 中的属性相对应。MAC层密钥是首选密钥，但若无 MAC 层密钥，则使用默认密钥。

6) NWK 层安全

当来自 NWK 层的帧需要保护，或者来自更高层的帧且网络层信息库(NIB)中的属性为 TRUE 时，ZigBee 使用帧保护机制。NIB 中的属性给出保护 NWK 帧的安全级别。上层通过建立网络密钥决定使用哪个安全级别来保护 NWK 层。通过多跳连接传送消息是 NWK 层的一个职责，NWK 层会广播路由请求信息并处理收到的路由回复消息。同时，路由请求消息会广播到其他设备，邻近设备则回复路由应答消息。若连接密钥使用适当，NWK 层将使用连接密钥保护输出 NWK 帧的安全，若没有适当的连接密钥，为了保护信息，NWK 将使用活动的网络密钥保护输出 NWK 帧。帧的格式明确给出保护帧的密钥，因此接收方可以推断出处理帧的密钥。另外，帧的格式也决定消息是所有网络设备都可读，而不是仅仅自身可读。

7) APL 层安全

当来自 APL 层的帧需要安全保护时，APS 子层将会处理其安全性，APS 层的帧保护机制是基于连接密钥或网络密钥的。另外，APS 层支持应用，提供 ZDO 的密钥建立、密钥传输和设备管理等服务。

8) 有安全保障的帧的形式

NWK 层是负责处理需要安全地传输输出帧和安全地接入输出帧的步骤。上层通过设定适当的密钥、帧计数器和确定需要使用的安全等级控制安全流程的操作。NWK 层帧格式由 NWK 头和 NWK 有效载荷字段组成。NWK 头由帧控制和路由字段构成。当安全策略被应用到一个网络层协议数据单元(NPDU)帧，在 NWK 帧控制字段的安全位应设置为 1，表示辅助帧首部的出现。辅助帧首部应包括一个安全控制字段和一个帧计数器字段，可能还包括发件人地址字段和关键序列号字段。有安全保证的 NWK 层的帧格式如表 5-3 所示。

表 5-3　NWK 层帧格式

Octets 字节	14	变　　量	
初始网络包头	辅助帧头	加密有效载荷	加密信息完整性编码
		安全帧有效载荷：CCM*的输出	
全双工网络包头		安全网络有效载荷	

(1) 辅助帧首部介于 NWK 首部和有效载荷字段之间，其帧头的格式如表 5-4 所示。

表 5-4　辅助帧首部格式

Octets: 1	4	0/8	0/1
安全控制	帧计数器	源地址	关键字序列号

(2) 有安全保证的 NWK 层帧在帧首部需要源地址字段和关键序列号字段。

有安全保证 APS 层框架不需要辅助帧头中的源地址字段，但是它可以选择在辅助帧首部的关键序列号字段。有安全保证的 APS 层的帧格式如表 5-5 所示。

表 5-5　APS 层的帧格式

Octets 字节	5/6	变　量	
初始应用支持包头	辅助帧头	加密有效载荷	加密信息完整性编码
		安全帧有效载荷：CCM*的输出	
全双工网络包头		安全应用支持有效载荷	

最后讨论两个容易混淆的问题：

(1) ZigBee 与 IEEE 802.15.4 的区别。

ZigBee 建立在 IEEE 802.15.4 标准之上。IEEE 802.15.4 是 IEEE 确定的低速无线个域网 (Personal Area Network)标准，这个标准定义了 PHY 层和 MAC 层。PHY 层规范主要是确定了 2.4 GHz 的 250 kb/s 的基准传输率；MAC 规范定义了同一区域工作的多个 802.15.4 无线电信号如何共享无线信道。802.15.4 支持几种架构，包括星型拓扑、树状拓扑、网状拓扑。但仅仅定义 PHY 和 MAC 不足以保证不同的设备之间可以对话，于是便有了 ZigBee 联盟。ZigBee 从 802.15.4 标准入手，定义允许不同厂商设备相互对话的应用规范。ZigBee 联盟规范了网络层和应用层。协议中有作为 HUB 功能的协调器节点和基本节点。每个协调器节点可以连接多达 255 个节点，几个协调器节点可以构成一个网络。ZigBee 联盟还定义了安全层。

(2) ZigBee 正向 IP 迁移。

ZigBee 架构与 IP 架构是不兼容的，这导致 ZigBee 网络与基于 IP 的服务和应用一起部署时，会产生严重的问题。基于 ZigBee 的网络与 IP 网络需要通过网关才能通信。网关需要完整的 ZigBee 协议栈和 IP 协议栈，这导致了很大的硬件和软件成本。因此，ZigBee 联盟在 2009 年宣布在最新的智能电网应用规范中，将向基于 IP 的架构迁移。

5.4.2　有线网络接入安全

物联网接入的特征在于网络的融合性，即网络接入方式可以是多种多样的。例如有线网络接入方法还包括公共交换电话网络(PSTN)拨号接入、非对称数字用户线路(ADSL)等公网接入方法，或者是专网接入(如校园网、中国教育科研网 CERNET 等)。在三网融合(电信网、有线电视网、计算机网络)的目标下，有线电视(CATV)、各种独立网络布线商的高速宽带接入(如光纤到户 FTTH，Fiber To The Home，长城宽带)也可以连接互联网。还有一种特殊的接入方式是电力线通信(PLC)接入方式，即通过电力线传送数据的方法。

物联网的一个基本应用是改造传统的工业控制领域，如传感器和制动器的组网、远程控制、无线控制等。时任美国总统奥巴马 2009 年在演讲中多次提到 M2M 的概念，非常强调机器间的通信。与之类似，美国国家自然科学基金委员会重点支持的学术领域 CPS 也是强调计算、通信、控制的融合，CPS 是一个以通信与计算为核心的集成的监控和协调行动工程化物理系统。我国工业和信息化部在 2009 年提出的"两化融合"(即自动化和信息化的融合)的思想，也反映了控制网络通信的重要性。M2M 和两化融合也被我国视为物联网四大技术的组成部分和应用领域之一。两化融合最基础的传统技术是基于短距离有线通信的现场总线的各种控制系统，如 PLC、DCS、SCADA 等。物联网理念把 IT 技术融合到控制系统中，实现"高效、安全、节能、环保"的"管、控、营"一体化。因此，本节中将介绍工业控制领域的有线网络安全问题。

1. 现场总线简介

1) 现场总线定义

现场总线是指以工厂内的测量和控制机器间的数字通信为主的网络，也就是将传感器、各种操作终端和控制器间的通信及控制器之间的通信进行特殊化的网络。原来这些机器间的主体配线是 ON/OFF、接点信号和模拟信号，通过通信的数字化，使时间分割、多重化、多点化成为可能，从而实现高性能化、高可靠化、保养简便化、节省配线(配线的共享)。国际电工委员会(IEC)对现场总线的定义为：现场总线是一种应用于生产现场，在现场设备之间、现场设备和控制装置之间实行双向、串形、多节点的数字通信技术。它在生产现场、微机化测量控制设备之间实现双向串行多节点数字通信，也被称为开放式、数字化、多点通信的底层控制网络。在制造业、工业流程、交通、楼宇等方面的自动化系统中具有广泛的应用。现场总线不同于计算机网络，人们必须面对多种总线技术标准共存的现实，其技术发展在很大程度上受到市场规律、商业利益的制约。技术标准不仅是一个技术规范，也是一个商业利益的妥协产物。

2) 现场总线分类

常见的现场总线有：

(1) 基金会现场总线(FF)。FF 总线以美国 Fisher-Rousemount 公司为首联合了横河、ABB、西门子等 80 家公司制定的 ISP 协议，和以 Honeywell 公司为首的联合欧洲等地 150 余家公司制定的 WorldFIP 协议，于 1994 年 9 月合并而成。该总线在过程自动化领域得到了广泛的应用，具有良好的发展前景。基金会现场总线采用 ISO 的开放系统互联 OSI 的简化模型(1，2，7 层)，即物理层、数据链路层、应用层，另外增加了用户层。FF 分低速 H1 和高速 H2 两种通信速率，前者传输速率为 31.25 kb/s，通信距离可达 1900 m，可支持总线供电和本质安全防爆环境；后者传输速率为 1 Mb/s 和 2.5 Mb/s，通信距离为 750 m 和 500 m，支持双绞线、光缆和无线发射，协议符合 IEC1158-2 标准。FF 的物理媒介的传输信号采用曼彻斯特编码。

(2) 控制器局域网(CAN)。CAN 总线最早由德国 BOSCH 公司推出，广泛用于离散控制领域，其总线规范已被 ISO 制定为国际标准，得到了 Intel、Motorola、NEC 等公司的支持。CAN 协议分为两层：物理层和数据链路层。CAN 的信号传输采用短帧结构，传输时间短，具有自动关闭功能以及较强的抗干扰能力。CAN 采用了非破坏性总线仲裁技术，通过设置优先级来避免冲突，通信距离最远可达 10 km，通信速率最高可达 40 Mb/s，网络节点数实际可达 110 个。

(3) Lonworks 总线。由美国 Echelon 公司推出，并由 Motorola、Toshiba 公司共同倡导。

它采用 ISO/OSI 模型的全部七层通信协议，采用面向对象的设计方法，通过网络变量把网络通信设计简化为参数设置。支持双绞线、同轴电缆、光缆和红外线等多种通信介质，通信速率从 300 b/s 至 1.5 Mb/s 不等，直接通信距离可达 2700 m，被誉为通用控制网络。Lonworks 技术采用的 LonTalk 协议被封装到 Neuron 的芯片中，并得以实现。采用 Lonworks 技术和 Neuron 芯片的产品被广泛应用在楼宇自动化、家庭自动化、保安系统、办公设备、交通运输、工业过程控制等行业。

(4) DeviceNet 总线。DeviceNet 总线是一种低成本的通信连接，也是一种简单的网络解决方案，有着开放的网络标准。DebiceNet 基于 CAN 技术，传输速率为 125 kb/s 至 500 kb/s，每个网络的最大节点为 64 个，其通信模式为生产者/客户(Producer/Consumer)采用多信道广播信息发送方式。位于 DeviceNet 网络上的设备可以自由连接或断开，不影响网上的其他设备，而且其设备的安装布线成本也较低。

(5) PROFIBUS 总线。PROFIBUS 是德国标准(DIN19245)和欧洲标准(EN50170)的现场总线标准，由 PROFIBUS-DP、PROFIBUS-FMS、PROFIBUS-PA 系列组成。PROFIBUS-DP 用于分散外设间高速数据传输，适用于加工自动化领域；PROFIBUS-FMS 适用于纺织、楼宇自动化、可编程控制器、低压开关等；PROFIBUS-PA 为用于过程自动化的总线类型，服从 IEC1158-2 标准。PROFIBUS 支持主从系统、纯主站系统、多主多从混合系统等几种传输方式。PROFIBUS 的传输速率为 9.6 kb/s 至 12 Mb/s，最大传输距离在 9.6 kb/s 下为 1200 m，在 12 Mb/s 下为 200 m，可采用中继器延长至 10 km，传输介质为双绞线或者光缆，最多可挂接 127 个站点。

(6) HART 总线。HART 最早由 Rosemount 公司开发。HART 的特点是在现有模拟信号传输线上实现数字信号通信，属于模拟系统向数字系统转变的过渡产品，其通信模型采用物理层、数据链路层和应用层三层，支持点对点主从应答方式和多点广播方式。由于它采用模拟数字信号混合，难以开发通用的通信接口芯片。HART 能利用总线供电，可满足本质安全防爆的要求，并可用于由手持编程器与管理系统主机作为主设备的双主设备系统。

(7) 控制与通信链路系统(CC-Link)。CC-Link 总线由三菱电机为主导的多家公司于 1996 年 11 月推出，其增长势头迅猛，在亚洲占有较大份额。在其系统中，可以将控制和信息数据同时以 10 Mb/s 高速传送至现场网络，具有性能卓越、使用简单、应用广泛、节省成本等优点。其不仅解决了工业现场配线复杂的问题，同时具有优异的抗噪性能和兼容性。CC-Link 是一个以设备层为主的网络，同时也可覆盖较高层次的控制层和较低层次的传感层。2005 年 7 月，CC-Link 被中国国家标准委员会批准为中国国家标准指导性技术文件。

(8) WorldFIP 总线。WorkdFIP 的北美部分与 ISP 合并为 FF 以后，WorldFIP 的欧洲部分仍保持独立，总部设在法国。其在欧洲市场占有重要地位，特别是在法国占有率约为 60%。WorldFIP 的特点是具有单一的总线结构来适用不同的应用领域的需求，而且没有任何网关或网桥，用软件的办法来解决高速和低速的衔接。WorldFIP 与 FFHSE 可以实现"透明连接"，并对 FF 的 H1 进行了技术拓展，如速率。在与 IEC61158 第一类型的连接方面，WorldFIP 做得最好，走在世界前列。

(9) INTERBUS 总线。INTERBUS 是德国 Phoenix 公司推出的较早的现场总线，2000 年 2 月成为国际标准 IEC61158。INTERBUS 采用 ISO 的开放化系统互联 OSI 的简化模型(1，2，7 层)，即物理层、数据链路层、应用层，具有强大的可靠性、可诊断性和易维护性。其采用数据环通信，具有低速度、高效率的特点，并严格保证了数据传输的同步性和周期性。该总线的实时性、抗干扰性和可维护性也非常出色。INTERBUS 广泛应用于汽车、烟草、仓储、造纸、包装、食品等工业，成为国际现场总线的领先者。

目前现场总线通信安全的主流研究方向是通信的安全协议，该协议致力于开发安全检测措施以发现更多的传输错误。现有现场总线安全协议主要有 Profisafe、Interbus Safety、CANopen Safety、CCLink Safety、EtherCat Safety 等，其研究的重点均在传输错误的检测方法上。这些方法通常无法修复发生错误的信号，只能选择重传，且实时性有待提高。

2. 工业控制系统安全简介

1) "震网"病毒事件

SCADA、DCS、过程控制系统(PCS)、PLC 等工业控制系统广泛运用于工业、能源、交通、水利以及市政等领域，用于控制生产设备的运行。一旦工业控制系统中的软件漏洞被恶意代码所利用，将给工业生产运行和国家经济安全带来重大隐患。随着信息化与工业化深度融合以及物联网的快速发展，工业控制系统产品越来越多地采用通用协议、通用硬件和通用软件，以各种方式与互联网等公共网络相连接，于是病毒、木马等威胁正在向工业控制系统扩散，工业控制系统信息安全问题日益突出。2010 年发生的"震网"病毒事件就是一个典型的例子。"震网"病毒又名 Stuxnet 病毒，它是第一个专门攻击现实世界中的工业基础设施的"蠕虫"病毒(能进行自我复制，通过网络传播)，比如发电站和水厂。"震网"病毒也被认为是世界上第一个网络"超级武器"，其目的可能是要攻击伊朗的布什尔核电站，它感染了全球 45 000 多个网络，其中伊朗遭到的攻击最为严重，60%的个人电脑感染了这种病毒。

Stuxnet 蠕虫针对的软件系统是西门子公司的 SCADA 系统 SIMATIC WinCC，该系统被广泛应用于钢铁、汽车、电力、运输、水利、化工、石油等工业领域，特别是国家基础设施工程中。该系统运行在 Windows NT 类型的平台上，常被部署在与外界隔离的专用局域网中。

Stuxnet 蠕虫利用了微软操作系统中至少四个漏洞，其中有三个全新的零日漏洞；伪造驱动程序的数字签名；通过一套完整的入侵和传播流程，突破工业专用局域网的物理限制；利用 WinCC 系统的两个漏洞，对其开展破坏性攻击。通常情况下，蠕虫攻击意图在于传播范围的广阔性、攻击目标的普遍性。Stuxnet 蠕虫却与此截然相反，攻击的最终目标既不是开放主机，也不是大众家庭中的通用软件，加上攻击需要渗透到内网，且需要挖掘 Windows 操作系统的零日漏洞，表明攻击能力非同寻常。因而有推断认为此次攻击很可能是一次带有政治意义的精心谋划的攻击。

工业控制网络包括工业以太网以及现场总线控制系统。工业控制网络早已在诸如电力、钢铁、化工等大型工业企业中应用多年，工控网络的核心大多是工控 PC，大多数同样基于 Windows-Intel 平台。工业以太网与民用以太网在技术上并无本质差异，现场总线技术更是将单片机/嵌入式系统应用到了每一个控制仪表上。以化工行业为例，针对工业控制网络的攻击可能破坏反应器的正常温度/压力测控，引起反应器超温/超压，最终导致冲料、起火甚至爆炸等灾难性事故，还可能造成次生灾害和人道主义灾难。

通过"震网"病毒事件，可以得到一些启示：

(1) 工业以太网和现场总线标准均为公开标准，熟悉工控系统的程序员开发针对性的恶意攻击代码并不存在很高的技术门槛。因此，采取严格的网络隔离措施是必须的。

(2) DCS 和现场总线控制系统中测控软件是核心产品，特别是行业产品被少数公司所垄断，因此，在核心部门采用国产软件或者一定数量的异构异种软件以及软件冗余措施是有益的。

(3) 基于 RS-485 总线以及光纤物理层的现场总线，例如 PROFIBUS 和 MODBUS，其安全性相对较好；但短程无线网络，不用 ZigBee 等通用短程无线协议(有一定的安全性)，其安全性较差，最好使用自定义的专用协议的短程无线通信测控仪表。

2) 工业控制系统的信息安全管理

工业和信息化部 2011 年 9 月下发了《关于加强工业控制系统信息安全管理的通知》，要求各地区、各有关部门、有关国有大型企业充分认识工业控制系统信息安全的重要性和紧迫性，切实加强工业控制系统信息安全管理，以保障工业生产运行安全、国家经济安全和人民生命财产安全。重点加强核设施、钢铁、有色、化工、石油石化、电力、天然气、先进制造、水利枢纽、环境保护、铁路、城市轨道交通、民航、城市供水供气供热以及其他与国计民生紧密相关领域的工业控制系统信息安全管理，落实安全管理要求。通知从信息安全管理角度出发，提出了对工业控制系统的信息安全管理方面的注意事项，包括：

(1) 连接管理要求。

① 断开工业控制系统同公共网络之间的所有不必要连接。

② 对确实需要的连接，系统运营单位要逐一进行登记，采取设置防火墙、单向隔离等措施加以防护，并定期进行风险评估，不断完善防范措施。

③ 严格控制在工业控制系统和公共网络之间交叉使用移动存储介质以及便携式计算机。

(2) 组网管理要求。

① 工业控制系统组网时要同步规划、同步建设、同步运行安全防护措施。

② 采取 VPN、线路冗余备份、数据加密等措施，加强对关键工业控制系统远程通信的保护。

③ 对无线组网采取严格的身份认证、安全监测等防护措施，防止经无线网络进行恶意入侵，尤其要防止通过侵入远程终端单元(RTU)进而控制部分或整个工业控制系统。

(3) 配置管理要求。

① 建立控制服务器等工业控制系统关键设备安全配置和审计制度。

② 严格账户管理，根据工作需要合理分类设置账户权限。

③ 严格口令管理，及时更改产品安装时的预设口令，杜绝弱口令、空口令。

④ 定期对账户、口令、端口、服务等进行检查，及时清理不必要的用户和管理员账户，停止无用的后台程序和进程，关闭无关的端口和服务。

(4) 设备选择与升级管理要求。

① 慎重选择工业控制系统设备，在供货合同中或以其他方式明确供应商应承担的信息安全责任和义务，确保产品安全可控。

② 加强对技术服务的信息安全管理，在安全得不到保证的情况下禁止采取远程在线服务。

③ 密切关注产品漏洞和补丁发布，严格软件升级、补丁安装管理，严防病毒、木马等恶意代码侵入。关键工业控制系统软件升级、补丁安装前要请专业技术机构进行安全评估

和验证。

(5) 数据管理要求。

地理、矿产、原材料等国家基础数据以及其他重要敏感数据的采集、传输、存储、利用等，要采取访问权限控制、数据加密、安全审计、灾难备份等措施加以保护，切实维护个人权益、企业利益和国家信息资源安全。

(6) 应急管理要求。

制定工业控制系统信息安全应急预案，明确应急处置流程和临机处置权限，落实应急技术支撑队伍，根据实际情况采取必要的备机备件等容灾备份措施。

3) 工业控制系统安全简介

(1) 首先是现场总线的选择。虽然 IEC 组织已达成了国际总线标准，但总线种类仍然过多，而每种现场总线都有自己最合适的应用领域，如何在实际中根据应用对象，将不同层次的现场总线组合使用，使系统的各部分都选择最合适的现场总线，对用户来说，仍然是比较棘手的问题。

(2) 系统的集成问题。由于实际应用中一个系统很可能采用多种形式的现场总线，因此如何把工业控制网络与数据网络进行无缝的集成，从而使整个系统实现管控一体化是关键环节。现场总线系统在设计网络布局时，不仅要考虑各现场节点的距离，还要考虑现场节点之间的功能关系、信息在网络上的流动情况等。由于智能化现场仪表的功能很强，因此许多仪表会有同样的功能块，组态时选哪个功能块是要仔细考虑的，要使网络上的信息流动最小化。同时通信参数的组态也很重要，要在系统的实时性与网络效率之间做好平衡。

(3) 存在技术瓶颈问题。主要表现如下：

① 当总线电缆截断时，整个系统有可能瘫痪。用户希望这时系统的效能可以降低，但不能崩溃，这一点许多现场总线不能保证。

② 本安防爆理论的制约。现有的防爆规定限制总线的长度和总线上负载的数量。这就是限制了现场总线节省线缆优点的发挥。各国都在对现场总线本质安全概念(FISCO)理论加强研究，争取有所突破。

③ 系统组态参数过分复杂。现场总线的组态参数很多，不容易掌握，但组态参数设定的好坏对系统性能影响很大。

5.4.3　卫星通信接入网安全

卫星通信接入网包括卫星电视、遥感卫星等其他各类通信卫星，本节重点介绍民用卫星通信中的两个典型应用：CMMB 手机电视和北斗卫星导航定位系统。

1. CMMB 简介

1) CMMB 技术标准

CMMB 技术标准(俗称手机电视)是由中国广电总局组织研发，具有自主知识产权的移动多媒体广播电视标准，该标准适用于各种 7 寸以下屏幕的移动便携终端，包括手机、GPS、MP4、数码相机等。CMMB 具有全国统一标准、网络覆盖广、移动性好、节目丰富、终端方案成熟等特点。CMMB 是国内自主研发的第一套面向手机、笔记本电脑等多种移动终端的系统，利用 S 波段信号实现"天地"一体覆盖、全国漫游，支持 25 套电视和 30 套广播节目。2006 年 10 月 24 日，国家广电总局正式颁布中国移动多媒体广播行业标准，确定采用我国自主研发的移动多媒体广播行业标准。标准适用于 30 MHz 到 3000 MHz 频率范围内的广播业务频率，通过卫星和/或地面无线发射电视、广播、数据信息等多媒体信号的广播系统，可实现全国漫游。

CMMB 主要包括以下两类应用：在移动通信设备(如手机)上观看电视节目，也称为手机电视；在非通信类移动设备(如 MP4、数码相机)上观看电视节目。

CMMB 的优势主要有：① CMMB 借助卫星通信能极好地解决移动终端(手机电视)信号流畅的问题；② CMMB 由国家广电总局管理，其负责的电影、电视、广播载体具有丰富的电视内容资源，CMMB 也是 2008 年奥运会新媒体的直播载体；③ 收费低廉，CMMB 兼顾国家媒体信息发布功能。

2) CMMB 安全广播简介

从技术上讲，手机电视主要分为两大类，分别源于广播网络和移动通信网络。第一类技术以欧洲的 DVB-H、韩国的 T-DMB、日本的 ISDB-T、美国的 MediaFlo 和中国的 CMMB 为代表，实现上以地面广播网络为基础，与移动网络松耦合或者相对独立的组网；第二类技术以 3GPP 的 MBMS 和 3GPP2 的 BCMCS 为代表，以移动通信网络为基础，不能独立组网。与国外的同类技术如美、欧、日、韩等国相比，CMMB 具有图像清晰流畅、组网灵活方便、内容丰富多彩的特点。

CMMB 采用卫星和地面网络相结合的"天地一体、星网结合、统一标准、全国漫游"方式，实现全国范围移动多媒体广播电视信号的有效覆盖。CMMB 利用大功率 S 波段卫星覆盖全国 100%国土，利用 S/U 波段增补转发器覆盖卫星信号较弱区(利用 UHF 地面发射覆盖城市楼房密集区)，利用无线移动通信网络构建回传通道，从而组成单向广播和双向交互相结合的移动多媒体广播网络。CMMB 借助卫星和地面基站广播，解决了手机电视信号不流畅的问题。CMMB 频段范围在 470～798 MHz，传播衰耗小，发射功率能够达到 kW 级别，有效室外覆盖范围在十几到四十千米(覆盖范围大于移动通信基站)。到 2011 年 12 月，全国 337 个地级市和百强县实现优质覆盖，覆盖全国 5 亿以上的人口。CMMB 也正在扩展海外业务，例如已经在塔吉克斯坦开通试播。

CMMB 是广播技术，优势是覆盖广、相对成本低、多用户同时观看，不足之处是难以支持点播和双向互动的业务。3G 的视频技术，优势在于交互性、点播，甚至即时通信，但在实现大规模、广覆盖、多用户情况下的视频传输时是很不经济的。因此，将 3G 中的 TD 技术和 CMMB 技术结合起来，可加快移动电视在手机上的应用。与传统的电视相比，CMMB 除了传播音视频节目外，还可以利用自身的带宽优势提供各类数据业务，包括交通诱导、股市行情、电子杂志、生活咨询、推送式下载等。通过移动通信网络的回传，CMMB 终端还可以实现互动、在线支付等功能。如此多样的应用必须要有安全的网络作为保障。如果没有安全广播，不法分子为了达到个人目的，就可能利用大功率的移动发射站在 CMMB 终端集中的区域进行非法广播，此时受干扰的终端收到的将是非法电台发出的毒害观众思想的电视节目，或者是联系电话及银行账号被篡改过的电视购物频道，此时受到伤害的不仅是消费者，运营商也会遭受到重大损失。因此，2009 年 1 月广电总局颁布了《移动多媒体广播第 10 部分：安全广播》标准。

安全广播技术的原理是通过在移动多媒体广播信号中插入安全广播信息，使移动多媒体终端具备鉴别多媒体广播业务合法性的能力，即当移动多媒体广播在传输过程被恶意替换、篡改时，终端可以及时停止非法业务的展现。

安全广播系统由前端子系统和终端模块构成，其中前端子系统实现安全广播信息的生成和发送，终端模块实现安全广播信息的接收和处理。安全广播前端子系统获得复用控制信息表和业务特征信息，并根据这些信息生成安全广播信息，以数据业务形式复用传输。复用子系统使用单独的复用子帧承载安全广播信息，为其分配业务标识号，经由广播信道发送。安全广播终端模块在终端接收移动多媒体广播业务内容时，根据业务标识号从传输帧中解复用获得安全广播信息，并对安全广播信息进行校验，根据校验结果确认广播业务内容的合法性，进而允许或禁止业务展现。安全广播系统的基本组成如图 5-35 所示。

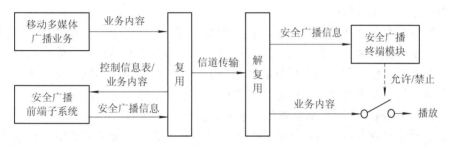

图 5-35 安全广播系统的基本组成

2. 北斗卫星导航系统简介

中国北斗卫星导航系统(BDS)是中国自行研制的全球卫星导航系统，是继美国 GPS、俄罗斯格洛纳斯卫星导航系统(GLONASS)之后第三个成熟的卫星导航系统。BDS 可在全球范围内全天候、全天时为各类用户提供高精度、高可靠的定位、导航、授时服务，并兼具短报文通信能力。BDS 和 GPS、GLONASS、欧盟 GALILEO 是联合国卫星导航委员会已认定的供应商。

(1) 发展历程。卫星导航系统是重要的空间信息基础设施。中国高度重视卫星导航系统的建设，在经历了 90 年代的"银河号事件"和"台海导弹事件"，一直在努力探索和发展拥有自主知识产权的卫星导航系统。2000 年，首先建成北斗导航试验系统，使我国成为继美、俄之后的世界上第三个拥有自主卫星导航系统的国家。该系统已成功应用于测绘、电信、水利、渔业、交通运输、森林防火、减灾救灾和公共安全等诸多领域，产生了显著的经济效益和社会效益。特别是在 2008 年北京奥运会、汶川抗震救灾中发挥了重要作用。为了更好地服务于国家建设与发展，满足全球应用需求，我国启动实施了北斗卫星导航系统建设。

(2) 建设原则。北斗卫星导航系统的建设与发展以应用推广和产业发展为根本目标，不仅要建成系统，更要用好系统，强调质量、安全、应用、效益，遵循以下建设原则：

① 开放性。北斗卫星导航系统的建设、发展和应用将对全世界开放，为全球用户提供高质量的免费服务，积极与世界各国开展广泛而深入的交流与合作，促进各卫星导航系统间的兼容与互操作，推动卫星导航技术与产业的发展。

② 自主性。中国将自主建设和运行北斗卫星导航系统，北斗卫星导航系统可独立为全球用户提供服务。

(3) 建设目标。北斗卫星导航系统的建设目标是：建成独立自主、开放兼容、技术先进、稳定可靠的覆盖全球的北斗卫星导航系统，促进卫星导航产业链形成，形成完善的国家卫星导航应用产业支撑、推广和保障体系，推动卫星导航在国民经济社会各行业的广泛应用。

北斗卫星导航系统是中国着眼于国家安全和经济社会发展需要，自主建设、独立运行的卫星导航系统，是为全球用户提供全天候、全天时、高精度的定位、导航和授时服务的国家重要空间基础设施。随着北斗系统建设和服务能力的发展，相关产品已广泛应用于交通运输、海洋渔业、水文监测、气象预报、测绘地理信息、森林防火、通信时统、电力调度、救灾减灾、应急搜救等领域，逐步渗透到人类社会生产和人们生活的方方面面，为全球经济和社会发展注入新的活力。

卫星导航系统是全球性公共资源，多系统兼容与互操作已成为发展趋势。中国始终秉持和践行"中国的北斗，世界的北斗"的发展理念，服务"一带一路"建设发展，积极推进北斗系统国际合作。与其他卫星导航系统携手，与各个国家、地区和国际组织一起，共同推动全球卫星导航事业发展，让北斗系统更好地服务全球、造福人类。

(4) 发展与构成。中国高度重视北斗系统建设发展，自 20 世纪 80 年代开始探索适合国情的卫星导航系统发展道路，形成了"三步走"发展战略：2000 年年底，建成北斗一号系统，向中国提供服务；2012 年年底，建成北斗二号系统，向亚太地区提供服务；2020 年，建成北斗三号系统，向全球提供服务。北斗导航系统空间段由 5 颗静止轨道卫星和 30 颗非静止轨道卫星组成。中国正在实施北斗卫星导航系统建设，已成功发射 16 颗北斗导航卫星。

2020 年 7 月 31 日上午 10 时 30 分，北斗三号全球卫星导航系统建成暨开通仪式在人民大会堂举行，中共中央总书记、国家主席、中央军委主席习近平宣布北斗三号全球卫星导航系统正式开通。这是我国北斗卫星导航系统的发展的一个里程碑，标志着我国北斗卫星导航系统正式开启了全球服务。2020 年 12 月 15 日，北斗导航装备与时空信息技术铁路行业工程研究中心成立。2021 年 3 月 4 日解放军报北京 3 月 4 日从中国卫星导航系统管理办公室获悉，北斗三号全球卫星导航系统开通以来，系统运行稳定，持续为全球用户提供优质服务，开启全球化、产业化新征程。2022 年，全面国产化的长江干线北斗卫星地基增强系统工程已建成投入使用，北斗智能船载终端陆续投放航运市场，长江干线 1.5 万余艘船舶用上北斗系统。2022 年 1 月，西安卫星测控中心圆满完成 52 颗在轨运行的北斗导航卫星健康状态评估工作。"体检"结果显示，所有北斗导航卫星的关键技术指标均满足正常提供各类服务的要求。2035 年，中国将建设完善更加泛在、更加融合、更加智能的综合时空体系，进一步提升时空信息服务能力，为人类走得更深更远作出中国贡献。

1) 北斗卫星导航系统工作原理

北斗卫星导航系统由空间段、地面段和用户段三部分组成，可在全球范围内全天候、全天时为各类用户提供高精度、高可靠定位、导航、授时服务，并具短报文通信能力，已经初步具备区域导航、定位和授时能力，定位精度 10 m，测速精度 0.2 m/s，授时精度 10 ns。空间段包括 5 颗静止轨道卫星和 30 颗非静止轨道卫星(卫星总数比 GPS 多出 11 颗)；地面段包括主控站、注入站和监测站等若干个地面站；用户段包括北斗用户终端以及与其他卫星导航系统兼容的终端。

北斗卫星导航系统的基本工作过程如图 5-36 所示。

已经在轨使用的"北斗一号"系统采用的是主动式双向测距二维导航，首先由地面主控站向卫星 1 和卫星 2 同时发送询问信号，经卫星转发器向服务区内的用户广播。用户响应其中一颗卫星的询问信号，并同时向两颗卫星发送响应信号，经卫星转发回地面主控站。地面主控站接收并解释用户发来的信号，然后根据用户的申请服务内容进行相应的数据处理。对定位申请，主控站测出两个时间延迟：① 从主控站发出询问信号，经

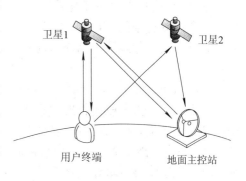

图 5-36　北斗卫星导航系统的基本工作过程

某一颗卫星转发到达用户，用户发出定位响应信号，经同一颗卫星转发回主控站的延迟；② 从主控站发出询问信号，经上述同一卫星到达用户，用户发出响应信号，经另一颗卫星转发回主控站的延迟。由于主控站和两颗卫星的位置均是已知的，因此，由上面两个延迟量可以算出用户到第一颗卫星的距离以及用户到两颗卫星距离之和，从而知道用户处于一个以第一颗卫星为球心的一个球面和以两颗卫星为焦点的椭球面之间的交线上。另外，主控站从存储在计算机内的数字化地形图查寻到用户高程值，又可知道用户处于某一与地球基准椭球面平行的椭球面上。从而中心控制系统可最终计算出用户所在点的三维坐标，这个坐标经加密由出站信号发送给用户。

2) 北斗卫星导航系统的功能

北斗卫星导航系统的四大功能如下：

(1) 短报文通信。北斗系统用户终端具有双向报文通信功能，用户可以一次传送 40～60 个汉字的短报文信息。这一功能是 GPS 所不具备的。

(2) 精密授时。北斗系统具有精密授时功能，可向用户提供 20～100 ns 时间同步精度。

(3) 定位精度。水平精度 100 m，设立标校站之后为 20 m(类似差分状态)。工作频率为 2491.75 MHz。

(4) 系统容纳的最大用户数为每小时 540 000 户。

北斗卫星导航系统在军事上有极其重要的用途，如航海定位、武器精确制导等。在民用方面包括个人位置服务、气象、道路交通管理、铁路运输、海运和水运、航空运输、应急救援等。

军用功能：北斗卫星导航定位系统的军事功能与 GPS 类似，如运动目标的定位导航，为缩短反应时间的武器载具发射位置的快速定位，人员搜救，水上排雷的定位需求等。这项功能用在军事上，意味着可主动进行各级部队的定位，即大陆各级部队一旦配备北斗卫星导航定位系统，除了可供自身定位导航外，高层指挥部也可随时通过北斗卫星导航系统掌握部队位置，并传递相关命令，对任务的执行有相当大的助益。换言之，可利用北斗卫星导航系统执行部队指挥、管制及战场管理。

民用功能：

(1) 个人位置服务。当你进入不熟悉的地方时，可以使用装有北斗卫星导航接收芯片的手机或车载卫星导航装置找到要走的路线。

(2) 气象应用。北斗导航卫星气象应用的开展可以促进中国天气分析和数值天气预报、气候变化监测和预测，也可以提高空间天气预警业务水平，提升中国气象防灾减灾的能力。除此之外，北斗导航卫星系统的气象应用对推动北斗导航卫星创新应用和产业拓展也具有重要的影响。

(3) 道路交通管理。卫星导航将有利于减缓交通阻塞，提升道路交通管理水平。通过在车辆上安装卫星导航接收机和数据发射机，车辆的位置信息就能在几秒钟内自动转发到中心站。这些位置信息可用于道路交通管理。

(4) 铁路智能交通。卫星导航将促进传统运输方式实现升级与转型。例如，在铁路运输领域，通过安装卫星导航终端设备，可极大缩短列车行驶间隔时间，降低运输成本，有效提高运输效率。未来，北斗卫星导航系统将提供高可靠、高精度的定位、测速、授时服务，促进铁路交通的现代化，实现传统调度向智能交通管理的转型。

(5) 海运和水运。海运和水运是全世界最广泛的运输方式之一，也是卫星导航最早应用的领域之一。在世界各大洋和江河湖泊行驶的各类船舶大多都安装了卫星导航终端设备，使海上和水路运输更为高效和安全。北斗卫星导航系统将在任何天气条件下，为水上航行船舶提供导航定位和安全保障。同时，北斗卫星导航系统特有的短报文通信功能将支持各种新型服务的开发。

(6) 航空运输。当飞机在机场跑道着陆时，最基本的要求是确保飞机相互间的安全距离。利用卫星导航精确定位与测速的优势，可实时确定飞机的瞬时位置，有效减小飞机之间的安全距离，甚至在大雾天气情况下，可以实现自动盲降，极大地提高飞行安全和机场运营效率。通过将北斗卫星导航系统与其他系统的有效结合，将为航空运输提供更多的安全保障。

(7) 应急救援。卫星导航已广泛用于沙漠、山区、海洋等人烟稀少地区的搜索救援。在发生地震、洪灾等重大灾害时，救援成功的关键在于及时了解灾情并迅速到达救援地点。北斗卫星导航系统除导航定位外，还具备短报文通信功能，通过卫星导航终端设备可及时报告所处位置和受灾情况，有效缩短救援搜寻时间，提高抢险救灾时效，大大减少人民生命财产损失。

(8) 指导放牧。2014 年 10 月，开始在青海省牧区试点建设北斗卫星放牧信息化指导系统，主要依靠牧区放牧智能指导系统管理平台、牧民专用北斗智能终端和牧场数据采集自动站实现数据信息传输，并通过北斗地面站及北斗星群中转、中继处理，实现草场牧草、牛羊的动态监控。2015 年夏季已经开通了试点牧区的牧民使用专用北斗智能终端设备来指导放牧。

3) 北斗卫星导航系统的安全性

目前北斗卫星导航系统安全性的重心还是在军事应用上，其具体的安全机制均处于保密状态，不为外界所知。随着其在民用网络的应用不断增加，安全机制的设计与研究也会逐渐提上日程。北斗卫星导航系统应向终端用户提供安全、有效和可靠的数据服务，具体需要满足以下方面：

(1) 服务方可以认证终端用户的身份，保证未授权用户无法窃取数据服务，即数据的授权访问服务。

(2) 服务方向终端用户提供有效和可靠的加密数据，只有终端用户可以阅读和使用这个加密数据，未授权用户无法阅读和使用数据，即数据的保密通信服务。

(3) 终端用户可以认证加密数据的来源可靠，进而可以放心使用这个加密数据，即数据的来源认证服务。

5.5 物联网核心网安全——6LoWAPN 和 RPL 的安全性

前面几节介绍了接入网的安全，本节介绍核心承载网络的安全。核心网中最重要最常见的就是 IP 网络，这可归结到有线网络的安全，参考有线网络的安全解决方案。有线网络的安全研究已经有比较长的时间，有比较成熟的研究成果和商业产品，如防火墙、入侵检测系统、入侵保护系统、VPN、网络隔离系统等。本节主要从分层协议的角度，从原理上介绍 IP 层和 TCP 层的增强安全机制。

2011 年 2 月，ICANN 官方宣布全球最后一批 IP 地址分配完毕，这标志着 IPv6 时代即将到来。对于核心承载网而言，IPv6 还提供了比 IPv4 更高的安全性。总之，IPv6 相对于 IPv4 而言，有很多优点：具有 128 位超大地址空间；支持更多的安全性；配置简单；提供认证和保密功能性；允许扩充；支持资源分配等。除了核心网外，感知层也可能需要配置 IPv6 协议。例如对于使用智能物体(如 IPSO 联盟)架构的物联网来说，终端节点需要配置 IPv6 地址来提供对终端节点的广域网路由和寻址能力，例如基于 Internet 的传感器网络、传感器 Web 应用等。对于 EPCglobal 架构的物联网，终端的 IPv6 地址配置不是必需的。对于存在网关的传感器网络而言，终端节点也可以不配备 IPv6，只需要在网关上配备 IPv6 即可，再通过网关和节点间的 IEEE802.15.4 协议相互访问。对于基于 M2M 架构的大规模传感器物联网而言，终端节点也可不必配备 IPv6，只要移动运营商那里具有节点的唯一标识(例如 SIM 卡的 IMSI 或者 USIM)即可寻址和访问到节点。

5.5.1 核心 IP 骨干网的安全

安全机制可以处在协议栈的不同层次，通常密钥协商和认证协议在应用层定义，而保密性和完整性可在不同的层次完成。表 5-6 所示的是不同层次的安全协议，认证对象是指消息鉴别、设备认证和用户认证等。

表 5-6 分层安全协议

所处层次	安全协议	应用对象	保密性	完整性	认证对象
应用层	WS-Security	文档	Y	Y	数据
	PGP	E-mail	Y	Y	消息
	S/MIME		Y	Y	
传输层	SSH	客户端到服务器	N	N	用户
	SSL/TLS		Y	Y	服务器
网络层	IPSec		Y	Y	
链路层	WEP/WPA/802.1x GSM/3G/LTE	主机到主机	Y	Y	主机
	IEEE 802.15.4 Bluetooth	无线访问	Y	Y	设备

前面章节对链路层的安全机制介绍较多，在第 2 章中已经详细介绍过 IPSec，本节重点介绍 TLS/SSL 安全机制。

1. IPSec

从 1995 年开始，IETF 着手研究制定了一套 IP 安全(IPSec)协议用于保护 IP 通信的安全。IPSec 将密码算法设立在网络层，它是构造 VPN 的主要工具。IETF 的 IPSec 工作组定义了 12 个 RFC，定义了体系、密钥管理、基本协议等，因此，IPSec 是一种协议套件。

IPSec 有三个基本组成部分：认证报头、封装安全负载和 Internet 密钥交换协议。IPSec 提供的安全服务包括数据起源地验证、无连接数据的完整性验证、数据内容的机密性、抗重播保护和有限的数据流机密性保证等。

IPSec 具有两种工作模式，即传输模式和隧道模式。传输模式不保护 IP 头，只保护 IP 包中的来自传输层的数据包(IP 层载荷)，通常用于从主机到主机的数据保护场景。隧道模式保护整个 IP 包(包含原 IP 头)，因而要加一个新的 IP 头，通常使用在从主机到路由器和从路由器到主机的路由器上，也就是说当发送者和接收者都不是主机的时候，才使用隧道模式。

IPSec 的详细工作过程可看第 2 章的相关内容。

2. SSL/TLS

传输层安全协议通常指的是套接层安全协议 SSL 和传输层安全 TLS 协议。SSL 是美国 Netscape 公司于 1994 年设计的，为应用层数据提供安全服务和压缩服务。SSL 虽然通常是从 HTTP 接收数据，但它其实可以从任何应用层协议接收数据。IETF 于 1999 年将 SSL 的第 3 版进行了标准化，确定为传输层标准安全协议 TLS。TLS 和 SSL 第 3 版只有微小的差别，故通常把它们一起表示为 SSL/TLS。另外，在无线环境下，由于手机及手持设备的处理和存储能力有限，原 WAP 论坛在 TLS 的基础上做了简化，提出了 WTLS 协议(Wireless Transport Layer Security)，以适应无线网络的特殊环境。

SSL 由两部分组成：第一部分称为 SSL 记录协议，置于传输协议之上；第二部分由 SSL 握手协议、SSL 密钥更新协议和 SSL 提醒协议组成，置于 SSL 记录协议之上、应用程序如 HTTP 之下。表 5-7 显示了 SSL 协议在应用层和传输层之间的位置。

表 5-7　SSL 协议结构

HTTP		
SSL 握手协议	SSL 密钥更新协议	SSL 提醒协议
SSL 记录协议		
TCP		
IP		

1) SSL 握手协议

SSL 握手协议用于给通信双方约定使用哪个加密算法、哪个数据压缩算法以及哪些参数。在确定了加密算法、压缩算法和参数以后，SSL 记录协议将接管双方的通信，包括将大数据分割成块、压缩每个数据块、给每个压缩后的数据块签名、在数据块前加上记录协议包头并传送给对方。SSL 密码更换协议允许通信双方在一个会话阶段中更换算法或参数。

SSL 提醒协议是管理协议，用于通知对方在通信中出现的问题以及异常情况。

SSL 握手协议是 SSL 各协议中最复杂的协议，它提供客户和服务器认证并允许双方协商使用哪一组密码算法，交换加密密钥等。SSL 握手协议分为四个阶段，其工作过程如图 5-37 所示，图中带*号是可选的，括号[ ]中不是 TLS 消息。

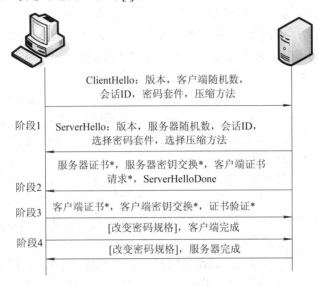

图 5-37　SSL 握手协议

(1) 第 1 阶段：协商确定双方将要使用的密码算法。

这一阶段的目的是客户端和服务器各自宣布自己的安全能力，从而双方可以建立共同支持的安全参数。客户端首先向服务器发送问候信息，包括客户端主机安装的 SSL 最高版本号、客户端伪随机数生成器秘密产生的一个随机串 r_c 防止重放攻击、会话标识、密码算法组、压缩算法(ZIP、PKZIP 等)。其中密码算法组是指客户端主机支持的所有公钥密码算法、对称加密算法和 Hash 函数算法。按优先顺序排列，排在第一位的算法是客户主机最希望使用的算法。例如，客户的三种算法分别为：

① 公钥密码算法：RSA、ECC、Diffie-Hellman；

② 对称密码算法：AES-128、3DES/3、RC5；

③ Hash 函数算法：SHA-512，SHA-1，MD5。

然后，服务器向客户端回送问候信息，包括服务器主机安全的 SSL 最高版本号、服务器伪随机数生成器秘密产生的随机串 r_s、会话标识、密码算法组(例如 RSA、3DES/3、SHA-1)、压缩算法。

(2) 第 2 阶段：对服务器的认证和密钥交换。

服务器程序向客户程序发送以下信息：

① 服务器的公钥证书，包含 X.509 类型的证书列表。如果密钥交换算法是匿名 Diffie-Hellman，就不需要证书。

② 服务器端的密钥交换信息，包括对预备主密钥的分配。如果密钥交换方法是 RSA 或者固定 Diffie-Hellman，就不需要这个信息。

③ 询问客户端的公钥证书，向客户端请求第 3 阶段的证书。如果给客户使用的是匿名

Diffie-Hellman，服务器就不向客户端请求证书。

④ 完成服务器问候。该信息用 ServerHelloDone 表示，表示阶段 2 结束，阶段 3 开始。

(3) 第 3 阶段：对客户端的认证和密钥交换。

客户程序向服务器程序发送以下信息：

① 客户公钥证书。和第 2 阶段第①步信息格式相同，但内容不同，它包含证明客户的证书链。只有在第 2 阶段第③步请求了客户端的证书，才发送这个信息。如果有证书请求，但客户没有可发送的证书，它就发送一个 SSL 提醒信息(携带一个没有证书的警告)。服务器也许会继续这个会话，也可能会决定终止。

② 客户端密钥交换信息，用于产生双方将使用的主密钥，包含对预备主密钥的贡献。信息的内容基于所用的密钥交换算法。如果密钥交换算法是 RSA，客户就创建完整的预备主密钥，并用服务器 RSA 公钥进行加密。如果是匿名 Diffie-Hellman 或暂时 Diffie-Hellman，客户就发送 Diffie-Hellman 半密钥等。

③ 证书验证。如果客户发送了一个证书，宣布它拥有证书中的公钥，就需要证实它知道相关的私钥。这对于阻止一个发送了证书并声称该证书来自客户的假冒者是必需的。通过创建一个信息并用私钥对该信息进行签名，可证明它拥有私钥。例如客户用私钥对前面发送的明文的 Hash 值进行签名。

假设服务器在第 1 阶段选取了 RSA 作为密钥交换手段，则客户程序用以下方法产生密钥交换信息。客户程序验证服务器公钥证书的服务器公钥，用伪随机数生成器产生一个 48 字节长的比特字符串 s_{pm}，称为前主密钥。然后用服务器公钥加密 s_{pm}，将密文作为密钥交换信息传给服务器。这时，客户端和服务器端均拥有 r_c、r_s、s_{pm}，且 s_{pm} 仅被客户和服务器所拥有。此后，双方计算主密钥 s_m：

$$s_m = H_1(s_{pm} \| H_2('A' \| s_{pm} \| r_c \| r_s)) \| H_1(s_{pm} \| H_2('BB' \| s_{pm} \| r_c \| r_s))$$
$$\| H_1(s_{pm} \| H_2('CCC' \| s_{pm} \| r_c \| r_s))$$

其中，H_1 和 H_2 是 Hash 函数(SSL 用 MD5 作为 H_1 的默认 Hash 函数，用 SHA-1 作为 H_2 的默认 Hash 函数)，'A'、'BB'、'CCC' 分别表示 A、BB、CCC 的 ASCII 码。

(4) 第 4 阶段：结束。

双方互送结束信息完成握手协议，并确认双方计算的主密钥相同。为达到此目的，结束信息将包含双方计算的主密钥的 Hash 值。

握手协议完成后，双方用产生主密钥 s_m 的方法，用 s_m 取代 s_{pm}，并根据双方商定的密码算法，产生一个足够长的密钥块 K_b：

$$K_b = H_1(s_m \| H_2('A' \| s_m \| r_c \| r_s)) \| H_1(s_m \| H_2('BB' \| s_m \| r_c \| r_s))$$
$$\| H_1(s_m \| H_2('CCC' \| s_m \| r_c \| r_s))\cdots$$

然后，SSL 将 K_b 分割成 6 段，每一段自成一个密钥。这 6 个密钥分成如下两组：第 1 组为(K_{c1}, K_{c2}, K_{c3})；第 2 组为(K_{s1}, K_{s2}, K_{s3})。每组 3 个密钥，即 $K_b = K_{c1} \| K_{c2} \| K_{c3} \| K_{s1} \| K_{s2} \| K_{s3} \| Z$，其中 Z 是剩余的字符串。

第 1 组密钥用于客户到服务器的通信，记为(K_{c1}, K_{c2}, K_{c3}) = (K_{cHMAC}, K_{cE}, IV_c)，分别为认证密钥、加密密钥和初始向量。

第 2 组密钥用于服务器到客户的通信，记为(K_{s1}, K_{s2}, K_{s3}) = (K_{sHMAC}, K_{sE}, IV_s)，作用和第 1 组密钥类似。

此后，客户和服务器将转用 SSL 记录协议进行后续的通信。

2) SSL 记录协议

执行完握手协议之后，客户和服务器双方统一了密码算法、算法参数、密钥及压缩算法。SSL 记录协议便可使用这些算法、参数和密钥对数据进行保密和认证处理。令 M 为客户希望传送给服务器的数据。客户端 SSL 记录协议首先将 M 分成若干长度不超过 2^{14} 字节的分段：M_1，M_2，$\cdots$，M_k。令 CX、H 和 E 分别为客户端和服务器双方在 SSL 握手协议中选定的压缩函数、HMAC 算法和加密算法。客户端 SSL 记录协议按如下步骤先将每段 M_i 进行压缩、认证和加密处理，然后将其发送给服务器，$i = 1$，2，$\cdots$，k，如图 5-38 所示。

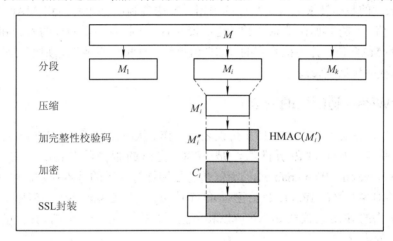

图 5-38　SSL 记录协议示意图

(1) 将 M_i 压缩得 $M_i' = CX(M_i)$。

(2) 将 M_i' 进行认证得 $M_i'' = M_i' \parallel H_{KC}HMAC(M_i')$。

(3) 将 M_i'' 加密得 $C_i = E_{KC}E(M_i'')$。

(4) 将 C_i 封装得 $P_i = [\text{SSL 记录协议包头}] \parallel C_i$。

(5) 将 P_i 发送给服务器。

服务器收到客户送来的 SSL 记录协议包后，首先将 C_i 解密得 $M_i' \parallel H_{KC}HMAC(M_i')$，验证 HMAC，然后将 M_i' 解压还原成 M_i。同理，从服务器发送给客户的数据也按上述方式处理。双方间的通信保密性和完整性由此得到保护。

3) SSL/TLS 协议的安全机制

SSL/TLS 协议实现的安全机制包括身份验证机制、数据传输的机密性与信息完整性的验证。

(1) 身份验证机制。

SSL/TLS 协议基于证书并利用数字签名方法对服务器和客户端进行身份验证，其中客户端的身份验证可选。在该协议机制中，客户端必须验证 SSL/TLS 服务器的身份，SSL/TLS 服务器是否验证客户端身份自行决定。SSL/TLS 利用 PK 提供的机制保证公钥的真实性。

(2) 数据传输的机密性。

可以利用对称密钥算法对传输的数据进行加密。网络上传输的数据很容易被非法用户窃取，SSL/TLS 协议采用在通信双方之间建立加密通道的方法保证数据传输的机密性。所谓加密通道，是指发送方在发送数据前，使用加密算法和加密密钥对数据进行加密，然后将数据发送给对方；接收方接收到数据后，利用解密算法和解密密钥从密文中获取明文，从而保证数据传输的机密性。没有解密密钥的第三方无法将密文恢复为明文。SSL/TLS 加密通道上的数据加解密使用对称密钥算法，目前主要支持的算法有 DES、3DES、AES 等，这些算法都可以有效防止交互数据被窃听。

(3) 信息完整性验证。

信息传输过程中使用 MAC 算法来检验消息的完整性。为了避免网络中传输的数据被非法篡改，SSL/TLS 利用基于 MD5 或 SHA 的 MAC 算法来保证消息的完整性。MAC 算法可以将任意长度的数据转换为固定长度的数据。发送者利用已知密钥和 MAC 算法计算出消息的 MAC 值，并将其加在消息之后发送给接收者。接收者利用同样的密钥和 MAC 算法计算出消息的 MAC 值，并与接收到的 MAC 值比较。如果二者相同，则报文没有改变，否则报文在传输过程中被修改。

5.5.2 6LoWPAN 适配层的安全

为了让 IPv6 协议在 IEEE802.15.4 协议之上工作，从而提出了 6LoWPAN 适配层。这一解决方法正在被 IPSO 联盟所推广，是 IPSO 提出的智能物体(Smart Object)、基于 Internet(Internet-based，Web-enabled)的无线传感器网络等应用的基本技术。由 27 个公司发起了针对智能对象联网的 IPSO，目前已有 45 个成员，包括 Cisco、SAP、SUN、Bosch、Intel等，该组织提出的 IPv6 协议栈 uIPv6 可以和主流厂商的协议栈互操作，其轻量级的代码只需要 11.5 KB 的内存。

1. 6LoWPAN 协议简介

IETF 于 2004 年成立 6LoWPAN 工作组，致力于将 TCP/IPv6 协议栈构建于 IEEE 802.15.4标准之上，并且通过路由协议构建起自组织方式的低功耗、低速率的 6LoWPAN 网络。第一个 6LoWPAN 规范 RFC4919 给出标准的基本目标和需求，然后 RFC4944 中规范了 6LoWPAN 的格式和功能。通过部署和实现的经验，6LoWPAN 工作组进一步公布了包头压缩(Header Compression)、邻居发现(Neighbor Discovery)、用例(Use Case)及路由需求等文档。2008 年，IETF 成立了一个新的工作组，即 ROLL，规范了低功耗有损网络(LLN)中路由的需求及解决方案。在 6LoWPAN 提出后，很多组织、标准或联盟都提出了相应的兼容性方案。

2008 年，ISA 开始为无线工业自动化控制系统制定标准，称为 SP100.11a(也称为 ISA100)，该标准基于 6LoWPAN。

同年，IPSO 联盟成立，推动在智能物体上使用 IP 协议。

IP500 联盟主要致力于针对商业和企业建筑自动化和过程控制系统的开放无线 Mesh 网络，是一个在 IEEE 802.15.4(Sub-GHz)无线电通信上建立 6LoWPAN 的联盟，sub-GHz ISM频段是 433 MHz、868 MHz 和 915 MHz，使用该频段的原因是当 2.4 GHz ISM 频段变得拥挤时，sub-GHz 比 2.4 GHz 有更强的低频穿透能力，从而有了更大的传输距离。

开放地理空间论坛(OGC)规范了一个基于 IP 的地理空间和感知应用的解决方案。

2009 年，ETSI 成立了一个工作组，制定 M2M 标准，其中包括端到端的与 6LoWPAN

兼容的 IP 架构。6LoWPAN 与相关标准和联盟的关系如图 5-39 所示。

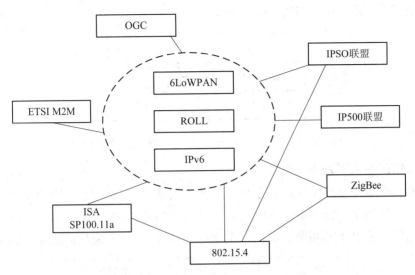

图 5-39 6LoWPAN 与相关标准和各工业联盟标准间的关系

物联网中特别是可通过 Internet 访问的传感器网络,其节点数目巨大,分布在户外并且位置可能是动态变化的。IPv6 由于具有地址空间大、地址自动配置、邻居发现等特性,特别适合作为此类物联网的网络层。同时在技术上,IPv6 的巨大地址空间能够满足节点数量庞大的网络地址需求;IPv6 的一些新技术(如邻居发现、无状态的地址自动配置等技术)使自动构建网络时要相对容易一些。IPv6 与 IEEE 802.15.4 MAC 层的结合可以轻松实现大规模传感器(智能物体)网络与 Internet 的互连,并能够远程访问这些传感器(智能物体)节点的数据。6LoWPAN 就是介于 IPv6 和 IEEE802.15.4 之间的一个适配层,其协议栈如图 5-40 所示。

应用层
传输层
精简IPv6协议层
6LoWPAN适配层
IEEE 802.15.4 MAC层
IEEE 802.15.4 PHY层

图 5-40 6LoWPAN 协议栈参考模型

在构造物联网时,往往涉及传统 IP 网络和基于 IP 的 WPAN(无线个域网)的互连。具有 6LoWPAN 的协议栈和传统 IP 协议栈的比较如图 5-41 所示。

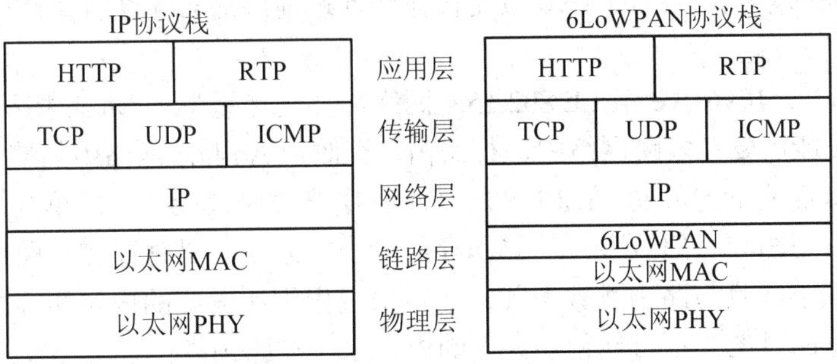

图 5-41 IP 和 6LoWPAN 协议栈的比较

相应地,在传统 IP 网络和物联网之间的边界路由器上,需要实现两类数据包的处理和转发,于是其路由器协议栈如图 5-42 所示。

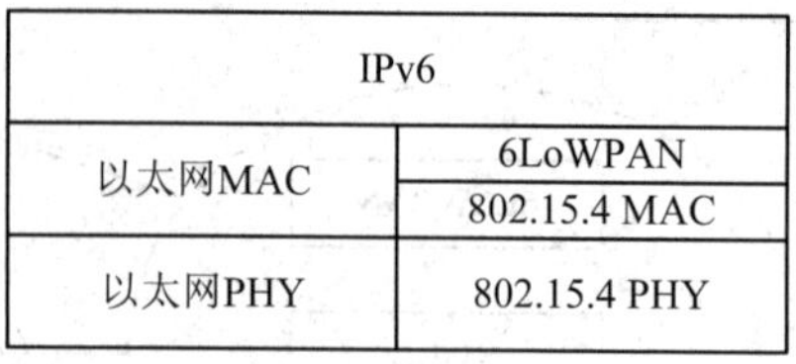

	IPv6	
以太网MAC	6LoWPAN	
	802.15.4 MAC	
以太网PHY	802.15.4 PHY	

图 5-42 支持 6LoWPAN 的 IPv6 边界 路由器协议栈

2. 6LoWPAN 要解决的问题

IETF 6LoWPAN 草案标准是专门为将 IP 扩展到低速率有损无线网络而设计的,其在整个 TCP/IP 协议栈中的位置如图 5-43 所示,是处于 IP 和 802.15.4 之间的一个适配层。该适配层的功能包括包的分片/组装、试运行/启动(自动配置)、邻居发现的优化、Mesh 路由等。

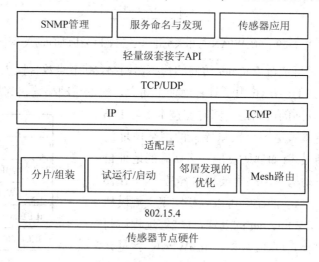

图 5-43 6LoWPAN 节点协议架构在 TCP/IP 协议栈中的位置

具体而言,6LoWPAN 需要解决的问题包括:

(1) IP 连接问题。IPv6 巨大的地址空间和无状态地址自动配置技术使数量巨大的传感器节点(智能物体)可以方便地接入包括 Internet 在内的各种网络。但是,由于有报文长度和节点能量等方面的限制,标准的 IPv6 报文传输和地址前缀通告无法直接用于 IEEE 802.15.4 网络。

(2) 网络拓扑。IPv6 over IEEE 802.15.4 网络需要支持星形和 Mesh 拓扑。当使用 Mesh 拓扑时,报文可能需要在多跳网络中进行路由,类似于 Ad-hoc 网络中的情形。但同样是由于报文长度和节点能量的限制,IEEE 802.15.4 上层路由协议应该更简单,管理的消耗也应该更少。此外,还需要考虑到节点计算和存储能力的限制。具体而言:路由协议对于数据报文的开销必须小,且与路由跳数无关;在路由过程中所需要的内存和计算必须小,以满足低开销低能量的目的;不可能使用大量的内存来维护路由表;在 6LoWPAN 支持的所有拓扑中,各类节点都能选择电池供电或者固定电源供电,因此需要考虑在休眠模式下路由协议的实现；能够通过网关或者其他方式同其他类型的网络(如以太网)进行无缝连接。

(3) 报文长度限制。IPv6 要求支持最小 1280 字节的 MTU，而 IEEE 802.15.4 最大支持 102 字节 MAC 帧长。一方面，需要 IEEE 802.15.4 网络的应用尽量发送小的报文以避免分片，另一方面，也需要节点在链路层提供对超过 102 字节的 IPv6 报文的分片和重组。

(4) 有限的配置和管理。在 IEEE 802.15.4 网络中，大量设备被期望能布置于各种环境中，而这些设备仅仅拥有有限的显示和输入功能。因此，IEEE 802.15.4 网络所使用的协议应该是只需要最少量配置并且易于初始化。有些部署地点是人无法到达的地方，因此需要节点有一定的自配置功能。另外，MAC 层以上运行的协议的配置也要尽量简单，并且需要网络拓扑有一定的自愈能力。

(5) 组播限制。IPv6 特别是其邻居发现协议的许多功能均依赖于 IP 组播。然而，IEEE 802.15.4 仅提供有限的广播支持，不论在星形还是 Mesh 拓扑中，这种广播均不能保证所有的节点都能收到封装在其中的 IPv6 组播报文。

(6) 安全问题。IEEE 802.15.4 提供基于 AES 的链路层安全支持，然而该标准并没有定义诸如初始化、密钥管理及上层安全性之类的细节。

对上述问题，6LoWPAN 工作组提出了一些解决方案，解决方案的性能评价指标主要是报文消耗、带宽消耗、处理需求及能量消耗，这四个方面也是影响 6LoWPAN 网络性能的主要因素。下面简要介绍该解决方案。

(1) 分片与重组。为了解决 IPv6 最小 MTU 为 1280 字节与 IEEE 802.15.4 Payload 长度仅有 81 字节冲突的问题，6LoWPAN 需要对 IPv6 报文进行链路层的分片和重组。

(2) 报头压缩。在使用 IEEE 802.15.4 安全机制时，IP 报文只有 81 字节的空间，而 IPv6 头部需要 40 字节，传输层的 UDP 和 TCP 头部分别为 8 字节和 20 字节，这就只留给了上层数据 33 字节或 21 字节。如果不对这些报头进行压缩，6LoWPAN 数据传输的效率将是非常低的。

(3) 组播支持。IEEE 802.15.4 并不支持组播，也不提供可靠的广播，6LoWPAN 需要提供额外的机制以支持 IPv6 在这方面的需要。

(4) 网络拓扑管理。IEEE 802.15.4 MAC 层协议仅提供基本的点对点传输，无法很好地支持 IPv6。因此必须在 IP 层以下、MAC 层以上构建一定的网络拓扑，形成合适的拓扑结构，如星形、树形或者 Mesh。6LoWPAN 负责调用 MAC 层提供的原语，以形成正确的多跳拓扑。

(5) Mesh 路由。一个支持多跳的 Mesh 路由协议是必要的，但现有的一些无线网络路由协议(如 AODV 等)并不能很好地适应 LoWPAN 的特殊情况，这些路由协议大多是通过广播方式进行路由询问，对于能量供应相当有限的节点来讲很不现实。

(6) 安全性：6LoWPAN 需要考虑安全性。对应于上面的 6LoWPAN 引入的新处理，可能存在的安全问题包括分片与重组攻击、报头压缩相关的攻击(如错误的压缩、拒绝服务攻击)、轻量级组播安全、Mesh 路由安全等。

3. 6LoWPAN 的安全性分析

因为分片与重组的存在，报文中与分片/重组过程相关的参数有可能会被攻击者修改或重构，如数据长度(datagram_size)、数据标签(datagram_tag)、数据偏移(datagram_offset)等，引起意外重组、重组溢出、重组乱序等问题，使节点资源被消耗、停止工作、重启等，以这些现象为表现的攻击被称为 IP 包碎片攻击(IP packet fragmentation attack)，进而可引发 DoS 攻击和重播攻击。所以，H. Kim 等人提出了在 6LoWPAN 适配层增加时间戳和随机序列选项来保证收到的数据包是最新的，从而防止数据包在传输过程被攻击者修改或重构，进而有效地防止 IP 包碎片攻击。W.Jung 等人提出并实现了一整套在 6LoWPAN 网络中实现安全套接层协议层(SSL)的方案，他们在密钥分发上对 ECC 和 RSA 做了比较，在密码算法上对 RC4、DES、3DES 做了比较，在消息认证上使用 MD5 和 SHA1 函数，最后发现 ECC-RC4-MD5 的组合消耗的资源最小，分别占用 64 KB 的 Flash 和 7 KB 的 RAM，实现一次完整的 SSL 握手需要 2 s。

RFC 工作文档给出了一些对 6LoWPAN 安全的分析。

关于 IEEE802.15.4 的安全性。IEEE 802.15.4 MAC 层提供了安全服务，由 MAC PIB 控制，MAC 子层在 PIB 中维护一个 ACL。通过针对某个通信方设定一个 ACL 中的安全套件(Security Suite)，设备可以确定使用什么安全级别(即无安全、访问控制、数据加密、帧完整性等)与该通信方通信。

IEEE 802.15.4 MAC 的一个关键功能就是提供了帧安全性。帧安全性其实是 MAC 层提供给上层的可选服务，取决于应用的需求。若应用并没有设定任何安全参数，则这一安全功能缺省是中止的。IEEE 802.15.4 定义了四种包类型：Beacon 包、数据包、确认包以及控制包。对于确认包没有安全机制。其他的包类型可以选择是否需要完整性保护或者保密性保护。由于 IEEE 802.15.4 的应用十分广泛，因此认证和密钥交换机制在标准中并没有定义，留给上层应用来定义。

关于 IP 的安全性。IPSec 可以保证 IP 包的完整性和保密性。IPSec 支持 AH 来认证 IP 头以及 ESP 来认证和加密包负载。IPSec 的主要问题是处理能耗和密钥管理。目前并不清楚在 6LoWPAN 节点上实现 SADB、策略库、动态密钥管理协议是否是合适的。基于目前的硬件情况，6LoWPAN 节点上不适合实现所有的 IPSec 算法，即使是功能略强的 FFD 或者 RFD 节点上。另外，由于带宽也是 6LoWPAN 中一个非常紧缺的资源，IPSec 需要在每个包中额外传输包头(AH 或者 ESP)可能会带来沉重的负担。IPSec 需要两个通信方共享一个秘密密钥，这一密钥通常是通过 IKEv2 协议同态建立的，因此，这又增加了 IKEv2 协议的通信负担。由于邻居发现协议在 6LoWPAN 中使用，因此安全邻居发现协议(SeND)应该被考虑。SeND 在 IP 网络中工作良好，但协议中使用的 CGA 技术是基于 RSA 密码的，RSA 与 ECC 相比需要更大的包尺寸和处理时间。因此，一个合理的可能性就是在 SeND 协议中将 ECC 用于 6LoWPAN 网络。

关于密钥管理方面。由于节点资源受限，缺乏物理保护，无人值守操作，且与物理环境密切交互，因此在 6LoWPAN 中使用常用的密钥交换技术变得不太可行。常见的 3 种密钥管理技术，如基于可信第三方的密钥分配技术、密钥预分配技术、基于公钥密码的技术，均面临一些困难。基于可信第三方的技术，如 Kerberos，具有单一失效点，这一方法不适合 6LoWPAN，因为不能保证和可信第三方的连接总是可用的，特别是在 LLN 网络中。基于密钥预分配的技术需要网络部署者事先知道节点的布局，节点之间的相邻关系，但是，由于节点部署的随机性，这种相邻关系可能无法事先获得。而且，若节点可能在网络部署时被入侵者攻击，动态在线(On-site)密钥管理技术比起密钥预分配要更加有利于处理网络的动态性。基于公钥密码的密钥分配技术，如数字证书，在 6LoWPAN 节点上可能计算能耗较高，如 DH 密钥协商、RSA 或者 ECC 等，但是有研究表明 ECC 可在传感器节点上实现。在密钥管理方面的建议包括：

(1) 敌对节点可能在节点布置阶段隐藏在其他节点之中，因此在启动阶段的安全密钥分配是一个问题。

(2) 节点在工作过程中被捕获，因此，必须考虑密钥回收。

(3) 在睡眠模式中，给睡眠节点的密钥必须可以从唤醒模式的节点中推导出来。

(4) 一旦密钥暴露了，必须诊断安全的破坏情况。

(5) 密钥管理机制应该允许增加新的节点。

4. RPL 和 CoAP 的安全性讨论

本节简要讨论在 6LoWPAN 层以上的路由协议 RPL 的安全性以及应用层 CoAP 协议的安全性。两者的安全性研究仍在继续中。

1) RPL 的安全性

IPv6 的路由协议需要修改以适应 LLN，即 RPL 协议。该协议定义了能够在 LLN 环境中使用的点到点、点到多点、多点到点的路由协议。RPL 是一个高度模块化的协议，其路由协议的核心满足特定应用的路由需求的交集，而对于特定的需求，可以通过添加附加模块的方式满足。RPL 是一个距离向量协议，它创建一个 DODAG，其中路径从网络中的每个节点到 DODAG 根(通常是汇点或者 LBR)。RPL 中用到的术语 DAG 是指有向非循环图。DAG Root 表示 DAG 根节点。所有的 DAG 必须至少有一个 DAG 根，并且所有路径终止于一个根节点。DODAG 是面向目的地的有向非循环图，以单独一个目的地为根的 DAG。DODAG Root 是一个 DODAG 的 DAG 根节点。它可能会在 DODAG 内部担当一个边界路由器，尤其是可能在 DODAG 内部聚合路由，并重新分配 DODAG 路由到其他路由协议内。Rank 表示等级。一个节点的等级定义了该节点相对于其他节点关于一个 DODAG 根节点的唯一位置。OF 表示目标函数，定义了路由度量、最佳目的以及相关函数如何被用来计算出 Rank 值。此外，OF 指出了在 DODAG 内如何选择父节点，从而形成 DODAG。

2) CoAP 的安全性简介

CoAP 协议是用于 M2M 应用的轻量级应用层协议，可以作为智能物体网络的应用层协议。关于 CoAP 安全架构的研究比较成熟的模型是部署模型，这一架构的根本点是自生成安全标识(Self-Generated Secure Identity)，这和 CGA 类似。即令 $I = h(P \parallel O)$，其中 I 是设备的安全标识，H 是 Hash 函数，P 是设备生成的公钥，O 是可选的其他信息。安全标识可用于安全凭证、共享的秘密、安全策略信息。安全标识可用于识别认证的设备。有多种方式可完成在设备部署阶段收集标识信息。

思考与练习五

一、单选题

1. 下列物联网相关标准中(　　)由中国提出的。

A. IEEE 802.15.4a   B. IEEE 802.15.4b

C. IEEE 802.15.4c   D. IEEE 802.15.4n

2. ZigBee 具有(   )：无须人工干预，网络节点能够感知其他节点的存在，并确定连接关系，组成结构化的网络。

A. 自愈功能   B. 自组织功能

C. 碰撞避免机制   D. 数据传输机制

3. (   )不属于无线通信技术。

A. 数字化技术   B. 点对点的通信技术

C. 多媒体技术   D. 频率复用技术

4. 蓝牙的技术标准为(   )。

A. IEEE 802.15   B. IEEE 802.2

C. IEEE 802.3   D. IEEE 802.16

5. (   )不属于 3G 网络的技术体制。

A. WCDMA   B. CDMA2000   C. TD-SCDMA   D. IP

6. ZigBee 具有(   )：增加或者删除一个节点，节点位置发生变动，节点发生故障等，网络都能够自我修复，并对网络拓扑结构进行相应的调整，无须人工干预，保证整个系统仍能正常工作。

A. 自愈功能   B. 自组织功能

C. 碰撞避免机制   D. 数据传输机制

7. ZigBee 采用了 CSMA-CA(   )，同时为需要固定带宽的通信业务预留了专用时隙，避免了发送数据时的竞争和冲突。

A. 自愈功能   B. 自组织功能

C. 碰撞避免机制   D. 数据传输机制

8. 通过无线网络与互联网的融合，将物体的信息实时准确地传递给用户，指的是(   )。

A. 可靠传递   B. 全面感知   C. 智能处理   D. 互联网

9. ZigBee 网络设备(   )，只能传送信息给 FFD 或从 FFD 接收信息。

A. 网络协调器   B. 全功能设备(FFD)

C. 精简功能设备(RFD)   D. 交换机

10. ZigBee 堆栈是在(   )标准基础上建立的。

A. IEEE 802.15.4   B. IEEE 802.11.4

C. IEEE 802.12.4   D. IEEE 802.13.4

11. ZigBee(   )是协议的最底层，承担着和外界直接作用的任务。

A. 物理层   B. MAC 层   C. 网络/安全层   D. 支持/应用层

12. ZigBee(   )负责设备间无线数据链路的建立、维护和结束。

A. 物理层   B. MAC 层   C. 网络/安全层   D. 支持/应用层

13. ZigBee(   )建立新网络，保证数据的传输。

A. 物理层   B. MAC 层   C. 网络/安全层   D. 支持/应用层

14. ZigBee(   )根据服务和需求使多个器件之间进行通信。

A. 物理层   B. MAC 层   C. 网络/安全层   D. 支持/应用层

15. ZigBee 的频带为(　　)，传输速率为 20 kb/s，适用于欧洲。

    A. 868 MHz　　　　　B. 915 MHz　　　　　C. 2.4 GHz　　　　　D. 2.5 GHz

16. ZigBee 的频带为(　　)，传输速率为 250 kb/s，全球通用。

    A. 868 MHz　　　　　B. 915 MHz　　　　　C. 2.4 GHz　　　　　D. 2.5 GHz

17. ZigBee 网络设备(　　)发送网络信标，建立一个网络，管理网络节点，存储网络节点信息，寻找一对节点间的路由消息，不断地接收信息。

    A. 网络协调器　　　　　　　　　　　B. 全功能设备(FFD)

    C. 精简功能设备(RFD)　　　　　　　D. 路由器

18. 工信部明确提出我国物联网技术的发展必须把传感系统与(　　)结合起来。

    A. TD-SCDMA　　B. GSM　　　　　C. CDMA2000　　D. WCDMA

19. 物联网节点之间的无线通信，一般不会受到(　　)因素的影响。

    A. 节点能量　　　B. 障碍物　　　C. 天气　　　　D. 时间

20. 物联网产业链可以细分为标识、感知、处理和信息传送四个环节，四个环节中核心环节是(　　)。

    A. 标识　　　　　B. 感知　　　　　C. 处理　　　　　D. 信息传送

21. 下面(　　)不属于物联网系统。

    A. 传感器模块　　B. 处理器模块　　C. 总线　　　　　D. 无线通信模块

22. 在现实生活中，下列公共服务(　　)还没有用到物联网。

    A. 公交卡　　　　B. 安全门禁　　　C. 手机通信　　　D. 水电费缴费卡

23. 下列传感器网与现有的无线自组网区别的论述中，(　　)是错误的。

    A. 传感器网节点数目更加庞大　　　　B. 传感器网节点容易出现故障

    C. 传感器网节点处理能力更强　　　　D. 传感器网节点的存储能力有限

二、判断题(在正确的后面打"√"，错误的后面打"×")

1. 物联网是互联网的应用拓展，与其说物联网是网络，不如说物联网是业务和应用。(　　)

2. ZigBee 是 IEEE 802.15.4 协议的代名词。ZigBee 就是一种便宜的、低功耗的近距离无线组网通信技术。(　　)

3. 物联网、泛在网、传感网等概念基本没有交集。(　　)

4. 在物联网节点之间做通信的时候，通信频率越高，意味着传输距离越远。(　　)

5. 2009 年，IBM 提出"智慧地球"这一概念，那么"互联网+物联网=智慧地球"这一说法是正确的。(　　)

6. GPS 属于网络层。(　　)

7. 传感网、WSN、OSN、BSN 等技术是物联网的末端神经系统，主要解决"最后 100 m"连接问题，传感网末端一般是指比 M2M 末端更小的微型传感系统。(　　)

8. 无线传感网(物联网)由传感器、感知对象和观察者三个要素构成。(　　)

9. 传感器网络通常包括传感器节点、汇聚节点和管理节点。(　　)

10. 中科院早在 1999 年就启动了传感网的研发和标准制定，与其他国家相比，我国的技术研发水平处于世界前列，具有同发优势和重大影响力。(　　)

11. 低成本是传感器节点的基本要求。只有低成本，才能大量地布置在目标区域中，表现出传感网的各种优点。(　　)

12. "物联网"的概念是在 1999 年提出的，它的定义很简单：把所有物品通过射频识别等信息传感设备相互连接起来，实现智能化识别和管理。(　　)

13. 物联网和传感网是一样的。(　　)

14. 传感器网络规模控制起来非常容易。(　　)

15. 物联网的单个节点可以做得很大，这样就可以感知更多的信息。(　　)

16. 传感器不是感知延伸层获取数据的一种设备。(　　)

三、简答题

1. 无线网与物联网的区别有哪些？

2. 蓝牙核心协议有哪些？蓝牙网关的主要功能是什么？

3. 蓝牙有哪些全机制？

4. ZigBee 的安全机制有哪些组成部分？

5. WLAN 无线网技术的安全性定义了哪几级？

6. 请简述物联网的安全体系结构。

7. 网络层安全威胁有哪些？

8. 防火墙的基本类型有哪些？其作用是什么？

9. 简要分析数字签名技术与认证技术的区别。

10. 与有线网络相比，无线局域网具有哪些优点？WLAN 可分为哪两大类，请分别作图说明。

11. RTS/CTS(请求发送/允许发送)协议主要用来解决"隐藏终端"问题，请说明其原理。

12. 请画出完整的移动通信系统安全结构。

13. 蓝牙的定义以及面临的主要安全问题是什么？

14. 简述无线传感网的安全性目标。

第 6 章 物联网应用层安全

本章主要介绍物联网应用层安全技术，对 Web 安全、中间件安全、数据安全及云计算安全和物联网信息安全标准进行分析。物联网应用层安全也包括服务端的安全问题。服务端安全涉及的范围可以更广，如服务器端的访问控制技术、数据库安全相关技术、P2P 安全技术等。本章服务端安全主要介绍的是一种新兴的热门服务端模式，即云计算。这是因为云计算与物联网相结合，可以发挥"物"端和"云"端的各自特点和优势，"物"端的轻便性往往制约了后端设备的存储和计算能力，"云"端可以弥补这一不足，提供按需存储和计算能力。特别是当物联网的规模足够大时，就需要和云计算结合起来。例如，在大型的行业应用中需要大量的后端数据支持和管理，M2M 应用中接入网络的终端数量规模巨大，因此都需要云计算中心提供强大的后端存储和计算支持。

6.1 应用层安全需求

6.1.1 应用层面临的安全问题

应用层主要用来对接收的信息加以处理，对接收的信息进行判断，分辨其是有用信息、垃圾信息还是恶意信息。处理的数据有一般性数据和操作指令，因此，要特别警惕错误指令，比如指令发出者的操作失误、网络传输错误等造成错误指令，或者是攻击者的恶意指令。识别有用信息，并有效防范恶意信息和指令带来的威胁是物联网处理层的主要安全问题。应用层面临的安全问题具体包括以下几个方面：

(1) 超大量终端提供了海量的数据，来不及识别和处理；

(2) 智能设备的智能失效，导致效率严重下降；

(3) 自动处理失控；

(4) 无法实现灾难控制并从灾难中恢复；

(5) 非法人为干预造成故障；

(6) 设备从网络中逻辑丢失。

6.1.2 应用层安全技术需求

由于应用层涉及多领域多行业，物联网广域范围的海量数据信息处理和业务控制策略目前在安全性和可靠性方面仍存在较多的技术瓶颈且难以突破，特别是业务控制和管理、业务逻辑、中间件、业务系统关键接口等环境安全问题尤为突出。另外，网络传输模式有单播通信、组播通信和广播通信，不同通信模式需要相应的认证和机密性保护机制。对于物联网综合应用层的安全威胁及其对应的安全需求，需要的安全机制包括数据库访问控制和内容筛选机制、信息泄露追踪机制、隐私信息保护技术、取证技术、数据销毁技术、知识产权保护技术等。需要发展的相关密码技术有访问控制、门限密码、匿名签名、匿名认证、密文验证、叛逆追踪、数字水印和指纹技术等。

6.2 Web 安全

随着 Web 2.0、社交网络、微博等一系列新型互联网产品的诞生，基于 Web 环境的互联网应用越来越广泛，企业信息化的过程中各种应用都架设在 Web 平台上。Web 业务的迅速发展也引起黑客们的强烈关注，接踵而至的就是 Web 安全威胁的凸显。黑客利用网站操作系统的漏洞和 Web 服务程序的 SQL 注入漏洞等得到 Web 服务器的控制权限，轻则篡改网页内容，重则窃取重要内部数据，更为严重的则是在网页中植入恶意代码，使网站访问者受到侵害。这也使得越来越多的用户关注应用层的安全问题，对 Web 应用安全的关注度也逐渐升温。

6.2.1 Web 结构原理

1. Web 简介

Web 是一种体系结构，是 Internet 提供的一种界面友好的信息服务。Web 上海量的信息由彼此关联的文档组成，这些文档称为主页(Home Page)或页面(Page)，是一种超文本(Hypertext)信息，而使其连接在一起的是超链接(Hyperlink)。通过 Web 可以访问遍布于 Internet 主机上的链接文档。

Web 有以下五个特点：

(1) Web 是图形化的和易于导航的(Navigate)。在 Web 之前，Internet 上的信息只具有文本形式。而 Web 可以在一个页面上同时显示色彩丰富的图形和文本的性能，将图形、音频、视频信息集合于一体。同时，Web 是非常易于导航的，只需要从一个链接跳到另一个链接，就可以在各页各站点之间进行浏览。

(2) Web 与平台无关。Web 不受平台的限制，无论是什么系统平台，比如 Windows 平台、UNIX 平台，用户都可以使用浏览器对 WWW 进行访问。

(3) Web 是分布式的。大量的图形、音频和视频信息会占用相当大的磁盘空间，Web 把信息放在不同的站点上，在物理上并不一定使一个站点的信息在逻辑上一体化。

(4) Web 是动态的。信息的提供者会对 Web 站点的信息包含站点本身的信息及时进行更新，以确保用户对站点的持续关注，所以 Web 站点上的信息是动态的。

(5) Web 是交互的。Web 的交互性表现在它的超链接上，用户可以自主决定欲浏览的站点及浏览的顺序。另外，通过 FORM 的形式可以从服务器方获得动态的信息，用户通过填写 FORM 向服务器提交请求，服务器根据用户的请求返回相应信息。

2. Web 结构

WWW 是由大量的 Web 站点构成的，每个 Web 站点又包含许多 Web 页面。Web 页面与普通文档不同，其所含信息包括三个部分：网页正文、网页所含的超文本标记和网页间的超链接。从广义上看，Web 结构包括：网页内部内容用 HTML、XML 表示成的树形结构、文档 URL 中的目录路径结构和网页之间的超链接结构。

网页分导航网页和目的网页两种。导航网页是指到达目的网页的途经网页，它只提供链接作用，其网页内容不是用户所需要的，用户会经常往返于这些页面上，但不会在上面花费大量时间。因此导航网页应该位于易于用户寻找到目的网页的路径上，而且是最短路径上，用户途经的导航网页越少，到达目的网页的时间就越短。目的网页是用户真正要寻找的包括信息、娱乐、产品等内容的网页。用户一旦找到所需内容网页就会花许多时间驻留在这个网页上。

网站结构包括物理结构和逻辑结构。网站物理结构是指网站真实的目录及文件所存储的位置所决定的结构。网站逻辑结构(或称链接结构)是指由网页内部链接所形成的逻辑的或链接的网络结构。

6.2.2　Web 安全威胁

1. Web 安全威胁的种类

来自网络上的安全威胁与攻击多种多样，依照 Web 访问的结构，可将其分为对 Web 服务器的安全威胁、对 Web 客户机的安全威胁和对通信信道的安全威胁三类。

2. 对 Web 服务器的安全威胁

对于 Web 服务器、服务器的操作系统、数据库服务器都有可能存在漏洞，恶意用户都有可能利用这些漏洞去获得重要信息。Web 服务器上的漏洞可以从以下几方面考虑：

(1) 将 Web 服务器上的机密文件或重要数据(如存放用户名、口令的文件)放置在不安全区域，被入侵后很容易得到。

(2) 在 Web 数据库中，对于保存的有价值信息(如商业机密数据、用户信息等)，如果数据库安全配置不当，很容易泄密。

(3) Web 服务器本身存在一些漏洞，能被黑客利用侵入到系统，破坏一些重要的数据甚至造成系统瘫痪。

(4) 程序员有意或无意在系统中遗漏 Bug 给非法黑客创造条件，如用 CGI 脚本编写的程序中的自身漏洞。

3. 对 Web 客户机的安全威胁

现在网页中的活动内容已被广泛应用，活动内容的不安全性是造成客户端的主要威胁。网页的活动内容是指在静态网页中嵌入的对用户透明的程序，它可以完成一些动作，显示动态图像、下载和播放音乐、视频等。当用户使用浏览器查看带有活动内容的网页时，这些应用程序会自动下载并在客户机上运行。如果这些程序被恶意使用，可以窃取、改变或删除客户机上的信息，主要用到 Java Applet 和 ActiveX 技术。

Java Applet 使用 Java 语言开发，随页面下载，Java 使用沙盒(Sandbox)根据安全模式所定义的规则来限制 Java Applet 的活动，它不会访问系统中规定安全范围之外的程序代码。但事实上 Java Applet 存在安全漏洞，可能被利用且进行破坏。

ActiveX 是微软的一个控件技术，它封装由网页设计者放在网页中来执行特定任务的程序，可以由微软支持的多种语言开发，但只能运行在 Windows 平台。ActiveX 在安全性上不如 Java Applet，一旦下载，能像其他程序一样执行，访问包括操作系统代码在内的所有系统资源，这是非常危险的。

Cookie 是 Netscape 公司开发的，用来改善 HTTP 的无状态性。无状态的表现使得制造像购物车这样要在一定时间内记住用户动作的东西很难。Cookie 实际上是一段消息，在浏览器第一次连接时由 HTTP 服务器送到浏览器端，以后浏览器每次连接都把这个 Cookie 的拷贝返回给 Web 服务器，服务器用这个 Cookie 来记忆用户和维护一个跨多个页面的过程影像。Cookie 不能用来窃取关于用户或用户计算机系统的信息，它们只能在某种程度上存储用户的信息，如计算机名字、IP 地址、浏览器名称和访问的网页的 URL 等，所以，Cookie 是相对安全的。

4. 对通信信道的安全威胁

Internet 是连接 Web 客户机和服务器通信的信道，是不安全的。像 Sniffer 这样的嗅探程序，可对信道进行侦听，窃取机密信息，存在着对保密性的安全威胁。未经授权的用户可以改变信道中的信息流传输内容，造成对信息完整性的安全威胁。此外，还有像利用拒绝服务攻击，向网站服务器发送大量请求造成主机无法及时响应而瘫痪，或者发送大量的 IP 数据包来阻塞通信信道，使网络的速度变缓慢。

6.2.3　Web 安全防护

1. Web 的安全防护技术

(1) Web 客户端的安全防护。Web 客户端的防护措施，重点是对 Web 程序组件的安全进行防护，严格限制从网络上任意下载程序并在本地执行，可以在浏览器进行设置，如 Microsoft Internet Exploy 的 Internet 选项的高级窗口中将 J8_va 相关选项关闭。在安全窗口中选择自定义级别，将 ActiveX 组件的相关选项选为禁用。在隐私窗口中根据需要选择 Cookie 的级别，也可以根据需要将 c:\windows\cookie 下的所有 Cookie 相关文件删除。

(2) 通信信道的安全防护。通信信道的防护措施，可在安全性要求较高的环境中，利用 HTTPS 协议替代 HTTP 协议。利用 SSL 保证安全传输文件，SSL 通过在客户端浏览器软件和 Web 服务器之间建立一条安全通信信道，实现信息在 Internet 中传送的保密性和完整性，但 SSL 会造成 Web 服务器性能上的一些下降。

(3) Web 服务器端的安全防护。限制在 Web 服务器中账户数据，对在 Web 服务器上建立的账户，在口令长度及定期更改方面作出要求，防止被盗用；Web 服务器本身会存在一些安全上的漏洞，需要及时进行版本升级更新；尽量使 EMAIL、数据库等服务器与 Web 服务器分开，去掉无关的网络服务；在 Web 服务器上去掉一些不用的如 SHELL 之类的解释器；定期查看服务器中的日志文件，分析一切可疑事件；设置好 Web 服务器上系统文件的权限和属性；通过限制许可访问用户 IP 或 DNSo 从 CGI 编程角度考虑安全，采用编译语言比解释语言会更安全些，并且 CGI 程序应放在独立于 HTML 存放目录之外的 CGI-BIN 下。

2. Web 服务器安全防护策略的应用

这里以目前应用较多的 Windows 2000 平台和 IIS 的 Web 服务器为例简述 Web 服务器端安全防护的策略应用。

(1) 系统安装的安全策略。安装 Windows 2000 系统时不要安装多余的服务和协议，因为有的服务存在漏洞，多余的协议会占用资源。安装 Windows 2000 后一定要及时安装补丁 4 程序(W2KSP4_CN.exe)，立刻安装防病毒软件。

(2) 系统安全策略的配置。通过"本地安全策略"限制匿名访问本机用户，限制远程用户访问光驱或软驱等。通过"组策略"限制远程用户对 Net meeting 的桌面共享，限制用户执行 Windows 安装任务等安全策略配置。

(3) IIS 安全策略的应用。在配置 Internet 信息服务(IIS)时，不要使用默认的 Web 站点，删除默认的虚拟目录映射；建立新站点，并对主目录权限进行设置。一般情况下设置成站点管理员和 Administrate，这两个用户可完全控制，其他用户只可以读取文件。

(4) 审核日志策略的配置。当 Windows 2000 出现问题时，通过对系统日志的分析，可以了解故障发生前系统的运行情况，作为判断故障原因的根据。

一般情况下需要对常用的用户登录日志、HTTP 和 FTP 日志进行配置。

① 设置登录审核日志：审核事件分为成功事件和失败事件。成功事件表示一个用户成功地获得了访问某种资源的权限，而失败事件则表明用户的尝试失败。

② 设置 HTTP 审核日志：通过"Internet 服务管理器"选择 Web 站点的属性，进行设置日志的属性，可根据需要修改日志的存放位置。

③ 设置 FTP 审核日志：设置方法同 HTTP 的设置基本一样。选择 FTP 站点，对其日志属性进行设置，然后修改日志的存放位置。

(5) 网页发布和下载的安全策略。由于 Web 服务器上的网页需要频繁进行修改，因此，要制定完善的维护策略才能保证 Web 服务器的安全。有些管理员为方便起见，采用共享目录的方法进行网页的下载和发布，但共享目录方法很不安全。因此，在 Web 服务器上要取消所有的共享目录。网页的更新采用 FTP 方法进行，选择对该 FTP 站点的访问权限有"读取、写入"权限。对 FTP 站点属性的"目录安全性"在"拒绝访问"对话框中输入管理维护工作站的 IP 地址，限定只有指定的计算机可以访问该 FTP 站点，并只能对站点目录进行读写操作。

6.3　中间件安全

安全问题是现代信息社会中不可回避的问题，随着计算机技术的广泛应用，这一问题显得更加迫切。目前安全领域的投入大、成本高、操作能力弱等问题逐步显现，使得中间件安全技术应运而生。它的设计思想是将信息安全技术和中间件安全技术结合起来，把安全模块从整个应用系统中分离出来，这样既可以提高软件的可重用性，又可以降低软件开发的难度。安全中间件项目旨在分析各种应用系统，构造具有普遍适应性的安全中间件的架构，设计和实现适应信息系统的安全中间件，以保证系统的可信度和安全性。

6.3.1　中间件

1. 中间件基本概念

中间件即软件中间件，是一类连接软件组件和应用的计算机软件，它包括一组服务，以便于运行在一台或多台机器上的多个软件通过网络进行交互。该技术所提供的互操作性推动了一致分布式体系架构的演进，该架构通常用于支持并简化那些复杂的分布式应用程序，包括 web 服务器、事务监控器和消息队列软件。

中间件是基础软件的一大类，属于可复用软件的范畴。中间件处于操作系统软件与用户应用软件的中间。

中间件在操作系统、网络和数据库之上，应用软件的下层，总的作用是为处于自己上层的应用软件提供运行与开发的环境，帮助用户灵活、高效地开发和集成复杂的应用软件。在众多关于中间件的定义中，比较普遍被接受的是 IDC 表述的：中间件是一种独立的系统软件或服务程序，分布式应用软件借助这种软件在不同的技术之间共享资源，中间件位于客户机服务器的操作系统之上，管理计算资源和网络通信。

IDC 对中间件的定义表明，中间件是一类软件，而非一种软件；中间件不仅实现互连，还要实现应用之间的互操作；中间件是基于分布式处理的软件，最突出的特点是其网络通信功能。

2. 中间件特点

(1) 优点：① 满足大量应用的需要；② 运行于多种硬件和 OS 平台；③ 支持分布式计算，提供跨网络、硬件和 OS 平台的透明性的应用或服务的交互功能；④ 支持标准的协议；⑤ 支持标准的接口。

(2) 缺点：中间件能够屏蔽操作系统和网络协议的差异，为应用程序提供多种通信机制，并提供相应的平台以满足不同领域的需要。因此，中间件为应用程序提供了一个相对稳定的高层应用环境。然而，中间件服务也并非"万能药"。中间件所应遵循的一些原则离实际还有很大距离。多数流行的中间件服务使用专有的 API 和专有的协议，使得应用建立于单一厂家的产品，来自不同厂家的实现很难互操作。有些中间件服务只提供一些平台的实现，从而限制了应用在异构系统之间的移植。应用开发者在这些中间件服务之上建立自己的应用还要承担相当大的风险，随着技术的发展，他们往往还需重写系统。尽管中间件服务提高了分布计算的抽象化程度，但应用开发者还需面临许多艰难的设计选择，例如，开发者还需决定分布应用在 Client 方和 Server 方的功能分配。通常将表示服务放在 Client 以方便使用显示设备，将数据服务放在 Server 以靠近数据库，但也并非总是如此，何况其他应用功能如何分配也是不容易确定的。

(3) 分类：中间件大致可分为六类，即终端仿真/屏幕转换中间件、数据访问中间件、远程过程调用中间件、消息中间件、交易中间件和对象中间件。

3. 发展趋势

中间件技术的发展方向将聚焦于消除信息孤岛，推动无边界信息流，支持开放、动态、多变的互联网环境中的复杂应用系统，实现对分布于互联网之上的各种自治信息资源(计算资源、数据资源、服务资源、软件资源)的简单、标准、快速、灵活、可信、高效能及低成本的集成、协同和综合利用，提高组织的 IT 基础设施的业务敏捷性，降低总体运维成本，促进 IT 与业务之间的匹配。中间件技术正呈现出业务化、服务化、一体化、虚拟化等诸多新的发展趋势。

6.3.2　物联网中间件

物联网中间件处于物联网的集成服务器端和感知层、传输层的嵌入式设备中。服务器端中间件称为物联网业务基础中间件，一般是基于传统的中间件来构建的。嵌入式中间件是支持不同通信协议的模块和运行环境。中间件的特点就是它固化了很多通用功能，但在具体应用中多半需要二次开发来实现个性化的业务需求，因此所有物联网中间件都需要提供快速发展工具。

在 RFID 中，物联网中间件具有以下特点：

(1) 应用构架独立。物联网中间件介于 RFID 读写器与后端应用程序之间又独立于它们之外，它能够与多个 RFID 读写器、多个后端应用程序之间进行连接，以减轻构架与维护的复杂性。

(2) 分布数据存储。RFID 最主要的目的在于将实体对象转换为消息环境下的虚幻对象，因此数据存储与处理是 RFID 最重要的功能。物联网中间件具有数据的搜索、过滤、整合与传递等特性，以便将正确的对象消息传到后端的应用系统。

(3) 数据加工处理。物联网中间件通常采用程序逻辑及存储转发的功能来提供顺序的信息，具有数据设计和管理的能力。

6.3.3　RFID 中间件安全

1. RFID 中间件安全研究

关于 RFID 系统的安全已在第 3 章做了分析，不再重复。目前，RFID 安全问题主要集中在对个人用户信息的隐私保护、对企业用户的商业秘密保护、防范对 RFID 系统的攻击以及利用 RFID 技术进行安全防范等方面。

现有的 RFID 安全隐私技术可以分为两大类：一类是用物理方法阻止标签和阅读器的通信，适用于低成本的 RFID 标签，其主要方法有杀死标签、法拉第网罩、主动干扰、阻止标签等方法。这类方法在安全机制上存在种种缺陷。另一类是采用密码技术实现 RFID 安全性机制，并且这种基于软件的方法越来越受到研究者及开发者的青睐。例如使用各种成熟的密码方案和机制来设计实现符合 RFID 安全需求的加密协议。

2. RFID 中间件安全存在的问题

随着 RFID 在各个领域的广泛应用，安全问题特别是用户隐私问题变得日益严重，使得 RFID 的应用不能普及到重要领域中。如果政府机关或者银行信息被窃取或者恶意更改，将会造成不可估量的损失。特别是对于那些没有安全保护机制的标签，很容易被跟踪、泄露敏感信息。企业和供应商都意识到了安全问题，但并没有把解决安全问题作为首要任务，而是仍然把注意力集中到 RFC 的实施效果和所带来的经济收益。如果不遏制其潜在的破坏能力，未来遍布全球各地的 RFID 系统安全问题可能会像现在的网络安全问题一样成为考验人们智慧的难题。传统的 RFID 安全问题包括复制、重放、假冒 RFID 标签、欺骗、恶意阻塞、隐私泄露等。归纳起来可以分为三个方面的安全隐患。

1) 数据传输

RFID 数据在经过网络层传播时，非法入侵者很容易对标签信息进行篡改、截获和破解、重放攻击、数据演绎，即攻击者获得某一个标签数据后演绎推测出其他标签上的数据以及 DOS 攻击，当大量无用的标签数据发送到阅读器时，如果对这些数据的处理能力超出了读写器的读写能力范围，将导致中间件无法正常接收标签数据，造成有用数据的丢失。任何应用系统都是基于操作系统之上，RFID 应用也不例外，一旦操作系统被非法入侵，不法分子就有可能获得部分或者全部的非法访问权限，这时 RFID 系统将变得非常不安全。

2) 身份认证

非法用户使用中间件窃取保密数据和商业机密，对企业和个人造成极大的危害。当大量伪造的标签数据发往阅读器时，阅读器消耗大量的能量，处理的却是虚假的数据，而真实的数据被隐藏不被处理，严重的可能会引起 DoS 攻击。另外基于 Internet 的数据交换，除了系统内部的数据处理和交换安全域中所存在的问题外，不同企业和系统进行数据交换时都必须进行相互的身份认证，身份的伪造必然也是一个重要的安全问题。

3) 授权管理

不同的用户只能访问已被授权的资源，当用户试图访问未授权的受保护的 RFID 中间件服务时，必须对其进行安全访问控制，限制其行为在合法的范围之内。如果一个普通用户拥有管理员的权限，那整个系统将无可信之言。另外，不同行业的用户有不同的需求，授予其额外的权限，势必造成资源的浪费。因此在一个开放的网络环境中，要确保没有授权的用户、实体或进程无法窃取信息。同时这也产生了许多安全上的难题，比如当标签随物品在不同企业之间流动时，要确保只有拥有该物品的所有者具有访问标签的权利，这就要求标签的访问权限也能够转移。

经过分析可知，存在这些安全问题的原因有两点：第一，RFID 系统中的前向通信方式是基于无线方式，这种方式本身就存在隐患；第二，标签本身的成本限制了其计算能力和可编程能力，决定了其不可使用太复杂的协议和密码运算。RFID 中间件的物理连接结构如图 6-1 所示。

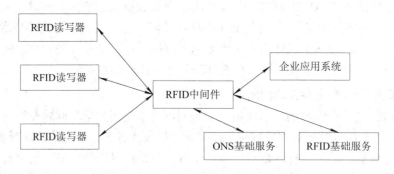

图 6-1　RFID 中间件的物理连接结构图

6.4　数据安全

数据安全有对立的两方面的含义：一是数据本身的安全，主要是指采用现代密码算法对数据进行主动保护，如数据保密、数据完整性、双向强身份认证等；二是数据防护的安全，主要是采用现代信息存储手段对数据进行主动防护，如通过磁盘阵列、数据备份、异地容灾等手段保证数据的安全。数据安全是一种主动的保护措施，数据本身的安全必须基于可靠的加密算法与安全体系，主要有对称算法与公开密钥密码体系两种。

数据处理的安全是指如何有效地防止数据在录入、处理、统计或打印中由于硬件故障、断电、死机、人为的误操作、程序缺陷、病毒或黑客等造成的数据库损坏或数据丢失现象，某些敏感或保密的数据可能被不具备资格的人员或操作员阅读，而造成数据泄密。

数据存储的安全是指数据库在系统运行之外的可读性，一个标准的 ACCESS 数据库，稍微懂得一些基本方法的计算机人员，都可以打开阅读或修改。一旦数据库被盗，即使没有原来的系统程序，照样可以另外编写程序对盗取的数据库进行查看或修改。从这个角度说，不加密的数据库是不安全的，容易造成商业泄密，所以衍生出数据防泄密这一概念，这涉及计算机网络通信的保密、安全及软件保护等问题。

6.4.1　数据安全概述

数据安全目标主要包括保密性、完整性和可用性。这三个基本目标在不同的领域有不同的要求。对于军事领域来说，保密性和可用性的要求明显要高于其他领域。而对于完整性而言，各个领域都有相当高的要求。

1. 保密性

保密性又称数据的机密性，是指信息不泄露给非授权的用户、实体、过程或供其利用的特性。数据保密性就是保证具有授权的用户可以访问数据，而限制其他人对数据的访问。数据保密性分为网络传输保密性、数据存储保密性以及数据处理过程中的保密性。

2. 完整性

数据完整性是指在传输、存储信息或数据的过程中，确保信息或数据不被未授权地篡改或在篡改后能够被迅速发现。在信息安全领域使用过程中，常常和保密性边界混淆。完整性是指数据未经授权不能进行改变的特性，即信息在存储或传输过程中保持不被修改、不被破坏和丢失的特性。数据完整性的目的是保证计算机系统上的数据和信息处于一种完整和未受损害的状态，也就是说，数据不会因有意或无意的事件而被改变或丢失。数据完整性的丧失直接影响数据的可用性。

3. 可用性

可用性是指被授权实体访问并按需求使用的特性，即当需要时能否存取和访问所需的信息，用户访问数据的期望使用能力。安全的信息系统一定要保证合法用户在需要使用数据时无延时。数据可用性是可靠性的一个重要因素，因为一个无法保证可用的信息系统对用户来说还不如无这样的系统。因此，可用性是与安全息息相关的，因为攻击者会故意使用户系统的数据或者服务无法正常使用，甚至会拒绝授权用户对数据或者服务进行正常的访问，例如 DoS 攻击。

6.4.2　数据库安全

1. 数据库安全的定义

关于数据库安全的定义，国内外有不同的定义。国外以 C. P. Pfleeger 在 "Security in

Computing——Database Security PTR，1997"中对数据库安全的定义最具有代表性，被国外许多教材、论文和培训所广泛应用。他从以下方面对数据库安全进行了描述：

(1) 物理数据库的完整性：数据库中的数据不被各种自然的或物理的问题而破坏，如电力问题或设备故障等。

(2) 逻辑数据库的完整性：对数据库结构的保护，如对其中一个字段的修改不应该破坏其他字段。

(3) 元素安全性：存储在数据库中的每个元素都是正确的。

(4) 可审计性：可以追踪存取和修改数据库元素的用户。

(5) 访问控制：确保只有授权的用户才能访问数据库，这样不同的用户被限制在不同的访问方式。

(6) 身份验证：不管是审计追踪或者是对某一数据库的访问都要经过严格的身份验证。

(7) 可用性：对授权的用户应该随时可进行应有的数据库访问。

2. 数据库安全常用技术

数据库安全通常通过存取管理、安全管理和数据库加密来实现。存取管理就是一套防止未授权用户使用和访问数据库的方法、机制和过程，通过正在运行的程序来控制数据的存取和防止非授权用户对共享数据库的访问。安全管理指采取何种安全管理机制实现数据库管理权限分配，一般分集中控制和分散控制两种方式。数据库加密主要包括库内加密(以一条记录或记录的一个属性值作为文件进行加密)、库外加密(整个数据库包括数据库结构和内容作为文件进行加密)、硬件加密三大方面。

虽然数据库安全模型、安全体系结构以及数据库安全机制对于数据库安全来说也非常重要，但是对其的研究和应用进展缓慢。迄今为止，在数据库安全模型上已做了很多工作，但仍然有许多难题；安全体系结构方面的研究工作还刚刚开始；安全机制上仍保持着传统的机制。20 世纪 90 年代以来，数据库安全的主要工作围绕着关系数据库系统的存取管理技术的研究展开。

(1) 用户认证技术。电子商务和网上银行的发展使人们感觉到在数据库中的数据是有价值的，同时也感到数据库系统可能是脆弱的，用户需要特别的认证。通过用户身份验证，可以阻止非授权用户的访问，而通过用户身份识别，可以防止用户的越权访问。

(2) 安全管理技术。安全管理指采取何种安全管理机制实现数据库管理权限分配，分为集中控制和分散控制两种方式。集中控制由单个授权者来控制系统的整个安全维护，分散控制则采用可用的管理程序控制数据库的不同部分来实现系统的安全维护。集中控制的安全管理可以更有效、更方便地实现安全管理。安全管理机制可采用数据库管理员、数据库安全员、数据库审计员各负其责、相互制约的方式，通过自主存取控制、强制存取控制实现数据库的安全管理。数据库管理员必须专门负责每个特定数据的存取，DBMS 必须强制执行这条原则，应避免多人或多个程序来建立新用户，确保每个用户或程序有唯一的注册账户来使用数据库。数据库安全员能从单一地点部署强大的控制、符合特定标准的评估，以及大量的用户账号、口令安全管理任务。数据库审计员根据日志审计跟踪用户的行为和导致数据的变化，监视数据访问和用户行为是最基本的管理手段，这样如果数据库服务出现问题，可以进行审计追查。

(3) 数据库加密技术。一般而言，数据库系统提供的安全控制措施能满足一般的数据库应用，但对于一些重要部门或敏感领域的应用，仅有这些是难以完全保证数据的安全性的。因此，有必要在存取管理、安全管理之上对数据库中存储的重要数据进行加密处理，以强化数据存储的安全保护。

数据加密是防止数据库中数据泄露的有效手段，与传统的通信或网络加密技术相比，由于数据保存的时间要长得多，故对加密强度的要求也更高。而且，由于数据库中的数据是多用户共享，对加密和解密的时间要求也更高，以不会明显降低系统性能为要求。

6.4.3 虚拟化数据安全

随着互联网发展和云计算概念的提出，虚拟化普及的速度迅速提高。建设利用虚拟化技术提供服务的虚拟化数据中心也成为 IT 企业新的发展方向。虚拟化数据中心相对传统的数据中心在安全方面提出了新的挑战。

1. 虚拟化及其特点

虚拟化的含义非常广泛，一种比较通俗的定义就是：虚拟化就是淡化用户对于物理计算资源，如处理器、内存、VO 设备的直接访问，取而代之的是用户访问逻辑的资源，而后台的物理连接则由虚拟化技术来实现和管理。这个定义形象地说明了虚拟化的基本作用，其实就是在屏蔽掉传统方式下，用户部署应用时需要考虑的物理硬件资源属性，而是更着重于应用真正使用到的逻辑资源。虚拟化是分区组合，因此在一个物理平台上多个虚拟机可以同时运行，每个虚拟机之间互不影响。虚拟化的主要特点：

① 封闭。虚拟单元的所有环境被存放在一个单独的文件中；为应用展现的是标准化的虚拟硬件，保证兼容性；整个磁盘分区被存储为一个文件，易于备份、转移和拷贝。

② 隔离。虚拟化能够提供理想化的物理机，每个虚拟机互相隔离；数据不会在虚拟机之间泄露；应用只能在配置好的网络连接上进行通信。

③ 分区。大型的、扩展能力强的硬件能够被用来作为多台独立的服务器使用；在一个单独的物理系统上可以运行多个操作系统和应用；虚拟化硬件资源可以被放置在资源池中，并能够被有效地控制。

2. 数据中心安全风险分析

(1) 高资源利用率带来的风险集中。通过虚拟化技术，提高了服务器的利用效率和灵活性，也导致服务器负载过重，运行性能下降。虚拟化后多个应用集中在一台服务器上，当物理服务器出现重大硬件故障时有更严重的风险集中问题。虚拟化的本质是应用只与虚拟层交互，而与真正的硬件隔离，这将导致安全管理人员看不到设备背后的安全风险，服务器变得更加不固定和不稳定。

(2) 网络架构改变带来的安全风险。虚拟化技术改变了网络结构，引发了新的安全风险。在部署虚拟化技术之前，可在防火墙上建立多个隔离区，对不同的物理服务器采用不同的访问控制规则，可有效保证攻击限制在一个隔离区内，在部署虚拟化技术后，一台虚拟机失效，可能通过网络将安全问题扩散到其他虚拟机。

(3) 虚拟机脱离物理安全监管的风险。一台物理机上可以创建多个虚拟机，且可以随时创建，也可被下载到桌面系统上，常驻内存，可以脱离物理安全监管的范畴。很多安全标准是依赖于物理环境发挥作用的，外部的防火墙和异常行为监测等都需要物理服务器的网络流量，有时虚拟化会绕过安全措施，存在异构存储平台的无法统一安全监控和无法有效资源隔离的风险。

3．虚拟环境的安全风险

(1) 黑客攻击。控制了管理层的黑客会控制物理服务器上的所有虚拟机，而管理程序上运行的任何操作系统都很难侦测到流氓软件等的威胁。

(2) 虚拟机溢出。虚拟机溢出的漏洞会导致黑客威胁到特定的虚拟机，将黑客攻击从虚拟服务器升级到控制底层的管理程序。

(3) 虚拟机跳跃。虚拟机跳跃会允许攻击从一个虚拟机跳转到同一个物理硬件上运行的其他虚拟服务器。

(4) 补丁安全风险。物理服务器上安装多个虚拟机后，每个虚拟服务器都需要定期进行补丁更新、维护，大量的打补丁工作会导致不能及时补漏而产生安全威胁。安全研究人员在虚拟化软件发现了严重的安全漏洞，即可通过虚拟机在主机上执行恶意代码。黑客还可以利用虚拟化技术隐藏病毒和恶意软件的踪迹。

4．虚拟化数据中心的安全设计

(1) 数据中心网络架构高可用设计。在新一代数据中心虚拟化网络架构中，通过 IRF 技术将多台网络设备虚拟化成 1 台设备统一管理和使用，整体无环设计并提高可用性。在 IRF 架构下，基本原则就是服务器双网卡接在不同交换机上，汇聚交换机堆叠后，将两层交换机用多条链路进行捆绑连接，实现基于物理端口的负载均衡和冗余备份。

数据中心架构规划设计时，还需要按照模块化、层次化原则进行。从可靠性角度看，三层架构和二层架构均可以实现数据中心网络的高可用，而二层扁平化网络架构更适合大规模服务器虚拟化集群和虚拟机的迁移。模块化设计是指针对不同功能或相同功能不同性能、不同规模的应用进行功能分析的基础上，划分出一系列功能模块。在内部网中根据应用系统的重要性、流量特征和用户特征的不同，可大致划分几个区域，以数据中心核心区为中心，其他功能区与核心区相连，成为数据中心网络的边缘区域。

(2) 网络安全的部署设计。虚拟化数据中心关注的重点是实现整体资源的灵活调配，因此在考虑访问控制时，要优先考虑对计算资源灵活性调配的程度。网络安全的控制点尽量上移，服务器网关尽量不设在防火墙，避免灵活性的降低。根据应用的重要程度不同，利用交换机和防火墙来实现访问的工作模式。

6.4.4　数据容灾

1．数据容灾的概念

对于 IT 而言，数据容灾系统就是为计算机信息系统提供一个能应对各种灾难的环境。当计算机系统在遭受如火灾、水灾、地震、战争等不可抗拒的自然灾难以及计算机犯罪、计算机病毒、掉电、网络/通信失败、硬件/软件错误和操作错误等人为灾难时，容灾系统将能够保证用户数据的安全性(数据容灾)，甚至，一个更加完善的容灾系统还能提供不间断的应用服务(应用容灾)。可以说，容灾系统是数据存储备份的最高层次。

一般来说，为了保护数据安全和提高数据的持续可用性，企业要从 RAID 保护、冗余结构、数据备份、故障预警等多方面考虑。一套完整的容灾系统应该包括本地容灾和异地容灾。对于那些关键业务不能中断的用户和行业，如电信、海关、金融行业来说更应如此。

2. 数据容灾实现方式

(1) 数据备份。所谓备份，就是通过特定的办法将数据库的必要文件复制到转储设备的过程。其中，转储设备是指用于放置数据库拷贝的磁带或磁盘。

选择备份的依据是：丢失数据的代价与确保数据不丢失的代价之比。另外，硬件的备份有时根本满足不了现实需要，比如误删了一个表，又想恢复该表的时候，数据库备份就变得重要了。

Oracle 提供了强大的备份与恢复策略，包括常规数据库备份(逻辑备份、冷备份与热备份)和高可用性数据库(如备用数据库与并行数据库)，以上备份主要指数据库的常规备份。

(2) 数据复制。SAN 专注于企业级存储的特有问题，主要用于存储量大的工作环境。当前企业存储方案所遇到问题的两个根源是：数据与应用系统紧密结合所产生的结构性限制以及目前小型计算机系统接口(SCSI)标准的限制。大多数分析都认为 SAN 是未来企业级的存储方案，这是因为 SAN 便于集成，能改善数据可用性及网络性能，而且还可以减轻存储管理作业。

SAN 是目前人们公认的最具有发展潜力的存储技术方案，而未来 SAN 的发展趋势将是开放、智能与集成。NAS 是目前增长最快的一种存储技术，然而就二者的发展趋势而言，在应用层面上 SAN 和 NAS 将实现充分的融合。可以说，NAS 和 SAN 技术已经成为当今数据容灾备份的主流技术，关键在于如何在此基础上开发完善全方位、多层次的数据容灾备份系统，在分布式网络环境下，通过专业的数据存储管理软件，结合相应的硬件和存储设备，来对全网络的数据备份进行集中管理，从而实现自动化的备份、文件归档、数据分级存储以及灾难恢复等功能。

3. 备份的重要性

备份是系统中需要考虑的最重要的事项，虽然他们在系统的整个规划、开发和测试过程中的占比甚至不到 1%，看似不太重要且默默无闻的工作只有到恢复的时候才能真正体现出其重要性，任何数据的丢失与长时间的数据 down 机，都是备份系统不可以接收的。如果备份不能提供恢复的必要信息，使得恢复过程不能进行或长时间的进行(如一个没有经过严格测试的备份方案)，这样的备份都不算或不是一个好的备份。

如果出现系统崩溃的灾难，数据库就必须进行恢复，恢复是否成功取决于两个因素：精确性和及时性。能够进行什么样的恢复依赖于有什么样的备份。作为 DBA，有责任从以下三个方面维护数据库的可恢复性：

(1) 使数据库的失效次数减到最少，从而使数据库保持最大的可用性。

(2) 当数据库失效后，使恢复时间减到最少，从而使恢复的效益达到最高。

(3) 当数据库失效后，确保尽量少的数据丢失或根本不丢失，从而使数据具有最大的可恢复性。

数据备份是容灾的基础，是指为防止系统出现操作失误或系统故障导致数据丢失，而将全部或部分数据集合从应用主机的硬盘或阵列复制到其他的存储介质的过程。传统的数据备份主要是采用内置或外置的磁带机进行冷备份，但是这种方式只能防止操作失误等人为故障，而且其恢复时间也很长。随着技术的不断发展，数据的海量增加，不少企业开始采用网络备份。网络备份一般通过专业的数据存储管理软件结合相应的硬件和存储设备来实现。

4. 数据容灾策略描述

为了满足用户的任务请求，减少故障恢复时间，实现较低成本的数据容灾，可以从云提供商的角度出发，针对数据存储型任务，设计一种可以租用其他云提供商资源进行备份的数据容灾策略，即基于"富云"的数据容灾策略。在 RCDDRS 中，一个云提供商可以借助其他云提供商的资源代替自建数据容灾中心实现数据容灾以满足更多用户的任务请求，提高其商业信誉，增加经济收益。RCDDRS 采用 3-Replicas 数据备份机制用于保证数据的可靠性。在进行数据备份操作时，云提供商会优先选择成本较低且故障恢复时间较短的自身资源用于存储数据备份。当自身存储资源不足时，会根据存储成本、通信成本和数据传输带宽合理地选择其他云提供商的资源用于存储数据备份，这样可以尽可能地实现降低数据容灾成本和缩短 RTO 这两个优化目标，并且所有的用户任务都可以得到可靠的数据抗毁性保证。

6.5 云计算安全

云计算的应用越来越受到企业和政府的重视，在国内如阿里云、百度云、华为云、iCloud、Azure 等商用云计算服务的推出，可见非计算机企业已经开始涉足云计算，如通信企业华为也开始涉足云计算这一领域。在 2012 年世界移动通信大会上，华为进行了世界首个移动宽带加速云解决方案的现场演示，该方案通过端(终端)、管(网络)、云(服务)各个数据传送环节的创新优化，令数据终端的访问速度大幅提升 30%～80%。另外，微软 CEO 鲍尔默称 Windows 8 将借云计算重塑软件帝国，Windows 8 推出的云服务 SkyDrive 将对抗甚至击败 iCloud。因此，随着云计算应用的普及，云计算的安全性也受到越来越多的关注。

云计算因其节约成本、维护方便、配置灵活已经成为各国政府优先推进发展的一项服务。美、英、澳大利亚等国家纷纷出台了相关发展政策，有计划地促进了政府部门信息系统向云计算平台的迁移。但是也应该看到，政府部门采用云计算服务也给其敏感数据和重要业务带来了安全挑战。美国作为云计算服务应用的倡导者，一方面推出"云优先战略"，要求大量联邦政府信息系统迁移到"云端"，另一方面为确保安全，要求为联邦政府提供的云计算服务必须通过安全审查。

6.5.1 云计算概述

云计算是网格计算(Grid Computing)、分布式计算(Distributed Computing)、并行计算(Parallel Computing)、效用计算(Utility Computing)、网络存储(Network Storage Technologies)、虚拟化(Virtualization)、负载均衡等传统计算机和网络技术发展融合的产物。美国 NIST 对云计算的定义是：云计算是一种按使用计费(Pay-Per-Use)的模型，提供对可安装且可靠的计算资源共享池进行方便按需的网络访问服务，如网络、服务器、存储、应用、服务等。这些资源能够快速地供给和发布，仅需要最少的用户管理和服务供应商间交互。云是一个容易使用且可访问的虚拟资源池，比如硬件、开发平台和服务。这些资源可进行动态重安装以适应变化的负载，允许资源的优化利用，这个资源池通常被付费使用，其质量通常是通过基础设施供应商与客户间的服务层共识(Service Level Agreement)来保障的。

因此，云计算的五个关键特征是：按需自服务(On-Demand Self-service)、普适网络访问(Ubiquitous Network Access)、资源池(Resource Pooling)、快速弹性(Rapid Elasticity)、按使用计费。

1．云计算的服务层次结构

云计算的应用服务层次结构包括三个部分：应用层(SaaS)、平台层(PaaS)和基础设施层(IaaS)。云计算的服务体系结构如图 6-2 所示，这里也添加了中国云计算领域的公司。

```
┌─────────────────────────────────────────────────────────┐
│ SaaS(Software as a Service)：SalesForce，Microsoft        │
│          Live Office，阿里云，百度云                        │
├─────────────────────────────────────────────────────────┤
│ PaaS(Platform as a Service)：Google App Engine，          │
│          Microsoft Azure，Force.com，用友系统              │
├─────────────────────────────────────────────────────────┤
│ IaaS(Infrastructure as a Service)：Amazon EC2，世纪互联    │
│          CloudEx，天云科技                                 │
├─────────────────────────────────────────────────────────┤
│ Data Centers(Data Farm，Servers)，Networks，Hardwares     │
└─────────────────────────────────────────────────────────┘
```

图 6-2　云计算的体系结构

(1) 基础设施层提供对计算、存储、带宽的管理，是虚拟化技术、负载均衡、文件系统管理、高可靠性存储等云计算关键技术的集中体现层，是平台服务和应用服务的基础。

(2) 平台层为应用层的开发提供接口 API 调用和软件运行环境。应用层开发调用 API，不需要考虑具体负载均衡、文件系统、储存系统管理等实现细节。

(3) 应用层服务提供具体应用，是一种通过 Internet 提供软件的模式，如 SalesForce 的客户关系管理(CRM)、Google Apps 等。

随着云计算以及大数据的应用，云计算的应用服务也提出了一些新的服务，如数据层(DaaS)，在机器学习中人们提出了模型 MaaS、算法 AaaS 等新理念。

2．云计算的技术体系

云计算技术体系结构如图 6-3 所示。

根据云基础设施的规模和服务对象将云分为三类。对云的分类，NIST 认为云有两种类型：内部云和外部云；四种部署模型：私有云、社区云、公共云、异种云。维基百科认为云可分为私有云、公共云和异种云。

(1) 私有云(Private Cloud)或企业云(Enterprise Cloud)：主要是大型企业内部拥有的云计算数据中心，如银行、电信等行业用户以及关注数据安全的用户。大型企业的 IT 部门无须将业务完全转给公共云供应商，他们会保留原有系统，但新增系统将选用基于云计算的架构。

(2) 公共云(Public Cloud)：云计算基础设施供应商拥有的大量数据中心，为中小企业提供云平台和云应用，即通常所指的公共云计算供应商。为社区服务的公共云可视为社区云。公共云中专门为某家企业服务的云可视为托管云。

(3) 异种云(Hybrid Cloud)或联邦云(Federal Cloud)：提供云间的互操作接口，各种云的集合体, 如 VMWare VCloud、OpenNebula。

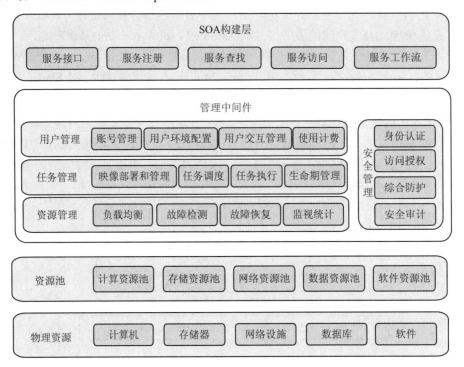

图 6-3 云计算技术体系结构

3. 云计算的优势

云计算具有以下优势:

(1) 协同工作方便。通过云计算的应用层, 即 SaaS 层, 可方便地在多个用户间协同工作, 比如使用 Google Docs 协同编辑文档以及使用 SalesForce 的管理商业活动等。

(2) 无时无处不在的各种服务。云计算将融合各种现有计算资源, 如对等计算(P2P)、网格计算、Web 服务等。通过各种有线或无线接入网络, 如 ADSL、WiFi、WiMAX、3G、卫星网络等, 为各种客户端, 如智能手机、PDA、车辆网络节点、体域网、传感器网络、可穿戴计算(Wearable Computing)、智能信息家电的嵌入式系统等, 提供真正意义的普适计算和服务。

(3) 系统可扩展性、伸缩性较高。当需求增大时, 无须购买新的设备并升级硬件资源, 系统自动升级或暂时支付服务租用的租金。这是因为云计算使用虚拟的计算资源, 当资源不够用时, 可以通过增加虚拟资源的方法无缝升级系统(如使用 PowerVM、Xen 增加一个计算实例)。这特别适合应对可能出现短暂高峰资源请求的情况。

(4) 系统可用性、可靠性高。由于资源是高度分布和虚拟化的系统, 在构建时通过专业手段(如数据备份、系统冗余)保证高可靠性和高可用性, 可以保障 24 × 7 的不间断服务。

(5) 中小企业节约 IT 成本。使用云计算的好处在于初期只需要很少投资即可使用服务。由于云计算的使用是根据时间和流量付费, 硬件和软件的费用全免, 所以初期投资与传统方式自建(购)系统相比要小很多。同时, 也节约了系统维护的人力成本。云计算可帮助企业节约大约 80% 的使用面积, 60% 的电源和制冷消耗, 达到三倍的设施利用率。

6.5.2　云计算安全问题

云计算的安全问题主要包括三个方面：信任问题、网络与系统安全问题、隐私保护问题。信任问题包括云服务的信任评价、信任管理等问题；网络安全问题包括云计算数据传输的通信安全问题；系统安全问题包括如云计算平台的可靠性问题、数据存储安全问题等。其中数据存储安全是云计算应用服务能否被用户所接受和信赖的前提，也是迫切需要研究解决的问题。数据安全包括数据是否需要加密存储，如何加密，是在客户端还是服务器端加密，如何在不信任存储服务器的情况下保证数据存储的保密性和完整性，如何检查存储在云存储空间的数据完整性。另外，数据的隐私保护也十分关键，关系到客户是否愿意采用这一计算模式，包括用户的行为、兴趣取向等无法被推测。

云安全联盟(CSA)提出了一个根据云计算的架构建立的云安全参考模型，如图 6-4 所示。参与者大多来自企业界，其视角比较侧重应用。该模型根据云计算的体系结构，从产品开发的视角，涵盖了网络安全和系统安全等，建立了相应的安全保护机制，将现有网络安全机制根据云计算的新体系结构作了相应的调整。

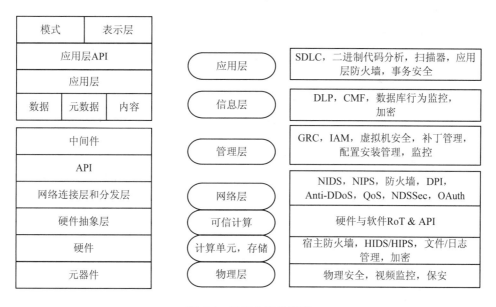

图 6-4　云安全参考模型

我国信息安全专家冯登国教授给出了云计算安全的详细综述，认为云计算安全具有三个挑战：建立以数据安全和隐私保护为主要目标的云安全技术框架；建立以安全目标验证、安全服务等级测评为核心的云计算安全标准及其测评体系；建立可控的云计算安全监管体系。

云用户的安全目标主要有两个：数据安全与隐私保护服务，防止云服务商恶意泄露或出卖用户隐私信息，或者对用户数据进行搜集和分析，挖掘出用户隐私数据；安全管理，即在不泄露其他用户隐私且不涉及云服务商商业机密的前提下，允许用户获取所需安全配置信息以及运行状态信息，并在某种程度上允许用户部署实施专用安全管理软件。

云安全服务可以分为可信云基础设施服务、云安全基础服务以及云安全应用服务三类。

可信云基础设施服务为上层云应用提供安全的数据存储、计算等信息资源服务，包括两个方面。一方面，云平台应分析传统计算平台面临的安全问题，采取全面严密的安全措施。例如在物理层考虑厂房安全；在存储层考虑完整性、文件/日志管理、数据加密、备份、灾难恢复等；在网络层应当考虑 DoS 攻击、DNS 安全、网络可达性、数据传输机密性等；系统层则应涵盖虚拟机安全、补丁管理、系统用户身份管理等安全问题；数据层包括数据库安全、数据的隐私性与访问控制、数据备份与清洁等；而应用层应考虑程序完整性检验与漏洞管理等。另一方面，云平台应向用户证明自己具备某种程度的数据隐私保护能力。例如存储服务中证明用户数据以加密形式保存，计算服务中证明用户代码运行在受保护的内存中等。云安全基础服务属于云基础软件服务层，为各类云应用提供共性信息安全服务，是支撑云应用满足用户安全目标的重要手段。其中比较典型的几类云安全服务包括云用户身份管理服务、云访问控制服务、云审计服务、云密码服务。

云安全应用服务与用户的需求紧密结合，种类繁多。典型的例子，如 DDoS 攻击防护云服务、Botnet 检测与监控云服务、云网页过滤与杀毒应用、内容安全云服务、安全事件监控与预警云服务、云垃圾邮件过滤及防治等。

总的来说，云计算的安全研究问题应该主要是那些跟云计算的特征密切相关的新产生的安全问题，包括十个方面的具体问题：

(1) 数据存储安全问题：数据的完整性和保密性。由于数据存储在"云"端，且通常"云"端是不被信任的，因此需要保证托管的数据的完整性和保密性。

(2) 访问控制：服务访问控制策略的描述，访问控制的授权机制。

(3) 可信虚拟计算问题：包括安全的虚拟化计算、安全的虚拟进程移植、进程间安全隔离等。

(4) 信任管理：服务提供者之间的信任建立与管理，服务者与用户间的信任建立与管理。

(5) 存储可靠性问题：将数据托管或者外包到"云"端存储，因此要注意数据分布式虚拟存储的健壮性和可靠性、存储服务的可用性、灾难恢复。

(6) 鉴别与认证：用户标识管理、用户身份的认证。

(7) 密钥管理：数据加密的密钥管理。

(8) 加密解密服务：在何处进行数据的加密和解密，能否通过服务提供安全。

(9) 云服务的安全：Web 服务的安全评估、安全扫描和检测。

(10) 其他问题：云计算的电子取证、云计算风险评估和管理、云供应商的规则遵守 (Compliance)审计等。

数据存储安全和计算虚拟化安全是云计算两个急需解决的安全问题，后面将重点讨论这两个问题及其关键技术。

美国 Gartner 公司认为云计算主要面临以下七类安全问题：

(1) 特权用户访问风险。管理数据的特权用户有可能绕过监管对内部程序进行控制，从而对来自企业外部的敏感数据带来安全风险。

(2) 法规遵从风险。由于数据交由服务提供商监管，如果其拒绝接受监督和审计，最终只能由客户自己对其数据的安全性和完整性负责。

(3) 数据保存位置不确定。由于云计算采用虚拟化技术以及分布式存储，无法得知数据托管于何处，云提供商可能存在的某些权限会对数据的安全造成隐患。

（4）数据分离风险。由于多用户数据一起保存在一个共享的云环境中，因此需要保证数据间的隔离。加密虽然是一种有效的方法，但有可能对数据的可用性造成影响。

（5）数据恢复。在发生灾难的情况下，提供商能否对数据和服务进行完整的恢复，也会影响到数据的安全性。

（6）调查支持风险。因为多用户的日志文件和数据可能存放在一起，也可能散落于不断变化的主机和数据中心内，所以不太可能对云计算环境中的不适当或者违法行为进行调查。

（7）长期可用性风险。当服务提供商破产或者被收购时，如何确保数据仍然可用也是一个突出的安全问题。

6.5.3　云计算安全需求

1. 基础设施安全需求

基础设施为用户提供计算、存储、网络和其他基础计算资源的服务，用户可以使用云提供商提供的各种基础计算资源，在其上部署和运行任意的软件，而不用管理和控制底层基础设施，但将同时面临软件和硬件两方面综合复杂的安全风险。

（1）物理安全。物理安全是指云计算所依赖的物理环境安全。云计算在物理安全上面临多种威胁，这些威胁通过破坏信息系统的完整性、可用性或保密性，造成服务中断或基础设施的毁灭性破坏。物理安全需求包括设备安全、环境安全、灾难备份与恢复、边境保护、设备管理、资源利用等方面。

（2）计算环境安全。计算环境安全是指构成云计算基础设施的硬件设备的安全保障及驱动硬件设施正常运行的基础软件的安全。若承担系统核心计算能力的设备和系统缺乏必要的自身安全和管理安全措施，则带来的威胁最终将导致所处理数据的不安全。安全需求应包括：硬件设备需要必要的自身安全和管理安全措施，基础软件需要安全、可靠和可信，设备性能要稳定，以及为确保云服务持续可用性的完备的灾备恢复计划。

（3）存储安全。数据集中和新技术的采用是产生云存储安全问题的根源。云计算的技术特性引入了诸多新的安全问题，多租户、资源共享、分布式存储等这些因素加大了数据保护的难度，增大了数据被滥用和受攻击的可能。因此，用户隐私和数据存储保护成为云计算运营者必须解决的首要问题。存储安全需求包括以下几个方面：

① 采用适应云计算特点的数据加密和数据隔离技术防止数据泄露和窃取；

② 采用访问控制等手段防止数据滥用和非授权使用；

③ 防止数据残留，多租户之间的信息资源需进行有效的隔离；

④ 多用户密钥管理必须要求密钥隔离存储和加密保护，加密数据的密钥明文不出现在任何第三方的载体中，且只能由用户自己掌握；

⑤ 完善的数据灾备与恢复。

（4）虚拟化安全。云计算通过在其部署的服务器、存储、网络等基础设施之上搭建虚拟化软件系统以实现高强的计算能力，虚拟化和弹性计算技术的采用使得用户的边界模糊，传统的采用防火墙技术实现隔离和入侵检测的安全边界防护机制在云计算环境中难以得到有效的应用，用户的安全边界模糊，带来一系列比在传统方式更突出的安全风险，如虚拟机逃逸、虚拟机镜像文件泄露、虚拟网络攻击、虚拟化软件漏洞等安全问题。

2. 平台安全需求

PaaS 的本质在于将基础设施类的服务升级抽象成为可应用化的接口，为用户提供开发和部署平台 APT，建立应用程序，因此，安全需求包括：

(1) APT 接口及中间件安全。在 APT 接口及中间件安全方面，要做到以下几方面内容：

① 保证 APT 接口的安全。PaaS 服务的安全性依赖于 APT 的安全。不安全的接口是云平台面临的主要安全威胁，如果 PaaS 提供商提供的 APT 及中间件等本身具有可被攻击者利用的漏洞、恶意代码或后门等风险，将给云计算 PaaS 资源和底层基础设施资源造成数据破坏或资源滥用的风险。

② 防止非法访问。PaaS 平台提供的 APT 通常包含对用户敏感资源的访问或者对底层计算资源的调用，同时 PaaS 平台自身也存在着不同用户的业务数据。因此，需要实施 API 用户管理、身份认证管理及访问控制，防止非授权使用。

③ 保证第三方插件安全。

④ 保证 APT 软件的完整性。

(2) 保证服务可用性。PaaS 服务的可用性风险是用户不能得到云服务提供商提供服务的连续性。2009 年，Google 的云计算平台发生故障，微软云计算平台彻底崩溃，使用户损失了大量的数据。云服务提供商必需要有服务质量和应急预案，当发生系统故障时，如何保证用户数据的快速恢复是一个重要的安全需求。

(3) 可移植性安全。目前，对于 PaaS APT 的设计还没有统一的标准，因此，跨越 PaaS 平台的应用程序移植相当困难，APT 标准的缺乏影响了跨越云计算的安全管理和应用程序的移植。

3. 应用软件安全需求

(1) 数据安全。这里主要指动态数据安全问题，包括用户数据传输安全、用户隐私安全和数据库安全问题，如数据传输过程或缓存中的泄露、非法篡改、窃取、病毒、数据库漏洞破坏等。因此，需要确保用户在使用云服务软件过程中的所有数据在云环境中传输和存储时的安全。

(2) 内容安全。由于云计算环境的开放性和网络复杂性，内容安全面临的主要威胁包括非授权使用、非法内容传播或篡改。内容安全需求主要是版权保护和对有害信息资源内容实现可测、可控、可管。

(3) 应用安全。云计算应用安全主要是建立在身份认证和实现对资源访问的权限控制基础上。云应用需要防止以非法手段窃取用户口令或身份信息，采用口令加密、身份联合管理和权限管理等技术手段，实现单点登录应用和跨信任域的身份服务。对于提供大量快速应用的 SaaS 服务商来说，需要建立可信和可靠的认证管理系统和权限管理系统作为保障云计算安全运营的安全基础设施。

Web 应用安全需求重点要关注传输信息保护、Web 访问控制、抗拒绝服务等。

4. 终端安全防护需求

云计算的接入端一般使用浏览器来接入云计算中心，以访问云中的 IaaS、PaaS 或 SaaS 服务，接入端的安全性直接影响云计算的服务安全。

(1) 终端浏览器安全。终端浏览器是接收云服务并与之通信的唯一工具，浏览器自身漏洞可能使用户的密钥泄露，为保护浏览器和终端系统的安全，重点需要解决终端安全防护问题，如反恶意软件、漏洞扫描、非法访问和抗攻击等。

(2) 用户身份认证安全。终端用户身份盗用风险主要表现在因木马、病毒等的驻留而产生的用户登录云计算应用的密码遭遇非法窃取，或数据在通信传输过程中被非法复制、窃取等。

(3) 终端数据安全。终端用户的文件或数据需要加密保护以维护其私密性和完整性，是传送到云平台加密还是在终端自己加密以后再送至云平台存储。代理加密技术也许可以解决 SP 非授权滥用的问题，但需解决可用性问题。无论将加密点设在何处，都要考虑如何防止加密密钥、用户数据的泄露以及数据安全共享或方便检索等问题。

(4) 终端运行环境安全。终端运行环境是指用户终端提供云计算客户端程序运行所必需的终端硬件及软件环境，这是与传统终端一样面临的互联网接入风险。

(5) 终端安全管理等。

5. 安全管理需求

云计算环境下用户的应用系统和数据移至了云服务提供商的平台之上，无论对 IaaS、PaaS 和 SaaS 服务模式，提供商需要承担很大部分的安全管理责任。云计算环境的复杂性、海量数据和高度虚拟化动态性使得云计算安全管理更为复杂，带来了新的安全管理挑战，如下所述：

(1) 系统安全管理。系统安全管理要做到：① 可用性管理，需要对云系统不同组件进行冗余配置，保证系统的高可用性以及在大负载量下的负载均衡；② 漏洞、补丁及配置(VPC)管理，VPC 管理需成为维护云计算系统安全的必需手段；③ 高效的入侵检测和事件响应；④ 人员安全管理，需要采用基于权限的访问控制和细粒度的分权管理策略。

(2) 安全审计。除了传统审计之外，云计算服务提供商还面临新的安全审计挑战，审计的难度在于需要为大量不同的多租户用户提供审计管理，以及在云计算大数据量、模糊边界、复用资源环境下的取证。

(3) 安全运维。云计算的安全运维管理比传统的信息系统所面临的运维管理更具难度和挑战性。云计算的安全运维管理需要从对云平台的基础设施、应用和业务的监控以及对计算机和网络资源的入侵检测、时间响应和灾备入手，提供完善的健康监测和监控圈，提供有效的事件处理及应急响应机制，有针对性地提供在云化环境下的安全运维。

6.5.4　云计算的存储安全

云计算的数据存储安全问题通常包括三个方面：

(1) 数据的访问控制问题。如何在数据加密的状态下进行访问控制，如何面对大规模海量数据进行高效的访问控制，如何在不信任云端服务的情况下确保访问控制。

(2) 数据保密性问题。如何保障用户的数据不被泄露或被云计算供应商窥探。如果这个问题没有解决，云计算便不可能存储关键或者敏感数据。用户的数据如何加密，在云端或客户端加密，还是通过可信第三方加密。是否可能提供云加密服务，如何定义和设计这种服务。

(3) 数据完整性问题。数据完整性问题包括存储的数据不被非法修改，数据不丢失以及存储的可靠性问题。数据的完整性如何验证，特别是客户端没有数据、同时又不信任云端存储的数据的情况下，验证数据的完整性。如果保存的数据频繁更新，数据的完整性验证便更加困难。

云计算的实际安全需求为密码学的发展提供了驱动力，在近几年的密码学学术会议上，常可以看到可应用于云计算特别是云存储安全而提出的密码学方法。有些方法甚至是密码学原语级的构造。

1. 云存储的访问控制——基于属性的加密和代理重加密

针对云计算存储数据的访问控制，一个典型的需求就是由于数据是加密的，访问控制针对的对象是加密后的数据。通常的访问控制模型是基于角色的访问控制，即按照特定的访问策略建立若干角色，通过检查访问者的角色，控制访问者对数据的访问。但是该模型通常用于没有加密的数据，或者访问控制的控制端是可信的。若对于加密的数据采取这种访问控制，则需要使用将来欲访问该数据的用户的公钥去加密数据加密密钥(即异种加密方式)，这样的访问控制涉及大量的在数据上传客户端的加密运算，访问控制策略简单且不够安全。

Sahai 与 Waters 在 2005 年提出基于属性的加密体制时，发展了传统的基于身份密码体制中关于身份的概念，将身份看作是一系列属性的集合，提出了基于模糊身份的加密，将生物学特性直接作为身份信息应用于基于身份的加密方案中。基于模糊身份的目的是因为有些情况下只需要大致具有该身份(属性)的人便可以解密数据，如医疗急救情形下的病患。2006 年，Goyal 等人在基于模糊身份加密方案的基础上提出了密钥策略基于属性的加密方案(KP-ABE)。2007 年，Bethencourt 等人提出了密文策略的基于属性的加密方案(CP-ABE)，将用户的身份表示为一个属性集合，而加密数据则与访问控制结构(访问控制策略)相关联，一个用户能否解密密文，取决于密文所关联的属性集合与用户身份对应的访问控制结构是否匹配。

CP-ABE 的模型包括四个基本算法：Setup(.)、Encrypt(.)、KeyGen(.)及 Decrypt(.)。对它们的简单描述如下：

(1) 参数生成算法 Setup：生成公开参数 PK 以及主密钥 MK。

(2) 加密算法 CT = Encrypt(PK，M，A)：输入参数包括 PK、被加密的数据 M 以及访问控制策略 A。输出为密文 CT，CT 只能由那些具有满足访问控制策略 A 的用户才能解密。可见，在加密时已经将访问控制策略"嵌入"到密文中。

(3) 密钥生成算法 SK = KeyGen(MK，S)：算法输入主密钥 MK 以及描述密钥的属性集 S，输出解密密钥 SK。可见，解密密钥与其是否满足访问控制策略的属性相关。

(4) 解密算法 M = Decrypt(PK，CT，SK)：输入公共参数 PK、密文 CT 以及密钥 SK，当且仅当 S 满足访问控制策略 A，由属性集 S 产生的私钥 SK 才能解密 CT，此时，算法返回明文消息 M。

云存储的访问控制中也可以利用代理重加密机制。代理重加密就是指通过半可信的代理服务器(即相信它会按照规定的操作流程完成既定的工作，但是又不能让它知道明文)，将本来是用户 A 的公钥加密的密文，重新加密成用户 B 的公钥加密的密文。当然，用户 A 事先在该代理服务器上设置 A 到 B 的重加密密钥 KA→B，代理服务器正是利用该重加密密钥将以 A 公钥加密的密文重加密成以 B 公钥加密的密文。在这一过程中，明文和 A 与

B 的私钥都不会暴露给代理服务器。

利用代理重加密机制用户 A 可以通过代理服务器重新分发密文给需要共享的用户，且保持明文保密性。同时它也可以利用云服务器计算能力强的特点，将加密的工作转移到服务器端完成。

2. 云存储的数据保密性——同态加密 HE

为了保证数据的保密性，云存储端通常存储的是加密过的数据，由于对云存储服务器不是完全信任，为了对这些数据进行操作，常规的办法是将这些数据发回到客户端，由客户端进行解密，然后进行相应的计算，完成后再加密上传到云存储端，这带来了很大的通信开销。是否有可能在云计算的存储端进行数据的计算，且不需要解密即针对密文进行，这时就可以借助同态加密(Homomorphic Encryption)的思想。

同态加密是指对两个密文的操作，解密后得到的明文等同于两个原始明文完成相同的操作。现有的多数同态加密算法要么只对加法同态(例如 Paillier 算法)，要么只对乘法同态(例如 RSA 算法)，或者同时对加法和简单的标量乘法同态[例如 Iterated Hill Cipher(IHC)算法和 Modified Rivest's Scheme(MRS)算法]。虽有几种算法能够同时对加法和乘法同态(例如 Rivest 加密方案)，但存在严重的安全问题。

2009 年，IBM 研究员 Craig Gentry 在计算机理论的著名会议 STOC 上发表论文，提出一种基于理想格(Ideal Lattice)的全同态加密算法，成为一种能够实现全同态加密所有属性的解决方案。虽然该方案由于同步工作效率有待改进而未能投入实际应用，但是它已经实现了全同态加密领域的重大突破。全同态加密能够在没有解密密钥的条件下，对加密数据进行任意复杂的操作，以实现相应的明文操作。同态加密过程如下：

设 x 和 y 是明文空间 M 中的元素，o 是 M 上的运算，EK()是 M 上密钥空间为 K 的加密算法，称加密算法 EK()对运算 o 是同态的，如果存在一个有效的算法 A，使得 A(EK(x), EK(y))=EK(xoy)，不同运算的同态加密的简单形式化描述如下：

加法同态：给定 EK(x)和 EK(y)，存在一个计算上有效的算法 ADD 使得

$$EK(x+y) = ADD(EK(x), EK(y))$$

即 EK($x+y$)可通过 EK(x)和 EK(y)轻易地计算出来，而不需要知道 x 和 y。

数量乘法同态：给定 EK(x)和常数 t，存在一个计算上有效的算法 SMUL，使得

$$EK(tx) = SMUL(EK(x), t)$$

即 EK(tx)可通过 EK(x)和 t 轻易地计算出来，而不需要知道 x。

乘法同态：给定 EK(x)和 EK(y)，存在一个计算上有效的算法 MUL，使得

$$EK(xy) = MUL(EK(x), EK(y))$$

即 EK(xy)可通过 EK(x)和 EK(y)轻易地计算出来，而不需要知道 x 和 y。

其实，同态加密还可以运用到隐私保护的数据聚集(Aggregation)上，如智能电网中对智能电表的数据收集，无线传感器网络中感知数据的聚集等。

6.5.5 计算虚拟化安全

1. 计算虚拟化简介

前面讨论的安全是云计算的"存储"安全，本节讨论云计算的"计算"安全。云计算

的一个关键技术就是虚拟计算技术。虚拟计算技术的引入打破了真实计算中软件与硬件之间的紧密耦合关系。虚拟计算是相对所谓的"真实计算"而言的,"真实计算"就是将计算建立在真实计算机硬件基础之上。虚拟计算则强调为需要运行的程序或者软件营造一个需要的执行环境,程序和软件的运行不一定独享底层的物理计算资源,对它而言,只是运行在一个与"真实计算"完全相同的执行环境中,而其底层的硬件可能与之前所购置的计算机完全不同。例如,VMware、Xen 等都推出了虚拟化软件。

虚拟计算具有以下三个特点:

(1) 保真性(Fidelity):强调应用程序在虚拟机上执行,除了时间因素外(会比在物理硬件上执行慢一些),将表现为与在物理硬件上相同的执行行为。

(2) 高性能(Performance):强调在虚拟执行环境中,应用程序的绝大多数指令能够在虚拟机管理器不干预的情况下,直接在物理硬件上执行。

(3) 安全性:物理硬件应该由虚拟机管理器全权管理,被虚拟出来的执行环境中的程序(包括操作系统)不得直接访问硬件。

另一个比较广义的定义是:虚拟计算是一种采用软硬件分区、聚合、部分或完全模拟、分时复用等方法来管理计算资源,构造一个或者多个计算环境的技术。

目前已出现不同种类的虚拟化解决方案,由于采用的实现方式和抽象层次不同,使得虚拟化系统呈现不同的特性。计算机系统的设计采用分层结构,通常自底向上分别为:硬件、操作系统、程序库、应用程序。其间的接口分别是指令集合(ISA)、系统调用(SysCall)和 API。理论上,虚拟化技术采用的抽象层次可以在这几层中自由选取。选取的多样性决定了虚拟化技术的多样性。但多样性背后的虚拟化技术实质是一样的:将底层资源进行分区,并向上层提供特定的和多样化的执行环境。

下面从虚拟机实现所采用的抽象层次角度对虚拟化系统进行分类:

(1) 指令级虚拟化。通过软件方法,模拟出与实际运行的应用程序(或操作系统)所不同的指令集去执行,采用这种方法构造的虚拟机一般称为模拟器(Emulator)。一个典型的计算机系统由处理器、内存、总线、硬盘驱动器、磁盘控制器、定时器、多种 I/O 设备等部件组成。模拟器通过将客户虚拟机发出的所有指令翻译成本地指令集,然后在真实的硬件上执行。例如,Bochs、Crusoe、QEMU、BIRD。

(2) 硬件级虚拟化。硬件抽象层面(HAL)虚拟化实际上与指令集架构虚拟化非常相似,不同之处在于,这种类型的虚拟化所考虑的是一种特殊情况,即客户执行环境和主机具有相同指令集合的情况,并充分利用这一点,让绝大多数客户指令在主机上直接执行,从而大大提高了执行速度。例如,VMware、Virtual PC、Denali、Xen、KVM 等。

(3) 操作系统级虚拟化。一个应用的操作环境包括操作系统、用户函数库、文件系统、环境设置等。如果应用系统所处的这些环境能够保持不变,那么应用程序自身无法分辨出其所在的环境与真实环境之间的差别。操作系统虚拟化技术的关键思想在于,操作系统之上的虚拟层按照每个虚拟机的要求为其生成一个运行在物理机器上的操作系统副本,从而为每个虚拟机提供一个完好的操作环境,并且实现虚拟机及其物理机器的隔离。例如,Jail、Linux 内核模式虚拟化、Ensim。

(4) 编程语言级虚拟化。在应用层次上创建一个和其他类型虚拟机行为方式类似的虚拟机,并支持一种新的自定义的指令集(如 JVM 中的 Java 字节码)。这种类型的虚拟机使用户在运行应用程序时就像在真实的物理机器上一样，且不会对系统的安全造成威胁。例如，Java 虚拟机、Microsoft .NET CLI、Parrot 等。

(5) 程序库级虚拟化。在几乎所有的系统中，应用程序的编写都使用由一组用户级库来调用的 API 函数集。这些用户级库的设计能够隐藏操作系统的相关底层细节，从而降低普通程序员的软件开发难度。它们工作在操作系统层上，创造了一个与众不同的虚拟环境，在底层系统上实现了不同的应用程序二进制接口(ABI)和不同的 API。例如 WINE、WABI、LxRun、Visual MainWin。

2. 计算虚拟化的安全

虚拟化系统的安全挑战主要有两个方面。一方面来自计算系统体系结构的改变。虚拟化计算已从完全的物理隔离方式发展到共享式虚拟化，实现计算系统虚拟化需要在计算性能、系统安全、实现效率等因素之间进行权衡。于是虚拟机监视器和相关具有部分控制功能的虚拟机成为漏洞攻击的首选对象。另外，现有虚拟化系统通常采用自主访问控制方式，难以在保障虚拟机隔离的基础上实现必要的有限共享。另一方面，计算机系统的运行形态发生了变化。虚拟计算允许用户通过操纵文件的方式来创建、复制、存储、读写、共享、移植以及回溯一个机器的运行状态，这些极大地增强了使用的灵活性，却破坏了原有基于线性时间变化系统设定的安全策略、安全协议等的安全性和有效性，包括软件生命周期和数据生命周期所引起的系统安全。

传统计算机的生命周期可以被看作一条直线，当前计算机的状态是直线上的一个点。当软件运行、配置改变、安装软件、安全补丁程序时，计算机的状态单调地向前进行。但在一个虚拟计算环境中，计算机的状态更像是一棵树：在任意一点都可能产生多个分支，即任意时刻在这棵树上的任意一点都有可能有一个虚拟机的多个实例在运行。分支是由于虚拟计算环境的可撤销特性与检查点特性所产生的，这使得虚拟机能够回溯到以前的状态或者从某个点重新执行。这种执行模式与一般系统中的补丁管理和维护功能相违背，因为在一般系统中假设系统状态是单调向前进行的。

在虚拟机系统中，通常将一些操作系统中的安全及管理函数移到虚拟层里。虚拟层里的核心是高可信的虚拟机监控器。虚拟机监控器通过执行安全策略来保证系统的安全，这首先要求它本身是可信的，本身的完整性可通过专门的安全硬件来进行验证。

虚拟机监控器执行的安全策略对于虚拟系统安全十分重要，例如限制敏感虚拟机的复制；控制虚拟机与底层设备的交互；阻止特定虚拟机被安置在可移动媒体上；限制虚拟机可以驻留的物理主机，在特定时间段限制对含有敏感数据的虚拟机的访问。此外，用户和机器的身份可以被用来证明所有权、责任以及机器的历史。追踪诸如机器数据以及它们的使用模式可以帮助评估潜在威胁的影响。而在虚拟层采用加密方式可以用来处理由于虚拟机交换、检测点、回溯等引起的数据生命周期的问题。

通过虚拟机监控器，多个虚拟机可以共享相同的物理 CPU、内存和 I/O 设备等。它们或者是以空间共享的方式，或者是以复用的方式使用相同的物理设备，需要通过相应的安全机制保障相互间的有效隔离。虚拟机监控器采用类似虚拟内存保护(虚拟地址访问独立进程地址空间)的方式，为每个虚拟机提供一个虚拟的机器地址空间，然后由虚拟机监控器将虚拟机的机器地址空间映射到实际的机器地址空间中。虚拟机中的操作系统所见的机器地址是由虚拟机监控器提供的虚拟机器地址。虚拟机监控器运行于最高级别，其次是操作系统。虚拟机监控器具备执行特权指令的能力，并控制虚拟 CPU 向物理 CPU 映射的安全隔离。通过 CPU 硬件的运行级别功能可以有效控制 CPU 虚拟化的安全性。

在程序级虚拟使用环境的安全保障方面，典型的代表就是 Java 安全虚拟机。它提供了包括安全管理器和 Java 类文件认证器等多种安全机制，安全管理器提供在应用程序和特定系统上的安全措施，Java 认证器在 .class 文件运行前完成该文件的安全检查，确保 Java 字节码符合 Java 虚拟机规范。针对操作系统虚拟化的安全问题，基于 Windows 操作系统的 Microsoft 虚拟机能阻止恶意用户对 Java Applet 访问 COM 对象、调用 JDBC 等安全漏洞的攻击。

在虚拟机的安全验证方面，典型代表是 ReVirt 系统，该系统采用虚拟机技术提供独立于操作系统的安全验证功能，它能提供足够信息逐条回放虚拟机上执行的任务，通过建立具有各种依赖关系的攻击事件链重构出攻击细节。ReVirt 采用了反向观察点和反向断点技术，对虚拟机上的恶意攻击进行检测和回放，提供验证功能。

6.5.6 云计算安全标准

1. ISO/IEC JTC1/SC 27

ISO/IEC JTC1/SC 27 是 ISO 和 IEC 的信息技术联合技术委员会(JTC1)下专门从事信息安全标准化的分技术委员会(SC27)，是信息安全领域中最具代表性的国际标准化组织。SC27 下设五个工作组，工作范围涵盖了信息安全管理和技术领域，包括信息安全管理体系、密码学与安全机制、安全评价准则、安全控制与服务、身份管理与隐私保护技术。SC27 于 2010 年 10 月启动了研究项目《云计算安全和隐私》，由 WG1/WG4/WG5 联合开展。目前，SC27 已基本确定了云计算安全和隐私的概念体系架构，明确了 SC27 关于云计算安全和隐私标准研制的三个领域。

2. ITU-T

ITU-T 的中文名称是国际电信联盟远程通信标准化组织(ITU-T for ITU Telecommunication Standarzation Sector)，它是国际电信联盟管理下的专门制定远程通信相关国际标准的组织。该机构创建于 1993 年，前身是国际电报电话咨询委员会(CCITT)，总部设在瑞士日内瓦。

ITU-T 于 2010 年 6 月成立了云计算焦点组 FG Cloud，致力于从电信角度为云计算提供支持，焦点组运行到 2011 年 12 月，后续云工作已经分散到别的研究组。云计算焦点组发布了包含《云安全》和《云计算标准制定组织综述》在内的七份技术报告。

《云安全》报告旨在确定 ITU-T 与相关标准化制定组织需要合作开展的云安全研究主题。确定的方法是对包括欧洲网络信息安全(NISA)、ITU-T 等标准制定组织目前开展的云安全工作进行评价，在评价的基础上确定对云服务用户和云服务供应商的若干安全威胁和安全需求。

《云计算标准制定组织综述》报告主要对 NIST、分布式管理任务组织(DMTF)、云安全联盟(CSA)等标准制定组织在以下七个方面开展的活动及取得的研究成果进行了综述和列表分析，包括云生态系统、使用案例、需求和商业部署场景；功能需求和参考架构；安全、审计和隐私(包括网络和业务的连续性)；云服务和资源管理、平台及中间件；实现云的基础设施和网络；用于多个云资源分配的跨云程序、接口与服务水平协议；用户友好访问、虚拟终端和生态友好的云。报告指出，上述标准化组织都出于各自的目的制定了自己的云计算标准架构，但这些架构并不相同，也没有一个组织能够覆盖云计算标准化的全貌。报告建议 ITU-T 应在功能架构、跨云安全和管理、服务水平协议研究领域发挥引领作用。而 ITU-T 和国际标准化组织/国际电工委员会的第一联合技术委员会则应采取互补的标准化工作，以提高效率和避免工作重叠。

3. CSA

CSA 是在 2009 年的 RSA 大会上宣布成立的一个非营利性组织。云安全联盟致力于在云计算环境下提供最佳的安全方案。如今，CSA 获得了业界的广泛认可，其发布了一系列研究报告，对业界有着积极的影响。这些报告从技术、操作、数据等多方面强调了云计算安全的重要性、保证安全性应当考虑的问题以及相应的解决方案，对形成云计算安全行业规范具有重要影响。其中，《云计算关键领域安全指南》最为业界所熟知，在当前尚无一个被业界广泛认可和普遍遵从的国际性云安全标准的形势下，是一份重要的参考文献。CSA 于 2011 年 11 月发布了指南第三版，从架构、治理和实施 3 个部分、14 个关键域对云安全进行了深入阐述。另外，开展的云安全威胁、云安全控制矩阵、云安全度量等研究项目在业界得到积极的参与和支持。

4. NIST

NIST 直属美国商务部，提供标准、标准参考数据及有关服务，在国际上享有很高的声誉，前身为美国国家标准局。2009 年 9 月，奥巴马政府宣布实施联邦云计算计划。为了落实和配合美国联邦云计算计划，NIST 牵头制定云计算标准和指南，加快联邦政府安全采用云计算的进程。NIST 在进行云计算及安全标准的研制过程中，定位于为美国联邦政府安全高效使用云计算提供标准支撑服务。迄今为止，NIST 成立了五个云计算工作组，出版了多份研究成果，由其提出的云计算定义、三种服务模式、四种部署模型、五大基础特征被认为是描述云计算的基础性参照。NIST 云计算工作组包括：云计算参考架构和分类工作组、促进云计算应用的标准推进工作组、云计算安全工作组、云计算标准路线图工作组、云计算业务用例工作组。

5. ENISA

2004 年 3 月，为提高欧共体范围内网络与信息安全的级别，提高欧共体、成员国以及业界团体对于网络与信息安全问题的防范、处理和响应能力，培养网络与信息安全文化，欧盟成立了"欧洲信息安全局"。在 2009 年，欧盟网络与信息安全局(ENISA)就启动了相关研究工作，先后发布了《云计算：优势、风险及信息安全建议》和《云计算信息安全保障框架》。2011 年，ENISA 又发布了《政府云的安全和弹性》报告，为政府机构提供了决策指南。2012 年 4 月，ENISA 发布了《云计算合同安全服务水平监测指南》，提供了一套持续监测云计算服务提供商服务级别协议运行情况的操作体系，以达到实时核查用户数据安全性的目的。

6. CITS

国内有多个机构从事云计算标准研究制定，其中，专注云计算安全相关标准的管理单位是 CITS，即全国信息安全标准化技术委员会(C260，简称信安标委)。信安标委专注于云计算安全标准体系建立及相关标准的研究和制定，信安标委成立了多个云计算安全标准研究课题，承担并组织协调政府机构、科研院校、企业等开展云计算安全标准化研究工作。

6.6　物联网信息安全标准

1. 国际信息技术标准化组织

　　网络与信息安全标准化工作是国家信息安全保障体系建设的重要组成。网络与信息安全标准研究与制定为国家主管部门管理信息安全设备提供了有效的技术依据，这对于保证安全设备的正常运行，并在此基础上保证我国国民经济和社会管理等领域中网络信息系统的运行安全和信息安全具有非常重要的意义。

　　国际上信息安全标准化工作兴起于 20 世纪 70 年代中期，80 年代有了较快的发展，90 年代引起了世界各国的普遍关注。目前世界上有近 300 个国际和区域性组织制定标准或技术规则，与信息安全标准化有关的组织主要有以下四个：

　　(1) ISO：于 1947 年 2 月 23 日正式开始工作，信息技术标准化委员会 (ISO/IEC JTC1) 所属安全技术分委员会(SC 27)的前身是数据加密分技术委员会(SC20)，主要从事信息技术安全的一般方法和技术的标准化工作。而 ISO/TC68 负责与银行业务应用范围内有关信息安全标准的制定，在组织上和标准之间与 SC27 有着密切的联系。ISO/IEC JTC1 负责制定的标准主要是开放系统互连、密钥管理、数字签名、安全评估等方面的内容。

　　(2) IEC：正式成立于 1906 年 10 月，是世界上成立最早的专门的国际标准化机构。在信息安全标准化方面，除了与 ISO 联合成立了 JTC1 属的分委员会外，还在电信、电子系统、信息技术和电磁兼容等方面成立了技术委员会，并为信息技术设备安全(IEC 60950)等制定相关国际标准。

　　(3) ITU：成立于 1865 年 5 月 17 日，所属的 SG17 组主要负责研究通信系统安全标准。SG17 组主要研究的内容包括：通信安全项目、安全架构、计算安全、安全管理、用于安全的生物测定、安全通信服务。此外 SG16 和下一代网络核心组也在通信安全、H323 网络安全、下一代网络安全等标准方面进行了研究。

　　(4) IETF：创立于 1986 年，其主要任务是负责互联网相关技术规范的研发和制定。IETF 制定标准的具体工作由各个工作组承担，工作组分成八个领域，涉及 Internet 路由、传输、应用领域等，包含在 RFC 系列之中的 IKE 和 IPsec，还有电子邮件、网络认证和密码标准，此外，也包括 TLS 标准和其他安全协议标准。

2. 国际信息安全标准体系

　　国际上比较有影响的信息安全标准体系主要有：

　　(1) ISO/IEC 的国际标准 13335、17799、27001 系列：ISO/IEC JTC1 SC27/WG1 是制定和修订 ISMS 标准的国际组织。ISO 和 IEC 是世界范围的标准化组织，由各个国家和地区的成员组成，各国的相关标准化组织都是其成员，他们通过各技术委员会参与相关标准的制定。

　　为了更好地协作和共同规范信息技术领域，ISO 和 ITU 成立了联合技术委员会，即

ISO/IEC JTC1，负责信息技术领域的标准化工作。其中子委员会 ISO/IEC JTC1 SC27 专门负责 IT 安全技术领域的标准化工作。在 ISO/IEC JTC1 SC27 所发布的标准和技术报告中，目前最主要的标准是 ISO/IEC 13335、ISO/IEC 17799 等。

ISO/IEC 将采用 27000 系列号码作为编号方案，将原先所有的信息安全管理标准进行综合，并进行进一步的开发，形成一整套包括 ISMS 要求、风险管理、度量和测量以及实施指南等在内的信息安全管理体系。

(2) 英国标准协会(BSI)的 7799 系列：信息安全管理体系(ISMS)的概念最初来源于英国标准学会制定的 BS7799 标准，并随着其作为国际标准的发布和普及而被广泛地接受。

同美国 NIST 相对应，BSI 是英国负责信息安全管理标准的机构。在信息安全管理和相关领域，BSI 做了大量的工作，其成果已得到国际社会的广泛认可。

(3) NIST 的特别出版物系列：2002 年，美国通过了一部联邦信息安全管理法案(FISMA)。根据它，NIST 负责为美国政府和商业机构提供信息安全管理相关的标准规范。因此，NIST 的一系列 FIPS 标准和 NIST 特别出版物 800(NIST SP 800)系列成为了指导美国信息安全管理建设的主要标准和参考资料。

3. 中国信息安全标准化的现状

目前，我国按照国务院授权，国家网信部门负责统筹协调网络安全工作和相关监督管理工作，由国家标准化管理委员会统一管理全国标准化工作，下设 255 个专业技术委员会。中国标准化工作实行统一管理与分工负责相结合的管理体制，分工管理本行政区域内、本部门、本行业的标准化工作。

成立于 1984 年的 CITS，在国家标准化管理委员会和信息产业部的共同领导下负责全国信息技术领域以及与 ISO/IEC JTC1 相对应的标准化工作，目前下设 24 个分技术委员会和特别工作组，是目前国内最大的标准化技术委员会。它是一个具有广泛代表性、权威性和军民结合的信息安全标准化组织。

4. 中国安全标准组织机构

国内的安全标准组织主要有 CITS 以及 CCSA 下辖的网络与信息安全技术工作委员会。

(1) CITS：CITS 成立于 1984 年，在国家标准化管理委员会和信息产业部的共同领导下负责全国信息技术领域以及与 ISO/IEC JTC1 相对应的标准化工作。

(2) CCSA：CCSA 成立于 2002 年 12 月 18 日。CCSA 下设有线网络信息安全、无线网络信息安全、安全管理和安全基础设施四个工作组，负责研究有线网络中电话网、互联网、传输网、接入网等在内所有电信网络相关的安全标准；无线网络中接入、核心网、业务等相关的安全标准以及安全管理工作组；安全基础设施工作组中网管安全以及安全基础设施相关的标准。

5. 信息安全标准体系研究特点

① 基于信息内容的过滤和管制技术将越来越受关注；
② 防范和治理垃圾信息成为网络安全研究的重要内容；
③ 网络与信息安全研究重点将逐渐从设备层面向网络层面转移；
④ 业务安全越来越成为运营商研究重点；
⑤ 认证技术将生物鉴别研究作为重要内容；

⑥ 网络建设将重视信任体系的建设;

⑦ 互联网安全将进一步得到研究,其成果将适用于下一代网以及 3G 核心网;

⑧ 网络上信息安全将划分责权,网络则负责部分私密性(隔离)和完整性,机密性和不可否认性由端到端保障;

⑨ 安全管理中的安全风险评估将成为安全研究重要内容。

6. 中国在信息安全管理标准方面采取的措施

中国政府主管部门以及各行各业已经认识到了信息安全的重要性。政府部门开始出台一系列相关策略,直接牵引、推进信息安全的应用和发展。由政府主导的各大信息系统工程和信息化程度要求非常高的相关行业,也开始出台对信息安全技术产品的应用标准和规范。

物联网标准的划分应该是分层次的,如传感器的、应用的、传输的等,或者细化为芯片、电路、通信接口、路由等层次。而目前我国在做的主要是在传感器上的标准,是传感网络路由层面的专利。

目前,我国物联网技术的研发水平已位于世界前列,与德国、美国、日本等国一起,成为国际标准制定的主要国家,逐步成为全球物联网产业链中重要的一环。

7. 电子标签国家标准工作组

2005 年 12 月 2 日,电子标签标准工作组在北京正式宣布成立。该工作组的任务是联合社会各方面力量,开展电子标签标准体系的研究,并以企业为主体进行标准的预先研究和制/修订工作。

8. 传感器网络标准工作组

2009 年 9 月 11 日,传感器网络标准工作组成立大会暨"感知中国"高峰论坛在北京举行。传感器网络标准工作组是由国家标准化管理委员会批准筹建,CITS 批准成立并领导,从事传感器网络(简称传感网)标准化工作的全国性技术组织。

9. 泛在网技术工作委员会

2010 年 2 月 2 日,CCSA 泛在网技术工作委员会(TC10)成立大会暨第一次全会在北京召开。TC10 的成立标志着 CCSA 今后泛在网技术与标准化的研究将更加专业化、系统化、深入化,必将进一步促进电信运营商在泛在网领域进行积极的探索和有益的实践,不断优化设备制造商的技术研发方案,推动泛在网产业健康快速发展。

10. 中国物联网标准联合工作组

2010 年 6 月 8 日,在国家标准化管理委员会、工业和信息化部等相关部委的共同领导和直接指导下,由全国工业过程测量和控制标准化技术委员会、全国智能建筑及居住区数字化标准化技术委员会、全国智能运输系统标准化技术委员会等 19 家现有标准化组织联合倡导并发起成立物联网标准联合工作组。

11. 信息安全管理体系

(1) 信息安全管理简介:如今,遍布全球的互联网使得组织机构不仅内在依赖 IT 系统,还不可避免地与外部的 IT 系统建立了错综复杂的联系,但系统瘫痪、黑客入侵、病毒感染、网页改写、客户资料的流失及公司内部资料的泄露等事情时有发生,这些给组织的经营管理、生存甚至国家安全都带来了严重的影响。所以,对信息加以保护,防范信息的损坏和泄露已成为当前组织迫切需要解决的问题。

(2) 信息安全管理体系标准发展历史：目前，ISO/IEC27001：2005——信息安全管理体系标准已经成为世界上应用最广泛与典型的信息安全管理标准。ISO/IEC27001 是由英国标准 BS7799 转换而成的。依据 ISO/IEC27001：2005 建立信息安全管理体系并获得认证正成为世界潮流。该标准包括 11 个管理要项、39 个控制目标和 133 项控制措施，为组织提供全方位的信息安全保障。

(3) 信息安全管理体系标准主要内容：① 安全方针；② 安全组织；③ 资产分类与管理；④ 人力资源安全；⑤ 物理和环境安全；⑥ 通信与操作管理；⑦ 访问控制；⑧ 系统的获取、开发和维护；⑨ 信息安全事件管理；⑩ 业务持续性管理等。

(4) 信息安全管理体系认证：BS7799-2 从 1998 年颁布后，在全世界范围内得到广泛的认可。目前已有 40 多个国家和地区开展信息安全管理体系的认证。根据信息安全管理体系国际使用者协会(ISMS International User Group)的最新统计，到 2005 年底，全球通过信息安全管理体系 BS 7799-2 认证的组织已经超过 2000 家。对组织来说，符合 ISO27001/BS7799 标准并且获得信息安全管理体系认证证书，虽然不能证明组织达到了 100%的安全，但通过信息安全管理体系的认证能够强有力地保障组织的信息资产的保密性、完整性和可用性，并能带来以下好处：

① 加强公司信息资产的安全性，保障业务持续性与紧急恢复；

② 强化员工的信息安全意识，规范组织信息安全行为；

③ 减少可能潜在的风险隐患，减少信息系统故障、人员流失带来的经济损失；

④ 维护企业的声誉、品牌和客户信任，维持竞争优势；

⑤ 满足客户和法律法规要求。

思考与练习六

一、单选题

1. TCP/IP 协议族中，属于应用层的协议是(   )。

A. HTTP   B. TCP   C. IP   D. ARP

2. 物联网的核心技术是(   )。

A. 射频识别   B. 集成电路   C. 无线电   D. 操作系统

3. 以下哪个应用不是物联网的应用模式(   )。

A. 政府客户的数据采集和动态监测类应用

B. 行业或企业客户的数据采集和动态监测类应用

C. 行业或企业客户的购买数据分析类应用

D. 个人用户的智能控制类应用

4. 按照部署方式和服务对象可将云计算划分为(   )。

A. 公有云、私有云和混合云   B. 公有云、私有云

C. 公有云、混合云   D. 私有云、混合云

5. 将基础设施作为服务的云计算服务类型是(   )。

A. HaaS   B. IaaS   C. PaaS   D. SaaS

6. 2008 年，( )先后在无锡和北京建立了两个云计算中心。

A. IBM   B. 谷歌   C. 亚马逊   D. 微软

7. 可以分析处理空间数据变化的系统是( )。

A. 全球定位系统   B. GIS   C. RS   D. 3G

8. 智慧革命是以( )为核心。

A. 互联网   B. 局域网   C. 物联网   D. 广域网

9. ( )不属于低功率短距离的无线通信技术。

A. 广播   B. 超宽带技术   C. 蓝牙   D. WiFi

10. 蓝牙是一种支持设备短距离通信，一般是( )之内的无线技术。

A. 5 m   B. 10 m   C. 15 m   D. 20 m

11. 关于 ZIGBEE 的技术特点，下列叙述错误的是( )。

A. 成本低   B. 时延短   C. 高速率   D. 网络容量大

12. 物联网信息处理技术分为节点内信息处理、汇聚数据融合管理、语义分析挖掘以及( )四个层次。

A. 物联网应用服务   B. 物联网网络服务

C. 物联网传输服务   D. 物联网链路服务

13. ( )不是物联网的数据管理系统结构。

A. 集中式结构   B. 分布式结构和半分布式结构

C. 星形式结构   D. 层次式结构

14. 对以下哪个列举中的物联网来说，安全是一个非常紧要的问题？( )

A. 小区无线安防网络   B. 环境监测

C. 森林防火   D. 候鸟迁徙跟踪

15. 面向智慧医疗的物联网系统大致可分为终端及感知延伸层、应用层和( )。

A. 传输层   B. 接口层   C. 网络层   D. 表示层

16. 谷歌云计算基础平台有三大利器，( )不属于谷歌云。

A. 谷歌操作系统   B. MapReduce   C. 谷歌文件系统   D. BigTable

17. 云计算最大的特征是( )。

A. 计算量大   B. 通过互联网进行传输

C. 虚拟化   D. 可扩展性

18. 云计算的概念是由( )提出的。

A. GOOGLE   B. 微软   C. IBM   D. 腾讯

19. 在云计算平台中，( )软件即服务。

A. IaaS   B. PaaS   C. SaaS   D. QaaS

20. 在云计算平台中，( )平台即服务。

A. IaaS   B. PaaS   C. SaaS   D. QaaS

21. 在云计算平台中，( )基础设施即服务。

A. IaaS   B. PaaS   C. SaaS   D. QaaS

22. ( )是负责对物联网收集到的信息进行处理、管理、决策的后台计算处理平台。

　A. 感知层　　　　　 B. 网络层　　　　　 C. 云计算平台　　 D. 物理层

23．利用云计算、数据挖掘以及模糊识别等人工智能技术，对海量的数据和信息进行分析和处理，对物体实施智能化的控制，指的是(　　　)。

　A. 可靠传递　　　　 B. 全面感知　　　　 C. 智能处理　　　　 D. 互联网

24．(　　　)不属于在物联网存在的问题。

　A. 国家安全问题　　　　　　　　　　 B. 隐私问题

　C. 标准体系和商业模式　　　　　　　 D. 制造技术

二、判断题(在正确的后面打"√"，错误的后面打"×")

1．智能家居是物联网在个人用户的智能控制类应用。(　　　)

2．将平台作为服务的云计算服务类型是 SaaS。(　　　)

3．微软于 2008 年 10 月推出的云计算操作系统是蓝云。(　　　)

4．IaaS 模式将是物联网发展的最高阶段。(　　　)

5．"智慧革命"是以物联网为核心的。(　　　)

6．云计算是把"云"作为资料存储以及应用服务中心的一种计算。(　　　)

7．云计算是物联网的一个组成部分。(　　　)

8．物联网与互联网不同，不需要考虑网络数据安全。(　　　)

9．时间同步是需要协同工作的物联网系统的一个关键机制。(　　　)

三、简答题

1．应用层面临的安全问题有哪些方面？

2．Web 的结构原理是什么？其有哪些特点？

3．Web 的安全威胁有哪三个？

4．中间件的定义及其特点是什么？

5．数据库安全常用技术有哪些？简要说明。

6．结合传统的 RFID 安全隐患问题，目前 RFID 主要有哪三方面的安全问题？并且画出 RFID 中间件的物理连接结构图。

7．对云计算安全做简要概述，并分析未来我国云计算发展将面临哪些技术困难。

第 7 章 物联网安全技术应用

本章主要介绍物联网系统安全设计和物联网安全的技术应用，详细介绍物联网远程控制、门禁系统、EPCglobal 网络和 M2M 网络的安全技术及其应用，简要介绍物联网与区块链安全技术以及物联网的网络保障新理念。通过本章的学习，要求掌握物联网安全技术的应用和设计。

7.1 物联网系统安全设计

本节主要介绍物联网面向主题的安全应用和物联网公共安全云计算平台系统。

7.1.1 物联网面向主题的安全模型及应用

面向主题的物联网安全模型设计过程分为四个步骤：第一步是对物联网进行主题划分；第二步是分析主题的技术支持；第三步是物联网主题的安全属性需求分析；第四步是主题安全模型设计与实现。

1. 对物联网进行主题划分

互联网的网络安全是从技术的角度进行研究，目的是解决已经存在于互联网中的安全问题，例如常见的防火墙、入侵检测、数据加/解密、数字签名和身份认证等技术，都是从技术的细节去解决已存在的网络安全问题，也使得网络安全一直处于被动地位，面对新出现的病毒、蠕虫或者木马，已有的安全技术往往无法在第一时间进行安全防护，必须经过安全专家分析研究才能获得解决的方法。

面向主题的设计思想是将物联网进行系统化的抽象划分。在进行主题的划分中，首先应避免的是从技术的角度进行分类。如果以技术进行划分，则物联网的安全研究也必将走上面向技术的安全研究的道路。其次是应对物联网进行系统化的主题分类。相对互联网而言，物联网的结构更加复杂，因此，物联网的安全必须进行系统化、主题化的研究，否则，物联网的安全研究将处于一种混乱的状态。

在物联网的定义和物联网的工作运行机制的基础上，将物联网划分为八个主题，如图7-1 所示。

(1) 通信：将物联网中各种物体设备进行连接的各种通信技术，为物联网中物与物的信息传递提供技术支持。

(2) 身份标识：在物联网中每个物体设备都需要唯一的身份标识，如同身份证。

(3) 定位和跟踪：通过射频、无线网络和全球定位等技术对连接到物联网中的物体设备进行物理位置的确定和信息的动态跟踪。

(4) 传输途径：在物联网中，各种物体设备间的信息传递都需要一定的传输路径，主要指与物联网相关的各种物理传输网络。

(5) 通信设备：连接到物联网中的各种物体设备可以通过物联网通信，进行信息的传递和交互。

(6) 感应器：在物联网中，能够随时随地获得物体设备的信息，且需要遍布于各个角落。

(7) 执行机构：在物联网中发送的命令信息，最终的执行体即为执行机构。

(8) 存储：物联网中进行信息的储存。

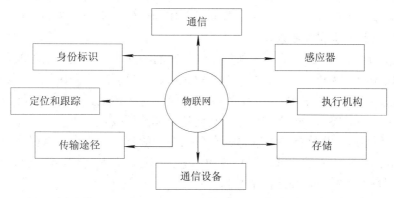

图 7-1　物联网的主题

2. 分析主题技术支持

对物联网主题的安全属性要求的研究为物联网主题的安全研究指明了方向。为了加快物联网安全的发展，推动物联网快速、稳定地发展，在物联网主题的安全研究中，可以将互联网中安全防御技术应用到物联网中。因此，在对物联网主题的安全进行分析研究之前，需要分析目前的安全属性现状。

(1) 通信。通信主题主要包括无线传输技术和有线传输技术，其中无线传输技术在物联网的体系结构中将起到至关重要的作用，其涉及的技术主要包括 WLAN、3G/4G/5G、UWB 及蓝牙等技术。

(2) 身份标识。 在物联网中，任何物体都有唯一的身份标识，可用于身份标识的技术主要有一维条码、二维条码、射频识别技术、生物特征和视频录像等。

(3) 定位和跟踪。定位跟踪是物联网的功能之一，其主要的技术支持包括射频识别、全球移动通信、全球定位和传感器等。

(4) 传输途径。物联网的传输途径包括互联网的主要传输网络以太网，还包括传感器网络以及其他与物联网相连接的网络。

(5) 通信设备。物联网中实现了物与物间的直接连接，因此物联网中的通信设备种类数目庞大，如手机、传感器、射频设备、电脑、卫星等。

(6) 感应器。感应器是用来识别物联网中的各种物体，其主要的感应属性有音频、视频、温度、位置、距离等。

(7) 执行机构。物联网中的物体涉及各个行业，因此执行机构对信号接收、处理也千差万别。

(8) 存储。存储主题主要记录和保存物联网中的各种信息，主要包括数据库的储存和分布式哈希表(Distributed Harsh Table，DHT)的储存。

3. 物联网主题的安全属性需求分析

对物联网的主题划分和相关技术的研究为面向主题的物联网安全模型的设计研究打下了坚实的基础。物联网中的主题对安全属性的要求既有共同点又有差异性，因此需要针对物联网各个主题的特征进行安全属性的需求分析研究。在分析研究信息安全基本属性的基础上，综合被信息界喻为"滴水不漏"的信息安全管理标准 ISO17799，将物联网主题的安全属性分为完整性、保密性、可用性、可审计性、可控性、不可否认性和可鉴别性。将各种属性安全级别分为三个等级：C 为初级要求；B 为中级要求；A 为高级要求。下面根据主题的特征分析其安全属性要求。

(1) 通信。通信技术的特征，特别是无线传输的特性决定了通信主题最易受到外界的安全威胁，如窃听、伪装、流量分析、非授权访问、信息篡改、否认、拒绝服务等。

(2) 身份标识。在物联网中为了识别物体身份，对物体进行身份唯一标识，如同身份证，对于身份标识需要很好的保密性来防止伪造、非法篡改等威胁。

(3) 定位和跟踪。物联网中的物体都有自己唯一的身份标识，可以根据物体的身份标识进行定位和跟踪。为了防止非法用户对物体进行非法跟踪和定位，物联网的定位和跟踪的主题安全属性要求需要较高的保密性和可用性。

(4) 传输途径。物联网在传输途径中容易被窃听，因此在安全属性要求中需要较高的完整性。

(5) 通信设备。物联网中的通信设备都有相应的软件或者嵌入式系统的支持，因此很容易被非法篡改。

(6) 感应器。感应器作为物联网接收信号或刺激反应的设备，作为终端的物体需要很高的完整性属性。

(7) 执行机构。物联网中的执行机构涉及各个行业，因此其安全属性要求主要涉及物联网应用层安全，如用户和设备的身份认证、访问权限控制等。

(8) 储存。物联网中的信息储存同互联网一样，面临着信息泄露、篡改等威胁，因此在物联网中的存储需要较高的完整性、保密性要求。

4. 主题安全模型设计与实现

将物联网看作一个有机的整体，将其分为感知层、网络层和应用层。分析和研究物联网各主题的安全性并不能保障整个物联网的安全性，还需要从整体性的角度把各个主题串联起来，使其成为一个系统化的整体。因此，既需要将物联网的感知层、网络层和应用层相互隔离，又需要将各层系统化地联系起来。在物联网安全的构架中，将三层体系结构再细化为五层体系结构，在感知层和网络层间构架了隔离防护层，同样在网络层和应用层也增加了相应的隔离防护层，在物联网出现安全威胁时，可以有效防止安全威胁在层与层间的渗透，同时可以在层与层之间建立有机的联系，系统化地保障物联网的安全。

物联网的安全如同人体的健康，不但需要人体有机整体的共同防护、自身免疫力系统的保护，同时还需要外界因素的保障。人类的新生命出生后，首先会对其注射疫苗，目的就是起到预防的作用，随着其不断的成长则需要定期的健康检查。当发现身体存在不健康的因素时，及时治疗，从而使身体处于健康的状态。因此，为了模拟此机制过程，在设计的面向主题的物联网安全模型中，将网络安全模型 PDRR 引入到物联网的安全模型中，具体的模型设计如图 7-2 所示。

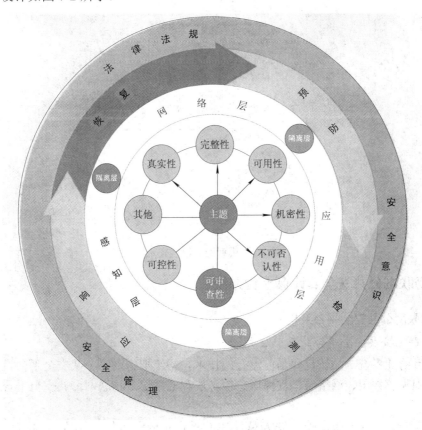

图 7-2　面向主题的物联网安全模型

1) 模型的内核

模型的核心部分就是以主题为中心的安全属性标准和要求，主题的安全属性需要依据主题自身的特点和需求进行研究设计。该部分是整个模型的关键所在，对主题的安全属性设计应遵从整体性、系统化的思想。

2) 模型的系统

物联网体系构架由感知层、网络层和应用层组成，在安全模型的设计中，这三个层既需要相互联系又需要相互独立。一方面，在层与层间加上防护层，目的是当某一层出现安全威胁时，通过隔离层的隔离作用，可防止将安全威胁蔓延到其他层。另一方面，层与层间需要有协作的功能，作为一个有机整体，在某一层出现问题时，需要其他层提供相应的安全措施，使物联网成为一个有机整体进行安全的防御。

3) 模型的防护层

物联网的安全不但需要自身的安全策略，同时还需要外界的防护，因此在物联网的安全模型中将 PDRR 安全模型加入其中，使物联网的安全成为一个流动的实体，其中的预防、检测、响应和恢复四部分功能是相辅相成的。模型的人为因素在一定程度上起到了至关重要的作用，因此在面向主题的物联网的安全模型中最外层是安全管理。图 7-3 是模型的三维度表示。

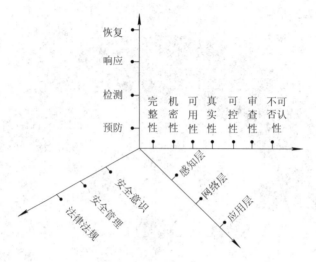

图 7-3　模型的三维度表示

7.1.2　物联网公共安全云计算平台系统

1. 物联网公共安全平台架构

1) 物联网公共安全平台的五个层次

结合目前业界统一的认定和当前流行的技术，初步把物联网公共安全平台设计为五个层次，分别为感知层、网络层、支撑层、服务层和应用层。物联网公共安全平台架构如图 7-4 所示。

(1) 感知层：对于最前端公安人员关注的重点领域和事物，通过各种感知设备，如 RFID、条形识别码、各种智能传感器、摄像头、门禁、票证、GPS 等，对道路、车辆、危险物品、重点人物、交通状况等重点感知领域进行实时管控，获取有用数据。

(2) 网络层：主要用于前方感知数据的传输，为了不重复建设，最大利用现有网络条件，把公安专网、无线宽带专网、移动公网、有线政务专网、无线物联数据专网、因特网、卫星等通信方式进行整合。

(3) 支撑层：基于云计算、云存储技术设计，实现分散资源的集中管理以及集中资源的分散服务，支持高效海量数据的存储与处理；支撑软件系统部署在运行平台之上，可实现各类感知资源的规范接入、整合、交换与存储，各类感知设备的基础信息管理，感知信息资源目录发布与同步，以及感知设备证书发布与认证，为感知设备的分建共享提供全面支撑服务。

(4) 服务层：基于拥有的丰富的数据资源和强大的计算能力(依托云计算平台)，为构建一个功能丰富的平台提供了基础。借鉴 SOA，即面向服务的架构思想，通过仿真引擎和推理引擎，把数据库、算法库、模型库、知识库紧密结合在一起，为应用层的实际业务应用软件提供了统一的服务接口，对数据进行了统一高效的调用，也保证了服务的高可靠性，为整个公共安全平台的后续应用开发提供了可扩展性。

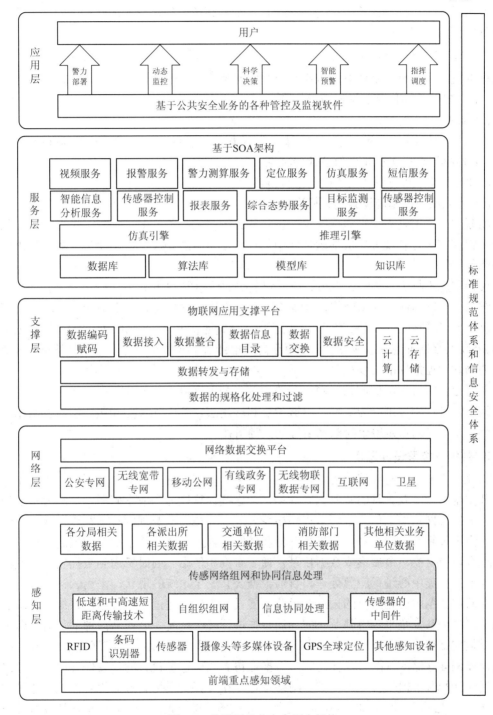

图 7-4 物联网公共安全平台架构

(5) 应用层：主要用来承载用户实际使用的各种业务软件。例如，对警用物联网业务进行详细分析，通过调用服务层提供的通用接口，设计出符合用户实际使用的业务软件，将用户分为三类：第一类为相关技术人员，可以使用平台提供的各程序的服务接口和各设备的运行状态，保证整个平台的正常运行；第二类为基层民警，可以实时查看前端感知信息, 并对设备进行控制; 第三类为高端用户, 通过系统的智能分析的协助, 对各警力和资源进行指挥和调度。

2) 标准规范和信息安全体系

标准规范和信息安全体系应贯穿整个物联网架构的设计, 具体包括以下几方面:

(1) 公安领域的传感器资源编码标准;

(2) 数据共享交换规范;

(3) 共享数据管理标准, 包括共享数据格式标准、存储方式标准、种类标准等;

(4) 传感资源投入和建设效益评价标准;

(5) 新建设传感资源和网络的审批标准;

(6) 物联网公安基础设施建设标准。

物联网本质上是一种大集成技术, 设计的关键技术种类繁多, 标准冗杂, 因此, 物联网的关键和核心是实现大集成的软件和中间件, 以及与之相关的数据交换、处理标准和相应的软件架构。

感知层基于物理、化学、生物等技术和发明的传感器, "标准"多成为专利, 而网络层的有线和无线网络属于通用网络, 有线长距离通信基于成熟的 IP 协议体系, 有线短距离通信主要以十多种现场总线标准为主, 无线长距离通信基于 GSM 和 CDMA 等技术的 3G/4G/5G 网络标准也基本成熟, 无线短距离通信针对不同的频段也有十多种标准, 因此建立新的物联网通信标准难度较大。

从以上分析可知, 目前物联网标准的关键点和大有可为的部分集中在应用层。在上面的架构中, 把应用层细分为支撑层、服务层和应用层。其中支撑层和服务层对各数据标准的融合起重要作用, 是整个物联网运行的关键所在。

2. 数据支撑层设计思路

支撑层主要用于对数据的处理, 为上层服务提供统一标准的安全数据。由于整个物联网公共安全平台涉及大量的实时感知数据, 考虑到计算能力和成本问题, 决定采用云的架构。首先把由网络层上传的数据进行规格化处理, 并按照一定规则算法初步过滤一些无用信息, 由云计算数据中心对数据进行存储和转发, 再由各个计算节点对数据进行接入、编码、整合以及交换, 最后形成数据目录, 便于查询和使用。同时考虑到数据安全问题, 可以设计数据容灾中心进行应急处理。目前根据公共安全系统的现状, 采用云计算中主从式分布存储和数据中心相结合的云存储思路开展设计工作。通过分布式存储、统一管理的设计思路, 将公共安全平台内部所有的存储数据进行统一调度, 公安网内部的任何一台主机都可以是数据存储的子节点, 从而达到在任何时间、网内任何地点, 实现完全的资源共享。采用计算偏向存储区域的云计算思路, 将推理仿真等计算量较大的计算任务放置在存储区域较近的计算服务器平台上, 以减少网络带宽, 在计算上采用服务器集群模式, 通过虚拟化的形式(常见的中间件, 如 VMware)进行计算任务的综合调度分配, 以实现计算服务资源的最大利用率。

3. 基于云计算的数据支撑平台体系架构

物联网支撑平台是各类前端感知信息通过传输网络汇聚的平台, 该平台实时处理前端感知设施传入的视频信息、数据信息以及由应用服务平台下达的对感知设施的控制指令,主要实现信息接入、标准化处理、信息共享、信息存储及基础管理五大功能。

基于云计算的数据支撑系统主要分为应用服务分系统和存储分系统两个子系统，方案系统结构如图 7-5 所示。

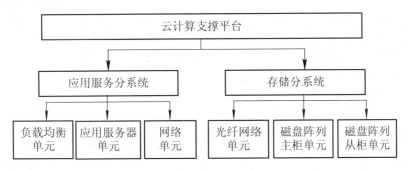

图 7-5　基于云计算的数据支撑方案系统结构

基本平台为云计算综合应用平台的基础模板，可以在此基础上对平台进行变动，以满足不同用户对该平台的特殊要求。基础平台已经具备了云计算综合应用平台的完备子系统，且具有较强的灵活性。云计算逻辑架构如图 7-6 所示。

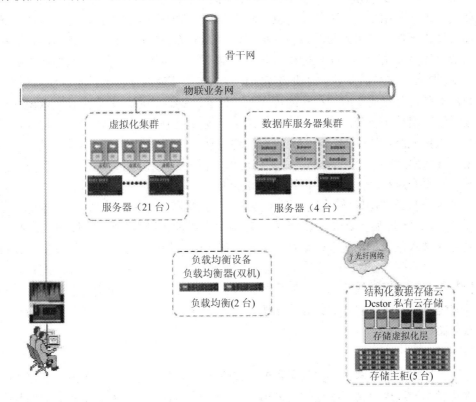

图 7-6　云计算逻辑架构

该系统的功能主要分为两个部分：① 应用服务功能，通过负载均衡接受大量的远程应用服务请求，通过应用服务器响应远程或本地应用服务请求；② 数据存储功能，主要体现在海量数据的存储和读取。

1) 应用服务分系统

应用服务分系统的硬件设备主要分为三个部分，即负载均衡设备、虚拟化集群和数据库集群。

应用服务器连接前端的负载均衡服务器及后端的光纤交换机，它是应用分系统中的关键部分，所有的应用软件都装载在应用服务器上，所有的应用请求都在应用服务器上进行处理。应用服务器通过虚拟化可以虚拟出多个虚拟主机，在每个虚拟主机上加载相关应用。如通过虚拟化软件将一台服务器虚拟成多个应用主机，同时服务器间通过交换机互连，通过虚拟化管理软件设置将虚拟主机设置成动态虚拟，可以实现在线迁移。当一台物理服务器出现故障时，该物理服务器上的虚拟主机及相关应用动态迁移到其他物理服务器上。虚拟主机上可以装载各应用业务系统、视频交换系统，通过这些软件调动整个系统资源提供服务。应用服务器作为整个系统中的应用处理单元，其服务内容主要通过应用软件进行调动，可以根据最终用户的实际需求进行相关应用设计及开发，装载在应用服务器上，通过基础网络向各个客户端提供应用响应。

2) 存储分系统

存储分系统主要分并行文件系统和 SAN 虚拟存储系统。并行文件系统主要负责存储非结构化数据，在数据中心的网络上建立一个非结构化数据的存储空间，为系统的非结构化数据需求提供硬件及应用系统支持的支撑平台。SAN 虚拟存储系统主要负责存储结构化数据，在数据库系统中建立一个结构化数据的存储空间，为数据库系统的结构化数据需求提供硬件支撑平台。SAN 是提供对块级存储访问的专用高速网络，通过将存储流量与 LAN 的其余部分隔离开来提高应用程序的可用性和性能。SAN 由互连的主机、交换机和存储设备组成。这些组件可以使用多种协议进行连接。光纤通道是首选的原始传输协议，另一种选择是以太网光纤通道(FCoE)，它允许组织通过现有高速以太网移动光纤通道流量，将存储和 IP 协议融合到单个基础架构上。其他选项包括 Internet 小型计算系统接口(iSCSI)，通常用于中小型企业和高性能计算环境 InfiniBand。

本系统的 SAN 虚拟存储系统主要包括光纤交换机和存储磁盘阵列。当数据库服务器有读入任务时，数据库服务器向 SAN 虚拟化存储盘阵中的控制盘阵发送写入请求，控制盘阵接收到写入请求，根据系统存储策略做分析，确定数据块存储位置。数据库服务器直接将数据写入磁盘阵列。当数据库服务器有读取任务时，数据库服务器向 SAN 虚拟化存储盘阵中的控制盘阵发送读数据请求，控制盘阵接收到读数据请求，查询相关索引数据，确定数据的存储位置，并将数据存储位置发送给数据库服务器，数据库服务器直接从磁盘阵列中读取数据。

3) 特点分析

基于云架构的物联网公共安全平台的存储虚拟化可看作是一种打通不同存储系统底层的基础建设，通过虚拟化产品提供的逻辑层统合整个存储环境，为前端服务器的数据存储和管理需求提供单一化服务。其具有以下特点：

(1) 海量数据融合能力。将存储设备所含的磁盘视为一整个存储池，再分配给需要容量的前端服务器，所有存储资源都能在虚拟层介质下统一运用。而前端服务器与后端存储设备间的连接，也从传统 SAN 环境中的固定地址连接与空间映像转变为通过虚拟层的动态介质，管理上更有弹性，空间利用率也能得到有效提高，不再有之前存储孤岛的问题。这个特性也能让想建置高可用性或异地备援的用户有机会摆脱必须购置两套相同存储设备的窘境。在虚拟层介质下，前端应用服务器不会接触设备实际，只要是虚拟层提供的空间，映像到前端后，对前端来说都是相同的本地端磁盘区，所以只要把数据同步或复制的机制架构在虚拟层上，就能利用两套不同的存储设备完成高可用性或异地备援的建置。

(2) 海量数据的分配管理能力。存储资源调节可分为容量分配与性能分配两大部分，依执行任务的不同，前端服务器对容量与存储性能的需要也不同，因此虚拟化产品必须具备弹性的容量与性能调整机制，以便适当地分配容量，为前端特定服务保证足够的性能。就容量分配而言，用户固然可以通过虚拟层轻易调配整个环境的存储资源，但更重要的是空间调度的灵活性，且调整程序不能影响到存储的数据或正常的存储动作。进一步的做法是通过自动精简配置的空间调配技术，将容量分配目标从实际空间转为虚拟的逻辑空间，让存储设备实际空间得到更有效的利用。

(3) 架构在虚拟层上的进阶应用。存储虚拟化本身不是目的，而是提供一种易于管理、富有弹性的整合存储环境，以便架构出各种存储应用。为便于用户建置这些存储应用，在虚拟产品上内建镜像、快照、多路径传输、远程复制等进阶功能。由于虚拟层已经在底层完成了存储设备的容量整合，因此要提供这些应用均十分方便。例如，镜像、复制等应用只要通过虚拟层在底层转换存储路径到不同实际空间上就能完成，不用考虑物理存储设备。

(4) 存储系统的动态扩展能力。虚拟化产品可轻易地在异构存储设备间转移存储路径，只要搭配背景数据迁移功能，虚拟层就能完全处理数据的迁移和一致性校验，迁移和校验对用户完全透明，待数据迁移完成后，即可实现动态线性的扩容能力。

7.2 物联网安全技术应用

物联网安全技术在日常生产生活中的应用，包括物联网机房远程监控预警系统、物联网机房监控设备集成系统、物联网门禁系统、物联网安防监控系统和物联网智能监狱监控报警系统。本节以物联网机房远程监控预警系统和物联网门禁系统为例介绍其安全应用技术。

7.2.1 物联网机房远程监控预警系统

1. 系统需求分析

在无人值守的机房环境，急需解决以下问题：

(1) 温控设备无法正常工作。一般坐落在野外的无人值守机房内的空调器均采用农用电网直接供电，在出现供电异常后空调器停止工作，当供电正常后，也无法自动启动，必须人为干预才能开机工作。这就需要机房设置可以自行启动空调器的装置，最大限度地延长空调器的工作时间，提高温控效果。

(2) 环境异常情况无法及时传递。无人值守机房基本没有环境报警系统，即使存在，也是单独工作的独立设备，无法保障环境异常情况及时有效的传递，从而会使设备或系统发生问题。因此，有效可靠地传递机房环境异常情况也是必须解决的问题。

(3) 无集中有效的监控预警系统。对于机房环境监控，目前还没有真正切实有效的系统来保障机房正常的工作环境。有些机房设置了机房环境监控系统，但系统结构相对单一，数据传输完全依赖于现有的高速公路通信系统，如果机房设备出现故障，导致通信系统出现问题，则环境监控就会陷入瘫痪，无法正常发挥作用。

根据以上分析，无人值守机房环境应重点考虑以下三点：

(1) 机房短暂停电又再次恢复供电，机房空调器需要及时干预并使其发挥作用。

(2) 由于机房未能及时来电或者空调器本身发生故障而导致机房环境温度迅速升高(降低)，当其温度超过设备工作温度阈值时，应能够及时给予相关人员预警或告知。

(3) 建立独立有效的监控预警系统，在高速公路机电系统出现问题时，能够保证有效地进行异常信息发送。

2. 系统架构设计

环境监测是物联网的一个重要应用领域，物联网自动、智能的特点非常适合环境信息的监测预警。

1) 系统架构

机房环境远程监控预警系统结构主要包括三部分：

(1) 感知层：数据采集单元作为微系统传感节点，可以对机房温度信息、湿度信息等进行收集。数据信息的收集采取周期性汇报模式，通过 3G/4G/5G 网络技术进行远程传输。

(2) 网络层：采用 3G/4G/5G 通信网络实现互联，进行数据传输，将来自感知层的信息上传。

(3) 应用层：主要由用户认证系统、设备管理系统和智能数据计算系统等组成，分别完成数据收集、传输、报警等功能，构建起面向机房环境监测的实际应用，如机房环境的实时监测、趋势预测、预警及应急联动等。

2) 系统功能

系统功能主要分为以下三大类：

(1) 信息采集。本系统通过内部数据采集单元采集并记录机房环境的信息，然后数字化并通过 3G LTE-4G/5G 网络传送至集中管理平台系统。同时，若机房增加其他检测传感器，如红外报警、烟雾报警等，也可以接入本系统的数据采集单元中，实现机房全方位的信息采集。

(2) 远程控制。当发现机房环境异常时，可以利用本系统控制相应的设备进行及时处置，如温度变化，则控制空调器或通风设施进行温度调整。另外，可以在机房增加其他控制设备，如消防设施或者监控设施、灯光等。

(3) 集中监控预警。在管理中心设置一套集中监控预警管理平台，可以实时收集各机房的状态信息，并分析相关的信息内容，根据现场信息反映的情况，采取相应的控制和预警方案，集中统一管理各机房的工作环境。

3. 系统组成

机房环境远程监控预警系统的具体实现以及部署如图 7-7 所示。

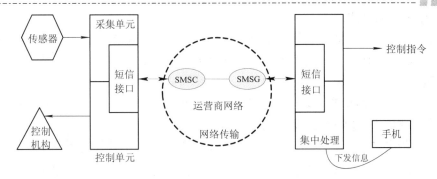

图 7-7 物联网机房远程监控预警系统组成结构

7.2.2 物联网门禁系统

门禁系统是进出管理系统的一个子系统，通常采用刷卡、密码或人体生物特征识别(指纹和人脸识别)等技术，在管理软件的控制下，对人员或车辆出入口进行管理，让取得认可进出的人车自由通行，而对那些不该出入的人则加以禁止。因此，在许多需要核对人车身份的处所中，门禁系统已成了不可缺少的配置项目。门禁系统在近几年的新冠肺炎疫情防控中也发挥了重要的控制作用。

1. 门禁系统的应用要求

(1) 可靠性。门禁系统以预防损失、犯罪为主要目的，因此必须具有极高的可靠性。一个门禁系统在其运行的大多数时间内可能没有警情发生，因而不需要报警，出现警情需要报警的概率一般是很小的。

(2) 权威认证。在系统设计，设备选取、调试、安装等环节上都严格执行国家或行业的有关标准以及公安部门有关安全技术防范的要求，产品必须经过多项权威认证，且有众多的典型用户，多年正常运行。

(3) 安全性。门禁及安防系统是用来保护人员和财产安全的，因此系统自身必须具有较高的安全性。这里所说的高安全性，一方面是指产品或系统的自然属性或准自然属性，应该保证设备、系统运行的安全和操作者的安全，例如设备和系统本身要能防高温、低温、温热、烟雾、霉菌、雨淋，并能防辐射、防电磁干扰(电磁兼容性)、防冲击、防碰撞、防跌落等。设备和系统的运行安全包括防火、防雷击、防爆、防触电等。另一方面，门禁及安防系统还应具有防人为破坏的功能，如具有防破坏的保护壳体以及具有防拆报警、防短路和断开等功能。

(4) 功能性。随着对门禁系统各方面要求的不断提高，门禁系统的应用范围越来越广泛。人们对门禁系统的应用已不局限在单一的出入口控制，还要求它不仅可应用于智能大厦或智能社区的门禁控制、考勤管理、安防报警、停车场控制、电梯控制、楼宇自控等，还可与其他系统(如疫情防控系统)联动控制。

(5) 扩展性。门禁系统应选择开放性的硬件平台，具有多种通信方式，为实现各种设备之间的互联和整合奠定良好的基础。另外，还要求系统应具备标准化和模块化的部件，有很大的灵活性和扩展性。

2. 门禁系统的功能

(1) 实时监控功能。系统管理人员可以通过计算机实时查看每个门区人员的进出情况、每个门区的状态(包括门的开关、各种非正常状态报警等)，也可以在紧急状态打开或关闭所有的门区。

(2) 出入记录查询功能。系统可存储所有的进出记录、状态记录，可按不同的查询条件查询，配备相应考勤软件可实现考勤、门禁一卡通。

(3) 异常报警功能。在异常情况下可以通过门禁软件实现计算机报警或外加语音声光报警，如非法侵入、门超时未关等。

(4) 防尾随功能。在使用双向读卡的情况下，门禁系统可防止一卡多次重复使用，即一张有效卡刷卡进门后，该卡必须在同一门刷卡出门一次才可以重新刷卡进门，否则将被视为非法卡拒绝进门。

(5) 双门互锁功能。双门互锁功能也叫 AB 门，通常用在银行金库，它需要和门磁配合使用。当门磁检测到一扇门没有锁上时，另一扇门就无法正常打开。只有当一扇门正常锁住时，另一扇门才能正常打开，这样就会隔离出一个安全的通道，使犯罪分子无法进入，达到阻碍延缓犯罪行为的目的。

(6) 胁迫码开门。当持卡者被人劫持时，为保证持卡者的生命安全，持卡者输入胁迫码后门能打开，但同时向控制中心报警，控制中心接到报警信号后就能采取相应的应急措施。胁迫码通常设为 4 位数。

(7) 消防报警监控联动功能。在出现火警时门禁系统可以自动打开所有电子锁让里面的人随时逃生。监控联动通常是指监控系统自动将有人刷卡(有效/无效)的情况录下来，同时也将门禁系统出现警报时的情况录下来。

(8) 网络设置管理监控功能。大多数门禁系统只能用一台计算机管理，而技术先进的系统则可以在网络上任何一个授权的位置对整个系统进行设置监控查询管理，也可以通过网络进行异地设置管理监控查询。

(9) 逻辑开门功能。简单地说，逻辑开门就是指同一个门需要几个人同时刷卡(或其他方式)才能打开电控门锁。

3. 门禁系统的分类

门禁系统按进出识别方式可分为以下几类：

(1) 密码识别。通过检验输入密码是否正确来识别进出权限。这类产品又分为两类：一类是普通型；另一类是乱序键盘型(键盘上的数字不固定，不定期自动变化)。

(2) 卡片识别。通过读卡或读卡加密码方式来识别进出权限，按卡片种类又分为磁卡和射频卡。

(3) 生物识别。通过检验人员生物特征等方式来识别进出，有指纹型、掌形型、虹膜型、面部识别型以及手指静脉识别型等。目前，在疫情防控中应用最多的是人脸识别(俗称刷脸)门禁系统，尤其在学校大门和宿舍门禁管理中应用最广，也是比较成熟的技术。

(4) 二维码识别。二维码门禁系统结合二维码的特点，将给进入校园的学生、老师、家勤工作人员发送二维码有效凭证，这样家长在进入校园时轻松地对识读机器扫一下二维码，便于对进出人员的管理。作为校方，需要登记学生家长的手机号及家人的二代身份证，家长手机便会收到学校使用二维码校园门禁系统平台发送的含有二维码的短信，二维码门禁系统支持身份证、手机进行验证，从而确保进出人员的安全。目前二维码门禁系统使用较少，几乎被人脸识别(刷脸)门禁系统所取代。

4. 无线门禁系统的设计

由于传统的门禁系统在施工和维护上存在烦琐、费用高等问题，基于物联网的门禁系统开始出现，并极大地简化了门禁系统，尤其是无线门禁系统。

图 7-8 是基于电信网的社区无线门禁系统，它主要由平台与终端两部分组成。

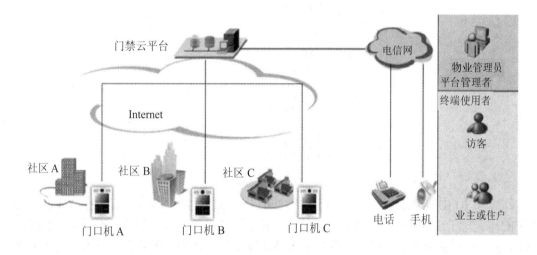

图 7-8　门禁系统结构

(1) 平台。门禁云平台基于云部署，平台通过管理后台连接各社区网络，进行业务数据的汇总及转发；通过前台门户提供物业管理者登录访问和管理操作。

(2) 终端。终端是具体门禁系统的使用终端，主要终端类型有：

① 门口机：安装在小区入口或楼宇入口的楼宇对讲及门禁终端，访客可以通过门口机呼叫业主或住户，与之进行音频对讲，并接收远程指令开门。门口机融合门禁模块，可提供业主或住户物业的 IC 卡或电信手机刷卡开门。

② 电信终端：中国电信或其他电信运营商固定电话终端，用于接收来自天翼门禁云平台的呼叫，实现远程对讲及开门。手机终端包括智能手机与普通手机，用于接收来自门禁云平台的呼叫，实现远程对讲及开门。

(3) 关键技术。

① 手机远程控制门禁。针对现有社区的楼宇对讲及门禁系统只能在本地内部网络实现语音视频对讲及控制门禁的问题，使用手机通过门禁平台与电信网络相连，同时改造现有门禁系统中门口机的软件系统，增加双注册软件模块及触发逻辑机制，实现门口机呼叫房间室内机的同时(或无人应答时)，将呼叫转送到门禁平台，门禁平台的后台管理系统将接通与室内机绑定的手机、固话或多媒体终端等设备，实现远程语音或视频对讲及辅助控制门禁的功能。具体的手机控制门禁流程如图 7-9 所示。

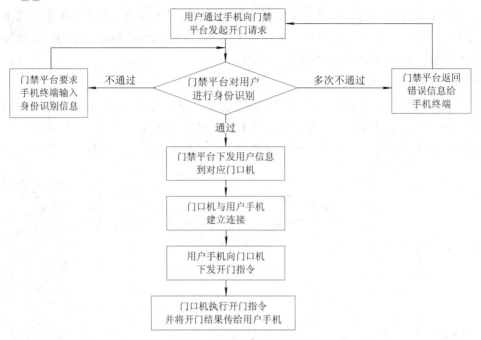

图 7-9 手机控制门禁流程

② 基于 RFID 带抓拍功能的门口机。传统的基于 RFID 的门口机主要支持两种卡：ID 卡与 IC 卡。对于这两种卡，大多数门禁装置只读取其公共区的卡号数据，不具备卡数据的密钥认证、读写安全机制。由于这两种卡极易被复制、被盗刷，因此会给出入居民带来严重的安全隐患。同时，传统的基于 RFID 的门禁装置仅提供最基本的刷卡开门功能。因此，基于社区、出租屋实现创新管理、提高安全保障的需要，RFID 门禁装置要求不仅可以实现刷卡开门及记录存储功能，还能在开门时进行图片或视频的抓拍，存储带抓拍图片或视频的开门记录，以增强安全管理。

在原有刷 RFID 卡开门功能的基础上，扩展实现了以下功能：

第一，门禁装置的红外感应模块感应到有人靠近门禁时，即启动抓拍，抓拍可以是一张图片，也可以是一段视频。

第二，门禁装置的读卡模块，在有人刷卡时，无论刷卡成功或失败，都启动抓拍，抓拍可以是一张图片，也可以是一段视频。

第三，门禁装置将红外感应抓拍的图片或视频、刷卡时的刷卡记录及抓拍的图片或视频通过 IP 数据通信模块上传至门禁管理平台，进行实时记录。

无线物联网门禁系统的安全与可靠主要体现在两个方面：无线数据通信的安全性保证和传输数据的稳定性。无线物联网门禁系统通过智能跳频技术来确保信号能迅速避开干扰，同时通信过程中采用动态密钥和 AES 加密算法，即使是相同的一个指令，每一次在空中传输的通信数据包都不一样，让监听者无法截取。但是，对于无线技术来讲，数据包加密技术容易实现，而无线通信的抗干扰能力却是始终绕不开的话题。针对这一问题，无线物联网门禁专门设计了脱机工作模式，这是一种确保在无线受干扰失效或者中心系统宕机后也能正常开门的工作模式。以无线门锁为例，在无线通信失败时它等同于一把不联网的宾馆房间锁，仍然可以正常地开关门(和联网时的开门权限一致)，用户感觉不到脱机和联机的区别，唯一的区别是脱机时刷卡数据不是即时传到中心，而是暂存在锁上，在通信恢复正常后再自动上传。无线物联网是一个超低功耗产品，这样会使电池供电的寿命更长，只有电池供电，才能彻底实现无线通信的可能。

无线物联网门禁系统的通信速度达到了 2 Mb/s，越快的通信速度意味着信号在空中传输的时间越短，消耗的电量也越少，同时无线物联网门禁系统采用的锁具是只在执行开关门动作时才消耗电量的。无线物联网门禁系统可以直接替换现有的有线联网或非联网门禁系统。对于办公楼宇系统，应用无线物联网门禁能明显降低施工工作量，降低使用成本；对于宾馆系统，能提升门禁的智能化水平。如何打消用户对无线系统稳定性、可靠性、安全性的担忧是目前无线物联网门禁市场推广的最大难题。

7.3 EPCglobal 网络安全技术应用

EPCglobal 是国际物品编码协会(EAN)和美国统一代码委员会(UCC)合作成立的一个非营利性机构，负责 EPC 网络的全球化标准，其目标是促进 EPC 网络在全球范围内得到广泛应用。EPCgloabal 起初由 MIT 的 Auto-ID 中心提出，2003 年 10 月，Auto-ID 中心研究功能并入 Auto-ID 实验室，总部设在 MIT，与其他五所大学通力合作研究和开发 EPCglobal 网络及其应用。这五所大学分别是英国剑桥大学、澳大利亚阿德莱德大学、日本庆应大学、中国复旦大学和瑞士圣加仑大学。

EPCglobal 网络是实现自动即时识别和供应链信息共享的网络平台。通过 EPCglobal 网络，提高供应链上贸易单元信息的透明度与可视性，以此各机构组织将会更有效运行。通过整合现有信息系统和技术，EPCglobal 网络将提供对全球供应链上贸易单元即时准确自动识别和跟踪。

7.3.1 EPCglobal 物联网的网络架构

典型的 EPC 物联网由信息采集系统、PML 信息服务器、对象名解析服务器和 Savant 系统四部分组成，如图 7-10 所示。

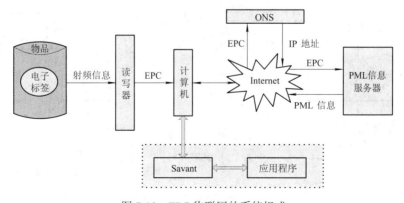

图 7-10 EPC 物联网的系统组成

1. 信息采集系统

信息采集系统由产品电子标签、读写器、驻留有信息采集软件的上位机组成，主要完成产品的识别和 EPC 的采集与处理。

2. PML 信息服务器

PML 信息服务器由产品生产商建立并维护，储存这个生产商生产的所有商品的文件信息。根据事先规定的原则对产品进行编码，并利用标准的 PML 对产品的名称、生产厂家、生产日期、重量、体积、性能等详细信息进行描述，从而生成 PML 文件。一个典型的 PML 服务器包括：

(1) Web 服务器。它是 PML 信息服务中唯一直接与客户端交互的模块，位于整个 PML 信息服务的最前端，可以接收客户端的请求，进行解析、验证，确认无误后发送给 SOAP 引擎，并将结果返回给客户端。

(2) SOAP 引擎。它是 PML 信息服务器上所有已部署服务的注册中心，可以对所有已部署的服务进行注册，提供相应组件的注册信息，将来自 Web 服务器的请求定位到相应的服务器处理程序，并将处理结果返回给 Web 服务器。

(3) 服务器处理程序。它是客户端请求服务的实现程序，包括实时路径更新程序、路径查询程序和原始信息查询程序等。

(4) 数据存储单元。它用于 PML 信息服务器端数据的存储，主要是对客户端请求数据的存储，存储介质包括各种关系数据库或者一些中间文件，如 PML 文件。

3. ONS 服务

ONS 的作用是在各信息采集节点与 PML 信息服务器之间建立联系，实现从 EPC 到 PML 信息之间的映射。读写器识别 RFID 标签中的 EPC 编码，ONS 则为带有射频标签的物理对象定位网络服务，这些网络服务是一种基于 Internet 或者 VPN 专线的远程服务，可以提供和存储指定对象的相关信息。实体对象的网络服务通过该实体对象的 EPC 代码进行识别，ONS 帮助读写器或读写器信息处理软件定位这些服务。ONS 是一个分布式的系统架构，其体系结构如图 7-11 所示。

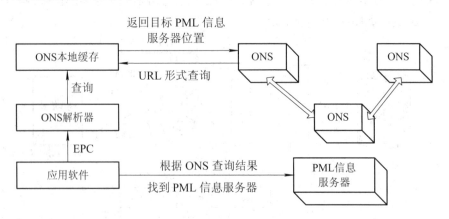

图 7-11 ONS 的体系结构

ONS 体系结构主要由以下四部分组成：

(1) 映射信息。映射信息以记录的形式表达了 EPC 编码和 PML 信息服务器之间的一种映射，分布式地存储在不同层次的 ONS 服务器里。

(2) ONS 服务器。如果某个请求要求查询一个 EPC 对应的 PML 信息服务器的 IP 地址，则 ONS 服务器可以对此作出响应。每一台 ONS 服务器拥有一些 EPC 的授权映射信息和 EPC 的缓冲存储映射信息。

(3) ONS 解析器。ONS 解析器负责 ONS 查询前的编码和查询语句格式化工作，它将需要查询的 EPC 转换为 EPC 域前缀名，再将 EPC 域前缀名与 EPC 域后缀名结合成一个完整的 EPC 域名，最后由 ONS 解析器发出对这个完整的 EPC 域名进行 ONS 查询的请求，获得 PML 信息服务器的网络定位。

(4) ONS 本地缓存。ONS 本地缓存可以将经常查询和最近查询的“查询-应答”值保存其内，作为 ONS 查询的第一入口点，这样可以减少对外查询的数量，提高本地响应效率，减小 ONS 服务器的查询压力。

4．Savant 系统

Savant 是处在解读器和 Internet 之间的中间件。Savant 系统在物联网中处于读写器和企业应用程序之间，相当于物联网的神经系统。Savant 系统采用分布式结构，层次化组织、管理数据流，具有数据搜集、过滤、整合与传递等功能，因此能将有用的信息传送到企业后端的应用系统或者其他 Savant 系统中。

由上述可见，EPCglobal 网络架构其实是一个应用层的架构。

7.3.2　EPCglobal 网络安全

1．EPCglobal 网络的安全性分析

关于 EPCglobal 网络本身的安全性的研究并不多见，多数文献还是重点讨论在超高频第二代 RFID 标签上如何实现双向认证协议。

EPCglobal 网络的安全研究主要分为两大类：一类是主要研究 RFID 的阅读器通信安全与 RFID 标签的安全；另一类是主要研究 EPCglobal 的网络安全。相关文献研究认为 ONS 架构存在严重的安全缺陷，文献[9]提出了一种基于分布式 Hash 表 DHT 的 P2P 名字服务架构，并在 PlantLab 平台上进行了研究，文中称这个架构为 OIDA。与 ONS 架构相比，该架构提供了多方面的安全，并提高了性能和可扩展性。

在 RFID 的标签与阅读器研究方面，文献[10]设计了一种 RFID 标签和读写器之间的双向认证协议，且该协议可以在 EPCglobal 兼容的标签上使用。该协议可以提供前向安全 (Forward Security)。文中还提出了一种 P2P 发现服务的 EPC 数据访问方法，该方法比基于中央数据库的方法具有更好的可扩展性。

EPCglobal 的 1 类 2 代(Class-1 Generation-2)RFID 标签中，标签的标识是以明文进行传输的，很容易被追踪和克隆。通过对称和非对称密码加密的方法在廉价标签中可能不太可用。虽然已经提出一些针对第 2 代标签的轻量级的认证协议，但这些协议的消息流与第 2 代标签的消息流不同，因而存在的读写器可能不能读新的标签。相关研究文献提出了一种新的认证协议，称为 Gen2+，该协议依照第 2 代标签的消息流，提供了向后兼容性。该协

议使用了共享的假名(Pseudonym)和循环冗余校验(CRC)来获得读写器对标签的认证，并利用读存储命令来获得标签对读写器的认证。论证结果表明 Gen2+在跟踪和克隆攻击下更加安全。

在 EPCglobal 的 RFID 标签安全研究的相关文献中分析了第 2 代标签的安全缺陷，包括泄露、对完整性的破坏、拒绝服务攻击以及克隆攻击等。广义来说，泄露威胁指的是 RFID 标签信息保存在标签和传递给读写器的过程中被泄露。拒绝服务攻击就是当标签被访问时被攻击者的读写器阻塞了，即当一个读写器需要读标签信息时，被另一个攻击者的读写器阻止了这种访问。这种阻塞可能是持续的，导致标签信息总是无法被读取。破坏完整性威胁是指非授权地对标签存储的信息或者传递给读写器的信息进行修改。克隆攻击就是某个非法标签的攻击者行为导致欺骗读写器，使读写器以为自己正在与某个设备进行正确的信息交换。在这种攻击中，仿真程序或硬件在一个克隆标签上运行，伪造了读写器期望的正常的操作流程。为了应对这些威胁，可采用的方法包括使用会话来避免泄露，引入高密度(Dense)读写器条件来避免拒绝服务攻击，组合安全协议和空中接口、Ghost Read 以及 Cover Coding 方法来克服破坏完整性攻击。对于克隆攻击还没有简单有效的防御方法，目前，RFID 克隆预防是用软件或硬件技术防护标签，使攻击者无法从真正的标签获得所有的认证证书。其中软件技术在部署前将共享的密钥加载到标记中，硬件技术则是利用在不同标签之间存在独特的物理特性差异，加以区别防止标签克隆。

针对供应链中的安全分析，在相关文献中给出了一种基于 RFID 的供应链中可以检索和分析分布式的 EPC 事件数据的方法，组合这些数据可能导致商业机密的泄露。相关研究文献还给出了一个基于证书(License)的访问控制原型系统来保护商业方的隐私。该方法依照了欧盟提出的隐私保护设计(Privacy-by-Design)原则，可以减少暴露的数据。

2. EPCglobal 网络中的数据清洗

由于读写器异常或者标签之间的相互干扰，有时采集到的 EPC 数据可能是不完整的或错误的，甚至出现多读(False Positive)和漏读(False Negative)的情况。漏读是指当一个标签在一个阅读器阅读范围之内时，该阅读器没有读到该标签。多读是指当一个标签不在一个阅读器阅读范围之内时，该阅读器仍然读到该标签。如果将源数据直接投入到实际应用中，得到的结果一般都没有应用价值，所以在对 RFID 源数据进行处理之前，需要对数据进行清洗。Savant 要对读写器读取到的 EPC 数据进行处理，消除冗余数据，过滤掉"无用"信息，以便传送给应用程序或上级 Savant "有用"信息。

冗余数据的产生主要是因为两个因素：第一，在短期内同一台读写器对同一个数据进行重复上报。如在仓储管理中，对固定不动的货物重复上报；在进货、出货过程中，重复检测到相同物品。第二，多台邻近的读写器对相同数据都进行上报。读写器存在一定的漏检率，这与读写器天线的摆放位置、物品离读写器的远近、物品的质地都有关系。通常为了保证读取率，可能会在同一个地方相邻地摆放多台读写器，这样，多台读写器将监测到的物品上报时，就可能会出现重复。另外，很多情况下用户可能还希望得到某些特定货物的信息、新出现的货物信息、消失的货物信息或只是某些地方的读写器读到的货物信息。

用户在使用数据时，希望最小化冗余，尽量得到靠近需求的准确数据。冗余信息的解决办法是设置各种过滤器进行处理。可用的过滤器有很多种，典型的过滤器有四种：产品过滤器、时间过滤器、EPC 过滤器和平滑过滤器。产品过滤器只发送与某一产品或制造商相关的产品信息，也就是说，过滤器只发送某一范围或某一方式的 EPC 数据；时间过滤器可以根据时间记录来过滤事件，如一个时间过滤可能只发送最近 10 分钟内的事件；EPC 过滤器可过滤符合某个规则的 EPC 数据；平滑过滤器可处理出错的情况，包括漏读和错读。

对于漏读的情况，需要通过标识之间的关联度(如同时被读到)来找回漏掉的标识。文献[10]给出了一种基于对监控对象动态聚簇概念的 RFID 数据清洗策略，通过有效的聚簇建模和高效的关联度维护来估算真实的小组，这里所谓的"小组"就是常常会同时读取的具有某种关联度的标签。在估算真实的小组基础上进行有效的清洗。由于引入了新的维度，在有小组参与的情况下，无论数据量的大小和组变化的程度，与考虑时间维的相关工作相比，该模型可以有效地利用组间成员的关系来提高清洗的准确性。

7.4　M2M 安全

随着 M2M 技术的发展，M2M 在物联网、移动通信、自动控制等多个领域得到广泛的应用，尤其是在物联网中已经成为关键技术，因此，M2M 的安全与物联网的安全密切相关。

首先，M2M 利用远程无线通信接入互联网是非常方便快捷的，容易部署，价格便宜，还支持移动性。若将家里的热水器装上支持 GPRS 网络的 SIM 卡，用户就可以在下班的路上给它发短信控制其开关和温度了。传感器节点(或者传感器网络的网关)也可以通过 SIM 卡将监控或者感知的数据发给用户，如室内温度和湿度等。设想一下，如果 SIM 采取的是 TD-SCDMA 甚至是数据更快的 4G/5G LTE 网络，那么用户甚至可以看到视频摄像头监控的内容。这无疑相当于具备了无数个"千里眼"，可以"感知地球"了。M2M 应用市场正在全球范围快速增长，随着通信设备、管理软件等相关技术的深化和 M2M 产品成本的下降，M2M 业务将逐渐走向成熟。目前，许多国家已经实现了安全监测、机械服务、维修业务、自动售货机、公共交通系统、车队管理、工业流程自动化、电动机械、城市信息化等领域的应用。

其次，M2M 具有巨大的商机。据 2012 年 2 月相关媒体报道，市场研究机构 Machina Research 公布的最新数据显示，排名 M2M 通信领域前 20 位的移动运营商到 2020 年底从 M2M 应用程序中斩获 250 亿欧元的收益。Machina Research 公司给出的前三名分别为沃达丰、德国电信和 AT&T，这三家运营商将占排名前 20 位的运营商总收入的 35%。全球 M2M 连接设备数量从 2010 年的 6200 万台大幅增长至 2020 年的 21 亿台。预计到 2023 年，全球 M2M 网联设备将占据一半市场。由于互联网技术的进步和工业自动化的普及，在工业控制领域，随着工业 4.0 时代的到来，M2M 使得制造商可以将智能传感器、分析技术和人工智能结合起来，实时监控运营和潜在的中断，使生产保持在最优级别运行。各种组织中连接设备的使用范围扩大，已成为推动该市场增长的重要因素之一。此外，随着对能源管理和停电预防的高度重视，天然气、自来水、电表等智能计量设备也相继推出。在各国政府增加对智慧城市发展投资的推动下，这些需求正在推动市场增长。

同时，M2M 在学术界也引起了更多研究者的注意。2011 年，很多学术期刊组织了关于 M2M 的专题讨论(专刊)，关于这一主题的大型学术会议下的专题研讨会(Workshop)也非常多。在近几年的学术会议中对 M2M 的研究也一直是热门话题。

另外值得注意的是，ETSI 发布了其第 1 版 M2M 标准——ETSI M2M 标准 Release 1。该标准允许多种 M2M 技术之间通过一个可管理平台进行整合。标准对 M2M 设备、接口网关、应用、接入技术及 M2M 业务能力层进行了定义。同时，提供了安全、流量管理、设备发现及生命周期管理特性。该标准的发布被视为 M2M 产业的一个里程碑，预示着产业发展迈向规范化和规模化。

7.4.1 M2M 概述

1. M2M 的概念、架构与应用

M2M 即"机器对机器"的缩写，扩展的概念包括"Machine to Mobile"(机器对移动设备)、"Machine to Man"(机器对人)、"Man to Machine"(人对机器)和"Mobile to Machine"(移动设备对机器)之间的连接与通信，旨在实现人、设备、系统间的无缝连接。广义上讲，M2M 可认为是机器与机器、人与机器、移动网络与机器之间的连接与通信，涵盖了所有实现人、机器、系统之间建立通信连接的技术和手段。本节主要讨论狭义的 M2M 概念，即通过无线移动通信网络进行广域网连接的设备间的通信。M2M 强调机器与机器的互联，连接方式是多种多样的。但是，移动通信网络由于其网络的特殊性，终端不需要人工布线，可以提供移动性支撑，有利于节约成本，并可以满足在危险环境下的通信需求，这使得以移动通信网络作为承载的 M2M 服务得到了业界的广泛关注。正是由于上述原因，M2M 通常是由电信部门(移动运营商)主导和助推的。图 7-12 给出了一个 M2M 系统结构框图。

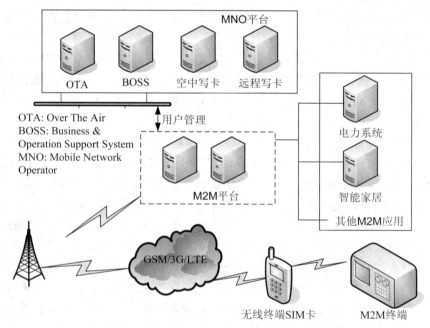

图 7-12 M2M 系统结构框图

M2M 应用系统主要由以下几部分构成：

(1) 智能化机器：使机器"开口说话"，让机器具有信息感知、信息加工及无线加工的

能力。

(2) M2M 硬件：使机器可具备联网能力和远程通信的部件进行信息提取，从不同设备内汲取需要的信息，传输到分析部分。

(3) 通信网络：包括广域网(无线移动通信网络、卫星通信网络、互联网和公众电话网)、局域网(以太网、无线局域网、WiFi 等)、个域网(ZigBee、传感器网络、蓝牙)。通过这些网络将 M2M 硬件传输的信息送达指定位置，是 M2M 技术框架的重要组成部分。

(4) 中间件：M2M 网关完成在不同协议之间的转换，在通信网络和 IT 系统之间建立桥梁。

5G 技术和低功耗广域网组网技术的发展将有助于物联网 M2M 通信连接，加速物联网平台和服务的引入。各种物联网应用领域正在迅速起飞，带动包括智慧城市、智慧建筑、智慧工厂等应用的发展。

M2M 技术在欧美、韩国和日本实现了商用。美国的 Sprint 公司通过 ODI 计划认证了 160 个厂商的 M2M 终端设备，这些设备被广泛应用到智能抄表、无线 POS 机、车载管理等多个行业领域。日本国际电信电话株式会社 KDDI 已经售出的 M2M 通信模块，主要针对车辆管理行业和儿童定位行业。2014 年中国物联网产业规模突破 6200 亿元，同比增长 24%，2015 年市场规模达到 7500 亿元，同比增长 21%。随着通信设备、管理软件等相关技术的更新迭代，M2M 设备产品成本下降，M2M 设备业务将逐渐走向成熟，更多的应用领域将被不断发掘，如零售、安防等领域，M2M 应用发展空间巨大。中国 M2M 应用市场巨大，将打开万亿市场。

M2M 应用领域主要包括交通领域(物流管理、定位导航)、电力领域(远程抄表和负载监控)、农业领域(大棚监控、动物溯源)、城市管理(电梯监控、路灯控制)、安全领域(城市和企业安防)、环保领域(污染监控、水土检测)、企业(生产监控和设备管理)和家居(老人和小孩看护、智能安防)等，具体表现在以下几方面：

(1) 家庭应用领域：日常水、电和煤气计量仪表，利用 M2M 器件实现自动抄表，并整合 GPRS 模块和 CDMA 模块，作为数据的远程传输通路，直接与银行服务商的计费系统联网，代替人力。

(2) 零售和支付领域：目前，基于手机业务的电子支付系统已广泛应用，使用移动通信模块进行日常消费也是一种不错的选择。

(3) 工业应用领域：选择 GPRS 和 CDMA 监测模块日益流行，该组模块在远程测量、远程设备管理和遥控等方面有着显著的特点。

(4) 物流运输行业：利用移动通信网络覆盖面广的特点，实现订单查询与管理、运输安排、交接与支付系统控制等功能，在服务速度、服务质量和服务灵活性方面提高很多。

(5) 医疗行业：通过 M2M 器件实现对患者的远程监护、远程检验和数据汇总，从而进行远程诊疗。

2. M2M 的发展

M2M 技术是 20 世纪 90 年代出现的，在 IPv6 制定的时候，研究人员就考虑到将所有物品连接到网络中，因此才将 IPv4 的 32 位扩充到了 IPv6 的 128 位，这是最初的 M2M 技术构想，但是直到最近几年 M2M 才真正出现在人们的视线中。

M2M 可以和 EPCglobal 网络融合，即 RFID 读写器通过 M2M 连接到 Internet，然后可访问 EPGglobal 定义的 ONS、EPCIS 等服务。M2M 和 6LoWPAN 技术之间的区别是 6LoWPAN 提供了直接的 Internet 寻址能力，而 M2M 是通过在 M2M 服务器端的网关功能进行寻址，这种寻址类似于一种基于广域无线通信网的网络地址转换(NAT)，因为 M2M 不需要配置 IP 地址，只需要配置内部标识，即 MCIM(M2M Communications Identity Module)。ETSI 研究的 M2M 相关标准有十多个，其中一个提出了 M2M 的功能体系架构，包括定义新的功能实体，与 ETSI 其他分支或其他标准化组织标准间的标准访问点和概要级的呼叫流程。

ETSI 的 M2M 体系架构如图 7-13 所示，可以看出，广义的 M2M 技术涉及通信网络中从终端到网络再到应用的各个层面，M2M 的承载网络包括 3GPP、TISPAN(电信和互联网融合业务及高级网络)。TISPAN 是 ETSI 从事下一代网络 NGN 研究的标准化组织，是由欧洲运营商和制造商主导以及 IETF 定义的多种类型的通信网络。

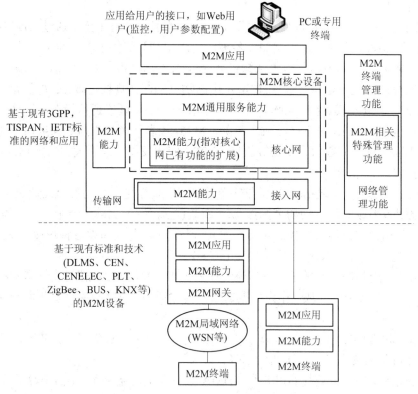

图 7-13 ETSI 的 M2M 功能架构中的针对机器通信的功能强化

我国在 M2M 技术方面，中国移动已经开通了 M2M 业务，推出了"车务通""电梯卫士""消防监控系统""爱贝通""关爱通"五项 M2M 应用。2007 年起，M2M 杂志每年定期发布 M2M 领域内的全球 100 强名单(包括 M2M 产业链上下游企业)的成员，获得全球 M2M 业的广泛认可。全球 M2M 模块主要供应商有 Cinterion(从西门子公司分出)、Wavecom 和 Telit。我国 M2M 模块的主要供应商是 SIMCom(芯讯通)公司。2010 年 6 月，该公司推出新的 TD-SCDMA 模块 SIM4200。这是一款专为中国移动网络设计的工业级产品，该产品同时支持中国移动的 WMMP 协议。SIM4200 是一款双模 TD-SCDMA/HSDPA/EDGE/GSM 模块，其中 TD-SCDMA/HSDPA 工作频段为 1880～1920 MHz 及 2010～2025 MHz。其数据传输能力可达到下行速率 2.8 Mb/s，上行速率 384 kb/s。SIM4200 采用板对板的封装形式，支持工业应用程序常用的 USB2.0 和串行端口(RS232)接口，支持语音。另外，该产品还支持 Java 二次开发应用，嵌入了中国移动 WMMP 协议。WMMP 协议是中国移动为实现终端与 M2M 平台数据通信过程而设计的，建立在 UDP 协议之上。嵌入 WMMP 协议到通信模组内，可以提供标准化的软硬件接口以及二次应用开发环境，实现物联网终端的标准化和快速部署。

近年来，中国移动相继推出了交通物流、电力抄表、安防监控及电子支付等一系列 M2M 信息化解决方案。其核心理念是基于移动通信网络的机器与机器、机器与人的信息采集、传输和应用处理的，实现对机器的远程监控、指挥调度、数据采集等管理。例如："移动巴枪"是中国移动在交通物流领域的 M2M 典型应用之一，它依托中国移动成熟的网络平台，以手机或 PDA 等移动终端作为数据存储载体，连接条码扫描枪，形成一套数据采集的传输系统；"车行无忧"业务是集汽车定位、汽车安全、综合信息于一体的全方位服务，它是基于中国移动的 GSM 网络，结合 GPS 卫星精确定位与 LBS 基站定位技术为车主提供的无缝定位服务，大大提高了车主对汽车安全的信心。

M2M 具有巨大的市场潜力和应用前景，是物联网的主要应用支撑技术。特别是国内提出的"车联网"概念，可以应用 M2M 技术，直接在车辆上安装 M2M 设备，通过 GPRS(TD-SCDMA、LTE)接入 Internet。这个接入规模是巨大的，如果再和 GPS(或者北斗系统)功能连用，能出现很多新的应用。

3. M2M 典型应用实例

在现有阶段，M2M 应用通常依赖于 GSM 模块，将来会鼓励更多地使用 TD-SCDMA 和 4G/5G 模块。GSM 模块根据提供的传输速率可分为 GPRS 模块、EDGE 模块和短信模块。短信模块只支持语音和短信服务。GPRS 的传输速率从 56 kb/s 到 114 kb/s 不等，理论速率为 171 kb/s。GPRS 技术还具有在任何时间、任何地点都能实现连线、永远在线、按流量计费等特点。EDGE 技术进一步提升数据传输速率到 384～473 kb/s。目前国内的 GSM 网络普遍具有 GPRS 通信功能，移动和联通的网络都支持 GPRS，而 EDGE 在部分省市实现了网络覆盖。

GPRS 模块是具有 GPRS 数据传输功能的 GSM 模块，其实就是一个精简版的手机，如果加上屏幕和键盘就是一个完整的手机。单片机(如 ARM 机)可通过 RS-232 串口与 GPRS 模块相连，通过 AT 指令控制 GPRS 模块实现通信功能。全球市场主要物联网 GSM 和 GPRS 模组生产商包括 Sierra Wireless、Telit、Thales、U-blox 和 Sequans Communication SA 等，市场上比较流行的模块包括西门子的 TC35i、MC39i、MC55，Wavecom 的 Q24/Q26 系列，大唐的 B200、B255，SIMCom 公司的 SIM300 等。对于模块的应用，主要掌握软件和硬件两个方面。软件主要是了解模块的 AT 指令集，包括标准的 AT 指令和各厂家自己扩展的 AT 指令，例如 TCP/IP 指令、STK 指令等。硬件主要是了解该模块的硬件接口，如串口、SIM 接口等，以及电气参数，如电压、电流要求等。下面给出一个 M2M 典型应用的实例，某省无人值守的气象信息采集系统如图 7-14 所示。

各气象采集点通过 GPRS 模块与中心站主机保持实时连接，监测设备获得的气象信息通过 GPRS 模块传给气象中心主机，中心主机对信息进行处理，形成气象预报信息。GPRS 模块提供了广域无线 IP 连接，设备安装方便、维护简单，缩短了建设周期，降低了建设成

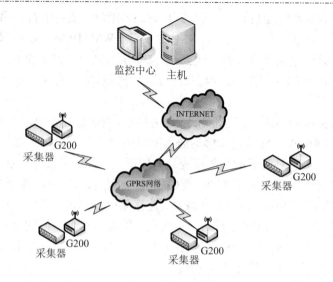

图 7-14　基于 GPRS 模块的无人值守的气象信息采集系统

本；采集点的覆盖范围广，接入地点无限制，扩容无限制(因为 GPRS 已经覆盖该省绝大部分地区)；数据传输速率高，通信费用低(GPRS 按流量计费)，具有良好的实时响应和处理能力。系统的构成包括：

(1) 气象信息采集点。采用 G200 GPRS 模块，通过 RS232/RS485/TTL 接口与气象设备采集点连接，接入中国移动提供的 GPRS 网。数据采集点使用了专用的 STK 卡，该卡只能用于与中心站的数据通信。

(2) 气象中心站。气象中心站负责维护接入的每个终端的 IP 地址和 ID 号，确保对采集点的寻址。系统还支持各种行业应用，如实现信用卡实时认证、POS 的远程控制维护、远程业务点接入等。G200 GPRS 模块具有以下特点：

① 支持 900/1800 双频；

② 接口支持 RS232、RS485、TTL；

③ 理论传输速率为 171 kb/s，实际传输速率为 40 kb/s；

④ 支持 Windows 98/2000/XP 及 Linux 操作系统；

⑤ 内嵌 TCP/IP 协议，可完成透明传输通道；

⑥ 实时监测网络连接情况，掉线自动重传；

⑦ 提供主/副 IP 及动态域名解析；

⑧ 用户可设定心跳报告时间间隔；

⑨ 用户可设定数据通信帧长度等。

上述实例其实可代表大部分的 M2M 应用模式，它采用的是直接将传感器节点通过 M2M 方式传递到 GPRS 网络，经过 Internet 连接到控制中心。如果在终端具有多个传感器节点，如构成了传感器节点的簇结构，可以先通过 ZigBee 将这些节点的数据传送到簇头节点，也称为 Sink 节点或网关节点，由网关节点通过 M2M 方式发送到 GPRS 网络，经 Internet 到控制中心。

如果进一步扩展，终端节点可以采用 5G 通信模块，可加上 GPS(或北斗导航系统)模块、

RFID 模块，甚至传感器和制动器模块的组合，便可以构成带有定位、标识、感知和移动四种功能的应用。其网络接入的实现方法是类似的。其实，这一实例系统中需要保障系统的安全和稳定，包括信道加密、信源加密、登录保护、访问防护、接入防护、防火墙等。通常此类系统的安全防护包括：

(1) 利用 SIM 卡的唯一性，对用户 SIM 卡手机号码进行鉴别授权。在网络中对 SIM 卡号和 APN(Access Point Name)进行绑定，划定用户可以接入某系统的范围，只有属于指定行业的 SIM 卡手机号才能访问专用 APN。

(2) 特定用户。对于特定用户可通过数据中心分配特定的用户 ID 和密码，没有分配 ID 和密码的用户将无法登录系统。

(3) 数据加密。通过 VPN 对整个数据传送过程进行加密。

(4) 网络接入安全鉴权。采用防火墙软件，设置网络鉴权和安全防范功能。

7.4.2　M2M 安全技术

1. M2M 的安全威胁与对策

1) 本地安全威胁与对策

M2M 通信终端很少是有人直接参与管理的，因而存在许多针对 M2M 终端设备和签约信息的攻击。

(1) 盗用 M2M 设备或签约信息。M2M 设备在一般情况下是无专人看管的，这就可能导致攻击者破坏 M2M 设备、盗取 USIM 或 UICC，甚至 M2M 设备，从而窃取或篡改 M2M 设备中的用户签约信息。

防御这一威胁的方法是采取机卡一体方案，承载 USIM 应用的 UICC 不可被移除或移除后将永久失效；在机卡分离的方案中，移除 UICC 将导致 M2M 设备不可用；对于将 MCIM 直接以软件形式绑定到 M2M 设备中的方案，M2M 设备则需要提供一种特殊的可信环境来安全存储和执行 MCIM，例如可信计算技术中的远程证明机制，同时能够防止攻击者通过逻辑或物理方式进行攻击。

(2) 破坏 M2M 设备或签约信息。攻击者可能会采用物理或逻辑方法改变 TRE 的功能、TRE 与 M2M 设备间的控制信息或已获取的 MCIM 中的信息，造成用户无法接入网络或丢失个人数据等，或者直接破坏 M2M 设备或 UICC，造成签约信息或 M2M 设备不可用。攻击者还可以将 MCIM 的承载实体暴露在有害电磁环境中，导致其受到破坏，从而造成签约信息不可用。此外，攻击者还可以通过向 M2M 设备中添加恶意信息导致签约信息不可用。可采取的对策是 M2M 设备应具备较强的抗辐射、耐高低温能力，为 M2M 设备中的功能实体提供可靠的执行环境。

2) 无线链路的安全威胁与对策

M2M 终端设备与服务网之间的无线接口可能面临以下威胁：

(1) 非授权访问数据。攻击者可以窃听无线链路上的用户数据、信令数据和控制数据，进行流量分析，从而获取 M2M 用户密钥或控制数据等机密信息，非法访问 M2M 设备上的数据。采取的对策是在终端设备与服务网之间使用双向认证机制以及采取相应的数据加密算法。

(2) 对完整性的威胁。攻击者可以修改、插入、重放或者删除无线链路上传输的合法

M2M 用户数据或信令数据，对 M2M 用户的交易信息造成破坏。这可以通过完整性保护方法如使用具有完整性密钥的 Hash 算法来保护。

(3) 拒绝服务攻击。攻击者通过在物理层或协议层干扰用户数据、信令数据或控制数据在无线链路上的正确传输，实现无线链路上的拒绝服务攻击。拒绝服务攻击是攻击无线链路的常见攻击，目前没有特别好的方法，有些人提出基于物理层(如数据链路层)的解决方法，但适用性可能不高。通常可采取的对策是通过追踪机制确定攻击者的位置。

3) 对服务网的安全威胁与对策

服务网面临的威胁可以分为以下几类：

(1) 非授权访问数据和服务。攻击者可以进入服务网窃听用户数据、信令数据和控制数据，未经授权访问存储在系统网络单元内的数据，进行流量分析。攻击者冒充合法用户使用网络服务，通过改变 MCIM 的接入控制方式来获得非法服务，利用窃取的或过期未注册的身份来注册获取 MCIM，从而获得非授权的签约信息接入服务网获取服务。攻击者可能假冒成归属网以获取假冒另一用户所需的信息。用户也可能滥用其权限以获取对非授权服务的访问。对非授权访问数据和服务的解决对策方法是采取认证机制。

(2) 窃取、更改通信信息。攻击者常通过物理窃取、在线侦听、伪装成合法用户等手段来获取、修改、插入、删除或重放用户通信信息，如中间人攻击，这种攻击可以在"拦截数据—修改数据—发送数据"的过程中窃取或更改 M2M 设备间的通信信息。攻击者还可能通过在线侦听或截获远程供应的 MCIM 的方式，达到非法使用 MCIM 应用的目的，从而造成合法用户的损失。其采取的对策是在 M2M 终端设备之间使用认证机制以及数据加密算法。

(3) 拒绝服务攻击。攻击者通过在物理层或协议层干扰用户数据、信令数据或控制数据的传输来实现网络中的拒绝服务攻击；还可以通过假冒某一网络单元来阻止合法 M2M 用户的业务数据、信令数据或控制数据，从而使合法 M2M 用户无法使用正常的网络服务。其采取的对策是在 M2M 终端设备之间使用认证机制以及数据加密算法。

(4) 病毒、恶意软件。攻击者可以通过恶意软件、木马程序或其他手段获取 M2M 上的应用软件、签约信息以及 MCIM，然后在其他 M2M 设备上复制还原，从而冒用 M2M 用户的身份；还可以通过病毒或恶意软件更改、插入、删除用户的通信数据。

(5) 更换运营商时的安全威胁。M2M 用户更换本地运营商时也会面临一些安全威胁。由于运营商间竞争的存在，在 M2M 用户选择新运营商后，其证书信息及密钥在运营商间进行交换时可能会面临一些不正当行为的威胁，造成用户交易信息泄露，给用户造成经济损失，同时也会损害运营商的利益。

2. M2M 的安全标准和研究进展简介

在国际标准的安全方面，3GPP 给出了一个报告。M2M 在 3GPP 内对应的名称为机器类型通信(MTC)，其 SA3 工作组负责安全相关的研究。该工作组发布的最新版本是 2010 年 6 月发布的文档 SP-48 3GPP: 3GPP TR 33.812 V9.2.0，即《M2M 设备签约信息的远程提供和变更中安全方面的可行性研究》，英文名为 Feasibility Study on the Security Aspects of Remote Provisioning and Change of Subscription for Machine to Machine(M2M) Equipment，该文档讨论了 M2M 应用在 UICC 中存储时，M2M 设备的远程签约管理，包括远程签约的可信任模式、安全要求及其相应的解决方案等。

ETSI 于 2011 年 1 月给出了一个标准草案——Draft ETSI TR 103 167 V0.2.1，即 M2M: Threat Analysis and Counter-Measures to M2M Service Layer(M2M 业务层威胁分析及对策)。在 2012 年初召开的一次研讨会上指出 M2M 业务层安全架构中将在 M2M 设备和网关上支持双向认证、完整性保护和保密性。M2M 的安全研究才刚刚开始，还有很多安全问题待发现和解决。

国内的握奇公司提出的 M2M 平台功能架构中包括一个安全访问控制模块，这个模块的功能主要是针对码号资源管理、SIM 个人化、密钥管理和鉴权访问控制。对于运营商来说，当前码号资源十分紧张，如何在物联网时代解决码号资源问题成为当务之急。为了解决码号资源问题和安全管理，该公司推出了空中发卡解决方案和机卡认证解决方案。空中发卡解决方案利用了虚拟号码池和码号资源回收机制实现码号资源充分利用，避免了码号资源闲置浪费的局面。安全认证解决方案利用了终端的 IMEI 号和 SIM 模块的 IMSI 进行机卡绑定，同时通过 M2M 鉴权认证平台进行机卡互锁管理，平台定期下发更新密钥，可防止盗卡、盗机现象，确保码号资源的安全性。

在国内由大唐电信科技产业集团、中国信息通信研究院、中国移动通信集团公司、国家计算机网络应急技术处理协调中心、江苏省邮电规划设计院有限责任公司、南京邮电大学等起草的《M2M 技术要求(第一阶段)安全解决方案》是 2018 年 7 月 24 日实施的一项行业标准。《M2M 通信系统增强安全要求》是 2021 年 9 月起实施的一项建议书。《M2M 应用通信协议技术要求》是 2022 年 11 月 1 日实施的一项中国国家标准。国家标准《M2M 应用通信协议技术要求》由 TC485(全国通信标准化技术委员会)归口上报及执行，主管部门为工业和信息化部(通信)，主要起草单位有中国移动通信集团有限公司、中国信息通信研究院、中国电信集团有限公司、华为技术有限公司、中国联合网络通信集团有限公司、北京映翰通网络技术有限公司等。

7.5　区块链安全

7.5.1　区块链概述

区块链(Blockchain)是一个又一个区块组成的链条。每一个区块中保存了一定的信息，它们按照各自产生的时间顺序连接成链条。这个链条被保存在所有的服务器中，只要整个系统中有一台服务器可以工作，整条区块链就是安全的。这些服务器在区块链系统中被称为节点，它们为整个区块链系统提供存储空间和算力支持。如果要修改区块链中的信息，必须征得半数以上节点的同意并修改所有节点中的信息，而这些节点通常掌握在不同的主体手中，因此篡改区块链中的信息是一件极其困难的事。相比于传统的网络，区块链具有两大核心特点：一是数据难以篡改；二是去中心化。基于这两个特点，区块链所记录的信息更加真实可靠，可以解决人们互不信任的问题。

1. 区块链的产生

区块链的发展源于数字货币。1983 年，著名密码学家 David Chaum 首次提出了"不可追踪支付"密码货币的概念,并随后推出了第一款数字货币 eCash。1996 年,Douglas Jackson 发起创立了数字货币 E-gold,以真正的黄金作为价值支撑。2005 年,Nick Szabo 提出了一种激励困难问题解决的数字货币 Bitgold,用户通过解决数学难题获得货币奖励。2008 年,署名为 Satoshi Nakamoto 的作者发表了一篇名为《比特币:一种点对点电子现金系统》的论文,首次提出区块链的概念,并构造了一种完全去中心化的数字货币系统——比特币 (Bitcoin),阐述了基于 P2P 网络技术、加密技术、时间戳技术、区块链技术等电子现金系统的构架理念,这标志着比特币的诞生。2009 年 1 月 4 日,中本聪创建了比特币网络的第一个区块——创世区块,获得首矿的 50 比特币奖励。2009 年 1 月 12 日,中本聪通过钱包发送 10 个比特币给 Hal Finney,这是比特币系统上线后的第一笔交易,标志着区块链的诞生。2010 年 5 月 22 日为"比特币比萨日",Laszlo Hanyecz 用一万个比特币买了两个比萨,这是比特币作为数字货币流通的第一笔交易。2011 年 6 月 14 日维基解密创始人阿桑奇接受比特的匿名捐赠,从此比特币被越来越多的人知晓,而区块链作为比特币的核心底层技术,其真正价值已被挖掘出来并被广泛使用。

在传统的金融体系中,需要一个类似银行的可信中心机构进行集中化的交易确认和验证来保障交易过程的安全性,从而构建来自多个不信任用户之间的信任。在现实生活中,中心化机构会受到内部潜在安全威胁或外部恶意攻击,因此构建完全可信任的中心化机构相对困难。比特币作为一种点对点分布式的电子现金系统,能够支持用户在线支付,直接由发起方支付给接收者,中间无须通过任何中心机构。

2. 区块链的功能

区块链本质上作为一种分布式的公共记账本(Distributed Ledger),由于密码学、点对点等技术的引入,相比传统的数据库在数据验证和数据存储方面有着不同的机制。

(1) 数据验证。区块链中的每个区块都包含了生成时所带的时间戳,系统中的很多节点会对该时间戳以及记录的时间进行验证和记录,在得到大多数节点承认的前提下,其上的数据记录是不可以被更改的。

(2) 数据存储。区块链是一种多备份、高冗余的数据存储机制,网络中的每个节点都存储了完整的数据记录,每个节点都可以作为服务端对客户端提供区块链交易服务。完全去中心化的安全特性避免了由于单点故障或操作员权限使用不当而导致的数据丢失或泄露问题。

3. 区块链的定义

狭义的区块链技术是一种基于时间顺序的分布式账本,它将数据区块通过首尾相连的方式组合而成一种链式数据结构,以密码学为基础来保障数据的不可篡改、不可伪造等特性。

广义的区块链技术是基于密码学、时间戳等技术来传输和验证数据,通过链式数据结构来存储数据,利用共识机制来生成和更新数据,并通过设计可编程智能合约来实现的一种全新去中心基础架构与分布式计算范式。

4. 区块链的结构

区块链的每个区块中包含相同的数据结构,主要为区块头(Block Header)和交易详细信息(Transactions)两部分,如图 7-15 所示。

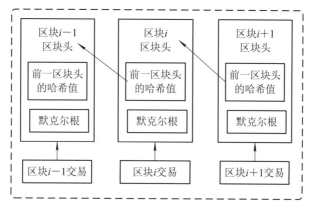

图 7-15　区块链结构

5. 区块链的发展

区块链技术的发展大致可分为四个阶段：区块链 1.0、区块链 2.0、区块链 3.0 和区块链 4.0。

(1) 区块链 1.0：数字货币的启蒙时代，主要指包括比特币、莱特币(Litcoin)等在内的数字加密货币项目，其可编程的数字货币应用涵盖了支付、流通等货币职能。区块链 1.0 中的数字加密货币仅能够支持非图灵完备的脚本语言，这也是其应用受限的最主要原因之一。

(2) 区块链 2.0：智能合约时代，在数字加密货币基础之上引入智能合约，其典型代表为以太坊(Ethereum)的引入，支持用户在分布式平台上搭建去中心化应用(Decentralized Application，DApp)。在区块链 2.0 时代，区块链技术的应用不再单纯地指数字货币，而是扩展到去中心化、满足复杂应用场景的区块链平台。然而，区块链 2.0 支持的公有区块链虽然相比区块链 1.0 时代有所改进，但是在交易过程中的吞吐量仍然比较低，只能达到每秒千次量级，而且交易确认的延时非常高，无法支持更大规模的实时交易场景。

(3) 区块链 3.0：演升到应用平台时代，区块链 3.0 是指除数字加密货币、金融证券之外的其他领域应用，包括政务、智慧医疗、数字知识产权等。一方面，区块链 3.0 是针对数字资产保护技术的集合，它的目标是实现各种数字资产权益在"真实世界"与"数字世界"两个平行时空之间的映射和转移，从而推动全球数字经济的进一步发展；另一方面，从性能上来看，区块链 3.0 技术的目标是实现高并发、低能耗的并行分布式数据账本，使交易确认效率大幅度提升，且无须挖矿操作，从而减少能源浪费。

(4) 区块链 4.0：信息系统基础设施时代。区块链 4.0 是以提供全球价值互联网信息基础设施为目标，形成基于区块链技术的可信任生态体系，把区块链应用到各个行业以及人们日常生活的基础设施之中，如物联网、社会管理、通信设施、文化娱乐等多个方面，广泛地变革人们的生活方式。一方面，区块链 4.0 主要聚焦在区块链基础设施和平台层核心技术的完善，包括支持新型抗量子计算攻击的密码学算法；另一方面，随着越来越多的区块链诞生，区块链之间的互联互通成为必然的发展趋势。区块链 4.0 在功能扩展上还致力于打破链与链之间的信息孤岛，实现跨链通信和多链融合。

6. 区块链的基础特性

从区块链的发展可以看出，去中心化是区块链最突出、最本质的特征。区块链技术不依赖额外的第三方管理机构或硬件设施，没有中心管制，除了自成一体的区块链本身，通过分布式核算和存储，各个节点实现了信息自我验证、传递和管理。区块链的基础特性包括以下几方面：

(1) 去中心化性。去中心化性是区块链最基本的特征。区块链不依赖于中心化节点的管理，实现了数据的分布式记录和存储。

(2) 公开透明性。区块链系统是开放式的，其上的数据对任何人都是公开透明的，任何用户都可以通过公开接口查看链上的数据信息，数据的更新操作对全网用户也是透明的，用户可以自行验证数据的真实性。

(3) 集体维护性。区块链系统中参与共识并存储所有最长链数据的节点称为全节点，区块链数据的安全性实际上是由这些全节点来维护的，其他具备计算和存储资源的节点也都可以参与进来，这样通过全网节点来共同维护区块链账本的可靠性。

(4) 一致性。区块链中新产生的区块会被节点广播到网络中，实现全网数据同步。在等待一定周期之后，所有全节点都会存储包含该区块在内的最长链信息，全网诚实节点具有关于记录数据的一致性视图。

(5) 不可篡改性。区块链中的每个区块交易记录按照时间顺序逐步地写入账本中，保证了数据写入的有序性。已产生区块不进行更新、删除操作，只能创建新的交易并将其加入新的区块。区块链系统中的全节点都保存了一份区块链的完整账本，在大部分节点保持诚实可信的前提下，整个系统以数量最多的账本作为最终的账本。

(6) 匿名性。区块链系统中用户使用的是与真实身份信息无关的一串数字作为转账地址，很难追溯到该地址所对应的实际操作人，这也就保证了区块链的匿名性。区块链基于一套共识协议和签名、哈希算法实现了节点间的互信问题，这使得区块链节点间无须公开身份，利用一个与身份无关的交易地址在保证一定匿名情况下完成数据交换或交易操作。

7. 区块链的架构模型

典型的区块链系统由数据层、网络层、共识层、激励层、合约层和应用层组成，如图 7-16 所示。

数据层封装了底层数据区块以及相关的数据加密和时间戳等基础数据与基本算法；网络层包括分布式组网机制、数据传播机制和数据验证机制等；共识层主要封装网络节点的各类共识算法；激励层将经济因素集成到区块链技术体系中，主要包括经济激励的发行机制和分配机制等；合约层主要封装各类脚本、算法和智能合约，是区块链可编程特性的基础；应用层封装了区块链的各种应用场景和案例。该模型中，基于时间戳的链式区块结构、分布式节点的共识机制、基于共识算力的经济激励和灵活可编程的智能合约是区块链技术最具代表性的创新点。

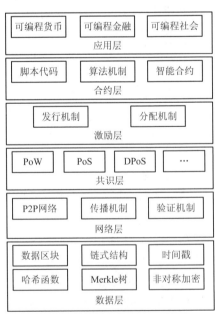

图 7-16　区块链基础架构模型

8. 区块链的应用

区块链给信息或价值处理的方式带来了真正的变革。区块链技术定义了一种全新的最低成本信任方式，即基于代码的机器信任模式。区块链的应用场景主要有数据管理、物联网应用、产品防伪、知识产权、智能合约等。

在过去的数字经济中，人们常常会担心对方的信用造假或者票据的真伪性，这一直是价值交易过程中令人头疼的问题；在创作生产过程中，知识产权被侵犯或滥用时有发生，却很难制止；在社会管理过程中，结果的公平性时常遭受质疑。区块链应用在金融领域降低传统金融体系面临的系统风险，国际汇兑、供应链金融、股权登记、数字票据、资产证券化、银行征信等领域都先后开始尝试在传统的商业模式当中引入区块链的架构与属性，提升交易透明度，减少洗钱和逃漏税，创新监管与审计工作，提升交易效率，降低市场交易成本。

(1) 区块链的数据管理应用。区块链以其特有优势解决数据管理现存问题，促进大数据应用。数据安全性是影响数据共享，造成数据孤岛化的重要原因之一。区块链应用到数据管理的特有优势包括：① 区块链的分布式存储特点可避免原始数据库存在的单点故障问题，数据无法被任何人编辑和篡改；② 数据一旦上链则无法篡改，提供数据分布式存储和全历史追溯特性，保证数据的来源可靠性；③ 当用于数据交易时，区块链通过明确数据交易历史，解决数据交易难题，提供快速、便捷的即付即用式的数据使用与流通。

(2) 区块链的物联网应用。区块链为物联网提供支撑，物联网技术正在蓬勃发展，其安全问题一直是研发者们关心的热点。区块链技术应用到物联网中为相关的困难带来一个突破口，从而引领整个现代社会进入智能物联网的新纪元。区块链应用在物联网的典型代表是IBM和三星合作开发了物联网基础设施的区块链项目——去中心化的P2P自动遥测系统(ADEPT)。ADEPT系统由Blockchain、BitTorrent(文件分享)和TeleHash(P2P信息发送系统)三部分构成，旨在为交易提供最优的安全保障。

中国联通和中兴通讯等单位牵头在国际电信联盟第20研究组发起并成立了"基于物联网区块链的"去中心化"业务平台框架"(Y.IoT-BoT-fw)国际标准项目，其结构如图7-17所示。

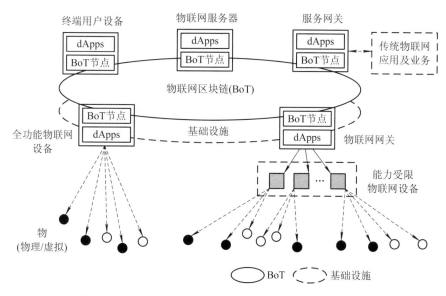

图7-17　基于物联网区块链的"去中心化"业务平台框架

(3) 区块链为产品防伪提供解决方案。假冒伪劣问题自从交易行为诞生之日起就是困扰消费者的持久性问题。用户对产品溯源的需求日益提高,基于区块链的产品溯源是指利用区块链技术,通过其独特的不可篡改、可追溯的分布式账本记录特性,对商品实现从源头的信息采集登记、原料来源追溯、生产过程、加工环节、仓储信息、检验批次、物流周转到第三方质检、海关出入境、防伪鉴证的整个可追溯性。

(4) 区块链为知识产权保护提供解决方案。随着数字知识经济的规模日益壮大,知识产权已成为企业竞争优势的新代名词,但是也是侵权盗版的重灾区。区块链技术的可溯源机制在数字知识产权保护领域有着广阔的应用前景。

9. 区块链的分类

区块链根据差异化的现实场景和用户需求,设置不同的节点准入机制,提供多类选择。区块链通常可分为公有区块链、私有区块链和联盟区块链。

(1) 公有区块链简称公有链,在这种区块链架构下,用户或节点可以自由加入和退出,具备最高的去中心化程度。公有区块链是最早的区块链,也是应用最广泛的区块链,从最早的比特币到后来的以太坊都属于公有链。

(2) 私有区块链简称私有链,强调的是数据私密性,即仅限在某些特定的个体、组织以及机构内的用户访问和交易。私有区块链可以称为一个完全封闭的局域网。与公有链相比,私有链参与节点及其行为权限受到严格限制,各节点达成共识的时间更短,从而交易形成速度更快。私有链和传统数据库的主要区别体现在信任建立方式上。

(3) 联盟区块链简称联盟链,是介于公有链和私有链之间的一种区块链模式,其去中心化程度不及公有链,但效果又比私有链更加分散,可实现部分去中心化。联盟链为参与成员提供了管理、认证、授权、监控、审计等安全管理功能,参与成员共同维护着联盟链的运作。联盟链同样相比于公有链有着更低的实施成本和更高的处理效率。联盟链与私有链有着相似的理念和特征,但是私有化程度有差异,以适应不同的场景需求。

三种区块链的特性对比分析如表 7-1 所示。

表 7-1 三种区块链的特性对比

特 性	公有链	联盟链	私有链
参与者	任意节点自由进出	联盟协议成员	个体或企业内部成员
共识机制	PoW/PoS/DPoS 等共识机制	分布式一致性算法等	分布式一致性算法等
记账者	所有参与者均可参与	联盟成员协商确定	自定义设置
激励机制	需要	可选	不需要
中心化程度	去中心化	多中心化	(多)中心化
突出特点	参与节点完全自治	效率和成本优化	节点内部透明和可追溯
承载能力	每秒 30 000～200 000 笔	每秒 1000～10 000 笔	每秒 1000～100 000 笔
典型场景	虚拟货币	支付、结算	审计、发行

不同模型的链之间为了满足相应的场景而进行了不同的方案设计,总体在安全性、可扩展性、去中心化特性之间平衡。

7.5.2　基于区块链的物联网

基于区块链的物联网可以利用区块链解决物联网的许多安全问题。

1. 区块链核心技术

(1) 分布式账本。分布式账本指的是交易记账由分布在不同地方的多个节点共同完成，而且每一个节点记录的是完整的账目，因此它们都可以参与监督交易合法性，同时也可以共同为其作证。与传统的分布式存储有所不同，区块链分布式存储的独特性主要体现在两个方面：一是区块链每个节点都按照块链式结构存储完整的数据，传统分布式存储一般是将数据按照一定的规则分成多份进行存储；二是区块链每个节点存储都是独立的、地位等同的，依靠共识机制保证存储的一致性，而传统分布式存储一般是通过中心节点向其他备份节点同步数据。没有任何一个节点可以单独记录账本数据，从而避免了单一记账人被控制或者被贿赂而记假账的可能性。由于记账节点足够多，理论上讲除非所有的节点被破坏，否则账目就不会丢失，从而保证了账目数据的安全性。

(2) 非对称加密。存储在区块链上的交易信息是公开的，但是账户身份信息是高度加密的，只有在数据拥有者授权的情况下才能访问到，从而保证了数据的安全和个人的隐私。

(3) 共识机制。共识机制就是所有记账节点之间怎么达成共识，去认定一个记录的有效性，这既是认定的手段，也是防止篡改的手段。区块链提出了四种不同的共识机制，适用于不同的应用场景，在效率和安全性之间取得平衡。区块链的共识机制具备"少数服从多数"以及"人人平等"的特点，其中"少数服从多数"并不完全指节点个数，也可以是计算能力、股权数或者其他计算机可以比较的特征量。"人人平等"是当节点满足条件时，所有节点都有权优先提出共识结果、直接被其他节点认同且最后有可能成为最终共识结果。以比特币为例，采用的是工作量证明，只有在控制了全网超过51%的记账节点的情况下，才有可能伪造出一条不存在的记录。当加入区块链的节点足够多时，这基本上是不可能的，从而杜绝了造假的可能。

(4) 智能合约。智能合约是基于那些可信的不可篡改的数据，可以自动化地执行一些预先定义好的规则和条款。以保险为例，如果每个人的信息(包括医疗信息和风险发生的信息)都是真实可信的，那就很容易在一些标准化的保险产品中去进行自动化的理赔。在保险公司的日常业务中，虽然交易不像银行和证券行业那样频繁，但是对可信数据的依赖是有增无减的。因此，利用区块链技术，从数据管理的角度切入，能够有效地帮助保险公司提高风险管理能力。具体来讲，风险管理主要分投保人风险管理和保险公司的风险监督。

现有中心化模型下的物联网架构主要存在以下几方面问题：单点故障问题；数据使用的非透明性；数据的安全性威胁；数据的隐私泄露；系统性能瓶颈问题等。

区块链技术从数字货币应用不断演进到区块链 4.0 应用，即代表了更加广泛的信息基础设施阶段。当前区块链技术应用处在广泛铺开的关键节点，基于区块链技术的物联网可以解决现实应用中的核心问题。

(1) 解决数据真实性问题：个人基因数据一经写入区块链，即使管理员用户也无法对数据进行修改或删除操作。

(2) 解决服务故障问题：区块链网络中点对点分布式部署，单一或部分节点故障不影响系统稳定运行。

(3) 抗 DDoS/Sybil 攻击：基于有效身份的数字签名方案，在智能合约中执行，所有交易依赖交易费，可大大降低被 DDoS/Sybil 攻击的概率。

(4) 解决数据存储问题：元属性数据与真实数据分开存储，可解决因数据量大而无法在区块链中存储的问题。

(5) 解决数据管理问题：基于智能合约的安全访问控制策略，数据利用用户公钥加密后，对该数据进行访问必须依赖数据所有者的有效签名。

(6) 解决信任缺失等现实问题。

2. 基于区块链的物联网架构

与物联网相关的设备、网关、通信基站等都可以通过区块链网络有效连接，基于区块链的物联网架构如图 7-18 所示。在该架构模式下，物联网设备通过区块链节点(如边缘计算节点)接入区块链网络，设备与设备之间的通信过程可以通过交易的形式写入区块链中。

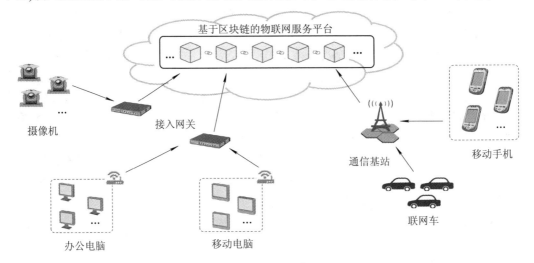

图 7-18 基于区块链的物联网架构

基于区块链的物联网架构主要包括共识机制、区块链节点、智能合约、数据存储以及加密算法。

3. 基于区块链的物联网典型应用案例——物联网安全漏洞挖掘

在海量的物联网设备中，一个突出的问题就是设备固件中存在安全缺陷(或安全漏洞)和恶意代码，往往对上层业务运行带来严重的危害。软件代码缺陷是物联网安全事故的主因。例如：攻击者可以对心脏起搏器(8000 漏洞)攻击使其电压升高，从而危害或杀死患者；可以利用卫星导航系统漏洞获取军事力量部署的位置信息；可以篡改智慧城市系统(17 漏洞)的传感器数据，破坏整个城市的交通；利用物联网操作系统漏洞入侵物联网系统设备，可获得对物联网设备的完全控制权等。

基于区块链的物联网安全漏洞挖掘平台如图 7-19 所示。物联网生产厂商将需要测试的软件代码通过接口方式(或源码)开放给众包测试用户，工作者依据自己的经验来测试软件代码是否存在漏洞，同时利用智能合约来获取激励。其详细工作原理参考相关资料。

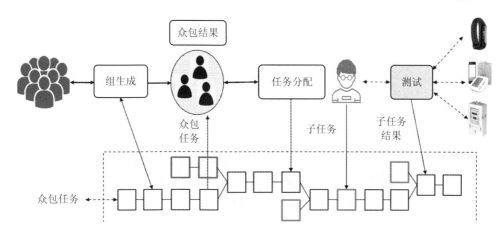

图 7-19　基于区块链的物联网安全漏洞挖掘平台

7.5.3　区块链的安全

就像很多人认为的那样，区块链本质上是安全的。毫无疑问，区块链对组织来说是有利的，但由于特定的安全隐患，它还是有一些明显的缺点。

1. 区块链的五大安全隐患及其解决方案

以下是区块链技术所面临的五大安全挑战及其解决方案。

(1) 51%攻击。验证者在验证区块链交易方面发挥着重要作用，他们促进区块链的进一步发展。而 51%攻击可能是整个区块链业务中最可怕的威胁。这些攻击一般可能发生在链生成的早期阶段，不适用于企业或联盟链。当独立的个人或组织(恶意黑客)收集超过一半的哈希值并控制整个系统时，就会发生 51%攻击，而这对整个系统来说可能是灾难性的。黑客可以修改交易的顺序并阻止交易被确认，他们甚至可以撤销之前完成的交易，从而导致双花问题。

为了防止 51%攻击，区块链技术需要进行以下改进：① 改进 Minging Pool 池监控；② 确保哈希值更高；③ 避免使用工作量证明(PoW)的共识程序。

(2) 网络钓鱼攻击。对区块链的网络钓鱼攻击正在不断增加，带来了严重的问题。个体或公司员工经常成为网络钓鱼的目标。黑客在网络钓鱼攻击中的目标是窃取用户的私钥。他们向钱包密钥的所有者发送看起来合法的电子邮件，用户点击附加的虚假超链接输入详细个人信息并登录。黑客可以借此访问用户的私钥和其他可能会对用户和区块链网络造成损害的敏感信息，进而发起后续的攻击。

为了防止网络钓鱼攻击，区块链技术需要进行以下改进：① 通过安装经过验证的插件来告知用户有关不安全网站的信息，从而提高浏览器的安全性；② 通过安装恶意链接检测软件以及可靠的防病毒软件来提高设备安全性；③ 如果用户收到要求登录详细信息的电子邮件，应请用户与项目方再次确认该问题；④ 确保用户在彻底审查之前不要点击链接，而是在浏览器中输入地址；⑤ 确保用户在使用电子钱包或进行其他重要的银行交易时，避免使用开放的 WiFi 网络；⑥ 确保系统和软件的实时更新。

(3) 路由攻击。区块链技术安全和隐私面临的另外一个安全隐患是路由攻击。区块链网络和应用程序依赖于大量数据的实时移动。黑客可以利用账户的匿名性拦截正在传输给互联网服务提供商的数据。在路由攻击的情况下，由于数据传输和各项操作都是照常进行的，因此区块链参与者通常不会意识到任何威胁。然而风险就在于这些攻击在用户不知情的情况下提取通证或暴露机密数据。

为了防止路由攻击，区块链技术需要进行以下改进：① 实施带有证书的安全路由协议；② 确保用户使用加密数据；③ 让用户定期更改密码并使用安全强度高的密码；④ 让企业和员工了解与信息安全相关的危害。

(4) 区块链服务端点漏洞。区块链服务端点的脆弱性是区块链中的另一大安全隐患。区块链网络的服务端点是用户与区块链在计算机和手机等电子设备上交互的地方。黑客可以通过观察用户行为和目标设备来窃取用户的密钥。服务端点漏洞是最明显的区块链安全隐患之一。

为了防止服务端点漏洞，区块链用户需要进行以下改进：① 不要将区块链密钥作为文本文件保存在计算机或手机上；② 为电子设备下载并安装防病毒软件；③ 定期检查系统，跟踪时间、位置和设备访问。

(5) 女巫攻击。在女巫攻击中，黑客会生成大量虚假网络节点。使用这些节点，黑客可以获得多数共识并破坏链上的交易。因此，大规模的女巫攻击就是51%攻击。

为了防止女巫攻击，区块链技术需要进行以下改进：① 使用安全性适当的共识算法；② 监控其他节点的行为，并检查只有单个用户产生区块的节点。

2. 区块链应用层安全

按照区块链体系结构对2020年各种安全攻击分析发现，区块链应用层的攻击在所有攻击中占比为48.59%，带来的直接经济损失达到约21亿美元，其中有一些是众所周知的攻击案例。根据攻击者的目标对象不同，应用层的安全问题主要体现在以下几个方面：监管技术、私钥管理、客户端、交易管理和智能合约等。这里列举几个2020年应用层攻击案例：① IOTA钱包被盗。2020年2月12日黑客利用IOTA官方钱包应用程序的漏洞窃取用户资金，IOTA于当时关闭了整个网络，损失估计为8 550 000枚MIOTA(价值230万美金)。② 假冒Ledger Chrome扩展致140万XRP被盗。2020年3月25日一项调查发现假冒的"Ledger Live" Chrome扩展程序通过在谷歌搜索中投放广告诱导用户下载，通过窃取受害者的备份助记词，从而盗走了他们的加密货币。到目前为止，已经有大约140万XRP被盗；③ 以太坊菠菜游戏EtherCrash冷钱包被盗。2020年10月27日自称"以太坊最成熟、规模最大的菠菜游戏" EtherCrash冷钱包被盗，损失约250万美元，疑似为内部人员所为。

区块链应用层的典型攻击有以下几种：

(1) 字典攻击。用户的地址并非是公钥，在知道地址的交易中，如果想要获得该比特币就需要经过以下几个过程：① 通过词典查找的方式，随机生成一个私钥；② 通过该私钥计算出对应的公钥；③ 通过公钥计算出对应的地址，并确认该地址是否与比特币地址一致，如果不一致则重新回到第①步进行计算。从理论上来说，攻击者通过上述过程来完成对私钥的字典攻击的成功率是非常低的，但由于一些区块链系统在设计过程中使用了不准确的助记词来帮助生成私钥，导致攻击者很容易通过弱的助记词来生成用户的私钥。

(2) 撞库攻击。很多用户的安全意识不足或为了方便记忆，对不同的系统都设置了通用的账户名和密码(如对个人不同银行的银行卡设置的密码是相同的),攻击者通过盗取其中一个网站系统的使用密码来尝试获取用户在其他网站系统的登录账号,这种攻击就叫作撞库攻击。

(3) 键盘记录攻击。键盘记录攻击是指通过一些软件程序或者硬件设备将用户所有的键击数据进行捕获的攻击方式。主要有两种形式的键盘记录器:硬件键盘记录器和软件键盘记录器。硬件键盘记录器通常使用 USB 或物理设备连接到计算机或键盘的芯片来实现,这是很容易被察觉的攻击方式。而软件键盘记录器的隐蔽性较高,这种恶意软件的安装往往是不容易察觉的。

(4) 缓存侧信道攻击。侧信道攻击有多种形式,缓存侧信道攻击主要利用椭圆曲线数字签名算法(ECDSA)方案中的取模运算和签名算法的代码漏洞来发起攻击。

(5) 货币木马攻击。货币木马病毒通常指攻击者设计的一段恶意代码或者恶意软件,这些代码伪装成合法代码或者软件来控制用户终端设备的客户端。攻击者利用木马病毒来窃取数字加密货币,针对个人电脑的货币木马攻击通过货币木马病毒感染个人电脑后会持续不断地扫描剪贴板中存储的数据,判断其是否为电子钱包地址。安卓操作系统中存在剪贴板,可以被用来在内存中暂存数据,任何应用程序都可以访问剪贴板中的内容,可以判断其是否为电子钱包地址。

3. 区块链客户端安全

在区块链中交易的客户端又称为"钱包",主要分为两类:热钱包和冷钱包。区块链中大量的安全事件是由客户端安全所造成的。破坏区块链客户端的正常运行方式各不相同,其中主要攻击包括 API 关键密钥窃取、APP 伪造漏洞、钓鱼攻击、恶意挖矿攻击和 Web 注入攻击等。

(1) API 关键密钥窃取。为了迎合开发者和用户的需求,主流的数字加密货币平台会提供相关的 API,其中部分需要特定密钥的 API 会涉及取消和确认交易等敏感操作,因此攻击者可以利用这些 API 窃取用户的关键密钥来盗取和转移用户的资产,从而导致用户的财产损失。目前,在数字加密货币系统中存在三类不同等级的 API 权限:① 只读权限,可以读取指定用户相关账户信息以及市场中相关的交易活动等数据;② 交易权限,可以利用该权限为授权的用户账户执行相应的交易;③ 提款权限,可以利用该权限为授权用户从各个数字加密货币交易所中提取存款。

第三方集成大型平台存在大量的漏洞,攻击者如果针对性地对某些开放 API 接口的功能模块进行分析,就能发现其中的漏洞,并获取敏感数据或者特殊权限。移动应用程序 APP 引用 API 存在安全隐患,大多数移动应用程序都依赖 API 从服务器提取数据,使得这些应用程序可以在设备本身使用较少的资源。

(2) APP 伪造漏洞攻击。APP 伪造漏洞是指攻击者利用钱包客户端未进行重打包防护的漏洞,在钱包客户端代码中添加自定义的恶意代码。攻击者通过反编译获得正常应用程序和恶意应用程序 Apk 的代码。通过在注入点注入恶意 Smali 代码的同时修改配置文件,可以获得一个包含恶意代码的 Apk 应用程序,攻击者对它重新打包发布。

(3) 钓鱼攻击。攻击者通过伪造以太坊、比特币等数字加密货币常用交易钱包客户端的操作界面来伪造非法客户端(称为"钓鱼平台"),主要针对一些对交易钱包客户端还不太熟悉的用户。例如，在 IOTA 诞生之初，攻击者设计钓鱼网站，并注册域名为"iotaseed.io"，为用户提供在线种子(随机数)生成器，该种子被用户用来生成公共钱包地址。从域名地址来看，用户很轻易地就相信该网站为 IOTA 官网版的种子生成器。攻击者通过对底层代码进行修改，进而掌握用户的私钥信息，最终盗取用户的数字加密货币资产。

(4) 恶意挖矿攻击。目前，攻击者通常会在恶意程序中注入数字货币挖掘代码以劫持用户设备，或者在恶意网站中注入恶意脚本来劫持用户设备资源。常见的方式包括在恶意网站链接、恶意电子邮件及软件中注入代码实施攻击。攻击者利用这种攻击手段收集被劫持用户的设备，以较少的成本获得较高的收益。

(5) SQL 注入攻击。攻击者通过精心构造 SQL 查询指令来向系统获取敏感数据或网站的用户管理权限。例如，系统用户管理的 SQL 数据库运行的命令可能是 SELECT * FROM users WHERE 'username' = '$user AND 'password'='$passwd'，假设用户 Alice 登录系统时，密码为 mingli@123，那么所执行的 SQL 数据库命令为 SELECT * FROM users WHERE 'username' = '$Alice AND 'password' = 'mingli@123'，攻击者可以在密码输入框中输入 'hi' OR 1 = 1--'，那么执行该命令后就可获得所有用户名为 Alice 的账户信息。

4. 区块链网络层安全

区块链的网络层是系统节点之间进行数据交互的组成部分，目前大多数区块链网络层采用的是分布式 P2P 组网架构，依赖 P2P 组网架构，区块链节点可以在无须依赖可信的第三方节点来完成通信。区块链网络层的主要功能是为共识层提供可靠、对等和安全的网络结构及通信环境。

恶意攻击者对网络层发起攻击的主要目的包括去匿名性和获取经济利益(盗取数字货币为主要目标)。去匿名性指收集用户线上、线下的信息分析出用户的交易流向，找出用户真实身份信息；获取经济利益主要是通过阻断节点与正常区块链网络的通信连接，使得正常节点收到异常信息或错误信息，进而影响交易数据的正确性。

网络层的安全风险与网络的拓扑结构、网络节点(用户)行为以及通信策略等因素相关，主要分为三个层面的安全问题：P2P 网络、传播机制和验证机制。

(1) P2P 网络。P2P 网络是指两个或多个对等节点之间直接共享文件的网络架构，在区块链网络中各个节点无主次之分。然而，安全性不高的节点很容易受到攻击者的直接攻击从而带来隐私数据的泄露。目前存在多种威胁网络层安全的攻击方式，如日蚀攻击、BGP 劫持攻击、窃听攻击和拒绝服务攻击等。近年来，这些攻击事件引起了不少安全事故。例如，闪电网络在 2018 年 3 月由于遭受拒绝服务攻击而导致大量节点下线。

(2) 传播机制。传播机制是指建立连接的节点之间进行广播通信。针对传播机制常发起的攻击方法包括交易延展性攻击等，2014 年 8 月，Silk Road2 网络因遭到交易延展性攻击而导致严重的经济损失，最终导致价值 260 万美元的比特币被盗。

(3) 验证机制。验证机制的主要作用是保证节点在传播和写入过程中的区块信息的真实性，攻击者对于验证机制最主要的攻击方式是利用软件漏洞来绕过验证。

虽然区块链构建了一种在互不信任节点之间达成共识的分布式账本方案，但是其自身技术或者在实际使用过程中还存在着诸多问题。有一些问题是传统计算机领域和物联网中一直存在的安全问题。另外一部分是区块链自身的安全性问题，例如将区块链应用到实际生活中会泄露用户的身份隐私和数据隐私，最终导致区块链行业发展受阻。

7.6　物联网的网络保障技术

7.1 节介绍了面向主题的物联网安全模型设计，其思想是按照主题划分物联网安全属性，设计安全模型。本节介绍物联网的网络保障技术，其思想是从物联网的理论分析和设计阶段采取主动防护措施。

1. 物联网的网络保障与物联网安全区别

随着计算机网络技术，尤其是物联网技术的飞速发展，为各种智慧智能行业提供了有效的物联网应用技术，现代化的社会已经离不开计算机和网络。物联网技术的推广使用和发展，在极大地方便了人们的工作和学习的同时，也带来了很多安全方面的难题。随着语音电话和数据网络的融合，特别是工业控制网络与公共数据网络的融合，连接网络系统服务多样性的增加也推动了网络攻击活动的相应增长。针对物联网的攻击和个人隐私泄露等问题日益增多，入侵攻击而造成巨大损失的案例也不断出现。物联网的安全问题日益重要和迫切。物联网的网络保障概念和方法的提出是目前解决物联网安全比较新的一种网络安全理念。网络保障的概念和方法不同于目前网络安全的概念和方法，网络安全和信息安全强调的是对现有网络和信息系统的安全进行保护，其方法和技术属于被动措施，而网络保障方法强调的是在网络分析和设计阶段采取的主动防护措施。所以，网络保障技术不是简单的网络与信息安全技术。

物联网通过利用 RFID、无线通信、移动通信和传感器设备的日益普及，为构建强大的物联网系统和应用提供了一个有希望的机会。虽然无线设备可能遭受与固定局域网和广域网相同的滥用，但无线网络的移动特性增加了漏洞利用的敏感性。如果将物联网的应用从当前独立的内联网或外联网环境扩展到广域网以及全球互联网环境，那么在融合的下一代网络(NGN)环境中必须考虑网络系统中的一些根本变化。由于这个原因，物联网可能得不到很好的保护，从而使其面临恶意活动。物联网业务将需要更多的虚拟网络交换以及漫游在其他网络中，这使得对客户的跟踪、计费以及互连协议的执行变得复杂化。移动个人卫星服务可能会让全世界用户依靠诚实的分销商来接触他们的客户。没有固定的客户住宅将使订阅漏洞更容易实施。最后，物联网无线智能设备将不断受到丢失或被盗的风险。虽然这些问题仍在讨论和解决之中，但对信息保障(IA)和定期安全增强模式的关注仍在继续。

物联网的基础设施将允许智能对象的组合，人类使用传感器网络技术和不同但可互操作的通信协议，可实现战略和动态的多模式/异构网络，可以部署在人迹罕至、远程空间(如石油平台、矿山、森林、隧道、管道等)或发生紧急情况、危险情况下(如地震、火灾、洪水、辐射区域等)的应用。在当今的电信网络中，网络管理平台是必不可少的，主要用于电路、设备的故障、配置管理、检测和入侵分辨，但它们也可以通过安全措施保护网络免受恶意活动的侵害。在网络管理平台中，安全措施的实现通常是通过软件解决方案、附加的硬件设备方法或两者可能都有的网络覆盖解决方法来实现的。而在物联网的应用中，许多应用程序、设备、软件等必须提供在物联网平台上实现数据通信的安全性。

虽然互联网使计算机用户能够共享信息，但它也带来了一些负面现象，如计算机病毒、色情信息、非法访问尝试、窃取机密信息和内部信息舞弊等。计算机"黑客"不仅拥有全方位的攻击工具，而且掌握了非常复杂的隐形和躲避技术，因此他们在互联网上几乎享有完全的自由。随着复杂系统与先进的计算机和通信技术相结合的发展，这带来了严重的网络安全问题，尤其是物联网体系结构环境下，物联网体系结构可能不再像以前那样被认为是可靠的。由于移动智能设备、无线网络和智能电网作为关键能源基础设施的重要作用，物联网将需要支持提供异构设备动态自组织网络 AdHhoc 共享中间件。在这些物联网环境中保护数据是一项极为重要的任务，在网络攻击的威胁下，这将对信息安全问题作出重大贡献。

网络攻击将直接导致物联网体系结构的失败和崩溃。网络攻击或关键智能设备的故障(如控制服务器或主路由器故障)将降低这些体系结构的性能。由于物联网系统依靠这些设备进行信息传感、通信和信息处理，这种体系结构的性能下降将干扰系统的控制过程，并可能导致环境的不稳定。这种不稳定性可能导致其组件(如智能电网发电机或传输线)的级联故障，或有可能导致整个环境连续崩溃。由于高度依赖网络基础设施进行传感和控制，物联网将面临来自计算机网络漏洞的新风险，并继承现有系统内存在的物理漏洞的风险。因此，这些物联网系统、基础设施以及人们使用这些系统的方式本身就容易受到黑客恶意攻击，即闯入计算机和计算机网络造成危害。这种恶意攻击行为可以采取两种形式之一：一种是具有破坏性的(即攻击)；另一种是非破坏性的(漏洞利用)。虽然网络攻击是指故意伤害或使其无法使用受害者的计算机系统或网络，但是漏洞通常是通过秘密技术来获取未经授权的访问，窃取驻留在网络上的信息。自从计算机发明以来，这种二分法一直是安全专家关注的一个问题，并为黑客入侵物联网创造了机会。

2. 将信息保障转化为物联网的网络保障

服务能够实现与这些智能设备交互使用标准接口，这些接口将通过因特网提供必要的链接，以查询和改变它们的状态，并检索与它们相关的任何信息，同时要考虑安全和隐私问题。互联网连接设备(ICD)只有适当地配备了对象连接技术，才能成为上下文感知、信息感知、通信、交互、交换数据、信息和知识的设备，除非它们是人为的"事物"或具有这些内在功能的其他实体。在这一愿景中，通过在软件应用中使用智能决策算法，可以针对基于收集到的关于物理实体的最新信息和考虑历史数据中的模式，对物理现象给出适当的快速响应，无论是相同实体或类似实体。这些算法组件的故障可能会对系统造成干扰，从而威胁其安全性。在物联网中，由于物联网只能在网络基础设施的支持下完成其功能，信息保障将越来越重视保密性、完整性和可用性。

为了抵御黑客威胁和网络攻击，有必要采用网络保障的概念。网络保障是网络系统足够安全以满足运营需求的合理性，即使在存在网络攻击、故障、事故和意外事件的情况下也能满足其运营需求。现有的信息保障主要是集中在单一系统和单一组织中。随着目前使用高度互连的、复杂的网络环境的发展，有效的网络保障必须解决跨多项目的收购合并，通过供应链，在工作环境中跨多个组织操作。此外，网络保障包含了识别、防御、重建和生存能力的概念，以防御物联网系统和网络免受网络攻击。识别包括识别正在进行的网络攻击，以加强智能物联网设备、网络和系统的防御能力。防御手段是将嵌入式网络安全技术应用于物联网设备中，在网络攻击中保护物联网和系统。重建意味着在发生网络攻击之前将物联网的 ICD、网络和系统恢复到运行状态。生存能力意味着物联网设备在网络攻击、内部故障或事故发生的情况下具有能够继续处理事务的能力。

　　网络保障提供了一种方法来确定个体的物联网组件(如软件、硬件)以及整个物联网系统的正常运行，以规避有意破坏其正确操作的企图。为了作出这一决定，网络保障将应用各种技能和技术来寻找可能成为攻击者可利用漏洞的潜在缺陷的任务。然而，在物联网中实现这些动态能力是困难的，因为这项未来的技术可能非常脆弱。物联网网络协议必须允许智能设备运行多个网络副本，控制其处理速度，并保留对其数据执行的控制权。这种新的网络逻辑与物联网的物理网络设备紧密地结合在一起。因此，网络保障就成为避免或抵御网络攻击所提供的嵌入式解决方案。

　　需要创新的网络保障技术来保护物联网及其运行环境。这是由于以下几个因素：互联网的广泛传播和无线智能设备的增加；创新技术的性质和用途的变化(如云计算、虚拟化)必须确保使用物联网技术的系统实际满足其性能和可靠性目标以及需要增加的安全需求。从历史上看，组织可以通过禁止访问和加密高安全性的可信包(如内部网络段)之间的通信来获得重要的信息和功能。然而，在物联网时代，有争议的网络区域要复杂得多且不固定。物联网系统是分布式的，用户是分散的，安全连接是必要的，而且技术必须无处不在。随着这些系统的运行和发展，漏洞多且变得非常微妙，绕过或选择传统保护措施的机会很多。因此，应该实施网络保障，自动防范和减轻对物联网和系统的威胁。

　　物联网的网络保障目标是在理论和实际应用研究的基础上，提高对当前物联网的网络保障理论、应用、体系结构和信息安全方面研究的可见性和发展新趋势。

思考与练习七

一、单选题

1. 云计算技术的特征是(　　)。
A. 计算量大　　　　　　B. 通过互联网进行传输　　C. 虚拟化　　　　　D. 可扩展性

2. 在云计算平台中，PaaS 是(　　)。
A. 基础设施即服务　　B. 平台即服务　　C. 软件即服务　　　　D. 质量保证即服务

3. 在云计算平台中，IaaS 是(　　)。
A. 基础设施即服务　　B. 平台即服务　　C. 软件即服务　　　　D. 质量保证即服务

4. 在云计算平台中，SaaS 是(　　)。
A. 基础设施即服务　　B. 平台即服务　　C. 软件即服务　　　　D. 质量保证即服务

5. (　　)是负责对物联网收集到的信息进行处理、管理的后台计算处理平台。
A. 感知层　　　　　　B. 网络层　　　　C. 云计算平台　　　　D. 物理层

6. 下列不属于物联网问题的是(　　)。
A. 国家安全问题　　　　　　　　　　B. 隐私问题
C. 标准体系和商业模式　　　　　　　D. 制造技术

7. 智慧城市是(　　)相结合的产物。
A. 数字乡村和物联网　　　　　　　　B. 数字城市和互联网
C. 数字城市和物联网　　　　　　　　D. 数字乡村和局域网

8. 停车诱导系统中的控制系统不对车位数据进行(   )。

A. 采集　　　　　　B. 传输　　　　　　C. 控制　　　　　　D. 处理

9. 杭州 E 出行是(   )的典型案例。

A. 停车诱导系统　　　　　　　　　　B. 实时交通信息服务

C. 智能交通管理系统　　　　　　　　D. 车载网络系统

10. 应用于环境监测的物联网中的节点一般都采用(   )供电。

A. 电池　　　　　　B. 太阳能　　　　　C. 风能　　　　　　D. 输电线

11. 美国哈佛大学和 BBN 公司在麻省剑桥部署的一个城市规模的物联网系统叫(   )。

A. 感知城市　　　　B. 城市物联网　　　C. Citysense　　　　D. Sensecity

12. 面向智慧医疗的物联网系统大致可分为终端及感知延伸层、应用层和(   )。

A. 传输层　　　　　B. 接口层　　　　　C. 网络层　　　　　D. 表示层

13. 在智慧医疗技术通过物联网技术向物理世界延伸的过程中，(   )技术起到了桥梁性的作用。

A. 医疗信息感知技术　　　　　　　　B. 物联网接入层技术

C. 技术支撑层技术　　　　　　　　　D. 应用接口层

14. 相比于传统的医院信息系统，医疗物联网的网络连接方式以(   )为主。

A. 有线传输　　　　B. 移动传输　　　　C. 无线传输　　　　D. 路由传输

15. 物联网远程医疗的核心部件与传统远程医疗的差别是在病人身边增设了(   )，以提供更全面的患者信息。

A. 射频识别设备　　　　　　　　　　B. 移动网络

C. 无线传感网络　　　　　　　　　　D. 全球定位系统定位

16. 物联网在军事和国防领域的应用主要表现(   )的应用。

A. 射频识别技术和无线传感器网络技术

B. 射频识别技术和光纤传感技术

C. 指纹识别技术和无线传感器网络技术

D. 光纤传感技术和指纹识别技术

17. 以下选项不属于物联网技术在智能电网中的是(   )。

A. 利用物联网技术实现按需发电，避免电力浪费

B. 利用物联网技术对电力设备状态进行实时监测

C. 利用物联网技术保证输电安全

D. 利用物联网技术解决电力短缺问题

二、多选题

1. 物联网主要涉及的关键技术包括(   )。

A. 射频识别技术　　B. 纳米技术　　　　C. 传感器技术　　　D. 网络通信技术

2. 谷歌云计算主要由(   )组成，它们是内部云计算基础平台的主要部分。

A. 谷歌操作系统　　B. MapReduce　　　C. 谷歌文件系统　　D. BigTable

3. 智慧城市应具备的特征有(   )。

A. 实现全面感测，智慧城市包含物联网

B. 智慧城市面向应用和服务

C. 智慧城市与物理城市融为一体

D. 智慧城市能实现自主组网、自维护

4. 下列说法正确的是(　　)。

A. "智慧镇江"就是生产和生活更低碳、更智能、更便捷

B. 用着各种清洁资源，不用为持续攀高的油价发愁

C. 普通百姓不用为买来的猪肉是不是"健美猪"而担心

D. 坐在家里通过电脑就能接受全国甚至全世界的专家会诊

5. 人一出生就已确定下来并且终身不变的有(　　)。

A. 指纹　　　　　　　B. 视网膜　　　　　　C. 虹膜　　　　　　D. 手掌纹线

6. 下列四项中，(　　)是传感器节点内数据处理技术。

A. 传感器节点数据预处理　　　　　　B. 传感器节点定位技术

C. 传感器节点信息持久化存储技术　　D. 传感器节点信息传输技术

7. 在传感器节点定位技术中，属于使用全球定位系统技术定位的缺点的有(　　)。

A. 只适合于视距通信的场合

B. 用户节点通常能耗高、体积大且成本较高

C. 需要固定基础设施

D. 实时性不好，抗干扰能力弱

8. 物联网数据管理系统与分布式数据库系统相比，具有自己独特的特性，下列属于其特性的有(　　)。

A. 与物联网支撑环境直接相关

B. 数据需在外部计算机内处理

C. 能够处理感知数据的误差

D. 查询策略需适应最小化能量消耗与网络拓扑结构的变化

9. 下列是物联网的约束条件的有(　　)。

A. 物联网资源有限　　　　　　　　　B. 现有科技无法实现

C. 不可靠的通信机制　　　　　　　　D. 物联网的运行缺少有效的人为管理

10. 下列选项中和公共监控物联网相关的有(　　)。

A. 以智能化的城市管理和公共服务为目标

B. 以视频为中心的多维城市感知物联网络和海量数据智能分析平台

C. 面向城市治安、交通、环境、城管等城市管理典型应用

D. 能够使居民更好地了解身边公共设施

11. 下列属于智能交通实际应用的是(　　)。

A. 不停车收费系统　　　　　　　　　B. 先进的车辆控制系统

C. 探测车辆和设备　　　　　　　　　D. 先进的公共交通系统

12. 采用智能交通管理系统(ITMS)可以(　　)。

A. 防止交通污染　　　　　　　　　　B. 解决交通拥堵

C. 减少交通事故　　　　　　　　　　D. 处理路灯故障

13. 下列是典型的物联网节点的有(　　)。

A. 计算机   B. 汇聚和转发节点

C. 远程控制单元   D. 传感器节点信息传输技术

14．智能农业应用领域主要有(　　)。

A. 智能温室   B. 节水灌溉

C. 智能化培育控制   D. 水产养殖环境监控

15．医院信息系统是医疗信息化管理最重要的基础，是一种集(　　)等多种技术于一体的信息管理系统。

A. 管理   B. 信息   C. 医学   D. 计算机

16．下列属于智能物流支撑技术的有(　　)。

A. 物联网信息感知技术   B. 网络技术

C. 人工智能、数据仓库和数据挖掘技术   D. 密码技术

17．下列属于物联网在物流领域的应用的有(　　)。

A. 智能海关   B. 智能交通   C. 智能邮政   D. 智能配送

三、判断题(在正确的后面打"√"，错误的后面打"×")

1．云计算是把"云"作为资料存储以及应用服务的中心的一种计算。(　　)

2．云计算是物联网的一个组成部分。(　　)

3．物联网与互联网不同，不需要考虑网络数据安全。(　　)

4．3C 是指 Computer、Communication 和 Control。(　　)

5．物联网的价值在于物而不在于网。(　　)

6．智能家居是物联网对个人用户的智能控制类应用。(　　)

7．将平台作为服务的云计算服务类型是 SaaS。(　　)

8．微软于 2008 年 10 月推出的云计算操作系统是蓝云。(　　)

9．TaaS 模式将是物联网发展的最高阶段。(　　)

10．全球定位系统通常包括三大部分，设备感应部分就是其中一部分。(　　)

11．"智慧革命"是以通信网为核心的信息革命。(　　)

12．可以分析处理位置和空间数据变化的系统是 GIS。(　　)

四、简答题

1. 物联网面向主题的安全模型的主题有哪些？

2. 物联网面向主题的安全模型的组成有哪几个部分？

3. 基于云计算的数据支撑平台体系架构主要分为哪两个子系统？

4. 在无人的情况下，物联网机房远程监控预警系统中要解决哪些问题？

5. 简述物联网机房监控设备集成系统的主要功能。

6. 物联网门禁系统的应用要求有哪些？

7. 简述安防监控系统结构。

8. 物联网智能监狱监控报警系统的组成有哪些？

9. 物联网在智慧医院系统中的应用有哪些？

第8章 典型物联网安全实例

本章主要介绍典型物联网应用中的安全案例，重点讲述物联网和云计算在智慧医院、智慧旅游中的应用，WLAN 在医院病床查询中的应用和 WBAN 在远程医疗中的应用及其安全技术。介绍物联网在智慧旅游的应用、安全技术分析以及车联网安全技术。

8.1 智慧医院——物联网在医疗系统中的应用

智慧医院的核心标志是信息化，由于现代信息管理所要求的全面性、精细化、及时性以及基于科学模型的大数据的运算和检索，在现代医疗机构管理中，很多工作不依靠信息系统已经无法完成管理功能。信息化手段能够促进医疗机构管理质量、工作效率的提高，促进医院为患者提供更优质的医疗服务。为适应不断变化的业务需求，满足医院 IDC 的规模化发展，利用物联网和云计算平台，建立低能耗、高效率、自动化的智慧医院信息化系统是目前医院信息化的主流发展方向。

8.1.1 智慧医院概述

1. 智慧医院的概念

智慧医院是云计算、物联网技术在医院这个特定场所应用的集中体现，是以云计算技术为基础，以物联网技术获取感知信息，以各种应用服务为载体而构建的集诊疗、管理和决策为一体的新型医院。从本质上来讲，智慧医院也可以说是医院云计算、医院物联网。本节将重点关注医院内部的物与物相连的网络以及信息获取后的存储、处理、反馈，不涉及如远程监控、家庭护理、急救等医院以外的其他场所和环节。医院物联网是医疗云计算的重要组成部分。

2. 智慧医院与云计算物联网的关系

从云计算、物联网的定义可以得出，通过物联网可在社会中构建无处不在的网络，实现在任何时间、任何地点，互连任何物品的需求，通过云计算可实现大数据的存储、处理与反馈。当社会中互连的物体对象都是医生、护士、病人、医疗设备、药品以及医院的一些基础设施时，云计算物联网就成了医院物联网。由此可见，智慧医院是物联网的组成部分，是云计算的典型应用，是云计算物联网在医院的具体应用。智慧医院的研究需要借鉴云计算的已有研究思路和研究成果，同时智慧医院的研究成果也将丰富和发展云计算的研究内容。

8.1.2 智慧医院建设云计算数据中心需求分析

云计算数据中心是信息处理中心等多功能于一体的复合型计算中心。在基础设施中，必须满足大型数据中心的需求。首先，互联网的带宽、稳定性和数据长途传输的延迟都会影响云服务发展和交付的问题，因此要求必须有非常可靠、高速的互联网带宽出口的环境，要求多互联网运营商迂回链路，而不是互相租用的网络互联网环境，以免出现市政基础设施事故后没有冗余出口。其次，对外提供业务的云计算数据中心需要稳定的运转环境，这就需要在规划布局上做多方面的考虑。电力、散热都是需要考虑在内的问题，国外一些大的数据中心就建立在气温低的地方或海边，这样便于降低散热成本。因为支持云计算的数据中心规模很大，所以需要精心布局。作为医院的云计算中心，承载着整个医院的计算任务，其对基础设施的要求相当严格，要求云计算数据中心向着标准化的方向发展。图 8-1 是云计算中心基础设施的需求。

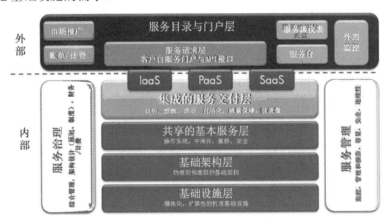

图 8-1　云计算中心基础设施需求

云计算中心提出了 IaaS 方式，要求 IaaS 提供计算功能和基本存储在网络上的标准服务，基础设施包括服务器、存储系统、交换机、路由器以及其他用于处理负载的系统。数据机房作为医院云计算中心的基础设施放置点，需要提供云计算平台和云服务软件的所有硬件，能够提供分布式存储、集成、身份管理等功能。

对基础架构来说，云计算的基本特征是动态、弹性、灵活，按需计算，要求基础架构能够支撑动态化的 IT 业务要求，如图 8-2 所示。因此，要求一种新的 IT 运行模式，将大量的计算资源以动态、按需的服务方式供应和部署。

由于传统应用对 IT 资源的独占性(如单个应用独占服务器)，使得数据中心的业务密度低，造成有限的物理空间难以满足业务快速发展要求，而已有的系统则资源利用效率低下。而且，传统业务模式下，由于规模小，业务遵循按需规划，企业应用部署过程复杂、周期漫长，难以满足灵活的 IT 运行要求。在云计算这种变革性运营与服务模式下，必须能够解决成本、弹性、按需增长的业务要求，并改进与优化 IT 运行架构。因此，云计算服务必然要求一种大规模的 IT 运行方式，在极大程度上降低云计算基础设施的单位建设成本，大幅降低运行维护的单位投入成本。通过网络与 I/O 的整合来消除数据中心的异构网络与接口环境，云计算中心需要优化、简化的布线与网络环境。

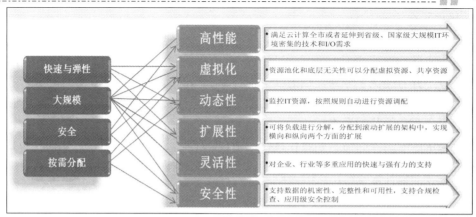

图 8-2　云计算中心基础设施架构性能需求

云计算的超高速网络依赖于高速以太网技术的迅速发展，10GE 技术当前已经在数据中心的骨干网中广泛应用。以太网的带宽也得到同样的提升，服务器 I/O 也由千兆向万兆快速发展。随着 I/O 加速技术、I/O 虚拟化技术以及服务器多路多核计算能力的提升，当前的服务器 I/O 已经具备接近 10GE 线速的吞吐能力，这种来自网络接入层的高性能吞吐必然驱动云计算网络架构采用更高的性能，以满足能力的匹配。

8.1.3　智慧医院的云计算平台设计

云计算中心是一种新型的计算模式：把 IT 资源、数据、应用作为服务通过互联网提供给用户。云计算也是一种基础架构管理的方法论，大量的计算资源组成 IT 资源池，将动态创建高度虚拟化的资源提供给用户使用。IaaS、PaaS、SaaS 是云计算的三种服务模式。

云操作系统是负责云计算数据中心基础软件、硬件资源管理监控的系统软件。通过基础软硬件监控、分布式文件系统和虚拟计算，云操作系统实现了 IaaS；通过安全管理中心，实现了资源多用户共享的数据和信息安全；通过节能管理中心，实现了基础资源的绿色、低碳运维；通过业务与资源调度中心，实现了 PaaS 的部分内容。图 8-3 为某市医院云计算中心架构。

图 8-3　某市医院云计算中心平台架构图

1. 硬件平台设计(IaaS)

在硬件平台设计中，某市医院云计算中心云的基础架构包含云计算、云存储和云安全等云计算中心基础设置的全部内容。云计算中心的硬件平台构建了为医院服务的计算平台和存储平台，并且提供了分立建设的数据中心无法提供的资源统一调度、按需服务、资源扩展能力和高安全体系保障等。在此基础上构建的平台服务和应用能够成为统一的、按需服务的、安全可靠的基础设施。

根据某市医院工程的需求和建设目标，结合江苏联通云平台标准拓扑结构，云计算平台总体逻辑拓扑结构如图 8-4 所示。整个硬件平台由网络资源池、计算资源池、存储资源池和管理中心四部分组成。

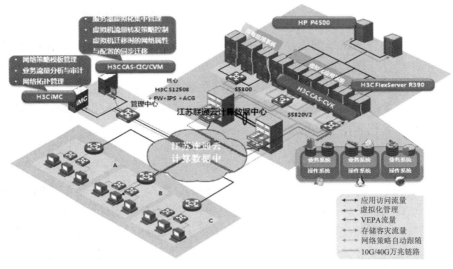

图 8-4 硬件平台设计拓扑图

(1) 网络资源池：采用主流的"核心+接入"扁平化组网，核心交换机采用两台设备，部署 IRF2 虚拟化技术，并在机框内部署 IPS 插卡、FW 插卡和 ACG 插卡，实现业务的流量监控和安全隔离防护，外联至现网出口路由器两台，实现外网互通；接入交换机采用多台设备，部署虚拟化技术，并启用 VEPA 功能，实现虚拟化网络感知。

(2) 计算资源池：采用 30 台 H 刀片服务器，通过虚拟化平台进行整合构建资源池，在虚拟机上部署业务系统和虚拟桌面应用。

(3) 存储资源池：采用 2~4 台主流厂家的存储阵列，存放虚拟机镜像文件、配置文件以及业务系统数据。

(4) 管理中心：采用两台机架服务器，部署数据中心管理套件、软件套件，实现对云计算资源池的统一管理及调度。

2. 软件平台设计(SaaS)

软件平台即云计算中心的 SaaS 平台，云计算中心将结合城市未来的发展方向和目标制定针对性的应用规划方案，主要体现在基于信息技术提升政府行政效率、公共服务水平等方面。因此，云计算中心重点关注面向医院管理者、患者、医生三个角色的示范应用，通过统筹规划和分步实施，使云计算中心按需分配资源需求。云计算软件平台的总体结构如图 8-5 所示，包括虚拟化层、自动化服务层、管理层、业务编排层、API 层等。

(1) 虚拟化层：利用 Cloud Virtualization Kernel 提供的底层虚拟化能力和上层 Cloud Virtualization Center 提供的管理能力，屏蔽底层物理硬件基础设施的异构性和复杂度，对外以虚拟资源池的形式呈现。

(2) 自动化服务层：强调业务运行的高可用性和可扩展性，并对业务提供自动的容灾备份与资源调度能力。

(3) 管理层：对虚拟化资源及云运营要素进行管理，如虚拟机生命周期的管理、虚拟机镜像文件和配置文件的管理、多租户的安全隔离、网络策略配置的管理等。

(4) 业务编排层：对云计算资源进行可运营性管理，包括对虚拟资源池的编排，最终用户的自助服务门户，业务的申请、审批与开通，用户账务的管理与报表输出等。

(5) API 层：为第三方云运营管理平台提供 RESTful 的 API 接口。

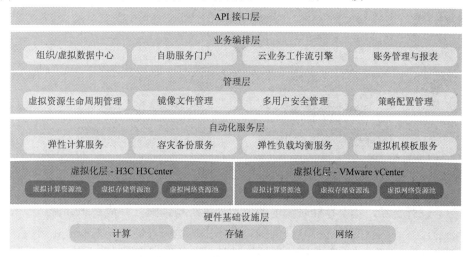

图 8-5　软件平台总体结构设计

3. 云计算中心服务系统软件设计

云数据中心操作系统主要包括大规模基础软硬件管理、分布式文件系统、虚拟计算管理、安全控制管理、节能管理和业务/资源调度管理，具体如图 8-6 所示。

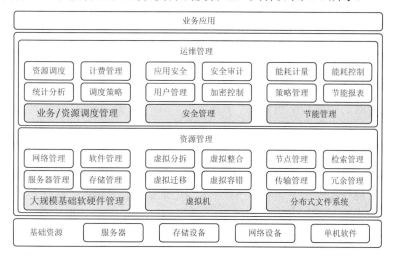

图 8-6　云数据中心软件系统架构示意图

最底层是基础资源层，包括服务器、存储、网络设备三类资源；中间层是云数据中心操作系统，包括大规模资源管理、虚拟机管理、分布式文件系统、调度与节能四大模块；最上层是用户的业务。

(1) 快速部署：通过已有的虚拟机存储镜像为模板，可以快速地在一台或多台物理服务器上部署与该虚拟机相同的虚拟机，部署过后的虚拟机拥有与模板虚拟机相同的硬件配置和相同的应用软件部署。该过程可以在多台物理服务器上同时进行，降低部署时间。该过程如图 8-7 所示。

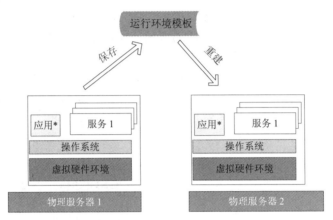

图 8-7　虚拟机快速部署示意图

(2) 体系结构：存储服务的体系结构，基于一个公用的通信引擎，管理中心与底层的存储服务器进行交互，实现存储资源池的创建、维护与销毁，完成逻辑存储资源的创建；管理中心通过系统状态信息选择合适的导出节点完成逻辑存储资源的服务化封装，然后用户可以通过 NFS 或者 SMB 服务访问和使用其所申请的逻辑资源。

(3) 弹性伸缩的存储池：存储资源池的构建基于分布式文件系统实现。经过操作系统、本地文件系统和分布式文件系统的抽象，存储池可以有效地屏蔽底层存储设备的各种差异，实现各种存储资源的无缝融合，形成一个统一的、一致的存储访问界面。存储资源池可以在线增删存储节点，实现存储池的动态伸缩，这样既方便了存储池的快速扩容，又方便了存储设备的维护。通过文件分块存储，存储池的数据访问可以有效地利用聚合网络带宽，通过数据的并行访问提高 I/O 读写效率。

存储服务支持构建多个存储资源池，可以分别设置每个存储池的访问权限，例如为不同部门构建不同 QoS 要求、不同大小的存储池。通过提供统一的存储池管理界面，存储服务可以简化存储池的构建和维护。

8.1.4　云平台网络安全设计

为了应对云计算环境下的流量模型变化，安全防护体系的部署需要朝着高性能的方向调整。在项目的建设过程中，多条高速链路汇聚成大流量的应用已经比较普遍，在这种情况下，安全设备必然要具备对高密度的 10 GB 甚至 100 GB 接口的处理能力；无论是独立的机架式安全设备，还是配合数据中心高端交换机的各种安全业务引擎，都可以根据用户的云规模和建设思路进行合理配置；同时，考虑到云计算环境的业务永续性，设备的部署必须要考虑高可靠性的支持，如双机热备、配置同步、电源风扇的冗余、链路捆绑聚合、硬件 BYPASS 等特性，真正实现大流量汇聚情况下的基础安全防护。本项目中采用了安全服务虚拟化技术，如图 8-8 所示。

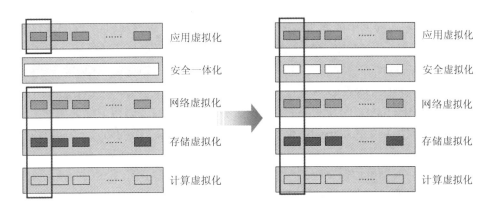

应用虚拟化　　　　　　　　　　　　　应用虚拟化

安全一体化　　　　　　　　　　　　　安全虚拟化

网络虚拟化　　　　　　　　　　　　　网络虚拟化

存储虚拟化　　　　　　　　　　　　　存储虚拟化

计算虚拟化　　　　　　　　　　　　　计算虚拟化

图 8-8　安全虚拟化

目前，虚拟化已经成为云计算提供"按需服务"的关键技术手段，包括基础网络架构、存储资源、计算资源以及应用资源，都已经在支持虚拟化方面向前迈进了一大步，只有基于这种虚拟化技术，才可能根据不同用户的需求，提供个性化的存储计算及应用资源的合理分配，并利用虚拟化实例间的逻辑隔离实现不同用户之间的数据安全。安全无论是作为基础的网络架构，还是基于安全即服务的理念，都需要支持虚拟化，这样才能实现端到端的虚拟化计算。

本系统中防火墙插卡设备虽然部署在交换机框中，但仍然可以看作是一个独立的设备。它通过交换机内部的 10GE 接口与网络设备相连，可以部署为二层透明设备和三层路由设备。防火墙与交换机之间的三层部署方式与传统盒式设备类似。防火墙可以与宿主交换机直接建立三层连接；可以与上游或下游设备建立三层连接，不同连接方式取决于用户的访问策略；可以通过静态路由和缺省路由实现三层互通；可以通过 OSPF 这样的路由协议提供动态的路由机制。如果防火墙部署在服务器区域，可以将防火墙设计为服务器网关设备，这样所有访问服务器的三层流量都将经过防火墙设备，这种部署方式可以提供区域内部服务器之间访问的安全性。

防火墙是网络系统的核心基础防护措施，可以对整个网络进行网络区域分割，提供基于 IP 地址和 TCP/IP 服务端口等的访问控制；可以对常见的网络攻击方式，如拒绝服务攻击(Ping of Death，Land，SYN Flooding，Ping Flooding，Tear Drop)、端口扫描(Port Scanning)、IP 欺骗、IP 盗用等进行有效防护；可以提供 NAT 地址转换、流量限制、用户认证、IP 与 MAC 绑定等安全增强措施。

对于云计算数据中心虚拟机服务网关的选择，采用根据不同租户的安全需求进行区分对待，不建议将所有网关配置在 FW，以分散 FW 的压力，满足租户内的安全域隔离，具体设计如下：

(1) 对于需要 FW 业务的租户，网关部署在 FW 上；

(2) 对于不需要 FW 的普通租户，网关部署在核心交换机上。

防火墙设置为默认拒绝工作方式，保证所有的数据包，如果没有明确的规则允许通过，则全部拒绝以保证安全。

(1) 建议在两台防火墙上设定严格的访问控制规则，配置只有规则允许的 IP 地址或者用户能够访问数据业务网中的指定资源，严格限制网络用户对数据业务网服务器的资源，以避免网络用户可能会对数据业务网的攻击、非授权访问以及病毒的传播，保护数据业务网的核心数据信息资产。

(2) 配置防火墙防 DoS/DDoS 功能，对 Land、Smurf、Fraggle、Ping of Death、Tear Drop、SYN Flood、ICMP Flood、UDP Flood 等拒绝服务攻击进行有效防范，保证网络有效带宽。

(3) 配置防火墙对全面攻击的防范能力，包括 ARP 欺骗攻击的防范，提供 ARP 主动反向查询、TCP 报文标志位不合法攻击防范、超大 ICMP 报文攻击防范、地址/端口扫描的防范、ICMP 重定向或不可达报文控制功能、Tracert 报文控制功能、带路由记录选项 IP 报文控制功能等，全面防范各种网络层的攻击行为。

(4) 根据需要配置 IP/MAC 绑定功能，对能够识别 MAC 地址的主机进行链路层控制，实现只有 IP/MAC 匹配的用户才能访问数据业务网中的服务器。

(5) 可以启动防火墙身份认证功能，通过内置数据库或者标准 RADIUS 属性认证，实现对用户身份认证后进行资源访问的授权，进行更细粒度的用户识别和控制。

(6) 根据需要在两台防火墙上设置流量控制规则，实现对服务器访问流量的有效管理，有效地避免网络带宽的浪费和滥用，保护关键服务器的网络带宽。

(7) 根据应用和管理的需要设置有效工作时间段规则，实现基于时间的访问控制，可以组合时间特性，实现更加灵活的访问控制能力。

(8) 在防火墙上进行设置告警策略，利用灵活多样的告警响应手段(E-mail、日志、SNMP 陷阱等)实现攻击行为的告警，有效监控网络应用。

(9) 启动防火墙日志功能，利用防火墙的日志记录能力详细完整地记录日志和统计报表等资料，实现对网络访问行为的有效记录和统计分析。

8.1.5 物联网和云计算在医疗领域的应用

1. 在区域医疗管理工作中的应用

通过云计算技术的应用，落后地区医院信息化建设可实现跨越式发展，组建区域医疗中心，如图 8-9 所示，就可以实现将各市、县、乡镇、村卫生医疗机构的数据汇总处理，医疗机构的管理人员可通过访问云数据中心了解入档的病人信息，监控各大小医疗机构的治疗情况及用药情况，同时通过云计算技术的应用，还可以解决小型医疗卫生室在数据安全、数据共享、信息存储等方面的问题。

2. 在医院医疗信息化中的应用

云计算、物联网技术在医疗信息化中的一个应用方向是移动医疗，它是以无线局域网和 RFID 为底层，以云计算为中心，通过智能型手持数据终端为移动中的一线医护人员提供随身数据应用。图 8-10 是医院用户的信息化桌面需求。

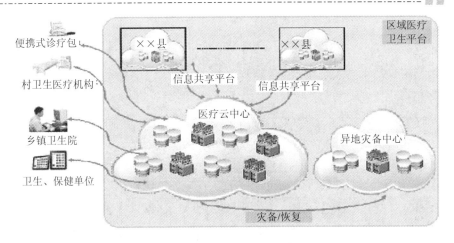

图 8-9　云计算在区域医疗管理中的应用

图 8-10　医院用户的桌面需求

　　在云计算、物联网下的医疗信息化的实现并不需要重新构建一个新的体系结构，完全可以与现有通用的 HIS 系统相集成。本节给出了一个集成 RFID 和 WSN 技术，由物理设备层、中间件层、IT 设施管理层、数据层、图形用户界面五层构成的医疗信息化的 HIS 架构，具有一定的代表性。其中物理设备层由 RFID 标签和阅读器等硬件组件构成，可与 HIS 集成完成数据的自动捕获；中间件层从系统角度来看是为病人和卫生保健提供者之间建立了一种快速的联系；IT 设施管理层可对计算机、后端服务器、网络、打印机等各种构件进行管理和控制，此外还能完成数据的映射、格式和规则的执行以及与后端服务器的交互；数据层由数据库管理系统组成，支持把大容量的 RFID 数据变成符合 RFID 数据库方案的数据，图形用户界面层能够管理和分析不同阶段的信息，并产生报告。采用云计算、物联网技术的移动医疗改变了传统流程。云计算技术在医院信息化建设中已经得到了广泛应用，主要技术架构层面基于云计算解决方案采用领先的虚拟化存储技术、中间件技术和 RIA 富客户端技术，在云客户端、应用服务端和云存储服务端上综合不同业务系统的需求，如图 8-11 所示。

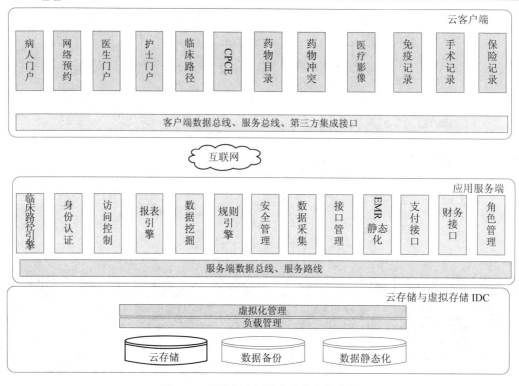

图 8-11　云计算在医院信息化中的应用

3. 在药品流通领域的应用

在药品流通过程中主要存在两方面的问题：一是在流通过程中由于环境变化而导致的药品质变、失效以及假药的混入；二是流通成本问题。云计算技术可对流通过程中的大量信息汇总处理，建立药品有效期管理体系，预警各个流通环节，形成双向信息流，同时云计算技术结合物联网技术后，应用更加广泛，利用物联网技术获取感知信息，尤其是对物品流通中的进销存信息，通过云计算技术实现进销存管理，实现各个流通环节库存的最佳配置，最大限度地降低药品流通中的成本。

构建基于云计算物联网技术的药品流通应用模型，一般采用 EPCglobal 物联网架构。该模型在药品流通应用中的具体工作过程如下：医药企业在药品生产完成后，需在药品上贴有存储 EPC 代码的 RFID 标签，此标签可记录药品的生产厂商、生产日期、批号、保质期、主治疾病及禁忌人群等信息，今后药品在整个流通过程中的唯一标识就是该药品标签对应的 EPC 代码。当药品以包装箱的形式出厂时，与医药企业相连接的识读器将生产出的药品 EPC 代码通过本地计算机系统传递给中间件 Savant，Savant 再将收集到的药品信息记录到本地 EPC 信息服务器 EPCIS，同时还通过网络将药品信息注册到 ONS 中，并通过 ONS 将药品相关信息转化为实体标记语言 PML，生成对应的 PML 文件存储在 PML 服务器上，其中 PML 服务器是由医药企业维护并用来储存该医药企业生产的所有药品信息。至此 ONS 服务器便将该药品的 EPC 代码与 PML 服务器地址相匹配。今后，在药品流通的任一环节，无论药品是以药箱的形式被车辆运出，还是从医院或药店卖出，识读器只要将识别出的药品 EPC 代码传给 Savant，Savant 就能以此为索引在 ONS 上获取包含该药品信息的 PML 服务器的网络地址，然后再根据该地址在 PML 服务器上查询，便可获得该药品的相关信息。同时还可根据实际情况更新 PML 服务器上的相关信息。基于云计算、物联网技术的药品流通应用模型如图 8-12 所示。

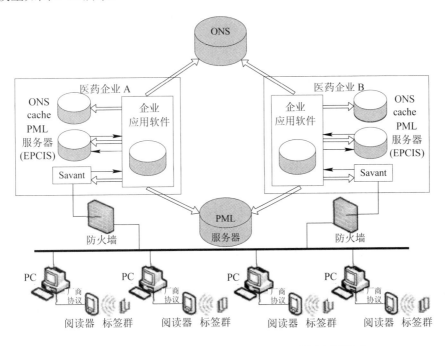

图 8-12　基于云计算、物联网技术的药品流通应用模型

(1) 在药品防伪中的应用。传统的药品防伪技术有诸多不便，可采用基于 RFID 的防伪方法，通过云计算大数据处理能力进行信息比对，最终实现药品防伪。但需选择合适的加密算法对所传输的数据进行加密，比如 HASH 锁法和极小加密法，以保证所传输数据的安全。此外，还可通过数字签名方式来实现数据的安全传输，此时电子标签上的内容除具有药品 RFID 标识外，还有药品制造企业的数字签名。在此基础上提出了一个基于 RFID 的药品防伪系统，该系统除了能通过药品 RFID 编码对药品进行唯一标识和自动识别外，更重要的是能通过数字签名技术来保证数据传输的安全性。

(2) 在药品管理中的应用。药品管理由两部分组成：一是药店药库或医院药房中的药品存储与发放；二是临床上医护人员的药品发放和病人的药物服用。药店药库或医院药房中的药品可使用 RFID 技术来管理，通过部署有/无线传感器网络并在贵重药品或危险药品上贴有 RFID 标签，就可实时获取药品的批次、入库时间、存货架位置、数量、出库时间、去向、使用药品的患者和医生等信息，以便对药品进行分类存储、分发、审计和跟踪，通过云存储技术对关键信息实现安全存放。特别是药房人员在配药时，由于每天取药的人流量大，再加上有时由于医生手写处方字迹不清楚而导致的药师对处方的误读，因此配药过程中拿错药、漏拿药和剂量错误的现象时有发生。若采用传统配药的“三看(指看处方上的药品标题、存放药品的容器以及存放药品的药架)和“五核对”[指核对药品名称、药品剂量、服用时间、治疗方式(注射还是口服)以及用药的病人]流程，工作量非常大，而这些错误一旦发生后果将不堪设想。引入 RFID 技术的 Intelligent Medicine Dispensing Cabinet，实施通过 RFID 核对药品的"三看"(一看,当药剂师开始工作时,将有光指示器提醒药剂师往正确的位置/方向上找到药品;二看,当找到正确的药品后,安装在桌子上的 RFID 阅读器将进行再次检查;三看,当药剂师取完药后,RFID 将检测装有药品的瓶子是否放在正确的药架上)流程。如果在上述三步中发现错误,光指示器将变红并发出蜂鸣警报来提醒药剂师,有效避免了配药错误。

8.2 物联网在智慧旅游中的应用

对旅游业来说,物联网是一个最重要、最有力的新兴应用技术,可以从根本上改变旅游企业的经营方式,改进收益管理,提升顾客体验。

近年来,旅游产业已经成为众多区域或地区的重要经济支柱之一。而通过旅游信息化模式能提高旅游产业化能力,改变传统的旅游生产、分配、运营和消费机制,增强旅游资源的利用率。但传统的旅游信息化是以门户网站、信息化管理系统、结构化电子商务系统等来实施旅游信息化。因此,为了改变传统旅游信息化的不足,文化和旅游部相继提出或组织实施了旅游信息化的"金旅工程"及后期的"三网一库"建设、"国家重点风景名胜区监督管理信息系统"建设、数字景区示范工程、"三网一库一卡"的建设等,如其中较著名的"数字九寨"建设,它的建设有效改进了九寨沟旅游资源的合理运用,提升了管理效率。但从旅游信息化应用和表现来看,还是不能有效规划、管理旅游资源,也不能为旅客提供方便、快捷、有效的消费平台。在这种背景下,全球范围内提出了更为先进的"智慧旅游"工程。云计算的出现及商业化的应用为智慧旅游提供了智慧应用基础。

8.2.1 智慧旅游概述

随着旅游信息化的推进,智慧旅游的建设已经在各地兴起。江苏省镇江市于 2010 年在全国率先创造性提出"智慧旅游"概念,开展"智慧旅游"项目建设,开辟"感知镇江、智慧旅游"新时空。

智慧旅游也被称为智能旅游,就是利用云计算、物联网等新技术,通过互联网/移动互联网,借助便携的终端上网设备,主动感知旅游资源、旅游经济、旅游活动、旅游者等方面的信息,及时发布,让人们能够及时了解这些信息,及时安排和调整工作与旅游计划,从而达到对各类旅游信息的智能感知、方便利用的效果。智慧旅游的建设与发展最终将体现在旅游管理、旅游服务和旅游营销三个层面。

从技术上来讲,智慧旅游是指通过现代信息技术与旅游服务、旅游管理的融合,使旅游资源和旅游信息得到系统化整合和深度开发应用,并服务于公众、企业和政府的旅游信息化。典型的智慧旅游系统如图 8-13 所示。

智慧旅游的"智慧"体现在"旅游服务的智慧""旅游管理的智慧""旅游营销的智慧"三大方面。

(1) 服务智慧。智慧旅游从游客出发,通过信息技术提升旅游体验和旅游品质。游客在旅游信息获取、旅游计划决策、旅游产品预订支付、享受旅游和回顾评价旅游的整个过程中都能感受到智慧旅游带来的全新服务体验。智慧旅游通过基于物联网、无线技术、定

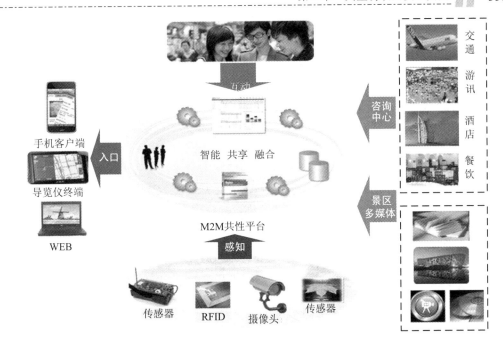

图 8-13 智慧旅游系统

位和监控技术，实现信息的传递和实时交换，让游客的旅游过程更顺畅，提升旅游的舒适度和满意度，为游客带来更好的旅游安全保障和旅游品质保障。智慧旅游还将推动传统旅游消费方式向现代旅游消费方式转变，并引导游客产生新的旅游习惯，创造新的旅游文化。

(2) 管理智慧。智慧旅游将实现传统旅游管理方式向现代管理方式转变。通过信息技术，可以及时准确地掌握游客的旅游活动信息和旅游企业的经营信息，实现旅游行业监管从传统的被动处理、事后管理向过程管理和实时管理转变。智慧旅游将通过与公安、交通、工商、卫生、质检等部门形成信息共享和协作联动，结合旅游信息数据形成旅游预测预警机制，提高应急管理能力，保障旅游安全，实现对旅游投诉以及旅游质量问题的有效处理，维护旅游市场秩序。智慧旅游依托信息技术主动获取游客信息，形成游客数据积累和分析体系，全面了解游客的需求变化、意见建议以及旅游企业的相关信息，实现科学决策和科学管理。智慧旅游还鼓励和支持旅游企业广泛运用信息技术，改善经营流程，提高管理水平，提升产品和服务竞争力，增强游客、旅游资源、旅游企业和旅游主管部门之间的互动，高效整合旅游资源，推动旅游产业整体发展。

(3) 营销智慧。智慧旅游通过旅游舆情监控和数据分析，挖掘旅游热点和游客兴趣点，引导旅游企业策划对应的旅游产品，制定对应的营销主题，从而推动旅游行业的产品创新和营销创新。智慧旅游通过量化分析和判断营销渠道，筛选效果明显、可以长期合作的营销渠道。智慧旅游还充分利用新媒体传播特性，吸引游客主动参与旅游的传播和营销，并通过积累游客数据和旅游产品消费数据逐步形成自媒体营销平台。

1. 智慧旅游的主要功能

从使用者的角度出发，智慧旅游主要包括导航、导游、导览和导购(简称"四导")四个基本功能。

(1) 导航。将位置服务(LBS)加入旅游信息中，让旅游者随时知道自己的位置。确定位置有许多种方法，如 GPS 导航、基站定位、WiFi 定位、RFID 定位、地标定位等，未来还有图像识别定位。其中，GPS 导航和 RFID 定位能获得精确的位置。但 RFID 定位需要布设很多识别器，也需要在移动终端上(如手机)安装 RFID 芯片，离实际应用还有很大的距离。GPS 导航应用则简单得多。一般智能手机上都有 GPS 导航模块，如果用外接的蓝牙、USB 接口的 GPS 导航模块，就可以让笔记本电脑、上网本和平板电脑具备导航功能，个别电脑甚至内置 GPS 导航模块。

(2) 导游。在确定了位置的同时，在网页和地图上会主动显示周边的旅游信息，包括景点、酒店、餐馆、娱乐、车站、活动(地点)、朋友/旅游团友等的位置和大概信息，如景点的级别、主要描述等，酒店的星级、价格范围、剩余房间数等，活动(演唱会、体育运动、电影)的地点、时间、价格范围，餐馆的口味、人均消费水平、优惠等。智慧旅游还支持在非导航状态下查找任意位置的周边信息，拖动地图即可在地图上看到这些信息。周边的范围大小可以随地图窗口的大小自动调节，也可以根据自己的兴趣点(如景点、某个朋友的位置)规划行走路线。

(3) 导览。点击(触摸)感兴趣的对象(景点、酒店、餐馆、娱乐、车站、活动等)可以获得关于兴趣点的位置、文字、图片、视频、使用者的评价等信息，深入了解兴趣点的详细情况，供旅游者决定是否需要它。导览相当于一个导游员。我国许多旅游景点规定不许导游员高声讲解，而采用数字导览设备，如故宫，需要游客租用这种设备。智慧旅游则像是一个自助导游员，有比导游员更多的信息来源，如文字、图片、视频和 3D 虚拟现实，配上耳机就能让手机/平板电脑替代数字导览设备，无须再租用这类设备了。

(4) 导购。经过全面而深入的在线了解和分析，已经知道自己需要什么了，那么可以直接在线预订(客房/票务)。只需在网页上自己感兴趣的对象旁点击"预订"按钮，即可进入预订模块，预订不同的档次和数量。由于是利用移动互联网，因此游客可以随时随地进行预订。

2. 智慧旅游的发展

20 世纪 90 年代所有的景区和旅游主管部门都在建网站和数据库，实现了统一管理的基础数据和专题数据，从单一功能转变到专题综合应用，实现了一些分布式的数据集成管理功能，并建立了一定的数据共享和服务机制，构建了城市/区域性的空间信息基础设施。新一代 ICT 运用到旅游各个环节和各个要素，全面实现人与人、人与物及物与物的通信，实现旅游全过程的智慧运行。

江苏省镇江市于 2010 年在全国率先创造性提出"智慧旅游"概念，开展"智慧旅游"项目建设，开辟"感知镇江、智慧旅游"新时空。智慧旅游的核心技术之一"感动芯"技术在镇江市研发成功，并在北京奥运会、上海世博会上得到应用。中国标准化委员会批准"无线传感自组网技术规范标准"由镇江市拟定，使得镇江市此类技术的研发、生产、应用和标准制定在全国处于领先地位，为智慧旅游项目建设提供了专业技术支撑。

在 2010 年第六届海峡旅游博览会上，福建省旅游局率先提出建设"智能旅游"概念，并在网上建立"海峡智能旅游参建单位管理系统"。福建启动了"智能旅游"的先导工程——"三个一"工程建设，即一网(海峡旅游网上超市)，一卡(海峡旅游卡，包括银行联名卡、休闲储值卡、手机二维码的"飞信卡"，以及衍生的目的地专项卡等)，一线(海峡旅游呼叫中心，包括公益服务热线和商务资讯增值预订服务热线)。海峡旅游银行卡于 2010 年已面向福建省内外游客发行；海峡旅游呼叫中心新平台于 2011 年 1 月 1 日也已经正式开通试运行。

3. 智慧旅游特点

智慧旅游的特点可以概括为以下四点：

(1) 全面物联：将智慧旅游相关要素物联成网，对旅游产业链上下游的核心系统实时监测。

(2) 充分整合：实现终端设施物联网与互联网系统的连接和融合，提供智慧旅游服务基础设施。

(3) 协同运作：基于智慧基础设施，实现旅游产业链上下游关键系统高效联动，协同管理。

(4) 激励创新：鼓励科技、商业模式的创新和应用，为智慧城市提供源源不断的发展动力。

智慧旅游涉及的关键技术包括物联网技术、移动通信技术、云计算技术、人工智能技术等。多种新技术的运用也带来了新的安全威胁。

8.2.2 智慧旅游系统架构与功能

1. 智慧旅游总体架构

智慧旅游是典型的物联网应用系统，其体系结构分为四层，如图 8-14 所示。

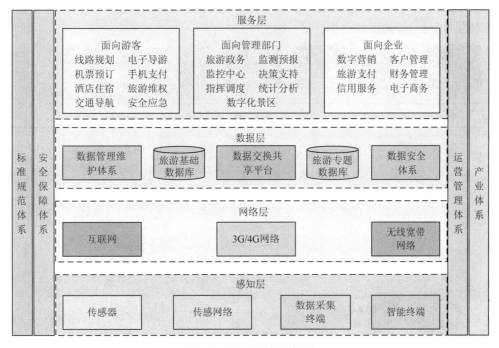

图 8-14 智慧旅游总体架构

(1) 感知层：是智慧旅游的数据采集层，主要由用户操作终端、物联网设备及旅游信息输入设备组成，为综合系统研判和处理提供数据来源。感知层通过各类数据采集和感知技术，如 RFID、条形码、传感器、摄像头等，实现数据采集和存储，为整个智慧旅游的应用体系提供基础数据支撑。

(2) 网络层：是智慧旅游的网络通信层，负责前端设备与系统服务端的传输与通信。通过互联网、物联网以及移动通信网络为数据层提供网络服务，实现数据安全、高效的传输。

(3) 数据层：是智慧旅游的数据分析处理层，作为综合数据库存储信息数据，同时对各类综合数据进行分析处理，形成有价值的参考信息。云计算中心是智慧旅游管理平台的核心，基于旅游信息标准的智慧旅游信息云存储中心，实现对旅游信息数据的集中处理是智慧旅游数据处理的关键技术。

(4) 服务层：是智慧旅游作为信息数据的表现形式和管理形式，为用户提供使用平台。按照智慧旅游的功能，服务主要面向三种应用，即面向游客、面向管理部门和面向企业，包括智慧的旅游政务、智慧的旅游公共服务、智慧的景区、智慧的旅行社、智慧的交通、智慧的酒店等。

2. 基于物联网的旅游管理平台

智慧旅游支撑的关键技术包括物联网技术、宽带网络通信技术、地理信息系统、遥感、全球定位系统、决策支持系统、多元数据库技术、数据挖掘和数据融合技术、虚拟现实技术、多媒体技术等。这些技术为整个系统提供技术支撑，使智慧旅游成为可能。智慧旅游的数据处理和信息管理是系统建设的核心，包括旅游非空间信息管理系统与旅游空间信息管理系统的建设，具体由若干子系统组成，分别是系统管理模块、旅游信息管理系统、旅游信息网络发布系统、旅游目的地信息咨询系统、三维虚拟旅游系统、旅游管理与规划信息系统、旅游灾难预警系统等。智慧旅游云计算中心架构如图 8-15 所示。基于云计算的 SaaS 是实现旅游信息管理的主要应用管理平台。

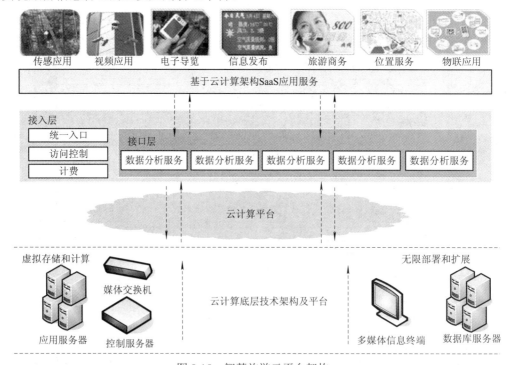

图 8-15　智慧旅游云平台架构

典型的智慧旅游公共信息服务平台如图 8-16 所示。公共信息服务平台是一个平台，即智慧旅游综合服务平台，可实现四项功能，即旅游信息发布功能、旅游市场营销功能、智能旅游服务功能和旅游行业监督功能。

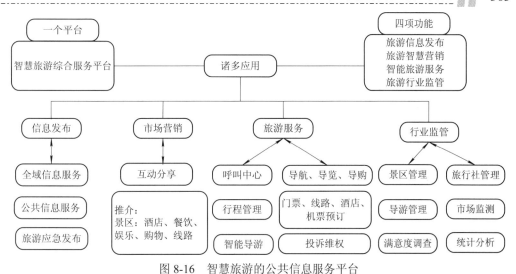

图 8-16　智慧旅游的公共信息服务平台

　　智慧旅游中的政务管理系统的主要功能是游客管理、旅游企业管理、景区管理和导游管理，包括智慧旅游管理的景区客流量监测、景区游客采样分析系统、旅游团队服务管理等。

3. 基于物联网的数字化景区

　　智慧旅游中景区管理是以数字化景区为基础，典型的基于物联网的数字化景区结构如图 8-17 所示。数字化景区的结构也分为四层，主要功能是在业务应用层，提供面向游客、面向景区和面向商户的应用支持系统。

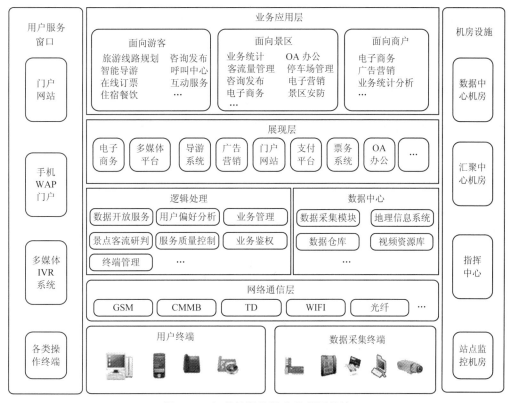

图 8-17　智慧旅游的数字化景区结构

数字化景区服务的主要功能架构如图 8-18 所示。

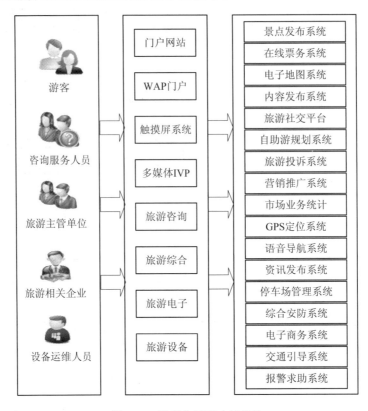

图 8-18　数字化景区功能架构

　　数字化景区的主要功能是各种信息服务，除此之外还包括景区森林防火系统、景区环境监测、环境信息发布、景区视频监控系统、景区智能广播系统、基于物联网的信息服务终端等。基于物联网的信息服务终端主要包括电子旅游显示屏、景区电子门票购买系统和验票系统等。典型的基于物联网景区电子门票购系统如图 8-19 所示。

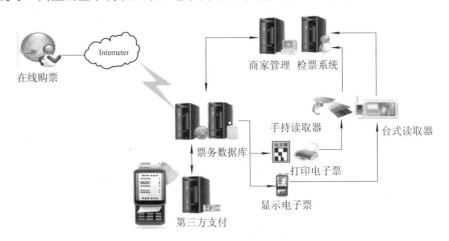

图 8-19　基于物联网景区电子门票购买系统

基于物联网电子票单验证系统如图 8-20 所示。

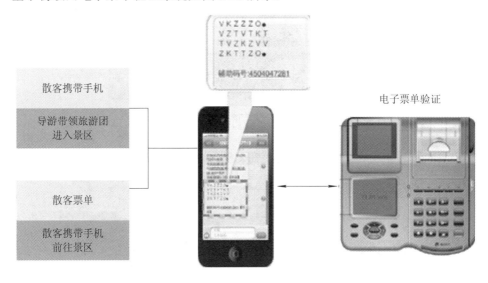

图 8-20　基于物联网电子票单验证系统

4. 基于物联网的信息服务终端

智慧旅游中基于物联网的信息服务终端主要针对智能手机终端 APP 实现景点信息互动位置服务。基于物联网的信息服务终端典型的 APP 景点信息互动如图 8-21 所示。

图 8-21　智慧旅游 APP 景点信息互动

基于物联网的信息服务终端的智慧旅游位置服务(LBS)应用如图 8-22 所示。

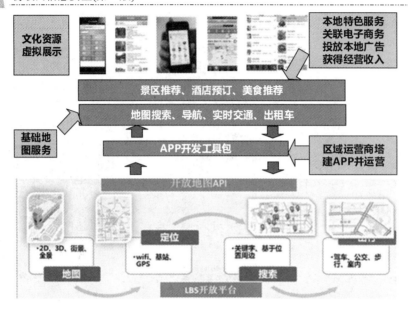

图 8-22　智慧旅游的 LBS 应用

基于物联网的信息服务终端旅游一卡通服务功能如图 8-23 所示。

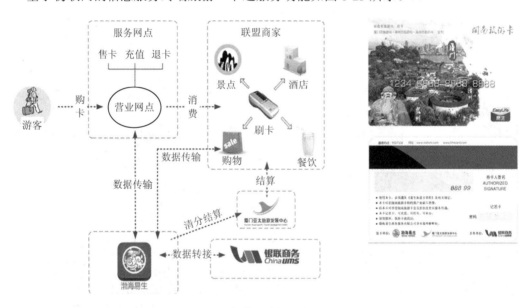

图 8-23　智慧旅游的一卡通服务

8.2.3　智慧旅游中的信息安全威胁与防御

智慧旅游是利用云计算和物联网技术，通过互联网/移动互联网，借助便携的移动终端设备，主动感知旅游资源、旅游经济、旅游活动、旅游者等方面的信息，及时发布让人们能够及时了解这些信息，及时安排和调整工作与旅游计划，从而达到对各类旅游信息的智能感知、方便利用的效果。智慧旅游最基础的价值是旅游信息服务。目前我国智慧旅游的安全体系还未建成，从智慧旅游系统的体系结构来看，智慧旅游所面临的安全威胁主要从感知层、网络层、数据层和服务应用层来分析。

(1) 感知层：主要完成信息的采集、转换和收集，以及执行某些命令。感知层包含传感器件和控制器件两部分，用于数据采集及最终控制。短距离传输网络，将传感器收集的数据发送到网关或将应用平台控制命令发送到控制器件。传感器件包括条码和读/写器、RFID 和读写器、摄像头、GPS、各种传感器、终端、传感器网络等。智慧旅游强调的是信息的共享，感知层收集到的各种信息为了得到有效应用，这些感知信息需要传输到一个数据处理平台，即智慧旅游的数据层。感知层终端设备最终要接入其他外在网络，包括互联网等。感知层可能遇到的安全威胁包括下列几种情况。

① 感知节点所感知的信息被非法获取；

② 感知层的关键节点被非法控制，安全性全部丢失；

③ 感知层的普通节点被非法控制(攻击者掌握节点密匙)；

④ 感知层的普通节点被非法捕获(没有得到节点密匙，而没有被控制)；

⑤ 感知层的节点(普通节点或关键节点)受来自网络的 DoS 攻击；

⑥ 接入到物联网的超大量感知节点的标志、识别、认证和控制识别问题。

对感知层的安全威胁防御方法是采用认证机制和加密机制。通过密钥管理保障传感器的安全，任何安全通信机制都需要密码机制提供点对点的安全通信服务，而在传感器网络中应用对称密钥体制必须有相应的密钥管理方案作为支撑。密钥管理是传递数据信息加密技术的重要一环，它处理密钥从生成到销毁的整个生命周期的有关问题，涉及系统的初始化、密钥的生成、存储、备份恢复、装入、验证等多方面内容。

(2) 网络层：是智慧旅游的网络通信层，负责前端设备与系统服务端的传输与通信。智慧旅游的网络层包括核心网和各种接入网，网络层将感知层获取的信息传输给数据处理中心和用户。物联网的核心网络是在现有互联网基础上，融合电信网、广播电视网等形成的面向服务、即插即用的栅格化网络；而接入网则包括移动的 3G/4G/5G 网、集群、无线城域网等，通过接入网络，感知层能够将信息传输给用户，同时用户的指令也可以传输给感知层。智慧旅游的网络层存在的安全威胁如下：

① 假冒攻击、中间人攻击等；

② DoS 攻击、DDoS 攻击；

③ 非法接入；

④ 跨异构网络的网络攻击；

⑤ 信息窃取、篡改。

对网络层的安全威胁防御方法是使用认证机制和数据加密算法，建立不同网络环境的认证衔接机制。网络环境变得越来越复杂，攻击者的知识越来越丰富，采用的攻击手法也越来越高明和隐蔽。网络层的安全威胁防御考虑到网络架构的安全需求，需要建立不同网络环境的认证衔接机制。

(3) 数据层：是智慧旅游的数据分析处理层，云计算中心是智慧旅游管理平台的核心，基于旅游信息标准的智慧旅游信息云存储中心，实现对旅游信息数据的集中处理是智慧旅游数据处理的关键技术。智慧旅游的数据层是物联网的应用层，是通过分析、处理与决策完成从信息到知识、再到控制指挥的智能演化，实现处理和解决问题的能力，完成特定的智能化应用和服务任务。物联网的应用层包括数据处理、中间件、云计算、业务支撑系统、管理系统、安全服务等应用支撑系统(公共平台)，以及利用这些公共平台建立的应用系统。智慧旅游数据层的重要特征是智能，智能的技术实现少不了自动处理技术，其目的是使处理过程方便迅速，而非智能的处理手段可能无法应对大量数据。但自动过程对恶意数据特别是恶意指令信息的判断能力是有限的，而智能也仅限于按照一定规则进行过滤判断，攻击者很容易避开这个规则而实现攻击。智慧旅游数据层的安全威胁包括以下几方面：

① 智能变为只能，智能功能无法实现；

② 来自超大量终端的海量数据的正确识别和处理；

③ 非法人为干预(内部攻击)；

④ 设备(特别是移动设备)的丢失；

⑤ 灾难控制和恢复；

⑥ 自动变为失控(可控性是信息安全的重要指标)。

对数据层的安全威胁防御方法是建立以云计算为中心的综合安全管理平台。云计算是智慧旅游管理平台的核心，建立一个强大而统一的安全管理平台，提供服务层和各种智慧旅游应用系统的安全保障是安全管理平台的主要功能。智慧旅游应用系统面临各种各样的安全问题，除了传统的安全问题，云计算自身的安全问题也是数据层需要解决的问题。若智慧旅游的每个应用系统建立各自的应用安全平台，则会割裂网络与应用平台之间的信任关系，导致新的安全问题产生。

(4) 服务层：作为信息数据的表现形式和管理形式，为用户提供使用平台。按照智慧旅游的功能，服务主要面向三种应用：面向游客、面向管理部门和面向企业。对应的安全威胁主要包括：

① 面向游客的智能终端安全威胁和 APP 安全威胁；

② 面向管理部门和面向企业的服务威胁，主要是针对企业 Web 的各种攻击和 DoS/DDoS 攻击。

③ 窃取和篡改关键数据。

对服务层的安全威胁防御方法是以云计算为中心的综合安全管理平台为基础，采用 VPN 和防火墙技术建立安全的认证和网络安全应用服务机制。

8.3　车联网及其安全简介

车联网是物联网技术在智能交通领域的一个重要分支。车联网系统是在车辆上装载电子标签，然后通过无线射频等识别技术，实现在信息网络平台上对所有车辆的属性信息和静、动态信息进行提取和有效利用，并根据不同的功能需求对所有车辆的运行状态进行有效的监管和提供综合服务。车联网系统的开发将会进一步推进交通智能化的步伐，为高速或城市交通提供更加方便、快捷、准确的信息，而在整个智能交通领域，最具备实现车联网快速落地的应该是高度信息化的高速公路领域。然而，在车联网的发展过程中也存在诸多问题，其中车联网中的隐私问题和信息安全问题是制约其发展的重要原因，在车联网中的每辆车及车主的信息都会随时随地被感知和连接到网络，这些暴露在公开场所的信号极易被窃取、干扰等，直接影响了车联网的体系安全，造成隐私泄露或者其他重大损失。

8.3.1　车联网的概念及其发展

1. 车联网的概念

车联网即车载物联网。从技术层面上说，车联网系统主要运用了 RFID 技术、GPS 技术、无线传输技术(3G 等)、数字广播技术(CMMB 等)、网络服务平台技术(如 Web 服务、数据融合处理技术、地图匹配技术等)等。

从系统中的信息交互方面讲，车联网主要有车与车通信系统、车与人交互系统、车与路通信交互系统、车与后台服务信息平台通信系统、路与后台服务信息平台通信系统。

与物联网相比，车联网有其自身特点：① 车联网中的网络节点以车辆为主，这就决定了车联网的高动态特性。与一般的物联网相比，车联网中的汽车节点移动速度更快，拓扑变化更频繁，路径的寿命更短；② 与一般的物联网相比，车联网中的车辆节点间的通信受到的干扰因素更多，包括路边的建筑物、天气状况、道路交通状况、车辆的相对行驶速度等；③ 车联网中由于受车辆运动情况、道路分布状况等因素的影响，网络的连通性不稳定，这在一定程度上限制了车联网的推广使用；④ 车辆中有稳定的电源供电，网络工作时一般没有能量方面的限制；车辆中有较大的承载空间，可以装备较高性能的车载计算机以及一些必要的外部辅助设备，如 GPS、GIS 等；⑤ 车联网对网络的安全性、可靠性以及稳定性要求更高。车联网的应用过程中，不能像互联网一样出现一些不安全、不可靠的事件，否则可能会造成巨大的生命财产损失，引起车辆行驶的混乱。

车联网作为智能交通领域最热门的研究方向之一，它将传感器技术(WSN)、无线传输技术(WLAN、WiFi 等)、云计算技术、定位技术(如 GPS)等应用可为处于高速运动中的车辆提供一种高速率的数据接入网络，进而可为车辆的安全行驶、交通管理、数据通信等提供解决方案。显然，车辆无线通信网络是智能交通系统(ITS)的基础信息承载平台，可为车联网采集实时的交通信息，及时广播安全与导航信息，以及为车辆提供其他网络信息服务。车联网技术的研究对提高行进中车辆的安全性、减少不必要的交通事故、改善交通堵塞等方面具有深远的意义。

车联网的车辆通信网络系统有三种通信方式：车辆自组网内车辆之间(V2V)的通信；车辆与路边基础设施(RSU)之间(V2I)的通信；路边基础设施之间(I2I)的通信。其中，基站是以 WWAN 技术通过蜂窝网、WiMAX、WiFi、2G/3G 等技术接入公共网络，能够为车辆提供接入和信息服务，使车辆可以随时与连接在 Internet 上的其他机构如 CA 通信。

2. 安全需求

车联网需要从可信性、完整性、不可抵赖性、访问控制、隐私保护等方面来保证其安全，主要是依靠无线传感技术、无线通信技术、云处理技术、云存储技术等来实现功能集成化、数据海量化、通信高速化。

8.3.2　车联网系统存在的问题及其关键技术

1. 当前车联网系统存在的问题

车联网系统从技术层面需要解决以下五个方面的问题：

(1) 传感网及相关数据通信。车联网中的多媒体传感网技术应用主要分为两部分：第一部分指的是车载传感器网及相关数据通信；第二部分指的是道路传感器网，负责道路传感器组网及相关交通信息、车辆相关数据等的数据通信。

(2) 开源的车载终端系统开发平台。当前的车载服务系统架构决定了各品牌的车载服务系统只能为该品牌终端的用户提供服务，而不能实现跨平台服务。

(3) 车联网终端的语音控制。目前车载终端采用的触摸控制无论多好，驾车者在行车过程中触摸操作终端系统也是非常危险的，因此语音控制技术在车联网系统中显得尤为重要。

(4) 智能交通平台建设和服务中心的整合。车联网的主要目的之一是实现真正意义上的智能交通，交通参与者通过车载车联网终端设备，向智能交通平台提供各地的实时交通信息。当智能交通平台获得相关数据并进行相关处理后，可以实时向驾乘人员提供路况、气象等相关服务信息。

(5) 无线通信技术整合及智能网关技术。一般来说，车辆会处于以下三种环境中：车辆自组网环境、移动通信网环境以及无线局域网环境。所以硬件上在车联网终端内需要分别集成相应模块以支持数据收发。同时，软件方面在特定区域车辆有可能处于几种环境的交汇处，这就需要一种综合信号强度、数据带宽、费率计算等因素的选择算法自适应的实现最优的网络接入选择。而且，由于车联网终端与多个不同的网络连接，而这些网络的通信协议、数据格式或语言的差异很大，因此车联网终端需要在不同的网络之间实现传输层上的互联，实现一种"智能网关"的功能。

2. 车联网系统技术分析

国际上现有的对于车联网的研究大都源自 Telematics，即车载信息服务。Telematics 一词由 Telecommunication(通信)与 Informatics(信息科学)组成。利用无线通信和 GPS 卫星导航技术，通过车载设备、呼叫中心、手机客户端、PC 客户端等多种服务界面给车辆驾乘人员提供包含导航、安全、信息、娱乐等多种服务，发展目标是使车辆驾乘人员通过无线通信连接服务中心，获取远程车辆服务，如通过终端查看交通地图、交通信息、救援服务等。目前，Telematics 主要应用在车载系统上，根据使用目的的不同，可提供三类服务：交通信息服务、车辆救援服务、娱乐服务。Telematics 可以简单地认为是使用了无线通信技术的车载系统。

Telematics 的特点在于应用了如语音通信、卫星与广播等无线通信手段。终端设备可以通过使用存储卡更新数据。但是，Telematics 系统的主要功能仍以行车安全与车辆救援为主。Telematics 最多只能是点对点的连接方式，而且大部分服务依赖于车辆驾乘人员与服务中心座席人员之间的语音通话，完全缺乏严格意义上的组网的概念，所以不能称之为完整意义上的车联网系统。

车联网实际上是多种技术的综合使用，主要包括多媒体传感网络、无线通信技术、网络技术、智能处理、声控技术等。总的来说，这些技术已趋成熟，需要解决的问题是如何在车联网系统框架中合理使用，以解决两大主要问题：其一，要为车辆驾乘人员提供所需和必需的服务；其二，要为实现真正意义上的智能交通平台提供有效的数据实时传输，并完成网络组构。除了这两个核心问题以外，在具体技术研究中，正如互联网发展的初期，因为开发者众多，还需要解决的问题就是统一标准。

8.3.3 车联网的体系结构与应用

1. 车联网的体系结构

车联网系统的架构有三个层面，如图 8-24 所示。

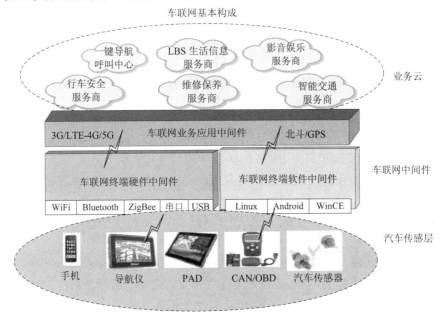

图 8-24 车联网系统的架构

车联网系统架构的三个层面，从低到高依次是：第一层是车联网的最底层——感知层，分布于汽车、公路及周边环境的无所不在的感知末端，实现车与车、车与路在 RFID 技术基础上的信息感知和信息收集，这一层是车联网系统通信的基础，是车联网数据信息的来源；第二层是通信层，主要由中间件组成，解决异构互联问题，就是车辆、道路、车与路之间的各种信息利用通信技术(3G/4G、DSRC、有线和无线、长距离和短距离、窄带和宽带通信系统等)进行传递，这一层是车联网信息通信的"管道"；第三层是应用服务层，就是服务运营商对通信、互联网网络传递的各种业务信息进行综合加工处理来开展各项信息服务与应用，这一层是车联网服务的核心。

在具体实现车联网服务过程中，有几项关键技术：卫星定位技术、感知技术、无线通信技术、互联网技术、云计算技术、智能技术。

(1) 卫星定位技术。卫星定位技术通过车载终端与卫星的信息交流，对车辆进行位置定位。在此基础上结合数字地图和导航技术，将车辆位置与电子地图进行匹配，实现准确实时的导航服务。目前我国主要的定位应用是 GPS、北斗定位系统。

(2) 感知技术。物联网感知技术可以说是车联网的末梢神经，是车联网的基础技术。综合传感器、RFID 技术等，用于车况及车身系统感知、道路感知、车辆与车辆和道路感知等，获取相应的信息。

(3) 无线通信技术。汽车在车联网中作为一个"移动终端"，与外界的实时信息交流要通过无线通信技术。3G、4G 等移动通信技术和 WiFi、ZigBee 技术提供强大的通信支撑。

(4) 互联网技术。互联网尤其是移动互联网技术能够为车联网提供多种多样的应用与服务支撑，包括移动搜索、移动商务、LBS 在内的技术及应用，将极大地丰富人们的"汽车生活"，增大车联网在生活中的应用。

(5) 云计算技术。在车联网应用中，会产生巨大量级的数据。对这些数据的存储、处理、挖掘等工作具有很大的挑战性。云计算平台有强大的存储、运算能力。

(6) 智能技术。随着车载终端所具备功能的快速发展，终端的智能化成为趋势。类似于手机的智能化，车载终端的智能化能丰富汽车应用。车联网的应用方向之一是智能驾驶，因此必须在车联网中采用一些先进的智能技术(如智能语音识别技术、智能控制技术)，使车辆、道路具备一定的信息收集和处理功能，能够主动判断车体状况、驾驶员状态、感知外部环境等。

2. 车联网的服务与应用

以车辆进出管理为例，目前该服务基本都是采用 RFID 技术，各住宅小区和企事业单位大部分都在出入通道安装了基于 RFID 的门禁管理系统。

(1) 语音通话服务。用户可以通过使用车联网终端上集成的移动通信模块接入移动通信网络来实现语音通话。

(2) 定位服务。车联网终端集成了卫星定位模块，可以利用全球卫星定位系统来实现车辆定位。

(3) 导航服务。车联网终端可以有选择地接入全球卫星定位系统，例如美国的 GPS、俄罗斯的 GLONASS、欧盟的 Galileo 和我国自主开发的北斗卫星导航系统，从而得到定位数据。当在终端上标注出目的地后，终端便会自动根据当前的位置，依据距离和道路等级为车主设计行车路线。

(4) 车辆服务中心连接服务。目前，世界主要的车辆制造企业和服务提供商都建立了基于无线连接的车载服务中心(TSP)。TSP 服务基本是基于车辆和服务中心的点对点语音通话来获得服务，用户通过语音通话可以获得道路救援服务、话务员服务、资讯服务等。

(5) 移动互联网接入。利用移动通信网络或无线局域网将车联网终端和互联网连接起来。所以，移动互联网接入车联网系统的一个新型服务，理论上绝大多数互联网应用都是可以延伸到车联网系统上，如网页浏览、邮件收发、即时通信、音视频服务等。特别是在我国，3G/4G 网络已经全面建成，为数据量需求较大的服务提供了非常好的基础。

(6) 车辆第三方信息管理服务。车辆第三方信息管理服务指涉及第三方的基于车辆相关信息的应用和服务。以车辆进出管理为例，该服务基本都是采用 RFID 技术，各住宅小区和企事业单位大部分都在出入通道安装了基于 RFID 的门禁管理系统，通过将车辆的进出授权信息写入 RFID 识别芯片，并粘贴在车辆内，实现门禁系统的自动放行和车辆出入信息管理。

(7) 车辆紧急救援。利用车联网系统，通过在车辆上安装相关传感器并在车载终端上安装相关软件可以最大限度地减少道路交通事故中因救援迟缓造成的人员伤亡。如在发生严重交通事故后，即使司机和乘客失去知觉不能拨打电话，该终端也能够自动拨叫紧急救援电话，并且自动报告事故车辆所处的位置。

(8) 车辆数据和管理服务。车辆的属性信息和静、动态信息一般都存储在汽车电子控制单元(ECU)中，调用时需要专业人员使用专业设备通过车载诊断(OBD)系统接口读取。

3. 车联网扩展 V2X

V2X 全称 Vehicle to Everything，其中 Vehicle 为车辆，Everything 为任何事物，概括而

言，V2X 通信技术就是车辆与任何事物相连接的通信技术。广泛意义的 V2X 主要包含以下几大模式：车—车、车—人、车—路、车—网络。上述各类通信的信息交互如图 8-25 所示。

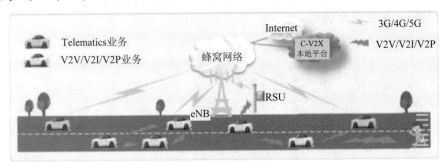

图 8-25　车用无线通信技术 V2X

(1) 车到车(V2V)：是指车辆利用自身的车载终端 OBU 与其他车辆进行通信，车辆间交互自身传感器所采集的车辆信息。车辆通过不断的 V2V 通信可以实时地获得与周围其他行驶相关的各类信息，比如当前车辆的位置、车速等；而且，除交互基础信息外，V2V 通信亦支持多媒体信息的交换，包括文字、图片和视频等多种格式。这类通信主要以提供安全预警、避免或减少交通事故、提高行车安全以及车辆监督管理等为目的。

(2) 车到人(V2P)：是指车辆通过车载终端 OBU 与行人的用户设备，比如手机终端、笔记本电脑等进行通信。这类通信主要为行人、骑行者或车辆提供安全提醒，相比于 V2V 通信其更加侧重于保护行人的安全，但仍在一定程度上避免或减少交通事故的发生。

(3) 车到路(V2I)：是指车辆与道路上所设置的相关基础设施，如摄像头、红绿灯等之间的通信。这类通信主要依赖于车载终端 OBU 与路边单元(RSU)进行信息交互。据此，RSU 可以通过 V2I 通信获取更多附近区域内的车辆信息，并调整、发布如红绿灯控制等实时信息。其主要应用于对车辆、道路基础设施的监控和管理，车辆与周围环境信息交互等。

(4) 车到网络：是指车辆的车载终端 OBU 与边缘云的通信，使车辆与云进行数据交互，并对获取的数据进行存储和处理，用以提供各类车辆相关的应用服务。这类通信主要应用于车辆远程监控、云端服务接入、车辆导航等。

以通信为目的的车联网架构可以按照通信协议的模型分为应用(Application)、消息和设备(Message/Facility)、网络(Networking)、适配(Adaptation)、链路(LLC)和媒体接入(MAC)以及物理层(PHY)。同时，作为支撑部分，还有安全(Security)、设备配置文件(Device Profile)、测试方法(Test Method)、总体架构(Overall Architecture)等几部分，如图 8-26 所示。

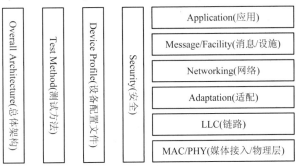

图 8-26　V2X 协议架构

8.3.4 车联网的信息安全问题与安全威胁

1. 车联网的信息安全问题

车联网和物联网相似，在应用中，每辆车及其车主的信息都将随时随地连接到网络，随时随地被感知，这种暴露在公开场所中的信号很容易被窃取、干扰甚至修改等，从而直接影响车联网的体系安全。在车联网环境中如何确保信息的安全性和隐私性，避免受到病毒攻击和恶意破坏，防止个人信息、业务信息和财产丢失或被他人盗用，都将是车联网发展过程中需要突破的重大难题，应该从技术和法律层面双向努力，为车联网的推广和应用提供坚实的保障。车联网主要面临的信息安全问题如下：

(1) 没有统一的标准和结构：互联网的巨大成功在很大程度上得益于它开放的标准和体系结构，要促进车联网的健康发展，就必须设计出合理的适用于车联网的标准和体系结构，规范车联网的架构。目前车联网还没有国内外统一的标准，标准体系不健全，架构不统一，从而导致解决方案的多元化，最终影响其发展。

(2) 没有明确的商业发展模式：车联网的实施需要涉及非常多的行业，其中包括汽车制造业、信息产业 IT 以及政府部门的统一协调管理等，而且要求各方要同步运行，其成本是极其庞大的。但是目前电信运营商和汽车制造商等是围绕车载智能化平台进行集成，以一种简化版的模式推进车联网运营模式，由于客户需求量小，行业推动力不足，产业链不完善，同时又缺乏盈利模式、技术参数不齐等，极大影响了车联网产业的发展。

(3) 缺乏核心技术：虽然我国在移动互联网络、射频识别等技术领域有所发展，但并没有主导权，绝大多数用于信息采集的高端传感器芯片的核心技术我国都还没有掌握，这些都受制于美国和其他一些欧洲国家。

2. 车联网的安全威胁

随着车辆通信的广泛应用，也随之带来了一系列安全隐患，有可能使驾驶者的个人隐私泄露。为了保障车辆用户的通信安全与隐私保护，需要完善车辆安全隐患存在的环节和加强现阶段车辆通信网络安全架构。车联网属于无线通信的一部分，在车辆的网络通信过程中将遇到的安全威胁主要是因为无线网络的条件限制。如果安全威胁不能得到防御，车辆通信的过程将受到很大阻碍。WTLSP 和 802.1x 等标准正逐步在安全方面得到完善。在制定标准时，关注通信过程中的安全隐患存在的环节尤其重要。车辆通信过程中存在的主要安全威胁有以下三个方面：

(1) 通信的阻断：有意或无意的干扰源可以阻断通信(如对整个网络进行 DoS 攻击可以造成通信的阻断)，导致在节点接收范围内的通信都无法建立。车联网的网络覆盖范围(比如高速公路附近)是一定的，很容易受到其他设备的干扰。攻击者可以利用客户端阻断和基站阻断方式来阻断通信。

(2) 伪装：车联网应用技术要求能够准确和及时获得应用程序数据。一些不怀好意的攻击者(如车辆或者基站等)仿造相关信息进行发送，将会在车联网覆盖范围内得到快速"感染"，导致很多车辆收到这条错误的信息，使驾驶者作出与实际不相符的反应，对车辆的安全驾驶造成一定的威胁，极大地降低了车联网信息的可靠性。

（3）篡改：在车联网中，每个车辆既可以作为终端，也可以作为中继节点。它可以丢弃或者破坏甚至有目的地对发送给其他节点的信息进行篡改，使得车辆或其他终端接收到的有价值的信息、重要的流量信息或者安全信息都可能被篡改过。事实证明，篡改信息比伪造信息更容易做到。

2014 年，VisualThreat 在 SyScan360 安全会议上成功展示了第一款对汽车信息攻击的 Android 应用程序。无须额外定制硬件电路，只需在网上购买现有的汽车 OBD 硬件接口设备，利用 OBD 的安全漏洞就可以对汽车进行攻击。

车联网中对汽车的攻击方式主要包括：

（1）控制系统(CAN 总线)入侵：通过特制芯片连接到 CAN 总线系统，再通过蓝牙、移动通信网等控制汽车所有控制域的部件。

（2）无线控制，黑客攻击：攻击者可以通过无线通信远程进入汽车信息通信频段，入侵汽车，控制汽车功能。

（3）密码破解，信息失控：车主使用的解锁 APP 的密码可以被黑客攻击破解，进而定位车辆并盗窃相关隐私信息和车辆的控制信息。

8.3.5　车联网的安全架构设计

车联网的三层体系结构决定了其安全机制的设计也应当建立在各层次不同技术特点的基础上，针对车联网中存在的诸多安全方面的问题，从感知层、网络传输层和应用层来保证整个系统的安全性和可靠性，具体的安全架构设计如图 8-27 所示。

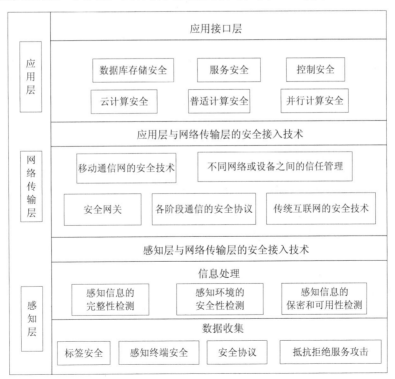

图 8-27　车联网的安全架构

车联网系统的安全架构根据车联网逻辑层次的不同分为三个层次,分别是感知层安全、网络传输层安全和应用层安全。车联网安全的核心是感知数据的安全收集、处理、传输、计算和应用,一个合理可靠的设计必须要保证数据在每一个阶段都得到保护,即要有安全的信息感知、可靠的数据传送和安全的信息操控。

车联网的安全问题不同于其他领域的问题,由于它使用如传感网、RFID 系统等技术,与原有的计算机信息安全不同,有很多特殊性,必须得到关注。首先,对于 RFID 系统来说,标签的计算能力或者存储能力是有限的,或者说非常弱,因此标签自身就没有足够的能力来保证安全问题,极易被攻击者控制,被恶意用户或者非法阅读器直接读取信息、篡改甚至删除有效数据等。在没有足够安全机构保护下,标签的安全性、有效性、完整性等都得不到保障。其次,在车联网的发展中广泛使用了无线网络传输,比如标签和阅读器之间,无线网络具有固有的脆弱性,很容易受到各种形式的攻击,同时也使得采集的数据在传递处理过程中直接暴露在大庭广众之下,不利于信息安全和隐私保护等。最后,在传统网络中,网络层的安全和应用层的安全一般是独立的,需要各自设计安全协议,而车联网中它们却是紧密联系的,传输信息的安全性和隐私性直接制约了车联网的发展。下面根据每层的不同特点分别说明它们存在的安全问题。

(1) 感知层的安全问题。车联网中感知层的任务是全面感知车辆和周围环境的信息,并且收集处理信息。感知层的设备有很多,车联网中常用的有 RFID 标签和阅读器装置、各种传感器设备、GPS 定位设备等。在一些单一的应用系统中,这些信息直接被使用,但是车联网是多种感知信息的同时处理或者综合利用,它强调的是信息的共享和服务,所以这些信息必须统一通过传输层传送到处理平台,在感知信息进入传输层之前,必须保证感知信息的真实有效以及可用性。

一般情况下,车联网的感知层采用的是 RFID 自动识别技术,阅读器和标签之间是无线传输的,攻击者很容易在节点之间传输信号时截取或者篡改敏感信息,或者伪造信号等,比如,基站在收集其覆盖范围内的车载单元信息时,可能有攻击者从中截取信息,甚至会有攻击者仿冒基站读取车载单元信息,从而获得机密数据、用户隐私,后果严重,且危害巨大。

感知层的安全架构设计包含数据收集和信息处理两部分,主要是通过设计新的适用于车联网感知层的安全协议来保证,考虑到感知层设备计算资源的有限性,一般采用轻量级的密码技术。

(2) 网络传输层的安全问题。车联网网络传输层的任务是把感知层收集到的信息安全可靠地传输到信息的处理平台,所以传输层主要包括一些网络基础设施,比如传统互联网、移动通信网和其他一些专用网络等。在信息传送过程中,可能需要经过多个不同架构的网络,这时就需要进行信息交接。跨网络传输在车联网中很常见,但同时也带来了很多信息安全隐患。

车联网的网络传输层可能会遇到的安全挑战有 DoS 攻击、DDoS 攻击,它们主要来源于互联网,也可能扩展到移动通信网络以及无线网等;假冒攻击和中间人攻击可能存在于所有网络中;跨异构网络攻击主要针对车联网中存在的多种网络传输方式,异构网络的信息传输安全性较弱,而且在认证方面也难免存在漏洞。当然还存在其他一些在传统网络中存在的安全问题。

传输层的安全需求是保证数据的机密性、完整性以及数据流的机密性，并且能预防和检测一些攻击，所以针对传输层的要求有以下安全保护措施：

① 对网络中通信的节点双方进行身份认证，认证通过后再传递数据；

② 采用完善的密码技术，利用当前比较成熟的密码体制以及密钥管理制度(密钥基础设施 PKI 和密钥协商等)对端到端、节点到节点的数据进行合理加密后再传输；

③ 要考虑不同网络中认证和密钥协商机制的不同，必须解决跨网认证和跨域认证对安全的不利因素；

④ 在多播或者广播情况下的消息安全机制。

以上各个方面在当前传统网络中，已经有比较成熟的解决方案，这里不再一一详细介绍。

(3) 应用层的安全问题。应用层是信息在处理平台上得到合理计算和分析的过程。当从网络中接收到各种信息后，应用层处理需要判断哪些是有用的信息，哪些是垃圾信息，甚至还可能有恶意的攻击信息等，应用层也要通过密码技术等手段来甄别有用信息，防范恶意信息，抵制网络攻击。

应用层又分成应用的支撑层和应用层，支撑层主要用来处理数据，车联网系统所要处理的数据信息是非常庞大的，因此在车联网中引入了当前比较热门的云计算、并行计算等技术。在车联网的应用层为了满足基本的需求，保证在数据存储、处理和服务上的安全性，需要进行以下安全方面的设计：

① 可靠的认证机制和高强度的密钥管理方案，提供端对端认证协议，如挑战—应答式协议等，采用对称密钥和非对称密钥相结合的加密方法，并且加入数字签名机制；

② 高强度的数据机密性和完整性服务，机密性通过完善的加密机制实现，完整性保障可以通过 Hash 算法或者 MAC 算法等实现；

③ 可控性，能够有效地检测和预防各种攻击；

④ 保证数据存储安全，采用当前成熟的数据库安全技术，比如 K-匿名技术、假名技术等；

⑤ 可靠的灾难恢复机制，要对数据库等进行安全备份，采用安全数据库操作、终端设备追踪等技术。

应用层的安全技术设计比较广泛，基本上每一个方面都是一个热门的研究方向，而且在传统互联网上同样存在类似的问题，或者已经有解决办法，或者正着手研究，物联网应用层的安全问题前面已经有较多分析，在此不再赘述。

思考与练习八

一、简答题

1. 简述智能电网的安全机制。

2. EPC 网络的网络构架有哪些组成部分？其安全机制有哪些？

3. 什么是无线个域网 WPAN？其主要安全技术有哪些？

4. WLAN 的主要安全技术有哪些?

5. 什么是无线体域网 WBAN? 其安全面临哪些问题?

6. 什么是 M2M? M2M 安全面临哪些方面的问题? M2M 的主要安全技术有哪些?

7. 什么是车联网? 车联网的安全面临哪些方面的问题?

二、设计题

1. 基于物联网技术的新型数据采集与监控系统的设计。

2. 无线 GPRS 环境质量在线监测系统的设计。

3. 基于物联网技术的路灯无线监控系统的设计。

4. 物联网用于城市供水无线调度监控解决方案设计。

5. 基于物联网的智能家居安防系统的设计。

6. 船联网设计。

附录 A 综合实训——物联网仿真技术

实验一 物联网仿真工具 NS2 与 OPNET 安装与简单应用

一、网络仿真技术

随着网络结构和规模越来越复杂化以及网络的应用越来越多样化，单纯依靠经验进行网络的规划和设计、网络设备的研发以及网络协议的开发已经不能适应网络的发展。网络仿真技术是一种用来反映和预测网络性能的科学手段。通过在计算机中虚拟构造的环境来反映现实的网络环境，通过数学方法来模拟现实中的网络行为，从而有效地提高网络规划和设计的可靠性和准确性。网络仿真是当前网络通信研究中的重要技术手段之一，在网络通信的建设开发过程中起着不可替代的作用。大部分网络通信的技术研究也都必须经过网络仿真研究这个重要环节。

一般情况下，仿真要经历三个阶段：网络仿真研究准备阶段，网络仿真模型设计阶段，网络仿真和分析阶段。

1．网络仿真研究准备阶段

网络仿真研究准备阶段需要明确网络仿真所要研究的问题，提出明确的网络仿真描述性能参数。一般性能参数包括网络通信吞吐量、链路利用率、设备利用率、频带利用率、端到端延迟、丢失概率、阻塞概率、队列长度、满意用户数等。针对研究课题和问题制定仿真研究计划。

2．网络仿真模型设计阶段

网络仿真模型设计阶段的内容包括以下几方面：

(1) 建立模型：建立网络仿真研究的网络、技术、协议的概念模型和数学模型，包括网络、设备以及链路的仿真模型。其实现与具体采用的仿真软件有关。

(2) 搜集数据：搜集用于仿真模型实现、验证的相关数据，包括网络环境(大气、地理、电磁等)、网络拓扑、通信节点技术、结构以及配置、链路参数(延迟、误码、干扰等)、网络应用特征、网络流量和负载状况。

(3) 模型代码实现：通过仿真建模工具具体实现网络仿真模型。具体使用的方法和工具由仿真软件工具决定。

(4) 检查模型：检查代码实现的仿真模型是否有误，是否与概念以及数学模型相符合。

(5) 验证模型：验证代码实现的仿真模型是否与相应确定条件下实际网络、技术、协议的性能相符合，确保模型的正确性、完整性、一致性。

3. 网络仿真和分析阶段

网络仿真和分析阶段的内容包括以下几方面：

(1) 仿真设计：利用仿真模型完成具体仿真场景，同时设计仿真实验。设计适当的模型输入参数、仿真统计内容、仿真时间长度等。

(2) 仿真运行：利用仿真软件工具运行仿真实验。

(3) 仿真分析：利用分析工具和数学知识进行仿真结果分析。利用平均、方差、最大值、最小值等数学方法和数据过滤技术处理仿真数据，分析仿真结果。

网络仿真一般经过上述三个阶段的相应仿真过程完成。网络仿真一般执行流程如图A-1所示。

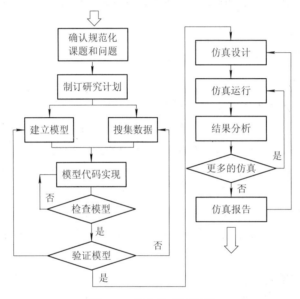

图 A-1　网络仿真流程图

二、网络仿真软件

由于网络的快速发展和普及，网络性能方面的研究和网络新技术的开发应用也日益成为网络通信研究的重要内容。但是在真实的网络环境中进行性能研究、网络设计和开发不仅耗资大，而且在统计数据的收集和分析上也有一定困难。为克服这些缺陷，专用的网络仿真软件应运而生。仿真软件的使用大大提高了网络设计的效率，同时也减少了网络设计开发的费用。

早期的网络仿真系统多采用通用程序设计语言。由于计算机网络系统的复杂性和对数据的苛刻要求，使得设计难度非常大，由此引发了对面向过程、面向事件和面向对象的仿真工具的开发。目前所实施的仿真多采用此类工具。

目前众多的专用网络仿真软件中有软件公司开发的商用软件，也有各大学和研究所自行开发的科研用软件。商业软件价格昂贵，不具有开放性，但提供了比较全面的建模和协议支持。科研用软件是一些具有开放性的软件包，既作为网络建模和仿真工具研究开发的一部分，又作为网络研究的共享资源，为网络研究者提供了研究平台和工具，但功能不如商用软件完善。

几种常用的仿真软件中，科研用软件有 UCB/LBNL/VIVNNetworksSimulator NS2 Network Simulation Uersion2 和 SSFNeT，商用软件有 MEL3 开发的 OPNET，Ca-denceDesignSystem 公司下属的 Alta 小组开发的 BONeS 和 CACI 公司开发的 COMNET。表 A-1 为以上五种模拟仿真软件主要性能的比较。

表 A-1 仿真软件主要性能的比较

性 能	OPNET	BONeS	COMNETⅢ	NS2	SSFNet
模拟方法	事件驱动	事件驱动	事件驱动	事件驱动	事件驱动
面向对象建模	是	是	是	是	是
建模环境	图形化编辑器	图形化编辑器	图形化编辑器	图形化编辑器	图形化编辑器
模型扩展	在已有模型上修改或用 C/C++ 语言编制	使用 C/C++ 语言编制新模型	在已有模型上修改或购买对象模型	使用 C/C++ 语言编制新模型	使用 DML 配置
动态观察模拟过程	支持	支持	支持	支持	不支持
仿真结果	使用结果分析器输出	使用后处理器输出	产生标准输出报告	使用图形显示器输出	图形显示
运行环境	WinNT410 Win2000 Unix Solaris HP-UX	HP-UX SUN OS	Win95 WinNT4.0 Solaris HP-UX	UNIX Linux Windows 95 Windows 98 2000/NT	WinNT Solaris UNIX Linux
价格	十分昂贵	十分昂贵	十分昂贵	免费	免费

三、网络仿真软件 NS2 简介

NS2 是一个事件驱动的网络仿真器。NS2 是用 C++ 编写的面向对象的仿真器，其前端是 OTCL 解释器，仿真器内核定义了有层次结构的多种类，称为编译类结构，如图 A-2 所示。OTCL 中有相似的类结构，称为解释类结构。

NS2 是由 OTCL 脚本驱动的仿真器，由 C++ 构造网络部件，如网络协议、定时器、网络框架等。OTCL 是面向对象的脚本语言，是对 TCL 的扩展。在仿真脚本中定义的每个对象是 C++ 类的实例。它是网络离散模拟工具，是美国 DARPA 支持的项目 VINT(the Virtual Internet Tested)中的核心部分，主要面向网络协议研究者。NS2 提供的支持包括：

(1) 模拟的网络类型：广域网、局域网、移动通信网、卫星通信网；

(2) 数学方面的支持：随机数产生、随机变量、积分；

(3) 跟踪监测：包类型、队列监测、流监测；

(4) 路由：点到点传播路由、组播路由、网络动态路由、层次路由。

卡内基·梅隆大学(CMU)对 NS2 进行了扩展，在物理层、链路层、MAC 层等方面增加了对无线网络的支持，使用这些增加的部件可以对无线子网、无线局域网、Ad Hoc 网、移动 IP 等进行仿真。EEE802.11 DCF 作为 MAC 层的协议，RTSPCTS 控制报文用在向邻居节点发送单播数据报文过程中，实施"虚载波侦听"和信道预留来减少"隐含终端"的影响。数据报文发送后有一个 ACK 报文。RTS 和广播报文使用物理载波侦听来发送，采用

CSMAPCA 来发送这些数据报文。无线信道采用 1Pr2(100 m 以内)和 1Pr4 衰减的模型，节点电磁波的辐射范围为 250 MHz。

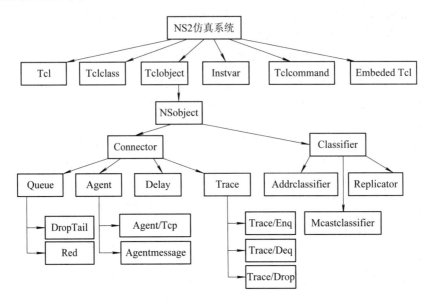

图 A-2　NS2 类层次结构图

1. NS2 仿真的基本流程

使用 NS2 进行网络仿真的基本操作流程如图 A-3 所示。用户首先进行问题定义，考虑

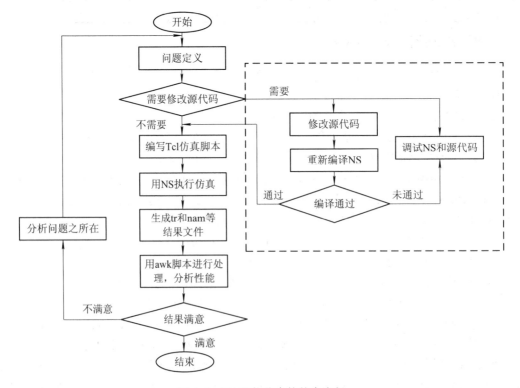

图 A-3　NS 网络仿真的基本流程

要仿真什么东西,大概的拓扑结构应该怎样,是否需要对源代码进行修改或添加等。如果需要添加或修改代码,有一个对 NS2 源码进行修改、重新编译和调试的过程。如果不需要修改代码,即采用 NS2 已有构件即可完成仿真工作,那么用户的主要任务就是编写 Tcl/OTcl仿真代码,生成一个 .Tcl 脚本文件,并用 NS2 执行该脚本进行仿真,仿真程序结束后会生成相应的 Trace 文件,即仿真结果文件,用户使用不同的工具对结果文件的内容进行分析得到想要的结果图表。如果结果符合预期,则整个仿真过程即可顺利结束,否则应该分析问题,并重新考虑问题定义、源码修改、Tcl 脚本修改。

整个仿真过程主要有三个部分:一是修改源代码;二是编写 Tcl 仿真脚本;三是分析结果。下面对这三个步骤中需要注意的问题做进一步描述:

(1) 源码修改:这一步只有在仿真需要修改源代码时才进行考虑,修改源代码是一项比较具有挑战性的工作,需要用户有一定的编程和调试水平。特别需要注意的是,由于 NS2 是采用 C++ 和 OTcl 两种语言编写的,因此在修改源代码时,需要修改相应的 OTcl 代码。

(2) Tcl/OTcl 仿真代码编写:这是 NS2 仿真中最重要和必不可少的一环,大部分 NS2的仿真工作实际就是编写 Tcl 代码来描述网络结果、网络构件属性和控制调度网络模拟事件的启停过程。因此,这需要用户对 NS2 中的网络构件非常熟悉。

(3) 仿真结果分析:结果分析是真正体现仿真工作成效的重要一环,仿真结果分析要求用户熟悉 NS2 的 Trace 文件的结构,并且能够使用一些小工具对该结果文件进行分析以及根据分析结果进行数据汇总。

NS2 的仿真结构如图 A-4 所示。

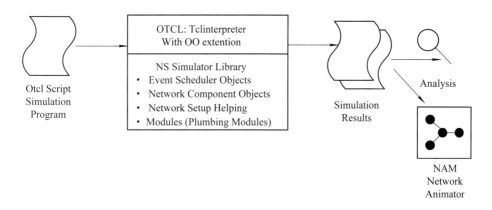

图 A-4 NS2 仿真结构

2. NS2 主要构件概览

NS2 是一种面向对象的离散事件驱动的网络仿真器,因此,其所有构件已编写成相应的 C++ 类和 OTcl 对象。C++ 也被称为编译类,是算法和协议的具体实现代码,OTcl 对象也称为解释对象,是用户接口对象,用户编写仿真脚本主要就是建立 OTcl 对象,设置其属性,然后通过事件调度器调度网络模拟事件的发生。NS2 的网络构建层次结构如图 A-5 所示。

从图 A-5 中可以看出,NsObject 是大部分基本网络构件的父类,它本身的父类是TclObject 类。主要的基本网络组件可以划分为两类:分类器(Classifier)和连接器(Connector)。它们都是 NsObject 的直接子类,也是很多基本网络组件的父类。分类器的派生类组件对象

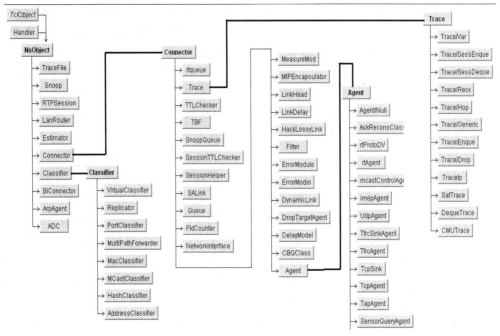

图 A-5 　 NS2 部分网络构建层次结构

包括地址分类器(AddressClassifier)、端口分类器(PortClassifier)等。连接器的派生类组件对象包括队列(Queue)、链路延迟(LinkDelay)、各种代理(Agent)、跟踪对象(Trace)等。代理又分成很多种，如 TcpAgent、TcpSink 等。NS2 使用事件调度器(Event Scheduler)对所有组件的工作和该工作发生的时间进行控制和调度。

在 NS2 仿真最常用到的网络构件有节点、链路、代理、应用、队列、跟踪对象等。其中，节点主要用于仿真网络上的节点，包括主机和各种网络设备等，节点中可以配置很多属性，如节点类型、节点地址类型、所用路由算法等；链路则是将节点连接起来的一条通路，在链路上有队列和延迟，可以仿真实际网络上的包缓冲和传输延时等情况；代理是 NS2 最具特色的对象之一，他可以仿真传输层的协议，如 TCP 和 UDP，也可以用于仿真网络业务流量，如 CBR 流量等。跟踪对象是 NS2 中用于存储仿真结果的一个对象，用于配置需要跟踪的一些参数，并将其写入跟踪日志文件(Trace File)中。应用对象可用来仿真各种应用层对象，如 FTP、HTTP 等。

3. NS2 安装

NS2 由美国南加州大学信息技术学院(USC-ISI)负责开发和维护，其官方主页为 http://www.isi.edu/ nsnam/ns/。目前 NS2 的最新版本是 NS2.34。

由于 NS2 是一个集成的仿真环境，除了 NS2 本身之外，他还需要许多其他软件包的支持，如 Tcl、Tk、OTcl、xgraph、Nam 等，而这些包之间又有相互的版本依赖关系，因此，一般不会手工单独安装各个软件包，而是直接下载它提供的一次性包(allinone：即 all in one)。下载 allinone 包可以一次性获取所有需要的各个软件包，并且不会出现版本冲突问题。

目前在 Win7/Win8/Win10 环境下安装 NS2 仿真软件时采用 Ubuntu + NS2。另外，在早期的 Win9x /2000 /XP 环境下安装 NS2 仿真软件时，首先要安装 Linux 环境模拟器 Cygwin，可连到 http://www.cygwin.com 下载安装，关于 Cygwin 可参考 http://cygwin.com 上的内容。

下面以 NS2.32 的安装过程简要说明 NS2 安装步骤:

(1) 启动 Cygwin 环境或 Linux 环境,Cygwin 提供 Windows 下的 Linux 环境;

(2) 将 NS2.32 解压到 c:\cygwin\home\<username>\目录下(<username>是 Cygwin 第一次启动时创建的用户目录,比如自己创建的 student 目录);

(3) 输入 cd ns-allinone-2.32;

(4) 输入 ./install;

(5) cygwin 自动安装 ns2.32;

(6) 将 c:\cygwin\home\<username>目录下的.bashrc 文件打开,添加下面的语句并保存(要将<username>改为自己使用的登录账户名):

export NS_HOME=/home/<username>/ns-allinone-2.32

export PATH="$PATH:$NS_HOME/bin:$NS_HOME/tcl8.4.15/unix:$NS_HOME/ tk8.4.15/ unix"

export LD_LIBRARY_PATH="$LD_LIBRARY:$NS_HOME/otcl-1.13:$NS_HOME/lib"

export TCL_LIBRARY="$TCL_LIBRARY:$NS_HOME/tcl8.4.15/library"

注: 修改完成需重新启动 Cygwin;

(7) 在 Cygwin 框根目录下(按 cd 即可退到根目录)输入 startxwin.bat,运行 X Server;

(8) 在 X Server 中输入 nam,弹出 nam 窗口;

(9) 安装成功。

四、网络仿真工具 OPNET 简介

OPNET 公司起源于 MIT,成立于 1986 年。1987 年,OPNET 公司发布了第一个商业化网络性能仿真软件 OPNET Modeler,提供了具有重要意义的网络性能优化工具,使得具有预测性的网络性能管理和仿真成为可能。OPNET 公司最初只有一种产品 OPNET Modeler,到目前已经拥有 Modeler、ITGuru、SPGuru、ODK 等一系列产品。由于其出众的技术,OPNET 公司已成为目前最具实力的智能化网络仿真、分析、管理解决方案的提供商。

OPNET Modeler(图 A-6)是当前业界领先的网络技术开发环境,以其无与伦比的灵活性应用于设计和研究通信网络、设备、协议和应用,为开发人员提供了建模、仿真以及分析的集成环境,大大减轻了编程以及数据分析的工作量,被世界各大公司和科研单位用来加速研发过程,改善产品质量,开发大型的网络。

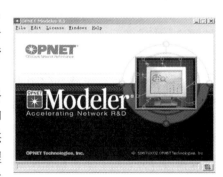

图 A-6　OPNET Modeler

1. OPNET Modeler 建模层次

Modeler 面向对象的建模方法和图形化的编辑器反映了实际网络和网络组件的结构,实际的系统可以直观地映射到模型中,Modeler 支持所有的网络类型。Modeler 采用三层建模机制,建模在三种不同的环境中完成,这三种环境也称为三个域,如表 A-2 所示。利用这三类对象创建和编辑网络模型,创建节点和链路的派生模型,定制网络环境,并实现仿真和对仿真结果的分析。

表 A-2　Modeler 的三个域

建模域	功　能
网络域(Network Level)	从高层设备(即节点和通信链路)对系统进行规范
节点域(Node Level)	从应用、进程、队列和通信接口对节点的功能进行规范
进程域(Process Level)	对系统内节点所含进程的行为进行规范，包括决策进程和算法

OPNET 三层建模机制如图 A-7 所示，网络由节点组成，节点的行为由进程模型描述。网络编辑器配置网络拓扑，节点编辑器实现设备模型，进程模型实现协议模型。OPNET 进程模型采用有限状态机实现协议，程序在状态中设计。

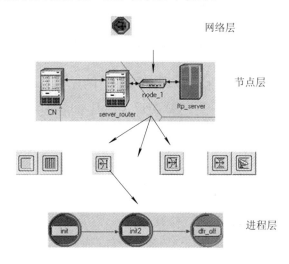

图 A-7　OPNET 三层建模机制

与 OPNET 三层建模机制相对应，涉及的编辑器有项目编辑器、节点编辑器、进程编辑器，另外还有大量的辅助编辑器，包括链路编辑器、包编辑器、天线模式编辑器、接口控制信息(ICI)编辑器等。

2. 网络层

通信设备和通信链路共同构成了通信系统的拓扑结构，在网络域中涵盖了这些设备和链路。设备通过链路相互连接，实现了信息的传送。

同时，这些通信设备的连接构成了子网，子网可以进一步包含更低层的子网，从而构成多层子网。应该注意的是，OPNET 中子网的概念不一定等同于实际中的 TCP/IP 子网，而是可以根据需要以任意的前提来划分子网，只是将网络中的一些元素抽象到一个对象中去。例如，根据地域、功能或实际网络来进行子网划分。子网可以是固定子网、移动子网或者卫星子网。图 A-8 是一个子网划分的例子。

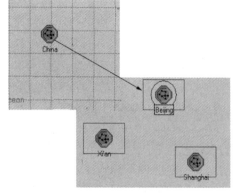

图 A-8　子网划分例子

OPNET Modeler 采用"项目—场景"的方式对网络进行模拟。一个项目包含一组场景，每个场景针对网络的不同方面。场景是网络的一个实例，对应着网络的一种配置。"项目—场景"方式的一种常用方法是创建项目的基线场景，形成基本的拓扑结构和流量，进行初步的仿真，然后通过复制场景和对场景的环境作出变更，达到对相似情况的仿真。

OPNET 的 UMTS 项目中包含了"大型网络""软切换""硬切换""IP 话音业务"等许多场景，可以对 UMTS 系统在不同环境和情况下的工作状况进行仿真。

网络层涉及的编辑器是项目编辑器，项目编辑器从网络层对模型进行刻画，配置网络的拓扑结构、协议、应用、流量以及仿真设置。图 A-9 是在项目编辑器中打开的 UMTS 模型的"软切换"场景。

用户可以在项目编辑器的对象面板选择需要的节点和链路模型，用来搭建网络的拓扑结构。OPNET 中内建了世界上主流通信厂商的设备，包括 Cisco、3COM 公司的路由器、集线器和 10BaseT、1000BaseX 等的链路模型。图 A-10 是 UMTS 系统的对象面板。

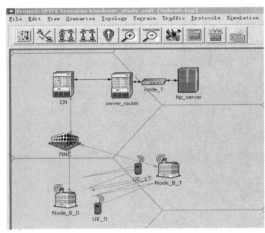

图 A-9 项目编辑器

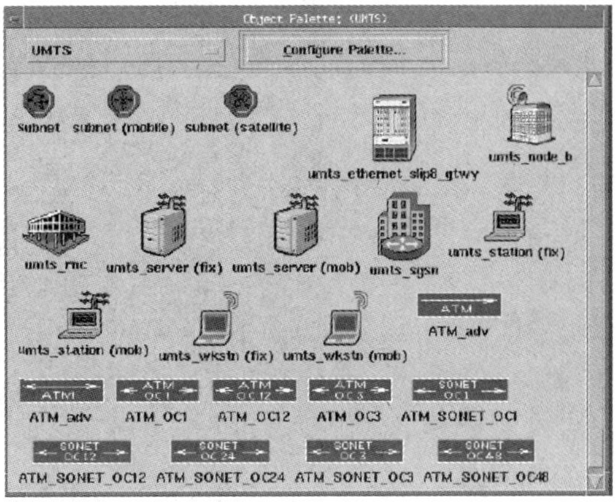

图 A-10 UMTS 系统的对象面板

3. 节点层

节点代表网络中的设备或资源，数据在节点中生成、传输、接收并被处理，由支持相应的处理能力的硬件和软件组成。

Modeler 包含三种类型的节点：第一种为固定节点，例如路由器、交换机、工作站、服务器等；第二种为移动节点，例如移动台、车载通信系统等；第三种为卫星节点。每种节点所支持的属性也不尽相同，如移动节点支持三维或者二维的移动轨迹，卫星节点支持卫星轨道。

节点由多种模块组成，如图 A-11 所示，每种模块实现了节点行为的某一方面，诸如数据生成、数据存储、数据处理和数据传输或选路等。

图 A-11 节点模块面板

连接模块的是数据包流和统计线，其中数据包流承载着模块间的数据包传输，统计线可实现对模块内变化量的监视。节点中特定的接收机和发送机可以视为紧密相连的模块对，因为在仿真中数据包的最后目的地是在发射机中，而相应的接收机虽然在仿真中和发射机之间没有任何数据传递，但在逻辑上共有发射机中的数据包。组成节点的各模块功能如下：

(1) 处理机(▣)：节点编辑器中最常用的模块，其行为可以完全由用户设置，并且可以和其他模块进行任意连接；

(2) 队列(▦)：更加广义上的处理机，比处理机的属性丰富，并有子队列的概念；

(3) 数据包线(↗)：在所连接的两个模块之间进行有向的数据包的传输，即将数据包从源模块传输到目的模块中，它代表了实际的通信节点中的硬件及软件接口。

(4) 统计线(↗)：传递所连接的两个模块的数据。和数据包线不同的是，它代表节点内进程间的简单通信机制，帮助进程监控设备状态及性能的变化。

(5) 逻辑线(▨)：用于指定节点内的两个模块的逻辑关系，如一对收发信机，逻辑线不在模块间传递任何数据。

节点层涉及的编辑器是节点编辑器，它为创建和处理网络模型提供了许多操作。图A-12是在节点编辑器中打开的 UMTS 系统 CN 节点。

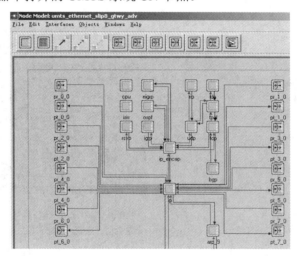

图 A-12　节点编辑器

4. 进程层

进程是对数据进行处理的一系列逻辑操作以及相应的条件。进程模型描述了实际进程中的逻辑，例如通信协议和算法、共享资源管理、排队原则、专用的业务发生器、统计量搜索机制以及操作系统。

进程编辑器提供了用来实现网络中对象行为和协议模型的建立。进程编辑器采用图形和文本结合的方式。图 A-13 中的状态转移图(STD)用于描绘进程模型的总体逻辑构成。STD内的圆形图标表示逻辑状态，连线表示状态间的转移。进程模型所执行的操作用 C 或 C++语言描述，分为入口和出口代码。图 A-14 是 node_b 模块中 INIT3 状态的出口程序的 C 语言代码。

状态分为强制(绿色)和非强制(红色)两种。强制状态将依次执行其进入代码和离开代码，然后将控制权交给下一个状态。非强制状态将会在执行进入代码后暂停，允许仿真过程转向模型中的其他实体和时间，此时该进程进入非强制状态，并等待下一次中断，如包到达或计数器超时。

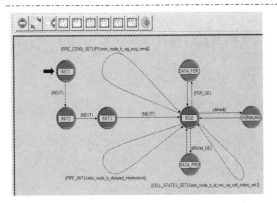

图 A-13 进程编辑器

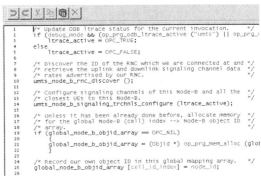

图 A-14 node_b 模块中出口程序的 C 语言代码

5. OPNET Modeler 建模与仿真流程

Modeler 基于事件驱动进行仿真，仿真时间由事件驱动或者所设定的时间来决定，在所设定的仿真时间内，如果有事件时进行模拟器仿真操作，没有事件时则只推进设定的时间线。此外，OPNET 提供基于包的通信，数据通信主要由包和包中的信息来完成。OPNET Modeler 仿真流程如图 A-15 所示，是从模型建立，到运行仿真，最后到统计量收集的一般流程。

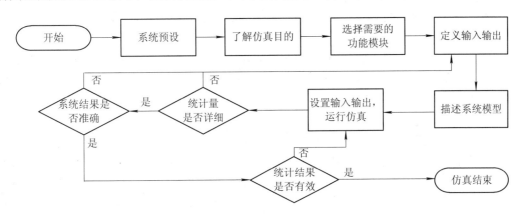

图 A-15 OPNET 仿真流程

在无线网络中 Ad-hoc 网络是典型无线移动自组网络，而 Modeler 的无线模块可以模拟无线网络以及节点的运动性，同时无线信道可由收信机和发信机来描绘，其支持 MANET 网络的无线模块有：移动节点和子网、调制曲线编辑器、收发信机管道、并行仿真功能等。

OPNET Modeler 通过基于预先定义的移动轨迹或者进程模型中的程序来控制网络中移动节点和子网的移动性，可以基于段，也可以基于向量。预先定义包含间隔步长和间隔时间的运动轨迹，节点将会根据所定义的轨迹移动，定义节点或者子网的运动轨迹可通过设置 Trajectory 对象属性来完成，其文件后缀是 .trj 文件。OPNET Modeler 基于向量的运动轨迹的默认模型有三种：Default Random Waypoint、Random Waypoint(Record Trajectory)、Static。

下面以 OPNET 环境下进行路由算法模拟为例具体介绍网络的仿真过程。在 OPNET 中网络模拟仿真的过程主要分为网络模型的建立和配置、仿真的运行和结果分析三个阶段。针对每个阶段，OPNET 都提供了相应的编辑工具。

(1) 网络模型的建立和配置。

OPNET 使用网络编辑器、节点编辑器和进程编辑器建立仿真模型。这三者以层次化的方式组合而成，其层次结构如图 A-16 所示。

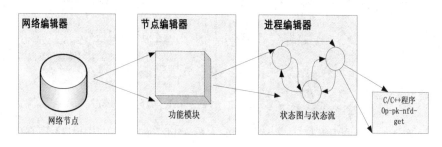

图 A-16　模型间的层次结构

① 网络编辑器：主要以描述数据性为主，通常由节点和链路两方面组成。关注的是节点与节点之间，节点与链路之间的通信接口。网络域的节点、子网-链路可随意组合，规范系统。

② 节点编辑器：节点域除了实现网络设备的功能外，还需设置和定义节点的通信接口以及各类元件内部元器件，节点间的通信模块由通信链路的连接来实现，使其构成网络拓扑中的通信节点。

③ 进程编辑器：所创建的进程模型能对如通信协议、算法、排队系统等进程事件进行逻辑操纵。有限状态机(FSM)模拟进程模型的逻辑行为，同时状态的转移情况用状态转移图(STD)来表示。

(2) 仿真的运行。

在运行仿真之前，先使用探针编辑器(Probe Editor) 设置一些探针到需要采集统计数据的点上，以便在最后的结果分析中使用。另外，还要设置运行参数，如运行时间、路由表的导入导出等。OPNET 的高效仿真引擎和内存管理系统大大提高了仿真的运行速度。仿真运行过程中还可利用 OPNET 提供的交互式调试工具，随时中断正在运行的仿真程序。本例中探针设置在路由器、目的节点等的处理模块上，用于统计节点的吞吐量、比特率、阻塞率等；仿真运行的时间设为 200 s，数据采集点为 128 个。

仿真开始前，要在网络编辑器中建立系统的仿真环境和网络拓扑结构，网络模型的建立可以选用 OPNET 中提供的各种网络拓扑，也可以根据需要选择或创建网络设备和拓扑结构，然后定义网络中的各通信实体，包括源节点、路由器、目的节点和通信线路等，并分别设置它们的属性，如源节点 Simple Source 模块以间隔 1 s 的速度产生数据。模型建立好之后要测试各节点的连接状况，以确定网络是否通畅。

网络结构建立完成后通过双击网络中的某个节点进入该节点的编辑界面，利用节点编辑器提供的处理机模块、排队模块、发送建模等建立起节点内的功能模块和模块间的数据流，在路由算法仿真中要分别为源节点、目的节点和路由器建立不同的功能模块。其中，源节点由数据流产生、发送模块组成；目的节点由接收模块和处理模块组成，分别完成数据流的接收和统计数据的收集、处理工作；路由器由发送、接收模块以及中央处理模块组成，中央处理模块主要实现路由选择以及数据流的转发等功能。

网络节点内各功能需要通过在进程编辑器中进行状态描述和编程实现各自的功能。以路由器中央处理模块的功能实现为例，在模块上双击进入进程编辑界面后，要创建若干状态，并且定义状态间的控制流。状态可分为 Forced 和 Unforced 两种，每种状态包含三种操作，即入操作、出操作和转移操作，分别在进入状态、离开状态和状态转移时执行。Unforced 状态在每次执行完入操作后就被阻塞，而 Forced 状态则从入操作一直执行完出操作，并自动转移到下一个状态。在本例中，中央处理模块由三种状态组成：init、idle、pk route。init 代表初始状态，状态为 Forced，完成一些类似于获取路由器状态属性信息的工作；init 完成操作之后转向 idle。idle 为 Unforced 状态，有两个状态流：一个条件为 Default 指向自己，在没有数据流进入的情况下始终处于等待状态；另一个条件为 PK ARRVL 指向 pk route 状态，PK ARRVL 在 Head Block 中定义，表示当有数据流进入时由 idle 状态转向 pk route 状态。最后一个是 pk route，为 Forced 状态，有一个状态流指向 idle，pk route 主要完成路由选择算法，路由选择完成后，pk route 状态自动转移到 idle 状态，继续等待下一个数据流的到来。在所有的状态中都使用 C/C++ 语言实现算法的描述。最后，通过点击工具栏中的图标完成代码的编译，编译通过后就可以在网络中执行仿真了。

(3) 结果分析。

仿真运行结束后，利用 OPNET 提供的结果分析器将仿真运行中收集到的统计结果以参数曲线的形式表现出来。在结果图中加入其他算法的仿真结果就可以完成不同算法间结果的比较，这为进一步的算法分析和优化提供了有力的依据。

五、实验内容

(1) 安装和熟悉 NS2 和 OPNET 仿真软件。

NS2 是 Linux 下的开源共享软件，采用 ubuntu + NS2，目前的最新版本是 NS2.34；ubuntu9.04+ns2-allinone-2.34，下载地址：ns2-allinone-2.34 http://sourceforge.net/projects/nsnam/files/ allinone/ns-allinone-2.34/进入 Applications->Accessories->Terminal，然后按照提示步骤安装即可。

目的 OPNET 的最新版本为 opnet14.5，支持 64 位的 Win 7/Win8。安装程序有四个：一个是说明文档；三个是安装包，即先安装 modeler_145A_PL8_7808_win，再安装 models_145A_PL8_24Sep08_win，安装完成后安装 opnet_licence。

(2) 按照 NS2 和 OPNET 仿真软件的使用帮助运行简单仿真示例。

(3) 学习初步仿真编程和结果分析。

实验二　RFID 防碰撞协议仿真——ALOHA、CSMA、CSMA/CD 网络协议仿真

一、RFID 系统中的碰撞问题

RFID 系统中的碰撞问题一般可以分为两类：阅读器碰撞和标签碰撞。

(1) 阅读器碰撞。在 RFID 技术广泛应用的今天，RFID 技术给人们生活带来便利的同时，也应为其广泛应用进行系统阅读器的密集布置，还有高速率通信的迅速发展使得在标签与阅读器通信的过程中很容易由于两个或多个阅读器同时发出信号而产生相互之间的干扰。此类现象统称阅读器干扰。在 RFID 系统中，当两个或者多个阅读器的覆盖范围出现重叠时，标签无法判断所接收到的数据来自哪一个阅读器。在两个阅读器 R1 和 R2 的重叠范围之内有标签 T1，当阅读器 R1 与 R2 同时向电子标签 T1 发送传输信号命令时，T1 会同时收到阅读器 R1、R2 的命令信号，从而形成干扰，无法正确识别它们的命令，也无法作出响应，如图 A-17 所示。

(2) 标签碰撞。不同于阅读器之间的碰撞，RFID 系统中的标签碰撞是指在一个阅读器覆盖范围内同一时间存在多个标签。在阅读器向两个或更多的标签发送传输信号命令之后，范围内的所有标签同一时间作出响应。但是阅读器没有办法辨别多个信号，从而无法识别标签信息。RFID 系统中的标签碰撞如图 A-18 所示。

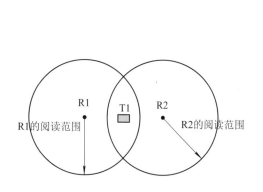

图 A-17　RFID 系统中的阅读器碰撞

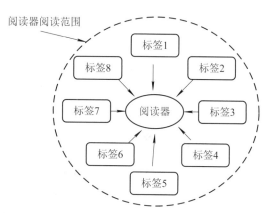

图 A-18　RFID 系统中的标签碰撞

在 RFID 系统中，阅读器的功能比标签更为强大，而且阅读器碰撞可以通过物理位置配置来得到改善，比如加大两个阅读器之间的距离。因此，在现实中出现阅读器碰撞的情况较少，本实验主要完成避免标签碰撞的协议仿真与分析。

二、实验目的

学习使用 NS2 和 OPNET 对物联网中 RFID 网络的 ALOHA、CSMA/CD、TCP/IP 等协议进行仿真分析。通过仿真实验，理解协议工作原理。

三、实验原理与方法

对 Aloha 和 CSMA 这两种信道访问协议建模。通过在总线型信道上建立 Aloha 的随机信道访问模型和 1-坚持(1-Persistent)的 CSMA 模型，来分析 CSMA 协议的共享信道访问机制，并对两个模型进行比较。仿真模型的层次结构如图 A-19 所示，Aloha 和 CSMA 模型都采用相同的网络模型 cct_net。这个网络模型包括若干发信机节点模型，用来发送数据包；包含一个收信机节点模型，用来接收数据包和进行网络监控。通过修改发信机节点模型的进程模型属性，可以使仿真在 Aloha 和 CSMA 方式之间快速切换。

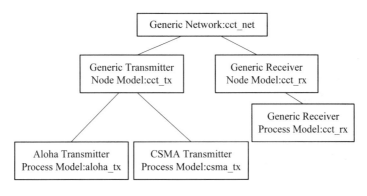

图 A-19 CSMA 协议仿真模型的层次结构

发信机产生、处理数据包，并将数据包发送到网络总线上。发信机可设计为由相对独立的三个进程模块组成：产生数据包的数据包发生器(Generator)、处理数据的处理机(Processor)、发送数据包到总线的总线发信机(Bus Transmitter)。图 A-20 是发信机节点的节点模型。

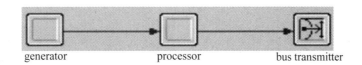

图 A-20 发信机节点的节点模型

总线发信机应具备完整的内部队列机制，以保证所有发送到总线上的数据包按先进先出的顺序发送。

1. 建立 Aloha 协议仿真的 OPNET 模型

下面通过建立 Aloha 协议仿真的 OPNET 模型，详细介绍 OPNET 的仿真过程。

(1) 建立 Aloha 发信机的数据处理机进程模型。

Aloha 发信机的数据处理机进程从信源采集数据，并将数据发送到网络上。数据处理机进程需要一个非强制状态等待从信源采集来的数据。新建一个 Process Model 模型，将该模型命名为 aloha_tx，并保存。建立好的 aloha_tx 模型如图 A-21 所示。

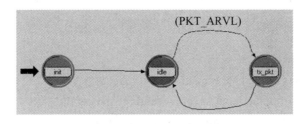

图 A-21 aloha_tx 进程模型

对于 aloha_tx 进程的分析与设计如下：

① idle 状态到 tx_pkt 状态的转移线的属性框中 Condition 设置 PLT_ARVL。这样，当非强制状态 idle 收到事件 PKT_ARVL 后，就将其状态转移到 tx_pkt。PKT_ARVL 使用宏的

形式定义，表示进程收到了一个"数据包到来"的中断。

② 在工具栏中单击编辑头块代码按钮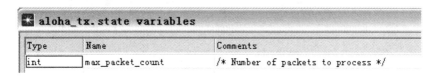，定义 PKT_ARVL 宏：

```
/* Input stream from generator module */
#define IN_STRM 0
/* Output stream to bus transmitter module */
#define OUT_STRM 0
/* Conditional macros */
#define PKT_ARVL (op_intrpt_type() == OPC_INTRPT_STRM)
/* Global Variable */
extern int subm_pkts；
```

在代码中，首先定义 IN_STRM 和 OUT_STRM 常量，代表发包和收包的流索引，以便调用内核进程来进行数据包的收发。流索引的定义要与将来在模型节点级中的定义一致。然后定义宏 PKT_ARVL，当进程收到的中断类型是流中断时，触发 PKT_ARVL 事件。最后使用 extern 关键字定义一个全局变量 subm_pkts，代表发包数量的全局计数。

③ 在工具栏中单击编辑状态变量按钮SV，为发信机进程模型添加状态变量，如图 A-22 所示。

Type	Name	Comments
int	max_packet_count	/* Number of packets to process */

图 A-22 为发信机进程模型添加状态变量

④ 单击"init"状态的上半部分，编辑其入口执行指令块中的代码。

```
/* Get the maximum packet count，*/
/* set at simulation run-time */
op_ima_sim_attr_get_int32 ("max packet count"，
&max_packet_count);
```

这段代码表示在仿真一开始，就使用 op_ima_sim_attr_get_int32()函数得到变量 max packet count 的值。前面已经在全局状态变量中定义了 max packet count。

⑤ 单击"tx_pkt"状态的上半部分，编辑其入口执行指令块中的代码。

```
/* Outgoing packet */
Packet *out_pkt；
/* A packet has arrived for transmission。 Acquire */
/* the packet from the input stream，send the packet */
/* and update the global submitted packet counter。 */
out_pkt = op_pk_get (IN_STRM);
op_pk_send (out_pkt，OUT_STRM);
++subm_pkts；
/* Compare the total number of packets submitted with */
```

```
/* the maximum set for this simulation run。 If equal */
/* end the simulation run。 */
if (subm_pkts == max_packet_count)
{
op_sim_end ("max packet count reached。 ", "", "", "");
}
```

这段代码从输入流中接收数据包，向模型外发送数据包，并改变发包计数器全局变量 subm_pkts 的值。subm_pkts 是发包数量的全局计数器，在后面的 cct_rx 进程模型中被定义。为了能够在本进程模块中被访问，必须在头块代码中将其声明为 extern 类型。

当 aloha_tx 进程收到仿真核心产生的流中断后，状态转移到 tx_pkt，并执行其入口执行指令。执行完毕后，由于 tx_pkt 状态没有出口执行指令，状态直接转移到 idle 态。因为整个进程模型中除了 idle 态之外没有其他的非强制进程状态，所以进程最终总是会停留在 idle 态，以等待下一个数据包的到来。

⑥ 在进程变价窗口中执行 Interfaces>Global Attributes 命令，在弹出窗口中设置最大可以发送的数据包数目，添加一个最大包数量的全局变量。这个属性作为 op_ima_sim_attr_get_int32()函数的第一个参数。

⑦ 在进程编辑器窗口中，执行 Interfaces>Process Interfaces 命令，为发信机进程模型添加接口。

(2) 建立通用收信机的数据处理进程模型。

通用收信机的数据处理机进程模型的主要功能是进行数据包计数和记录统计信息。新建一个 Process Model 模型，将该模型命名为 cct_rx，并保存。建立好的 cct_rx 模型如图 A-23 所示。

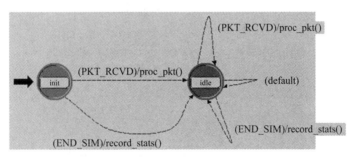

图 A-23　cct_rx 模型

对 cct_rx 模型的分析与设计如下：

① 在工具栏中单击编辑头块代码按钮 ，设置头块，输入如下代码：

```
/* Input stream from bus receiver */
#define IN_STRM 0
/*Conditional macros */
#define PKT_RCVD (op_intrpt_type () == OPC_INTRPT_STRM)
#define END_SIM (op_intrpt_type () == OPC_INTRPT_ENDSIM)
/* Global variable */
```

int subm_pkts = 0;

这段代码定义了 PKT_RCVD 和 END_SIM 两个宏。PKT_RCVD 验证到达进程的中断是否是一个流中断，因为这里只可能有一种类型的流中断到达，所以不需要再做进一步的流中断类型判断。END_SIM 验证到达进程的中断是不是一个仿真内核发出的仿真结束(End-of-Simulation)中断。IN_STRM 是总线受信机输入流的流索引。subm_pkts 用于记录每个数据包发送节点各自的发包次数综合，它是全局变量，作用域是整个仿真过程。

② 在工具栏中单击编辑状态变量按钮 SV，为收信机进程模型添加状态变量。

③ 在工具栏中单击编辑函数代码按钮 FB，编写收信机进程模块的函数块(具体代码可参考实验资料)：

在这段代码中，proc_pkt()函数从总线发信机接收每一个数据包，然后将其销毁，并对接收到的数据包个数进行累加。record_stat()将仿真结束时的信道流量和信道吞吐率的统计信息写入标量统计文件，这个函数在仿真结束前被调用。需要注意的是，op_stat_scalar_write()是一个 OPNET 的核心函数，用于生成标量统计信息。

④ 编辑进程状态对象的代码。单击"init"状态的上半部分，编辑其入口执行指令块中的代码。

/* Initialize accumulator */

rcvd_pkts = 0;

⑤ 在进程编辑器窗口中，执行 Interfaecs>Process Interfaces 命令，定义进程模型的接口。

2. 建立节点模型

(1) 建立通用发信机节点模型。

建立一个支持 Aloha 的通用发信机节点模型。新建一个 Node Model 模型，将该模型命名为 cct_tx 并保存。建好的 cct_tx 模型如图 A-24 所示。

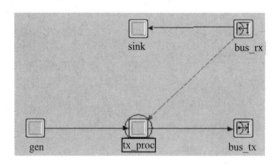

图 A-24　cct_tx 节点模型

分析 cct_tx 节点模型：

① gen 模块的设置：设置 gen 模块的进程模型为 simple_source，为了能够在仿真时动态设置产生数据包的间隔时间，需要对数据包到达间隔时间属性进行提升，将 Packet Interarrival Time 设置为 promoted。

② 将 tx_proc 模块的进程模型设置为 aloha_tx。

③ 同时选中两条数据包流连线，其属性设置与前面在 aloha_tx 进程模块的头块中定义的包流索引一致。

④ 总线收信机模块是用于支持 CSMA 协议的全双工工作模式，一个接收模块(接收和销毁从总线收信机收到的数据包)以及一条统计线(用于在 CSMA 模式中通知 tx_proc 进程模块总线信道的状态，并在信道发生变化时向 tx_proc 进程模块产生中断信号)。

⑤ 设置统计线属性为 disable。

⑥ 在节点编辑窗口中执行 Interfaces>Node Interfaces 命令，定义节点模型的接口属性。将 Node Types 表中 mobile 和 statelite 的 supported 属性设置为 no，表示该节点模型不支持移动和卫星接口类型。将 gen.Packet Interarrival Time 的 status 设置为 promoted，表示从底层提升得来。

(2) 建立通用收信机节点模型。

新建一个 Node Model 模型，将该模型命名为 cct_rx 并保存。

cct_rx 节点模型分析：

① 将 rx_proc 模块的 Process Model 属性设置为 cct_rx。

② 在节点编辑器窗口中执行 Interfaces>Node Interfaces 命令，定义该节点模型的接口属性。

3. 建立总线型以太网络

(1) 创建 Link Model 模型。

新建一个 Link Model 模型，将该节点命名为 cct_link 并保存。

将 ptsimp 和 ptdup 的 Supported 属性设置为 no，表示本链路模型不支持点到点单工和点到点双工链路。

(2) 创建网络模型。

创建一个网络模型，以便分析 Aloha 和 CSMA 协议。Aloha 模型在理论上假设数据包以指数分布的时间间隔到达网络。但在网络模型中只有有限个节点，而这些节点在前一事件处理完毕之前总是缓冲数据包。因此，为了逼真地模拟 Aloha 模型，网络总线上需要安排大量发信机。

① 新建一个 Project，将工程命名为 cct_network，场景命名为 aloha，并保存。在工程创建向导中，按图 A-25 完成各个步骤。

② 创建自定义面板，其中包括刚才建立的节点和链路模型。

③ 执行 Topology→Rapid Configuration 命令，选择 bus，按照图 A-26 进行配置。

Dialog Box Name	Value
Initial Topology	Default value: **Create empty scenario**
Choose Network Scale	**Office** ("Use metric units" selected)
Specify Size	**700 x 700 Meters**
Select Technologies	None
Review	Check values, then click **Finish**

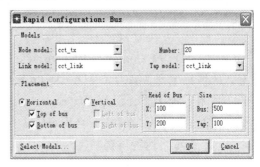

图 A-25　在工程向导中配置工程参数　　　　图 A-26　配置 Rapid Configuration 的参数

在工作区中，OPNET 自动创建出的总线网络拓扑如图 A-27 所示，这个网络共有 20 个 cct_tx 发信机节点。

④ 为这个总线拓扑型网络添加一个收信机节点。完整的总线模型如图 A-28 所示。

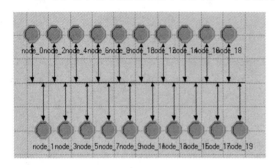

图 A-27 OPNET 自动创建出的总线网络拓扑   图 A-28 完整的网络模型

(3) 仿真参数选择。

① 在工程窗口中执行 Scenarios>Scenario Components>Import…命令，进行如图 A-29 所示的选择，单击 "OK" 保存。

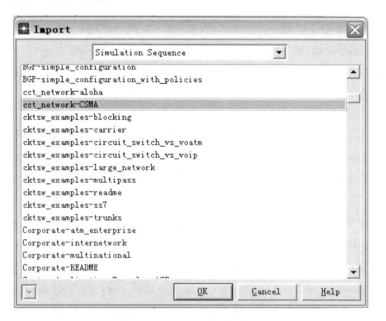

图 A-29 设置仿真关联

② 执行 DES > Configure/Run Discrete Event Simulation (Advanced)，看到 [图]，表示刚才导入的仿真序列。编辑其属性，将 Probe file 设为<NONE>，Scalar file 设为 cct_a。由于工程中使用了统计量函数 op_stat_scalar_write()，因而不需要 Probe file。op_stat_scalar_write() 函数产生的统计标量文件将命名为 cct_a。

③ 单击 [图]，运行仿真。

4. CSMA 协议仿真的 opnet 模型

CSMA 协议在 Aloha 随机信道访问的基础上增加了载波监听的功能，从而显著提高了

Aloha 协议的性能。在 CSMA 协议中，源节点在发送数据包之前先监听信道，只有当信道空闲时才发送，否则采取一定的策略延迟发送数据包。

对 aloha_tx 进程模型进行改进，以便其满足 CSMA 协议中源节点的要求。

(1) 打开 aloha_tx 进程模型，添加 wt_free 状态，改进后的模型如图 A-30 所示。

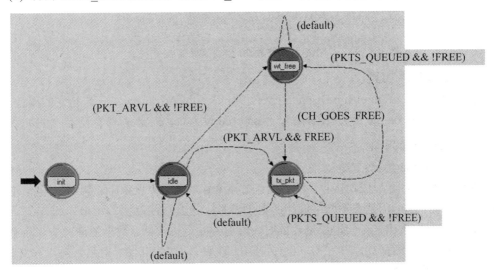

图 A-30 改进后的 aloha_tx 进程模型

(2) 打开头块编辑器添加如下代码：

```
/* input statistic indices */
#define CH_BUSY_STAT 0
/* Conditional macros */
#define FREE (op_stat_local_read (CH_BUSY_STAT) == 0。0)
#define PKTS_QUEUED (!op_strm_empty (IN_STRM))
#define CH_GOES_FREE (op_intrpt_type () == \
OPC_INTRPT_STAT)
```

(3) 将该模型另存为 csma_tx。

通过改进通用发信机节点模型，总线收信机模块的 busy 统计量值从 1.0(信道忙)变为 0.0(信道空闲)时，该模块将向处理机模块发送一个下降沿统计中断。

① 打开 cct_tx 节点模型。

② 编辑统计线属性，将 falling edge tigger 属性改为 enable。

③ 将 tx_proc 属性中的 process model 改为 csma_tx。

④ 将新节点另存为 cct_csma_tx。

在创建支持 CSMA 协议的进程和节点模型后，继续修改网络模型。

① 在 cct_network 工程中复制一个 Aloha 场景，命名为 CSMA。

② 在对象面板中添加 cct_csma_tx 节点模型，保存对象面板。

③ 选中 20 个发信机节点，进行如图 A-31 所示的改动。

④ 保存该网络模型。

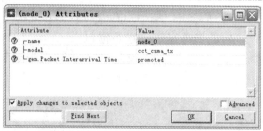

图 A-31 修改 20 个发信机节点

5. 配置 CSMA 仿真

执行 DES > Configure/Run Discrete Event Simulation (Advanced),编辑 ▦ 的属性,Seed 的值设置为 11,Probe file 设为<NONE>,Scalar file 设为 cct_c。保存仿真设置,并执行仿真。

6. 分析仿真结果

(1) 分析 Aloha 仿真结果。

Aloha 的信道性能以成功接收到的数据包数量变化的函数来度量,在本网络中,信道吞吐量(Channel Throughput)是表示网络性能的典型参数。仿真后绘制出的结果如图 A-32 所示。从图 A-32 中可以看出,在信道流量较低时,信道吞吐量也较低,数据包冲突少;随着流量的增加,吞吐量逐渐增加,并在 $G = 0.5$ 左右出现峰值,约为 0.18。此后,随着冲突加剧,吞吐量反而不断下降。

计算机通信网络的相关理论分析指出,在纯 Aloha 系统中,信道吞吐量 S 是信道流量 G 的函数:

$$S = Ge^{-2G}$$

S 有极限

$$S_{max} = \frac{1}{2e} \approx 0.18$$

可见,实际仿真结果与理论分析基本一致。

(2) 分析 CSMA 仿真结果。

从仿真绘制出的结果如图 A-33 所示。

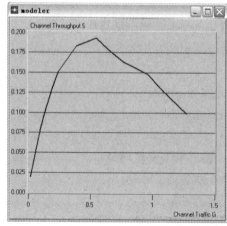

图 A-32 Aloha 协议信道吞吐量变化

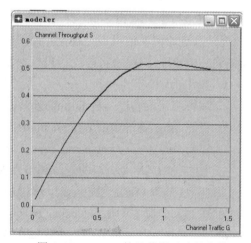

图 A-33 CSMA 协议信道吞吐量变化

理论上，对于 1-坚持的 CSMA 协议，信道吞吐量 S 和信道流量 G 的关系为

$$S = \frac{G(1+G)\mathrm{e}^{-G}}{G + \mathrm{e}^{-G}}$$

且

$$S_{\max}\big|_{G=1.0} = 0.5$$

可见，仿真结果较好地反映了理论值。

(3) 比较 Aloha 和 CSMA 协议。

opnet 在同一窗口中同时绘制 Aloha 和 CSMA 协议仿真结果的吞吐量，结果如图 A-34 所示。由图 A-34 得出，在任意信道流量复合下，CSMA 协议都表现出比 Aloha 协议更加优越的性能。

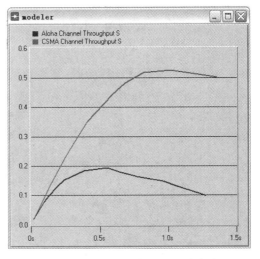

图 A-34　Aloha 和 CSMA 协议仿真结果

四、实验内容

1. Aloha、CSMA、CSMA/CD 协议仿真

按照实验原理中的仿真方法，建立物联网中 Aloha、CSMA、CSMA/CD 协议的仿真模型，完成各协议的仿真和分析。

(1) 纯 Aloha 算法防碰撞仿真。

建立纯 Aloha 协议仿真场景，其界面如图 A-35 所示。

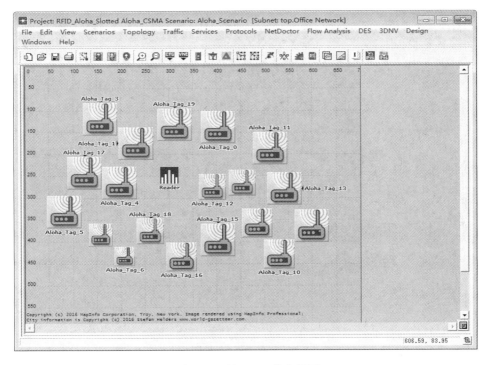

图 A-35　纯 Aloha 仿真界面

(2) 时隙 Aloha 算法防碰撞仿真。

建立时隙 Aloha 协议仿真场景，其界面如图 A-36 所示。

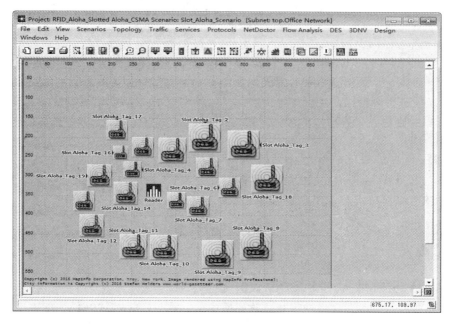

图 A-36　时隙 Aloha 仿真界面

(3) CSMA 防碰撞算法仿真。

建立 CSMA 协议仿真场景，其防碰撞仿真界面如图 A-37 所示。

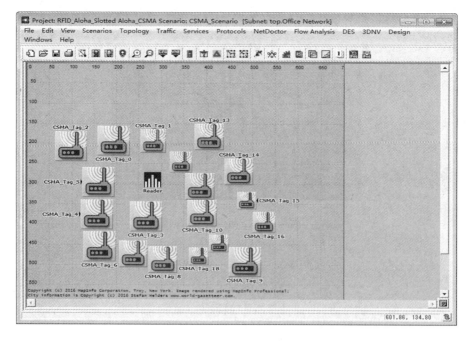

图 A-37　CSMA 算法仿真界面

2. RFID 防碰撞算法仿真结果分析

完成以上各种协议仿真设计，进行仿真实验并进行分析。运行 Aloha 的仿真效果如图 A-38 所示。

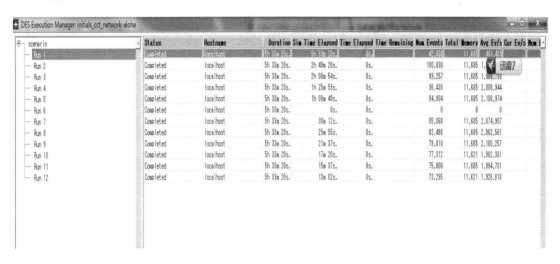

图 A-38 运行仿真效果图

以纯 Aloha 算法仿真为例，具体仿真操作如下：

(1) 单击 View Results 按钮，打开结果浏览窗口。

(2) 展开 Scalar Statistics，右击 Channel Throughput S，选择 Set as Y-Series，在预览区可以看到图 A-39 所示的吞吐量结果。

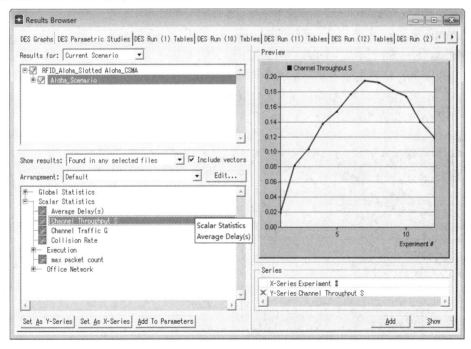

图 A-39 吞吐量仿真结果

(3) 右击 Channel Traffic G，选择 Set as X-Series，在预览区可以看到图 A-40 所示的信道流量结果。

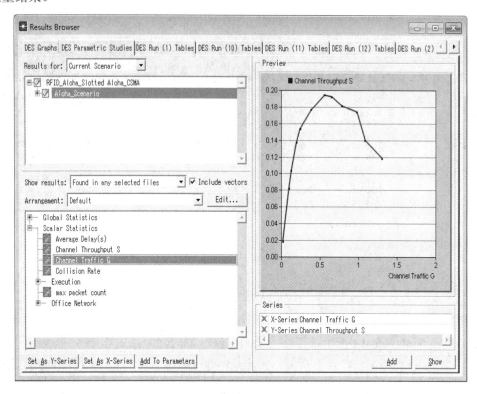

图 A-40　信道流量仿真结果

纯 Aloha 算法与时隙 Aloha 算法的吞吐率对比如图 A-41 所示。

由图 A-41 可知：当 $G=1$ 时，系统取得最大的吞吐率 S 为 42%；当 G 继续增加时，吞吐率逐步降低，这是由于时隙 Aloha 算法的碰撞周期只是纯 Aloha 算法的一半。

(4) 分析不同协议，即 Aloha、CSMA、CSMA/CD 协议的性能。

对 CSMA 的仿真步骤同上，CSMA 算法的碰撞仿真结果如图 A-42 所示。

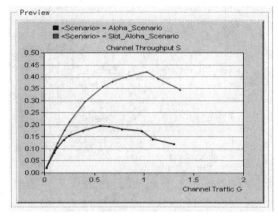

图 A-41　纯 Aloha 算法与时隙 Aloha 算法对比吞吐率

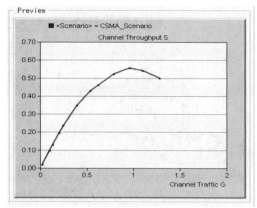

图 A-42　CSMA 算法吞吐率曲线

由图 A-42 可知：当 $G=1$ 时，系统取得最大的吞吐率 S 为 56%。从标识看出单纯 Aloha 算法的系统信道吞吐量 S 在数据包较少时，很少产生相互的碰撞。在高通信量时信道将不堪重负，这种性能充分证明了图 A-43 所示的仿真结果对比。当 G 值一样时，CSMA 算法的吞吐量明显比 Aloha 算法高。

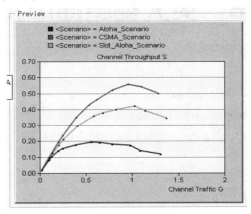

图 A-43　纯 Aloha、时隙 Aloha、CSMA 算法的吞吐率对比图

对 RFID 防碰撞算法中纯 Aloha 算法、时隙 Aloha 算法及 CSMA 算法进行了仿真设计和分析。纯 Aloha 算法信道利用率只有 0.185 左右，因为其碰撞周期为 2 T，且随机性较大。相对于纯 Aloha 算法，时隙 Aloha 算法的碰撞周期和区间缩短二分之一，因此传输信道使用率也提升一倍。而相对于这两种算法，CSMA 算法具有更高的吞吐率，可达 0.56。

五、仪器设备

(1) 硬件：Intel P4 以上 PC 计算机，内存 512 MB 以上；

(2) 软件：操作系统为 Windows XP/Win7/Win8/Win10；NS2 软件包，最新版 NS2.34；OPNET 软件包，最新版 OPNET14。

六、思考题

1. 是否可用 NS2 软件和 OPNET 软件仿真 TCP/IP 协议？怎样实现？

2. 是否可用 NS2 软件和 OPNET 软件仿真应用层各种协议？

附录 B　英文缩略词中文对照

2G/3G/4G/5G(2/3/4/5th Generation Mobile Communication Technology)2/3/4/5 代移动通信技术

3GPP(3rd Generation Partnership Project)第三代移动通信合作伙伴计划

6LoWPAN(IPv6 over Low power wireless Personal Area Network)基于 IPv6 的低功率无线个域网

A

AaaS(Algorithm as a Service)算法即服务

ACK(Acknowledge character)确认字符，确认帧

ADEPT(Autonomous Decentralized Peer-to-Peer Telemetry)去中心化的 P2P 自动遥测系统

ADSL(Asymmetric Digital Subscriber Line)非对称数字用户线路，俗称网络快车

ADT(Android Development Tools)开发工具

AES(Advanced Encryption Standard)高级数据加密标准

AH(Authentication Header)IP 认证头

AK(Anonymous Key)匿名密钥

AKA(Authentication and Key Agreement)认证与密钥协商

AMF(Authentication Management Field)认证管理字段

AP(Access Point)访问节点

API(Application Programming Interface)应用程序接口

APT(Advanced Persistent Threat)高级持续攻击

ARP(Address Resolution Protocol)地址解析协议

AS(Authentication Server)鉴权服务器

AUC(Authentication Center)鉴权中心

AUTN(Authentication Token)认证令牌

Auto-ID(Auto Identification)自动识别中心

B

BDS(BeiDou Navigation Satellite System)中国北斗卫星导航系统

BGP(Border Gateway Protocol)边界网关协议

BRAM(Broadband Radio Access Network)宽带无线电接入网络

BSA(Basic Service Area)基本服务区

BSC(Base Station Controller)基站控制器

BSI(British Standards Institution)英国标准协会

BSS(Basic Service Set)基本服务集

BSS(Base Station Subsystem)基站子系统

BTS(Base Transceiver Station)基站收发台

C

CA(Certificate Authority)认证中心

CAN(Controller Area Network)控制器局域网

CATV(Community Antenna Television)社区公共电视天线，即有线电视

CCD(charge coupled device)电荷耦合器件

CCITT(International Telephone and Telegraph Consultative Committee)国际电报电话咨询委员会

CC-Link(Control & Communication Link)控制与通信链路系统

CCMP(Counter CBC-MAC Protocol)计数器模式密码块链消息完整码协议

CCP(Complete Content Protection)完全性内容保护

CCSA(China Communications Standards Association)中国通信标准协会

CDMA(Code Division Multiple Access)码分多址

CE(Customer Edge)用户边缘

CGA(Crypto-Generated Address)密码生成地址技术

CHAP(Challenge-Handshake Authentication Protocol)询问握手认证协议

CIDF(Common Intrusion Detection Framework)公共入侵检测框架

CITS(Committee of Information Technical Security Standardization)信息技术安全标准化技术委员会

CMMB(China Mobile Multimedia Broadcasting)中国移动多媒体广播，即手机电视

CoAP(Constrained Application Protocol)受限应用程序协议，M2M 的轻量级应用层协议

CORBA(Common Object Request Broker Architecture)公共对象请求代理体系结构)软件中间件)

CP-ABE(Ciphertext Policy-Attribute Based Encryption)基于属性的加密方案

CPRL(Compact Patten Recognition Language)紧密型模式识别语言

CRC(Cyclic Redundancy Check)循环冗余校验

CRM(Customer Relationship Management)客户关系管理

CSA(Cloud Security Alliance)云安全联盟

CSMA(Carrier Sense Multiple Access)载波侦听多路访问

CSMA/CA(Carrier Sense Multiple Access with Collision Avoidance)载波侦听多路访问/冲突避免

CSMA/CD(Carrier Sense Multiple Access with Collision Detection)载波侦听多路访问/冲突检测

D

DaaS(Data as a Service)数据即服务

DApp(Decentralized Application)去中心化应用

DARPA(Defense Advanced Research Projects Agency)美国国防高级研究计划局

DCF(Distributed Coordination Function)分布协调功能

DCS(Distributed Control System)分布式控制系统

DDoS(Distributed Denial of Service)分布式拒绝服务攻击

DECT(Digital European Cordless Telephone)数字无绳电话

DES(Data Encryption Standard)数据加密标准

DFS(Dynamic Frequency Selection)动态频率选择

DH(Diffie-Hellman Cryptographic Algorithm)Diffie-Hellman 密钥交换算法

DHCP(Dynamic Host Configuration Protocol)动态主机配置协议

DIFS(Distributed Interframe Space)分布协调功能帧间间隔

DMTF(Distributed Management Task Force)分布式管理任务组

DMZ(Demilitarized Zone)非军事化区，或隔离区

DNS(Domain Name System)域名系统，域名解析服务系统

DODAG(Destination Oriented Directed Acyclic Graph)面向目标的有向无环图，一种路由协议

DoS(Denial of Service)拒绝服务攻击

DPS(Data Plane Switch)数据层交换机

DS(Distribution System)分配系统

DSA(Digital Signature Algorithm)数字签名算法

DSS(Digital Signature Standard)数字签名标准

DSSS(Direct Sequence Spread Spectrum)直接序列扩频

DTPS(Dynamic Threat Prevention System)动态威胁防御系统

E

EAN(European Article Number)国际物品编码协会

EAP(Extensible Authentication Protocol)扩展认证协议

EAPoL(Extensible Authentication Protocol Over LAN)基于局域网 LAN 的扩展认证协议

ECC(Elliptic Curve Cryptography)椭圆曲线密码体制

ECDH(Elliptic Curve Digital Hellman)椭圆曲线迪菲-赫尔曼密钥交换

ECDSA(Elliptic Curve Digital Signature Algorithm)椭圆曲线数字签名算法

ECIES(Elliptic Curve Integrate Encrypt Scheme)椭圆曲线积分加密方案

EFF(Electronic Frontier Foundation)电子边境基金会

EIR(Equipment Identity Register)设备识别寄存器

EKA(Ekg-based Key Agreement)密钥协商协议

Embb(Enhanced Mobile Broadband)增强移动通信

ENISA(European Union Agency for Cybersecurity)欧盟网络安全局

EPC(Electronic Product Code)电子产品编码

EPCglobal(European Political Community global) 欧洲政治共同体全球策略

EPCIS(EPC Information Service)EPC 信息服务

ESP(Encapsulating Security Payload)封装安全负载

ESS(Extended Service Set)扩展服务集

ETSI(European Telecommunications Standards Institute)欧洲电信标准化协会

F

FCoE(Fabre Channel over Ethernet)以太网光纤通道

FDMA(Frequency Division Multiple Access)频分多址

FF(Foundation Fieldbus)基金会现场总线

FHSS(Frequency Hopping Spread Spectrum)调频扩展

FIPS PUB186(Federal Information Processing Standards Publication 186)联邦信息处理标准 186

FISCO(Fieldbus Intrinsically Safe Concept)现场总线本质安全概念

FISMA(Federal Information Security Management Act)联邦信息安全管理法案

FSM(Finite-State Machine)有限状态机

FTP(File Transfer Protocol)文件传输协议

FW(Fire Wall)防火墙

G

GE(Gate Equivalent)等效门数

GFSK(Gauss frequency Shift Keying)高斯频移键控

GMSC(Gateway Mobile Switching Center)网关移动交换中心

GPRS(General Packet Radio Service)通用无线分组业务

GPS(Global Positioning System)全球定位系统

GRE(Generic Routing Encapsulation)通用路由封装协议

GSM(Global System for Mobile Communications)全球移动通信系统

GTK(Group Temporary Key)组播临时密钥

H

H2H(Human to Human)人到人之间的互联

H2T(Human to Thing)人到物品之间的互联

HA(High Availability)高可用性

HAL(Hardware Abstract Layer)硬件抽象层面

HART(Highway Addressable Remote Transducer)可寻址远程高速通道

HCF(Hybrid Coordination Function)混合协调功能

HE(Homomorphic Encryption)同态加密

HIDS(Host Intrusion Detection System)主机入侵侦测系统

HIPAA(Health Insurance Portability and Accountability Act)健康保险流通与责任法案

HIS(Hospital Information System)医院信息系统

HLR(Home Location Register)归属位置寄存器

HTML(Hypertext Markup Language)超文本标识语言

HTTP(Hyper Text Transport Protocol)超文本传输协议

HTTPS(Hypertext Transfer Protocol Secure)安全超文本传输协议

I

IA(Information Assurance)信息保障

IaaS(Infrastructure as a Service)基础设施即服务

IC Card(Integrated Circuit Card)集成电路卡，也称智能卡

ICD(Internet Connected Divice)互联网连接设备

ICI(Interface Control Information)接口控制信息

ICMP(Internet Control Message Protocol)Internet 网际报文控制信息协议

ID Card(Identification Card)身份识别卡

IDC(Internet Data Center)互联网数据中心

IDEA(International Data Encryption Algorithm)国际数据加密算法

IDS(Intrusion Detection Systems)入侵检测系统

IEC(International Electrotechnical Commission)国际电工委员会

IETF(Internet Engineering Task Force)Internet 工程任务组

IFS(Inter Frame Space)帧间间隔

IGMP(Internet Group Message Protocol)网组消息管理协议

IIS(Internet Information Services)互联网信息服务

IK(Integrity Key)保护密钥

IKE(Internet Key Exchange)网络密钥交换协议

IMSI(International Mobile Subscriber Identity)国际移动用户识别码

IoT(Internet of Things)物联网

IP(Internet Protocol)网络互联协议

IPS(Intrusion Prevention System)入侵防御系统

IPSec(Internet Protocol Security)互联网安全协议

IPSO(Internet Protocol for Smart Objects)智能对象的 Internet 协议，一般称其为 IPSO 联盟

IPv4(Internet Protocol Version 4)互联网协议版本 4

IPv6(Internet Protocol Version 6)互联网协议版本 6

IR(InfraRed)红外线

IRF(Intelligent Resilient Framework)虚拟化网络架构

ISAKMP(Internet Security Association and Key Management Protocol)互联网安全联盟密钥管理协议

ISMS(Information Security Management Systems)信息安全管理体系

ISO(International Organization for Standardization)国际标准化组织

IT(Information Technology)信息技术

ITS(Intelligent Transportation Systems)智能交通系统

ITU(International Telecommunications Union)国际电信联盟

ITU-T(ITU-T for ITU Telecommunication Standardization Sector)国际电信联盟远程通信标准化组织

IV(Initialization Vector)初始向量

J

J2EE(Java 2 Platform Enterprise Edition)Java 2 平台企业版(软件中间件)

K

KDC(Key Distribution Center)密钥分布中心

KDD(Knowledge Discovery and Data Mining)知识发现与数据挖掘

KP-ABE(Key Policy Attribute-based Encryption)密钥策略基于属性的加密方案

L

L2F(Level 2 Forwarding Protocol)第二层转发协议

L2TP(Layer 2 Tunneling Protocol)第二层隧道传输协议

LAN(Local Area Network)局域网

LB(Load Balancing)负载均衡

LBS(Location Based Service)位置服务

LER(Label Edge Router)标签边缘路由器

LFSR(Linear Feedback Shift Register)线性反馈移位寄存器

LLC(Logical Link Control)逻辑链路控制

LLN(Low-power and Lossy Network)低功耗有损网络

LonWork(Local Operating Network)现场总线测控网络，又称局部操作网

LoWPAN(Low power wireless Personal Area Network)低功率无线个域网

LPWAN(Low Power Wide Area Network)低功耗广域网

LSP(Label Switching Path)标签交换路径

LSR(Label Switching Router)标签交换路由器

LTE(Long Term Evolution)长期演进

M

M2M(Machine-to-Machine)机器对机器通信

MaaS(Model as a Service)模型即服务

MAC(Media Access Control)介质访问控制

MAN(Metropolitan Area Network)城域网

MANET(Mobile AdHoc Network)移动自组网络

MCIM(M2M Communications Identity Module)M2M 通信识别模块

MD5(Message Digest Algorithm 5)消息摘要算法 5

MIC(Message Integrity Check)消息完整性检查

MIMO(Multiple Input Multiple Output)多入多出

MIT(Massachusetts Institute of Technology)美国麻省理工学院

MME(Mobile Management Entity)移动管理实体

mMTC(Mass Machine Type of Communication)海量机器通信

MOSS(MIME Object Secure Service)MIME 安全邮件服务协议

MP4(Moving Picture Experts Group 4)动态图像专家组 4 制定的音频、视频信息压缩编码标准

MPDU(Medium Access Control Protocol Data Unit)MAC 协议数据单元

MPLS(Multi-Protocol Label Switching)多协议标签交换协议

MS(Mobile Station)移动台

MSC(Mobile Switch Center)移动交换中心

MSS(Mobile Station Subsystem)移动交换子系统

MSP(Management Service Provider)管理服务提供商

N

NAS(Network Attached Storage) 网络附加存储

NAT(Network Address Translation)网络地址转换

NAV(Network Allocation Vector)网络分配向量

NFC(Near-Field Communication)近场通信

NFV(Network Function Virtualization)网络功能虚拟化

NGN(Next Generation Network)下一代网络

NGSCT(Next-Generation Secure Computing Base)下一代安全计算基础

NIDS(Network Intrusion Detection systems)网络入侵检测系统

NIST(National Institute of Standards and Technology)美国国家标准技术研究院

NOS(Network Operation System)网络操作系统

NPDU(Network Protocol Data Unit)网络数据单元

NS2(Network Simulation Version 2)网络仿真软件

NSA(National Security Agency)美国国家安全局

NSS(Network Substation)网络子系统

NTRU(Number Theory Research Unit)数论研究单位，一种轻量级公钥加密算法

O

OBD(On-Board Diagnostics)车载诊断

OBU(On Board Unit)车载单元，车载终端

OFDM(Orthogonal Frequency Division Multiplexing)正交频分复用

OGC(Open Geospatial Consortium)开放地理空间论坛

OHA(Open Handset Alliance)开放手机联盟

OMS(Open Mobile System)开放式移动系统

ONS(Object Name Service)对象名解析服务

OPNET(Open Network Modeler)网络仿真技术软件包

OS(Operating System)操作系统

OSI/RM(Open System Interconnection Reference Model)开放系统互连参考模型

P

P2P(Peer to Peer)对等计算

PaaS(Platform as a Service)平台即服务

PAE(Port Access Entity)端口访问实体

PAP(Password Authentication Protocol)密码认证协议

PCD(Point Coordination Function)点协调功能

PCS(Process Control System)过程控制系统

PE(Provider Edge)提供商边缘

PEM(Privacy Enhanced Mail)增强的私密电子邮件

PGP(Pretty Good Privacy)优良保密协议，电子邮件加密工具

PIB(PAN Information Base)维护网络信息库

PIFS(Poll Inter-Frame Space)点协调功能帧间间隔

PKA(PPG based Key Agreement)对称密钥生成协议

PKC(Public Key Cryptosystem)公钥密码系统

PKI(Public Key Infrastructure)公钥基础设施

PLC(Power Line Communication)电力线通信

PLC(Programmable Logic Controller)可编程逻辑控制器

PLMN(Public Land Mobile Network)公用陆地移动通信网

PMK(Pairwise Master Key)成对主密钥

PML(Physical Markup Language)实体标记语言

PN(Packet Number)包号码

PoW(Proof of Work)工作量证明

PPK(Per-Packer Key)单包密钥

PPTP(Point-to-Point Tunneling Protocol)点对点隧道协议

PRKS(Pseudo Random Key Sequence)伪随机密钥序列

PRNG(Pseudorandom Number Generator)伪随机数发生器

PSTN (Public Switched Telephone Network)公共交换电话网络

PTK(Pairwise Transient Key)成对临时密钥

Q

QoS(Quality of Service)服务质量

R

RAD(Rapid Application Development)快速应用程序开发

RADIUS(Remote Authentication Dial In User Service)远程身份验证拨入用户服务

RBAC(Role Basic Access Control)基于用户角色的访问控制

RCDDRS(Rich Cloud based Data Disaster Recovery Strategy)基于富云的数据容灾策略

RFID(Radio Frequency Identification)无线射频识别，即射频电子标签

ROM(Read-Only Memory)只读存储器

POLL(Routing Over Low-power and Lossy Network)低功耗有损网络路由

RPL(Routing Protocol for LLN)LLN 网的路由协议

RSA(Ron Rives, Adi Shamir and Leonard Adleman for Cryptographic Algorithm)RSA 密码算法

RSN(Robust Security Netwok)鲁棒安全网络

RSU(Road Side Unit)路边通信单元

RTS/CTS(Request To Send / Clear To Send)请求发送/允许发送协议

RTU(Remote Terminal Unit)远程终端单元

S

SA(Security Association)IPsec 的安全协议协商

SaaS(Software as a Service)软件即服务

SAN(Storage Area Network)存储区域网络

SCADA(Supervisory Control And Data Acquisition)数据采集与监视控制系统

SCM(Supply Chain Management)供应链关系管理

SCSI(Small Computer System Interface)小型计算机系统接口

SDN(Software Defined Network)软件定义网络

SecE(Security Entiry)安全实体

SecGW(Security Gateway)分布式安全网关

SeND(Secure Neighbor Discovery)安全邻居发现协议

SET(Secure Electronic Transaction)安全电子交易协议

SGSN(Serving Gprs Support Node Gprs)服务支持节点

SHA(Secure Hash Algorithm)安全哈希算法，或安全摘要算法

SIFS(Short Interframe Space) 短帧间间隔

SIM(Subscriber Identity Module)用户身份识别模块

SM2(Chinese Commercial Public Key Cipher Algorithm SM2)中国商用密码算法 SM2

SM3(Cryptographic Hash function SM3)密码哈希函数算法 SM3

SM4(Chinese Commercial Block Cipher Algorithm SM4)中国商用密码算法 SM4

S-MIME(Secure- Multipurpose Internet Mail Extensions)安全多功能互联网邮件扩展协议

SMIB(Security Management Information Base)安全管理信息库

SMTP(Simple Mail Transfer Protocol)简单邮件传输协议

SMS(Short Messaging Service)短消息服务

SNEP(Security Network Encryption Protocol)网络安全加密协议

SNMP(Simple Network Management Protocol)简单网络管理协议

SOCKS(SOCKet Secure)会话层安全传输协议，或套接字层协议

SPAP(Shiva Password Authentication Protocol)Shiva 密码认证协议

SPIN(Sensor Protocol for Information via Negotiation)信息协商的传感器网络协议

SPINS(Security Protocols for Sensor Network)传感器网络安全协议框架

SQN(sequence number)序号

SSH(Secure Shell)安全外壳协议

SSID(Service Set Identifier)服务集标识符

SSL(Secure Socket Layer)安全套接层协议

STA(Station)无线终端

STD(State Transition Diagram)状态转移图

SVP(Shortest Vector Problem)最短向量问题

SW-ARQ(Stop and Wait Automatic Repeat Request)停止等待自动重传请求

T

T2T(Thing to Thing)物品到物品之间的互联

TCP(Transmission Control Protocol)传输控制协议

TCP/IP (Transmission Control Protocol/Internet Protocol)传输控制协议/网际协议，TCP/IP 体系结构

TDMA(Time Division Multiple Access)时分多址

TD-SCDMA(Time Division-Synchronous Code Division Multiple Access)时分同步码分多址

TEE(Trusted Execution Environment)可信执行环境

TISPAN(Telecommunications and Internet converged Services and Protocols for Advanced Networking)电信和互联网融合业务及高级网络

TKIP(Temporal Key Integrity Protocol)临时密钥完整性协议

TLS(Transport Layer Security)传输层安全协议

TMSI(Temporary Mobile Subscriber Identity)移动用户的临时识别码

TPM(Trusted Platform Module)可信平台模块

TSP(Telematics Service Provider)车载服务中心

TTP(Trusted Third Party)可信第三方

U

UCC(Uniform Code Council)美国统一编码委员会

UDP(User Datagram Protocol)用户数据报协议

UE(User Equipment)用户设备

UICC(Universal Integrated Circuit Card)通用集成电路卡

UMTS(Universal Mobile Telecommunications System)通用移动通信系统

URL(Uniform Resource Locator)统一资源定位符

uRLLC(Ultra-reliable and low-latency communication)超高可靠低时延通信

USB(Universal Serial Bus)通用串行总线

USIM(Universal Subscriber Identity Module)全球用户识别模块

USN(Ubiquitous Sensor Network)泛在传感器网络

uTELSA(micro Timed Efficient Streaming Loss-tolerant Authentication Protocol)基于时间的高效容忍丢包的流认证协议

UTM(Unified Threat Management)统一威胁管理

UWB(Ultra Wide Band)超宽带通信

V

V2I(Vehicle to Infrastructure)车到基础设施，即车到路的通信技术

V2N(Vehicle to Network)车到网络的通信技术

V2P(Vehicle to Pedestrian)车到人的通信技术

V2V(Vehicle to Vehicle)车到车的通信技术

V2X(Vehicle to Everything)车辆与任何事物相连接的通信技术

VFW(Virtual Firewall)虚拟防火墙

VLAN(Virtual Local Area Network)虚拟局域网

VLR(Visitor Location Register)访问位置寄存器

VPN(Virtual Private Network)虚拟专用网

W

WAI(WLAN Authentication Infrastructure)无线局域网鉴别基础结构

WAN(Wide Area Network)广域网

WAPI(Wireless LAN Authentication and Privacy Infrastructure)无线局域网鉴别与保密基础结构

WBAN(Wireless Body Area Networks)无线体域网

WBASN(Wireless Body Area Sensor Network)无线体域传感器网络

WBSN(Wireless Body Sensor Network)体传感网

WEP(Wired Equivalent Privacy)有线等效保密

WiFi(Wireless Fidelity)无线保真，即无线相容性认证，也称作移动热点

WiMAX(Worldwide Interoperability for Microwave Access)全球微波互联接入

WLAN(Wireless Local Area Network)无线局域网

WMMP(Wireless Machine To Machine Protocol)中国移动机器到机器传输协议

WPA(WiFi Protected Access)WiFi 保护访问

WPI(WLAN Privacy Infrastructure)无线局域网保密基础结构

WSN(Wireless Sensor Network)无线传感器网络

WTLSP(Wireless Transport Layer Security Protocol)无线传输层安全协议

WWAN(Wireless Wide Area Network)无线广域网络

WWW(World Wide Web)万维网

X

XML(eXtensible Markup Language)可扩展标记语言

XRES(eXpected RESponse)期望应答

Z

ZUC(ZU Chongzhi Stream Cipher)祖冲之序列加密算法

参 考 文 献

[1] 李永忠. 物联网信息安全[M]. 西安：西安电子科技大学社，2016.

[2] 李永忠. 计算机网络理论与应用[M]. 北京：国防工业出版社，2011.

[3] 李永忠. Theory of Computer Network[M]. 成都：电子科技大学出版社，2018.

[4] 李永忠译. 物联网安全与网络保障[M]. 北京：机械工业出版社，2018.

[5] 赵兰普. 物联网导论[M]. 郑州：郑州大学出版社，2014.

[6] 谢希仁. 计算机网络[M]. 6 版. 北京：电子工业出版社，2016.

[7] 黄玉兰. 物联网传感器技术与应用[M]. 北京：人民邮电出版社，2014.

[8] 李永忠. 计算机网络测试与维护[M]. 西安：西安电子科技大学社，2013.

[9] SM3 密码杂凑算法. 国家密码管理局. http://www.oscca.gov.cn/UpFile/201012221418 57786. pdf.

[10] GAO X，XIANG Z，WANG H，et al. An approach to security and privacy of rfid system for supply chain[C]. In Proc. of the IEEE International Conference on E-Commerce Technology for Dynamic E-Business，Beijing，China，2004：164-168.

[11] MOLNAR D，WAGNER D. Privacy and security in library rfid: issues，practices，and architectures[C]. In Proc. of the 11th ACM Conference on Computer and Communications Security(CCS04)，Washington，DC，USA，2004：210-219.

[12] 中国密码学会组编. 中国密码学发展报告 2010[M]. 北京：电子工业出版社，2011.

[13] 曹天杰，张永平，汪楚娇. 安全协议[M]. 北京：北京邮电大学出版社，2009.

[14] LARRY L. PETERSON. Computer networks：a system approach[M]. 北京：机械工业出版社，2002.

[15] 张光河. 物联网概论[M]. 北京：人民邮电出版社，2014.

[16] 李建东. 信息网络理论基础[M]. 西安：西安电子科技大学出版社，2001.

[17] 翁健. 区块链安全教程[M]. 北京：清华大学出版社，2021.

[18] 张翼英. 物联网导论[M]. 北京：中国水利水电出版社，2020.

[19] 张凯. 物联网安全教程[M]. 北京：清华大学出版社，2014.

[20] 任伟. 物联网安全[M]. 北京：清华大学出版社，2012.

[21] 刘建华. 物联网安全[M]. 北京：中国铁道出版社，2013.

[22] 李联宁. 物联网安全导论[M]. 北京：清华大学出版社，2013.

[23] 胡向东，魏琴芳，向敏，等. 物联网安全导论[M]. 北京：科学出版社，2012.

[24] 李永忠. 现代通信原理与技术[M]. 北京：国防工业出版社，2010.

[25] 李永忠. 网络现代通信原理与技术[M]. 北京：国防工业出版社，2010.

[26] 堂正军. 网络入侵检测系统的设计与实现[M]. 北京：电子工业出版社，2002.

[27] 卿斯汉. 密码学与计算机网络安全[M]. 北京：清华大学出版社，2001.

[28] 张尧学. 计算机网络与 Internet 教程[M]. 北京：清华大学出版社，1999.

[29] 顾巧论，高铁杠，贾春福. 计算机网络安全[M]. 北京：清华大学出版社，2007.

[30] 曹元大，薛静锋，祝烈煌. 入侵检测技术[M]. 北京：人民邮电出版社，2007.

[31] 马春光，郭方方. 防火墙、入侵检测与 VPN[M]. 北京：北京邮电大学出版社，2008.

[32] 马振晗，贾军保. 密码学与网络安全[M]. 北京：清华大学出版社，2009.

[33] 王金龙，王呈贵，吴启晖. Ad Hoc 移动无线网络[M]. 北京：国防工业出版社，2004.

[34] MO Y，KIM T H J，BRANCIK K，et al. Cyber-physical security of a smart grid infrastructure[J]. Proceedings of the IEEE，2012，100(1)：195-209.

[35] MOSLEHI K，KUMAR R. A reliability perspective of the smart grid[J]. IEEE Transactions on Smart Grid，2010，1(1)：57-64.

[36] LIU J，XIZO Y，LI S，et al. Cyber security and privacy issues in smart grids[J]. IEEE Communications Surveys & Tutorials，2012，l(99)：1-17.

[37] REN W，SONG J，YANG Y，et al. Lightweight privacy-aware yet accountable secure scheme for sm-sgcc communications in smart grid[J]. Tsinghua Science and Technology，2011，16(6)：640-647.

[38] IEEE 802.15 WPAN TG6 Body Area Networks[OL]. http://ieee802.org/15/pub/TG6.html.

[39] 刘艳丽. 基于人体环境的无线体域网网络结构研究[D]. 上海：上海交通大学，2008.

[40] 宫继兵，王睿，崔莉. 体域网 BSN 的研究进展及面临的挑战[J]. 计算机研究与发展，2010，47(5)：737-753.

[41] SALEEM S，ULLAH S，YOO H S. On the security issues in wireless body area networks[J]. International Journal of Digital Content Technology and its Applications，2009，3(3)：178-184.

[42] LAW Y，DOUMEN J，HARTEL P. Survey and benchmark of block ciphers for wireless sensor networks (TR). Technical Report TR-CTIT-04-07，Centre for Telematics and Information Technology，University of Twente，The Netherlands，2004.

[43] POON C Y，ZHANG Y T，BAO S D. A novel biometrics method to secure wireless body area sensor networks for telemedicineand m-health[J]. IEEE Communications Magazine，2006，44(4)：73-81.

[44] BAO S D，POON C Y，ZHANG Y T，et al. Using the timing information of heart beats as an entity identifier to secure body sensor network[J]. IEEE Transactions on Information Technology in Biomedicine，2008，12(6)：772-779.

[45] VENKATASUBRAMANIAN K，BANERJEE A，GUPTA S. Plethysmogram-based secure inter-sensor communication in body area networks[C]. In Proc. of Military Communications Conference (MILCOM08)，IEEE，2008，1-7.

[46] VENKATASUBRAMANIAN K，BANERJEE A，GUPTA S. Ekg-based key agreement in body sensor networks[C]. In Proc. of INFOCOM Workshop，2008，1-6.

[47] KANJEE M R，DIVI K，Liu H. A physiological authentication scheme in secure healthcare sensor networks[C]. In Proc. of IEEE SECON2010，2010，1-3.

[48] 晁世伟，杨元，李静毅. 物联网 M2M 的安全分析及策略[J]. 计算机科学，2011，38(10A)：7-9.

[49] 焦文娟，齐旻鹏，朱红雪. M2M 的安全研究[J]. 电信技术，2009(6)：76-78.

[50] LU R X，LI X，LIANG X H，et al. GRS：The green，reliability，and security of emerging machine to machine communications[J]. IEEE Communications Magazine，2011，49(4)：28-35.

[51] INHYOK C， SHAH Y， SCHMIDT A U， et al. Trust in M2M communication[J]. IEEE Vehicular Technology Magazine， 2009，4(3)：69-75.

[52] BAILEY D A. Moving 2 Mishap：M2M's impact on privacy and safety[J]. IEEE Security & Privacy，2012，10(1)：84-87.

[53] 刘鹏. 云计算[M]. 3 版. 北京：电子工业出版社，2016.

[54] 刘洋. 医院信息系统的设计与实现[D]. 南京：南京理工大学，2008.

[55] 雷万云. 云计算：技术、平台及应用案例[M]. 北京：清华大学出版社，2011.

[56] REESE G. 云计算应用架构[M]. 北京：电子工业出版社，2010.

[57] 肖斐. 虚拟化云计算中资源管理的研究与实现[D]. 西安：西安电子科技大学，2010.

[58] 薛静. 基于虚拟化的云计算平台中安全机制研究[D]. 西安：西北大学，2010.

[59] 李婧，张红，王志奇，等. 利用 RFID 技术构建数字化环绕智能医院[J]. 中国医疗设备，2009，24(7)：44-46.

[60] 肖亮. 基于物联网技术的物流园区供应链集成管理平台构建[J]. 电信科学，2011，(4)：54-60.

[61] 王建强，吴辰文，李晓军. 车联网架构与关键技术研究[J]. 微计算机信息，2011，(4)：156-158.

[62] 杨刚. 物联网理论与技术[M]. 北京：科学出版社，2010.

[63] HEWER T D， NEKOVEE M. Congestion reduction using Ad-Hoc message dissemination in vehicular networks[C]. The First International ICST Conference on Communications Infrastructure， Systems and Applications in Europe，2009：128-139.

[64] 程刚，郭达. 车联网现状与发展研究[J]. 移动通信，2011(17)：23-27.

[65] HEDRICK J K， TOMIZUKA M， VARAIYA P. Control issues in automated highway systems [J]. IEEE Control Systems Magazine， 1994，14(6)：21-32.

[66] SCHAAONHOF A， KESTING M， TREIBER D. Coupled vehicle and information flows：Message transport on a dynamic vehicle network [J]. Physica A-Statistical Mechanics and ITS Applications，2006，363(1)：73-81.

[67] 诸彤宇. 车联网技术初探[J]. 公路交通科技：应用技术版，2011(5)：266-268.

[68] 顾振飞. 车联网系统架构及其关键技术研究[D]. 南京：南京邮电大学，2012.

[69] 罗涛，王昊. 车辆无线通信网络及其应用[J]. ZTE TECHNOLOGY JOURNAL，2011，17(3)：1-7.

[70] 蔡秋燕. 专用短程通信协议研究及电子不停车联网收费系统设计[D]. 北京：北京邮电大学，2004.

[71] 诸彤宇，王家川，陈智宏. 车联网技术初探[J]. 公路交通科技：应用技术版，2011(5)：266-268.

[72] 卜莉娜. 高速公路车联网系统安全架构研究[D]. 天津：天津大学，2012.

[73] 郭伟杰. 车联网中面向安全应用的消息传输问题研究[D]. 合肥：中国科学技术大学，2014.

[74] 常促宇，向勇，史美林. 车载网的现状与发展[J]. 通信学报，2007，28(11)：116-126.

[75] 公安部交通管理局. 2009 年全国道路交通事故情况. 公安部交管局信息网，2010.

[76] SCHRANK D， LOMAX T， TURNER S. TTFs 2010 urban mobility report powered by INRIX trafficdata[J]. Texas Transportation Institute， the Texas A&M University System，2010，17.

[77] National Highway Traffic Safety Administration. Traffic safety facts-preliminary 2009 report[J]. 2010.

[78] HARTENSTEIN H. VANET：vehicular applications and inter-networking technologies [M]. Chichester：Wiley，2010.

[79] 符琦，蒋云霞，蒋瑞林. 基于 NS2 的 Ad Hoc 网络路由协议的模拟实现[J]. 计算机工程与应用，

2006(5)：35-38.

[80] 李馨，叶明. OPNET Modele 网络建模与仿真[M]. 西安：西安电子科技大学出版社，2006.

[81] 王文博，张金文. OPNET Modeler 与网络仿真[M]. 北京：人民邮电出版社，2003.

[82] 孙屹，孟晨. OPNET 通信仿真开发手册[M]. 北京：国防工业出版社，2005.

[83] 胡敏. OPNET 网络仿真[M]. 北京：清华大学出版社，2004.

[84] 金家凤. 基于 OPNET 的网络系统仿真研究[M]. 镇江：江苏科技大学，2008.